高校土木工程专业规划教材
高校结构力学课程改革创新推荐教材

结 构 力 学

（第二版）

主 编 郭仁俊

中国建筑工业出版社

图书在版编目（CIP）数据

结构力学/郭仁俊主编. —2 版. —北京：中国建筑工业出版
社，2012.7

高校土木工程专业规划教材. 高校结构力学课程改革创新推荐
教材

ISBN 978-7-112-14526-3

Ⅰ. ①结…　Ⅱ. ①郭…　Ⅲ. ①结构力学-高等学校-教材
Ⅳ. ①O342

中国版本图书馆 CIP 数据核字（2012）第 166771 号

责任编辑：吉万旺　朱首明
责任设计：李志立
责任校对：张　颖

高校土木工程专业规划教材
高校结构力学课程改革创新推荐教材

结　构　力　学
（第二版）

主编　郭仁俊

郭仁俊　夏键明　张　迪　编著

*

中国建筑工业出版社出版、发行（北京西郊百万庄）

各地新华书店、建筑书店经销

北京红光制版公司制版

北京中科印刷有限公司印刷

*

开本：787×1092 毫米　1/16　印张：28¼　字数：678 千字

2012 年 11 月第二版　　2015 年 11 月第八次印刷

定价：**55.00** 元（附网络下载）

ISBN 978-7-112-14526-3

（22589）

内 容 提 要

本书是作者在第一版基础上对教材进行全面修订而成，主要内容包括：绪论、平面体系的几何组成分析、静定结构的受力分析、结构位移计算、力法、位移法、渐近法、结构位移图的绘制、影响线及其应用、矩阵位移法、结构的极限荷载、结构弹性稳定计算、结构动力学以及附录。每章都配有思考题和习题，且为所有习题配有完整答案，方便学生自学。另外，还有全书基本内容和例题的电子教案，可满足教师的教学需要。本书是作者多年教学改革成果的总结，从求反力、内力到位移，从静定结构到超静定结构的一系列改进作法，对解决结构力学计算繁难的问题作了有益探索；书中给出的比拟法绘位移图，为分析内力与位移的内在关系提供了便利。

本书除可作为土建、路桥、水利、隧道等专业结构力学课程的教材外，也可以作为土建类非结构专业的教材，还可作为有关工程技术人员的参考书。

为更好地支持本课程教学，本书作者制作了教学课件，请需要的老师发送邮件至 jiangongkejian@163.com 免费索取。

主编简介

郭仁俊，教授，硕士，1945 年生，山西临汾人，长期从事高校教学及教改研究。发表教学科研论文 35 篇，主编建筑力学（上册）、高层建筑框架-剪力墙结构设计、结构力学等书。

第二版前言

结构力学是研究外因作用下结构内力、位移计算的科学，是土建、路桥、水利、隧道工程等专业的主要专业基础课。然而，结构力学计算繁琐、比较难学，因此需要不断进行教学改革。

摆在读者面前的是一本'新书'，也是一本'旧书'。所谓新书是指作者在广东省教育科学"十五"规划项目支持下，本着"方法正确、简便实用、容易掌握、计算迅速"的原则研制的从静定结构到超静定结构，从支座反力、内力到位移计算的一系列改进内容：求支座反力、内力的反正法；绘制轴力图、剪力图的力矢移动法；绘制弯矩图的单跨杆件法；求结构位移的代数法；力法、位移法、力矩分配法的 EXCEL 算法；绘制结构位移图的比拟法。所谓旧书是指全书内容（包括改进作法）从基本概念、基本原理到各种方法的解题步骤均与传统结构力学相同，本书符合教育部批准的《理工科非力学专业力学基础课程教学基本要求》（试行）的要求，书中符号按照国家标准《量和标准》GB 3100～3102—93 中有关规定采用。

本书的特色是：

(1) 采用改进作法，使静定结构的内力、位移计算更规律、简便；

(2) 编制出超静定结构各法的 EXCEL 表，可免去繁琐计算，便于对计算方法的练习；

(3) 全书习题均配有答案，方便学生练习和教师批改作业；

(4) 给出全书基本内容和示例的电子教案，可满足教师的教学要求；

(5) 给出绘制结构位移图的方便实用方法，有助于进一步分析内力与变形之间的内在关系。

本书可作为土建、路桥、水利、隧道等专业结构力学课程的教材，也可以作为土建类非结构专业的教材，还可作为有关工程技术人员的参考书。

本书由广东工业大学郭仁俊教授、广东水利电力职业技术学院夏键明、张迪副教授编著，郭仁俊主要完成各章内容编写，夏键明主要完成所有 EXCEL 表格的编制修改和矩阵位移法程序的编制，张迪主要完成电子教案（PPt）编制和各章习题答案验算。各 EXCEL 表和电子教案可发送邮件至 jiangongkejian@163.com 免费索取。

由于编写经验不足、水平有限、时间仓促，错误之处在所难免，敬请读者和专家与作者联系（2276205845@qq.com），惠予指正，以便今后改进提高。

编　者

2012 年 3 月

第一版前言

结构力学是研究外因作用下结构内力、变形计算的科学，是土建、路桥、水利、隧道工程等专业重要的技术基础课。然而，结构计算繁琐、比较难学，因此需要对结构力学课程教学不断进行改革和提高。

本书第1章～第12章内容与传统结构力学相同，符合教育部审定的"结构力学课程教学基本要求"，书中符号按照国家标准《量和标准》GB 3100～3102—93中有关规定采用。附录Ⅰ～Ⅴ是在广东省教育科学"十五"规划项目支持下，本着"方法正确、简便实用、容易掌握、计算迅速"的原则研制的改进内容，包括从静定结构到超静定结构，从支座反力、内力到位移计算的一系列方法。考虑到人们的教学习惯和教学内容安排，将这些改进方法列入附录中。值得提出的是，上述改进方法的概念、原理与传统方法完全相同，学习时无需增加新知识。在使用本书时，应鼓励学生采用改进方法对传统方法计算结果进行校核。这样既可以使学生加深对基本知识的理解，又有助于提高学生的力学分析能力。

本书可作为土木、水利、隧道等专业结构力学课程的教材，也可以作为土建类非结构专业的教材，还可作为有关工程技术人员的参考书。

本书第1～12章编写人员有：广东工业大学郭仁俊（第1、3、5章）、汪新（第7章、9.8节）、朱江（第6、8章）、黄卷潜（第2、4、12章），华南理工大学陈宽德（9.1～9.7节、第10、11章）；附录Ⅰ～Ⅳ的研编人员有：郭仁俊（附录Ⅰ～Ⅳ理论分析、文稿编写）、陈宽德（附录Ⅰ、Ⅱ、Ⅲ多媒体教学软件编制，见附录Ⅴ）、汪新（附录Ⅱ、Ⅲ的EXCEL表及附录Ⅳ的方法程序编制，见附录Ⅴ）（见 www. cabp. com. cn/td/cabp15830. rar）；郭仁俊对全书进行了统稿，任主编；陈宽德、汪新任副主编。

本书由西安建筑科技大学刘铮教授主审。

在本书编写和各种教改方法研制过程中，得到广东工业大学校长张湘伟教授及建设学院的大力支持，刘铮教授为本书的编写创造了良好的工作条件。中国矿业大学袁文伯教授、广东工贸职业技术学院姚立宁教授、西安科技大学杨更社教授、西安建筑科技大学王茁长教授等对本书提出许多宝贵意见，广东省建设职业技术学院蔡东副教授、广东工业大学郭新光、练俊同学为本书教改内容作了许多有益的工作，广东工业大学研究生梁瑞庆对书稿整理做了许多工作，在此一并表示衷心的感谢。

由于编写经验不足、水平有限、时间仓促，错误之处在所难免，尤其是附录中各种方法还有待改进和完善，敬请读者和专家惠予指正，以便今后进一步提高。

编　者

2007年3月

目　　录

主　要　符　号　表

A　振幅，面积

c　支座广义位移，黏滞阻尼系数

c_{cr}　临界阻尼系数

D　侧移刚度，行列式

E_P　结构总势能

f　矢高，工程频率

$\boldsymbol{F_P}$　节点荷载向量，综合节点荷载向量

F_N　轴力

F_e　弹性力

F_R　阻尼力

i　线刚度

F_{Ax}、F_{Ay}　A 支座沿 x、y 方向的反力

F_{cr}　临界荷载

F_{Pu}　极限荷载

G　切变模量

I　惯性矩

M^F　固端弯矩

M^b　比拟弯矩

k　刚度系数，切应力沿截面分布不均匀系数

k^e　整体坐标系下的单元刚度矩阵

m　质量

$\boldsymbol{M}$　质量矩阵

M_u　极限弯矩

q　均布荷载集度

R　广义反力

t　时间

$\boldsymbol{T}$　坐标转换矩阵

v　竖向位移

W　平面体系自由度，功，弯曲截面系数

Z　广义未知位移

Δ　广义位移

γ　剪力分配系数，角应变

$\boldsymbol{A}$　振幅向量

$\boldsymbol{\Phi}$　振型矩阵

C　弯矩传递系数

σ_b　强度极限

d　节间距离

E　弹性模量

q^b　比拟分布荷载

F_P　集中荷载

F_H　水平推力

F_I　惯性力

F_Q　剪力

$F_Q{}^b$　比拟剪力

F_{AH}、F_{AV}　A 处沿水平、竖向的分力

F_{Pe}　欧拉临界荷载

$\boldsymbol{I}$　单位矩阵

$\overline{\boldsymbol{k}}^e$　局部坐标系下的单元刚度矩阵

$\boldsymbol{K}$　结构刚度矩阵

M　力矩，力偶矩，弯矩

p　分布荷载集度

r　单位位移引起的广义反力

S　劲度系数，截面静矩，影响线量值

T　周期，动能

u　水平位移

V　应变势能

X　广义未知力

α　线膨胀系数

$\boldsymbol{\Delta}$　节点位移向量

δ　单位力引起的广义位移

ξ　阻尼比

μ　力矩分配系数

φ　角位移，初相角

ω　角频率

θ　干扰力频率

E_P^*　荷载势能

σ_S　屈服极限

σ_u　极限应力

第1章 绪 论

1.1 结构力学的研究对象、任务及特点

在工程范畴内，由建筑材料按照合理方式组成，能承担预定任务并符合经济原则的物体或体系称为工程结构（简称结构）。结构在建筑物或构筑物中起着支撑荷载的骨架作用，例如在土木和水利工程中，房屋中的梁、柱、基础以及桥梁、挡土墙、闸门、水坝等都是结构的实例。组成结构的单个部分（如梁、柱、板、壳、块体等）称为构件，无论结构是由单个构件还是多个构件所组成，当不考虑材料的微小应变时，其本身各部分之间都不会发生相对运动，且直接或间接与地基联结，并将其上所受的荷载传到地基。

按照几何特征的不同，结构可分为三种类型：

1. 杆件结构（又称杆系结构）

它是由若干根长度远大于其他两个尺度（截面宽度和高度）的杆件所组成的结构。若组成结构的所有杆件的轴线都在同一平面，并且作用于结构的荷载也位于此同一平面，则这种结构为平面杆件结构，否则，为空间杆件结构。实际上，所有杆件结构都是空间结构，但为了简化计算，常常将某些空间特征不明显的结构分解为若干平面结构来计算。例如，图 1-1(b) 所示的平面结构就是图 1-1(a) 所示厂房中的一个横向承重排架。而对于某些具有明显空间特征的结构，如图 1-2 所示空间桁架，则不能分解为平面结构，而必须按空间结构考虑。

2. 薄壁结构

工程中，对于厚度远小于其他两个尺度的构件，当其为一平面板状物体时，称为薄板（图 1-3a）；当其具有曲面外形时，称为薄壳（图 1-3b）。薄壁结构是指仅由薄板或仅由薄壳或者由薄板与薄壳一起组成的结构。矩形水池、薄壳屋顶、筒仓等都是薄壁结构的工程实例。

3. 实体结构

在三个方向的尺度大约为同一量级的结构称为实体结构，例如图 1-4 所示挡土墙、块式基础等均属于实体结构。

结构力学的研究对象主要为平面杆件结构。

结构力学的任务是研究结构的组成规律和合理形式，研究结构在外因作用下的强度、刚度、稳定性的原理和计算方法。研究结构的组成规律，是为了保证结构能够维持平衡并承担荷载；研究结构的合理形式，是为了有效地利用材料，使其性能得到充分地发挥；计算强度和稳定性的目的，是使结构满足经济与安全的双重要求；计算刚度则是保证结构不致发生过大的变形，以满足正常使用的要求。

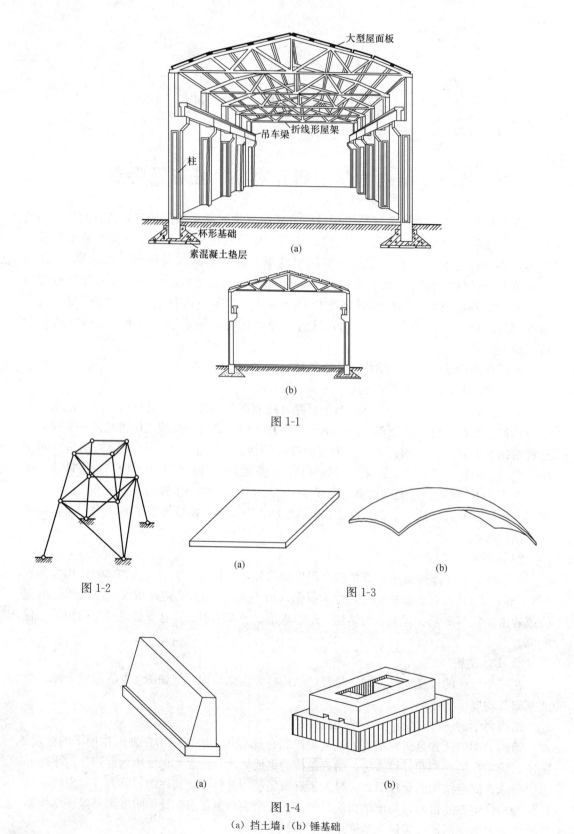

大型屋面板

吊车梁 折线形屋架

柱

杯形基础

素混凝土垫层

(a)

(b)

图 1-1

图 1-2

(a)

(b)

图 1-3

(a)

(b)

图 1-4

（a）挡土墙；（b）锤基础

进行结构强度计算时，必须先确定内力，以便按照强度条件选定或验算各杆件的截面尺寸。在结构刚度和稳定性的计算中，也将涉及内力计算问题。因此，研究杆件结构在外因作用下的内力计算，便成为本课程着重讨论的内容。

结构力学与材料力学、弹性力学有着密切的联系，它们的任务都是讨论变形体的强度、刚度和稳定性，但在研究对象上有所区别。材料力学基本上是研究单个杆件的计算，结构力学主要是研究杆件结构，而弹性力学则研究各种薄壁结构和实体结构，同时对杆件也作更精确的分析。

结构力学是一门专业基础课，在专业学习中占有重要的地位。学习它一方面要用到数学、理论力学、材料力学等前修课程的知识，另一方面又要为混凝土结构、钢结构、结构抗震设计等后续专业课学习奠定必要的力学基础。学习结构力学要"抓住重点、灵活分析、多作练习"。全书有重点，各章也有重点。例如平衡条件、叠加原理就是全书的重点，几何不变的组成规则则是第 2 章的重点等。对重点内容一定要熟练掌握、真正理解；求解结构力学问题，作法往往不是唯一的。例如几何体系的组成分析、静定桁架的内力计算、结构内力图的绘制等。这就需要善于思考、灵活分析；掌握、消化结构力学的基本概念、基本原理和基本方法，需要通过一定数量的习题练习。可以说，多作练习对于学好结构力学十分必要。

1.2　结构的计算简图

1.2.1　计算简图的概念

为了对结构进行受力分析，需要先选定结构的计算简图。所谓计算简图，就是在对实际结构略去次要因素后得到的简化了的图形，是代替实际结构进行受力分析的力学模型。这是因为实际结构是很复杂的，要完全按照结构的真实情况进行力学分析，将很难办到，同时也不必要。

例如图 1-5（a）为一根中间悬吊有重物，两端搁置在砖墙上的横梁。尽管这一结构十分简单，但若要按照实际情况进行分析，首先无法确定梁两端的反力，因为反力沿墙宽的分布规律难以知道。由于墙宽比梁的长度小很多，因此可假定反力为均匀分布，并用墙宽中点的合力代替；因为梁的长度远大于截面的宽度和高度，现将梁用其轴线代替；考虑到支撑面的摩擦，梁不能自由移动，但温度改变时仍可伸缩，故将一端视为固定铰支座，另一端为活动铰支座；再忽略悬挂重物绳索的宽度，将重物视作梁上的集中力。这样，图1-5（a）所示的实际结构可便抽象和简化为图 1-5（b）所示的计算简图。

上述简化既体现了梁受集中力作用的特性，又使梁的反力、内力计算得到简化。可

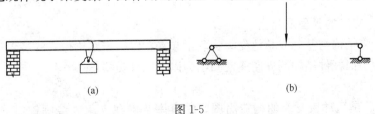

(a)　　　　　　　　　　　　(b)

图 1-5

见，选取计算简图应遵循以下原则：（1）尽可能正确地反映结构的实际情况，以使计算结果精确可靠；（2）忽略某些次要因素，力求使计算简便。

1.2.2 结构简化的内容

工程中的结构一般都是空间结构，如果根据结构的组成特点及荷载的传递路径等，在一定的近似程度上能够分解为若干个独立的平面结构，就可以把对整个空间结构的分析转化为对平面结构的分析，使计算大大简化，这就是结构体系的简化。某些空间结构（如梁板结构、框架结构、单层工业厂房等）简化为平面结构的讨论，将在后续的专业课中进行。本课程主要讨论对平面杆件结构的简化。

平面杆件结构的简化通常包括以下内容：（1）杆件的简化；（2）节点的简化；（3）支座的简化；（4）荷载的简化。

1.2.2.1 杆件的简化

组成平面杆件结构的各个杆件，其长度远大于截面的宽度和高度，无论杆件的材料、截面形状、所受荷载、两端约束有何不同，其变形都符合平面截面假设，而且截面内力只沿杆件长度方向变化。这样，在受力分析时，无需知道杆件截面形状，只要用形心表示出截面的位置，便可求出其内力。至于截面应力则可按照材料力学的方法确定。因此，在结构计算简图中，杆件就可以用各截面形心的连线——轴线来代替。

1.2.2.2 节点的类型及简化

在杆件结构中，各杆件相互连接的地方称为节点。确定计算简图时，通常将杆件和杆件的连接区域简化为铰节点和刚节点两种理想情况：

1. 铰节点

铰节点的特征是：与节点相连接的各杆端都可以绕节点自由转动，但不能有相对线位移。工程中，通过螺栓、铆钉、楔头、焊接等方式连接的节点，各杆虽不能绕节点任意转动，但连接不是很牢固或连接处刚性不大，仍可能有微小的相对转动，计算时常作为铰节点处理（图 1-6a），由此引起的误差在多数情况下是允许的。

铰节点只能传递力，不能传递力矩。

2. 刚节点

刚节点的特征是：汇交于节点的各杆端之间不能发生任何相对转动和相对线位移。工程中，现浇钢筋混凝土梁与柱连接的节点以及其他连接方法使节点的刚度很大时，计算简图中常简化为刚节点（图 1-6b）。

刚节点不但能传递力，也能传递力矩。

有时还会遇到在结构同一个节点处部分杆件之间刚接、部分杆件之间铰接的组合节点。例如图 1-6 (c) 所示节点 A，节点处 1、2 杆为刚性连接，3 杆与 1、2 杆则由铰连接。

1.2.2.3 支座的类型及简化

工程中，将结构与基础或其他支承物联系起来，以固定结构位置的装置叫做支座。在计算简图中，平面杆件结构的支座通常归纳为以下四种类型：

1. 活动铰支座

图 1-7 (a) 是活动铰支座的构造简图，它容许结构在支承处绕圆柱铰 A 转动和沿平

行于支承平面 $m-n$ 的方向移动，但不能沿垂直于支承平面的方向移动。根据这一约束特点，在计算简图中，可以用一根垂直于支承平面的链杆 AB 来表示（图 1-7b）。因为与链杆相连的结构可以绕铰 A 转动，链杆又可以绕铰 B 转动，当转动很微小时，A 点的移动方向可看成与 AB 垂直。显然，链杆 AB 对构件的约束与活动铰支座完全相同。活动铰支座反力 F_A 将通过铰 A 中心并与支承平面垂直，即反力的方向和作用点已知，大小未知。

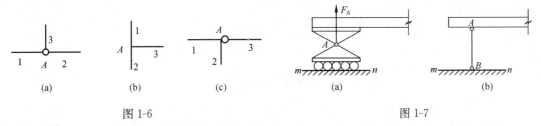

图 1-6 图 1-7

2. 固定铰支座

图 1-8(a)是固定铰支座的构造简图，它容许结构在支承处绕铰 A 转动，但不能有水平和竖直方向的移动。在计算简图中，这种支座可以用相交于 A 点的两根支承链杆来表示(图 1-8b、c)。固定铰支座的反力 F_A 作用点通过铰 A 的中心，但力的大小和方向未知，通常可用两个方向确定的分力，如水平分力 F_{Ax}、竖向分力 F_{Ay} 来表示。

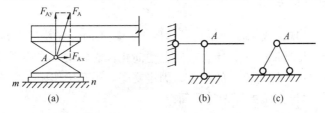

图 1-8

3. 固定支座

图 1-9(a)是固定支座的构造简图，它是将杆件一端嵌固在支承物中，使该端不能产生任何转动和移动。图 1-9(b)是固定支座的计算简图。显然，这种支座反力的大小、方向、作用点都是未知的，有三个未知量，通常是用水平反力 F_x、竖向反力 F_y 和反力偶矩 M 来表示。

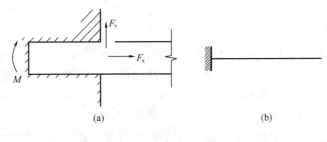

图 1-9

4. 定向支座

定向支座(又称滑动支座)的构造简图如图 1-10(a)所示，它是将杆件端部的上、下面用辊轴夹着并嵌入支承物中，使结构在支承处不能有转动和垂直于支承面的移动，但可以沿杆轴方向有不大的位移。在计算简图中，可用垂直于支承面的两根平行链杆表示(图1-10b)。定向支座的反力为一个垂直于支承面的集中力和一个力偶矩，通常用 F_y 和 M 表示。

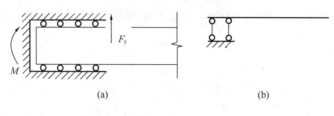

图 1-10

1.2.2.4 荷载的简化

作用于结构杆件上的荷载总是分布在一定范围(某一部分面积或体积)内的，而在计算简图中，杆件是用轴线表示的，因此，荷载也要简化为作用于杆轴上的力。当荷载作用范围与结构本身相比很小时，可以简化为集中力，例如悬挂在梁上的重物，梁作用于柱或墙上的力等。当荷载作用范围较大时，则可简化为沿杆轴方向分布的线荷载，如杆件自重、楼板作用于梁的力等。

1.2.3 结构简化示例

图1-11(a)是一个现浇式钢筋混凝土厂房屋架。施工时，先浇筑基础部分，再浇筑柱和梁，最后使全部屋架形成一个整体。按照上述简化作法，梁、柱各用其轴线代替，梁与柱连接处用刚节点表示，柱与基础的连接为固定支座，吊车梁作用于牛腿的力用集中力表示。于是可得图1-11(b)所示的屋架计算简图。

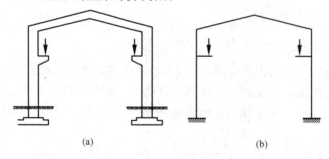

图 1-11

图1-12(a)所示为水工结构中的一个弧形闸门支架。确定计算简图时，将支架的杆件用其轴线代替；支架左下端和右端支承处各用活动铰支座和固定铰支座表示；支架各杆件的铆接节点用铰节点表示。简化后的计算简图如图1-12(b)所示，按此简图分析，内力计算将大为简化，同时也体现了支架各杆主要承受轴力的特性。

值得指出的是，要恰当地作出某一实际结构的计算简图，是一个综合性较强的问题，需要有结构计算的丰富经验以及对结构整体和各部分构造、受力情况的正确判断和了解。有时，对同一个结构，可以在初步设计时先选取一个次要因素忽略得多，且较粗略，便于分析的简图，而在最后设计中再采用忽略次要因素少、精确度高的计算图形，但计算会变

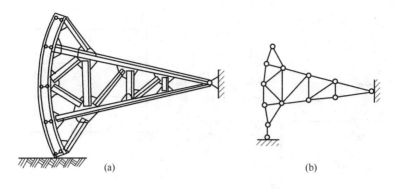

(a)　　　　　　　　　　(b)

图 1-12

得复杂。对一些比较复杂的新型结构，往往还要通过模型实验或现场实测，才能获得较合理的计算简图。不过，对于常用的结构形式，初学者可以直接利用前人已积累的经验，采用已有的计算简图。

1.3　平面杆件结构的分类

平面杆件结构是本书研究的主要对象，按其组成特征和受力特点可分为以下几类：

1. 梁

梁是一种受弯构件，其轴线通常为直线，可以是单跨的或多跨的，计算简图如图1-13所示。

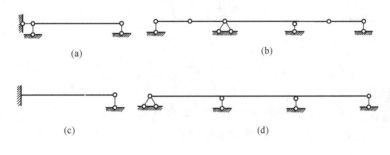

图 1-13

2. 刚架

刚架是由若干杆件主要用刚节点连接的结构，刚架各杆承受弯矩、剪力和轴力。图1-14 是其计算简图。

3. 桁架

桁架是由若干根直杆在两端用理想铰连接而成的结构，当桁架只受节点荷载时，各杆只产生轴力。图 1-15 所示是桁架的计算简图。

4. 拱

拱是由轴线为曲线的杆件组成且在竖向荷载作用下支座处会产生水平反力（又称水平推力）的结构。杆件截面内力一般有弯矩、剪力和轴力。由于水平推力的存在，使得拱内弯矩比同跨度、同荷载的梁的弯矩小很多。图 1-16 是拱的计算简图。

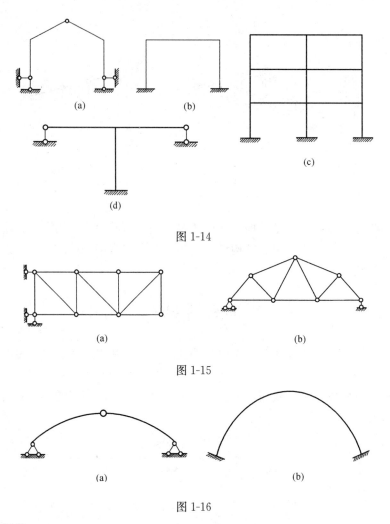

图 1-14

图 1-15

图 1-16

5. 组合结构

组合结构是由轴力杆和受弯杆件组合在一起的结构,轴力杆只承受轴力,受弯杆件则同时承受弯矩、剪力和轴力。图 1-17 所示是组合结构的计算简图。

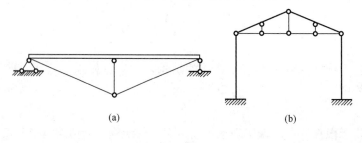

图 1-17

按照计算方法的不同,平面杆件结构又可分为静定结构和超静定结构。静定结构是指在任意荷载作用下,结构的全部反力和任一截面的内力都可以由静力平衡条件求得唯一确定的值。超静定结构的全部反力和内力除应用静力平衡条件外,还必须考虑变形条件才能求得。对结构进行受力分析,必须先要区分结构是静定的还是超静定的。

1.4 荷载的分类

荷载是作用于结构上的主动力，它将使结构产生内力或位移。工程中，作用于结构上的荷载是多种多样的，按照不同的划分角度，荷载主要有如下几类：

1. 按作用时间的久暂，荷载可分为恒载和活载。恒载（又称永久荷载）是指长期作用在结构上的荷载，如结构自重、土压力等。活载（又称可变荷载）是指暂时作用在结构上的荷载，如室内人群、风荷载、雪荷载等。

2. 按作用位置是否变化，荷载可分为固定荷载和移动荷载。固定荷载是指在结构上的作用位置是不变动的，如恒载、雪荷载等。移动荷载是指在结构上可移动的活载，如列车、汽车、吊车等对结构的作用。

3. 按作用范围的大小，荷载可分为集中荷载和分布荷载。若荷载作用面积比结构可承受荷载的面积小很多时，常将荷载简化为作用于一点的荷载，即集中荷载，如次梁对主梁的压力、吊车轮传给吊车梁的压力等。若荷载连续地分布在整个结构或结构某一部分上（不能看成集中荷载时），则为分布荷载，如屋面雪荷载、梁的自重、风荷载等。

4. 按作用性质的不同，荷载可分为静力荷载和动力荷载。静力荷载是指缓慢地作用到结构上，不致使结构产生显著的冲击或振动，因而惯性力的影响可以略去不计的荷载，如构件的自重、一般的楼面活荷载等。动力荷载是指随时间而急剧变化的荷载，它将引起结构的显著振动，产生不容忽视的加速度，因而必须考虑惯性力的影响，如打夯机产生的冲击荷载、地震作用等。

基于分类的出发点不同，荷载还有其他的分类方法，这里不一一列举。

应该指出，除荷载外结构还会因其他因素，例如温度改变、支座移动、制造误差、材料收缩等而产生内力或变形。

第2章　平面体系的几何组成分析

2.1　概　　述

前已述及，杆件结构通常是由若干杆件相互连接而组成的体系。工程中，结构必须是其各部分之间不致发生相对运动的体系，这样才能承受任意荷载并维持平衡。如图 2-1(a) 所示体系，当受到任意荷载作用时，若不考虑材料的微小变形，其几何形状与位置均能保持不变，这样的体系称为几何不变体系。而图 2-1(b)所示体系，即使在很小的荷载 F_P 作用下，也将发生机械运动而不能保持原有的几何形状，这样的体系称为几何可变体系。显然，几何可变体系是不能用来作为结构的。因此，在设计结构和选取其计算简图时，必须首先判别它是否为几何不变体系，从而决定能否采用。

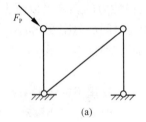 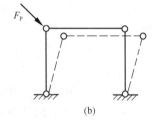

图 2-1

为了判别体系是否几何不变而对其几何组成所进行的分析，称为几何组成分析或机动分析。对体系进行几何组成分析的目的在于：

（1）判别体系是否几何不变，从而决定它能否作为结构；

（2）研究几何不变体系的组成规律，以保证所设计的结构能承受荷载并维持平衡；

（3）用于区分静定结构和超静定结构以及指导结构的受力分析。

在几何组成分析中，由于不考虑材料的变形，因此可以把一根梁、一根链杆或体系中已知是几何不变的部分看作一个刚体。平面体系中的刚体（即平面刚体）又称为刚片。

本章只讨论平面体系的几何组成分析。

2.2　平面体系的自由度

由于几何不变体系的各部分之间不能产生相对运动，因此分析平面体系的几何组成时，可以从体系平面运动的自由度和受到的约束两个方面来研究。

2.2.1　自由度

自由度是指体系运动时可以独立变化的几何参变量的数目，或者说确定体系位置所需要的独立坐标数目。

在平面内，确定一个点的位置需要 x 和 y 两个坐标，如图 2-2(a)所示。所以一个点的自由度为 2。

一个刚片在平面内运动时，其位置可由它上面任一点 A 的两个坐标 x、y 和过 A 点的任一直线 AB 的倾角 φ 来确定，如图 2-2(b)所示。因此一个刚片在平面内的自由度为 3。

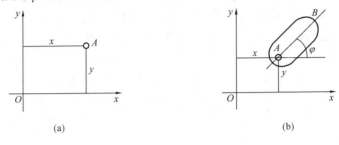

图 2-2

2.2.2 约束

若在某个几何可变体系中加入一些限制运动的装置，它的自由度将减少，这种限制体系运动的装置称为约束，也称联系。凡减少一个自由度的装置称为一个约束。最常见的约束是链杆和铰。

如图 2-3(a)所示，用一根链杆将一个刚片与地基相连，则该刚片不能沿链杆方向发生移动，确定刚片的位置只需两个独立坐标参数：链杆的倾角 φ_1 及刚片上过 A 点任一直线的倾角 φ_2，其自由度由 3 减少为 2，故一根链杆为一个约束。又如图 2-3(b)所示，用一个光滑圆柱铰把刚片Ⅰ和Ⅱ在 A 点连接起来，这种连接两个刚片的圆柱铰称为单铰。用单铰连接前，两个刚片的自由度为 6，连接后刚片Ⅰ和Ⅱ各自可绕 A 点独立转动(2 个自由度)，同时还有随 A 点的移动(2 个自由度)，自由度总数为 4。可见一个单铰相当于两个约束。

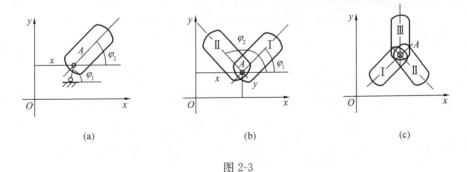

图 2-3

有时用一个圆柱铰同时连接几个刚片，这种连接三个或三个以上刚片的铰称为复铰。如图 2-3(c)所示，三个刚片原有 9 个自由度，用一个铰连接后，各自可绕 A 点转动（3 个自由度），再加上各刚片随 A 点的移动（2 个自由度），共 5 个自由度，从而减少 4 个自由度。可见，连接三个刚片的复铰相当于两个单铰的作用。类似地分析可知，连接 n 个刚片的复铰相当于（$n-1$）个单铰的作用。在图 2-4 所示的几种情况中，圆柱铰连接的刚片数

11

依次为 4、3、2，换算成单铰数则为 3、2、1。

此外，固定支座将使一根杆件不能产生任何移动和转动，因此固定支座的约束数为 3。

如果在体系中增加一个约束，而体系的自由度并不因此而减少，则此约束称为多余约束。例如，平面中的一根梁（为一个刚片），有 3 个自由度，用一根水平链杆和两根竖向链杆与基础相连，就可以固定不动，即真实自由度为零。但在图 2-5 所示梁中，多加了一根竖向链杆，体系仍为几何不变，真实自由度仍然为零。因此，三根竖向链杆中有一根是多余约束。现把竖向链杆中的任一根视作多余约束，将其去掉，剩余链杆便是使体系几何不变所必需的约束，称为必要约束。可见，只有必要约束才能减少体系的自由度，而多余约束对保持体系几何不变是不必要的，但从改善结构的受力和使用方面考虑有时是需要的。

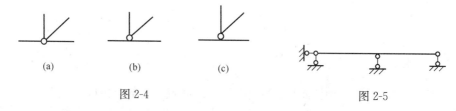

图 2-4 　　　　　　　　　　　　　　图 2-5

2.2.3　平面体系的计算自由度

平面体系通常由若干刚片彼此用铰连接，再用支座链杆与基础相连而成。设体系的刚片数为 m，单铰数（包括复铰换算的单铰）为 h，支座链杆数为 r，则各刚片均不受约束时的自由度总数为 $3m$，体系受到的约束总数为 $(2h+r)$，假设每个约束都能减少一个自由度，则体系受约束后的自由度为：

$$W=3m-2h-r \tag{2-1}$$

以图 2-6 为例，链杆 BD、EF、FG 均可视作刚片；AED 部分由两个直杆刚接在一起，彼此之间无任何相对运动，故可作为一个刚片；同样 CGD 部分也作为一个刚片，刚片总数 $m=5$。节点 E、F、G 均为连接两个刚片的单铰，节点 D 为连接三个刚片的复铰，换算后的单铰数 $h=5$。支座链杆数 $r=4$。由式（2-1）可得

$$W=3\times5-2\times5-4=1$$

自由度数是 1，故为几何可变体系。

应用式（2-1）时，应注意 h 代表的单铰数目不包括刚片与支座链杆连接的铰。

然而 W 并不一定是体系的真实自由度数，因为这还与体系中是否具有多余约束有关。如图 2-7 所示的两个体系，它们均为 $m=9$，$h=12$，$r=3$，由式（2-1）求得自由度都

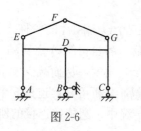

图 2-6

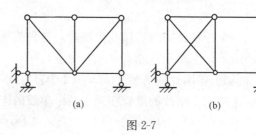

图 2-7

是 $W=0$。但只有图 2-7(a)所示体系的真实自由度与计算结果一致，而图 2-7(b)所示体系，左边部分有多余约束，右边部分又缺少约束，并非每个杆件的自由度都为零，因而是几何可变的。又如，图 2-5 所示梁是静止不动的，真实自由度为零，但按式（2-1）求得 $W=-1$。可见，W 并不能反映体系自由度的真实情况，为此称 W 为计算自由度。

如图 2-7 所示体系那样，完全是由两端用铰连接的杆件所组成的体系，称为铰接链杆体系。这类体系的 W 值，除式（2-1）外，还可用下面更简便的公式计算。若以 j 代表体系的铰节点数，b 代表杆件数，r 代表支座链杆数，则各铰节点不受约束时的自由度数为 $2j$，设每根杆件都起一个约束的作用，则体系的约束总数为 $(b+r)$，于是可得体系的计算自由度数为：

$$W = 2j - (b+r) \tag{2-2}$$

仍以图 2-7 所示体系为例，按式（2-2）计算时，$j=6$，$b=9$，$r=3$，于是

$$W = 2 \times 6 - 9 - 3 = 0$$

可见两个公式计算结果相同。

若不考虑体系与基础的连接，即 $r=0$，则体系本身在平面内有 3 个自由度，此时只需检查体系本身各部分之间相对运动的自由度（简称为内部自由度），用 V 表示。显然，在式（2-1）和式（2-2）中，用 $(V+3)$ 代替 W，并取 $r=0$，便可得到一般体系和铰接链杆体系内部的计算自由度分别为：

一般体系：$\qquad\qquad\qquad V = 3m - 2h - 3 \tag{2-3}$

铰接链杆体系：$\qquad\qquad V = 2j - b - 3 \tag{2-4}$

几何不变体系要求每个刚片都不能发生运动，因此体系真实自由度为零。显然，若体系中存在能够发生运动的刚片，该刚片自由度就大于零，体系必然为几何可变体系。

计算自由度 W（或 V）仅仅表示体系自由度总数与约束总数之差，是体系真实自由度的下限。若按式(2-1)～式(2-4)求得的结果为：

（1）W（或 V）>0，表明体系缺少必要约束，不满足必要条件，无论有无多余约束，都是几何可变体系；

（2）W（或 V）$=0$，表明体系具有几何不变的最少约束，但不知是否有多余约束，因此不能判别体系是否几何不变；

（3）W（或 V）<0，表明体系具有多余约束，但不知是否缺少必要约束，因此不能判别体系是否几何不变。

总之，只有 W（或 V）>0，才能确定体系是几何可变，而 W（或 V）$\leqslant 0$，无法说明体系是否几何不变。为此就必须对体系的几何组成进行分析，判别体系是否缺少必要约束，是否有多余约束。对体系进行几何组成分析，需要先介绍几何不变体系的基本组成规则。

2.3　几何不变体系的基本组成规则

1. 三刚片规则

三个刚片用不在同一直线上的三个单铰两两相连，所组成的体系几何不变，且无多余约束。

如图 2-8（a）所示三个刚片，是按三刚片规则组成的，现证明它是无多余约束的几何不变体系。

假定刚片 I 不动，并暂时把铰 C 拆开。由于刚片 II 与刚片 I 用铰 A 相连，故刚片 II 只能绕铰 A 转动，其上的 C 点也只能是在以 A 为圆心，以 AC 为半径的圆弧上运动；类似地，刚片 III 与刚片 I 用铰 B 相连，其上的 C 点也只能是在以 B 为圆心，以 BC 为半径的圆弧上运动。而实际上刚片 II、III 是用铰 C 连接在一起的，即 C 点既是刚片 II 上的点，也是刚片 III 上的点，它不可能同时沿两个方向不同的圆弧运动，而只能在两个圆弧的交点处不动。于是各刚片之间不可能发生任何相对运动，故体系是几何不变的，且无多余约束。

2. 两刚片规则

两个刚片用一个铰及一根不过该铰的链杆相连，所组成的体系几何不变，且无多余约束；或者两个刚片用三根既不全平行也不全汇交于一点的链杆相连，所组成的体系几何不变，且无多余约束。

两刚片规则的第一种情形的正确性是容易证明的。如图 2-8（b）所示，刚片 II、

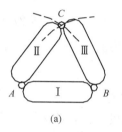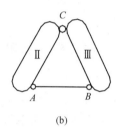

图 2-8

III 用铰 C 和不过 C 点的链杆 AB 相连，若将链杆视作刚片，就得到与图 2-8（a）相同的情况，显然体系是几何不变的，且无多余约束。

为了证明两刚片规则的第二种情形的正确性，需要先介绍虚铰的概念。

图 2-9 所示为两个刚片用两个链杆相连，假定刚片 I 不动，则刚片 II 在运动时，链杆 AB 将绕 A 点转动，B 点将沿与 AB 杆垂直的方向运动，同时链杆 CD 将绕 C 点转动，D 点也将沿着与 CD 杆垂直的方向运动，就好像刚片 II 绕 AB 杆与 CD 杆延长线的交点 O 转动，不过这种转动是瞬时的，不同的时刻，O 点的位置将不同，故 O

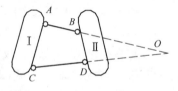

图 2-9

点称为刚片 I、II 的相对转动瞬心。刚片 I、II 用两个链杆约束后，如同两刚片在 O 点用一个铰相连，由于这个铰的位置在两根链杆轴线的延长线上，而且随着链杆的运动而变动，故将这种铰称为虚铰。可见，两个刚片用两个链杆相连，其作用相当于一个铰。

图 2-10 所示为两个刚片用三根既不全平行也不全汇交于一点的链杆相连的几种情况。由于三根链杆不全平行，因此其中必有两根链杆（图 2-10 中的 1、2 杆）相交于一点，相当于一个铰，三根链杆又不全汇交一点，因此剩下的一根链杆（图 2-10 中的 3 杆）也不

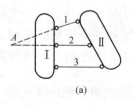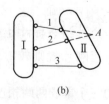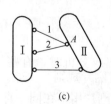

图 2-10

会过该交点，这就与两刚片规则中的第一种情形相同。因此，所组成的体系几何不变，且无多余约束。

3. 二元体规则

在一个刚片上增加一个二元体，所组成的体系几何不变，且无多余约束。

所谓二元体是指用两根不在同一直线上的链杆连接一个新节点的装置。

下面结合图 2-11 说明二元体规则的正确性。刚片（图中阴影部分）本身是几何不变的，通过链杆 1、2 在节点 C 连接（即增加二元体），由此所得体系符合三刚片规则，故体系仍为几何不变，且无多余约束。

由二元体的性质可知，在一个体系上增加或拆除二元体，都不会改变原体系的几何不变性或可变性。因为在平面内一个节点有两个自由度，而不共线的两根链杆刚好减少新节点的两个自由度，因此增加或拆除二元体也就不会改变原体系的几何组成性质。这就是说，在一个几何不变体系上增加或拆除二元体，所得体系仍为几何不变；在一个几何可变体系上增加或拆除二元体，所得体系仍为几何可变。可见，用二元体规则分析某一体系时，可以从体系的一个简单几何不变部分开始，用增加二元体的办法判别，也可以在原体系上用拆除二元体的方法分析。

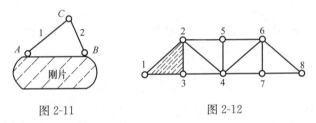

图 2-11　　　　　　　　　图 2-12

如图 2-12 所示桁架，若以铰接三角形 1-2-3 为基础（由三刚片规则知，它是几何不变的，且无多余约束），增加 2-4、3-4 杆组成的二元体，得到节点 4，仍为无多余约束的几何不变体系；再以其为基础，依次增加二元体，得到节点 5、6、…，最后组成如图 2-12 所示的桁架，由二元体规则可知，该体系为几何不变，且无多余约束。也可以从节点 8 开始，依次去掉二元体，最后剩下铰接三角形 1-2-3，故可知原体系也是几何不变，且无多余约束。

三个基本组成规则描述了最简单又无多余约束的几何不变体系的组成方式，既规定了体系几何不变所必需的最少约束数目，又规定了各约束应遵循的布置方式。如果体系完全符合基本组成规则，就一定是没有多余约束的几何不变体系。如果体系除了符合基本组成规则外，还有另外的约束，便是具有多余约束的几何不变体系，这些另外的约束数目就是体系的多余约束数目。

三个基本组成规则之间有其内在联系，如图 2-11 所示体系，它符合二元体规则；若将链杆 1、2 视作刚片也符合三刚片规则；若将链杆 1 视作刚片，它与大刚片的连接又符合两刚片规则。可见，三个基本组成规则实质上是同一个规则的不同表述。只是在几何组成分析时，有些情况用两刚片规则较方便，有些情况用二元体规则或三刚片规则较方便。

2.4 基本组成规则的充分条件

上一节所述三个基本组成规则都有其限制条件，它们是体系几何不变且无多余约束的必要条件和充分条件。例如，三刚片要用三个单铰相连；两刚片要用三根链杆或者一个铰和一根链杆相连；一个新节点和一个刚片要用两根链杆相连等，是组成几何不变体系的必要条件。连接三刚片的三铰不能共线；连接两刚片的三根链杆不能全平行也不能全汇交于一点，或者连接两刚片的铰和链杆不能共线；连接新节点和刚片的两根链杆不能共线等，则是充分条件。如果必要条件不满足，体系将因缺少必要约束而成为几何可变。本节进一步说明，如果充分条件不满足，体系也是几何可变的。

如图 2-13 所示，三个刚片用共线的三个单铰 A、B、C 两两连接。若刚片Ⅲ不动，刚片Ⅰ、Ⅱ将分别绕铰 A、B 转动，由于铰 C 位于以 AC 和 BC 为半径的两个相切圆弧的公切线上，从运动的角度看，铰 C 可沿此公切线作微小运动，体系的几何形状将会改变。不过一旦发生微小运动后，A、B、C 三铰便不再共线，运动也就不会继续进行。由于体系几何形状的改变发生在运动开始的瞬间，故称为瞬变体系。瞬变体系既然是瞬时可变，因此也就是几何可变体系。

瞬变体系是绝不能用作结构的，这可以通过图 2-14 所示体系说明。体系在 F_P 作用下由平衡条件可求得 AC 杆和 BC 杆的轴力：

$$F_N = \frac{F_P}{2\sin\theta}$$

当 A、B、C 三铰趋于同一直线，即 $\theta \rightarrow 0$ 时，若 $F_P \neq 0$，则 $F_N \rightarrow \infty$；若 $F_P = 0$，则 F_N 为不定值。这表明，瞬变体系在荷载作用下，内力将会无限大；当 θ 很小时，即使在很小的荷载作用下，也将使杆件产生很大的内力。可见，不但瞬变体系不能用作结构，就是接近瞬变的体系也应避免用作结构。

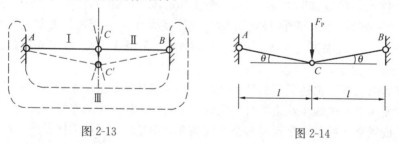

图 2-13   图 2-14

在图 2-13 所示体系中，如将刚片Ⅰ、Ⅱ视作链杆，就成为在刚片Ⅲ上用两根共线的链杆连接一个新节点 C；而如果将刚片Ⅰ、Ⅲ视作由铰 A 和链杆Ⅱ连接而成，就成为两刚片用一个铰和通过此铰的一根链杆相连。可见，不满足二元体的充分条件以及两刚片用一个铰及一根链杆相连的充分条件，所组成的体系也都是瞬变体系。

如图 2-15（a）所示，两个刚片用三根全平行但长度不等的链杆相连，此时，两刚片可以发生与链杆垂直方向的相对移动，但经过一个微小运动后三杆便不再全平行，也不会全汇交于一点，体系成为几何不变的，故原体系属于瞬变体系。若三根链杆互相平行且等长时（图 2-15b），两刚片之间的相对运动可一直继续下去，这种刚体运动能够持续发生的

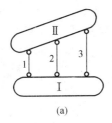 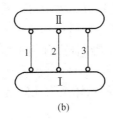 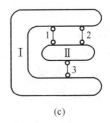

（a） （b） （c）

图 2-15

几何可变体系称为常变体系。必须指出，当平行且等长的三杆是从刚片异侧连出时（图 2-15c），体系仍为瞬变。

图 2-16（a）所示为两个刚片用三根延长后交于一点的链杆相连，此时，两个刚片可以绕 A 点作相对转动，但发生微小转动后，三杆就不再全汇交于一点，从而不再继续发生相对转动，因此为瞬变体系；若三根链杆直接交于一点（图 2-16b），则为常变体系。

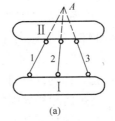 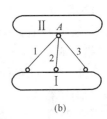

（a） （b）

图 2-16

可见，不满足两刚片用三根链杆相连的充分条件，所组成的体系不是瞬变体系就是常变体系。

总之，凡是不满足三个基本组成规则限制条件的体系，不是瞬变体系就是常变体系。瞬变体系和常变体系都是几何可变体系，是工程结构不允许采用的体系。

2.5 几何组成分析示例

判别一个体系是否几何不变，可先求体系的计算自由度，若 W（或 V）> 0，则体系几何可变；若 W（或 V）$\leqslant 0$，再作几何组成分析。不过对于不太复杂的体系，常常不用求 W（或 V），而是直接进行几何组成分析。

对体系进行几何组成分析，可采用"按照规则，灵活搭撤"的方法。这里，"规则"就是几何不变体系的三个基本组成规则。

1. "撤"　如果体系有二元体，可优先逐个撤除；或者体系与基础的连接符合两刚片规则，可以撤除基础和与之相连的约束，只分析体系本身。这样做能使杆件减少，便于分析。

2. "搭"　二元体规则是在一个刚片上搭接一个新节点，两刚片规则是在一个刚片上搭接一个刚片，三刚片规则是在一个刚片上搭接两个刚片。因此，可在体系中先找出某个几何不变部分（如铰接三角形、梁、刚片），并以此为基础，按基本组成规则，搭接成更大的刚片；然后观察体系中有几个这样的大刚片，看它们是否符合三刚片或两刚片规则。

3. "灵活"　体系是由刚片和约束组成的，分析时根据基本规则的需要，可以将刚片与约束的角色灵活转换。例如，一根链杆可以看做一个刚片，也可以看做一个约束；不共线的两根链杆用铰连接可作为二元体，也可看成两个刚片，还可以当成一个铰；一根梁

17

（直杆、曲杆、折杆）、一个几何不变部分、大地可以看成一个刚片；反之，只用两个铰与其他部分相连的一个刚片也可以看做一根链杆。通过灵活转换各杆件的角色，观察它们能满足哪个基本组成规则的条件，从而得出体系几何不变或可变的结论。

下面举例加以说明。

【例 2-1】 试对图 2-17(a)、(b)所示体系作几何组成分析。

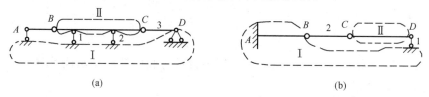

(a)　　　　　　　　　　　　　　(b)

图 2-17

【解】 对图 2-17（a）所示体系，先"撤"除连接节点 A 的二元体；然后把地面连同固定铰支座 D 看做刚片Ⅰ，杆件 BC 看做刚片Ⅱ；刚片Ⅰ、Ⅱ和链杆 1、2、3 按两刚片规则"搭"成几何不变体系。故原体系几何不变且无多余约束。

对图 2-17(b)所示体系，把地面连同杆件 AB 看做刚片Ⅰ，杆件 CD 看做刚片Ⅱ，两刚片只有链杆 1、2 连接，不满足两刚片规则的必要条件，故体系几何可变。

【例 2-2】 试对图 2-18(a)、(b)所示体系作几何组成分析。

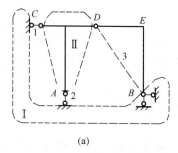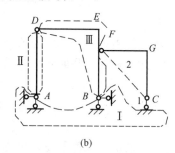

(a)　　　　　　　　　　　　　　(b)

图 2-18

【解】 对图 2-18（a）所示体系，把地面连同支座 B 看做刚片Ⅰ，Ｔ形杆件 ACD 看做刚片Ⅱ，杆件 DEB 看做一根链杆；刚片Ⅰ、Ⅱ通过链杆 1、2、3 "搭"接，符合两刚片规则。结论：体系几何不变，且无多余约束。

对图 2-18(b)所示体系，把大地和支座 A、B 看做刚片Ⅰ，杆件 AD 和 DEFB 看做刚片Ⅱ、Ⅲ，三个刚片由不共线的三个铰 A、B、D 搭接，符合三刚片规则，为几何不变体系。在此基础上增加一个二元体得到节点 C，体系仍为几何不变，且无多余约束。

【例 2-3】 试对图 2-19(a)、(b)所示体系作几何组成分析。

【解】 对图 2-19（a）所示体系，先由节点 K "撤"除二元体。对剩下的部分，以铰接三角形 ABF 为基础，增加二元体 AG—FG，得到 AFGB，视作刚片Ⅰ；再以三角形 DEH 为基础，按节点 G、C 的顺序增加二元体，扩大为 CGHE，视作刚片Ⅱ；刚片Ⅰ、Ⅱ通过铰 G、链杆 BC 连接，符合两刚片规则，结论：体系几何不变，且无多余约束。

对图 2-19(b)所示体系，虚线所围部分为几何不变（请读者自行分析），作为刚片Ⅰ；铰接三角形 ABF 视作刚片Ⅱ；刚片Ⅰ、Ⅱ之间除用三根既不全平行、也不全交于一点的

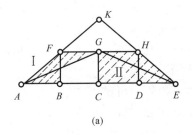
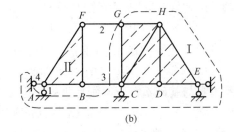

图 2-19

链杆 1、2、3 相连外，还有一根链杆 4。故体系几何不变，且有 1 个多余约束。

【例 2-4】 试对图 2-20（a）所示体系作几何组成分析。

【解】 图 2-20（a）所示铰接体系，其本身与基础符合两刚片规则，只需分析体系本身，如图 2-20（b）所示。按节点 1、7、5、2、8 的顺序依次"撤"除二元体。剩下 4-3-6-9-10 部分如图 2-20（c）所示，组成节点 6 的两杆共线，不符合二元体规则。故原体系几何瞬变。

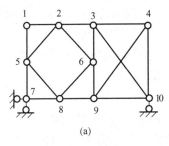 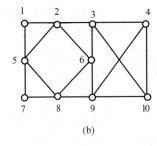 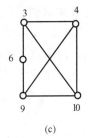

图 2-20

【例 2-5】 试对图 2-21（a）所示体系作几何组成分析。

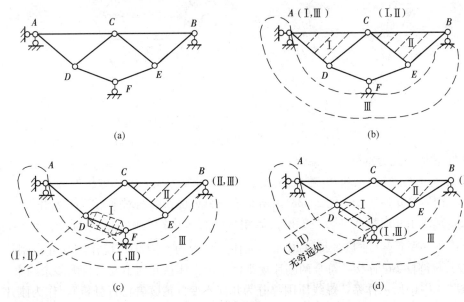

图 2-21

19

【解】 由式（2-2）求体系的计算自由度：

$$W = 2j - (b + r) = 2 \times 6 - (8 + 4) = 0$$

体系满足几何不变的必要条件，为了确定体系是否几何不变，还需进行几何组成分析。

体系本身与基础不符合两刚片规则，也无二元体可撤除，可试以"搭"的方式分析。按习惯性思维，把三角形 ACD 与 CBE 看做刚片Ⅰ和Ⅱ，把基础连同支座 A 看做刚片Ⅲ，如图 2-21（b）所示。但只找到连接刚片Ⅰ、Ⅱ的铰 C 和刚片Ⅰ、Ⅲ的铰 A，找不到刚片Ⅱ、Ⅲ之间的单铰，无法得出分析结果。为此，应另选搭接方式。若把杆件 DF 看做刚片Ⅰ，三角形 CBE 与基础看做刚片Ⅱ和Ⅲ，如图 2-21（c）所示。可得各刚片之间的约束情况：

刚片Ⅰ、Ⅲ——通过链杆 AD 和支座链杆 F 连接，虚铰为 AD 与链杆 F 的交点。

刚片Ⅱ、Ⅲ——通过链杆 AC 和支座链杆 B 连接，虚铰为 AC 与链杆 B 的交点 B。

刚片Ⅰ、Ⅱ——通过链杆 CD 和链杆 EF 连接，虚铰为 CD 与 EF 的交点。

三个虚铰不在同一直线上，符合三刚片规则。故体系几何不变，且无多余约束。

本例中，如果体系如图 2-21（d）所示那样，连接刚片Ⅰ、Ⅲ的虚铰在 F 点，刚片Ⅱ、Ⅲ的虚铰在 B 点，刚片Ⅰ、Ⅱ的虚铰 O 在无穷远处（杆 CD 与 EF 平行），且其方向与虚铰 B、F 的连线相同，可看做三个虚铰在同一直线上，此时体系是瞬变的。

在几何组成分析时，虚铰在无穷远的情况常会遇到。为了正确判断体系是否几何不变，现将三刚片体系中虚铰位于无穷远处的几种情况归纳如下：

1. 一个虚铰在无穷远处

图 2-22（a）所示为只有一个虚铰 O_{12} 在无穷远处。若组成无穷远虚铰的两平行杆件与另外两个铰 O_{13} 和 O_{23} 的连线不平行，则体系几何不变，否则体系几何瞬变（图 2-22b）。

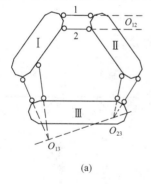
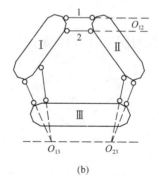

(a)　　　　　　　　　　　　　　(b)

图 2-22

2. 两个虚铰在无穷远处

图 2-23 所示为虚铰 O_{13} 和 O_{23} 在无穷远处。此时，若组成无穷远虚铰的两对平行杆件互不平行，则体系几何不变（图 2-23a）。若组成无穷远虚铰的两对平行杆件互相平行，但不全等长，则体系几何瞬变（图 2-23b）。若组成无穷远虚铰的两对平行杆件互相平行且等长，则体系几何常变（图 2-23c）。

3. 三个虚铰在无穷远处

三个刚片用三对平行链杆两两相连的情况，一般是瞬变体系，但当每对平行链杆各自等长且都是从每个刚片的同一侧连出时，则是几何常变体系。

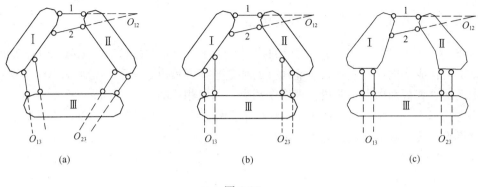

图 2-23

2.6 几何组成与静定性的关系

按照体系的几何组成，可分为几何不变体系和几何可变体系，其中几何不变体系包括无多余约束（静定的）和有多余约束（超静定的）两类；几何可变体系又分为常变体系和瞬变体系。可见，几何组成分析除了可以判定体系是否几何不变外，还可以判定体系是否静定。下面来讨论各种几何组成体系与静力学解答之间的关系。

2.6.1 几何常变体系

对于几何常变体系，由于其在任意荷载作用下不能维持平衡而发生运动，即平衡条件不能成立。例如图 2-24（a）所示几何可变体系，在图示荷载作用下，无法列出各力沿水平方向的平衡方程，所以无静力学解答。

2.6.2 几何瞬变体系

如图 2-24（b）所示几何瞬变体系，在荷载 F_P 作用下，由 $\Sigma M_A = 0$ 可求得 B 支座反力 F_{BX} 为无穷大，也就是无静力学解答。在某些特殊荷载作用下，例如 F_P 的作用线与杆轴重合时，其内力为不定值，即静力学解答有无穷多个，此时属于超静定的。

2.6.3 无多余约束的几何不变体系

图 2-24（c）所示为一无多余约束的几何不变体系。取杆件 AB 为隔离体，外力与支座反力构成平面任意力系，于是由平面任意力系的三个平衡方程可求得三个支座反力，进而用截面法可以计算出任一截面的内力，对于确定的荷载必然有确定的解答。由此可知，无多余约束的几何不变体系有唯一的静力学解答，所以体系是静定的。

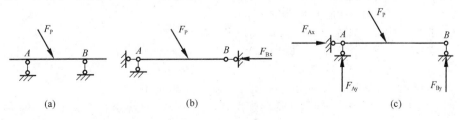

图 2-24

21

2.6.4　有多余约束的几何不变体系

图 2-25（a）所示为有一个多余约束的几何不变体系，若取杆件 AB 为隔离体，则外力与支座反力构成平面任意力系，所能建立的独立平衡方程只有三个，无法求出四个支座反力，也无法计算截面内力。假设去掉多余约束，而以相应的力 X_1 代替（图 2-25b），此时体系仍为几何不变，不论 X_1 为何值，力系都能满足静力平衡条件。所以，单靠平衡方程无法求得唯一确定的解答，体系为超静定的。

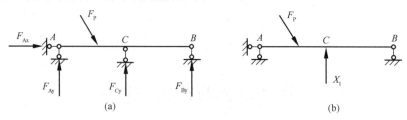

图 2-25

对于几何不变体系，无论有无多余约束，都能够承受任意荷载并维持平衡。一般地，一个几何不变体系是由 m 个刚片用 h 个单铰和 r 根支座链杆连接而成。由于每个刚片都是静止平衡的，因此可建立 $3m$ 个平衡方程。每个单铰有两个约束力，每根支座链杆有一个反力，故单铰和支座链杆共有（$2h+r$）个未知力。当体系为几何不变且无多余约束时，自由度为零，即 $W = 3m-(2h+r) = 0$，于是有 $3m=2h+r$。此时平衡方程数目等于未知力数目，必有一组唯一确定的解答，体系是静定的；当体系为几何不变并且有多余约束时，其 $W = 3m-(2h+r) < 0$，即 $3m < 2h+r$，此时平衡方程数目少于未知力数目，解答有无穷多组，因此仅靠平衡条件无法求得唯一确定的解答，体系是超静定的。

综上所述，只有无多余约束的几何不变体系才有唯一确定的静力学解答，是静定的。或者说，静定结构的几何组成特征是几何不变且无多余约束，其静力学特征是对于给定的荷载，仅仅依靠静力平衡条件就能求出全部的反力和内力，而且是唯一确定的解答。凡是按照几何不变体系的基本组成规则组成的体系，就都是静定结构，而在此基础上还有多余约束的结构，便是超静定结构。因此，可以从体系的几何组成这一特征来判定一个结构是静定的还是超静定的。

思　考　题

1. 什么是平面体系的计算自由度？计算自由度小于等于零，体系是否一定为几何不变？
2. 试述几何不变体系的几个基本组成规则。它们之间有何联系？
3. 为什么说几何瞬变体系不能作为结构被采用？
4. 试简述对平面体系"灵活"、"搭"、"撤"的分析方法。
5. 平面体系在静力学解答方面的特性是什么？

习　　题

2-1～2-2　试求图示体系的计算自由度。

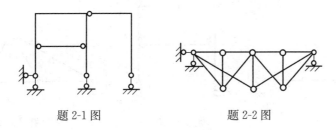

题 2-1 图   题 2-2 图

2-3～2-17 对图示体系作几何组成分析（若为几何不变体系，需指出有无多余约束及有多少多余约束；若为几何可变体系，需指出常变或瞬变）。

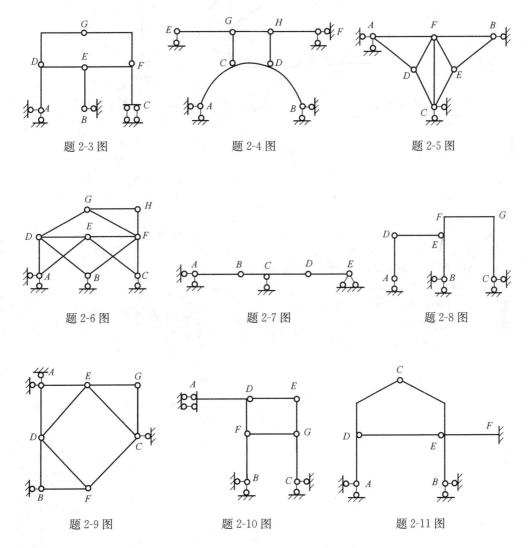

题 2-3 图   题 2-4 图   题 2-5 图

题 2-6 图   题 2-7 图   题 2-8 图

题 2-9 图   题 2-10 图   题 2-11 图

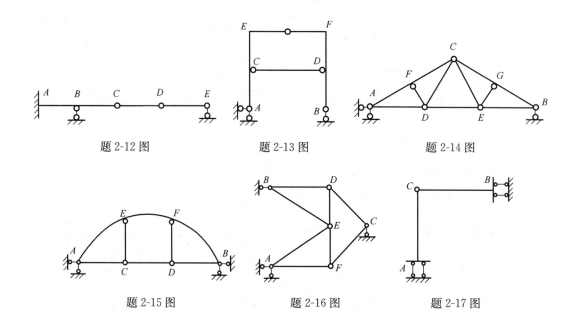

题 2-12 图　　　　　题 2-13 图　　　　　题 2-14 图

题 2-15 图　　　　　题 2-16 图　　　　　题 2-17 图

答　案

2-1　—1

2-2　0

2-3、2-9、2-10、2-13、2-16、2-17　几何不变，无多余约束

2-4　几何不变，有 1 个多余约束

2-5、2-14、2-15　几何不变，有 2 个多余约束

2-11　几何不变，有 4 个多余约束

2-6、2-7　几何瞬变

2-8、2-12　几何常变

第3章 静定结构的受力分析

静定结构的受力分析是整个结构力学的基础。对结构进行受力分析，主要包括：求支座反力；计算指定截面的内力；绘制内力图；各类结构受力性能的分析。在各类静定结构计算中，静力平衡条件、叠加原理是最基本的知识，<u>应真正掌握、熟练应用</u>。

3.1 静定结构内力分析基础

本节结合图 3-1 所示的单跨静定梁（悬臂梁、简支梁和外伸梁），介绍静定结构受力分析的基本知识和基本方法。本节内容不仅是单跨静定梁，而且也是其他各类静定结构受力分析的基础。

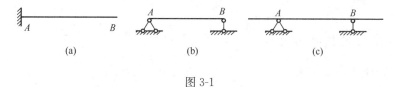

图 3-1

3.1.1 求支座反力

计算平面静定结构的支座反力，属于平面一般力系问题，且所有反力均可通过静力平衡条件求解。当结构的支座反力不超过三个时，可用平面一般力系三个独立的平衡方程求出，并能做到每个方程只含一个未知力。超过三个时，通过结构整体及各组成部分的平衡条件，一般也能作到一个方程只含一个未知力，具体计算将在以下几节讨论。

单跨静定梁的支座反力只有三个，可由截面法求出，传统做法是：取隔离体；画受力图；求未知力，即由

$$\Sigma F_x = 0, \ \Sigma F_y = 0, \ \Sigma M_0 = 0 \tag{3-1}$$

列出含有未知力的平衡方程并求解。

由平衡条件知，在式（3-1）中，如果将未知力单独放在等号左边，则在投影方程中，等号右边就是隔离体上所有外力在未知力方向投影的代数和，且与未知力设定的指向相反者取正值（反向为正）；在力矩方程中，等号右边就是隔离体上所有外力对矩心的力矩代数和，且与未知力矩设定的转向相反者为正（反向为正）。用公式可表示为：

$$F_{Ax} = \Sigma F_{Pix}, F_{Ay} = \Sigma F_{Piy}, \ M_C = \Sigma M_{ci}, \ F_B l = \Sigma M_i \ 或 \ F_B = \frac{1}{l} \Sigma M_i \tag{3-2}$$

式中 F_{Ax}、F_{Ay}、F_B ——支座 A、B 的反力；

            M_C ——支座 C 的反力矩；

            l —— F_B 至矩心的距离；

      F_{Pix}、F_{Piy} ——隔离体上第 i 个外力在 x、y 方向的投影；

M_i——第 i 个外力对矩心的外力矩。

"Σ"中各项值的正负号符合反向为正的规律，简称反为正或反正。求出的结果为正，则未知力所设方向与实际相同，为负则相反，并在计算结果的后面用箭头标出力的实际方向，这就是反正法。反正法无须画出隔离体及其受力图，在结构上标出支座反力后，由式（3-2）可直接求出结果，它其实就是截面法的简化作法。

例如图 3-2 所示外伸梁，用反正法时，先设定反力的指向（图 3-2），按式（3-2）可直接计算如下：

由 $\Sigma F_x = 0$ 得　$F_{Ax} = 0$

由 $\Sigma M_B = 0$ 得　$F_{Ay} = \dfrac{1}{8} \times (8 \times 10 - 16 + 2 \times 4 \times 2) = 10\text{kN}$（↑）

由 $\Sigma F_y = 0$ 得　$F_{By} = 8 + 2 \times 4 - F_{Ay} = 6\text{kN}$（↑）

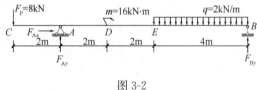

图 3-2

3.1.2　求指定截面的内力

在任意荷载作用下，梁横截面上有三个内力分量：轴力 F_N、剪力 F_Q、弯矩 M，如图 3-3 所示。内力的正负号规定如下：轴力以拉力为正；剪力以绕隔离体顺时针转为正；弯矩以使梁下侧纤维受拉为正。若以第一个字表示截面朝向，第二个字表示内力正方向，则截面上的轴力可简称：左左、右右，即朝向左（右）的截面，正轴力指向左（右）；类似地截面上的剪力简称为：左上、右下；截面上的弯矩简称为：左顺、右逆。

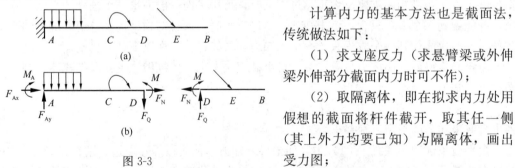

(a)

(b)

图 3-3

计算内力的基本方法也是截面法，传统做法如下：

（1）求支座反力（求悬臂梁或外伸梁外伸部分截面内力时可不作）；

（2）取隔离体，即在拟求内力处用假想的截面将杆件截开，取其任一侧（其上外力均要已知）为隔离体，画出受力图；

（3）列平衡方程求出内力。由材料力学知，截面内力与隔离体的外力关系如下：

轴力＝截面一侧隔离体上所有外力沿截面法线方向投影的代数和；

剪力＝截面一侧隔离体上所有外力沿截面方向投影的代数和；

弯矩＝截面一侧隔离体上所有外力对截面形心力矩的代数和。

计算表明，在上述内力计算式中，隔离体上的外力与截面内力也有反向为正的规律。因此内力计算可进一步简化，做法是：

① 取隔离体。用手或纸遮住所求截面的任一侧（相当于截面法中去掉的部分），留下

部分即为隔离体，隔离体上的所有外力必须为已知。

② 求内力。将所求内力写在等号左侧，按照反向为正的规律可有：

在轴力计算式中，等号右侧隔离体上的外力与截面正轴力指向相反者取正号，相同取负号，并求和；

在剪力计算式中，等号右侧隔离体上的外力与截面正剪力指向相反者取正号，相同取负号，并求和；

在弯矩计算式中，等号右侧隔离体上的外力对截面形心力矩的转向与截面正弯矩转向相反者取正号，相同取负号，并求和。

若以等号左侧的第一个字表示截面朝向，第二个字表示内力正方向，等号右侧第一个字表示隔离体外力（力矩）取正号的指（转）向，可得内力计算短语如下：

左左＝右为正，右右＝左为正（求轴力）；左上＝下为正，右下＝上为正（求剪力）；左顺＝逆为正，右逆＝顺为正（求弯矩）。

③ 结果。以上计算若为正，在轴力后面标"拉力"；剪力后面标"顺针转"或"顺针"；弯矩后面标"下侧受拉"或"下拉"，为负则相反。

这就是求截面内力的反正法。

仍以图 3-2 所示梁为例，截面内力用反正法计算如下：

求 F_{QA}^{L}　　从支座 A 稍左处遮住梁的右侧，留下部分截面朝右，按内力计算短语"右下＝上为正"，可写出

$$F_{QA}^{L} = -8kN（逆针）$$

求 M_A　　从支座 A 处遮住梁的右侧，留下部分截面朝右，按内力计算短语"右逆＝顺为正"，可写出

$$M_A = -8 \times 2 = -16kN \cdot m（上拉）$$

求 F_{QD}　　遮住 D 截面右侧，截面正剪力向下，由"右下＝上为正"，可写出

$$F_{QD} = -8 + 10 = 2kN（顺针）$$

求 M_D　　遮住 D 截面右侧，由"右逆＝顺为正"，可写出

$$M_D^R = -8 \times 4 + 10 \times 2 + 16 = 4kN \cdot m（下拉）$$

求 F_{QE}　　遮住 E 截面左侧，截面正剪力向上，由"左上＝下为正"，可得

$$F_{QE} = -6 + 2 \times 4 = 2kN（顺针）$$

求 M_E　　遮住 E 截面左侧，"左顺＝逆为正"，可得

$$M_E = 6 \times 4 - 2 \times 4 \times 2 = 8kN \cdot m（下拉）$$

熟练后上述文字不必写出，直接写算式计算即可。

综上所述，所谓反正法就是根据支座反力、截面内力与隔离体上的外力在等号两侧具有反向为正的规律，直接写出未知量计算式的方法，它是对截面法的简化，优点是：

（1）好记。借助日常口语："反正、反正，反正就是对的"，使"反向为正"之规律容易记忆。

（2）简便。无需画隔离体图及其受力图。

（3）易算。不必建立坐标轴及列平衡方程，对照反力设定指向，可直接写出式（3-2）右端项；按照内力计算短语可直接写出内力计算式。

（4）统一。求支座反力和求内力的做法一致。

3.1.3 绘制内力图

表示结构各截面内力数值的图形称为内力图。内力图通常是以与杆件轴线平行且等长的线段为基线，用垂直于基线的纵坐标表示相应截面的内力，并按一定比例绘制而成。通过内力图可以直观地表示出内力沿杆件轴线的变化规律。土木工程中，习惯上将弯矩图绘在杆件纤维受拉一侧，不必注明正负号；剪力图、轴力图要标明正负号，通常正值绘在基线上方，负值在下方。水平梁在竖向荷载作用下，轴力为零，无需绘制轴力图。

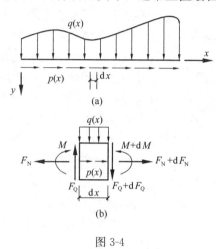

图 3-4

绘制内力图的基本方法是根据内力方程式作图。作法是：以杆件轴线为 x 轴，变量 x 表示截面的位置；用截面法列出所求内力与 x 之间的函数关系式；根据函数式画出内力图。但通常采用更多的是能够迅速绘图的一些简便方法，下面先简单回顾材料力学关于内力图的一些基本知识，然后给出绘制方法。

一、利用微分关系作内力图

若 x 轴以向右为正，y 轴以向下为正，则由微段 $\mathrm{d}x$（图 3-4）的平衡条件可求得荷载集度与内力之间的微分关系如下：

$$\frac{\mathrm{d}F_Q(x)}{\mathrm{d}x} = -q(x)\,;\quad \frac{\mathrm{d}M(x)}{\mathrm{d}x} = F_Q(x)\,;\quad \frac{\mathrm{d}^2M(x)}{\mathrm{d}x^2} = -q(x) \tag{3-3a}$$

$$\frac{\mathrm{d}F_N(x)}{\mathrm{d}x} = -p(x) \tag{3-3b}$$

式（3-3）的几何意义是：剪力图在某点的切线斜率等于该点处的横向荷载集度，但符号相反；弯矩图在某点的切线斜率等于该点处的剪力；弯矩图在某点的曲率等于该点的横向荷载集度，且符号相反；轴力图在某点的切线斜率等于该点的轴向荷载集度，且符号相反。

根据上述微分关系，可以得出内力图的如下规律：

1. 无分布荷载作用 $[q(x) = 0]$ 区段。F_Q 图是一条与基线平行的直线，M 图为直线图形，其中：

$F_Q(x) = 0$ 时，F_Q 图与基线重合，M 图为一条水平直线（—）；

$F_Q(x) > 0$ 时，F_Q 图在基线上方，M 图自左向右为一条下斜直线（\）；

$F_Q(x) < 0$ 时，F_Q 图在基线下方，M 图自左向右为一条上斜直线（/）。

2. 均布荷载作用（$q(x)$ 为常数）区段。F_Q 图是一条斜直线，M 图是一条二次抛物线，其中：

$q(x)$ 指向上时，F_Q 图自左向右为上斜直线（/），M 图为向上凸的抛物线（⌒）；

$q(x)$ 指向下时，F_Q 图自左向右为下斜直线（\），M 图为向下凸的抛物线（⌣）。

3. 集中力（F_P）作用处。F_Q 图有突变，突变方向自左向右与 F_P 的指向一致，突变

量等于 F_P；M 图有转折，转折尖角与 F_P 指向一致。

4. 集中力偶（m）作用处。F_Q 图无变化，M 图有突变，突变量等于 m，且 m 为逆针转时，M 图自左向右向上突变，反之，向下突变。

5. 弯矩的极值。在 $F_Q(x) = 0$ 处，$M(x)$ 的切线斜率为零，M 图在该处有极值，且自左向右 F_Q 由正变负时，M 有极大值，反之为极小值。

熟练掌握内力图形状的上述特征，对绘制或校核内力图十分有用。

二、用叠加法作弯矩图

对于线性弹性体系，只要满足小变形条件，其反力、内力与荷载的关系就一定是线性关系。当结构受几个荷载共同作用时，引起的某一量值（反力、内力、应力、变形）可由各个荷载单独作用时引起的该量值叠加求出，这就是叠加原理。利用叠加原理作内力图的方法称为叠加法。梁的剪力图容易绘制，无须应用叠加法，通常只用叠加法作弯矩图。

下面以图 3-5（a）所示简支梁为例说明弯矩图的叠加。先将荷载分成 m_A、m_B 一组和 F_P 一组；分别绘出每组荷载作用下的弯矩图（图 3-5b、c）；然后将二图对应截面的纵坐标叠加，即得全部荷载作用下的弯矩图（图 3-5d）。所谓叠加就是求代数和，表现在绘图时就是将各组荷载作用下，同一截面的弯矩纵坐标线段相加（在基线同侧时）或抵消（在基线两侧时）。实际作图时，无需绘出图 3-5(b)和图 3-5(c)，而是直接绘出 m_A、m_B 的纵坐标，以虚直线相连，然

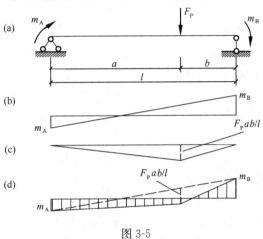

图 3-5

后以此虚线为基线，绘出简支梁在 F_P 作用下的弯矩图，即得图 3-5（d）所示的弯矩图。

应当注意，绘以虚线为基线的弯矩图时，各点纵坐标仍然垂直于杆件轴线，而不是虚线。例如 F_P 作用处的弯矩，应从 F_P 作用截面对应的虚线上沿杆轴垂直方向量取竖标 $\dfrac{F_P ab}{l}$。

上述叠加法，可以推广到梁任一区段弯矩图的绘制。例如图 3-6（a）所示梁的 AB 段，设两端弯矩 M_A、M_B 已经求出，若要绘制 AB 段梁的弯矩图，就可以先将 M_A、M_B 绘出并连以虚线，然后以虚线为基线，绘出跨度、荷载都与 AB 段相同的简支梁（称为相应简支梁）在均布荷载 q 作用下的弯矩图（相应简支梁中点为 $ql_{AB}^2/8$），如图 3-6（b）所示。图 3-6（c）是叠加法绘出的 CD 段梁的弯矩图，它是先将两端弯矩 M_C、M_D 绘出并连以虚线，再以虚线为基线，绘出相应简支梁在集中力偶 m 作用下的弯矩图（在虚线对应的 m 作用截面左侧绘 $-ma/l_{CD}$，右侧绘 mb/l_{CD}）。这种绘制某段弯矩图的方法称为区段叠加法。对于两端弯矩已知或容易求出的杆段，常常用区段叠加法绘图。

三、剪力图的绘制

力学中把用矢量表示的力称为力矢。将力矢沿基线平移来绘制 F_Q 图的方法称为力矢移动法，绘图步骤如下：

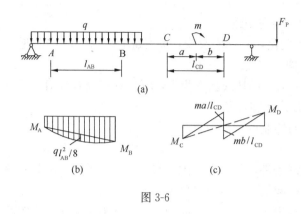

图 3-6

（1）求支座反力（悬臂梁可不作）。

（2）从杆件一端开始，将与杆轴垂直的力矢沿基线平移。从左向右平移时，箭尾在基线上；从右向左平移时，箭头在基线上。

（3）平移中遇到与平移力矢同方向的集中力，则代数相加后再平移；遇到同方向的均布力（视作无限多个连续作用的小集中力），则边代数相加边平移；遇到集中力偶或与平移力矢垂直的外力，平移力矢无变化。

（4）如此平移，得到力矢平移的轨迹图，在基线上方的轨迹图中加正号，下方加负号，即得 F_Q 图。

仍以图 3-2 所示外伸梁为例，现将其重绘于图 3-7（a），若从左向右绘 F_Q 图，则先将 F_P 的箭尾下移到基线并平移。到 A 点与 F_{Ay} 代数相加得 2kN（↑），箭尾在基线上继续平移到 D 点，遇到 m，力矢大小不变，再移到 E 点，遇到均布力 q，力矢每平移 1m 减少 2kN，到 B 点，为向下的 6kN，最后与 F_{By} 相加为零。力矢箭头移动的轨迹图在基线上方的加"＋"，下方加"－"，即得 F_Q 图，如图 3-7（b）所示。若从右向左绘 F_Q 图，则将 F_{By} 的箭头移到基线并平移，向左每移动 1m 减少 2kN，到 E 点成为箭头向下的 2kN，箭头在基线上继续移到 D 点力矢不变，到 A 点与 F_{Ay} 代数相加得 8kN（↑），最后移到 C 点与 F_P 叠加。在力矢箭尾移动的轨迹图中，基线以上部分加"＋"，以下部分加"－"，可得与图 3-7（b）完全相同的剪力图。

由上可知，平移力矢移到某一截面时，其值就是平移过的区段上沿截面方向各外力的代数和，这与截面法得出的结论一致，故力矢移动法的实质仍然是截面法。

力矢移动可以从剪力已知的任一截面开始，F_Q 值一般可心算求出，力矢平移的

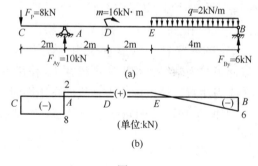

（单位：kN）

（b）

图 3-7

同时就能绘出剪力图，形象、方便。为便于检查，宜写出力矢移动的顺序及部分控制截面的 F_Q 值。例如从左向右绘制图 3-7（b）时，可写：

$C \rightarrow A$　$F_{QC}^R = F_{QA}^L = -8$kN（逆针）；

$A \rightarrow E$　$F_{QA}^R = F_{QE} = 2$kN（顺针）；

$E \rightarrow B$　$F_{QE} = 2$kN（顺针），$F_{QB}^L = -6$kN（逆针）

四、弯矩图的绘制

利用内力图的特性和区段叠加，可将弯矩图的绘制归纳为下述单跨杆件法，即先将结构各直杆分为若干区段，再求出各区段两端弯矩值，最后连线绘出 M 图。简单地说，就是"分段、求值、连线"。具体做法有：

（1）按悬臂杆件绘图

① 分段 刚节点，铰节点，集中力、集中力偶作用点，分布荷载集度突变点，均为分段点。这样，区段上只能是无荷载或者满布的分布荷载。

② 求值 设区段 ij 长为 l，i 为始端，j 为终端，根据 i 端剪力、弯矩和区段上的均布荷载 q（向下为正）可由求内力的反正法计算出 j 端弯矩：

$$M_j = M_i + F_{Qi}l - ql^2/2 \quad \text{（截面 } j \text{ 朝右）} \tag{3-4a}$$

$$M_j = M_i - F_{Qi}l - ql^2/2 \quad \text{（截面 } j \text{ 朝左）} \tag{3-4b}$$

第一次计算的区段，始端剪力、弯矩要已知。此后的区段，当已有剪力图时，各区段始端剪力均为已知；当未绘出剪力图时，始端剪力可用力矢移动法求出。始端弯矩可根据前后两个区段分段点，由节点平衡条件求出；在分段点无外力偶时，后一段始端弯矩就等于前一段终端弯矩。此外，若区段上有满布线性分布荷载（最大值为 q_0）时，式（3-4）右端需添加 $-q_0 l^2/6$ 项（q_0 在 j 端）或 $-q_0 l^2/3$ 项（q_0 在 i 端）。

③ 连线 在基线上绘出区段两端弯矩，区段上无荷载时，将两端弯矩用实直线相连；区段上满布分布荷载时，两端弯矩用虚直线相连，再叠加相应简支梁在分布荷载作用下的弯矩图。

（2）按简支杆件绘图

① 分段 刚节点，铰节点，分布荷载集度突变点，部分集中荷载作用点为分段点。划分后的区段上可以有一个集中力或者一个集中力偶或者满布的分布荷载。

② 求值 用反正法或刚节点、铰节点、自由端的特点，求出区段两端截面的弯矩。

③ 连线 在基线上绘出区段两端弯矩，并用虚线相连，再叠加区段上的荷载作用下相应简支梁的弯矩图。

同一结构，既可以按悬臂杆件绘图，也可以按简支杆件绘图，还可以交互按悬臂杆件和简支杆件绘图。弯矩图叠加时，一般先绘直线图，再绘曲线图。若是两个直线图叠加，宜先画整个区段斜率不变的图，再绘有转折的直线图。叠加必须是同一截面两个弯矩竖标值代数相加。

按悬臂杆件绘图机械规律，便于列表计算。按简支杆件绘图分段少，计算量小，绘图快。

3.1.4 示例

【例 3-1】 试作图 3-8（a)所示简支梁的内力图。

【解】 （1）求支座反力

由 $\Sigma M_A = 0$ 有 $F_{By} = \dfrac{1}{8} \times (10 \times 4 \times 2 + 40 \times 6 + 16) = 42\text{kN}\ (\uparrow)$

由 $\Sigma F_y = 0$ 有 $F_{Ay} = 10 \times 4 + 40 - 42 = 38\text{kN}\ (\uparrow)$

（2）绘剪力图

力矢按 $A \rightarrow C \rightarrow D \rightarrow B$ 平移，F_Q 图如图 3-8（b)所示。其中：

$F_{QA}^R = 38\text{kN}$（顺针），$F_{QC} = -2\text{kN}$（逆针），$F_{QD}^R = F_{QB}^L = -42\text{kN}$（逆针）

（3）作弯矩图

1）按悬臂杆件绘图。

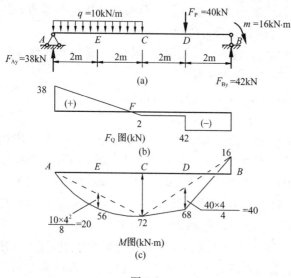

图 3-8

① 分段　将结构分为 AC、CD、DB 三段。

② 求值　各区段始端剪力已知。

AC 段：$M_A=0$；由式（3-4a），$M_C=38\times4-10\times4\times4/2=72$kN·m（下拉）

BD 段：$M_B=-16$kN·m（上拉）；由式（3-4b），$M_D=-16+42\times2=68$kN·m（下拉）

CD 段：两端弯矩已知。

③ 连线　CD、DB 段无分布荷载，在基线上标出 M_C、M_D、M_B，并用直线相连。AC 段有均布荷载，

先用虚线连接 M_A、M_C 纵标顶点，再在虚线中点沿 q 的指向量取 $ql^2/8=20$kN·m，所得点与 M_A、M_C 的顶点用光滑的曲线相连。梁 M 图如图 3-8（c）所示。

2）按简支杆件绘图。

① 分段　将结构分为 AC、CB 两段。

② 求值　遮住 C 截面一侧，由反正法求得 $M_C=72$kN·m（下拉）。

③ 连线　将 AC、CB 区段两端弯矩顶点分别用虚线相连。AC 段虚线中点往下叠加 $ql^2/8$，所得点再和两端竖标顶点用光滑的曲线相连。CB 段虚线中点往下叠加 $F_Pl/4$，再分别与 C、B 截面弯矩纵标顶点连以直线，如图 3-8（c）所示。

为了确定最大弯矩 M_{max}，需要求出剪力为零的截面 F 的位置，设该截面距支座 A 为 x，则由 $F_{QF}=38-10x=0$ 得：

$$x=3.8\text{m}$$

于是可得：$M_{max}=F_{Ay}x-\dfrac{1}{2}qx^2=38\times3.8-\dfrac{1}{2}\times10\times3.8^2=72.2$kN·m

【例 3-2】　试作图 3-9（a）所示外伸梁的内力图。

【解】　（1）求反力

由 $\Sigma M_B=0$ 有：$F_{Ay}=\dfrac{1}{10}\times(20\times8+10\times4\times4+10)=33$kN（↑）

由 $\Sigma F_y=0$ 有：$F_{By}=20+10\times4-33=27$kN（↑）

（2）绘剪力图

由 A 端起，将力矢由左向右平移，部分截面剪力为：

$F_{QA}^R=33$kN（顺针）；$F_{QC}^R=13$kN（顺针）；$F_{QB}^L=-27$kN（逆针）

在力矢平移的轨迹图上注明正负号即得 F_Q 图，如图 3-9（b）所示。

（3）绘弯矩图

将梁分为 AD、DE、EB、BF 四段。

AD 段按简支杆件绘图　$M_A=0$，由反正法（遮住 D 截面右侧）求得 $M_D=92$kN·

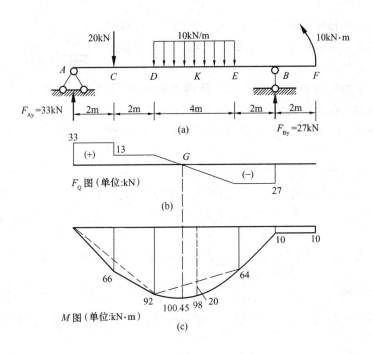

图 3-9

注：图（c）的 AD 按叠加法绘图。

m，用虚线连接 M_A、M_D 竖标顶点，叠加相应简支梁在集中力 20kN 作用下的弯矩图。

FB 段按悬臂杆绘图　$M_B = M_F = 10\text{kN} \cdot \text{m}$（下拉），实线连接 M_B、M_F 竖标顶点。

BE 段按悬臂杆绘图　F_{QB}^L、M_B 已知，由式（3-4b）求得 $M_E = 64\text{kN} \cdot \text{m}$（下拉），实线连接 M_B、M_E 竖标顶点。

DE 段　M_D、M_E 已知，用虚线连接 M_D、M_E 竖标顶点，叠加相应简支梁在均布荷载作用下的弯矩图。全梁的 M 图如图 3-9（c）所示。

（4）求 M_{max}

首先确定剪力为零处（G 截面）的位置

$$F_{QG} = F_{QD} - 10x = 13 - 10x = 0$$

可得：
$$x = 1.3\text{m}$$

故有：$M_{max} = M_D + F_{QD}x - \dfrac{qx^2}{2} = 92 + 13 \times 1.3 - \dfrac{10 \times 1.3^2}{2} = 100.45\text{kN} \cdot \text{m}$

3.2　静　定　梁

3.2.1　单跨斜梁

单跨斜梁也是单跨静定梁的一种，上一节已对单跨水平梁（简支梁、悬臂梁、外伸梁）的计算作了介绍，下面仅讨论单跨斜梁的内力计算。

工程中，梁式楼梯的楼梯梁、雨篷中的斜杆、屋面斜梁等都是单跨斜梁的应用实例。

图 3-10(a)、(b)为楼梯梁的示意图及其计算简图。计算斜梁内力和绘制内力图的方法与一般水平梁相同，但计算时应注意到斜梁的特点。

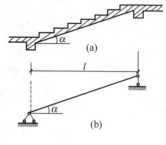

图 3-10

首先，由于斜梁倾角的存在，斜梁的内力除有剪力、弯矩外还有轴力。在绘制内力图时基线仍然与斜梁轴线平行，各内力纵坐标仍然与基线垂直，而不是与水平线垂直。

其次，斜梁承受的均布荷载可有以下三种：（1）与杆轴垂直的均布荷载 q_1（图 3-11a），例如作用于屋面斜梁上的风荷载；（2）沿水平方向分布的均布荷载 q_2（图 3-11b），如斜梁上的可变荷载；（3）沿斜梁轴线方向分布的均布荷载 q_3（图 3-11c），例如斜梁自重。

设斜梁倾角为 α，水平投影长度为 l，三种荷载集度分别为 q_1、q_2、q_3，则它们各自合力的竖向分量依次为 $q_1 l$、$q_2 l$、$\dfrac{q_3 l}{\cos\alpha}$，水平分量依次为 $\dfrac{q_1 l \sin\alpha}{\cos\alpha}$、0、0。为了计算方便，工程中一般将第三种荷载（$q_3$）换算成第二种荷载（$q_2$）。由两种荷载合力相等的原则有

$$q_2 = \frac{q_3}{\cos\alpha} \tag{3-5}$$

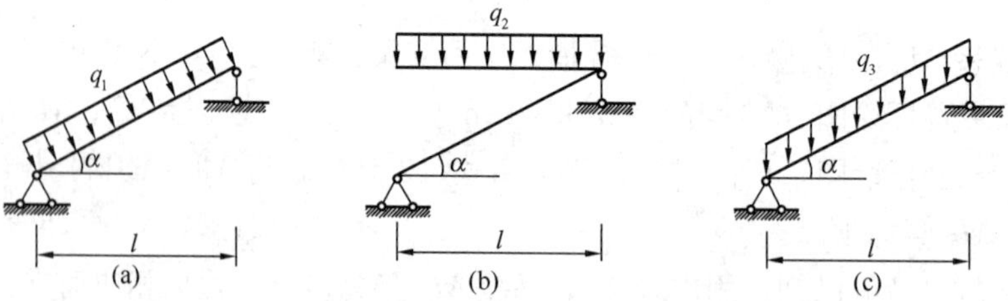

图 3-11

现以图 3-12（a）所示简支斜梁为例说明计算过程。

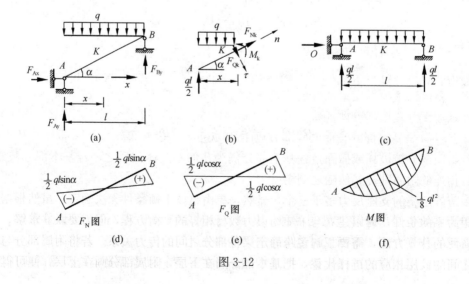

图 3-12

（1）求反力　取整体为隔离体，由三个独立的平衡方程求得：

$$F_{Ax}=0;\ F_{Ay}=ql/2;\ F_{By}=ql/2$$

（2）求内力　以支座 A 为原点，x 轴水平向右，则任一截面 K 的位置可用 x 表示。取截面以左为隔离体（图 3-12b），由 $\Sigma F_\tau=0$、$\Sigma F_n=0$ 及 $\Sigma M_k=0$ 可得：

$$F_{Qk}=\left(\frac{ql}{2}-qx\right)\cos\alpha \qquad (0\leqslant x\leqslant l) \tag{a}$$

$$F_{Nk}=-\left(\frac{ql}{2}-qx\right)\sin\alpha \quad (0\leqslant x\leqslant l) \tag{b}$$

$$M_k=\frac{ql}{2}x-\frac{q}{2}x^2 \quad (0\leqslant x\leqslant l) \tag{c}$$

（3）作内力图

根据以上三式，可分别绘出 F_N、F_Q、M 图，如图 3-12(d)、(e)、(f)所示。

（4）讨论

画出斜梁的相应简支梁（图 3-12c），其对应 K 截面的内力表达式为：

$$F_{Qk}^0=\frac{ql}{2}-qx \tag{d}$$

$$M_K^0=\frac{ql}{2}x-\frac{q}{2}x^2 \tag{e}$$

将式（d）、式（e）分别代入式（a）、式（b）、式（c）可得：

$$F_{QK}=F_{QK}^0\cos\alpha;\ F_{NK}=-F_{QK}^0\sin\alpha;M_K=M_K^0 \tag{3-6}$$

由式（3-6）知，在沿水平方向分布的竖向荷载作用下，斜梁的弯矩与相应简支梁的弯矩相等，最大弯矩值位于斜梁中点处，其值为 $ql^2/8$。注意：这里 l 是指斜梁的水平投影长度，不是斜梁本身长度。式（3-6）对竖向集中力作用的情况同样适用，读者可自行验证。

3.2.2　多跨静定梁

多跨静定梁是由若干根梁用铰相连，并用若干支座与基础相连而成的静定结构。多跨静定梁在桥梁（图 3-13a）以及屋盖中的檩条（图 3-14a）中可以见到。图 3-13(b)和图 3-14(b)分别是它们的计算简图。

从几何组成来看，图 3-13 (b)中的 AC 部分有三根支座链杆与基础相连，它是不依赖其他部分就能独立地承受荷载并能维持平衡的部分，称之为基本部分；而 CE、EF 部分则必须依赖于其左边部分才能维持几何不变性，称为附属部分。同样，在图 3-14(b)中，AC、DF 部分是基本部分，而 CD 部分则为附属部分。基本部分和附属部分的基本特征是：若附属部分被破坏或撤除，各基本部分仍为几何不变体；反之，若基本部分被破坏，则与其相连的附属部分必然随之倒塌。

多跨静定梁的支座反力多于三个，显然，单由整体平衡条件无法确定。虽然根据铰接处弯矩为零的条件，可以建立与未知约束力数目相等的平衡方程，但需要联立求解。为了获得简便的计算方法，需要了解多跨静定梁各部分之间的传力关系。若将附属部分与基本部分之间的铰用相应的链杆代替，把基本部分画在下层，附属部分画在上层，便可得到各

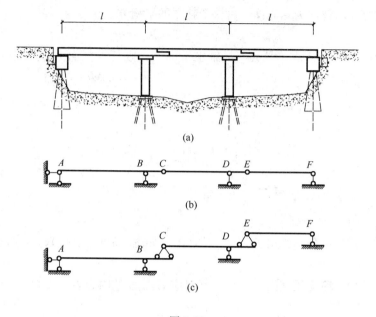

图 3-13

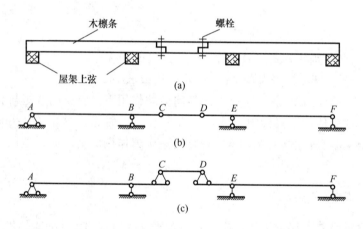

图 3-14

杆件的传力关系图，称为层叠图，如图 3-13(c)、图 3-14(c)所示。由层叠图可知，当荷载仅作用于基本部分时，只有基本部分受力，附属部分不受影响；当荷载作用于附属部分时，则不仅附属部分受力，而且还要通过铰传力到与其相连的基本部分。因此在受力分析时，可将结构在铰接处拆开，按照先附属部分，后基本部分的顺序，从最上层附属部分开始，依次计算各部分支座反力和约束反力。根据作用力与反作用力公理，先求出的附属部分的约束力反向就是其通过铰传给与其相连部分的力。也可以不求铰接处约束力，而用力矢移动法求出该部分通过铰传给与其相连部分的力。这样，无需求解联立方程就可顺利地求出各支座反力。在以后章节中还将看出，"先附属、后基本"的计算顺序同样适用于由基本部分和附属部分组成的其他静定结构。

反力求出后，每一部分的内力计算和内力图绘制，都与单跨静定梁相同。多跨静定梁的弯矩图仍然是分段绘制，利用各梁之间铰节点弯矩为零的特点，对内力计算和绘弯矩图会带来很大方便。剪力图仍用力矢移动法绘出。下面将结合示例说明。

【例 3-3】 试计算图 3-15(a)所示多跨静定梁。

【解】 (1) 作层叠图 (熟练以后可不作)

AB 部分为基本部分。BD、DF 部分均要通过铰与左边结构相连，才能维持几何不变，为附属部分。层叠图如图 3-15 (b)所示。

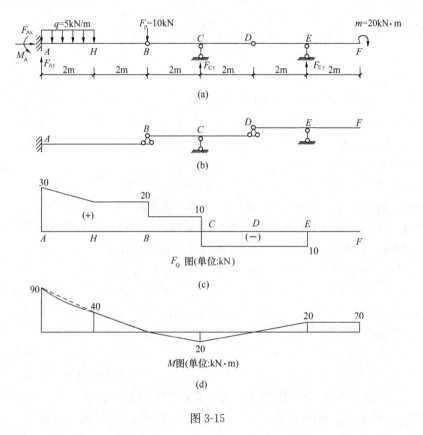

图 3-15

(2) 求支座反力

各支座反力假设方向如图 3-15 (a)所示。梁上只有竖向荷载，考虑整体及各部分的平衡，由 $\Sigma F_x = 0$ 知，F_{Ax} 及各铰接处水平约束力都为零，故梁内不产生轴力。各支座反力按"先附属，后基本"的顺序，先从最上层 DF 部分开始，然后是 BD 部分，最后求 AB 部分。

DF 部分 由 $\Sigma M_D = 0$ 有：$F_{Ey} = \frac{1}{2} \times 20 = 10\text{kN}$（↑）；将 F_{Ey} 按 $E \rightarrow D$ 平移得：

$F_{QD} = -10\text{kN}$（逆针转），它就是 DF 部分通过铰 D 传给 BD 部分的力。

BD 部分 由 $\Sigma M_B = 0$ 有：$F_{cy} = \frac{1}{2}(F_{QD} \times 4) = -20\text{kN}$（↓）；将 F_{QD} 按 $D \rightarrow B$ 平移得：

$F_{QB}^L = 20\text{kN}$（顺针转），它是铰 B 处外力与 BD 部分传递力的代数和。

AB 部分 由 $\Sigma M_A = 0$ 有：$M_A = 5 \times 2 \times 1 + F_{QB}^L \times 4 = 90\text{kN} \cdot \text{m}$（↷）；

将 F_{QB}^L 由 $B \rightarrow A$ 平移求得：$F_{Ay} = 30\text{kN}$（↑）（也可由 $\Sigma F_y = 0$ 求出）。

（3）绘制 F_Q 图

将求反力时各部分力矢平移的轨迹图连起来，基线以上标"＋"，以下标"－"，即得 F_Q 图，如图 3-15（c）所示。

（4）绘制 M 图

1）按悬臂杆件绘图

① 分段　将梁分为 AH、HB、BC、CD、DE、EF 六段。

② 求值　各区段始端剪力已知，区段端点未知弯矩由式（3-4b）计算如下：

$M_H=-F_{QB}^L\times2=-40kN\cdot m$（上拉）；$M_C=-F_{QD}\times2=20kN\cdot m$（下拉）；$M_E=-20kN\cdot m$（上拉）。

③ 连线　在基线上标出各区段端点弯矩值纵标；AH 段 $q\neq0$，用虚线连接 M_A、M_H 纵标顶点，再在虚线中点沿 q 的指向量取 $ql^2/8$ 所得点与 M_A、M_H 纵标顶点用光滑的曲线相连；其余区段用实直线连接区段端点纵标顶点，所得弯矩图如图 3-15（d）所示。

2）按简支杆件绘图

① 分段　将结构分为 AH、HB、BD、DF 四段。

② 求值　区段端点弯矩只有 M_H 未知，由反正法求得 $M_H=-40kN\cdot m$。

③ 连线　在基线上标出各区段端点弯矩值纵标；HB 段用实直线连接两端点纵标顶点；其余区段按区段叠加法绘出，所得 M 图与图 3-15（d）相同。

值得指出的是，本例不求反力也能绘出 M 图，然后绘出 F_Q 图。现说明如下：

绘制 M 图。从 DF 部分开始，将 EF 段视作悬臂梁绘 M 图，并知 $M_E=-20kN\cdot m$（上拉）。$M_D=0$，M_E 与铰 D 用直线相连可得 DE 段弯矩图。CE 段 $q=0$，无集中力，故 M 图斜率不变，将 M_E 与铰 D 的直线延长与过 C 点的竖直线相交，即得 CD 段 M 图，由比例知 $M_C=20kN\cdot m$（下拉）。$M_B=0$，将 B 点和 M_C 连以直线可得 BC 段 M 图。

取 BC 段为隔离体，B 截面只有剪力 F_{QB}，而 $M_C=20kN\cdot m$ 已知，由式（3-4a）得，$F_{QB}^R=M_C/2=10kN$（↑）。即 BD 部分对 AB 部分的作用力为 $F'_{QB}=10kN$（↓）。绘出悬臂梁 AB 在 q、F_P、F'_{QB} 作用下的 M 图（先画集中力产生的 M 图，再叠加 q 产生的 M 图）。

绘制 F_Q 图。将 F_{QB}^R 沿 $B\rightarrow H\rightarrow A$ 平移，可得 AB 段 F_Q 图；将 F_{QB}^R 按 $B\rightarrow C$ 平移，可得 BC 段 F_Q 图；EF 段（M 为常数）$F_Q=0$；CE 段 $q=0$，可知 F_Q 为常数，由区段的平衡条件求得为：

$$F_{QC}^R=-\frac{20+20}{4}=-10kN$$

F_{QC}^R 沿 $C\rightarrow D\rightarrow E$ 平移，可得 CE 段 F_Q 图。将各段 F_Q 图连在一起可知，B、C、E 处剪力有突变，其值依次为 F_P、F_{Cy}、F_{Ey}。

【例 3-4】　三跨静定梁如图 3-16（a）所示，各跨跨度均为 l，全梁承受均布荷载 q 作用。①试调整铰 C、D 的位置，使 AB 跨、EF 跨跨中截面正弯矩与支座 B、E 处的负弯矩绝对值相等；②计算此时全梁的最大正弯矩。

【解】　本例 AC、DF 段为基本部分，CD 段为附属部分。设铰 C、D 分别距支座 B、E 为 x。由 CD 段平衡条件可求得 C、D 处反力为：$F_{QC}=F_{QD}=\frac{q(l-2x)}{2}$，如图 3-16（b）

所示。将其反向作用于基本部分上。

（1）求 x 值　对 AC 部分，将 BC 段视作悬臂梁，由 $\Sigma M_B = 0$ 可得 B 截面弯矩为：

$$M_B = -\frac{qx^2}{2} - \frac{q(l-2x)x}{2}$$

$$= -\frac{qx(l-x)}{2} \qquad (a)$$

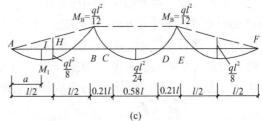

AB 跨跨中 H 截面的弯矩为（用叠加法求，无须求反力）：

$$M_H = \frac{ql^2}{8} - \frac{|M_B|}{2} \qquad (b)$$

由题意①的要求应有：

$$M_H = |M_B|$$

即　　$\dfrac{ql^2}{8} - \dfrac{|M_B|}{2} = |M_B| \qquad (c)$

可求得：

$$|M_B| = \frac{ql^2}{12} \qquad (d)$$

将式（a）代入式（d）可得：

$$\frac{ql^2}{12} = \frac{qx(l-x)}{2} \qquad (e)$$

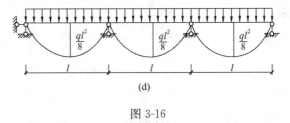

图 3-16

求解上式得：

$$x = \frac{3-\sqrt{3}}{6}l = 0.2113l$$

DF 部分受力、梁长及支承均与 AC 部分相同，因此求出的 x 值也相同。根据 x 值即可绘出梁的 M 图，如图 3-16（c）所示。

（2）由图 3-16（c）可知，CD 部分中点 G 截面的弯矩为 $M_G = \dfrac{ql^2}{8} - |M_B|$，而 AB 段中点 H 截面的弯矩为 $M_H = \dfrac{ql^2}{8} - \dfrac{|M_B|}{2}$，显然，$M_H > M_G$。因此全梁最大正弯矩发生在 AB 跨剪力为零的截面 I 处。为此，取 AB 段研究，由 $\Sigma M_B = 0$ 求得 A 支座反力为：

$$F_{Ay} = \frac{1}{l}\left(\frac{ql^2}{2} - |M_B|\right) = \frac{5ql}{12}$$

设截面 I 距 A 支座为 a，则有：

$$F_{QI} = F_{Ay} - qa = 0$$

$$a = \frac{5l}{12} = 0.4167l$$

于是可得全梁的最大正弯矩为：

39

$$M_I = F_{Ay}a - qa^2/2 = 0.0868ql^2 > M_H = ql^2/12 = 0.0833ql^2$$

若将 M_I 与相应三跨简支梁的最大弯矩（图 3-16d）比较，前者比后者要减少 30.6%，这是因为多跨静定梁中设置了带伸臂梁的基本部分，减小了附属部分 CD 的跨度，同时 B、E 支座处的负弯矩也部分地抵消了跨中荷载产生的正弯矩。因此多跨静定梁要比相应多跨简支梁省材料，但构造要复杂一些。

3.3 静定平面刚架

刚架是由梁和柱组成并且具有刚节点的结构。在构造方面，刚节点把梁和柱刚接在一起，比铰节点连接可增大结构的刚度，而且能减少体系组成所需的杆件，使刚架内部空间较大，便于使用；在受力方面，刚节点能够承受和传递弯矩，结构内力分布比较均匀，峰值较小，节约材料。因此，刚架在工程中得到广泛地应用。

常见的静定平面刚架有悬臂刚架（图 3-17a）、简支刚架（图 3-17b）、三铰刚架（图 3-17c）以及由基本部分与附属部分组成的组合刚架（图 3-17d）等。

(a)　　　　　(b)　　　　　(c)　　　　　(d)

图 3-17

刚架是若干受弯杆件的组合，因此静定刚架的内力计算方法原则上和静定梁一样。求支座反力时，对悬臂刚架、简支刚架，因其与大地符合两刚片规则，故三个反力的计算与单跨静定梁相同；而三铰刚架与大地符合三刚片规则，支座反力有四个，除整体三个平衡方程外，还需再取中间铰以左（或以右）部分为隔离体，建立以中间铰为矩心的力矩方程；对于组合刚架，则应遵循"先附属、后基本"的顺序计算。求内力、绘内力图时，由于组成刚架的杆件方向各异，因此与静定梁有不同之处，现说明如下。

① 内力　刚架杆件截面的内力有：轴力（F_N）、剪力（F_Q）、弯矩（M）。为了明确节点处各杆端截面的内力，规定在内力符号后面引用两个脚标：第一个表示内力所属截面，第二个表示该截面所属杆件的另一端。例如 M_{AB} 表示 AB 杆 A 截面的弯矩，F_{QBC} 表示 BC 杆 B 端的剪力，等等。内力正负号：轴力以使截面受拉为正；剪力以绕隔离体顺针转为正；弯矩以使水平杆、斜杆下侧纤维受拉（简称下拉）或者竖杆右侧纤维受拉（简称右拉）为正。计算任一截面内力的方法仍然是反正法。

② 内力图　为方便叙述，将刚架各杆分为两类，一类是水平杆和斜杆（统称平斜杆），一类是竖杆。

绘 F_Q 图仍是力矢移动法，对平斜杆，作法与静定梁相同；对竖杆，将其顺时针转 $90°$ 后作法与水平杆相同；力矢平移轨迹图在平斜杆上方或竖杆左方时标正号，否则标负号。

绘 F_N 图同样可用力矢移动法，无论平斜杆还是竖杆，作法都是从直杆一端将与杆轴重合的力矢进行平移，平移中只和同方向的外力代数相加；平移力矢的大小就是平移区段 F_N 图的纵标值，当平移力矢箭头在后时，截面受拉，F_N 图标正号，否则标负号；F_N 图可绘在杆件任一侧，并注明正负号。

无论绘 F_Q 图还是 F_N 图，当杆端平移力矢未知时，须用反正法求出该截面相应内力再平移。

绘 M 图也是将刚架分成若干直杆，每个直杆用单跨杆件法绘出；弯矩图绘在杆件纤维受拉一侧，不必注明正负号。

下面结合例题说明具体计算。

【例 3-5】 试计算图 3-18（a）所示简支刚架，绘制内力图。

【解】 （1）求反力

本例只有三个反力，各反力假设方向见图 3-18（a）。取刚架整体为隔离体，由 $\Sigma F_x=0$ 有：

$$F_{Ax}=10+5\times4=30\text{kN （←）}$$

由 $\Sigma M_A=0$ 有：
$$F_{By}=\frac{1}{4}\times（10+10\times6+5\times4\times2）=27.5\text{kN （↑）}$$

由 $\Sigma F_y=0$ 有：
$$F_{Ay}=-F_{By}=-27.5\text{kN （↓）}$$

（2）绘 F_Q 图

用力矢移动法，对各直杆分别绘图。

AD 杆　将 F_{Ax} 由 $A\to D$ 平移（箭尾在基线上）得：$F_{QAD}=30\text{kN}$，$F_{QDA}=10\text{kN}$

DC 杆　将 C 点力由 $C\to D$ 平移（箭头在基线上）得：$F_{QCD}=FC_{QDC}=10\text{kN}$

DB 杆　将 F_{By} 由 $B\to D$ 平移（箭头在基线上）得：$F_{QBD}=F_{QDB}=-27.5\text{kN}$

在力矢平移轨迹图上注明正负号即得 F_Q 图，如图 3-18（b）所示。

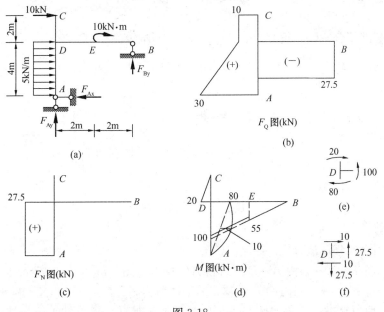

图 3-18

（3）绘 F_N 图

由 C、B 点知，DC、DB 杆无与杆轴重合的力，F_N 图为零；对 AD 杆，将 F_{Ay}（↓）由 $A{\rightarrow}D$ 平移，截面受拉，F_N 图为正，大小为 27.5kN，如图 3-18（c）所示。

（4）绘弯矩图

DC 杆　按 D 端固定的悬臂杆件绘图，$M_{DC}=-20$kN·m（左拉）。

AD 杆　$M_{AD}=0$，由反正法得：$M_{DA}=80$kN·m（右拉）；将两端弯矩绘出用虚直线相连，再叠加相应简支梁在均布荷载作用下的弯矩图。

DB 杆　$M_{BD}=0$，由反正法求得：$M_{DE}=100$kN·m（下拉）；按简支杆件绘出两端弯矩和跨中集中力偶作用下的 M 图，其中 $M_E^L=45$kN·m（下拉）；$M_E^R=55$kN·m（下拉）。

整个结构的弯矩图如图 3-18（d）所示。

（5）校核

校核内力图应从观察和计算两方面进行。所谓观察就是查看剪力图、弯矩图是否满足荷载与内力图之间的关系。例如集中力作用处 F_Q 图有无突变，M 图有无转折；均布荷载作用区段 F_Q 图是否斜直线，M 图是否抛物线；铰节点弯矩是否为零等等。计算校核通常是对弯矩图取刚节点验算是否满足力矩平衡条件，对剪力图和轴力图取结构任一部分校核是否满足 $\Sigma F_x=0$ 及 $\Sigma F_y=0$。

本例取节点 D 为隔离体（图 3-18e）求得：$\Sigma M_D=100-80-20=0$，表明节点 D 满足平衡条件。校核 F_Q 图、F_N 图仍取节点 D 为隔离体（图 3-18f），有：$\Sigma F_x=10-10=0$ 及 $\Sigma F_y=27.5-27.5=0$。可见节点两个投影方程也满足。

需要说明的是，本例若仅需绘弯矩图，则无须求出全部反力。可以只求 F_{Ax}，将 AD、DC 杆按悬臂杆，DB 杆按简支杆绘图；也可以只求 F_{By}，将 DC、DB 杆按悬臂梁，AD 杆按简支梁绘图。请读者自行练习。

【例 3-6】　试作图 3-19（a）所示三铰刚架的内力图。

【解】　（1）求反力

结构与基础符合三刚片规则，有四个反力。取结构整体为隔离体，则

由 $\Sigma M_A=0$ 得：　$F_{By}=\dfrac{1}{10}\times6\times5\times7.5=22.5$kN（↑）

由 $\Sigma F_y=0$ 有：　$F_{Ay}=6\times5-22.5=7.5$kN（↑）

再取铰 C 左边部分为隔离体，由 $\Sigma M_C=0$ 得：

$$F_{Ax}=\frac{1}{6}\times7.5\times5=6.25\text{kN}（\rightarrow）$$

考虑结构整体平衡，由 $\Sigma F_x=0$ 得：

$$F_{Bx}=6.25\text{kN}（\leftarrow）$$

（2）作剪力图

各直杆用力矢移动法分别绘制。

AD 杆　将 F_{Ax}（→）由 $A{\rightarrow}D$ 平移得 AD 杆剪力图，$F_Q=-6.25$kN（逆针）。

BE 杆　将 F_{Bx}（←）由 $B{\rightarrow}E$ 平移得 BE 杆剪力图，$F_Q=6.25$kN（顺针）。

DC 杆　取 AD 部分为隔离体（图 3-19e），注意到：

$$\sin\alpha = \frac{2}{\sqrt{2^2+5^2}} = 0.371; \quad \cos\alpha = \frac{5}{\sqrt{2^2+5^2}} = 0.928$$

由反正法可求得：

$$F_{QDC} = F_{Ay}\cos\alpha - F_{Ax}\sin\alpha = 6.96 - 2.32 = 4.64 \ （顺针）$$

将 F_{QDC} 由 $D \to C$ 平移得 DC 杆 F_Q 图。

EC 杆　取 BE 部分为隔离体（图 3-19f），由反正法求得：

$$F_{QEC} = -F_{By}\cos\alpha + F_{Bx}\sin\alpha = -20.88 + 2.32 = -18.56 \text{kN} \ （逆针）$$

将 F_{QEC} 由 $E \to C$ 边平移边与均布荷载沿截面方向的分力代数相加，到 C 截面为：

$$F_{QCE} = -18.56 + 6 \times 5 \times \cos\alpha = -18.56 + 27.84 = 9.28 \text{kN} \ （顺针）$$

在力矢移动轨迹图上标明正负号即得 F_Q 图，如图 3-19（b）所示。

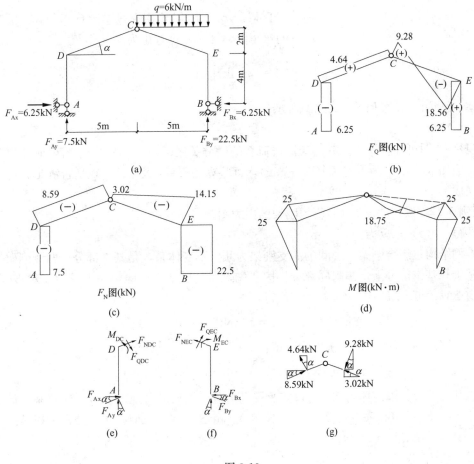

图 3-19

（3）作轴力图

各直杆用力矢移动法分别绘出。

AD 杆　将 F_{Ay}（↑）由 $A \to D$ 平移，可得轴力 $F_N = -7.5$kN（压力）；

BE 杆　将 F_{By}（↑）由 $B \to E$ 平移，可得轴力 $F_N = -22.5$kN（压力）；

DC 杆　取 AD 部分为隔离体（图 3-19e），由反正法可求得：

$$F_{NDC}=-F_{Ax}\cos\alpha-F_{Ay}\sin\alpha=-8.59kN（压力）$$

将 F_{NDC} 由 D→C 平移，可得该杆轴力图。

EC 杆　取 BE 部分为隔离体（图 3-19f），由反正法求得：

$$F_{NEC}=-F_{By}\sin\alpha-F_{Bx}\cos\alpha=-8.35-5.8=-14.15kN（压力）$$

将 F_{NEC} 由 E→C 边平移边与均布荷载沿杆轴方向的分力代数相加，到 C 截面为：

$$F_{NCE}=F_{NEC}+6\times5\times\sin\alpha=-14.15+11.13=-3.02kN（压力）$$

按以上各值绘出轴力图如图 3-19（c）所示。

（4）作弯矩图

AD、BE 杆按悬臂杆绘制，$M_{DA}=-25kN\cdot m$（左拉）、$M_{EB}=25kN\cdot m$（右拉）。

DC 杆　$M_{CD}=0$，根据节点 D 力矩平衡有：$M_{DC}=M_{DA}=-25kN\cdot m$（上拉），连接 C 点与 M_{DC} 的竖标顶点即得该杆 M 图。

CE 杆　$M_{CE}=0$，$M_{EC}=-M_{EB}=-25kN\cdot m$（上拉），用虚线连接 C 点与 M_{EC} 的竖标顶点，再叠加相应简支梁在 q 作用下的弯矩图，杆件中点弯矩为：

$$\frac{6\times5^2}{8}-\frac{25}{2}=6.25kN\cdot m（下拉）$$

整个结构的 M 图如图 3-19（d）所示。

（5）校核

观察 M 图可知各杆段均满足弯矩与荷载的微分关系。对 F_Q 图、F_N 图可取任何部分校核，例如取节点 C 为隔离体（图 3-19g），可验算 $\Sigma F_x=0$ 及 $\Sigma F_y=0$ 是否满足，请读者自行完成。

【例 3-7】　试作图 3-20（a）所示刚架的内力图。

【解】　（1）求反力

本例结构是组合刚架，中间的简支刚架为几何不变体系，是基本部分；两侧刚架均支承于基础和基本部分上，是附属部分。按"先附属，后基本"的顺序求反力。对 EFG 部分，由 $\Sigma M_G=0$、$\Sigma F_x=0$ 及 $\Sigma F_y=0$ 可得：

$$F_{Ey}=6kN(\uparrow)；\ F_{GFx}=12kN(\leftarrow)；\ F_{GFy}=6kN(\downarrow)$$

对 HIJ 部分，同样由三个平衡方程可得：

$$F_{Jy}=6kN(\uparrow)；\ F_{HIy}=6kN(\uparrow)；\ F_{HIx}=0$$

取基本部分为隔离体，除 C、D 点承受荷载外，附属部分通过铰 G、H 传来：$F'_{GFx}=12kN(\rightarrow)$、$F'_{GFy}=6kN(\uparrow)$、$F'_{HIy}=6kN(\downarrow)$。由 $\Sigma F_x=0$、$\Sigma M_A=0$ 及 $\Sigma F_y=0$ 得：

$$F_{Ax}=-22kN(\leftarrow)；\ F_{By}=32.5kN(\uparrow)；\ F_{Ay}=-32.5kN(\downarrow)$$

（2）绘 F_N 图

附属部分　分别将 $F_{Ey}(\uparrow)$、$F_{GFx}(\leftarrow)$ 沿各自杆件平移，可得 EF 杆 $F_N=-6kN$（压力）；FG 杆 $F_N=-12kN$（压力）。

同样的作法可得 JI 杆 $F_N=-6kN$（压力）；HI 杆 $F_N=0$。

基本部分　AC 杆：$F_{Ay}(\downarrow)$ 从 A 点平移，到 G 点与 $F'_{GFy}(\uparrow)$ 代数相加再平移到 C 点，由平移知 AG 段 $F_N=32.5kN$（拉力）；GC 段 $F_N=26.5kN$（拉力）；

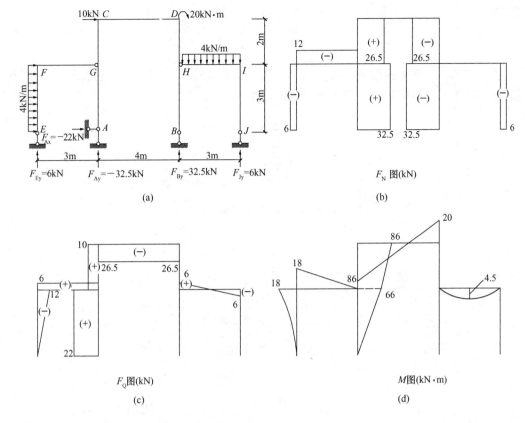

图 3-20

BD 杆：F_{By}(↑)由 $B→H→D$ 平移，在 H 点与 F'_{HIy}(↓)代数相加，由平移知 BH 段 $F_N=-32.5kN$（压力）；HD 段 $F_N=-26.5kN$（压力）；

CD 杆：取 BD 为隔离体，求得 $F_{NDC}=0$，将其由 $D→C$ 平移可知杆件轴力为零。

按以上各值可绘出 F_N 图如图 3-20（b）所示。

（3）绘 F_Q 图

附属部分 EF 杆：零力矢由 $E→F$ 边移边与均布力代数相加，并在轨迹图上加"－"号即得剪力图；FG 杆：将 F_{GFy}(↓)由 $G→F$ 平移，在轨迹图上加"＋"号即得 F_Q 图；HI 杆：F_{HIy}(↑)由 $H→I$ 边移边与均布力代数相加可得剪力图；IJ 杆：$F_Q=0$。

基本部分 AC 杆：将 F_{Ax}(←)平移到 G 与 F'_{GFx}(→)代数相加后平移到 C，在轨迹图标"＋"即得 F_Q 图；CD 杆：取点 C 为隔离体，由 $\Sigma F_y=0$ 求得 $F_{QCD}=-26.5kN$，将其由 $C→D$ 平移可得剪力图；BD 杆：$F_Q=0$。

整个结构的 F_Q 图如图 3-20（c）所示。

（4）绘 M 图

附属部分 EF 杆：M 图按悬臂杆件绘出，$M_{FE}=-18kN·m$（左拉）；FG 杆：$M_{GF}=0$，$M_{FG}=M_{FE}=-18kN·m$（上拉），弯矩图为直线图。IJ 杆：弯矩为零；HI 杆：按均布荷载作用下的简支梁绘出。

基本部分 AC 杆：外力为 $F_{Ax}=-22kN$(←)及 $F_{GFx}=12kN$(→)，A 端 $M_{AC}=0$，由反正法求得 $M_{GA}=66kN·m$（右拉），$M_{CA}=86kN·m$（右拉），据此可绘出 M 图；BD 杆：

45

只有轴力，弯矩为零；CD 杆：由节点 C 的力矩平衡知，$M_{CD}=M_{CA}=86\text{kN}\cdot\text{m}$（下拉），$D$ 端有外力偶，$M_{DC}=-20\text{kN}\cdot\text{m}$（上拉），用直线连接两端弯矩纵标顶点即为该杆弯矩图。

图 3-20（d）为刚架的 M 图。

【例 3-8】 试作图 3-21（a）所示刚架的 M 图。

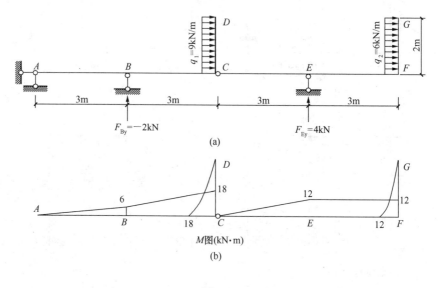

图 3-21

【解】 利用铰节点、刚节点和内力图的特性，本例不求支座反力就可绘出弯矩图。

分析刚架的几何组成可知，ACD 部分为基本部分，CFG 部分是附属部分。先从附属部分自由端开始，GF 段 M 图可按悬臂杆绘出，$M_{FG}=-\dfrac{1}{2}\times6\times2^2=-12\text{kN}\cdot\text{m}$（左拉）；取 EFG 部分为隔离体，由 $\Sigma F_y=0$ 知，EF 段 $F_Q=0$，弯矩图与基线平行，由 F 点的平衡有，$M_{FE}=M_{FG}$，据此可作出 EF 段弯矩图；C 为铰节点，$M_{CE}=0$，用直线连接 C 点与 M_{EF} 竖标顶点，即得 CE 段弯矩图。

对基本部分，DC 段弯矩图按悬臂杆绘出，$M_{CD}=-\dfrac{1}{2}\times9\times2^2=-18\text{kN}\cdot\text{m}$（左拉）；由 C 点的平衡有 $M_{CB}=M_{CD}$，由于 BC 段与 CE 段无竖向荷载，可知两段剪力相等、弯矩图直线斜率相同，于是由比例关系求得 $M_{BC}=-6\text{kN}\cdot\text{m}$（上拉），将 M_{BC} 与 M_{CB} 竖标顶点用直线相连，即得 BC 段 M 图；再用直线连接 A 点与 M_{BC} 竖标顶点，可得 AB 段 M 图。

整个结构的弯矩图如图 3-21（b）所示。

由以上算例可以看出，汇交于刚节点各杆端力矩和外力偶矩的代数和一定为零。利用这一特性可以做到：（1）只有一个杆端弯矩未知时，求出该弯矩；（2）各杆端弯矩均已知时，验算结果的正确性；（3）对两杆汇交的刚节点且无外力偶矩作用时，两杆端弯矩必然大小相等且转向相反。

3.4 静定平面桁架

3.4.1 桁架的基本概念

桁架结构在土木工程中的应用相当广泛，例如房屋中的屋架、钢桁架桥、施工支架等都是桁架结构的工程实例。图 3-22（a）所示为一钢筋混凝土屋架示意图。

为了简化计算，又能反映桁架结构的主要受力特征，通常对实际桁架的计算简图采用如下假定：

（1）各杆连接的节点都是绝对光滑而无摩擦的理想铰；

（2）各杆轴线都是直线，并在同一平面内且通过铰节点中心；

（3）荷载和支座反力都作用在节点上并位于桁架平面内。

符合上述假定的桁架称为理想平面桁架。图 3-22（b）就是根据上述假定作出的图 3-22（a）的计算简图。可见，理想平面桁架是由同一平面内若干直杆在其两端用铰连接而成的几何不变体系。

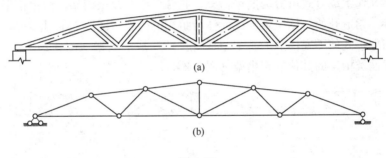

图 3-22

在理想桁架中，各杆均为两端铰接的直杆，在节点荷载作用下，杆件的内力只有轴力，截面应力均匀分布且能同时达到极限值，材料可以得到充分的利用。与截面应力不均匀的梁相比，桁架可节省用料、减轻自重，并能跨越更大的跨度，在大跨度屋盖结构和桥梁主体结构中广为应用。

实际桁架与理想桁架并不完全相同。第一，实际桁架的节点是由各杆通过铆接、焊接或螺栓等连接在一起的，具有一定的刚性，各杆之间不可能像理想铰那样毫无摩擦的自由转动；第二，各杆轴线也不可能绝对平直，在节点处也不可能完全交于一点；第三，在杆件自重、风荷载等非节点荷载作用下，杆件还会产生弯曲应力。这些都会使实际桁架各杆的内力与理想情况求得的内力有一定误差。通常，把按理想桁架求出的内力（杆件轴力）称为主内力，与之相应的应力称为主应力；而把因上述因素引起的内力（主要是弯矩）称为次内力，而与之相应的应力称为次应力。理论分析和实验表明，当杆件的长细比 $l/r > 100$ 时，次应力的量值不大，可以忽略不计。对于必须考虑次应力的桁架，可将其各节点视作刚节点，与刚架一样采用矩阵位移法（见第 10 章），由计算机计算。本节只讨论以理想桁架为计算简图的内力计算。

桁架各杆，按照所在位置，分为弦杆和腹杆。其中，弦杆是指桁架上下边缘的杆件，上边缘为上弦杆，下边缘为下弦杆；上下弦杆之间的杆件称为腹杆，腹杆又分为斜杆和竖杆。弦杆上相邻两节点间的区间称为节间，其间距 d 称为节间长度。两支座间的水平距离 l 称为跨度。支座连线至桁架最高点的距离 H 称为桁高，如图 3-23 所示。

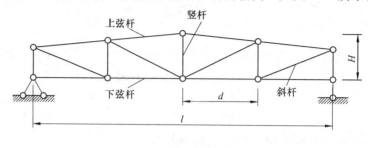

图 3-23

按照不同的特征，静定平面桁架可分类如下：

（1）按照桁架的外形可分为平行弦桁架、折弦桁架和三角形桁架（图 3-24a、b、c）。

（2）按照在竖向荷载作用下有无水平支座反力（又称水平推力）可分为梁式桁架或无推力桁架（图 3-24a、b、c）和拱式桁架或有推力桁架（图 3-24d）。

（3）按照几何组成方式可分为简单桁架、联合桁架和复杂桁架。简单桁架是由基础或一个基本铰接三角形开始，依次增加二元体所组成的桁架（图 3-24a、b、c）；联合桁架是由几个简单桁架按几何不变体系的基本组成规则所联成的桁架（图 3-24d、e）；复杂桁架是不属于上述两类桁架的其他静定桁架（图 3-24f）。

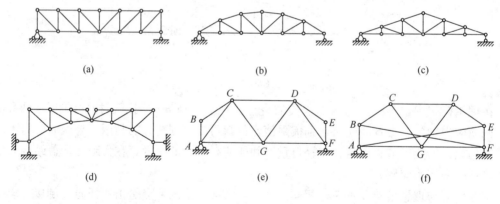

图 3-24

静定桁架的支座反力与梁和刚架支座反力的计算相同，无需重述。桁架杆件的内力只有轴力（F_N），规定以拉力为正。内力计算仍然是先选取桁架某一部分为隔离体，然后列出含有杆件未知内力的平衡方程并求解。如果只选取一个节点为隔离体，则称为节点法，如果隔离体包含两个或两个以上的节点，则称为截面法。下面将作进一步讨论。

3.4.2 节点法

节点法是只取桁架的一个节点为隔离体。由于在节点荷载作用下，桁架各杆只有轴力，因此取任一节点为隔离体时，作用于节点上的诸力必然是一平面汇交力系，有两个独立的平衡方程。设以 j、b、r 依次表示桁架的节点数、杆件数和支座链杆数，则所需求解的各杆内力和支座反力共有（$b+r$）个，而 j 个节点共可列出 $2j$ 个平衡方程。由静定桁架的计算自由度 $W=2j-(b+r)=0$ 可知，未知力数目与可列的平衡方程数目相等。因此，任何平面静定桁架都可由节点法求出所有杆件的内力。然而只有简单桁架，用节点法计算才能避免求解联立方程组，这是因为简单桁架是从一个基本铰接三角形开始，依次增加二元体所组成的，其最后一个节点只包含两个杆件，因此在求出支座反力后，从最后一个节点开始，按照与增加二元体相反的顺序，用节点法逐节点倒算回去，这样，每个节点的未知力都不会超过两个，从而可顺利地求出所有杆件的内力。计算时，通常先假定杆件受拉，若计算结果为正，则为拉力，反之为压力。

为方便计算，常需要把斜杆的内力 F_N 分解为水平分力 F_{Nx} 和竖向分力 F_{Ny}，并以分力作为未知数。待求出其中一个未知分力后，再求另一个分力和杆件轴力。设斜杆长度为 l，其水平和竖向投影长度分别为 l_x 和 l_y，则 F_N、F_{Nx}、F_{Ny} 与 l、l_x、l_y 分别构成两个相似三角形（图 3-25），由相似比可有：

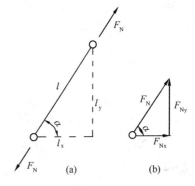

$$\frac{F_N}{l}=\frac{F_{Nx}}{l_x}=\frac{F_{Ny}}{l_y} \tag{3-7}$$

式中，F_N、F_{Nx}、F_{Ny} 只有一个是独立的，只要任知其一，便可求出其余两个。

图 3-25

下面通过算例说明节点法的运算过程。

【例 3-9】 试用节点法计算图 3-26（a）所示桁架各杆的内力。

【解】 （1）求支座反力

由整体平衡条件 $\Sigma F_y=0$、$\Sigma M_A=0$ 及 $\Sigma F_x=0$ 依次可得：

$$F_{Ay}=36kN(\uparrow)$$

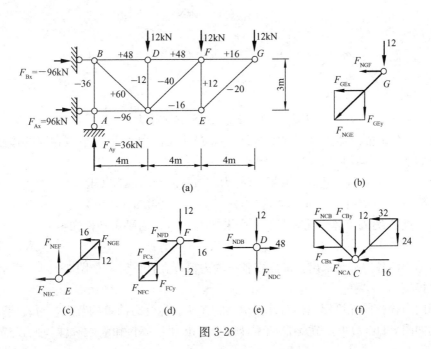

图 3-26

$$F_{Bx} = -\frac{12}{3}(4+8+12) = -96\text{kN}(\leftarrow)$$

$$F_{Ax} = 96\text{kN}(\rightarrow)$$

（2）求各杆内力

先选取只有两个未知力的节点 G 计算，然后依次取节点 E、F、D、C 为隔离体，每次都只有两个未知力，可用节点法求解。

节点 G：隔离体如图 3-26（b）所示，假定杆件受拉（内力的方向是背离节点的），由 $\Sigma F_y = 0$ 得：

$$F_{GEy} = -12\text{kN}$$

利用式（3-7）得：

$$F_{GEx} = -12 \times \frac{4}{3} = -16\text{kN}$$

$$F_{NGE} = -12 \times \frac{5}{3} = -20\text{kN（压力）}$$

再由 $\Sigma F_x = 0$ 得：

$$F_{NGF} = -F_{GEx} = 16\text{kN（拉力）}$$

节点 E：隔离体图见图 3-26（c）。为避免混乱，图中将前面求出的 GE 杆内力按实际方向画出，不标正负号只标数值。若内力为正（拉力），方向背离节点；若为负（压力），则指向节点。对以后求出的杆件内力也按此作法处理。

由 $\Sigma F_x = 0$ 得：　　　　　　　$F_{NEC} = -16\text{kN（压力）}$

由 $\Sigma F_y = 0$ 得：　　　　　　　$F_{NEF} = 12\text{kN（拉力）}$。

节点 F：图 3-26（d）为隔离体图，由 $\Sigma F_y = 0$ 有：

$$F_{FCy} = -24\text{kN}$$

再由式（3-7）得：

$$F_{NFC} = -40\text{kN（压力）}$$

$$F_{FCx} = -32\text{kN}$$

由 $\Sigma F_x = 0$ 得：

$$F_{NFD} = 16 - F_{FCx} = 48\text{kN（拉力）}$$

节点 D、C 的隔离体图分别如图 3-26（e）、（f）所示。用与以上节点相同的作法可求得杆件内力如下（具体计算从略）：

$$F_{NDB} = F_{NFD} = 48\text{kN（拉力）}, \quad F_{NDC} = -12\text{kN（压力）}$$

$$F_{NCB} = 60\text{kN（拉力）}, \quad F_{NCA} = -96\text{kN（压力）}$$

再取节点 A 为隔离体，此时只有一个未知力 F_{NAB}，由平衡条件知：

$$F_{NAB} = -36\text{kN（压力）}$$

到节点 B，各力都已求出。最后将各杆轴力值标在杆件旁，如图 3-26（a）所示。

（3）校核

桁架内力校核同样可用观察与计算结合的作法。对受力简单的节点，可直接观察是否平衡，例如图 3-26（a）中，节点 D 两侧杆件均为拉力、大小相等，杆 DC 轴力与节点荷载等值且都指向节点，因而是平衡的；又如节点 G，斜杆的水平分力与上弦杆等值反向，竖向分力又与节点荷载等值反向，也满足平衡条件。对受力复杂的节点（如节点 C），再通过计算检查，本例取节点 B、C 验算，均满足平衡方程，故计算无误。

本例也可以按 A、B、D、C、E、F 的顺序计算，读者可自行练习。

顺便指出，计算熟练后，对于节点各杆几何关系较简单的情况，可直接对照桁架图计算，而无须绘出节点隔离体图。如本例，各斜杆内力与水平、竖向分力之比值均为 5：4：3。因此，用节点法逐点计算时，对斜杆内力先用其两个分力代入平衡方程计算，然后再求其它杆内力。例如节点 G，由 $\Sigma F_y=0$ 有 $F_{GEy}=-12\text{kN}$；由比例关系，$F_{GEy}：F_{GEx}：F_{NGE}=-12：-16：-20\text{kN}$；再由 $\Sigma F_x=0$ 有 $F_{NGF}=-F_{GEx}=16\text{kN}$。

有时某个节点上两个内力未知的杆件都是斜杆。为了避免联立求解，可采用改变坐标轴的方向用投影方程或者选取适当的力矩中心用力矩方程求解。以图 3-27 (a)所示桁架为例，求出支座反力后，如以节点 A 为隔离体，并取 x 轴与 F_{NAD} 垂直（图 3-27b），则由 $\Sigma F_x=0$ 可首先求出 F_{NAC}，不过这种方法对本例并不方便。如取 D 点为矩心并将 F_{NAC} 在其作用线上的 C 点分解为 F_{ACx} 和 F_{ACy}（图 3-27c），这样可避免计算力臂，由 $\Sigma M_D=0$ 可得：$F_{ACx}=-F_p a/c$，进而可求出 F_{NAC}；类似的，取 C 点为矩心，由 $\Sigma M_C=0$ 可求得 $F_{ADx}=F_p a/c$，再由几何关系可求出 F_{NAD}。

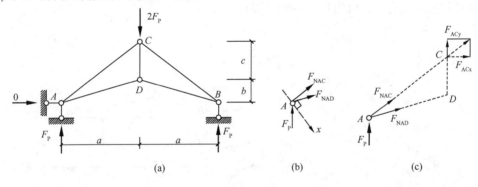

图 3-27

在桁架中常常有些特殊节点，根据汇交力系的平衡条件，不必计算就可以判断出杆件内力的特征，从而使计算大为简便。现列举如下：

（1）L 形节点（两杆节点）不共线的两杆相交的节点上无荷载时（图 3-28a），此两杆的内力均为零。

（2）T 形节点（三杆节点）三杆汇交的节点上无荷载且其中有两杆在同一直线上（图 3-28b），则另一杆的内力为零，而共线的两杆的内力大小相等、性质相同（同为拉力或同为压力）。

（3）X 形节点（四杆节点）四杆汇交的节点上无荷载且四个杆件两两共线（图 3-28c），则每一个共线的两杆内力大小相等、性质相同。

（4）K 形节点（四杆节点）四杆汇交的节点，其中两杆共线，另两杆在直线的同一侧且与直线的夹角相等，节点上无荷载（图 3-28d），若共线的两杆轴力相等、性质相同，则不共线的两杆内力为零；若共线的两杆轴力不等，则不共线的两杆内力大小相等、性质相反（一个拉力、一个压力）。

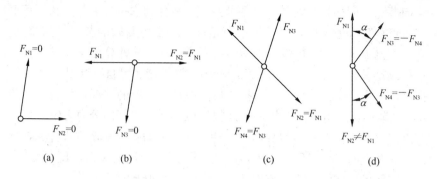

图 3-28

现以图 3-28（b）所示节点为例，说明以上结论的正确性。取 x 轴与 F_{N1}、F_{N2} 重合，y 轴与 F_{N1}、F_{N2} 垂直，则由 $\Sigma F_y = 0$ 有 $F_{N3} = 0$，再由 $\Sigma F_x = 0$ 有 $F_{N1} = F_{N2}$。通常将桁架中内力为零的杆件称为零杆。在桁架内力分析时，对于某个节点的受力（包括节点荷载和杆件轴力）只要符合上述四种情形之一，不必计算就能直接判断出杆件的内力情况，使计算大为方便。例如图 3-29（a）所示桁架在图示荷载作用下，按 T 形节点可判断出标有"0"的各杆轴力皆为零，AD、BJ 杆件均为压力，大小为 F_P；对图 3-29（b），按 L 形、T 形节点同样可得知旁边有"0"的杆件也都是零杆。

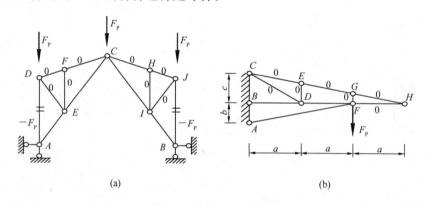

图 3-29

需要说明的是，尽管静定桁架在某一指定荷载作用下，有些杆件轴力为零，但这些杆件对保证结构成为几何不变体却必不可少。

3.4.3 截面法

截面法是用一个适当的截面（平面或曲面），截取桁架两个或两个以上的节点为隔离体，一般情况下，作用于隔离体上的各力属于平面一般力系，因此，只要隔离体所截取的杆件未知力数不多于 3 个，且它们既不全汇交于一点也不全平行，就可以利用三个独立的平衡方程求出杆件轴力。为了避免联立求解，应适当选择力矩方程或投影方程，以使每个方程只含一个未知力。

截面法适用于联合桁架的计算以及简单桁架中只求少数杆件内力的情况。例如，对图 3-30 所示联合桁架，若只用节点法将会遇到未知力超过两个的节点。而如果先用截面法，取Ⅰ-Ⅰ截面任一侧为隔离体，由 $\Sigma M_C=0$ 求出 DE 杆轴力，其余杆件的内力便不难求得。又如，图 3-31（a）所示简单桁架，若只求 a、b、c 三杆的内力，用节点法至少要取 6 个节点计算，而用截面法则只需作如下运算：

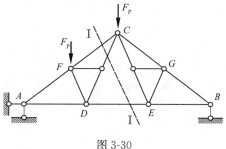

图 3-30

（1）取Ⅰ-Ⅰ截面之左为隔离体求 a 杆内力，如图 3-31（b）所示。由 $\Sigma M_D=0$，可求得 $F_{Na}=-4F_Pd/h$（压力）。

（2）取Ⅰ-Ⅰ截面之左为隔离体求 b 杆内力。由于上下弦杆平行，故由 $\Sigma F_y=0$ 可得 $F_{Nb}=-1.5F_P$（压力）。

（3）取Ⅱ-Ⅱ截面之左为隔离体求 c 杆内力，见图 3-31（c）。由于被截断的另两个杆件平行，因此宜选用投影方程。由 $\Sigma F_y=0$ 可求出 $F_{Ncy}=0.5F_P$，再由几何关系得：

$$F_{Nc}=0.5F_P\frac{\sqrt{d^2+h^2}}{h}（拉力）$$

显然要比节点法方便。

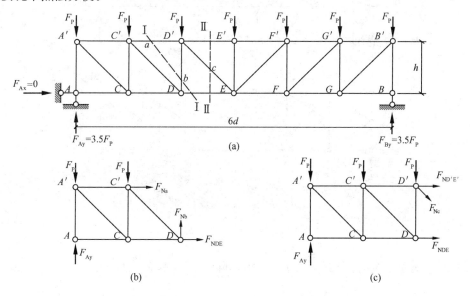

图 3-31

有时，选取的隔离体上杆件未知力数多于 3 个，但只要除欲求未知力的杆件之外，其余未知力各杆均汇交于一点或全平行，则该杆内力仍可求出。例如图 3-32（a）所示桁架，截面Ⅰ-Ⅰ虽然截断五根杆件，但除 a 杆外，其余杆件均汇交于 C 点，仍可由 $\Sigma M_C=0$ 求出 a 杆轴力。又如图 3-32（b），求 b 杆内力时，可作Ⅰ-Ⅰ截面（截断 4 根），取截面以上为隔离体，由 $\Sigma F_x=0$ 求之。

【例 3-10】 试用截面法计算图 3-33a 所示桁架指定杆件的内力。

【解】 （1）求反力

取结构整体研究，由 $\Sigma F_x=0$、$\Sigma M_B=0$、$\Sigma F_y=0$ 依次求得：

53

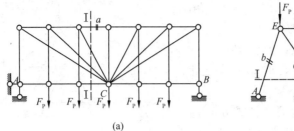
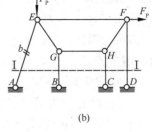

(a)

(b)

图 3-32

$$F_{Ax}=0$$

$$F_{Ay}=F_P/3(\uparrow)$$

$$F_{By}=2F_P/3(\uparrow)$$

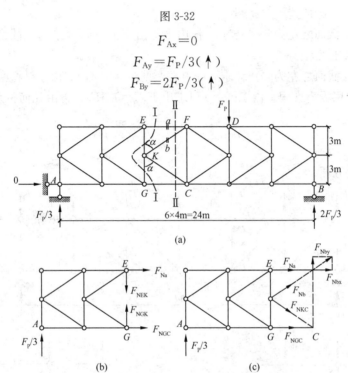

(a)

(b)

(c)

图 3-33

（2）求 a 杆内力

取Ⅰ-Ⅰ截面之左为隔离体（图 3-33b），除 a 杆外其余三杆轴线均过节点 G，故由 $\Sigma M_G=0$ 可得：

$$F_{Na}=-4F_P/9（压力）$$

（3）求 b 杆内力

取Ⅱ-Ⅱ截面之左为隔离体（图 3-33c）。由于 F_{Na} 已求出，除 b 杆外，其余内力未知的两杆汇交于 C 点，为此将 F_{Nb} 在其作用线上的 F 点分解为水平和竖向分力，则由 $\Sigma M_C=0$ 可得：

$$F_{Nbx}=\frac{1}{6}\left(\frac{4F_P}{9}\times 6-\frac{F_P}{3}\times 12\right)=-\frac{2}{9}F_P$$

由比例关系知：

$$F_{Nb}=\frac{5}{4}\times F_{Nbx}=-\frac{5F_P}{18}\quad（压力）$$

3.4.4 节点法和截面法的联合应用

节点法和截面法是桁架内力计算的两种基本方法。在许多情况下，联合使用这两种方法，往往可以使桁架内力计算更快捷，现举例说明。

【例3-11】 试计算图3-34所示联合桁架各杆内力。

【解】 （1）求反力

由整体三个平衡方程可得：

$$F_{Ax}=0 \qquad F_{Ay}=\frac{12}{18}\times(4\times3+2\times3+3)=14\text{kN}(\uparrow)$$

$$F_{By}=3\times12-14=22\text{kN}(\uparrow)$$

（2）先由特殊节点进行判断

节点5、6、10为T形节点，杆件4-5、6-7、9-10为零杆；节点3、8符合X形节点，杆件3-4、8-9受压，大小均为12kN。

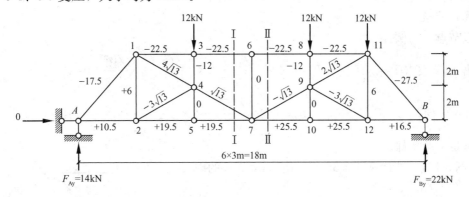

图3-34

（3）用节点法

取节点A为隔离体，可求得：

$$F_{NA1}=-17.5\text{kN（压力）} \qquad F_{NA2}=10.5\text{kN（拉力）}$$

同样，由节点B的平衡可得：

$$F_{NB11}=-27.5\text{kN（压力）} \qquad F_{NB12}=16.5\text{kN（拉力）}。$$

（4）用截面法

取Ⅰ-Ⅰ截面以左部分为隔离体，先后以节点7、节点1为矩心，由力矩方程可得：

$$F_{N3-6}=\frac{1}{4}\times(12\times3-14\times9)=-22.5\text{kN（压力）}$$

$$F_{N5-7}=\frac{1}{4}\times(12\times3+14\times3)=19.5\text{kN（拉力）}$$

由投影方程$\Sigma F_y=0$可知$F_{4-7y}=2\text{kN}$，再由比例关系得：

$$F_{N4-7}=\sqrt{13}\text{kN（拉力）}$$

取Ⅱ-Ⅱ截面之右为隔离体，节点11为矩心，由力矩方程可得：

$$F_{N7\text{-}10}=\frac{1}{4}\times(12\times3+22\times3)=25.5\text{kN(拉力)}$$

（5）用节点法

其余杆件的内力均可由节点法逐一求出。其中，由节点 3、5、6、8、10 可直接判断出：

$$F_{N1\text{-}3}=F_{N6\text{-}8}=F_{N8\text{-}11}=-22.5\text{kN （压力）}$$
$$F_{N2\text{-}5}=19.5\text{kN （拉力）}$$
$$F_{N10\text{-}12}=25.5\text{kN （拉力）}$$

节点 7 为 K 形节点，由于共线的两杆 5-7 与 7-10 的轴力不等，因而可知：

$$F_{N7\text{-}9}=-F_{N4\text{-}7}=-\sqrt{13}\text{kN(压力)}$$

杆件 1-2、1-4、2-4 的轴力和杆件 9-11、9-12、11-12 的轴力可通过取节点 1、2 和 11、12 为隔离体，由投影方程求出，不再详述。

最后将各杆的内力标于杆旁，如图 3-34 所示。

（6）校核

以节点 4 为例：

由 $\sum F_x=0$ 有 $F_{1\text{-}4x}+F_{2\text{-}4x}+F_{4\text{-}7x}=3\times\frac{4\sqrt{13}}{\sqrt{13}}-3\times\frac{3\sqrt{13}}{\sqrt{13}}-3\times\frac{\sqrt{13}}{\sqrt{13}}=0$；

由 $\sum F_y=0$ 有 $F_{1\text{-}4y}+F_{2\text{-}4y}+F_{4\text{-}7y}+F_{N3\text{-}4}=2\times\frac{4\sqrt{13}}{\sqrt{13}}+2\times\frac{3\sqrt{13}}{\sqrt{13}}-2\times\frac{\sqrt{13}}{\sqrt{13}}-12=0$

满足平衡条件。

【例 3-12】 试计算图 3-35 所示桁架 a、b 杆的内力。

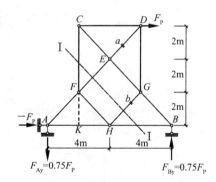

图 3-35

【解】 （1）求反力

由整体平衡条件得：

$$F_{By}=0.75F_P(\uparrow)$$
$$F_{Ax}=-F_P(\leftarrow)$$
$$F_{Ay}=0.75F_P(\downarrow)$$

（2）求杆件内力

① 用节点法。取节点 B 为隔离体，由 $\sum M_G=0$ 得：

$$F_{NBH}=0.75F_P（拉力）$$

② 用截面法。取 I-I 截面之右上为隔离体，以 FC 杆、EF 杆的交点 F 为矩心，由 $\sum M_F=0$ 可得：

$$2\sqrt{2}F_{Nb}+2\times0.75F_P+4\times F_P-6\times0.75F_P=0$$

即

$$F_{Nb}=-\frac{1}{2\sqrt{2}}F_P（压力）$$

③ 用截面法。取 I-I 截面之右上为隔离体，以 FC 杆延长线上的 K 点为矩心，由 $\sum M_k=0$ 可得：

$$\sqrt{2}F_{NEF}+6\times0.75F_P-6F_P+\sqrt{2}\cdot\frac{F_P}{2\sqrt{2}}=0$$

即
$$F_{NEF} = \frac{\sqrt{2}}{2}F_P$$

④ 节点 E 为 X 形节点，故有

$$F_{Na} = F_{NEF} = \frac{\sqrt{2}}{2}F_P（拉力）$$

3.4.5 各式桁架受力性能的比较

桁架的外形不同，对桁架的内力分布和构造有很大影响，其适用场合亦各不相同。因此，了解不同形式桁架的内力分布、构造及应用范围，在设计时合理选用桁架是必要的。下面就三种常用的梁式桁架：三角形桁架、平行弦桁架、抛物线形桁架的受力性能作一比较。

图 3-36(a)、(b)、(c)分别表示这三种桁架跨度均为 l、在上弦承受相同的均布荷载 q =6/l（图中已化为等效节点荷载）时各杆的内力。其中，腹杆的轴力变化可用投影方程说明，弦杆的内力变化则可用力矩方程得到的统一计算公式（3-8）来说明：

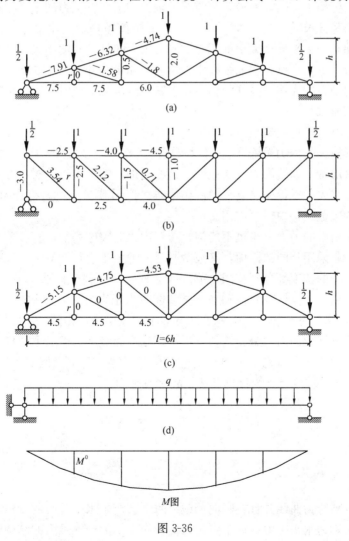

图 3-36

$$F_N = \pm \frac{M^0}{r} \tag{3-8}$$

式中，r 是求某一弦杆内力 F_N 时的力臂，图 3-36(a)、(b)、(c)所示 r 为计算第二节间下弦杆内力时的力臂；M^0 是相应简支梁（图 3-36d）上与求弦杆内力时的矩心对应截面的弯矩，在均布荷载作用下相应简支梁的弯矩为 $M^0(x) = \frac{q}{2}(l-x)x$，按抛物线规律变化。

在三角形桁架中（图 3-36a），弦杆所对应的内力臂由两端向中间是按直线规律递增的（即 $r = \frac{2h}{l}x$），随着 x 的增加，力臂 r 的增加速度要比 $M^0(x)$ 快，因而弦杆的轴力就由两端向中间递减。不难看出，在图示荷载作用下，各腹杆轴力是由两端向中间递增的。

在平行弦桁架中（图 3-36b），弦杆的内力臂是一常数（$r=h$），因此弦杆的轴力与 $M^0(x)$ 的变化规律相同，即两端小中间大。腹杆的轴力由投影方程计算可知，竖杆的轴力与斜杆轴力的竖向分量各等于相应简支梁所对应节间的剪力，故它们均是由两端向中间递减。

在抛物线形桁架中（图 3-36c），下弦杆的轴力和上弦杆轴力的水平分量对其矩心的力臂就是矩心处的竖杆长度，它与 $M^0(x)$ 一样，都是按抛物线规律变化。因此，各下弦杆轴力和上弦杆轴力的水平分量大小都相等。同时因上弦杆倾斜度不大，从而上弦各杆轴力也近似相等。由于下弦杆拉力和上弦杆压力水平分量的大小相等、方向相反，由 $\sum F_x = 0$ 可知，各斜杆的轴力均为零。竖杆的轴力在上弦节点承受荷载时为零，但在下弦节点承受荷载时等于节点荷载。

根据上述分析，可得结论如下：

（1）三角形桁架的内力分布不均匀，弦杆内力在接近支座处最大。如采用相同的截面，则造成材料浪费；如按内力改变截面，则要增加拼接困难。同时，在端节点处杆件的夹角甚小、内力很大，使得构造复杂，制作困难。但因其两个斜面符合屋面排水的需要，故在跨度较小的屋盖结构中得到应用。

（2）平行弦桁架的内力分布也不均匀，弦杆内力向跨中增大，若各节间改变截面，则增加拼接困难；若采用相同的截面，又浪费材料。但由于它在构造上有许多优点，如所有弦杆、竖杆和斜杆的长度都分别相同，节点构造划一，有利于标准化等。在轻型桁架中，采用截面一致的弦杆，其构件制作和施工拼装能带来很多方便，材料也不致有很大浪费，因而在厂房 12m 以上的吊车梁以及跨度 50m 以下的桥梁中，得到广泛应用。

（3）抛物线形桁架的内力分布均匀，材料使用最为经济。但其上弦杆在每一节间的倾角都不同，节点构造复杂，施工不便。不过，在大跨度结构中（例如跨度 $100 \sim 150$m 的桥梁和 $18 \sim 30$m 的屋架），节约材料显著，故常被采用。

3.5 三 铰 拱

3.5.1 基本概念

拱是指杆件轴线为曲线并且在竖向荷载作用下会产生水平反力的结构。这种水平反力指向结构，故又称为水平推力。通常将竖向荷载作用下能产生推力的结构统称为拱式结构或推力结构，例如三铰刚架、拱式桁架、拱等。

拱与梁的区别不仅在于杆件轴线的曲直，更重要的是在竖向荷载作用下有无水平推力存在。例如，图 3-37 (a) 所示结构，虽然杆轴为曲线，但在竖向荷载作用下并无水平推力，故称为曲梁而不是拱。而图 3-37 (b) 所示结构，在竖向荷载作用下会产生水平推力，因而称为拱。可见，水平推力的存在与否是区别拱与梁的重要标志。由于有水平推力，拱的弯矩要比跨度、荷载相同的梁（即相应简支梁）的弯矩小很多，并且主要是承受压力，各截面的应力分布较为均匀。因此，拱比梁可节省用料、自重较轻，能够跨越较大的空间，同时，可以利用抗拉性能较差而抗压性能较好的砖、石、混凝土等材料来建造，这是拱的主要优点。拱的支座要承受水平推力，因此需要有较坚固的基础或支承物；拱的构造较复杂、施工难度大，这些都是拱的缺点。

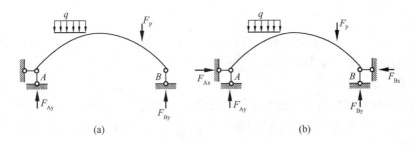

图 3-37

工程中常用的单跨拱有无铰拱、两铰拱和三铰拱（图 3-38a、b、c），其中，前两种为超静定拱，三铰拱是静定拱。本节只讨论静定拱的计算。

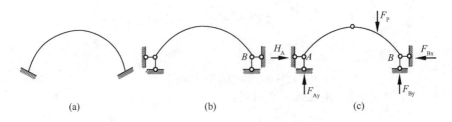

图 3-38

在拱结构中，有时在两支座间设置拉杆，用拉杆来承受水平推力，如图 3-39 (a) 所示。这种结构在竖向荷载作用下，支座不产生水平反力，但是结构内部的受力与拱并无区别，故称为带拉杆的拱，也属于静定结构。拉杆有时做成图 3-39 (b) 所示的折线形式，可以获得较大的净空。

现以图 3-40 为例说明拱的各部名称。拱的两端支座处称为拱趾。两拱趾的连线称为起拱线。两拱趾间的水平距离称为跨度。两拱趾的连线为水平线的拱称为平拱，两拱趾连线为斜线的拱称为斜拱。拱身各截面形心的连线称为拱轴线。常用的拱轴线形式有抛物线和圆弧线，有时也采用悬链线。拱轴中最高点称为拱顶。三铰拱通常在拱顶处设置铰，称为顶铰，又称中间铰。由拱顶到起拱线的竖直距离称为矢高。矢高与跨度之比 f/l 称为高跨比，在工程结构中这个值在 0.1～1 之间。

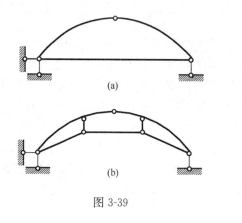

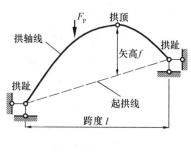

图 3-39   图 3-40

3.5.2 三铰拱的计算

下面通过图 3-41（a）所示竖向荷载作用下的平拱讨论三铰拱的反力和内力计算方法，并将拱与相应简支梁加以比较，以说明拱的内力特性。

1. 支座反力的计算

三铰拱与基础的连接符合三刚片规则，支座反力共有四个。求反力时，除了取全拱整体为隔离体列出三个平衡方程外，还需取左（或右）半拱为隔离体，利用中间铰 C 处弯矩为零的条件，建立 $\Sigma M_C = 0$ 的平衡方程。

首先考虑拱的整体平衡，由 $\Sigma M_B = 0$ 及 $\Sigma M_A = 0$ 可求得 A、B 支座的竖向反力：

$$F_{Ay} = \frac{\Sigma F_{Pi} b_i}{l} \tag{a}$$

$$F_{By} = \frac{\Sigma F_{Pi} a_i}{l} \tag{b}$$

由 $\Sigma F_x = 0$ 可得：

$$F_{Ax} = F_{Bx} = F_H \tag{c}$$

再取左半拱为隔离体，由 $\Sigma M_C = 0$ 可得：

$$F_H = \frac{F_{Ay} l_1 - F_{P1}(l_1 - a_1) - F_{P2}(l_1 - a_2)}{f} \tag{d}$$

对比图 3-41（b）可知，式（a）、式（b）的右边恰好等于相应简支梁的竖向支座反力 F_{Ay}^0、F_{By}^0，而式（d）右边的分子则等于与拱的中间铰相对应的相应简支梁 C 截面的弯矩 M_C^0。因此，以上各式可写为：

$$F_{Ay} = F_{Ay}^0, F_{By} = F_{By}^0, F_H = \frac{M_C^0}{f} \tag{3-9}$$

式（3-9）的第三式表明，推力 F_H 等于相应简支梁 C 截面的弯矩 M_C^0 与拱矢 f 之比。当荷载和跨度（两拱趾的水平距离）给定时，M_C^0 即为定值，而当中间铰位置确定之后，矢高 f 亦随之给定，此时可有确定的 F_H 值。可见，水平推力 F_H 只与荷载及三个铰的位置有关，而与各铰之间的拱轴线形状无关。换言之，在一定的荷载作用下，推力 F_H 只与拱的高跨比 f/l 有关。拱愈陡时，f/l 愈大，F_H 愈小；反之，拱愈平坦时，f/l 愈小，F_H 愈大。当 $f = 0$ 时，A、B、C 三个铰将位于同一直线，F_H 趋于 ∞，结构成为瞬变体系。

2. 内力的计算

如图3-41（c）所示，拱任一横截面 K 的位置可由该截面形心的坐标 x_K、y_K 以及 K 处拱轴切线的倾角 φ_K 确定。截面 K 的弯矩、剪力、轴力分别用 M_K、F_{QK}、F_{NK} 表示（图3-41c），通常规定弯矩以使拱内侧纤维受拉为正；剪力以绕隔离体顺时针转动为正；轴力以压力为正（拱以受压为主）。

计算任一横截面 K 的弯矩，可取 K 截面以左部分为隔离体，由 $\Sigma M_K = 0$ 得：

$$M_K = [F_{Ay}x_K - F_{P1}(x_K - a_1)] - F_H y_K$$

由于 $F_{Ay} = F_{Ay}^0$，可知上式方括号内之值等于相应简支梁截面 K 的弯矩 M_K^0，故上式可写为：

$$M_K = M_K^0 - F_H y_K \qquad (3\text{-}10)$$

式（3-10）表明，拱内任一截面 K 的弯矩 M_K 等于相应简支梁对应截面的弯矩 M_K^0 减去推力引起的弯矩 $F_H y_K$。可见，推力的存在使三铰拱的弯矩比相应简支梁的弯矩要小。

由截面法知，任一截面 K 的剪力

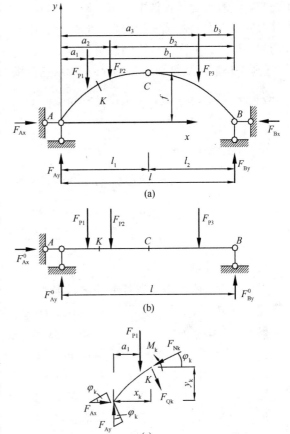

图 3-41

F_{QK} 等于该截面一侧所有外力沿截面方向投影的代数和，由图3-41（c）可有：

$$F_{QK} = F_{Ay}\cos\varphi_K - F_{P1}\cos\varphi_K - F_H \sin\varphi_K$$

注意到相应简支梁 K 截面的剪力 $F_{QK}^0 = F_{Ay} - F_{P1}$，上式可改写为：

$$F_{QK} = F_{QK}^0 \cos\varphi_K - F_H \sin\varphi_K \qquad (3\text{-}11)$$

式中　φ_K——K 截面处拱轴切线的倾角，在左半拱为正，右半拱为负。

任一截面 K 的轴力 F_{NK} 等于该截面一侧所有外力沿截面处拱轴切线方向投影的代数和，由图3-41（c）可有：

$$F_{NK} = F_{Ay}\sin\varphi_K - F_{P1}\sin\varphi_K + F_H \cos\varphi_K$$

用 $F_{QK}^0 = F_{Ay} - F_{P1}$ 代入上式得：

$$F_{NK} = F_{QK}^0 \sin\varphi_K + F_H \cos\varphi_K \qquad (3\text{-}12)$$

由三个内力表达式可知，内力是截面位置（x_K、y_K、φ_K）的函数，因而也就与拱轴线形状有关。

3. 绘制内力图

绘制三铰拱的内力图，可取拱轴沿水平方向的投影为基线，并将其划分为若干等份（例如8、12、16、24等份），然后由内力计算式算出各相应截面的内力值，并在基线上按比例用纵标画出，最后用光滑的曲线将各纵标顶点相连。与梁和刚架一样，在集中力偶作用处弯矩图有突变；在集中力作用处，剪力图、轴力图有突变，绘图时，应分别计算集中力（力偶）左右两侧截面的内力。此外，采用 EXCEL 表计算拱的各截面内力，能省去繁琐的数字计算。下面结合算例说明。

【例 3-13】 试绘制图 3-42（a）所示三铰拱的内力图。拱轴为抛物线，其方程为 $y = \frac{4f}{l^2}x(l-x)$，跨度 $l=16$m，矢高 $f=4$m。

【解】（1）求支座反力

由公式（3-9）得：

$$F_{Ay} = F_{Ay}^0 = \frac{1}{16} \times (20 \times 8 \times 12 + 80 \times 4) = 140\text{kN}$$

$$F_{By} = F_{By}^0 = 20 \times 8 + 80 - 140 = 100\text{kN}$$

$$F_H = \frac{M_C^0}{f} = \frac{140 \times 8 - 20 \times 8 \times 4}{4} = 120\text{kN}$$

（2）内力计算

以拱跨为基线并等分为若干等份，本例取 8 等份，每等份长 $\Delta x = l/8 = 2$m。由内力计算式知，M、F_Q、F_N 与 F_H、y、$\sin\varphi$、$\cos\varphi$、M^0、F_Q^0 有关，其中：

$F_H = 120$kN；$y = x(16-x)/16$ （$0 \leqslant x \leqslant 16$）；

$y' = (8-x)/8$ （$0 \leqslant x \leqslant 16$）；$\varphi = \arctan(y')$；

$F_{Ay}^0 = 140$kN；$M^0 = 140x - 10x^2$ （$0 \leqslant x \leqslant 8$），

$M^0 = 640 - 20x$ （$8 \leqslant x \leqslant 12$），$M^0 = 1600 - 100x$ （$12 \leqslant x \leqslant 16$）；

$F_Q^0 = 140 - 20x$ （$0 \leqslant x \leqslant 8$），$F_Q^0 = -20$ （$8 \leqslant x < 12$），

$F_Q^0 = -100$ （$12 < x \leqslant 16$）。

打开 EXCEL 表，将以上各值的表达式输入表中，其中 M^0、F_Q^0 可用 EXCEL 函数中的 IF 语句输入。M、F_Q、F_N 按式（3-10）、式（3-11）、式（3-12）输入。利用 EXCEL 表中复制公式的功能即可求出各截面的内力值，如表 3-1 所示。

各截面内力值 表 3-1

截面	x	y	$\tan\varphi$	φ	$\sin\varphi$	$\cos\varphi$	M^0	F_Q^0	M	F_Q	F_N
0	0	0.00	1.00	45.00	0.707	0.707	0.0	140.0	0.0	14.14	183.85
1	2	1.75	0.75	36.89	0.600	0.800	240.0	100.0	30.0	8.00	156.00
2	4	3.00	0.50	26.58	0.447	0.894	400.0	60.0	40.0	0.00	134.16
3	6	3.75	0.25	14.04	0.243	0.970	480.0	20.0	30.0	−9.70	121.27
4	8	4.00	0.00	0.000	0.000	1.000	480.0	−20.0	0.0	−20.00	120.00
5	10	3.75	−0.25	−14.04	−0.243	0.970	440.0	−20.0	−10.0	9.70	121.27
6^L	12	3.00	−0.50	−26.58	−0.447	0.894	400.0	−20.0	40.0	35.78	116.22
6^R	12	3.00	−0.50	−26.58	−0.447	0.894	400.0	−100.0	40.0	−35.78	151.98
7	14	1.75	−0.75	−36.89	−0.600	0.800	200.0	−100.0	−10.0	−8.00	156.00
8	16	0.00	−1.00	−45.00	−0.707	0.707	0.0	−100.0	0.0	14.14	155.56

（3）绘制内力图

将各截面求出的 M 值在基线对应点上用纵距标出，连以光滑的曲线即得弯矩图（图 3-42b）。相同的作法可得 F_Q 图和 F_N 图，如图 3-42 （c）、（d）所示。绘图时，应注意截面 6 的剪力、轴力都有突变。

上述反力和内力的计算公式仅适用于在竖向荷载作用下的平拱。对于带拉杆的三铰拱（图 3-39a），可由整体平衡条件求出三个支座反力，然后截断拉杆、拆开顶铰，取左半拱或右半拱为隔离体，由 $\Sigma M_C = 0$ 求出拉杆内力；对于斜拱（图 3-40）或非竖向荷载作用下的平拱，四个支座反力可由整体三个平衡方程及顶铰以左（或以右）部分对顶铰的力矩方程求出。无论哪种情况，反力及拉杆内力求出后，即可由截面法求出拱各截面的内力，无需赘述。

3.5.3　三铰拱的合理拱轴线

三铰拱在竖向荷载作用下，各截面将有弯矩、剪力和轴力，轴力一般为压

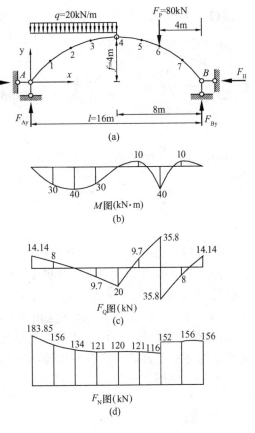

图 3-42

力，拱截面处于偏心受压状态，材料得不到充分利用。然而，由前述可知，尽管三铰拱的反力与各铰之间的拱轴线形状无关，但内力却与拱轴线形状有关，若能使所设计的拱轴线所有截面的弯矩处处为零（由微段平衡的力矩方程可以证明，此时剪力也为零），而只有轴力，这样各截面都将处于均匀受压，材料将得以充分地利用，相应的拱截面尺寸也将是最小的，因而也是经济、合理的，这样的拱轴线称之为合理拱轴线。

由上可见，设计合理拱轴线的依据就是拱中弯矩处处为零。对于竖向荷载作用下的三铰平拱，任一截面的弯矩由式（3-10）确定，当拱轴为合理拱轴线时，则有：

$$M = M^0 - F_H y = 0$$

由此得：

$$y = \frac{M^0}{F_H} \tag{3-13}$$

上式表明，竖向荷载作用下的三铰拱，合理拱轴线的纵坐标 y 与相应简支梁的弯矩图竖标成正比。因此，当拱的三个铰位置和拱上竖向荷载已知时，只要求出相应简支梁的弯矩方程，然后除以常数 F_H，便可得到合理拱轴线方程。有时，相应简支梁的弯矩方程无法事先写出，这时可根据合理拱轴弯矩处处为零的条件，列出相应的平衡微分方程并求解，也能获得合理拱轴线。下面给出确定合理拱轴线的三个例题。

【例 3-14】　试求图 3-43 （a）所示对称三铰拱在均布荷载 q 作用下的合理拱轴线。

【解】 根据式（3-13），需先写出相应简支梁（图 3-43b）任意截面弯矩 M^0 及拱水平推力 F_H 的表达式。其中：

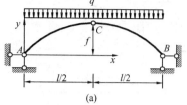

$$M^0 = \frac{1}{2}qx(l-x)$$

F_H 则由式（3-9）第三式求得为：

$$F_H = \frac{M_c^0}{f} = \frac{ql^2}{8f}$$

将上两式代入式（3-13）得：

$$y = \frac{M^0}{F_H} = \frac{4f}{l^2}x(l-x)$$

图 3-43

可见，在竖向荷载作用下，三铰拱的合理拱轴线为二次抛物线。

【例 3-15】 图 3-44 所示对称三铰拱，承受填料重量的作用，分布荷载集度为 $q(x) = q_c + \gamma y$，其中 q_c 为拱顶处的荷载集度，γ 为填料重度。试求拱的合理拱轴线方程。

【解】 本例拱轴任一点处的荷载 $q(x)$ 与拱轴方程 y 有关，但 y 未知，故无法由 $q(x)$ 写出 M^0，也就无法获得 y，但仍可根据拱轴各截面弯矩处处为零的条件，寻求合理拱轴线方程。按照这一条件，在图示坐标系下，式（3-13）可写为：

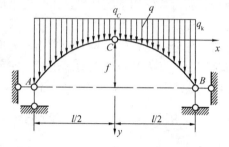

图 3-44

$$M = M^0 - F_H(f - y) = 0$$

即：

$$f - y = M^0/F_H \qquad (a)$$

式（a）对 x 微分两次得：

$$-y'' = \frac{1}{F_H}\frac{d^2 M^0}{dx^2} \qquad (b)$$

设 $q(x)$ 以向下为正，由式（3-3）可知：

$$\frac{d^2 M^0}{dx^2} = -q$$

则式（b）可写为：

$$y'' = \frac{q}{F_H} \qquad (c)$$

将 $q(x) = q_c + \gamma y$ 代入式（c）得：

$$y'' - \frac{\gamma}{F_H}y = \frac{q_c}{F_H} \qquad (d)$$

式（d）就是符合题意要求的合理拱轴线的微分方程。这是一个二阶常系数线性非齐次微分方程，其解可表示为：

$$y = A\,\mathrm{ch}\left(\sqrt{\frac{\gamma}{F_H}}\cdot x\right) + B\,\mathrm{sh}\left(\sqrt{\frac{\gamma}{F_H}}\cdot x\right) - \frac{q_c}{\gamma} \qquad (e)$$

根据边界条件，积分常数 A、B 可确定如下：

由 $x=0$，$y=0$ 得：

$$A = q_c/\gamma$$

由 $x=0$，$y'=0$ 得：

$$B=0$$

将 A、B 之值代入式（e）得：

$$y = \frac{q_c}{\gamma}\left[\mathrm{ch}\left(\sqrt{\frac{\gamma}{F_H}} \cdot x\right) - 1\right] \qquad\text{(f)}$$

上式就是填料荷载作用下三铰拱的合理拱轴线方程，它是一条悬链线，又叫双曲线。

为方便计算，引入比值 $m=\dfrac{q_k}{q_c}$，这里，q_k 为拱趾处的荷载集度。由题意有：

$$q_k = q_c + \gamma f$$

于是有：

$$m = \frac{q_c + \gamma f}{q_c} \text{ 或 } \frac{q_c}{\gamma} = \frac{f}{m-1} \qquad\text{(g)}$$

再引入无量纲自变量 $\xi = \dfrac{x}{l/2}$，并令 $K = \sqrt{\dfrac{\gamma}{F_H}}\dfrac{l}{2}$，则公式（f）可写为：

$$y = \frac{f}{m-1}(\mathrm{ch}K\xi - 1) \qquad\text{(h)}$$

式（h）表示的曲线称为列格氏悬链线。式中 K 与 m 的关系可由下列条件确定：当 $\xi=1$ 时，$y=f$，由上式可得：$\mathrm{ch}K = m$。由双曲函数的性质 $\mathrm{sh}^2K = \mathrm{ch}^2K - 1$ 有 $\mathrm{sh}K = \sqrt{m^2-1}$。

再由 $\mathrm{sh}K + \mathrm{ch}K = e^K$ 得：

$$m + \sqrt{m^2-1} = e^K \qquad\text{(i)}$$

式（i）两边取对数可得：

$$K = \ln(m + \sqrt{m^2-1}) \qquad\text{(j)}$$

可见，拱顶与拱趾荷载集度之比值只要给定，合理拱轴线方程便可由式（h）确定。

【例 3-16】 图 3-45（a）所示三铰拱全跨承受沿拱轴法线方向的均布压力（例如水平放置的拱承受水的侧压力），试求其合理拱轴线。

【解】 本题虽不是竖向荷载，但根据合理拱轴线上弯矩处处为零的条件，可以从拱中任取长度 ds 的微段为隔离体分析。假定微段处于无弯矩状态，即微段两端横截面上弯矩、剪力均为零，在均布荷载 q 和两端截面的轴力 F_N 及 $F_N + dF_N$ 共同作用下微段处于平衡，如图 3-45（b）所示。于是，由 $\Sigma M_o = 0$ 可有：

$$F_N\rho - (F_N + dF_N)\rho = 0 \qquad\text{(a)}$$

式中 ρ 为微段的曲率半径。由上式得：

$$dF_N = 0 \qquad\text{(b)}$$

式（b）表明，$F_N =$ 常数。

再列出微段各力沿 $s-s$ 轴的投影方程可有：

$$2F_N\sin\frac{d\varphi}{2} - q\rho d\varphi = 0 \qquad\text{(c)}$$

由于 $d\varphi$ 角很小，可近似取：

$$\sin\frac{d\varphi}{2} = \frac{d\varphi}{2}$$

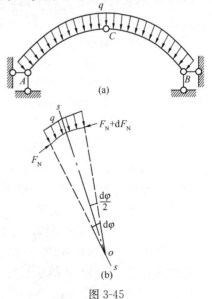

图 3-45

65

于是式(c)变为：$\qquad\qquad F_N - q\rho = 0$

即：$\qquad\qquad\qquad\qquad \rho = F_N/q \qquad\qquad\qquad\qquad$ (d)

由于 F_N 为常数，q 为均布压力，故知 ρ 也为常数。这说明三铰拱在沿拱轴法线方向的均布压力作用下，拱的曲率半径处处相同，其合理拱轴线为圆弧线。

由以上例题可知，合理拱轴的确定与拱上的荷载有关。工程实际中，作用于拱上的荷载是变化的，因此难以获得理想化的合理拱轴，而只能是力求所选的拱轴线接近合理拱轴线。

3.6 静定组合结构

组合结构是由只承受轴力的链杆（二力杆）和承受弯矩、剪力、轴力的受弯杆件混合组成的结构。组合结构常用于房屋中的屋架、吊车梁以及桥梁的承重结构。图 3-46 （a）、（b）所示五角形屋架和斜拉桥都是组合结构的工程实例。在组合结构中，由于链杆的作用，将使受弯杆件的弯矩减小，从而可以节省材料、增加刚度和跨越更大的跨度。当链杆和受弯杆件分别用不同材料制作时，将使结构构造和材料性能的利用更合理。

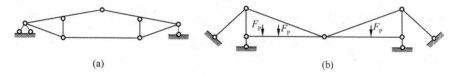

(a)　　　　　　　　　　　　　　(b)

图 3-46

分析静定组合结构的基本方法仍然是截面法。计算时，一般是先求支座反力，再计算各链杆的轴力，最后分析受弯杆件的内力。需要指出的是，在计算组合结构时，一定要分清哪些杆是只受轴力的二力杆，哪些杆是除轴力外还受弯矩、剪力的受弯杆件。

【例 3-17】 试计算图 3-47 （a）所示组合结构的内力，绘制内力图。

【解】 （1）求反力

取结构整体为隔离体，由平衡条件可求得：

$$F_{Ax} = 0 \qquad F_{Ay} = 48\text{kN （↑）} \qquad F_{By} = 48\text{kN （↑）}$$

（2）求链杆的轴力

首先取通过铰 C 的 Ⅰ—Ⅰ 截面之左部分为隔离体（图 3-47b），由 $\Sigma M_C = 0$ 有：

$$F_{NDE} = (48 \times 6 - 8 \times 6 \times 3)/1.5 = 96\text{kN（拉力）}$$

再取节点 D 为隔离体（图 3-47c），由平衡条件知，$F_{ADx} = 96\text{kN}$，由比例关系可得：

$$F_{NAD} = F_{ADx} \times \sqrt{3^2 + 1.5^2}/3 = 107.3\text{kN（拉力）}$$

$$F_{ADy} = F_{ADx} \times 1.5/3 = 48\text{kN}$$

再由 $\Sigma F_y = 0$ 有：$\qquad\qquad F_{NDF} = -F_{ADy} = -48\text{kN（压力）}$

利用对称性可知 F_{NEB} 及 F_{NEG}，各链杆的内力见图 3-47 （a）。

（3）绘制受弯杆件的内力图

取图 3-47 （b）所示隔离体，由 $\Sigma F_y = 0$ 及 $\Sigma F_x = 0$ 有：

$$F_{Cy} = 0 \qquad F_{Cx} = -96\text{kN （压力）}$$

①绘剪力图。$F_{Cy} = 0$，故从 C 点开始，分别对左右两部分绘图较简便。对 CB 部分，按 $C \rightarrow G \rightarrow B$ 进行力矢平移，可得：

$$F^{\text{L}}_{\text{QG}}=-24\text{kN} \qquad F^{\text{R}}_{\text{QG}}=24\text{kN} \qquad F_{\text{QBG}}=0$$

在力矢平移轨迹图上注明正负号即得 CB 段 F_{Q} 图。同样的作法可绘出 CA 部分剪力图，整个结构的 F_{Q} 图如图 3-47（d）所示。

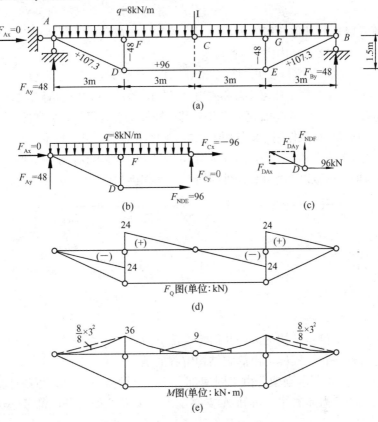

图 3-47

②绘弯矩图。中间铰 C 弯矩为零，可从 C 点起，分别对左右两部分绘图。例如 CA 部分，$M_C=0$；$M_A=0$；M_F 可由反正法求得：

$$M_{\text{F}}=-\frac{1}{2}\times 8\times 3^2=-36\text{kN}\cdot\text{m（上拉）}$$

据此可绘出 CF、FA 段 M 图。类似的可绘出 CG、GB 段 M 图，整个结构的弯矩图示于图 3-47（e）。

3.7 静定结构的静力特性

静定结构在静力学方面具有以下几个特性，掌握这些特性，对了解静定结构的性能和内力计算是有帮助的。

（1）静力解答的唯一性。

根据平面体系的几何组成分析和以上各节的讨论可知，静定结构，在几何组成方面，是无多余联系的几何不变体系；在静力分析方面，对任一给定的荷载，其全部反力和内力都可以由静力平衡条件求出，而且得到的解答是唯一的有限值。这一静力特性称为静定结构解答的唯一性。根据这一特性，在静定结构中，凡是能够满足全部静力平衡条件的解答就是真正的解答，并可确信除此再无任何其他解答存在。

静定结构解答的唯一性是静定结构最基本的特性，以下介绍的几个特性都可以由此推导出。

（2）除荷载以外的其他任何原因，如温度改变、支座移动、制造误差、材料收缩等均不会引起静定结构的反力和内力。

现以图 3-48 所示情况进行说明。图 3-48（a）所示悬臂梁，在图示温度改变时，将会自由的伸长和弯曲，因而不会产生任何反力和内力。又如图 3-48（b）所示简支梁，当支座 B 发生沉降时，梁将绕支座 A 自由转动而随之产生位移，同样不会有任何反力和内力产生。事实上，在上述情况中，均没有荷载作用，即作用于结构上的是零荷载，此时能够满足结构所有各部分平衡条件的只能是零内力和零反力，由静定结构解答的唯一性可知，这就是唯一的、真正的解答。由此可以推断，荷载以外其他任何外因均不会使静定结构产生反力和内力。

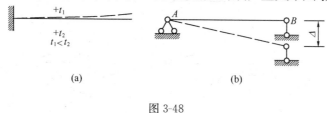

图 3-48

（3）平衡力系的影响。

平衡力系作用于静定结构的某一几何不变部分时，除该部分受力外，其余部分的反力和内力均为零。这一特性同样可由静定结构解答的唯一性证实。

例如图 3-49（a）所示刚架，由于附属部分 BC 上无荷载，由平衡条件知其反力、内力均为零；再以 AC 为隔离体，可知 A 支座反力也为零，AD、FC 部分均无外力，内力亦全为零；而 DEF 部分由于本身为几何不变，故在平衡力系作用下仍能独立地维持平衡，弯矩图如图中阴影所示。又如图 3-49（b）所示桁架，只有几何不变部分 CDEF（图中阴影所示）上受力，而其余部分各杆内力和支座反力由平衡条件可求得它们均等于零，若设想其余部分均不受力而将它们去掉，则剩下的部分由于本身是几何不变的，因而在平衡力系作用下，仍能处于平衡状态。这表明，结构上的全部反力和内力都能由静力平衡条件求出。由静力解答的唯一性可知，这样的内力状态必然是唯一正确的解答。

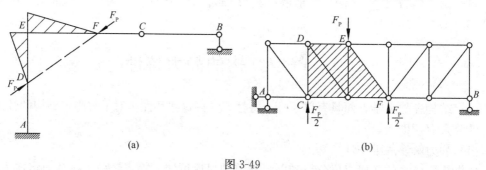

图 3-49

（4）荷载等效变换的影响。

两种荷载如果合力相同（主矢及对任一点的主矩相等），则称它们为静力等效荷载。

所谓荷载等效变换就是将一种荷载变换为另一种静力等效的荷载。当静定结构某一几何不变部分上的荷载作等效变换时，其余部分的内力保持不变。这一特性可通过上一个特性来说明。设在静定结构的某一几何不变部分 AB 上作用有两种不同但静力等效的荷载 F_{P1}、F_{P2}，其产生的内力分别为 F_1 和 F_2，如图 3-50（a）、（b）所示。现在要论证的是，在两种情况下，除 AB 杆外，其余杆件的内力和支座反力均相同，即 $F_1 = F_2$。为此，以荷载 F_{P1} 和－F_{P2}共同作用于结构上（图 3-50c），由叠加原理可知，其产生的内力为 $(F_1 - F_2)$，由于 F_{P1} 和－F_{P2} 为一组平衡力系，根据静定结构某一几何不变部分受平衡力系作用的特性知，除杆件 AB 以外，其余部分的内力应为

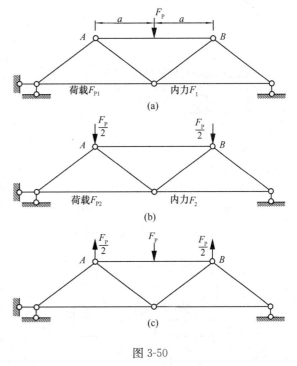

图 3-50

$(F_1 - F_2) = 0$，故有 $F_1 = F_2$。这就说明，若将 F_{P1} 以其等效荷载 F_{P2} 来代替，只影响 AB 部分的内力，而其余部分的内力和反力均不变，从而证明了这一特性的正确性。

思 考 题

1. 如何进行内力图的叠加？为什么是竖标的叠加，而不是图形的拼接？

2. 简述反正法求内力的做法。内力计算短语中各字的含义是什么？

3. 简述力矢移动法绘制剪力图的作法。

4. 简述单跨杆件法绘制弯矩图的作法。

5. 试说明静定结构的几何组成（结构与基础按两刚片、三刚片规则组成或具有基本部分与附属部分）与计算反力的顺序和方法。

6. 怎样根据弯矩图来作剪力图？

7. 怎样快速校核内力图？

8. 桁架的计算简图作了哪些假设？它与实际桁架有哪些差别？

9. 在求静定桁架内力的节点法和截面法中，怎样尽量避免解联立方程？

10. 为什么说拱的支座反力与拱各铰之间的拱轴线形状无关，而截面内力却与拱轴线形状有关？

11. 如何计算非竖向荷载作用下三铰拱的反力和内力？如何求斜三铰拱的支座反力？

12. 合理拱轴应满足什么条件？拱的合理拱轴线与哪些因素有关？

13. 在图 3-47（a）中，能否将节点 F 视为 T 形节点而将 FD 杆判断为零杆？又对于节点 A，求出 $F_{Ay} = 48\text{kN}$（↑），为什么梁在 A 端剪力却为零？

14. 静定结构在静力学方面有哪些特性？为什么说零荷载（没有荷载）下的反力和内力均为零？

习 题

3-1 试作图示单跨静定梁的内力图。

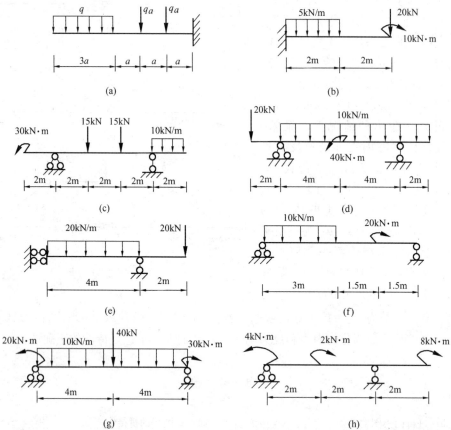

(a)

(b)

(c)

(d)

(e)

(f)

(g)

(h)

题 3-1 图

3-2 试作图示斜梁的内力图。

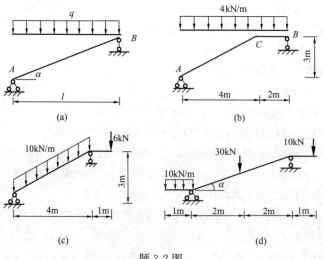

(a)

(b)

(c)

(d)

题 3-2 图

3-3 试作图示多跨静定梁的内力图。

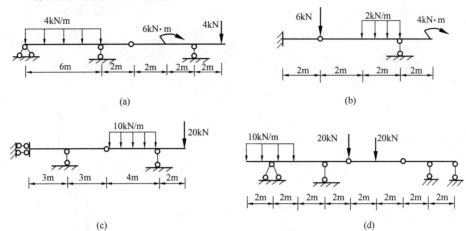

(a)

(b)

(c)

(d)

题 3-3 图

3-4 试选择铰的位置 x，使中间跨跨中正弯矩与支座负弯矩绝对值相等。

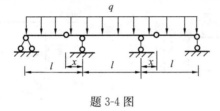

题 3-4 图

3-5 试作图示刚架的内力图。

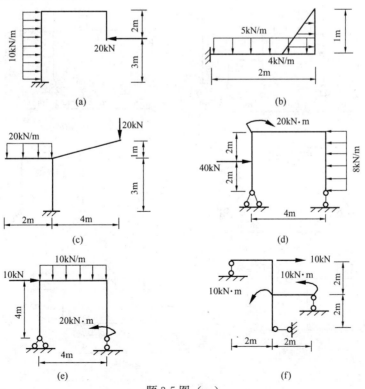

(a)

(b)

(c)

(d)

(e)

(f)

题 3-5 图（一）

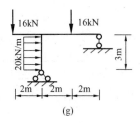

(g)

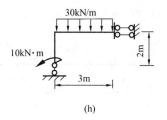

(h)

题 3-5 图（二）

3-6　试作图示刚架的内力图。

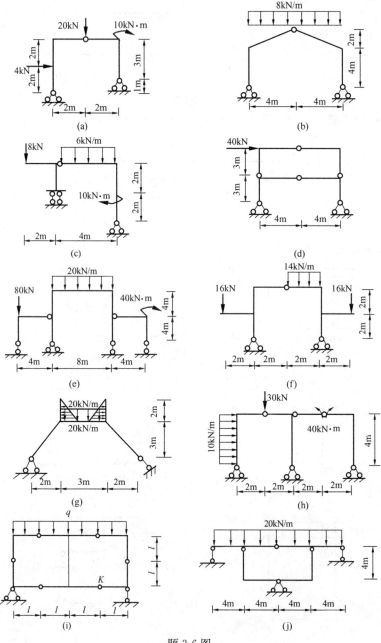

题 3-6 图

3-7 指出下列弯矩图的错误，并加以改正。

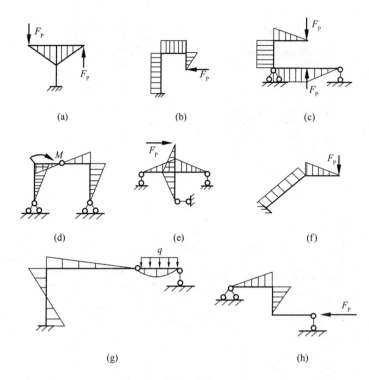

(a)   (b)   (c)

(d)   (e)   (f)

(g)   (h)

题 3-7 图

3-8 各结构的弯矩如图所示，试根据荷载与内力的微分关系确定作用于结构上的荷载。

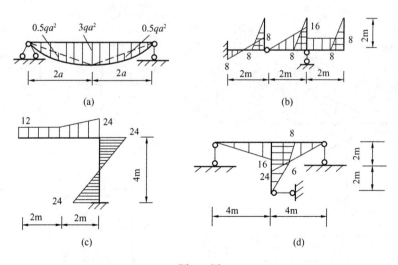

(a)   (b)

(c)   (d)

题 3-8 图

3-9 试判别图示各桁架中的零杆。

3-10 试用节点法计算图示桁架各杆的内力。

3-11 试用截面法计算图示桁架中指定杆件的内力。

3-12 试用较简便的方法计算图示桁架指定杆件的内力。

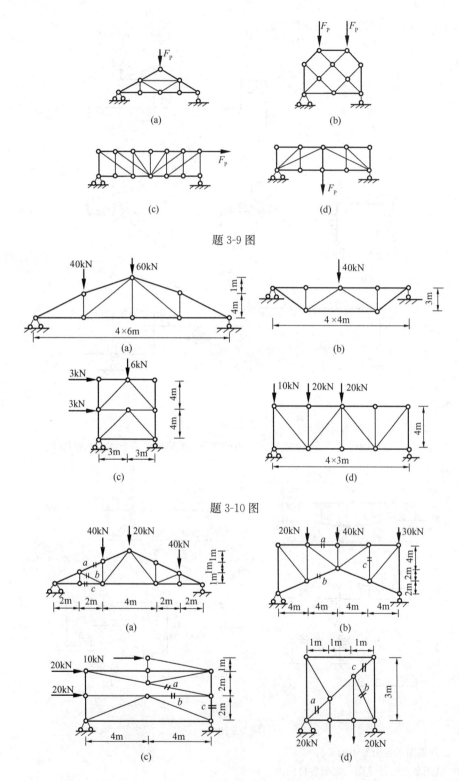

题 3-9 图

题 3-10 图

题 3-11 图

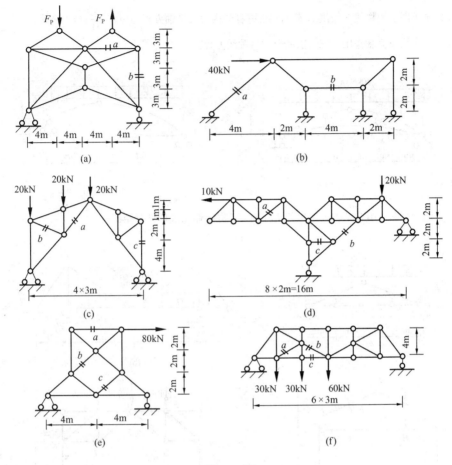

题 3-12 图

3-13 试求图示抛物线三铰拱 D、K 截面的内力，拱轴方程为 $y = \dfrac{4f}{l^2}x(l-x)$。

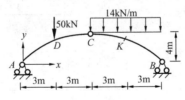

题 3-13 图

3-14 试求图示半圆弧三铰拱 D 截面的内力。

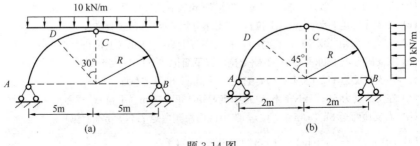

题 3-14 图

3-15 试求图示抛物线三铰拱 K 截面和各链杆的内力。拱轴方程为 $y = \dfrac{4}{81}x(18-x)$。

3-16 试求均布荷载作用下三铰拱的合理拱轴线方程。

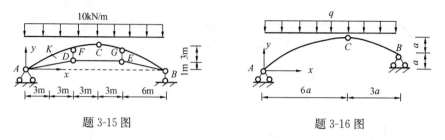

题 3-15 图   题 3-16 图

3-17 试计算图示组合结构，求出各链杆轴力，并绘制梁式杆件弯矩图。

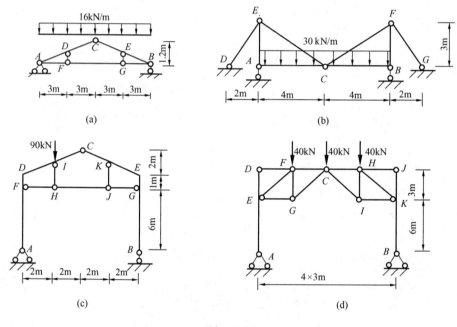

题 3-17 图

答　案

3-1 　(a) 固定端反力 $5qa$（↑），弯矩 $16.5qa^2$（上侧受拉，以下简记"上拉"）；

　　(b) 固定端反力 30kN（↑），弯矩 100kN·m（上拉）；

　　(c) 左支座弯矩 30kN·m（上拉），右支座弯矩 20kN·m（上拉）；

　　(d) 左支座弯矩 40kN·m（上拉），右支座弯矩 20kN·m（上拉）；

　　(e) 左支座弯矩 120kN·m（下侧受拉，以下简记"下拉"）；

　　(f) 左支座反力 115/6kN（↑），右支座反力 65/6kN（↑）；

　　(g) 左支座反力 58.75kN（↑），跨中点弯矩 135kN·m（下拉）；

　　(h) 右支座弯矩 8kN·m（上拉），跨中截面左侧弯矩 7kN·m（上拉）

3-2 　(a) 跨中弯矩 $\dfrac{ql^2}{8}$（下拉）；(b) $M_c = 16$kN·m（下拉）；

(c) 右支座弯矩 6kN·m（上拉）；(d) 跨中点弯矩 22.5kN·m（下拉）

3-3　(a) 中间支座弯矩 7kN·m（下拉）；(b) 右支座反力 4kN（↑）；

　　 (c) 中间支座反力 10kN（↑）；(d) 右端支座反力 10kN（↓）

3-4　$x=0.125l$

3-5　(a) 固定端 $M=65$kN·m（左侧受拉，以下简记"左拉"）；

　　 (b) 固定端 $M=10\dfrac{2}{3}$kN·m（上拉）；

　　 (c) 固定端 $M=40$kN·m（左拉）；(d) 右支座反力 9kN（↑）；

　　 (e) 右支座反力 25kN（↑）；(f) 右支座反力 5kN（↑）；

　　 (g) 右支座反力 22.5kN（↑）；(h) 右支座弯矩 125kN·m（下拉）

3-6　(a) 右支座水平反力 5.43kN（←）；(b) 右支座水平反力 10.667kN（←）；

　　 (c) 左支座弯矩 16kN·m（右拉）；(d) 左支座竖向反力 30kN（↓）；

　　 (e) 左支座竖向反力 80kN（↑）；(f) 左支座竖向反力 23kN（↑）；

　　 (g) 横梁跨中 $M=9.167$kN·m（下拉）；(h) 右支座水平反力 20kN（→）；

　　 (i) k 点轴力 $0.75ql$（拉力）；(j) 左支座竖向反力：0

3-8　(a) 全跨均布荷载 q，跨中集中力 qa；(b) 三个竖杆顶点均受 $F_P=4$kN（→）；

　　 (c) 左端 $m=12$kN·m（逆时针），横梁中点 6kN（↓），横梁右端 12kN（→）；

　　 (d) 横梁右端 1kN（→），跨中 10kN（↓），竖杆中点 2kN（→）

3-9　(a) 5 根零杆；(b) 8 根零杆；(c) 7 根零杆；(d) 10 根零杆

3-10　(a) 左起第二节间下弦 $F_N=96$kN（拉力）；(b) 中间下弦 $F_N=53.33$kN（拉力）；

　　 (c) $F_{Na}=-1.25$kN（压力）；(d) 左起第二节间下弦 $F_N=22.5$kN（拉力）

3-11　(a) $F_{Na}=96.9$kN（压力），$F_{Nb}=0$，$F_{Nc}=86.667$kN（拉力）；

　　 (b) $F_{Na}=50$kN（压力），$F_{Nb}=26.087$kN（拉力），$F_{Nc}=-33.33$kN（压力）；

　　 (c) $F_{Na}=-30.923$kN（压力），$F_{Nb}=30$kN（拉力），$F_{Nc}=-8.75$kN（压力）；

　　 (d) $F_{Na}=-9.428$kN（压力），$F_{Nb}=-14.907$kN（压力），$F_{Nc}=9.428$kN（拉力）

3-12　(a) $F_{Na}=-0.667F_P$（压力），$F_{Nb}=F_P/2$（拉力）；

　　 (b) $F_{Na}=56.569$kN（拉力），$F_{Nb}=-40$kN（压力）；

　　 (c) $F_{Na}=-1.563$kN（压力），$F_{Nb}=15.811$kN（拉力），$F_{Nc}=0$；

　　 (d) $F_{Na}=0$，$F_{Nb}=7.07$（拉力），$F_{Nc}=-10$kN（压力）；

　　 (e) $F_{Na}=40$kN（拉力），$F_{Nb}=56.569$kN（拉力），$F_{Nc}=-28.284$kN（压力）；

　　 (f) $F_{Na}=-27.043$kN（压力），$F_{Nb}=27.042$kN（拉力），$F_{Nc}=78.75$kN（拉力）

3-13　$F_{QD}^L=20.8$kN（顺针转），$M_D=24.7$kN·m（内侧受拉，以下简记"内拉"），

　　 $M_K=12.75$kN·m（内拉）

3-14　(a) $M_D=14.5$kN·m（外侧受拉，以下简记"外拉"）；

　　 (b) $M_D=4.14$kN·m（外拉）

3-15　$M_K=7.5$kN·m（外拉）；$F_{NDE}=135$kN（拉力）

3-16　$y=\dfrac{x}{27}\left(21-\dfrac{2x}{a}\right)$

3-17　(a) $F_{NFG}=240$kN（拉力）；(b) $F_{NDE}=144.22$kN（拉力）；

　　 (c) $F_{NHJ}=30$kN（拉力）；(d) 水平反力 $F_H=26.667$kN

第4章 结构位移计算

4.1 概　述

4.1.1 结构的位移

结构在荷载作用下将会发生尺寸和形状的改变，这种改变称为变形，相应地结构上各点位置也将产生移动，亦即位移。如图 4-1（a）所示结构，在荷载作用下，其变形如图中虚线所示。其上的 C 点移到 C'，线段 CC' 称为 C 点的线位移，记为 Δ_C，此位移也可以分解为水平分量 Δ_{CH} 和竖向分量 Δ_{CV}，分别称为 C 点的水平线位移和竖向线位移。同时 C 截面还转动了一个角度，称为截面 C 的角位移（又称转角），用 φ_C 表示。

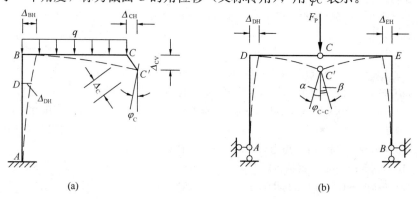

图 4-1

上述线位移和角位移都是某一截面对于地面而言，称为绝对位移。有时需要计算两个截面之间相对位置的改变，称为相对位移。当两个截面位移方向相同时，相对位移等于两截面绝对位移之差；当两个截面位移方向相反时，相对位移则等于两个绝对位移之和。例如图 4-1（a）中的 B、D 两点水平线位移方向相同，分别为 Δ_{BH} 和 Δ_{DH}，其相对线位移就是它们之差：

$$(\Delta_{BD})_H = \Delta_{BH} - \Delta_{DH}$$

而图 4-1（b）所示刚架，D、E 两点的水平线位移 Δ_{DH} 和 Δ_{EH} 方向相反，其相对线位移就是这两个绝对位移之和：

$$(\Delta_{DE})_H = \Delta_{DH} + \Delta_{EH}$$

同样可知，在图 4-1（b）中，铰 C 两侧截面的相对角位移（即相对转角）则为：

$$\varphi_{C-C} = \alpha + \beta$$

除荷载作用会引起位移外，温度变化、支座移动、材料收缩、制造误差等也会使结构产生位移。

4.1.2 计算位移的目的

结构的位移计算在工程设计中具有重要的意义，概括地说，它有以下几方面的用途：

（1）验算结构的刚度。工程中，结构的变形过大，将无法正常使用。例如机器传动轴如果发生过大的变形，将影响加工精度。桥梁中梁的挠度过大，车辆将无法平顺通行。而要验算结构的刚度（即检验结构变形是否符合使用要求），就需要计算结构的位移。

（2）为超静定结构分析打基础。超静定结构的未知力，单靠静力平衡条件不能全部求出，还必须补充变形条件，这就需要计算结构的位移。

（3）结构施工安装的需要。结构在制作安装过程中，常需要预先知道结构变形后的位置以便采取一定的施工措施。例如房屋建筑中的大跨度梁，在荷载作用下将发生向下的挠度，影响建筑物使用和观感。为了使结构在自重作用下能接近原设计的水平位置，施工时就需要按照其挠度向上抬起（称为建筑起拱），这就需要计算梁的位移。

（4）在结构的动力计算和稳定计算中，也需要计算结构的位移。

4.1.3 线性变形体系

任何结构都是由可变形的固体材料组成的，按照变形的特性，变形体系可分为线性变形体系和非线性变形体系。

所谓线性变形体系是指位移与荷载呈线性关系的体系，而且在荷载全部撤除后，位移将完全消失。因此这种体系也称为线性弹性体系。线性变形体系符合下列条件：

（1）应力与应变关系满足胡克定律。

（2）体系是几何不变的，且所有约束都是理想约束。理想约束是指在体系发生位移过程中约束反力不作功的约束，例如无摩擦的光滑铰（即理想铰）和刚性链杆等。

（3）位移是微小的，即小变形。这样在建立平衡方程时，微小的变形可以忽略不计，仍然应用结构变形前的原有几何尺寸。当结构同时承受荷载、温度变化和支座移动等多种因素作用时，其位移计算可应用叠加原理。

对于位移与荷载不呈线性关系的体系，称为非线性变形体系。其中，若材料的物理性质是非线性的，称为物理非线性体系；若体系变形过大，需要按变形后的几何位置进行计算时，则称为几何非线性体系。

本书只讨论线性变形体系的位移计算，工程中大多数问题的位移都属于这种情况。

结构力学中计算位移是以虚功原理为基础，由虚功方程给出结构位移计算的一般公式。本章先介绍变形体系的虚功原理，然后讨论静定结构的位移计算。

4.2 变形体系的虚功原理

4.2.1 虚功的概念

在物理学中，将力与沿力作用方向的位移的乘积称为功，用 W 表示。如图 4-2 所示，

在力 F_P 作用下物体沿力的作用方向产生了位移 Δ，这时力就作了功。这里，位移 Δ 是由 F_P 引起的，这种力沿自身引起的位移上所作的功称为实功。如果位移不是由作功的力本身引起的，即作功的力与其作用方向的位移彼此独立无关，这时力所作的功称为虚功。例如图 4-3 所示简支梁，在截面 1 处施加荷载 F_{P1} 后，梁到达实曲线所示弹性平衡位置，截面 1 在 F_{P1} 的作用方向产生了位移 Δ_{11}（位移 Δ 的两个下标，第一个表示产生位移的地点，第二个表示产生位移的原因，下同）。此后若在截面 2 处再施加荷载 F_{P2}，梁将继续产生微小的变形而达到虚曲线所示位置，截面 1 沿 F_{P1} 的作用方向又产生了位移 Δ_{12}。显然 Δ_{12} 不是 F_{P1} 引起的，即 F_{P1} 沿 Δ_{12} 作了虚功。由于 F_{P1} 在沿 Δ_{12} 作功过程中始终是数值不变的常力，因此，所作虚功为 $W=F_{P1}\Delta_{12}$。

又如图 4-4 所示悬臂梁，实线位置表示在 F_P 作用下的平衡位置，当梁上侧温度升高 $t\,^\circ\!C$ 下侧降低 $t\,^\circ\!C$ 后，弯曲变形到曲线的位置，其上 B 点沿 F_P 作用方向产生了位移 Δ_{Bt}。因为 Δ_{Bt} 是温度改变引起的，于是 F_P 在这段位移上作了虚功。同样由于 F_P 在通过 Δ_{Bt} 的过程中始终为常力，故虚功为 $W=F_P\Delta_{Bt}$。

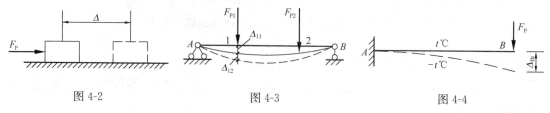

图 4-2   图 4-3   图 4-4

虚功强调的是，位移不是由作功的力本身引起的，它与作功的力是彼此独立、毫无相关的两个因素。虚功是相对于实功而言，并不是说功不存在。因此可将虚功中的力与位移分别看作同一体系的两种独立无关的状态，其中力所属状态称为力状态，位移所属状态称为位移状态。

力状态的力与位移状态的位移是对应的，若力状态的力是集中力（如图 4-4 中的 F_P），则位移状态对应的位移为集中力作用点沿其方向的线位移（如图 4-4 中的 Δ_{Bt}）；若力状态的力是集中力偶（如图 4-5a 中的 M_B），则位移状态对应的位移为集中力偶作用截面的转角（如图 4-5b 中的 φ_B）。此外，均布荷载，甚至某一力系在其对应的位移上也会作功，例如图 4-6（a）所示，力状态的力是均布荷载，则微段集中力 qdx（图 4-6a）在位移状态（图 4-6b）中相应的位移 y 上所作虚功为 $dW=yqdx$，于是均布荷载 q 所作虚功为：

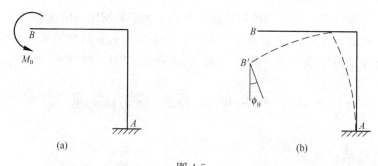

(a)   (b)

图 4-5

（a）力状态；（b）位移状态

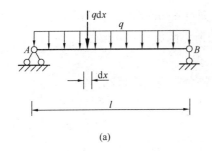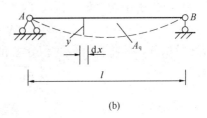

(a)   (b)

图 4-6

(a) 力状态；(b) 位移状态

$$W = \int_0^l yq\mathrm{d}x = q\int_0^l y\mathrm{d}x = qA_q$$

其中 A_q 为位移状态中相应于 q 分布范围内位移曲线所围面积。可见，均布荷载作功时，对应的位移是位移状态中相应的面积。

为方便起见，我们引出广义力与广义位移的概念。集中力、集中力偶、一对集中力、一对力偶、某一力系等统称为广义力；线位移、角位移、相对线位移、相对角位移、某一组位移等统称为广义位移。广义力与其对应的广义位移的乘积具有功的量纲，也就是[力]×[长度]。当力状态的广义力与位移状态的广义位移方向一致时，乘积为正，为正虚功；反之为负虚功。当力状态的广义力在位移状态中对应的广义位移为零时，则虚功为零。

4.2.2 变形体系的虚功原理

变形体系的虚功原理可表述如下：设有一变形体系，承受力状态和位移状态两个彼此独立因素的作用，那么力状态处于静力平衡、位移状态处于变形协调的必要充分条件是：力状态中的外力在位移状态中相应的位移上所作的外力虚功等于力状态中的内力在位移状态中相应的变形上所作的内力虚功。或者简单地说，外力虚功等于内力虚功。

所谓静力平衡是指结构在静力荷载作用下所处的平衡状态，此时力系满足结构整体和任何局部的平衡条件以及边界条件，并且符合作用和反作用定律。所谓变形协调是指位移必须是微小的，并为支承约束条件和变形连续条件所允许的位移状态。由于力状态和位移状态彼此独立无关，因此如果力状态是真实的，则位移状态可以是虚设的；如果位移状态是真实的，则力状态可以是虚设的。但虚设的力状态或位移状态必须是实际可能存在的。

下面着重从物理概念上对虚功原理的正确性加以论证，关于更详细的数学推导及证明，可参阅有关书籍。

图 4-7 (a) 表示一平面杆系结构在荷载作用下外力和内力的情形，它是静力平衡的，为力状态；图 4-7 (b) 表示该结构由于别的原因而产生的位移和微段变形的情形，它是变形协调的，为位移状态。以下论证的基本思路是：任取一微段，分别按两种不同的途径计算虚功，然后把所有微段的这两种虚功总和起来，证明外力虚功等于内力虚功。

(1) 按力状态的外力和内力的虚功计算

从图 4-7 (a) 的力状态中任取一个微段，其上作用的力除外力（荷载和支座反力）之外，还有两侧截面上的力（轴力、剪力和弯矩）。注意，微段两侧截面上的力对整个结构而言是内力，但对微段而言则是外力。设作用于微段上的所有各力，通过图 4-7 (b) 位移状态中相应微段的位移所作虚功总和为 dW，则可将 dW 看作由微段上的外力（荷载、支座反力）所作的虚功 dW_e 和微段两侧截面的力所作的虚功 dW_i 组成，即

$$dW = dW_e + dW_i$$

将其沿杆段积分，并将各杆段的积分求和，可得整个结构的总虚功为：

$$\Sigma \int dW = \Sigma \int dW_e + \Sigma \int dW_i$$

即

$$W = W_e + W_i$$

上式中，W_e 就是整个结构的所有外力在位移状态的相应位移上所作虚功的总和，即上面简称的外力虚功；W_i 则是所有微段两侧截面上的力在微段变形上所作虚功的总和。由于两相邻微段相邻截面上的力就是结构的内力，它们大小相等方向相反；而位移状态又是变形协调的，两微段相邻的截面总是紧密地贴在一起，具有相同的位移。因此每一对相邻截面上的力所作的功总是大小相等正负号相反而互相抵消。由此可知，所有微段两侧截面上的力所作虚功的总和必然为零，即 $W_i = 0$。于是整个结构的总虚功便等于外力虚功：

$$W = W_e \tag{a}$$

（2）按位移状态的刚体位移和变形位移的虚功计算

再从图 4-7b 的位移状态中任取一个微段来分析，微段的位移可分解为两部分：一是

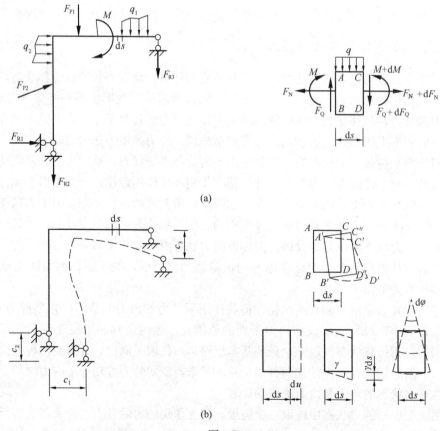

图 4-7

(a) 力状态下的外力和内力；(b) 位移状态下的位移和微段变形

82

只发生刚体位移（由 $ABCD$ 移到 $A'B'C''D''$），二是只发生变形位移（截面 $A'B'$ 不动，$C''D''$ 再移到 $C'D'$）。设作用于微段上的所有各力通过刚体位移所作虚功为 dW_s，通过变形位移所作虚功为 dW_v，则微段总的虚功可写为：

$$dW = dW_s + dW_v$$

由于微段处于平衡状态，即作用于微段上的所有各力为一平衡力系，其合力为零，故在刚体位移上所作虚功为零，即 $dW_s = 0$，于是有 $dW = dW_v$，对于整个结构则有：

$$\Sigma \int dW = \Sigma \int dW_v$$

即
$$W = W_v \tag{b}$$

现在再来讨论 W_v 的计算。对于平面杆件结构，微段的变形可以分解为轴向变形 du、剪切变形 γds 和弯曲变形 $d\varphi$。由于微段非常微小，因而分布荷载 q（合力为 qds）和微段上的轴力、剪力和弯矩的增量（dF_N、dF_Q 和 dM），在微段变形上所作虚功为高阶微量，可略去不计；若微段上有集中荷载或支座反力，可认为是作用在 AB 截面上，因而在微段发生变形位移时它们并不作功。这样，微段上各力在变形位移中所作的虚功为：

$$dW_v = F_N du + F_Q \gamma ds + M d\varphi$$

将上式沿杆段积分，并将各积分总和起来，得整个结构的虚功为

$$W_v = \Sigma \int dW_v = \Sigma \int F_N du + \Sigma \int F_Q \gamma ds + \Sigma \int M d\varphi$$

上式表明，W_v 是所有微段两侧截面上的力（即力状态相应截面的内力）在微段变形位移中所作虚功的总和，称为内力虚功或变形虚功。

比较（1）、（2）两种分析过程可知，它们计算的都是同一变形体系的力状态的外力和内力在位移状态相应的位移和变形上所作的总虚功，因而有

$$W_e = W_v \tag{c}$$

这就是我们要证明的结论。

为了书写简明，将式（a）中的外力虚功 W_e 改用 W 表示，于是式（c）可写为

$$W = W_v \tag{4-1}$$

上式称为变形体系的虚功方程。

上述论证虚功原理的过程中，并未涉及材料的物理性质，因此无论对线性还是非线性体系，对变形体系还是刚体体系都是适用的。对于刚体体系，由于位移状态中各微段不产生任何变形，故内力虚功 $W_v = 0$，此时，虚功方程成为

$$W = 0 \tag{4-2}$$

式（4-2）就是刚体体系的虚功方程，它的物理意义是：在具有理想约束的刚体体系上，如果力状态的力系满足平衡条件，位移状态的位移是约束条件所允许的微小位移，则所有外力所作的虚功总和为零。显然，刚体体系的虚功原理是变形体系虚功原理的一个特例。

4.2.3 虚功原理的两种应用

虚功原理是结构力学中的一个普遍原理，它把结构中的力状态与位移状态联系起来，能解决许多重要问题，在具体应用时可有以下两种方式：

1. 应用虚功原理求未知力

如果所求的是某种实际状态的未知力，则可取此实际状态为力状态，再根据所求的未

知力，虚设一个满足变形协调条件的位移状态，然后应用虚功方程求出力状态中的未知力，这时虚功原理又称为虚位移原理。在理论力学中，我们曾介绍过这种应用方式，在本书第 9 章用机动法作影响线时还将用到这一方法。

2. 应用虚功原理求位移

如果所求的是某种实际状态的未知位移，则可取此实际状态为位移状态，再根据所求的未知位移，虚设一个满足静力平衡条件的力状态，然后应用虚功方程求出位移状态中的未知位移，这时虚功原理又称为虚力原理。下面将按这种方式讨论结构位移的计算。

4.3 结构位移计算的一般公式

如图 4-8（a）所示平面杆件结构，设由于荷载作用、温度变化及支座移动等因素引起如图中虚线所示的变形，现拟求截面 K 沿任一指定方向 $k-k$ 上的位移 Δ_K。

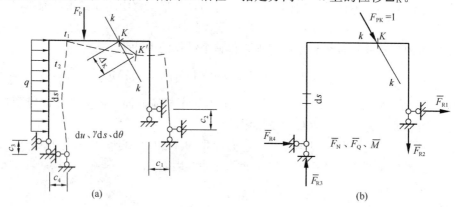

图 4-8
（a）位移状态（实际状态）；（b）力状态（虚拟状态）

为了利用虚功原理计算，就需要有两个状态：力状态和位移状态。由于拟求的位移是由荷载等确定的外因引起的真实位移，因此以结构的这一状态为位移状态，又称实际状态。力状态是与位移状态独立无关的，因此可以根据计算的需要来虚设。现在要计算截面 K 沿 $k-k$ 方向的位移，为使力状态的外力能在位移状态的位移上作虚功，就需要在结构的 K 处沿拟求位移的方向上加一个虚拟力 F_{PK}，如图 4-8（b）所示。为计算方便，令 F_{PK} 为单位力或称单位荷载，即 $F_{PK}=1$ [1]。结构在虚拟单位力作用下将引起支座反力和内力，它们构成一平衡力系，是静力平衡的。图 4-8（b）中，在各反力、内力符号上面加"—"，是表明它是由单位荷载引起的。由于力状态是虚设的并非实际原有的，故又称为虚拟状态。

力状态中，由 $F_{PK}=1$ 引起的支座反力为 $\overline{F}_{R1}$、$\overline{F}_{R2}$、$\overline{F}_{R3}$、$\overline{F}_{R4}$，实际状态中相应的支座位移为 c_1、c_2、c_3、c_4，则外力虚功为：

$$W = F_{PK}\Delta_K + \overline{F}_{R1}c_1 + \overline{F}_{R2}c_2 + \overline{F}_{R3}c_3 + \overline{F}_{R4}c_4 = 1 \times \Delta_K + \Sigma \overline{F}_R c \qquad \text{(a)}$$

---

[1] 这里，虚拟单位力 $F_{PK}=1$ 为外加荷载，它表示当采用某一力单位时，该力的数值为 1。

此外，力状态在 $F_{PK}=1$ 作用下，截面上的轴力、剪力、弯矩为 $\overline{F}_N$、$\overline{F}_Q$、$\overline{M}$，实际状态中相应微段的变形为 du、γds、$d\varphi$，则内力虚功为：

$$W_v = \Sigma\int \overline{F}_N du + \Sigma\int \overline{F}_Q \gamma ds + \Sigma\int \overline{M} d\varphi \tag{b}$$

将式（a）、式（b）代入虚功方程式（4-1）可得

$$1\times\Delta_K + \Sigma\overline{F}_R c = \Sigma\int \overline{F}_N du + \Sigma\int \overline{F}_Q \gamma ds + \Sigma\int \overline{M} d\varphi$$

或写为：

$$\Delta_K = \Sigma\int \overline{F}_N du + \Sigma\int \overline{F}_Q \gamma ds + \Sigma\int \overline{M} d\varphi - \Sigma\overline{F}_R c \tag{4-3}$$

式（4-3）的等号左边恰好就是所要求的位移 Δ_K。由虚功原理知，它适用于静定结构，也适用于超静定结构；适用于弹性材料，也适用于非弹性材料；适用于荷载作用下的位移计算，也适用于因温度改变、支座移动、材料收缩、制造误差等因素影响下的位移计算。因而，式（4-3）称为平面杆件结构位移计算的一般公式。

由上可知，利用虚功原理求位移，就是以结构在给定的荷载、温度改变、支座移动等外因作用下的状态为位移状态，在结构拟求位移的地点沿所求位移的方向加一个单位力作为力状态；再分别求出力状态的反力 $\overline{F}_R$ 和内力 $\overline{F}_N$、$\overline{F}_Q$、$\overline{M}$，以及位移状态对应的支座位移 c 和各微段的变形 du、γds、$d\varphi$；然后由式（4-3）计算出位移。单位力的指向可以任意假设，若计算结果为正，表明单位荷载所作虚功为正，即结构的实际位移与单位力设定的指向相同，为负则实际位移与单位力指向相反。这就是求位移的单位荷载法。

利用式（4-3）计算位移时，应注意力状态中的虚拟单位力一定要与位移状态所求的位移相对应。例如求线位移时要加单位集中力，求角位移时要加单位力偶，求两个截面的相对线位移就在这两个截面加两个指向相反的单位集中力等。总之，应该使所加的单位力

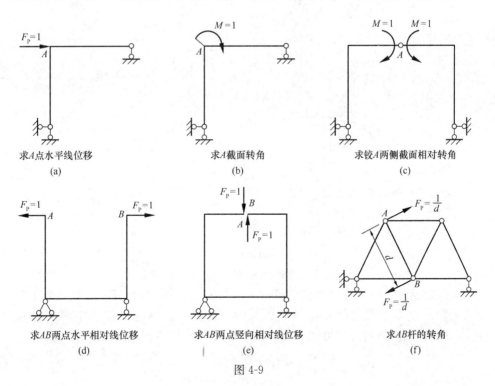

图 4-9

与所求位移的乘积具有功的量纲。图 4-9 列出了几种典型的虚拟单位力与拟求位移之间的对应关系。其中，图 4-9（f）所示为拟求桁架杆件 AB 的角位移，由于桁架只承受节点荷载，故应将与角位移对应的虚拟单位力偶换算为等效的节点集中力，即在杆件 AB 的两端加一对集中力，方向与杆轴垂直，两力的指向相反，大小等于杆件长度 d 的倒数。

4.4　静定结构在荷载作用下的位移计算

本节根据式（4-3）进一步推导静定结构只有荷载作用时的位移计算公式。这里，结构仅限于线性弹性体系。由于没有支座移动（即位移状态中各支座位移为零），式（4-3）右端的 $\Sigma \overline{F}_{R}c=0$；又由于不考虑温度改变、材料收缩等因素的影响，式（4-3）各积分项中微段的变形也只与荷载有关。为清楚起见，将 du、γds、$d\varphi$ 记为 du_P、$\gamma_P ds$、$d\varphi_P$；Δ_K 改用 Δ_{KP}；Δ 的下标 K 表示位移的地点和方向，P 表示位移是由荷载引起的。于是，由式（4-3）得到结构在荷载作用下的位移计算公式为：

$$\Delta_{KP} = \Sigma\int \overline{F}_N du_P + \Sigma\int \overline{F}_Q \gamma_P ds + \Sigma\int \overline{M}d\varphi_P \tag{a}$$

下面进一步说明式（a）等号右端各项的计算。

图 4-10（a）所示静定结构只受荷载作用，现欲求结构 K 点沿任一指定方向 $k—k$ 的位移。根据单位荷载法，以结构在给定荷载作用下的状态为位移状态（图 4-10a），在结构的 K 点沿所求位移方向加单位力作为力状态（图 4-10b）。

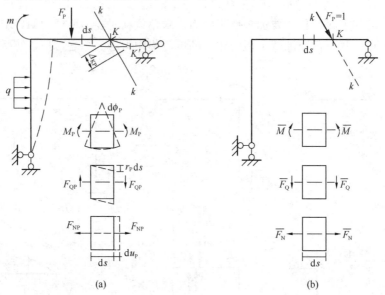

图 4-10

（a）位移状态（实际状态）；（b）力状态（虚拟状态）

在 4.1 节已指出，线性弹性结构的应力与应变关系符合胡克定律，位移是微小的。这样，结构微段的变形可按照胡克定律用截面内力计算。设结构在荷载作用下的内力为 M_P、F_{QP}、F_{NP}，则由材料力学可知，位移状态中微段 ds 的变形（图 4-10a）为：

$$d\varphi_P = \frac{M_P ds}{EI}, \gamma_P ds = \frac{kF_{QP}ds}{GA}, du_P = \frac{F_{NP}ds}{EA} \tag{b}$$

式（b）中，EI、GA、EA 分别为杆件截面的抗弯、抗剪、抗拉刚度；k 为切应力沿截面分布不均匀引用的修正系数，与截面形状有关，其计算式为：

$$k = \frac{A}{I^2} \int_A \frac{S^2}{b^2} \mathrm{d}A \tag{c}$$

式（c）中，b 为所求切应力处的截面宽度，S 为该处以上或以下截面面积对中性轴的静矩。关于系数 k 的推导可参见有关书籍。工程中常用杆件截面的 k 值为：

矩形截面：$k=1.2$；圆形截面：$k=10/9$；薄壁圆环截面：$k=2$；

工字形截面：$k=A/A_1$（A_1 为腹板截面面积）

力状态中，与位移状态相应微段的内力 $\overline{M}$、$\overline{F}_Q$、$\overline{F}_N$ 如图 4-10（b）所示，将它们与式（b）一起代入式（a）可得：

$$\Delta_{KP} = \Sigma \int \frac{\overline{F}_N F_{NP} \mathrm{d}s}{EA} + \Sigma \int \frac{k\overline{F}_Q F_{QP} \mathrm{d}s}{GA} + \Sigma \int \frac{\overline{M} M_P \mathrm{d}s}{EI} \tag{4-4}$$

式（4-4）即为静定结构在荷载作用下的位移计算公式。

需要指出的是，式（4-4）只适用于由直杆组成的结构，对于曲杆还需考虑曲率对变形的影响，不过在常用的曲杆结构中，截面高度比曲率半径小得多，曲率的影响可忽略不计，而近似地按式（4-4）计算。

根据内力对变形影响的大小，对于某种结构形式，通常只需计算式（4-4）中的一项或两项，即可满足工程精度的要求，现说明如下。

（1）在梁和刚架中，杆轴为直线，且轴力和剪力引起的变形一般都很小，可略去不计。于是，在荷载作用下的位移计算公式可简化为：

$$\Delta_{KP} = \Sigma \int \frac{\overline{M} M_P \mathrm{d}s}{EI} \tag{4-5}$$

（2）在桁架中，各杆只有轴力，且轴力沿杆长 l 不变，当桁架各杆均为等截面直杆时，其计算式可简化为：

$$\Delta_{KP} = \Sigma \int \frac{\overline{F}_N F_{NP} \mathrm{d}s}{EA} = \Sigma \frac{\overline{F}_N F_{NP}}{EA} l \tag{4-6}$$

（3）在组合结构中，以受弯为主的杆件可只取弯曲变形一项，对轴力杆只取轴向变形一项，故组合结构的位移计算式简化为：

$$\Delta_{KP} = \Sigma \int \frac{\overline{M} M_P \mathrm{d}s}{EI} + \Sigma \frac{\overline{F}_N F_{NP}}{EA} l \tag{4-7}$$

（4）在拱结构中，剪切变形的影响很小，可以略去不计，通常还可略去轴向变形的影响，只考虑弯曲变形一项已足够精确。仅在扁平拱计算水平位移或当拱轴接近合理拱轴线时，才考虑轴向变形的影响，此时

$$\Delta_{KP} = \Sigma \int \frac{\overline{M} M_P \mathrm{d}s}{EI} + \Sigma \int \frac{\overline{F}_N F_{NP} \mathrm{d}s}{EA} \tag{4-8}$$

【例 4-1】 试求图 4-11（a）所示刚架 B 点的水平位移 Δ_{BH} 和 A 截面的转角 φ_A。各杆 $EI=$ 常数。

【解】 （1）求 Δ_{BH}

以结构在荷载作用下的状态为实际状态（图 4-11a），在 B 点加水平单位力作为虚拟状态，如图 4-11（b）所示。选取 x 坐标轴，AB 杆以 A 点为坐标原点，BC 杆以 B 点为

坐标原点，按此可列出各杆的弯矩方程如下：

实际状态：AB 杆，$\quad M_P = \dfrac{1}{2}qlx$；$BC$ 杆，$M_P = \dfrac{1}{2}ql^2 - \dfrac{1}{2}qx^2$

虚拟状态：AB 杆，$\quad\quad\quad \overline{M} = x$；$BC$ 杆，$\overline{M} = l - x$

将以上各值代入式（4-5）可得：

$$\Delta_{BH} = \Sigma \int \frac{\overline{M}M_P \mathrm{d}s}{EI} = \int_0^l \frac{\frac{1}{2}qlx \cdot x}{EI}\mathrm{d}x + \int_0^l \frac{\frac{1}{2}q(l^2 - x^2)(l - x)}{EI}\mathrm{d}x = \frac{3ql^4}{8EI}(\rightarrow)$$

所得结果为正，表明实际位移方向与虚设单位力方向相同，即 B 点的位移水平向右。

（2）求 φ_A

在截面 A 加一单位力偶作为虚拟状态，如图 4-11（c）所示，各杆的弯矩方程如下：

AB 杆，$\overline{M} = -1 + x/l$；BC 杆，$\overline{M} = 0$

实际状态各杆弯矩同前。由式（4-5）可得：

$$\varphi_A = \Sigma \int \frac{M_P \overline{M} \mathrm{d}s}{EI} = \int_0^l \frac{\frac{1}{2}qlx \cdot \left(-1 + \dfrac{x}{l}\right)}{EI}\mathrm{d}x = -\frac{ql^3}{12EI}(\curvearrowleft)$$

所得结果为负，表明截面实际转向与虚设单位力偶转向相反，即 φ_A 为逆时针。

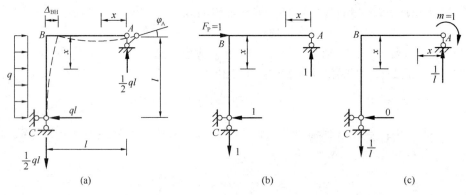

图 4-11

(a) 实际状态；(b) 虚拟状态 1；(c) 虚拟状态 2

（3）讨论

下面讨论剪切变形对 B 点水平位移的影响。设剪力引起刚架 B 点的水平位移为 Δ'_{BH}，各杆的剪力如下：

实际状态：AB 杆，$F_{QP} = -\dfrac{1}{2}ql$；BC 杆，$F_{QP} = qx$；

虚拟状态：AB 杆，$\overline{F}_Q = -1$；BC 杆，$\overline{F}_Q = 1$

将以上各剪力代入式（4-4）右端第 2 项得：

$$\Delta'_{BH} = \Sigma \int \frac{k\overline{F}_Q F_{QP} \mathrm{d}s}{GA} = k\int_0^l \frac{\frac{1}{2}ql \cdot 1}{GA}\mathrm{d}x + k\int_0^l \frac{qx \cdot 1}{GA}\mathrm{d}x = \frac{kql^2}{GA}$$

剪切变形与弯曲变形之比为：

$$\frac{\Delta'_{BH}}{\Delta_{BH}} = \frac{8kEI}{3l^2GA}$$

对于矩形截面杆，设宽度为 b，高度为 h，则 $A=bh$，$I=\dfrac{bh^3}{12}$，故 $\dfrac{I}{A}=\dfrac{h^2}{12}$，且 $k=1.2$，代入上式得：

$$\frac{\Delta'_{BH}}{\Delta_{BH}} = \frac{4Eh^2}{15Gl^2}$$

若设 $\dfrac{h}{l}=\dfrac{1}{10}$；$\dfrac{E}{G}=\dfrac{5}{2}$，代入上式可得：

$$\frac{\Delta'_{BH}}{\Delta_{BH}} = \frac{1}{150}$$

可见，剪力引起的位移与弯矩引起的位移相比是很小的，可略去不计。

类似地，求出各杆在实际状态、虚拟状态的轴力计算式，代入式（4-4）右端第 1 项，计算可知（具体计算从略），轴力对位移的影响同样是很小的，因此也可以略去不计。

【例 4-2】 试求图 4-12（a）所示四分之一圆弧曲梁 B 截面的竖向位移 Δ_{BV}。已知 I、A 均为常数，曲梁截面为矩形，截面高为 h，曲梁圆弧半径为 r，r 远大于 h，曲率对变形的影响可以忽略不计。

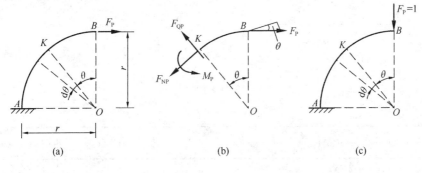

图 4-12

【解】 实际状态中，与 OB 呈 θ 角的截面 K 的内力如图 4-12（b）所示，其值为：
$$M_P = -F_Pr(1-\cos\theta), \qquad F_{QP} = F_P\sin\theta, \qquad F_{NP} = F_P\cos\theta$$
在 B 截面加竖向单位力所得虚拟状态如图 4-12（c）所示，虚拟状态截面 K 的内力为：
$$\overline{M} = -r\sin\theta, \qquad \overline{F}_Q = \cos\theta, \qquad \overline{F}_N = -\sin\theta$$
注意到 $\mathrm{d}s=r\mathrm{d}\theta$，代入式（4-4）可得：

$$\Delta_{BV} = \Sigma\int \frac{\overline{F}_N F_{NP}\mathrm{d}s}{EA} + \Sigma\int \frac{k\overline{F}_Q F_{QP}\mathrm{d}s}{GA} + \Sigma\int \frac{\overline{M}M_P\mathrm{d}s}{EI}$$

$$= \int_0^{\frac{\pi}{2}} \frac{F_P\cos\theta \cdot (-\sin\theta)}{EA}r\mathrm{d}\theta + \int_0^{\frac{\pi}{2}} k\frac{F_P\sin\theta \cdot \cos\theta}{GA}r\mathrm{d}\theta$$

$$+ \int_0^{\frac{\pi}{2}} \frac{F_Pr(1-\cos\theta) \cdot r\sin\theta}{EI}r\mathrm{d}\theta = \frac{F_Pr}{2}\left[-\frac{1}{EA}+\frac{k}{GA}+\frac{r^2}{EI}\right]$$

设截面宽度为 b，高度为 h，则 $A=\dfrac{12I}{h^2}$，$k=1.2$，取 $G=0.4E$，代入上式可得：

$$\Delta_{BV} = \frac{F_P r^3}{2EI}\left[\frac{1}{6}\left(\frac{h}{r}\right)^2 + 1\right] (\downarrow)$$

式中方括号内第一项为轴向变形和剪切变形对位移的影响。当截面高度 h 远小于圆弧半径 r 时，该项影响很小，因此一般只需计算弯曲变形一项。

【例 4-3】 试求图 4-13（a）所示桁架节点 C 的竖向位移 Δ_{CV}。设①～⑤杆的横截面面积为 $A_1 = 2 \times 10^{-4} \text{m}^2$，⑥、⑦杆的横截面面积为 $A_2 = 2.5 \times 10^{-4} \text{m}^2$，$E = 210\text{GPa}$。

【解】 桁架位移按式（4-6）计算，虚拟状态如图 4-13（b）所示。实际状态和虚拟状态下各杆的轴力分别在图 4-13（a）、（b）中杆旁标出。由于桁架杆件较多，为计算方便，一般列表进行，详见表 4-1。由计算可得：

$$\Delta_{CV} = \Sigma \frac{\overline{F}_N F_{NP}}{EA} l = \frac{58.893 \times 10^4}{E} = 2.80\text{mm}(\downarrow)$$

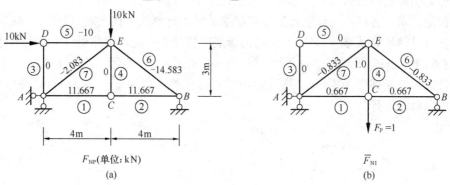

图 4-13

例 4-3 表

表 4-1

杆件	l (m)	A (m²)	F_{NP} (kN)	$\overline{F}_N$ (kN)	$F_{NP}\overline{F}_N l/A$ (kN/m)
①	4	2×10^{-4}	11.667	0.667	15.564×10^4
②	4	2×10^{-4}	11.667	0.667	15.564×10^4
③	3	2×10^{-4}	0	0	0
④	3	2×10^{-4}	0	1.0	0
⑤	4	2×10^{-4}	-10	0	0
⑥	5	2.5×10^{-4}	-14.583	-0.833	24.295×10^4
⑦	5	2.5×10^{-4}	-2.083	-0.833	3.470×10^4
					$\Sigma = 58.893 \times 10^4$

4.5 代 数 法

4.5.1 求指定截面位移的代数表达式

由上节可知，梁和刚架在荷载作用下的位移可由下式求出：

$$\Delta_{KP} = \Sigma \int \frac{M_P \overline{M}}{EI} ds \qquad (a)$$

当结构各杆段符合：① 杆轴为直线；② EI 为常数；③ $\overline{M}$ 和 M_P 两个弯矩图中至少有一个是直线图形。此时，可由上式推导出用图乘代替积分运算的位移计算式，这就是图乘法（详见附录Ⅰ）。然而，如果在上述积分运算中，用各区段上的分布荷载集度和两端弯矩表示积分结果，则可得到计算位移的代数表达式，这就是代数法，现说明如下。

首先将结构分段：节点、集中荷载作用点、分布荷载集度突变点均为分段点。这样，各区段上只能是无分布荷载或者满布的分布荷载。在虚拟状态中，区段的 $\overline{M}$ 图是直线图形；在位移状态中，M_P 图则可分解为相应简支梁无分布荷载只有两端弯矩作用下的直线图（M_0 图）与满跨均布荷载 q 作用下的弯矩图（M_q 图）、满跨三角形荷载 p 作用下的弯矩图（M_p 图）的叠加，即：

$$M_P = M_0 + M_q + M_p$$

于是，式（a）中同一区段的积分可写成：

$$\int \frac{M_P \overline{M}}{EI} \mathrm{d}x = \int \frac{M_0 \overline{M}}{EI} \mathrm{d}x + \int \frac{M_q \overline{M}}{EI} \mathrm{d}x + \int \frac{M_p \overline{M}}{EI} \mathrm{d}x \qquad (b)$$

下面讨论式（b）等号右边各项积分。

M_0 图、$\overline{M}$ 图都是直线图的情形如图 4-14（a）所示。区段 mn 长为 l，两种状态下 m 端、n 端的弯矩值分别为 M_{mP}、M_{nP} 与 $\overline{M}_m$、$\overline{M}_n$。以 m 为坐标原点，杆轴为 x 轴。则截面 x 处的 M_0 值、$\overline{M}$ 值分别为：

$$M_0 = \frac{M_{nP} - M_{mP}}{l} x + M_{mP}$$

及

$$\overline{M} = \frac{\overline{M}_n - \overline{M}_m}{l} x + \overline{M}_m$$

图 4-14（b）所示为相应简支梁受均布荷载 q 作用的 M_q 图，截面 x 处的 M_q 值为：

$$M_q = \frac{ql}{2} x - \frac{q}{2} x^2$$

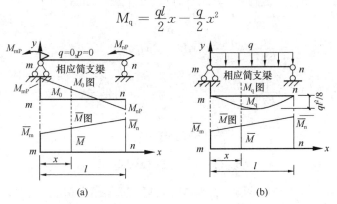

图 4-14

区段 mn 的相应简支梁受满布三角形荷载作用时，三角形荷载最大值可能在 n 端，记为 p_n（图 4-15a），也可能在 m 端，记为 p_m（图 4-15b），但它们不会同时出现。截面 x 处的弯矩 M_p 值分别为：

最大值为 p_n 时

$$M_{pn} = \frac{p_n l}{6} x - \frac{p_n}{6l} x^3$$

最大值为 p_m 时

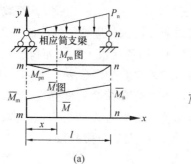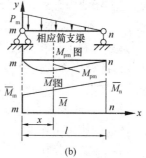

图 4-15

$$M_{pm} = \frac{p_m l}{3}x - \frac{p_m}{2}x^2 + \frac{p_m}{6l}x^3$$

将以上各弯矩表达式代入式（b）积分可得：

$$\int_0^l \frac{M_0 \overline{M}}{EI}\mathrm{d}x = \frac{1}{EI}\int_0^l \left(\frac{M_{nP}-M_{mP}}{l}x + M_{mP}\right)\left(\frac{\overline{M}_n - \overline{M}_m}{l}x + \overline{M}_m\right)\mathrm{d}x$$

$$= \frac{l}{6EI}(2M_{mP}\overline{M}_m + 2M_{nP}\overline{M}_n + M_{mP}\overline{M}_n + M_{nP}\overline{M}_m) \tag{c}$$

$$\int_0^l \frac{M_q \overline{M}}{EI}\mathrm{d}x = \frac{1}{EI}\int_0^l \left(\frac{ql}{2}x - \frac{q}{2}x^2\right)\left(\frac{\overline{M}_n - \overline{M}_m}{l}x + \overline{M}_m\right)\mathrm{d}x$$

$$= \frac{l}{6EI} \times \frac{ql^2}{4}(\overline{M}_m + \overline{M}_n) \tag{d}$$

$$\int_0^l \frac{M_{pn} \overline{M}}{EI}\mathrm{d}x = \frac{1}{EI}\int_0^l \left(\frac{p_n l}{6}x - \frac{p_n}{6l}x^3\right)\left(\frac{\overline{M}_n - \overline{M}_m}{l}x + \overline{M}_m\right)\mathrm{d}x$$

$$= \frac{l}{6EI} \times \frac{p_n l^2}{60}(7\overline{M}_m + 8\overline{M}_n) \tag{e}$$

$$\int_0^l \frac{M_{pm} \overline{M}}{EI}\mathrm{d}x = \frac{1}{EI}\int_0^l \left(\frac{p_m l}{3}x - \frac{p_m}{2}x^2 + \frac{p_m}{6l}x^3\right)\left(\frac{\overline{M}_n - \overline{M}_m}{l}x + \overline{M}_m\right)\mathrm{d}x$$

$$= \frac{l}{6EI} \times \frac{p_m l^2}{60}(8\overline{M}_m + 7\overline{M}_n) \tag{f}$$

再将式（c）、式（d）、式（e）、式（f）代入式（a）得：

$$\Delta_{kP} = \Sigma \frac{l}{6EI}\Big[2M_{mP}\overline{M}_m + 2M_{nP}\overline{M}_n + M_{mP}\overline{M}_n + M_{nP}\overline{M}_m$$

$$+ \frac{ql^2}{4}(\overline{M}_m + \overline{M}_n) + \frac{p_n l^2}{60}(7\overline{M}_m + 8\overline{M}_n) + \frac{p_m l^2}{60}(8\overline{M}_m + 7\overline{M}_n)\Big] \tag{4-9}$$

式（4-9）就是荷载作用下求结构任一截面位移的代数表达式。计算时，弯矩正值仍然是使平、斜杆下侧受拉为正，使竖杆右侧受拉为正。分布荷载作用在平杆时以指向下为正，作用在竖杆时以指向右为正，作用在斜杆时，以使斜杆相应简支梁下侧受拉为正。

考察式（4-9），等号右端方括号内前 4 项只与区段两端弯矩值有关，它们是两种状态下同一端弯矩值相乘再乘 2 和不同端弯矩值相乘再乘 1；方括号内后三项只与区段上的分布荷载有关，对有分布荷载作用的区段，按对应项计算，无分布荷载时相应项为零。方括号内前四项，还可按以下情况进一步简化：

①当 M_{mP}、M_{nP} 与 $\overline{M}_m$、$\overline{M}_n$ 均不为零且各不相同时，合并为：

$$M_{mP}(2\overline{M}_m + \overline{M}_n) + M_{nP}(\overline{M}_m + 2\overline{M}_n)$$

②当某一状态区段两端弯矩相同时，简化为一项：

若 $M_{mP} = M_{nP} = M_P$ 时，简化为：$3M_P\,(\overline{M}_m + \overline{M}_n)$

若 $\overline{M}_m = \overline{M}_n = \overline{M}$ 时，简化为：$3\overline{M}\,(M_{mP} + M_{nP})$

③当某一状态有一端弯矩为零时，简化成该状态非零端弯矩乘以另一状态同一端弯矩值的 2 倍与不同端弯矩之和。例如 $M_{mP} = 0$ 时，简化为：$M_{nP}\,(\overline{M}_m + 2\overline{M}_n)$；$\overline{M}_n = 0$ 时，简化为：$\overline{M}_m\,(2M_{mP} + M_{nP})$ 等。

④当区段某一状态两端弯矩为零时，前四项为零。

与图乘法比较，代数法具有以下优点：

（1）容易计算。无需对复杂图形进行分解，无需记忆标准图形的面积、形心位置，直接将区段端点弯矩代入公式计算即可。

（2）方便列表。若用

$$S_{D1} = M_{mP}(2\overline{M}_m + \overline{M}_n),\ S_{D2} = M_{nP}(2\overline{M}_n + \overline{M}_m) \tag{g}$$

$$S_D = S_{D1} + S_{D2} \tag{h}$$

$$S_q = \frac{ql^2}{4}(\overline{M}_m + \overline{M}_n) \tag{i}$$

$$S_{pm} = \frac{p_m l^2}{60}(8\overline{M}_m + 7\overline{M}_n) \tag{j}$$

$$S_{pn} = \frac{p_n l^2}{60}(7\overline{M}_m + 8\overline{M}_n) \tag{k}$$

$$\Delta_{Ki} = \frac{l}{6EI}(S_D + S_q + S_{pm} + S_{pn}) \tag{l}$$

则式（4-9）可简记为：

$$\Delta_{KP} = \Sigma\Delta_{Ki} \tag{4-10}$$

对式（g）～（l）可列成表 4-2 的格式计算。

区段位移贡献量计算表　　　　　　　　　　　　表 4-2

区段	长度 l	$l/6EI$	$ql^2/4$	$p_m l^2/60$ 或 $p_n l^2/60$	始、末端弯矩，上行 M_P，下行 $\overline{M}$		S_D	S_q	S_{pm} 或 S_{pn}	Δ_{ki}
$A-B$										
$B-C$										
……										

综上所述，可归纳出代数法计算位移的步骤如下：

①建立两种状态。以结构在给定荷载下的状态为位移状态；以在结构拟求位移的地点和方向，施加与所求位移相对应的单位力为力状态。

②计算区段两端弯矩。可以绘出 M_P、$\overline{M}$ 图，由弯矩图查取。也可以不绘弯矩图直接求出区段两端弯矩值。

③求位移。按式（4-9）或表 4-2 计算位移。

4.5.2 算例

【例 4-4】 试求图 4-16（a）所示外伸梁 C 点的竖向位移 Δ_{CV}。梁的 EI＝常数。

【解】 ①建立两种状态。以图 4-16（a）为位移状态，在 C 点加竖向单位力为力状态（图 4-16b）。

②将结构划分为 AB、BC 两段，各区段两端弯矩计算如下：

BC 段：$M_C=0$，$M_B=-2ql^2$，$\overline{M}_C=0$，$\overline{M}_B=-l/2$；

AB 段：$M_A=ql^2$，$M_B=-2ql^2$，$\overline{M}_A=0$，$\overline{M}_B=-l/2$。

③求 Δ_{CV}。依次将 BC、AB 段各相关参数代入式（4-9）得：

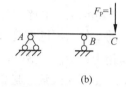

图 4-16

（a）位移状态；（b）力状态

$$\Delta_{CV}=\frac{\dfrac{l}{2}}{6EI}\times2\times2ql^2\times\frac{l}{2}+\frac{l}{6EI}\left[\frac{l}{2}\times(2\times2ql^2-ql^2)-\frac{ql^2}{4}\times\frac{l}{2}\right]=\frac{19ql^4}{48EI}\ (\downarrow)$$

【例 4-5】 试求图 4-17（a）所示刚架 C 点的水平位移 Δ_{CH}。各杆 EI＝常数。

【解】 ①以图 4-17（a）为位移状态，在刚架 C 点加水平单位力为力状态（图 4-17c）。

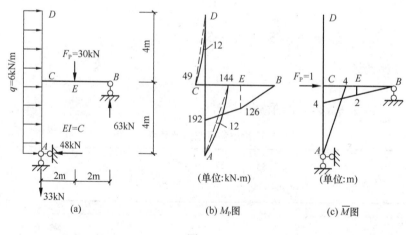

图 4-17

②绘出 M_P、$\overline{M}$ 图，如图 4-17（b）、（c）所示。

③求 Δ_{CH}。将结构划分为 AC、CE、EB、CD 四段，按表 4-2 的要求，填入各区段长度 l、$l/6EI$、$ql^2/4$ 及杆端弯矩（因 $\overline{M}_C=\overline{M}_D=0$，$CD$ 段不必计算），然后计算 S_D、S_q、Δ_{ki}，见表 4-3。则 Δ_{CH} 为：

$$\Delta_{CH}=\Sigma\Delta_{ki}=832/EI+976/EI+168/EI=1976/EI\quad(\rightarrow)$$

区段	长度 l	$l/6EI$	$ql^2/4$	始、末端弯矩 上行 M_P、下行 $\overline{M}$		S_D	S_q	Δ_{ki}
$A-C$	4	$2/3EI$	24	0	144	1152	96	$832/EI$
				0	4			
$C-E$	2	$1/3EI$	0	192	126	1920+1008	0	$976/EI$
				4	2			
$E-B$	2	$1/3EI$	0	126	0	504	0	$168/EI$
				2	0			

【例 4-6】 试求图 4-18（a）所示刚架 A 截面的转角 φ_A。各杆 $EI=$ 常数。

【解】 位移状态和力状态分别如图 4-18（a）、（b）所示。

将结构分为 CD、AC、BD 三段。求出结构各状态下 B 支座反力后，可求得各区段端点弯矩如下（BD 段两个状态下弯矩均为零，不必写出）：

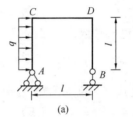
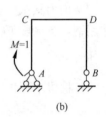

图 4-18

CD 段：$M_D=0$，$M_C=ql^2/2$，$\overline{M}_D=0$，$\overline{M}_C=1$。

AC 段：$M_A=0$，$M_C=ql^2/2$，$\overline{M}_A=1$，$\overline{M}_C=1$。

将区段 CD、AC 各相关参数代入式（4-9）可得：

$$\varphi_A = \frac{l}{6EI}\left(2\times\frac{ql^2}{2}\times 1\right) + \frac{l}{6EI}\left[3\times 1\times\frac{ql^2}{2}+\frac{ql^2}{4}(1+1)\right] = \frac{ql^3}{2EI}\ (\curvearrowright)$$

当结构杆段较多时，可将式（4-10）编制成表 4-4 所示的 EXCEL 表（见附录Ⅱ.1）。表中的 Δ_M、Δ_q、Δ_{pn}、Δ_{pm} 依次为式（c）、式（d）、式（e）、式（f）的右端项。计算时，只需按表格提示输入结构"区段数"，点击"生成计算表格"，然后依次输入区段长度（l）、EI 值、q、p_n（或 p_m）以及杆端 $\overline{M}$、M_P 值，即可求出位移。当 l、EI、q、p_n、p_m、$\overline{M}$、M_P 中含有符号时，该符号用"1"代入，最后在计算结果中加上该符号。

求指定截面位移的 EXCEL 格式表 表 4-4

区段	l	EI	q	p	$\overline{M}$	M_P	Δ_M	Δ_q	Δ_{pn}	Δ_{pm}	Δ_{ki}
1	l_1	EI_1	q_1	p_n 或 p_m	$\overline{M}_m$	M_m					
					$\overline{M}_n$	M_n					
2	l_2	EI_2	q_2	p_n 或 p_m	$\overline{M}_m$	M_m					
					$\overline{M}_n$	M_n					Σ

表 4-5 是对例 4-6 用 EXCEL 表计算的实例（BD 段各值不必输入）。计算结果为 0.5，即 A 截面转角为 $0.5ql^3/EI$（$\curvearrowright$），与例 4-6 结果相同。

区段	l	EI	q	p	$\overline{M}$	M_P	Δ_M	Δ_q	Δ_{ph}	Δ_{pm}	Δ_{ki}
AC	1.00	1.00	1.00	0.00 0.00	1.00 1.00	0.00 0.50	0.25	0.08	0.00	0.00	0.33
CD	1.00	1.00	0.00	0.00 0.00	1.00 0.00	0.50 0.00	0.17	0.00	0.00	0.00	0.17
										Σ	0.50

4.5.3 考虑轴力、剪力影响时的位移计算

有些情况，轴力、剪力对结构位移的影响不能忽略。与 4.5.1 节作法类似，下面推导区段 mn 两端截面轴力、剪力引起的位移计算式。

结构力状态中的 $\overline{F}_N$、$\overline{F}_Q$ 图均为常数。在常见荷载（集中力、集中力偶、均布荷载）作用下，各区段 F_N 图也为常数；区段的 F_Q 图则为常数或斜直线，其 x 截面的 F_Q 值为：

$$F_Q = \frac{F_{Qn} - F_{Qm}}{l}x + F_{Qm}$$

根据以上分析，公式（4-4）右端前两项可写为（对直杆结构，用 dx 代换 ds）：

$$\Delta_{FN} = \Sigma\int \frac{F_N \overline{F}_N}{EA}dx = \Sigma \frac{l}{EA}\overline{F}_N F_N \tag{4-11}$$

$$\Delta_{FQ} = \Sigma\int \frac{kF_Q \overline{F}_Q}{GA}dx = \Sigma \frac{kl}{2GA}\overline{F}_Q(F_{Qm} + F_{Qn}) \tag{4-12}$$

这就是轴力、剪力引起的位移计算式。

【例 4-7】 试求图 4-19（a）所示组合结构 D 端的竖向位移 Δ_{DV}。已知 $E = 2.1 \times 10^4 \mathrm{kN/cm^2}$，受弯杆件截面惯性矩 $I = 3.2 \times 10^3 \mathrm{cm^4}$，拉杆 BE 的截面积 $A = 4.0 \mathrm{cm^2}$。

【解】 绘出 M_P 图并求出 BE 杆的轴力，如图 4-19（b）所示。结构在 D 端竖向单位力作用下的 $\overline{M}$ 图和 BE 杆轴力示于图 4-19（c）。

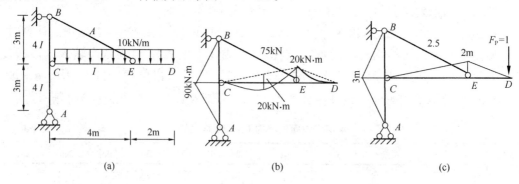

图 4-19

将受弯杆件分为 AC、CB、CE、ED 四段，按式（4-9）计算出弯矩引起的位移为：

$$\Delta_M = \frac{3}{6 \times 4EI}(2 \times 90 \times 3) \times 2 + \frac{4}{6 \times EI}\left(2 \times 20 \times 2 - \frac{10 \times 4^2}{4} \times 2\right)$$

$$+ \frac{2}{6 \times EI}\left(2 \times 20 \times 2 - \frac{10 \times 2^2}{4} \times 2\right)$$

$$= 155/EI = 0.023\mathrm{m}$$

将拉杆 F_N、$\overline{F}_N$ 值代入式（4-11）可求得轴力引起的位移为：

$$\Delta_{FN} = \frac{5}{EA} \times 2.5 \times 75 = 937.5/EA = 0.011\text{m}$$

D 点的竖向位移为：

$$\Delta_{DV} = 0.023 + 0.011 = 0.034\text{m}（\downarrow）$$

由计算结果可知，弯矩和轴力对位移的影响分别占 68% 和 32%。因此在组合结构的位移计算中，轴力的影响不可忽略。

4.6　静定结构在温度变化时的位移计算

静定结构在温度变化时不会产生内力，但是由于材料的热胀冷缩将使结构产生变形和位移。温度变化时结构任一截面沿任一方向的位移，同样可由式（4-3）推导出。由于只有温度变化的影响，式（4-3）右端的 $\Sigma\overline{F}_R c = 0$，结构的位移和各微段的变形也只与温度变化有关，因此可用 Δ_{Kt} 代换 Δ_K，用 du_t、$\gamma_t ds$、$d\varphi_t$ 代换 du、γds、$d\varphi$，此时式（4-3）可写为：

$$\Delta_{Kt} = \Sigma\int \overline{F}_N du_t + \Sigma\int \overline{F}_Q \gamma_t ds + \Sigma\int \overline{M} d\varphi_t \tag{a}$$

下面说明式（a）的计算。如图 4-20（a）所示结构，外侧温度升高 t_1 度，内侧升高 t_2 度（$t_2 > t_1$），现求截面 K 的竖向位移 Δ_{Kt}。实际状态和虚拟状态分别如图 4-20（a）、（b）所示。在实际状态中任取一微段 ds，两侧边缘纤维的伸长分别为 $\alpha \cdot t_1 ds$ 和 $\alpha \cdot t_2 ds$，其中 α 为材料的线膨胀系数。设温度沿截面高度 h 按直线规律变化，则各纤维在伸长（或缩短）后，截面仍保持为平面。因此，温度变化并不会引起微段的剪切变形，即

$$\gamma_t ds = 0 \tag{b}$$

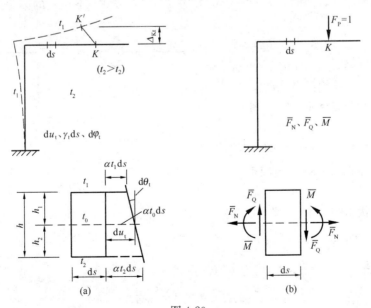

图 4-20

（a）实际状态；（b）虚拟状态

微段的轴向变形 $\mathrm{d}u_t$ 和两端截面的相对转角 $\mathrm{d}\varphi_t$ 可由几何关系计算如下：

$$\mathrm{d}u_t = \alpha t_1 \mathrm{d}s + (\alpha t_2 \mathrm{d}s - \alpha t_1 \mathrm{d}s)\frac{h_1}{h} = \alpha\left(\frac{h_2}{h}t_1 + \frac{h_1}{h}t_2\right)\mathrm{d}s = \alpha t_0 \mathrm{d}s \tag{c}$$

$$\mathrm{d}\varphi_t = \frac{\alpha t_2 \mathrm{d}s - \alpha t_1 \mathrm{d}s}{h} = \frac{\alpha(t_2 - t_1)\mathrm{d}s}{h} = \frac{\alpha \Delta t \mathrm{d}s}{h} \tag{d}$$

以上两式中，$\Delta t = t_2 - t_1$ 为两侧温度变化之差；$t_0 = \dfrac{h_2}{h}t_1 + \dfrac{h_1}{h}t_2$ 为杆件轴线处的温度变化，若杆件截面对称于中性轴，有 $h_1 = h_2 = \dfrac{h}{2}$，则 $t_0 = \dfrac{t_1 + t_2}{2}$。

在虚拟状态中，区段 mn 的轴力 $\overline{F}_N$ 为常数，弯矩图为直线图，其 x 截面的 $\overline{M}$ 值为：

$$\overline{M} = \frac{\overline{M}_n - \overline{M}_m}{l}x + \overline{M}_m \tag{e}$$

这里，区段划分的规定与 4.5 节相同。

将以上各值代入式（a）并用 $\mathrm{d}x$ 代换 $\mathrm{d}s$，可得静定结构在温度变化时的位移计算公式：

$$\Delta_{Kt} = \Sigma\int \overline{F}_N \alpha t_0 \mathrm{d}x + \Sigma\int \overline{M}\frac{\alpha \Delta t \mathrm{d}x}{h} = \Sigma \alpha \overline{F}_N \int t_0 \mathrm{d}x + \Sigma \alpha \Delta t \int \frac{\overline{M}}{h}\mathrm{d}x \tag{4-13}$$

对于等截面直杆，h 是常数，上式可简化为：

$$\Delta_{Kt} = \Sigma\int \overline{F}_N \alpha t_0 \mathrm{d}x + \Sigma\int \overline{M}\frac{\alpha \Delta t \mathrm{d}x}{h} = \Sigma \alpha t_0 l \overline{F}_N + \Sigma \frac{\alpha \Delta t l}{2h}(\overline{M}_m + \overline{M}_n) \tag{4-14}$$

式（4-13）、式（4-14）中，温度改变以升温取正值，降温取负值；等号右边第 1 项表示 $\overline{F}_N$ 沿杆件轴向变形所作虚功，$\overline{F}_N$ 以拉力为正，t_0 以温度升高为正；第 2 项表示 $\overline{M}$ 在杆件弯曲变形时所作虚功，$\overline{M}$ 使平、斜杆下侧受拉为正，竖杆右侧受拉为正，Δt 等于 $\overline{M}$ 正值一侧的温度改变减去 $\overline{M}$ 负值一侧的温度改变，大于零为正。

对于梁和刚架，计算时，一般不能略去式（4-13）或式（4-14）的第 1 项；对于桁架则只计算第 1 项。

【例 4-8】 试求图 4-21（a）所示刚架 C 截面的水平位移 Δ_{Ct}，已知刚架内侧温度无变化，外侧升高 20℃，各杆截面为矩形，截面高度 $h = l/8$，线膨胀系数为 α。

【解】 图 4-21（a）为实际状态；在 C 点加水平单位力 $F_P = 1$ 为虚拟状态（图 4-21b）。

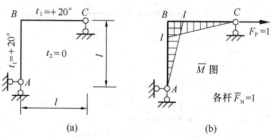

图 4-21

画出虚拟状态的 $\overline{M}$ 图、求出各杆的 $\overline{F}_N$ 值，如图 4-21（b）所示。

$$t_0 = \frac{1}{2}(t_1 + t_2) = \frac{1}{2}\times(20 + 0) = 10℃, \Delta t = t_2 - t_1 = 0 - 20 = -20℃$$

各杆 t_0、$\overline{F}_N$ 均为正值，Δt 均为负值。由式（4-14）可得：

$$\Delta_{Ct} = \Sigma \alpha t_0 l \overline{F}_N + \Sigma \frac{\alpha \Delta t l}{2h}(\overline{M}_m + \overline{M}_n)$$

$$= 2 \times \alpha \times 10 \times l \times 1 + 2 \times \frac{\alpha \times (-20) \times l}{2h} \times (l+0)$$

$$= -140\alpha l \ (\leftarrow)$$

所得结果为负，说明实际位移方向与虚设单位力方向相反，即方向向左。

4.7 静定结构在支座移动时的位移计算

静定结构没有多余联系，若外因只有支座移动，结构将整体产生移动，而不会产生内力与变形。故支座移动时，结构位移纯属刚体位移。此时，在式（4-3）中，$\mathrm{d}u = \gamma \mathrm{d}s = \mathrm{d}\varphi = 0$，并用 Δ_{Kc} 代替 Δ_K 可得：

$$\Delta_{Kc} = -\Sigma \overline{F}_R c \qquad (4\text{-}15)$$

式（4-15）就是静定结构在支座移动时的位移计算公式。其中，c 为结构实际状态下的支座位移；$\overline{F}_R$ 为虚拟状态下的支座反力；$\Sigma \overline{F}_R c$ 则为虚拟状态的反力所作的外力虚功。计算时，若 $\overline{F}_R$ 与 c 方向一致，则乘积取正号，相反，取负号。下面结合算例具体说明。

【例 4-9】 图 4-22（a）所示刚架支座 D 向右水平位移 5cm，向下沉陷 6cm，试求截面 A 的转角 φ_A。

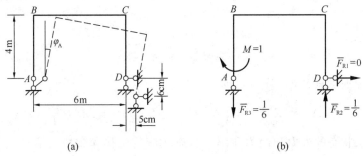

(a)   (b)

图 4-22

【解】 图 4-22（a）为实际状态；在截面 A 加单位力偶为虚拟状态，如图 4-22（b）所示。由虚拟状态求得：

$$\overline{F}_{R1} = 0, \overline{F}_{R2} = \frac{1}{6}, \overline{F}_{R3} = \frac{1}{6}$$

实际状态中相应的支座位移为：

$$c_1 = 0.05\mathrm{m}, c_2 = 0.06\mathrm{m}, c_3 = 0$$

将以上各值代入式（4-15）可得：

$$\varphi_A = -\Sigma \overline{F}_R c = -(\overline{F}_{R1} c_1 + \overline{F}_{R2} c_2 + \overline{F}_{R3} c_3)$$

$$= -(0 \times 0.05 - \frac{1}{6} \times 0.06 + \frac{1}{6} \times 0) = 0.01\mathrm{rad} \ (\curvearrowright)$$

所得结果为正，说明实际位移方向与虚设单位力方向相同，即顺针转。

4.8 线性弹性体系的互等定理

利用虚功原理可以推导出线性弹性体系的四个互等定理，即功的互等定理、位移互等定理、反力互等定理和反力位移互等定理。在四个互等定理中，功的互等定理是最基本的定理，其他三个定理都可以由此推导出来。这些定理在以后的讨论中会经常用到。

1. 功的互等定理

功的互等定理是说明同一结构两种状态虚功的互等关系。如图 4-23（a）、（b）所示，同一线性弹性体系，分别承受两组外力 F_{P1} 和 F_{P2} 作用，设 F_{P1} 及其引起的内力、位移为第一状态，F_{P2} 及其引起的内力、位移为第二状态。则第一状态的外力和内力在第二状态相应的位移和微段的变形上所作的外力虚功 W_{12} 和变形虚功 W_{V12} 为：

$$W_{12} = F_{P1}\Delta_{12}$$

$$W_{V12} = \Sigma\int F_{N1}\frac{F_{N2}}{EA}ds + \Sigma\int F_{Q1}k\frac{F_{Q2}}{GA}ds + \Sigma\int M_1\frac{M_2}{EI}ds$$

式中　　F_{N1}、F_{Q1}、M_1——第一状态的内力；

F_{N2}、F_{Q2}、M_2——第二状态的内力；

Δ_{12}——第二状态中 F_{P2} 引起的 F_{P1} 作用点及其方向的位移。

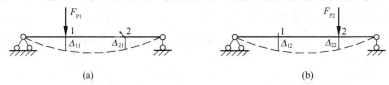

图 4-23

(a) 第一状态；(b) 第二状态

根据虚功原理可有 $W_{12} = W_{V12}$，即

$$F_{P1}\Delta_{12} = \Sigma\int F_{N1}\frac{F_{N2}}{EA}ds + \Sigma\int F_{Q1}k\frac{F_{Q2}}{GA}ds + \Sigma\int M_1\frac{M_2}{EI}ds \qquad (a)$$

同样，第二状态的外力和内力在第一状态相应的位移和微段的变形上所作外力虚功 W_{21} 和变形虚功 W_{V21} 为：

$$W_{21} = F_{P2}\Delta_{21}$$

$$W_{V21} = \Sigma\int F_{N2}\frac{F_{N1}}{EA}ds + \Sigma\int F_{Q2}k\frac{F_{Q1}}{GA}ds + \Sigma\int M_2\frac{M_1}{EI}ds$$

根据虚功原理有 $W_{21} = W_{V21}$，即

$$F_{P2}\Delta_{21} = \Sigma\int F_{N2}\frac{F_{N1}}{EA}ds + \Sigma\int F_{Q2}k\frac{F_{Q1}}{GA}ds + \Sigma\int M_2\frac{M_1}{EI}ds \qquad (b)$$

比较（a）、（b）两式可知：

$$F_{P1}\Delta_{12} = F_{P2}\Delta_{21} \qquad (c)$$

或写为：

$$W_{12} = W_{21} \qquad (4-16)$$

上式就是功的互等定理，它表明：第一状态的外力在第二状态的位移上所作的虚功，等于第二状态的外力在第一状态的位移上所作的虚功。

2. 位移互等定理

位移互等定理是功的互等定理的一种特殊情况，当上述两种状态中的外力都是一个单位力，即 $F_{P1} = F_{P2} = 1$ 时，功的互等定理就成了位移互等定理，现推导如下。

如图 4-24（a）、（b）所示两种状态，单位力 F_{P1} 作用下引起截面 2 的位移为 δ_{21}，单位

力 F_{P2} 作用下引起截面 1 的位移为 δ_{12}，则由功的互等定理可得：

$$F_{P1}\delta_{12} = F_{P2}\delta_{21}$$

因为 $F_{P1} = F_{P2} = 1$，故：

$$\delta_{12} = \delta_{21} \tag{4-17}$$

这就是位移互等定理，它表明：第一个单位力引起的第二个单位力作用点沿其方向的位移，等于第二个单位力引起的第一个单位力作用点沿其方向的位移。

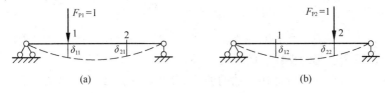

图 4-24

这里的单位力 F_{P1}、F_{P2} 可以是广义力，这时 δ_{12}、δ_{21} 就是相应的广义位移。图 4-25 所示为应用位移互等定理的一个例子，它反映角位移与线位移在数值上的互等情况。在图 4-25（a）所示简支梁跨中截面 1 受集中力 F_P 作用时，支座截面 2 产生的转角为：

$$\theta_{21} = \frac{F_P l^2}{16EI} \tag{d}$$

图 4-25（b）所示简支梁在支座 2 作用一集中力偶 M 时，跨中截面 1 产生的竖向线位移为：

$$\Delta_{12} = \frac{M l^2}{16EI} \tag{e}$$

若 $F_P = 1$，量纲为 1，由式（d）知其引起的位移 $\delta_{21} = l^2/16EI$，这相当于在式（d）两侧都除以 F_P，具有 [1/力] 的量纲；类似地，若 $M = 1$，也是量纲为 1，则由式（e）有 $\delta_{12} = l^2/16EI$，这相当于在式（e）两侧都除以 M，量纲也是 [1/力]。可见，δ_{12} 和 δ_{21} 都是由力所引起的位移与力本身的比值，尽管二者含义不同，但由位移互等定理知，它们在数值上是相等的，量纲也相同。

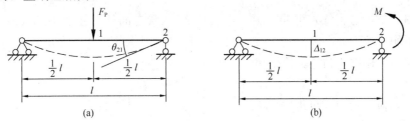

图 4-25

3. 反力互等定理

反力互等定理也是功的互等定理的一种特殊情况，它说明同一超静定结构在两个支座处分别产生单位位移时，这两种状态中反力的互等关系。图 4-26（a）表示支座 1 发生单位位移 $\Delta_1 = 1$ 时，在支座 2 产生的反力为 r_{21}；图 4-26（b）表示支座 2 发生单位位移 $\Delta_2 = 1$ 时，在支座 1 产生的反力为 r_{12}。根据功的互等定理有：$r_{21} \cdot \Delta_2 = r_{12} \cdot \Delta_1$

因为 $\Delta_1 = \Delta_2 = 1$，故：

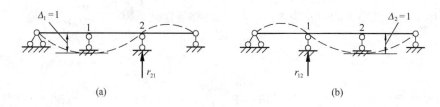

图 4-26

$$r_{12} = r_{21} \tag{4-18}$$

这就是反力互等定理，它表明：支座 1 产生单位位移所引起的支座 2 的反力，等于支座 2 产生单位位移所引起的支座 1 的反力。

这里的支座反力与支座位移在作功的关系上是对应的，即集中力对应于线位移，力偶对应于角位移。例如图 4-27 所示同一超静定梁的两个状态，虽然一个是单位线位移引起的反力矩 r_{12}（图 4-27a），一个是单位角位移引起的反力 r_{21}（图 4-27b），含义不同，但二者在数值上相等，量纲也相同。

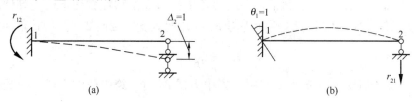

图 4-27

4. 反力位移互等定理

反力位移互等定理是功的互等定理的又一特殊情况，它说明一种状态中的反力与另一种状态中的位移具有的互等关系。以图 4-28 所示两种状态为例，图 4-28（a）表示单位荷载 $F_{P2}=1$ 作用于 2 点时，支座 1 的反力偶为 r_{12}，设其方向如图 4-28（a）所示；图 4-28（b）表示当支座 1 顺着力偶 r_{12} 的方向发生单位转角 $\varphi_1=1$ 时，在跨中 2 点沿 F_{P2} 作用方向的位移为 δ_{21}。

对照图 4-28（a）、（b）可知，图 4-28（a）所示状态的外力在图 4-28（b）所示状态的位移上所作虚功为 $r_{12} \cdot \varphi_1 + F_{P2} \cdot \delta_{21}$；图 4-28（b）所示状态的外力在图 4-28（a）所示状态的位移上所作虚功为零。根据功的互等定理有：

$$r_{12} \cdot \varphi_1 + F_{P2} \cdot \delta_{21} = 0$$

注意到 $\varphi_1=1$ 和 $F_{P2}=1$，可得：

$$r_{12} = -\delta_{21} \tag{4-19}$$

这就是反力位移互等定理。它表明：单位荷载所引起的结构某支座反力，等于该支座发生与反力相应的单位位移时在单位荷载作用点沿其方向的位移，但符号相反。

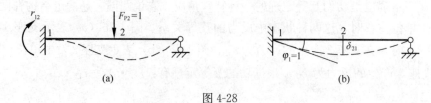

图 4-28

上述四个定理中的力与位移可以是广义力与广义位移。此外，反力互等定理只适用于超静定结构，其他三个定理适用于静定结构和超静定结构。

思 考 题

1. 什么是广义力？什么是广义位移？什么是虚功？虚功与实功有何区别？

2. 何谓线性弹性结构？它必须满足哪些条件？

3. 虚功方程有哪两种应用？试说出它们的区别。

4. 用单位荷载法求位移，所加的虚拟单位力与所求的实际位移有什么对应关系？

5. 结构在荷载作用下的位移计算公式为什么仅限于线性弹性体系？

6. 应用代数法的三个前提条件是什么？为什么要满足这三个条件？曲杆是否可用代数法计算？

7. 用代数法计算位移有哪些简化作法？

8. 试解释温度改变引起的位移计算式中各项的物理意义。如何确定各项的正负号？

9. 试叙述线性弹性体系的四个互等定理。它们适用于什么结构？

习 题

4-1～4-3 试用积分法求图示结构指定截面的位移。

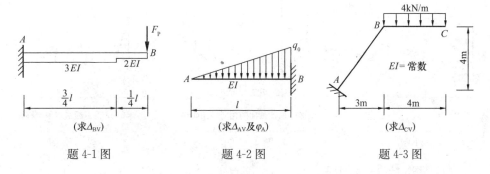

题 4-1 图 　　　　　题 4-2 图 　　　　　题 4-3 图

4-4～4-5 试用积分法求图示圆弧梁 B 端的水平位移 Δ_{BH}，不考虑剪力、轴力和曲率的影响。EI=常数。

4-6 图示抛物线曲梁，抛物线方程为 $y=\dfrac{4f}{l^2}x\,(l-x)$。不考虑剪力、轴力的影响，试求 B 端水平位移 Δ_{BH}。EI=常数。因曲梁扁平，计算时可近似取 $ds=dx$。

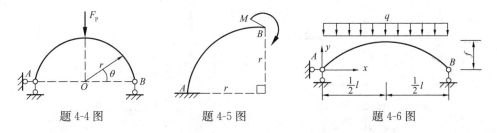

题 4-4 图 　　　　　题 4-5 图 　　　　　题 4-6 图

4-7～4-8 试求图示桁架节点 C 的指定位移，设各杆 EA 相等。

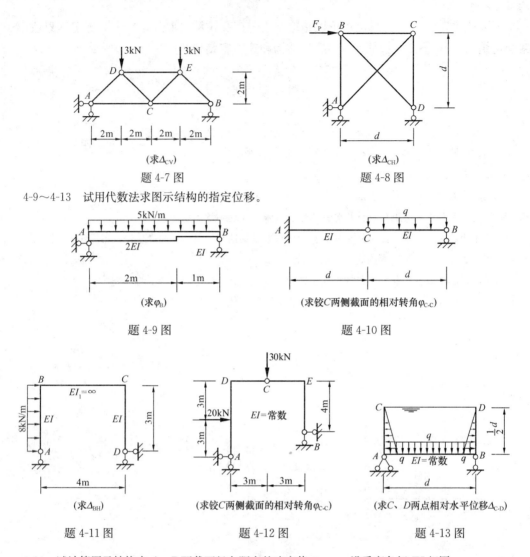

(求Δ_{CV})

题 4-7 图

(求Δ_{CH})

题 4-8 图

4-9～4-13 试用代数法求图示结构的指定位移。

(求φ_B)

题 4-9 图

(求铰C两侧截面的相对转角$\varphi_{C\text{-}C}$)

题 4-10 图

(求Δ_{BH})

题 4-11 图

(求铰C两侧截面的相对转角$\varphi_{C\text{-}C}$)

题 4-12 图

(求C、D两点相对水平位移$\Delta_{C\text{-}D}$)

题 4-13 图

4-14 试计算图示结构中A、B两截面竖向距离的改变值Δ_{A-B}，设受弯各杆EI相同。

4-15 试计算图示组合结构截面D的竖向位移Δ_{DV}，已知横梁AD为20b工字钢（$I=2500\text{cm}^4$），拉杆BC为直径20mm的圆钢，材料的$E=210\text{GPa}$。

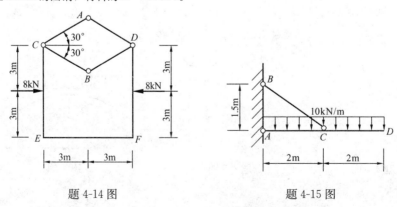

题 4-14 图

题 4-15 图

4-16 试计算图示刚架结构由于温度变化引起的横梁中点D的竖向位移Δ_{DV}。已知材料的线膨胀系

数 $a=0.00001℃^{-1}$，截面为矩形，高度 $h=40cm$。

4-17 图示桁架结构，其中杆件 AD 的温度均匀升高了 t 度，试计算节点 C 的竖向位移 Δ_{CV}，设材料的线膨胀系数为 α。

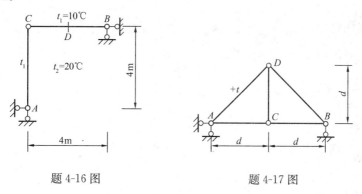

题 4-16 图　　　　　　　　　　题 4-17 图

4-18 图示刚架在 ACB 部分温度均匀升高 t 度，并在 D 处作用外力偶 M，试求 A、B 两点的水平相对线位移 Δ_{A-B}，已知各杆 EI 为常数、材料线膨胀系数为 α、截面高度为 h。

4-19 多跨静定梁，支座 A、C 发生如图所示的位移，试计算铰 B 两侧截面的相对转角 φ_{B-B}。已知 $a=20mm$，$b=60mm$，$c=40mm$，$\theta=0.01rad$。

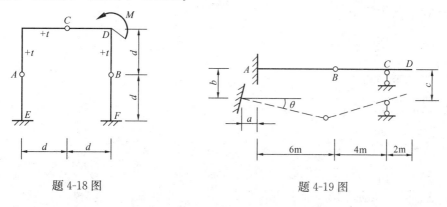

题 4-18 图　　　　　　　　　　题 4-19 图

4-20 图示三铰刚架，支座 B 发生水平位移 a 和竖向位移 b，试计算右半部刚架的倾角 φ。

4-21 图示桁架结构，支座 B 发生沉陷 c，试计算杆件 BC 的转角 φ_{BC}。

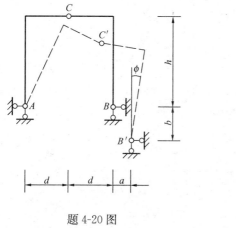

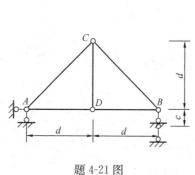

题 4-20 图　　　　　　　　　　题 4-21 图

答　案

4-1　$\Delta_{BV}=\dfrac{43F_P l^3}{384EI}$　（↓）

4-2　$\Delta_{AV}=\dfrac{q_0 l^4}{30EI}$　（↓）；$\varphi_A=\dfrac{q_0 l^3}{24EI}$　（⤺）

4-3　$\Delta_{CV}=\dfrac{1728}{EI}$　（↓）

4-4　$\Delta_{BH}=\dfrac{F_P r^3}{2EI}$　（→）

4-5　$\Delta_{BH}=\dfrac{Mr^2}{EI}\left(\dfrac{\pi}{2}-1\right)$　（→）

4-6　$\Delta_{BH}=\dfrac{ql^3 f}{15EI}$　（→）

4-7　$\Delta_{CV}=\dfrac{40.968}{EA}$　（↓）

4-8　$\Delta_{CH}=\dfrac{3.828F_P d}{EA}$　（→）

4-9　$\varphi_B=\dfrac{85}{12EI}$　（⤺）

4-10　$\varphi_{C-C}=\dfrac{3qd^2}{8EI}$　（）（）

4-11　$\Delta_{BH}=\dfrac{216}{EI}$　（→）

4-12　$\varphi_{C-C}=\dfrac{211}{EI}$　（）（）

4-13　$\Delta_{C-D}=\dfrac{ql^4}{60EI}$　（→ ←）

4-14　$\Delta_{A-B}=\dfrac{2119}{EI}$　（A 向上；B 向下）

4-15　$\Delta_{DV}=16.04\text{mm}$　（↓）

4-16　$\Delta_{DV}=0.2\text{mm}$　（↓）

4-17　$\Delta_{CV}=\alpha td$　（↑）

4-18　$\Delta_{A-B}=\dfrac{Md^2}{3EI}$　（← →）

4-19　$\varphi_{B-B}=0.03\text{rad}$　（）（）

4-20　$\varphi=-\dfrac{a}{2h}+\dfrac{b}{2d}$

4-21　$\varphi_{BC}=\dfrac{c}{2d}$　（⤻）

第5章 力　　法

5.1　超静定结构概述

5.1.1　超静定结构的概念

第3章、第4章讨论了各类静定结构的计算，它们的共同点是：在几何组成方面，结构是无多余约束的几何不变体系；在静力分析方面，结构的全部反力和内力只靠静力平衡条件便可以确定。而在实际工程中，应用更多的是这样一类结构：它们在几何组成上，是具有多余约束的几何不变体系；在受力分析时，仅用静力平衡条件不能求出全部的反力和内力，这类结构称为超静定结构。例如，图5-1（a）所示梁，在几何组成上，比静定梁多了一个约束，其竖向反力及内力仅靠平衡条件就无法确定。又如，图5-1（b）所示桁架，其结构内部比静定桁架多了两根链杆，也无法仅由平衡条件求出全部内力。因此，这两个结构都是超静定结构。由上可知，正是由于超静定结构具有多余约束，从而导致其反力和内力不能完全由静力平衡条件求出，这就是超静定结构区别于静定结构的基本特征。

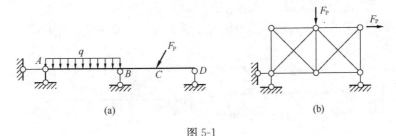

图 5-1

工程中常见的超静定结构类型有：超静定梁（图5-1a）、超静定桁架（图5-1b）、超静定刚架（图5-2a）、超静定拱（图5-2b）、超静定组合结构（图5-2c）。显而易见，超静定结构就是在静定结构的基础上增加若干多余约束而构成的结构。

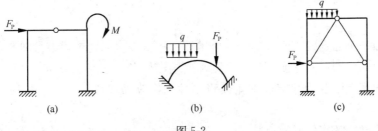

图 5-2

应当指出，超静定结构中的多余约束，是指这些约束仅就保持结构的几何不变性来说是多余的，但从改善结构的受力状况和使用方面看是必要的。多余约束中产生的力称为多余未知力，又称赘余力。

对超静定结构进行受力分析，必须综合考虑以下三方面的条件：

（1）平衡条件。即结构的整体及任一部分的受力状态都必须满足静力平衡条件。

（2）几何条件。即结构各部分的变形和位移都必须符合支承约束条件和变形连续条件。几何条件也称为变形协调条件或位移条件。

（3）物理条件。即结构各部分必须满足变形或位移与力之间的物理关系。这里所说的结构仅限于线性弹性结构，即结构的位移与荷载是成正比的，应力与应变关系符合胡克定律，位移是微小的。

超静定结构的计算方法有多种，其中力法（又称柔度法）和位移法（又称刚度法）是两种基本方法。除此之外，还有在上述两种方法基础上演变而来的力矩分配法、联合法、混合法等，以及由于计算机的应用而发展的结构矩阵分析方法。

本章介绍超静定结构分析中使用最早、求解结构类型最广的计算方法——力法。

5.1.2 结构超静定次数的确定

从静力分析的观点看，静定结构没有多余约束，需要求出的未知力数目与平衡方程的数目相等。而超静定结构由于具有多余约束，使得未知力数目多于平衡方程的数目，因而仅由平衡方程无法求出全部的反力和内力。为了求出多余约束中的多余未知力，必须根据几何条件建立补充方程，而且有多少个多余约束，就需要多少个补充方程。显然，多余约束个数、多余未知力数和补充方程数是一一对应的。超静定结构中，多余约束的个数称为结构的超静定次数。由此看来，用力法计算超静定结构时，首先必须确定结构的超静定次数。

既然超静定结构是在静定结构的基础上增加多余约束构成的，因此可以用去掉多余约束使其成为静定结构的方法，来确定结构的超静定次数。去掉多余约束的方式通常有如下几种：

（1）去掉一根支座链杆或切断一根链杆，相当于去掉一个约束（图5-3a、b）。

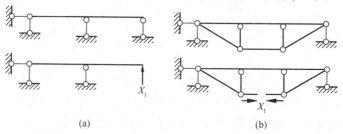

(a)   (b)

图 5-3

（2）去掉一个固定铰支座或拆开一个单铰，相当于去掉两个约束（图5-4a、b）。

（3）去掉一个固定支座或切断一个刚性连接，相当于去掉三个约束（图5-5a、b）。

（4）将固定支座改为固定铰支座或将刚性连接改为单铰，相当于去掉一个约束（图5-6a、b）。

将一个超静定结构变成静定结构，需要去掉的多余约束数就是该超静定结构的超静定次数。例如，图5-7（a）所示刚架，去掉一根水平支座链杆再切断刚架顶部链杆（图5-7b），将变成静定结构，因此原结构的超静定次数为2，或者说为2次超静定。又如图5-5

（a）所示梁，去掉一个固定支座后变成悬臂梁，可知原结构为 3 次超静定。

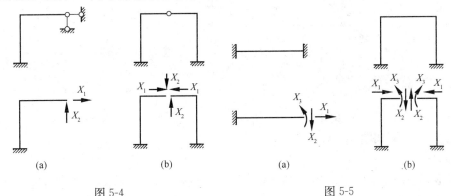

图 5-4   图 5-5

需要指出，同一个超静定结构，解除的多余约束不同，得到的静定结构也就不同，但超静定次数总是相同的。例如图 5-7（a）所示结构，可以按图 5-7（b）、（c）、（d）等方式去掉多余约束使之成为静定结构，但去掉的多余约束个数都是 2，因此原结构为 2 次超静定。同样对图 5-5（a）所示结构，无论用哪种方式解除多余约束（读者可自行练习），都是 3 次超静定的。解除多余约束时，应注意不要把原结构拆成几何可变体系

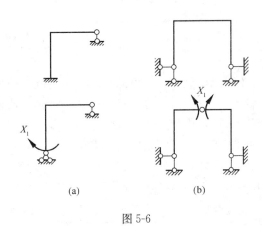

图 5-6

或瞬变体系，如图 5-3（a）中的水平支座链杆、图 5-7（a）的竖向支座链杆，任何时候都不能作为多余约束去掉。这种不能去掉的约束称为绝对需要约束或称绝对需要联系。

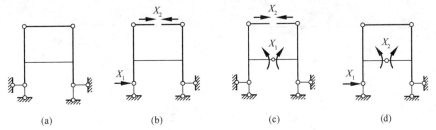

图 5-7

对于具有多个框格的结构，按框格的数目确定结构的超静定次数将更方便。一个封闭无铰框格结构为 3 次超静定（图 5-5b），当该框格的某处改为一个单铰时，超静定次数减少 1。设某结构有 k 个单铰、m 个封闭框格（含有铰框格），则其超静定次数 $n=3m-k$。例如，图 5-8（a）、（b）所示结构超静定次数依次为：$n=3\times2-2=4$ 及 $n=3\times6-2=16$。应注意，在确定封闭框格数时，同一结构的基础应看作一个开口的刚片。例如图 5-8（c）所示结构，其封闭框格数是 3，不是 4，因此 $n=9$。

根据第 2 章平面体系的计算自由度 W 也可以确定结构的超静定次数 n。对于一个超

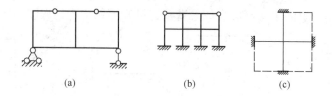

图 5-8

静定结构有 $n=-W$。例如图 5-1（b）所示桁架，由式（2-2）可求得 $W=2\times6-11-3=-2$，故 $n=2$。又如图 5-7（a）所示刚架，由式（2-1）得 $W=2\times3-2\times2-4=-2$，故为 2 次超静定。

将超静定结构解除多余约束后所得到的静定结构，称为原超静定结构的基本结构。在力法中，多余约束中的多余未知力，就是以基本结构为基础求出的。

5.2　力法的基本概念

本节先通过一个简单例子，说明力法求解超静定结构的基本作法。

图 5-9（a）所示梁为一次超静定结构。现将原超静定结构（以下简称原结构）的右支座链杆去掉，用与其作用完全相同的多余未知力 X_1 代替。由此得到的静定结构即为原结构的基本结构。基本结构在原有荷载 F_P 和多余未知力 X_1 共同作用下的受力体系，称为力法的基本体系，如图 5-9（b）所示。显然，若能设法求出基本体系中的 X_1，其余的反力和内力就与静定结构的计算完全相同。

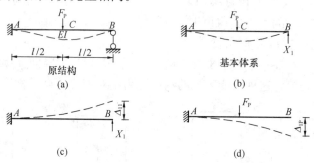

图 5-9

现将图 5-9（b）的基本体系与图 5-9（a）的原结构作一对比。由图可知，基本体系除在 B 处作用 X_1 之外，其余部分的受力、约束均与原结构相同，而 X_1 又与原结构支座链杆的作用相同，所以基本体系的内力、变形与原结构必然处处相同。由于原结构在支座 B 处的竖向位移为零。因此基本结构在荷载 F_P 和多余未知力 X_1 共同作用下，在 B 点沿 X_1 方向的位移 Δ_1 也应等于零。即，

$$\Delta_1=0 \tag{a}$$

式（a）给出了基本体系在 X_1 处沿其方向的位移与原结构相应的位移之间的相等关系，它是用以计算多余未知力 X_1 所需要的补充方程，在力法中称为几何条件或位移条件。

现在进一步讨论 Δ_1 的计算。设以 Δ_{11} 及 Δ_{1P} 分别表示多余未知力 X_1 和荷载 F_P 单独作

用时，基本结构在 B 点沿 X_1 方向的位移（图 5-9c、d），并规定与 X_1 假定的指向相同时位移为正。各位移符号的两个下标：第一个表示位移的地点和方向，第二个表示产生位移的原因。根据叠加原理，式（a）可写为：

$$\Delta_1 = \Delta_{11} + \Delta_{1P} = 0 \tag{b}$$

再以 δ_{11} 表示 X_1 为单位力（即 $\overline{X}_1 = 1$）作用下，B 点沿 X_1 方向的位移。在弹性范围内，力与位移呈线性关系，因此可有：$\Delta_{11} = \delta_{11} X_1$，于是式（b）可写为：

$$\delta_{11} X_1 + \Delta_{1P} = 0 \tag{c}$$

式中，δ_{11}、Δ_{1P} 都是静定结构在已知力（$\overline{X}_1 = 1$ 及荷载）作用下的位移，可按第 4 章所述的代数法求出，于是可由上式求出 X_1。方程式（c）称为一次超静定结构的力法方程，δ_{11}、Δ_{1P} 分别称为力法方程的系数和自由项。

为求 δ_{11}，现以基本结构受 $\overline{X}_1 = 1$ 作用为实际状态，在 X_1 作用点沿其方向施加 $F_P = 1$ 为虚拟状态。由于两种状态受力都是 X_1 作用点沿其方向的单位力，因此它们的内力也处处相同。在式（4-9）中删去有分布荷载的项，并以 $\overline{M}_{m1}$ 和 $\overline{M}_{n1}$ 表示 $\overline{X}_1 = 1$ 引起的区段 mn 两端弯矩，以 δ_{11} 代换 Δ_{KP} 可得：

$$\delta_{11} = \Sigma \frac{l}{3EI}(\overline{M}_{m1}^2 + \overline{M}_{n1}^2 + \overline{M}_{m1}\,\overline{M}_{n1}) \tag{d}$$

本例 $\overline{X}_1 = 1$ 引起的 $\overline{M}_1$ 图如图 5-10(a) 所示。$\overline{M}_{A1} = l$，$\overline{M}_{B1} = 0$。于是由式(d)可得：

$$\delta_{11} = \frac{l^3}{3EI}$$

以 M_{mP}、M_{nP} 分别表示基本结构在荷载作用下区段 mn 两端的弯矩。用 Δ_{1P} 代换 Δ_{KP}；$\overline{M}_{m1}$ 和 $\overline{M}_{n1}$ 代换 $\overline{M}_m$、$\overline{M}_n$，于是由式（4-9）可得到 Δ_{1P} 的计算式为：

$$\Delta_{1P} = \Sigma \frac{l}{6EI}\Big[M_{mp}(2\overline{M}_{m1} + \overline{M}_{n1}) + M_{np}(2\overline{M}_{n1} + \overline{M}_{m1}) + \frac{ql^2}{4}(\overline{M}_{m1} + \overline{M}_{n1})$$
$$+ \frac{p_n l^2}{60}(7\overline{M}_{m1} + 8\overline{M}_{n1}) + \frac{p_m l^2}{60}(8\overline{M}_{m1} + 7\overline{M}_{n1}) \Big] \tag{e}$$

本例 F_P 引起的 M_P 图示于图 5-10（b）。将结构划分为 AC、CB 两段。结构无分布荷载，$M_{AP} = -F_P l/2$，$M_{CP} = M_{BP} = 0$；$\overline{M}_{A1} = l$，$\overline{M}_{c1} = l/2$，$\overline{M}_{B1} = 0$。于是由式（e）可得：

$$\Delta_{1P} = \frac{l/2}{6EI}(-F_P l/2)(2l + l/2) = -\frac{5F_P l^3}{48EI}$$

将 δ_{11}、Δ_{1P} 代入式（c）得：$X_1 = -\dfrac{\Delta_{1P}}{\delta_{11}} = \dfrac{5}{16}F_P$（↑）

X_1 为正值，表明 X_1 的实际方向与原假定方向相同。

X_1 求出后，按第 3 章所述静定结构的计算方法，可由平衡条件求出基本体系其余反力和内力。基本体系的最后弯矩也可以按下式叠加，即：

$$M = X_1 \overline{M}_1 + M_P \tag{f}$$

基本体系的最后弯矩图如图 5-10（c）所示。

由于基本体系的受力、变形和位移均与原结构相同，二者完全等价。因此，图 5-10（c）所示弯矩图，就是原结构的弯矩图。

综上所述，力法求解超静定结构的思路是：将原结构的多余约束去掉，用作用相同的多余未知力代替，从而得到静定的基本结构；再根据基本结构在荷载和多余未知力共同作用下，在多余未知力处的位移与原结构相应位移相同的条件，建立求解多余未知力的力法方程；多余未知力一旦求出，其余的反力和内力便可由平衡条件随之求出。因此，多余未知力称为力法的基本未知量。在力法中，求解多余未知力的整个过程，自始至终都是在基本结构上进行的。这就把超静定结构的求解问题，转化为已熟悉的静定结构的内力、位移的计算问题。

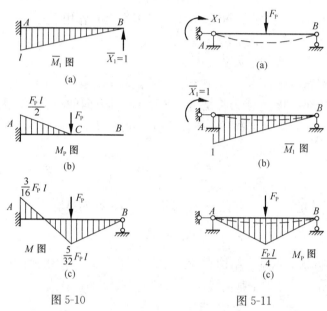

图 5-10   图 5-11

值得指出的是，用力法计算超静定结构，可以有多种形式的基本结构。例如对图 5-9（a）所示结构，还可以通过将固定支座改为固定铰支座或者将梁上任一点改为铰节点获得基本结构。这里，仅对图 5-11（a）所示的基本结构作一讨论。多余未知力 X_1 表示固定支座对梁端的约束弯矩，根据基本结构在 X_1 和荷载 F_P 共同作用下，A 截面的角位移 Δ_1 应与原结构相应位移相同的条件，仍然可有 $\Delta_1 = 0$。若以 δ_{11}、Δ_{1P} 分别表示 $\overline{X}_1 = 1$ 和荷载 F_P 单独作用时 A 截面的转角，由叠加原理可得到：

$$\delta_{11} X_1 + \Delta_{1P} = 0 \tag{g}$$

式（g）与式（c）形式完全相同，但所表示的位移却不同。绘出基本结构分别在 $\overline{X}_1 = 1$ 和 F_P 作用下的 $\overline{M}_1$ 图及 M_P 图（图 5-11b、c），由式（d）、式（e）可求得：

$$\delta_{11} = \frac{l}{3EI} \ , \ \Delta_{1P} = \frac{F_P l^2}{16EI}$$

将 δ_{11}、Δ_{1P} 代入式（g）求解得：

$$X_1 = -\frac{3}{16} F_P l \ (\text{逆针转})$$

X_1 为负值，表明约束力矩实际转向与假定相反。X_1 求出后，便可绘出 M 图，它与图 5-10（c）必然相同（读者可自行验证）。

以上分析表明：①同一个超静定结构，可以采用不同的基本结构，但不会影响计算的最后结果。②不同的基本结构，其相应的计算工作量会有不同，有时相差很大。因此，应注意选用计算量较少的静定结构作为基本结构。

5.3 力 法 典 型 方 程

由上节可知，建立并求解力法方程是计算超静定结构的关键。本节以三次超静定结构为例，进一步说明力法方程的建立及其计算。

图 5-12（a）所示三次超静定刚架，用力法计算时，基本结构可有多种选择。设去掉固定支座 B，并以相应的多余未知力 X_1、X_2、X_3 代替，可得如图 5-12（b）所示的基本体系。由于原结构支座 B 为固定端，该处的水平位移、竖向位移和角位移都为零。因此，基本结构在荷载 F_P、q 和多余未知力共同作用下，B 点沿 X_1、X_2 方向的线位移 Δ_1、Δ_2 和沿 X_3 方向的角位移 Δ_3 也应为零，即

$$\Delta_1=0, \quad \Delta_2=0, \quad \Delta_3=0 \tag{a}$$

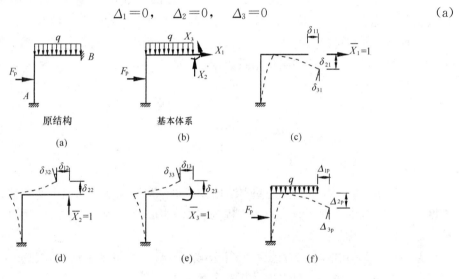

图 5-12

设基本结构在单位多余未知力 $\overline{X}_1=1$ 单独作用下，B 点沿 X_1、X_2、X_3 方向的位移分别为 δ_{11}、δ_{21}、δ_{31}（图 5-12c）；在 $\overline{X}_2=1$ 作用下为 δ_{12}、δ_{22}、δ_{32}（图 5-12d）；在 $\overline{X}_3=1$ 作用下为 δ_{13}、δ_{23}、δ_{33}（图 5-12e）；在荷载作用下为 Δ_{1P}、Δ_{2P}、Δ_{3P}（图 5-12f）。根据叠加原理，基本结构应满足的位移条件为：

$$\left.\begin{array}{l}\Delta_1=\delta_{11}X_1+\delta_{12}X_2+\delta_{13}X_3+\Delta_{1P}=0\\\Delta_2=\delta_{21}X_1+\delta_{22}X_2+\delta_{23}X_3+\Delta_{2P}=0\\\Delta_3=\delta_{31}X_1+\delta_{32}X_2+\delta_{33}X_3+\Delta_{3P}=0\end{array}\right\} \tag{b}$$

式（b）就是三次超静定结构的力法方程，解此方程可求出多余未知力 X_1、X_2、X_3。

类似地，对于 n 次超静定结构，其基本结构有 n 个多余未知力。根据基本结构每个多余未知力处的位移与原结构相应处的位移相同的条件，可建立 n 个方程。在荷载作用下，原结构相应于各多余未知力处的位移均为零，力法方程可写为：

$$\delta_{11}X_1+\delta_{12}X_2+\cdots+\delta_{1i}X_i+\cdots+\delta_{1n}X_n+\Delta_{1P}=0$$

$$\cdots\cdots$$

$$\delta_{i1}X_1+\delta_{i2}X_2+\cdots+\delta_{ii}X_i+\cdots+\delta_{in}X_n+\Delta_{iP}=0$$

$$\cdots\cdots$$

$$\delta_{n1}X_1+\delta_{n2}X_2+\cdots+\delta_{ni}X_i+\cdots+\delta_{nn}X_n+\Delta_{nP}=0 \qquad (5\text{-}1a)$$

上式就是 n 次超静定结构的力法方程。不论超静定结构的超静定次数、结构类型、所选取的基本结构如何，在荷载作用下的力法方程，都具有式（5-1a）的形式，故称为力法典型方程。力法典型方程的物理意义是：基本结构在全部多余未知力和荷载共同作用下，每个多余约束处沿多余未知力方向的位移，与原结构该处相应的位移相等。

在方程（5-1a）中，系数 δ_{ij} 表示基本结构在 $\overline{X}_j=1$ 作用下沿 X_i 方向的位移，且与 X_i 方向一致时为正；Δ_{iP} 称为自由项，表示基本结构在荷载作用下沿 X_i 方向的位移，且与 X_i 方向一致时为正。方程中，自左上方的 δ_{11} 至右下方的 δ_{nn} 的对角线称为主对角线，主对角线上的系数 δ_{ii} 称为主系数，主对角线两边的系数 δ_{ij}（$i\neq j$）称为副系数。由于主系数 δ_{ii} 是单位力 $\overline{X}_i=1$ 单独作用下引起的沿其本身方向的位移，故其值恒为正，且不会为零；而副系数和自由项的值则可能为正、为负或为零。此外，根据位移互等定理，位于主对角线两边对称位置上的两个副系数相等，即 $\delta_{ij}=\delta_{ji}$

将方程（5-1a）写为矩阵形式，得：

$$\begin{bmatrix} \delta_{11} & \delta_{12} & \cdots & \delta_{1n} \\ \delta_{21} & \delta_{22} & \cdots & \delta_{2n} \\ \vdots & \vdots & \vdots & \vdots \\ \delta_{n1} & \delta_{n2} & \cdots & \delta_{nn} \end{bmatrix} \begin{Bmatrix} X_1 \\ X_2 \\ \vdots \\ X_n \end{Bmatrix} = \begin{Bmatrix} \Delta_{1P} \\ \Delta_{2P} \\ \vdots \\ \Delta_{nP} \end{Bmatrix} \qquad (5\text{-}1b)$$

式（5-1b）中，各系数都是基本结构在某单位多余未知力作用下的位移，反映结构的柔度，称为结构的柔度系数。力法方程则表示结构的柔度条件，因此，力法方程也称为柔度方程，力法又称为柔度法。

按照第 4 章荷载作用下的位移计算公式（4-4），可将基本结构在已知力（各 $\overline{X}_i=1$ 和荷载）作用下的系数、自由项计算式表示为：

$$\delta_{ii}=\Sigma\int\frac{\overline{M}_i^2\mathrm{d}s}{EI}+\Sigma\int\frac{\overline{F}_{Ni}^2\mathrm{d}s}{EA}+\Sigma\int\frac{k\,\overline{F}_{Qi}^2\mathrm{d}s}{GA} \qquad (5\text{-}2a)$$

$$\delta_{ij}=\delta_{ji}=\Sigma\int\frac{\overline{M}_i\,\overline{M}_j\mathrm{d}s}{EI}+\Sigma\int\frac{\overline{F}_{Ni}\,\overline{F}_{Nj}\mathrm{d}s}{EA}+\Sigma\int\frac{k\,\overline{F}_{Qi}\,\overline{F}_{Qj}\mathrm{d}s}{GA} \qquad (5\text{-}2b)$$

$$\Delta_{iP}=\Sigma\int\frac{\overline{M}_iM_P\mathrm{d}s}{EI}+\Sigma\int\frac{\overline{F}_{Ni}F_{NP}\mathrm{d}s}{EA}+\Sigma\int\frac{k\,\overline{F}_{Qi}F_{QP}\mathrm{d}s}{GA} \qquad (5\text{-}2c)$$

根据结构的具体类型，上面各式常常只需计算一项或两项，现说明如下。

对于梁和刚架，通常只取式（5-2）的第一项。当结构各杆为等截面直杆，杆件 EI 为常数时，还可由式（4-9）进一步改写出各系数、自由项的代数法计算公式：

$$\delta_{ii}=\Sigma\frac{l}{3EI}(\overline{M}_{mi}^2+\overline{M}_{ni}^2+\overline{M}_{mi}\,\overline{M}_{ni}) \qquad (5\text{-}3a)$$

$$\delta_{ij}=\Sigma\frac{l}{6EI}[\overline{M}_{mj}(2\,\overline{M}_{mi}+\overline{M}_{ni})+\overline{M}_{nj}(2\,\overline{M}_{ni}+\overline{M}_{mi})] \qquad (5\text{-}3b)$$

$$\Delta_{iP} = \Sigma \frac{l}{6EI}\Big[M_{mp}(2\,\overline{M}_{mi} + \overline{M}_{ni}) + M_{np}(2\,\overline{M}_{ni} + \overline{M}_{mi}) + \frac{ql^2}{4}(\overline{M}_{mi} + \overline{M}_{ni})$$

$$+ \frac{p_n l^2}{60}(7\,\overline{M}_{mi} + 8\,\overline{M}_{ni}) + \frac{p_m l^2}{60}(8\,\overline{M}_{mi} + 7\,\overline{M}_{ni})\Big] \tag{5-3c}$$

式中，各位移或弯矩符号的第一个下标表示该位移或弯矩的地点，第二个下标表示引起该位移或弯矩的原因。区段的划分、弯矩和区段上分布荷载正负号规定均与 4.5 节相同。

对于桁架，各杆只有轴力，只需计算式（5-2）的第二项。当杆件均为等截面直杆时，各计算式可进一步表示为：

$$\delta_{ii} = \Sigma \frac{\overline{F}_{Ni}^2 l}{EA} \tag{5-4a}$$

$$\delta_{ij} = \Sigma \frac{\overline{F}_{Ni}\,\overline{F}_{Nj} l}{EA} \tag{5-4b}$$

$$\Delta_{iP} = \Sigma \frac{\overline{F}_{Ni}\,F_{NP} l}{EA} \tag{5-4c}$$

对于组合结构，各杆为等截面直杆时，受弯杆件按式（5-3）计算；各轴力杆按式（5-4）计算。于是，可将各系数、自由项的计算公式表示为：

$$\delta_{ii} = \Sigma \frac{l}{3EI}(\overline{M}_{mi}^2 + \overline{M}_{ni}^2 + \overline{M}_{mi}\,\overline{M}_{ni}) + \Sigma \frac{\overline{F}_{Ni}^2 l}{EA} \tag{5-5a}$$

$$\delta_{ij} = \Sigma \frac{l}{6EI}\big[\overline{M}_{mj}(2\,\overline{M}_{mi} + \overline{M}_{ni}) + \overline{M}_{nj}(2\,\overline{M}_{ni} + \overline{M}_{mi})\big] + \Sigma \frac{\overline{F}_{Ni}\,\overline{F}_{Nj} l}{EA} \tag{5-5b}$$

$$\Delta_{iP} = \Sigma \frac{l}{6EI}\Big[M_{mp}(2\,\overline{M}_{mi} + \overline{M}_{ni}) + M_{np}(2\,\overline{M}_{ni} + \overline{M}_{mi}) + \frac{ql^2}{4}(\overline{M}_{mi} + \overline{M}_{ni})$$

$$+ \frac{p_n l^2}{60}(7\,\overline{M}_{mi} + 8\,\overline{M}_{ni}) + \frac{p_m l^2}{60}(8\,\overline{M}_{mi} + 7\,\overline{M}_{ni})\Big] + \Sigma \frac{\overline{F}_{Ni}\,\overline{F}_{NP} l}{EA} \tag{5-5c}$$

对于超静定拱，各系数、自由项的计算将在 5.9 节讨论。

系数和自由项求出后，便可解方程组求出多余未知力，然后由平衡条件或下述叠加公式求出结构最后内力。

$$M = \overline{M}_1 X_1 + \overline{M}_2 X_2 + \cdots + \overline{M}_n X_n + M_P \tag{5-6a}$$

$$F_Q = \overline{F}_{Q1} X_1 + \overline{F}_{Q2} X_2 + \cdots + \overline{F}_{Qn} X_n + F_{QP} \tag{5-6b}$$

$$F_N = \overline{F}_{N1} X_1 + \overline{F}_{N2} X_2 + \cdots + \overline{F}_{Nn} X_n + F_{NP} \tag{5-6c}$$

至此，可归纳出力法求解超静定结构的计算步骤如下：

（1）选基本结构。去掉原结构的多余约束，得到静定的基本结构，并用多余未知力代替多余约束的作用；

（2）列力法典型方程。根据基本结构在全部多余未知力和荷载共同作用下，在去掉多余约束处的位移与原结构相应位移相等的条件，列出力法典型方程；

（3）求系数、自由项。求出基本结构在各单位力和荷载分别作用下的内力，按式（5-3）或式（5-4）或式（5-5）求出系数、自由项；

（4）求未知力。解力法方程，求出多余未知力；

（5）绘制最后内力图。按静定结构分析方法由平衡条件或由式（5-6）求出原结构的最后内力、绘出最后内力图。

5.4 力 法 计 算 示 例

5.2 节已阐述了力法求解超静定梁，本节再通过算例说明，超静定刚架、超静定桁架、超静定组合结构的计算。超静定拱的计算将在 5.9 节讨论。

【例 5-1】 试作图 5-13（a）所示刚架的内力图。

【解】 （1）选取基本结构

刚架为 2 次超静定，将固定端改为竖向支座链杆，并以多余未知力 X_1、X_2 代替支座 A 的水平反力和反力偶矩，基本体系如图 5-13（b）所示。

（2）列力法方程

根据基本体系在支座 A 处沿 X_1、X_2 方向的位移为零的条件，力法典型方程为：

$$\delta_{11}X_1 + \delta_{12}X_2 + \Delta_{1P} = 0$$
$$\delta_{21}X_1 + \delta_{22}X_2 + \Delta_{2P} = 0$$

（3）求系数、自由项

绘出基本结构在 $\overline{X}_1 = 1$、$\overline{X}_2 = 1$ 及荷载 q 分别作用下的弯矩图，如图 5-14（a）、（b）、（c）所示。各系数、自由项由式（5-3）计算如下：

$$\delta_{11} = \frac{a}{3 \times 2EI} \cdot a^2 + \frac{a}{3EI} \cdot a^2 = \frac{a^3}{2EI}; \delta_{22} = \frac{a}{3 \times 2EI} \cdot 1^2 = \frac{a}{6EI}$$

$$\delta_{12} = \delta_{21} = -\frac{a}{6 \times 2EI} \cdot a \cdot 1 = -\frac{a^2}{12EI}$$

$$\Delta_{1P} = \frac{a}{6 \times 2EI} \cdot \frac{qa^2}{4} \cdot (-a) = -\frac{qa^4}{48EI}$$

$$\Delta_{2P} = \frac{a}{6 \times 2EI} \cdot \frac{qa^2}{4} \cdot 1 = \frac{qa^3}{48EI}$$

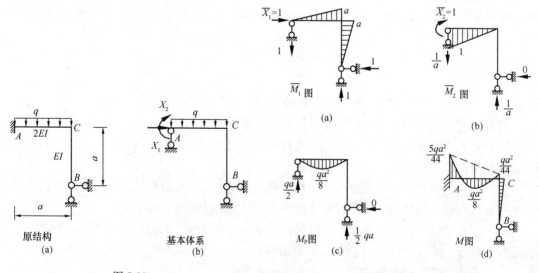

图 5-13　　　　　　　图 5-14

（4）求未知力

将各系数、自由项代入力法方程有：

$$\frac{a^3}{2EI}X_1 - \frac{a^2}{12EI}X_2 - \frac{qa^4}{48EI} = 0$$

$$-\frac{a^2}{12EI}X_1 + \frac{a}{6EI}X_2 + \frac{qa^3}{48EI} = 0$$

求解得：
$$X_1 = \frac{qa}{44} \qquad X_2 = -\frac{5qa^2}{44}$$

（5）绘制最后 M 图

按式（5-6a）求得最后弯矩如图 5-14（d）所示。

【例 5-2】 试用力法计算图 5-15（a）所示超静定桁架。设各杆 EA 相同。

【解】 （1）本例桁架是一次超静定结构，将上弦杆 CD 切断，并代以相应的多余未知力 X_1 作用于切口处，得到如图 5-15（b）所示的基本体系。

（2）列力法方程。根据切口两侧截面的相对位移应等于零的条件，建立力法典型方程如下：

$$\delta_{11}X_1 + \Delta_{1P} = 0$$

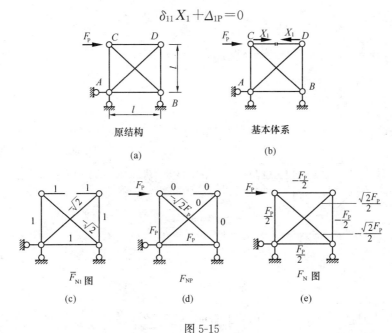

图 5-15

（3）求系数、自由项。求出基本结构分别在 $\overline{X}_1 = 1$ 和荷载 F_P 单独作用下各杆的轴力，见图 5-15（c）、（d）。需要注意的是，X_1 是加在杆件 CD 的切口处，因此，在 $\overline{X}_1 = 1$ 作用下切断杆的轴力 $\overline{F}_{N1} = 1$，计算 δ_{11} 时要计入该杆。按公式（5-4a、c）计算系数、自由项如下：

$$\delta_{11} = \Sigma\frac{\overline{F}_{N1}^2 l}{EA} = \frac{1}{EA}\left[4 \times 1^2 \times l + 2 \times (-\sqrt{2})^2 \times \sqrt{2}l\right] = \frac{4l}{EA}(1+\sqrt{2})$$

$$\Delta_{1P} = \Sigma\frac{\overline{F}_{N1}F_{NP}l}{EA} = \frac{1}{EA}\left[2 \times 1 \times F_P \times l + (-\sqrt{2}) \times (-\sqrt{2}F_P) \times \sqrt{2}l\right] = \frac{2F_Pl}{EA}(1+\sqrt{2})$$

当桁架杆件较多时，以上计算通常列表进行。

（4）求 X_1。将系数、自由项代入力法方程求解得：

$$X_1 = -\frac{\Delta_{1P}}{\delta_{11}} = -\frac{F_P}{2}（压力）$$

（5）求最后内力：各杆最后内力按式（5-6c）计算。计算结果如图 5-15（e）所示。

【例 5-3】 试用力法计算图 5-16（a）所示超静定组合结构，绘制内力图。横梁抗弯刚度为 EI，各链杆抗拉刚度为 E_1A。

【解】 （1）结构为一次超静定，切断链杆 CD 用 X_1 代替，基本体系如图 5-16（b）所示。

（2）根据切口两侧截面沿 X_1 方向的相对位移为零的条件，可得力法方程为：

$$\delta_{11}X_1 + \Delta_{1P} = 0$$

（3）计算 δ_{11}、Δ_{1P}。该结构中，杆件 AB 为受弯杆件，只需考虑弯矩的影响，其余杆为二力杆，只考虑轴力的影响。δ_{11}、Δ_{1P} 按公式（5-5a、c）计算。

绘出 AB 杆的 $\overline{M}_1$ 图、M_P 图并求出各链杆的 $\overline{F}_{N1}$、F_{NP} 值，如图 5-16（c）、（d）所示。计算时 AB 杆需划分 3 个区段，按式（5-5）求得：

$$\delta_{11} = \frac{a}{3EI}(2 \cdot a^2 + 3a^2) + \frac{1}{E_1A}\left[2 \cdot (\sqrt{2})^2 \cdot \sqrt{2}a + 2 \cdot (-1)^2 \cdot a + 1^2 \cdot a\right]$$

$$= \frac{5a^3}{3EI} + \frac{(3+4\sqrt{2})a}{E_1A} = \frac{5a^3}{3EI} \cdot K$$

式中，$K = 1 + \dfrac{3(3+4\sqrt{2})EI}{5E_1Aa^2}$

$$\Delta_{1P} = -\frac{a}{6EI}\left[2 \cdot (2 \cdot a \cdot qa^2 + \frac{qa^2}{4} \cdot a) + 3qa^2 \cdot (a+a) + \frac{qa^2}{4} \cdot (a+a)\right] + 0 = -\frac{11qa^4}{6EI}$$

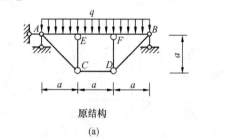

原结构

(a)

基本体系

(b)

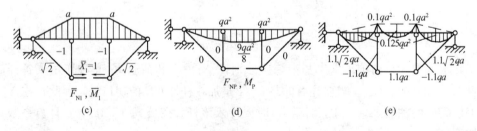

$\overline{F}_{N1}$，$\overline{M}_1$

(c)

F_{NP}，M_P

(d)

(e)

图 5-16

（4）解方程，求得 X_1 为：

$$X_1 = -\frac{\Delta_{1P}}{\delta_{11}} = \frac{11qa^4}{6EI} \cdot \frac{3EI}{5a^3K} = 1.1qa/K$$

（5）求最后内力值。本例在给定 q、a、E、I、E_1、A 之值后，即可按照式（5-6）求出最后内力，无须赘述。需要说明的是，在 q、a 确定后，X_1 还与 E_1A 和 EI 之值的相对大小有关。由 K 和 X_1 的计算式可以看出，当链杆的抗拉刚度很小，即 $E_1A \to 0$ 时，则 $K \to \infty$，$X_1 = 0$，梁的最后弯矩图将成为图 5-16（d）所示简支梁的弯矩图；当 $E_1A \to \infty$ 时，则 $K \to 1$，$X_1 = 1.1qa$，此时梁 E、F 处相当于各有一个刚性支座，其弯矩图将与三跨连续梁的相同，如图 5-16（e）所示。

【例 5-4】 试计算图 5-17（a）所示两跨不等高铰接排架。

【解】 排架属于组合结构，它由屋架、柱和基础所组成，在单层厂房中应用非常广泛。通常屋架的刚度比柱的刚度大得多，在计算简图中，将屋架视作轴向刚度无限大的横梁。柱与基础为刚接，横梁与柱为铰接，并忽略横梁轴向变形的影响。此类单层多跨铰接排架的超静定次数等于跨数。

（1）选取基本结构。排架是两次超静定结构，横梁只受轴力。切断两根横梁，并以 X_1、X_2 代替，可得基本体系如图 5-17（b）所示。

（2）列力法方程。根据两横梁切口处两侧截面相对位移为零的条件，可建立力法典型方程为：

$$\delta_{11}X_1 + \delta_{12}X_2 + \Delta_{1P} = 0$$
$$\delta_{21}X_1 + \delta_{22}X_2 + \Delta_{2P} = 0$$

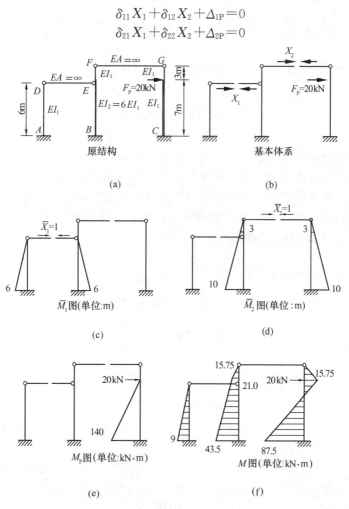

图 5-17

（3）求 δ_{ij}、Δ_{iP}。因为横梁的刚度 $EA=\infty$，式（5-5）与轴力有关的项不必计算。绘出 $\overline{M}_1$、$\overline{M}_2$ 图及 M_P 图，如图 5-17（c）、（d）、（e）所示，各系数、自由项计算如下：

$$\delta_{11} = \frac{6}{3EI_1} \times 6^2 + \frac{6}{3EI_2} \times 6^2 = \frac{84}{EI_1}$$

$$\delta_{12} = \delta_{21} = -\frac{6}{6EI_2} \times 6 \times (2 \times 10 + 4) = -\frac{24}{EI_1}$$

$$\delta_{22} = \frac{2 \times 3}{3EI_1} \times 3^2 + \frac{2 \times 7}{3EI_2}(3^2 + 10^2 + 3 \times 10) = \frac{1135}{9EI_1}$$

$$\Delta_{1P} = 0, \Delta_{2P} = -\frac{7}{6EI_2} \times 140 \times (2 \times 10 + 3) = -\frac{5635}{9EI_1}$$

（4）求未知力。将上述各值代入力法方程求解得：
$$X_1 = 1.5\text{kN}, \quad X_2 = 5.25\text{kN}$$
（5）绘制最后弯矩图。各柱弯矩图按悬臂梁由平衡条件绘出，如图 5-17（f）所示。

5.5 温度改变和支座移动时超静定结构的计算

与静定结构不同的是，超静定结构在温度改变、支座移动、制造误差、材料收缩等非荷载因素作用下，都将产生内力。这是因为在超静定结构中的多余约束，限制了上述因素影响下结构的自由变形和位移。本节仅讨论超静定结构在温度改变和支座移动时的内力计算。

用力法分析超静定结构由于温度改变、支座移动引起的内力时，与荷载作用下的计算步骤一样，也是先要去掉多余约束，选取静定的基本结构；根据基本结构在多余未知力和外因（温度改变或支座移动等）共同作用下，在多余未知力作用点及其方向的位移与原结构相应处位移相同的条件，建立力法典型方程；求系数、自由项；解方程求出多余未知力；计算并绘出结构的最后内力图。

5.5.1 温度改变时超静定结构的计算

如图 5-18（a）所示超静定刚架，在图示温度变化影响下，可取图 5-18（b）所示的基本体系。根据基本体系在去掉多余约束处的位移与原结构相应的位移相同的条件，可列出力法典型方程如下：

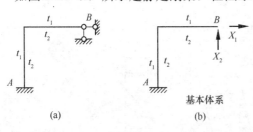

图 5-18

$$\delta_{11}X_1 + \delta_{12}X_2 + \Delta_{1t} = 0$$
$$\delta_{21}X_1 + \delta_{22}X_2 + \Delta_{2t} = 0$$

方程中各系数与外因无关，其含义和计算与 5.3 节相同。自由项 Δ_{1t}、Δ_{2t} 分别表示基本结构由于温度变化沿 X_1、X_2 方向的位移，可按 4.6 节有关公式计算。对于温度变化沿各杆全长相同且为等截面直杆的结构，自由项 Δ_{it} 可根据式（4-14）改写成：

$$\Delta_{it} = \Sigma \, \overline{F}_{Ni} \alpha t_0 l + \Sigma \, \frac{\alpha \Delta t l}{2h} (\overline{M}_{mi} + \overline{M}_{ni}) \tag{5-7}$$

式（5-7）等号右边第一项中，$\overline{F}_N$ 以拉力为正，t_0 以温度升高为正。第 2 项中，$\overline{M}$ 使水平杆下侧受拉、使竖杆右侧受拉为正，Δt 等于 $\overline{M}$ 正值一侧的温度改变 t_2 减去 $\overline{M}$ 负值一侧的温度改变 t_1，大于零为正。t_1、t_2 以升温为正。

系数、自由项确定后，即可由力法方程求出多余未知力。由于基本结构是静定的，温度改变时并不产生内力，故结构的最后内力只由多余未知力产生，其弯矩值可由下式计算：

$$M = \overline{M}_1 X_1 + \overline{M}_2 X_2 + \cdots = \Sigma \, \overline{M}_i X_i \tag{5-8}$$

【例 5-5】 图 5-19（a）所示刚架，内侧温度升高 35℃，外侧温度升高 25℃，试绘制结构的弯矩图。刚架各杆 $EI=$ 常数，截面高度 $h=l/10$，材料的线膨胀系数为 α。

【解】 （1）选取基本结构。去掉 B 处两根支座链杆以 X_1、X_2 代替，基本体系如图 5-19（b）所示。

（2）列力法方程。根据基本体系在多余未知力处位移为零的条件，可建立温度变化时的力法典型方程如下：

$$\delta_{11} X_1 + \delta_{12} X_2 + \Delta_{1t} = 0$$
$$\delta_{21} X_1 + \delta_{22} X_2 + \Delta_{2t} = 0$$

（3）求系数、自由项。$\overline{X}_1 = 1$、$\overline{X}_2 = 1$ 单独作用下的弯矩图及轴力值分别如图 5-19（c）、（d）所示。各系数按式（5-3）计算，自由项按式（5-7）计算：

$$\delta_{11} = \frac{l}{3EI}(l^2 + l^2 + 3l^2) = \frac{5l^3}{3EI}, \delta_{22} = \frac{l}{3EI}(l^2 + 3l^2) = \frac{4l^3}{3EI}$$

$$\delta_{12} = \delta_{21} = -\frac{l}{6EI}(3l \cdot l + 3l \cdot l) = -\frac{l^3}{EI}$$

$$\Delta_{1t} = -1 \cdot \alpha \cdot \frac{25 + 35}{2} \cdot l - \alpha \cdot \frac{(35-25) \cdot l}{2h}(l + 2l + l) = -230\alpha l$$

$$\Delta_{2t} = 0 + \alpha \cdot \frac{(35-25) \cdot l}{2h}(l + 2l) = 150\alpha l$$

（4）求未知力。将系数、自由项代入力法方程得：

$$\frac{5l^3}{3EI} X_1 - \frac{l^3}{EI} X_2 - 230\alpha l = 0$$

$$-\frac{l^3}{EI} X_1 + \frac{4l^3}{3EI} X_2 + 150\alpha l = 0$$

解方程得：

$$X_1 = \frac{1410}{11} \cdot \frac{\alpha EI}{l^2}$$

$$X_2 = -\frac{180}{11} \cdot \frac{\alpha EI}{l^2}$$

（5）绘制 M 图。按式（5-8）可绘出最后弯矩图如图 5-19（e）所示。

计算表明，温度变化时超静定结构的内力与杆件刚度的绝对值成正比，这是与荷载作用时的不同之处。此外，由于多余约束的存在，弯矩图出现在温度低的杆件一侧，即杆件

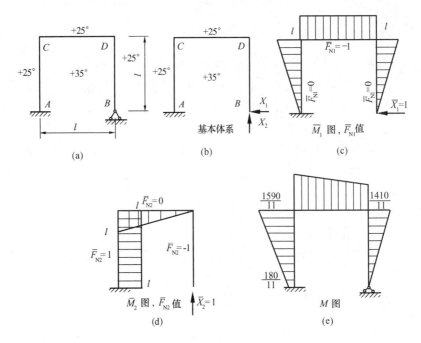

图 5-19　（M图各值乘 aEI/l）

高温一侧受压，低温一侧受拉。因此，在钢筋混凝土结构中，应注意因降温可能出现的裂缝。

5.5.2　支座移动时超静定结构的计算

支座移动时超静定结构的计算原理和步骤，与荷载作用和温度变化时相同。此时，自由项应为 $\Delta_{i\Delta}$。需要指出的是，力法方程等号右边为零还是某一定值，需要根据方程的物理意义确定，现说明如下。

如图 5-20（a）所示两次超静定刚架，支座 A 产生了水平位移 a 及转角 φ。用力法计算时，若取图 5-20（b）所示基本体系，则基本结构承受 X_1、X_2 和支座 A 处水平位移 a 的共同影响，其沿 X_1、X_2 方向的位移应与原结构相应的位移相同。而原结构与 X_1 相应处无水平位移，即 $\Delta_1 = 0$；与 X_2 相应处有转角 φ，即 $\Delta_2 = \varphi$。于是，力法典型方程为：

$$\delta_{11}X_1 + \delta_{12}X_2 + \Delta_{1\Delta} = 0$$
$$\delta_{21}X_1 + \delta_{22}X_2 + \Delta_{2\Delta} = \varphi$$

若取图 5-20（c）所示基本体系，则基本结构受 X_1、X_2 和支座 A 处水平位移 a、转

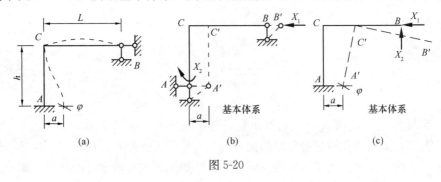

图 5-20

角 φ 的共同影响。根据其沿 X_1、X_2 方向的位移与原结构相应位移相同的条件（$\Delta_1 = 0$，$\Delta_2 = 0$），可列出力法典型方程为：

$$\delta_{11}X_1 + \delta_{12}X_2 + \Delta_{1\Delta} = 0$$
$$\delta_{21}X_1 + \delta_{22}X_2 + \Delta_{2\Delta} = 0$$

可见，力法方程的右端项都是原结构对应于基本结构多于未知力处沿其方向的位移。至于力法方程的系数则和外因无关，无论支座移动、温度改变还是荷载作用，其计算均相同。基本体系中的支座位移是，原结构在该处有位移，但选取基本结构时未解除该约束。按照公式（4-15）可得到自由项的计算式如下：

$$\Delta_{i\Delta} = -\sum \overline{F}_R \cdot c \tag{5-9}$$

各系数、自由项求出后，即可解方程求出多余未知力。结构最后内力也是只由多余未知力引起的，故最后弯矩可按式（5-8）求出。

【例5-6】 图5-21（a）所示刚架，因地基沉陷，支座 A 发生转角 θ，支座 B 下沉距离 a，试作刚架的弯矩图。各杆 EI 为常数。

【解】 选取基本体系如图5-21（b）所示。根据基本结构在 X_1 和支座 A 转角 θ 共同影响下，沿 X_1 方向的位移应与原结构相应位移相同的条件（即 $\Delta_1 = -a$），可列出力法方程：

$$\delta_{11}X_1 + \Delta_{1\Delta} = -a$$

绘出 $\overline{M}_1$ 图，如图5-21（c）所示。系数由式（5-3）计算，自由项由式（5-9）计算：

$$\delta_{11} = \frac{l}{3EI}(l^2 + 3l^2) = \frac{4l^3}{3EI}$$

$$\Delta_{1\Delta} = -(-l \cdot \theta) = l\theta$$

代入力法方程求解得：

$$X_1 = -\frac{\Delta_{1\Delta} + a}{\delta_{11}} = -\frac{3EI(l\theta + a)}{4l^3}$$

由 $M = \overline{M}_1 X_1$ 绘出最后弯矩图，如图5-21（d）所示。

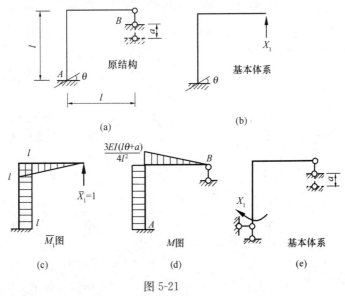

图 5-21

本例若取图 5-21（e）所示的简支刚架为基本结构，力法方程为：

$$\delta_{11}X_1 + \Delta_{1\Delta} = -\theta$$

求出的最后弯矩图仍与图 5-21（d）相同，请读者自行验证并解释上述两个力法方程的物理意义。

与温度变化时的情况一样，支座移动时引起的超静定结构的内力，也是与各杆的 EI 绝对值成正比。

5.6 力法采用 EXCEL 计算的作法

随着超静定次数的增加，力法计算繁琐的问题非常突出。如果能将力法中求系数自由项、解力法方程以及叠加最后内力的计算由计算机完成，这样既不改变力法的计算步骤，又能有效地解决计算繁难的问题，还可以增加对选取基本结构、建立力法方程、计算基本结构内力等基本知识的训练。按照这一思路编制出超静定梁和刚架的力法 EXCEL 计算表收集在附录Ⅱ.2 中。

应用 EXCEL 表计算的流程如下：（1）根据给定的结构及外因，打开相应的力法 EX-CEL 表；（2）在练习纸上画出原结构的基本体系；（3）在表格上方的提示栏输入多余未知力数、计算区段数，点击"生成表格模板"，即可得到所需要的计算表格；（4）按照表格要求输入各区段计算参数；（5）手算出各区段两端弯矩（$\overline{M}_i$、M_P），输入表格指定位置，点击"开始计算"，表格便求出各系数、自由项；（6）检查各系数、自由项、力法方程右端项是否符合要求，若不符合则修改，符合则点击"下一步计算"，表格便求出多余未知力，并按叠加公式求出最后弯矩；（7）根据计算结果绘出 M 图。

用 EXCEL 计算时，当需要输入的参数（如 EI、l、EA、q、p_m、p_n 等）及弯矩含有符号时，可用 1 代入，最后在计算结果中再加上该符号。表格中关于区段的划分、弯矩及分布荷载正负号规定均与第 4 章相同。

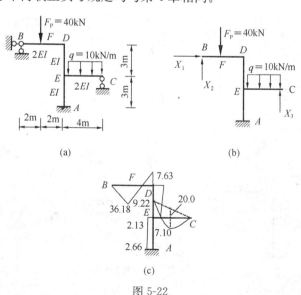

图 5-22

（a）原结构；（b）基本体系；（c）M 图（单位：kN·m）

【例 5-7】 试采用力法 EXCEL 表计算图 5-22（a）所示刚架的内力，绘出 M 图。

【解】 （1）这是一个 3 次超静定结构。选取基本体系如图 5-22（b）所示。

（2）将结构划分为 BF、FD、ED、EC、AE 五段。打开力法 EX-CEL 表，在表格上方的"多余未知力数"和"区段数"下面输入"3"和"5"，点击"生成表格模板"即得系数、自由项计算表，如表 5-1.1 所示。

（3）按表格提示输入各区段基本参数，见表 5-1.1 第 1～6 列。

（4）计算各区段端点截面弯矩。先计算荷载产生的弯矩。基本结构为悬臂刚架，可不求支座反力。用手遮住图 5-22（b）三个多余未知力，对 BF、FD、EC 三个区段，按悬臂梁算出杆端弯矩。由于基本体系中，各荷载方向与杆 AD 平行，故 ED、AE 段剪力为零、弯矩为常量。于是，先后由节点 D、E 的平衡条件，求出 ED、AE 段弯矩。将求出的各弯矩填入表 5-1.1 中 M_P 行。类似地，求出 $\overline{X}_1 = 1$、$\overline{X}_2 = 1$、$\overline{X}_3 = 1$ 分别作用时各区段端点弯矩值，并输入表 5-1.1 第 8、9 列相应位置。

（5）点击"开始计算"，各区段系数、自由项贡献量即显示在表 5-1.1 第 10～13 列；同时，表格自动求和得到 δ_{ij} 及 Δ_{iP}，并将它们传递到表 5-1.2。

（6）本例原结构只有荷载作用，故力法方程右端项为零。点击"下一步计算"，表格便会解方程求出 X_1、X_2、X_3（见表 5-1.3）；然后再将求出的 X_i 与各区段端点弯矩（表 5-1.1 第 8、9 列）传递到表 5-1.4 叠加出最后弯矩，如表 5-1.4 最后一列所示。

（7）根据计算结果绘出 M 图。用直线连接 BF、FD、ED、AE 段两端弯矩值竖标顶点；用虚线连接 EC 段两端弯矩值竖标顶点，再叠加相应简支梁在 q 作用下的弯矩图。最后弯矩图如图 5-22（c）所示。

例 5-7 计算表

表 5-1

力法 Excel 计算表格

输入：	基本未知量数	3
	计算区段数	5

生成表格模板　填好下表中 1～9 列后，按"开始计算"；　　开始计算

1. 系数、自由项计算表格：

区段	区段长度	EI 值	q	p_m	p_n	端截面	z（左）	y（右）	δ_{i1}	δ_{i2}	δ_{i3}	Δ_{iP}
BF	2	2	0	0	0	$\overline{M}_1$	0	0	0.00	0.00	0.00	0.00
						$\overline{M}_2$	0	2	0.00	1.33	0.00	0.00
						$\overline{M}_3$	0	0	0.00	0.00	0.00	0.00
						M_p	0	0				
FD	2	2	0	0	0	$\overline{M}_1$	0	0	0.00	0.00	0.00	0.00
						$\overline{M}_2$	2	4	0.00	9.33	0.00	−133.33
						$\overline{M}_3$	0	0	0.00	0.00	0.00	0.00
						M_p	0	−80				
ED	3	1	0	0	0	$\overline{M}_1$	−3	0	9.00	18.00	0.00	−360.00
						$\overline{M}_2$	−4	−4	18.00	48.00	0.00	−960.00
						$\overline{M}_3$	0	0	0.00	0.00	0.00	0.00
						M_p	80	80				
EC	4	2	10	0	0	$\overline{M}_1$	0	0	0.00	0.00	0.00	0.00
						$\overline{M}_2$	0	0	0.00	0.00	0.00	0.00
						$\overline{M}_3$	4	0	0.00	0.00	10.67	−160.00
						M_p	−80	0				
AE	3	1	0	0	0	$\overline{M}_1$	−6	−3	63.00	54.00	−54.00	0.00
						$\overline{M}_2$	−4	−4	54.00	48.00	−48.00	0.00
						$\overline{M}_3$	4	4	−54.00	−48.00	48.00	0.00
						M_p	0	0				

2. 力法方程 $[\delta_{ij}][X_i]=-(\Delta_{ip})$：　　　　　　3. 力法方程解：

$$\begin{array}{ccc} 72.00 & 72.00 & -54.00 \\ 72.00 & 106.67 & -48.00 \\ -54.00 & -48.00 & 58.67 \end{array} \quad \begin{array}{c} X_1 \\ X_2 \\ X_3 \end{array} = \begin{array}{c} 360 \\ 1093.333 \\ 160 \end{array} \quad X_i = \begin{array}{c} 0.179641 \\ 18.09132 \\ 17.69461 \end{array}$$

4. 最后弯矩：

区段	杆端	$\overline{M}_1$	$\overline{M}_2$	$\overline{M}_3$	M_p	X_1	X_2	X_3	M
BF	z（左）	0.00	0.00	0.00	0.00	0.18	18.09	17.69	0.00
	y（右）	0.00	2.00	0.00	0.00				36.18
FD	z（左）	0.00	2.00	0.00	0.00				36.18
	y（右）	0.00	4.00	0.00	−80.00				−7.63
ED	z（左）	−3.00	−4.00	0.00	80.00				7.10
	y（右）	0.00	−4.00	0.00	80.00				7.63
EC	z（左）	0.00	0.00	4.00	−80.00				−9.22
	y（右）	0.00	0.00	0.00	0.00				0.00
AE	z（左）	−6.00	−4.00	4.00	0.00				−2.66
	y（右）	−3.00	−4.00	4.00	0.00				−2.13

【例 5-8】 试采用力法 EXCEL 表计算图 5-23（a）所示排架，绘出 M 图。

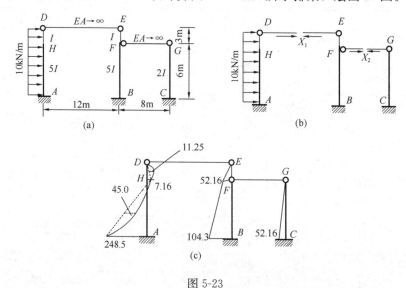

图 5-23

（a）原结构；（b）基本体系；（c）M 图（单位：kN·m）

【解】 （1）此排架为 2 次超静定。切断两根横梁所得基本体系如图 5-23（b）所示。

（2）将结构划分为 AH、HD、BF、FE、CG 五段。打开力法 EXCEL 表，在表格上方的"多余未知力数"和"计算区段数"下面输入"2"和"5"，点击"生成表格模板"，即得本例计算表格，如表 5-2.1 所示。按表格提示输入各区段基本参数，见表 5-2.1 第 1～

6 列。

（3）计算出各悬臂杆在荷载和各单位力单独作用下各区段端点弯矩值，填入表 5-2.1 第 8、9 列。

（4）点击"开始计算"，即得各区段的系数、自由项贡献量（表 5-2.1 第 10～12 列），同时，表格自动求出 δ_{ij} 及 Δ_{iP} 并传递到表 5-2.2。方程右端项无须修改。

（5）点击"下一步计算"，表格求出 X_1、X_2（表 5-2.3），并将各 X_i 与各区段端点弯矩传递到表 5-2.4 叠加出最后弯矩，见表 5-2.4。

（6）根据计算结果绘出 M 图（注意 q 作用区段 M 图的绘制），如图 5-23（c）所示。

例 5-8 计算表　　　　　　　　　　　　　　　　表 5-2

力法 Excel 计算表格

输入：	基本未知量数	2	生成表格模板　填好下表中 1～9 列后，按"开始计算"；　开始计算
	计算区段数	5	

1. 系数、自由项计算表格：

区段	区段长度	EI 值	q	p_m	p_n	端截面	z（左）	y（右）	δ_{i1}	δ_{i2}	Δ_{iP}
HD	3	1	10	0	0	$\overline{M}_1$	−3	0	9.00	0.00	101.25
						$\overline{M}_2$	0	0	0.00	0.00	0.00
						M_p	−45	0			
AH	6	5	10	0	0	$\overline{M}_1$	−9	−3	46.80	0.00	1620.00
						$\overline{M}_2$	0	0	0.00	0.00	0.00
						M_p	−405	−45			
FE	3	1	0	0	0	$\overline{M}_1$	3	0	9.00	0.00	0.00
						$\overline{M}_2$	0	0	0.00	0.00	0.00
						M_p	0	0			
BF	6	5	0	0	0	$\overline{M}_1$	9	3	46.80	−25.20	0.00
						$\overline{M}_2$	−6	0	−25.20	14.40	0.00
						M_p	0	0			
CG	6	2	0	0	0	$\overline{M}_1$	0	0	0.00	0.00	0.00
						$\overline{M}_2$	6	0	0.00	36.00	0.00
						M_p	0	0			

2. 力法方程 $[\delta_{ij}][X_i] = -(\Delta_{iP})$：　　　　　　3. 力法方程解：

$$
\begin{matrix}
111.60 & -25.20 \\
-25.20 & 50.40
\end{matrix}
\quad
\begin{matrix}
X_1 \\
X_2
\end{matrix}
=
\begin{matrix}
-1721.25 \\
0
\end{matrix}
\quad
\{X_i\} =
\begin{matrix}
-17.38636 \\
-8.693182
\end{matrix}
$$

4. 最后弯矩：

区段	杆端	$\overline{M}_1$	$\overline{M}_2$	M_P	X_1	X_2	M
HD	z (左)	−3.00	0.00	−45.00	−17.39	−8.69	7.16
	y (右)	0.00	0.00	0.00			0.00
AH	z (左)	−9.00	0.00	−405.00			−248.52
	y (右)	−3.00	0.00	−45.00			7.16
FE	z (左)	3.00	0.00	0.00			−52.16
	y (右)	0.00	0.00	0.00			0.00
BF	z (左)	9.00	−6.00	0.00			−104.32
	y (右)	3.00	0.00	0.00			−52.16
CG	z (左)	0.00	6.00	0.00			−52.16
	y (右)	0.00	0.00	0.00			0.00

5.7 超静定结构的位移计算及最后弯矩图的校核

5.7.1 超静定结构的位移计算

第4章关于结构位移计算的一般公式，对超静定结构同样适用。例如图 5-24 (a) 所示超静定刚架的弯矩图已在例 5-1 绘出，现拟求 AC 杆中点 D 的竖向位移 Δ_{DV}。为此，以图 5-24 (a) 为实际状态，在原结构 D 点加竖向单位力为虚拟状态。再用力法求出虚拟状态的 $\overline{M}$ 图，如图 5-24 (b) 所示。然后便可由式 (4-9) 求得位移 Δ_{DV} (计算过程从略)：

$$\Delta_{DV} = \frac{19qa^4}{8448EI} \ (\downarrow)$$

显然，对两种状态都要用力法计算弯矩是比较烦琐的。由力法可知，基本体系的受力和变形状态与原结构完全相同。因此，原结构的位移完全可以通过求基本体系的位移来获得。这样，就把求超静定结构位移的问题转化为求基本结构 (静定结构) 的位移问题，计算大大简化，现说明如下。

以原结构的基本体系为实际状态；在基本结构拟求位移的点及其方向上施加单位力作为虚拟状态；求出两种状态的内力，进而求出位移，即得原结构相应截面的位移。其中，实际状态的内力在求解原结构的内力后就已得到，而虚拟状态的内力按静力平衡条件即可求

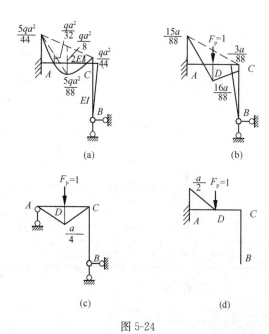

图 5-24

(a) 实际状态；(b) 虚拟状态；(c) 虚拟状态；(d) 虚拟状态

得。由于实际状态的内力并不因选取的基本结构不同而改变。因此，完全可以任选一种基本结构来求虚拟状态的内力，通常选取使计算尽可能简便的基本结构。

仍以上述刚架为例，若选如图 5-24（c）所示的基本结构为虚拟状态，将 $\overline{M}$ 值与实际状态的 M 值（图5-24a）代入式（4-9）可得：

$$\Delta_{DV} = \frac{a/2}{6 \times 2EI}\left[\frac{a}{4}\left(2 \times \frac{5qa^2}{88} - \frac{5qa^2}{44}\right) + \frac{q \cdot (a/2)^2}{4} \times \frac{a}{4}\right.$$
$$\left. + \frac{a}{4}\left(2 \times \frac{5qa^2}{88} - \frac{qa^2}{44}\right) + \frac{q \cdot (a/2)^2}{4} \times \frac{a}{4}\right] = \frac{19qa^4}{8448EI}\ (\downarrow)$$

如果选图 5-24（d）所示的基本结构为虚拟状态，可求得：

$$\Delta_{DV} = \frac{a/2}{6 \times 2EI}\left[\frac{a}{2}\left(2 \times \frac{5qa^2}{44} - \frac{5qa^2}{88}\right) - \frac{q(a/2)^2}{4}\frac{a}{2}\right] = \frac{19qa^4}{8448EI}\ (\downarrow)$$

可见，虚拟状态选用的基本结构不同，并不会改变最终计算结果。

综上所述，可归纳出荷载作用下超静定结构的位移计算步骤：

（1）用力法计算超静定结构，求出最后内力，以此为实际状态；

（2）任选一种基本结构，在欲求位移的点沿所求位移方向上加相应的单位力，求出虚拟状态的内力；

（3）由位移计算公式求出位移。

【例 5-9】 试计算图 5-25（a）所示超静定刚架 E 截面的竖向位移 Δ_{EV}。刚架的 M 图已由力法求出，如图 5-25（b）所示，各杆 EI 为常数。

【解】 图 5-25（b）既是原结构又是其某一基本体系的弯矩图，为实际状态。选取图 5-25（c）所示基本结构，在 E 截面施加竖向单位力为虚拟状态，并作出 $\overline{M}$ 图。根据 $\overline{M}$ 值、M 值由式（4-9）求得：

$$\Delta_{EV} = \frac{a}{6EI}\left[a \cdot \left(2 \times \frac{5qa^2}{16} - \frac{11qa^2}{32}\right) - \frac{qa^2}{4} \cdot a + 3a \cdot \left(\frac{qa^2}{8} + \frac{qa^2}{8}\right)\right] = \frac{25qa^4}{192EI}\ (\downarrow)$$

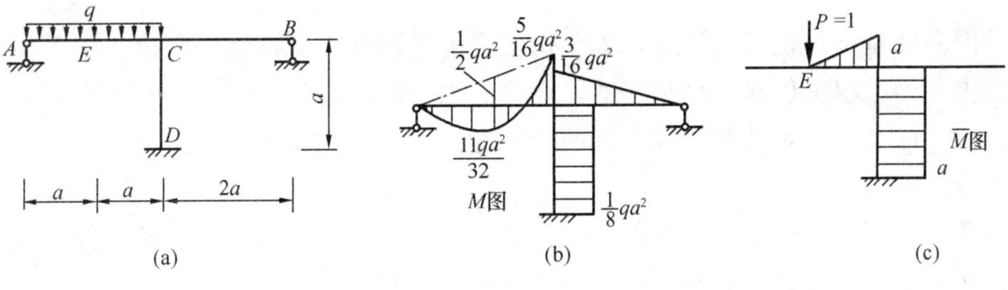

图 5-25

因温度改变或支座移动引起的超静定结构某截面的位移，同样可通过基本体系计算。需要指出的是，基本体系的变形是基本结构在多余未知力和温度改变或支座移动等外因作用下引起的变形之和，因此除由 $\overline{M}$、M 值计算位移外，还要加上基本结构因温度改变产生的位移 Δ_{Kt} 或支座移动引起的位移 $\Delta_{K\Delta}$。Δ_{Kt}、$\Delta_{K\Delta}$ 可按 4.6 节、4.7 节计算。

【例 5-10】 试计算图 5-26（a）所示超静定梁因支座移动引起的跨中 C 截面的挠度 Δ_{CV}。梁的 EI 为常数。

【解】 用力法求出支座移动时超静定梁的 M 图，如图 5-26（b）所示。取简支梁为基本结构，在 C 点加竖向单位力，作出 $\overline{M}$ 图，如图 5-26（c）所示。由 $\overline{M}$、M 值计算的位移为：

$$\Delta_{CV}^{M} = \frac{l/2}{6EI} \cdot \frac{l}{4} \left[2 \times \frac{1}{2} \cdot \frac{3EI}{l} \left(\theta - \frac{a}{l} \right) + 2 \times \frac{1}{2} \cdot \frac{3EI}{l} \left(\theta - \frac{a}{l} \right) + \frac{3EI}{l} \left(\theta - \frac{a}{l} \right) \right] = \frac{3(l\theta - a)}{16}$$

选取简支梁为基本结构时，支座 B 处位移为竖直向下的 a，由式（4-15）知，它引起的 C 处竖向位移为：

$$\Delta_{C\Delta} = -\sum \overline{F}_R c = -(-1/2) \times a = a/2$$

于是有：

$$\Delta_{CV} = \frac{3(l\theta - a)}{16} + \frac{a}{2} = \frac{3l\theta + 5a}{16} \ (\downarrow)$$

本例若取图 5-26（d）所示悬臂梁为基本结构，同样可得到与上面相同的结果，读者可自行验证。

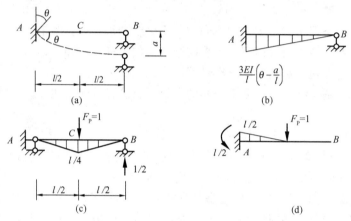

图 5-26

5.7.2 最后内力图的校核

最后内力图是结构设计的依据，为了保证它的正确性，应该加以校核。由于超静定结构的多余未知力是根据位移条件求出的，而最后内力图又是根据多余未知力由平衡条件绘出的。因此，应从平衡条件和位移条件两个方面校核最后内力图是否正确。

1. 平衡条件校核

平衡条件校核，可以从结构中任取一部分（一个节点、一根杆件、某一部分或整体），验算其是否满足平衡条件，如不满足，则表明内力计算有错。

对于 M 图，通常取刚节点检查其是否满足 $\sum M = 0$，一般由直接观察或简单心算检验；若取一根杆件或某一部分或整体，则检查弯矩与荷载的微分关系是否满足，例如集中力偶作用处 M 图有无突变，均布荷载作用区段是否抛物线等等。对于 F_N 图、F_Q 图，则可取结构任一部分由 $\sum F_x = 0$ 及 $\sum F_y = 0$ 验算。第 3 章关于校核内力图的各种作法对上述验算都是适用的，不再详述。

2. 位移条件校核

最后内力图是在多余未知力求出后绘出的，而多余未知力是否正确，则要由位移条件校核。所谓位移条件校核，就是以最后内力图为实际状态，取基本结构在 $\overline{X}_i = 1$ 作用下为虚拟状态，计算多余未知力 X_i 处的位移（温度改变和支座移动时还要加上 Δ_{it} 和 $\Delta_{i\Delta}$），看其是否与原结构相应处的已知位移相等。严格来说，一个 n 次超静定结构，有 n 个多余未知力，应进行 n 次校核。不过，一般只任算几个位移即可。

对于具有封闭无铰框格的刚架，由变形连续性可知，框格上任一点两侧截面相对转角必然为零，利用这一条件校核是很方便的。例如，为了校核图 5-27（a）所示的 M 图，可取图 5-27（b）所示的基本结构在一对单位力偶作用下为虚力状态。由于 $\overline{M}$ 值只在框格上不为零，且大小处处为 1。于是，由代数法计算式（4-9）可知，任一点 K 两侧截面的相对转角为：

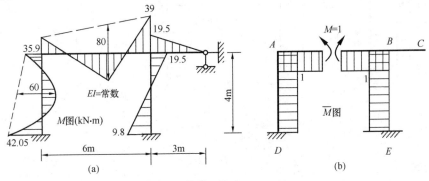

图 5-27

$$\Delta_{\mathrm{K}} = \Sigma \frac{l_i}{6EI_i}\left[3(M_{mi}+M_{ni})+\frac{ql_i^2}{4}\times 2\right]$$

$$= \Sigma \frac{1}{EI_i}\left[\frac{l_i}{2}(M_{mi}+M_{ni})+\frac{2}{3}\times l_i \times \frac{ql_i^2}{8}\right] = \Sigma \frac{A_{\mathrm{M}}}{EI_i} = 0 \tag{5-10}$$

式中，A_{M} 为框格上 M 图的面积，假定弯矩使框格内侧受拉为正。上式表明，任何封闭无铰框格，最后弯矩图各区段的面积除以其刚度的代数和应等于零。现由式（5-10）对图 5-27（a）所示 M 图校核如下：

$$\Sigma \frac{A_{\mathrm{M}}}{EI} = \frac{1}{EI}\Big[-\frac{1}{2}(35.9+42.05)\times 4+\frac{2}{3}\times 60 \times 4-\frac{1}{2}(35.9+39)\times 6$$

$$+\frac{1}{2}\times 6 \times 80-\frac{1}{2}(19.5-9.8)\times 4\Big]=0$$

说明结构的弯矩图正确。

【例 5-11】 图 5-28（a）所示刚架在温度变化时的弯矩已在例 5-5 求出，如图 5-28（b）所示。试用位移条件校核 M 图。各杆 $EI=$ 常数，截面高度 $h=l/10$，材料线膨胀系数为 α。

【解】 验算支座 B 的水平位移 Δ_{BH} 是否为零。

取悬臂刚架为基本结构并求出单位力作用下的 $\overline{M}$ 图及 $\overline{F}_{\mathrm{N}}$ 值，如图 5-28（c）所示。Δ_{BH} 由两部分组成，一部分由 $\overline{M}$、M 值按式（4-9）计算，一部分为基本结构受温度改变影响，按式（4-14）计算。

$$\Delta_{\mathrm{BH}} = \frac{l}{6EI}\left[l\left(2\times \frac{1590}{11}+\frac{180}{11}\right)+l\times 2\times \frac{1410}{11}+3l\left(\frac{1590}{11}+\frac{1410}{11}\right)\right]\frac{\alpha EI}{l}$$

$$+\alpha \cdot \frac{25+35}{2} \cdot l \times (-1) - \alpha \cdot \frac{(35-25)l}{2h}(l+2l+l)$$

$$= 230\alpha l - 30\alpha l - 200\alpha l = 0$$

与原结构变形相同，表明 M 图是正确的。

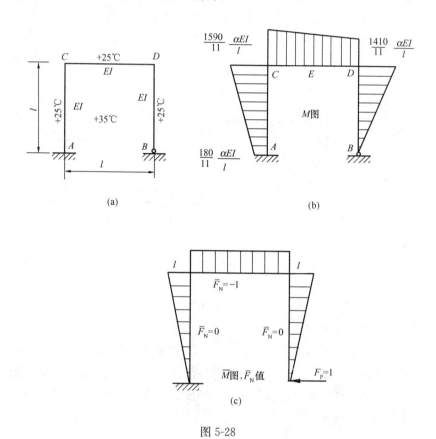

图 5-28

5.8 对 称 性 的 利 用

工程实际中，对称结构的应用十分普遍。所谓对称结构是指结构计算简图至少具有一个对称轴且同时满足下列条件的结构：

（1）结构的几何形状和支承情况均对称于此轴；

（2）杆件的截面尺寸和材料也对称于此轴。

将对称结构沿对称轴对折后，对称轴两侧对称位置上的力或位移，如果力作用点或位移产生点的位置重合、数值相等、方向（转向）相同，则称该力或位移为正对称的；如果点的位置重合、数值相等、方向（转向）相反，则称该力或位移为反对称的。这里的力可以是作用于结构上的荷载、约束反力，也可以是内力；这里的位移则可以是外因引起结构某截面的线位移和角位移。

利用对称性，是在对称结构上进行的计算，主要作法有选取对称的基本结构、将荷载分组、取半个结构计算。

5.8.1 选取对称的基本结构

如图 5-29（a）所示对称结构，用力法计算时，若沿对称轴切断横梁，并用多余未知力代替切口两侧截面的内力，则可得到对称的基本结构，如图 5-29（b）所示。三对多余未知力（弯矩 X_1、轴力 X_2、剪力 X_3）各自大小相等、方向相反。其中，X_1（或 X_2）绕对称轴对折后，作用点和作用线重合且方向相同，为正对称的力；X_3 绕对称轴对折后，作用点和作用线重合但方向相反，为反对称的力。根据切口两侧截面的相对转角、水平相对位移和竖向相对位移应为零的条件，若结构承受荷载作用，可列出力法方程：

$$\delta_{11}X_1+\delta_{12}X_2+\delta_{13}X_3+\Delta_{1P}=0$$
$$\delta_{21}X_1+\delta_{22}X_2+\delta_{23}X_3+\Delta_{2P}=0$$
$$\delta_{31}X_1+\delta_{32}X_2+\delta_{33}X_3+\Delta_{3P}=0$$

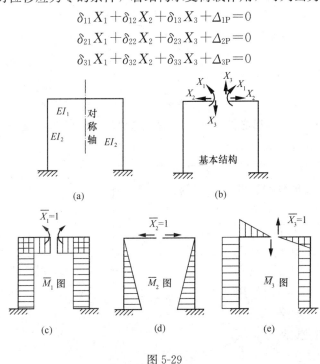

图 5-29

绘出各单位力作用下的弯矩图，如图 5-29（c）、（d）、（e）所示。可以看出，正对称的单位力产生的弯矩图也是正对称的，而反对称的单位力引起的弯矩图也是反对称的。显然，用正、反对称的两个弯矩图求系数时，各对称区段的计算结果恰好正、负抵消，于是有：

$$\delta_{13}=\delta_{31}=0, \quad \delta_{23}=\delta_{32}=0$$

从而，力法典型方程简化为：

$$\delta_{11}X_1+\delta_{12}X_2+\Delta_{1P}=0 \qquad\qquad (a)$$
$$\delta_{21}X_1+\delta_{22}X_2+\Delta_{2P}=0 \qquad\qquad (b)$$
$$\delta_{33}X_3+\Delta_{3P}=0 \qquad\qquad (c)$$

其中，前两个方程为一组，只包含正对称的多余未知力 X_1、X_2；第三个方程为一组，只包含反对称的多余未知力 X_3。计算它们要比求解三元一次方程组简单得多。

以上分析表明：计算对称结构时，若取对称的基本结构，并以正对称和反对称的多余未知力为基本未知量，则力法方程将由原来的高阶方程组分解为两个独立的低阶方程组，其中一组只含正对称未知力，另一组只含反对称未知力。

5.8.2 荷载分组

仍以图 5-29（a）所示对称结构为例，选取对称的基本结构计算时，如果承受正对称

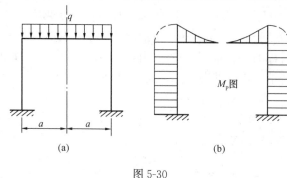

图 5-30

荷载作用（图 5-30a），M_P 图也是正对称的（图 5-30b）。由 M_P 值与图 5-29（e）$\overline{M}_3$ 值计算可得 $\Delta_{3P}=0$，于是由式（c）可得：$X_3=0$，即反对称的未知力为零；而由 M_P 值分别与 $\overline{M}_1$、$\overline{M}_2$ 值计算出 Δ_{1P}、Δ_{2P} 后，代入式（a）、式（b）可得正对称的未知力 X_1、X_2。此时，对称的基本结构在正对称荷载和正对称多余未知力共同作用下，其反力、内力和变形必然是正对称的，这也就是原结构的反力、内力和变形。

如果上述对称结构承受反对称荷载作用（图 5-31a），则 M_P 图也是反对称的（图 5-31b），此时有 $\Delta_{1P}=0$、$\Delta_{2P}=0$，而 $\Delta_{3P}\neq 0$。由式（a）、式（b）得 $X_1=0$、$X_2=0$，再由式（c）求出 X_3。则基本结构在反对称多余未知力 X_3 和反对称荷载共同作用下的反力、内力、变形必然是反对称的，这也就是原结构的反力、内力和变形。

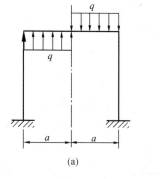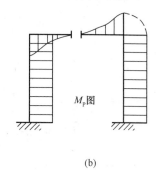

图 5-31

综上所述，可得结论如下：对称结构在正对称荷载作用下，反对称的未知力必然为零，只需计算正对称的未知力。对称结构在反对称荷载作用下，正对称的未知力必然为零，只需计算反对称的未知力。

当对称结构受到非对称荷载作用时（图 5-32a），可将荷载分解为正对称和反对称的两组（图 5-32b、c），然后利用上述结论分别求解，并将计算结果叠加即得原结构的最后内力，这就是所谓的荷载分组。

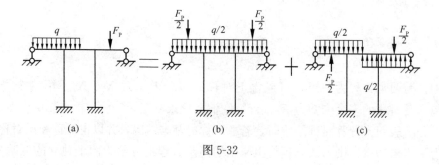

图 5-32

【例 5-12】 试分析图 5-33（a）所示刚架，绘出 M 图。各杆 $EI=$常数。

【解】 此刚架是四次超静定对称结构，承受非对称荷载作用。本例将荷载分解成正对称荷载（图 5-33b）和反对称荷载（图 5-33c）。

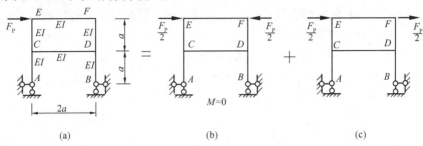

图 5-33

（1）正对称荷载作用。在图 5-33（b）所示一对大小为 $F_P/2$ 的平衡力系作用下，杆件 EF 只有轴力。在忽略轴向变形情况下，截面 E、F 不产生任何位移，因此其余各杆均不会有位移发生，内力为零。故可知，正对称荷载作用下刚架的弯矩为零。

（2）反对称荷载作用。取对称的基本结构，如图 5-34（a）所示。根据对称结构在反对称荷载作用下，只有反对称的内力这一结论，可知正对称的多余未知力 X_2、X_3、X_4 均为零，只需计算 X_1。这就将一个四次超静定结构简化为一次超静定，力法方程为：

$$\delta_{11}X_1+\Delta_{1P}=0$$

分别绘出 $\overline{M}_1$ 图及 M_P 图，如图 5-34（b）、（c）所示。δ_{11} 和 Δ_{1P} 计算如下：

$$\delta_{11}=\frac{a}{3EI}(4\times a^2+2\times 3a^2)=\frac{10a^2}{3EI}$$

$$\Delta_{1P}=\frac{a}{6EI}\left[3a\cdot\left(F_Pa+\frac{F_Pa}{2}\right)+2\cdot a\cdot F_Pa\right]\times 2=\frac{13F_Pa^3}{6EI}$$

将以上系数、自由项代入力法方程求解得：

$$X_1=-\frac{\Delta_{1P}}{\delta_{11}}=-\frac{13F_P}{20}$$

按式（5-6a）可叠加出 M 图，如图 5-34（d）所示。由于正对称荷载作用下的弯矩图为零，故图 5-34（d）就是原结构（图 5-33a）的最后弯矩图。

5.8.3 取半个结构计算

当对称结构承受正对称荷载或反对称荷载作用时，利用上述对称性结论，还可以取半个结构的计算简图来代替原结构进行受力分析。下面就对称刚架为奇数跨和偶数跨的情况进行说明。

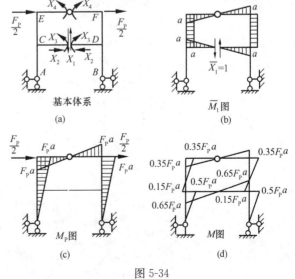

图 5-34

1. 奇数跨对称刚架

图 5-35（a）所示单跨对称刚架（奇数跨），承受正对称荷载作用。根据上述结论可知，在对称轴截面 C 的两侧只能有正对称的内力（弯矩和轴力），而反对称的内力（剪力）为零；同时，也只能有竖向线位移，而无转角和水平线位移。若将结构在对称轴处截开取其一半，并用滑动支座代替对截面 C 的约束（无转角和水平线位移），可得到如图 5-35（b）所示的结构，它与原结构对称轴一侧的受力、变形完全相同，但超静定次数却比原结构减少了一次。求出这一结构的内力即为原结构对称轴一侧的内力，而原结构对称轴另一侧，则可由内力正对称的条件得出。

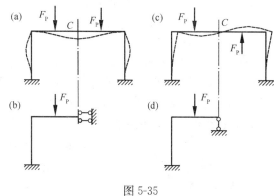

图 5-35

当单跨对称刚架承受反对称荷载作用时（图 5-35c），只有反对称的内力和位移。这时，对称轴截面 C 的两侧可产生转角和水平线位移，但不会发生竖向线位移；C 截面上的弯矩和轴力均为零，而只有剪力（反对称）。因此，从对称轴截面处截开取其一半，并用竖向链杆支座代替原有联系，所得结构如图 5-35（d）所示，它与原结构对称轴一侧的受力、变形完全相同，但却将三次超静定转化为一次超静定。求出这一结构的内力并由内力反对称的条件可得出原结构的最后内力。

2. 偶数跨对称刚架

图 5-36（a）所示双跨对称刚架（偶数跨），在正对称荷载作用下，只有正对称的内力和位移。如果忽略柱的轴向变形，则在对称轴截面 C 处将无任何位移，而横梁在 C 端除有弯矩和轴力外，还有剪力。故取一半结构计算时，可用固定支座代替截面 C 的原有联系（图 5-36b），由此所得结构与原结构对称轴一侧的受力、变形完全相同，但超静定次数却由原来的六次降为三次。求出该结构的内力，并根据内力正对称的条件可得到原结构的最后内力。

双跨对称结构承受反对称荷载作用时（图 5-36c），若忽略杆件的轴向变形，在对称轴上的截面 C 处无竖向线位移，设想沿对称轴将中间柱截开为两根刚度各 $I/2$ 的竖柱，但

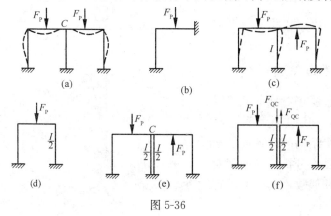

图 5-36

在顶端处的横梁不截开，可得如图 5-36（e）所示的结构，它与原结构所受荷载、约束和杆件情况均相同，因而是等效的。若再沿对称轴把横梁截开，可知在反对称荷载作用下，切口处正对称内力为零，只有一对剪力 F_{QC}（图 5-36f），只会使两根竖柱产生轴力，而对其他杆件的内力无影响。因此，可取对称轴任一侧的半个结构（图 5-36d）计算，并利用内力反对称条件得到原结构的最后内力。

【例 5-13】　试作图 5-37（a）所示对称刚架的弯矩图。各杆 EI＝常数。

【解】　先将荷载分解为正对称和反对称的两组，如图 5-37（b）、（c）所示。在正对称荷载作用下，各杆弯矩均为零。因此，结构在反对称荷载作用下的弯矩即为原结构的弯矩。

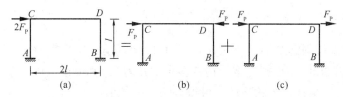

图 5-37

对图 5-37（c）所示单跨刚架在反对称荷载作用下的计算，可取结构的一半进行。计算简图如图 5-38（a）所示，超静定次数仅为一次。取基本体系如图 5-38（b）所示。力法方程为：

$$\delta_{11}X_1 + \Delta_{1P} = 0$$

绘出 $\overline{M}_1$ 图、M_P 图，如图 5-38（c）、（d）所示。系数、自由项为：

$$\delta_{11} = \frac{l}{3EI}(l^2 + 3l^2) = \frac{4l^3}{3EI}$$

$$\Delta_{1P} = -\frac{l}{6EI} \times 3l \times F_P l = -\frac{F_P l^3}{2EI}$$

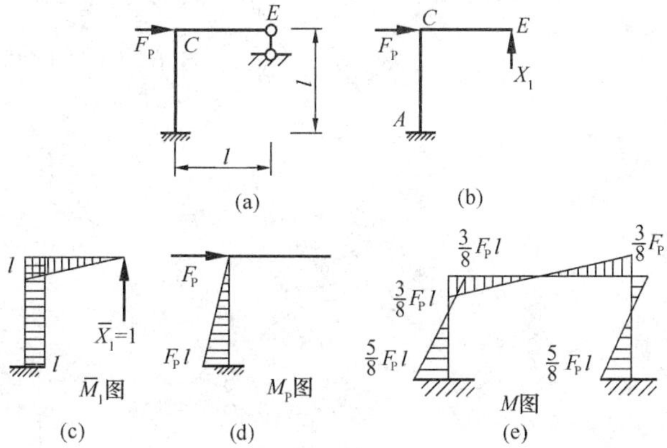

图 5-38

将它们代入力法方程求解得：

$$X_1 = -\frac{\Delta_{1P}}{\delta_{11}} = \frac{3F_P}{8}$$

按 $M = \overline{M}_1 X_1 + M_P$ 绘出弯矩图，并由内力反对称条件可绘出图 5-37（a）所示刚架的弯矩图，如图 5-38（e）所示。

5.9　超静定拱的内力计算

超静定拱的内力与三铰拱一样，也是以轴向压力为主，因而可利用抗压性能强而抗拉

137

性能差的砖、石、混凝土等材料建造，在工程中应用很广。例如钢筋混凝土拱桥、石拱桥，隧道中的混凝土拱圈，房屋建筑中的拱形屋架、门窗过梁等。超静定拱的常用型式有两铰拱和无铰拱两种，计算简图如图5-39（a）、（b）所示。

图 5-39

在超静定拱的计算中，由于拱轴为曲线，严格说，应考虑曲率对变形的影响。但在工程实际中，拱的截面高度与拱轴的曲率半径相比小得多，曲率对变形的影响很小，可略去不计。因此，用力法计算时，超静定拱的系数和自由项仍可采用第4章推导的不考虑曲率影响的位移计算公式。

5.9.1　两铰拱及系杆两铰拱的计算

两铰拱是一次超静定结构，如图5-40（a）所示。用力法计算时，通常采用简支曲梁为基本结构（图5-40b）。根据基本结构在多余未知力 X_1 和荷载共同作用下，支座 B 处沿 X_1 方向的位移与原结构相等的条件，可得力法方程如下：

$$\delta_{11} X_1 + \Delta_{1P} = 0 \tag{a}$$

经验表明，在系数和自由项的计算中，剪力对变形的影响可略去不计，而轴力的影响只是 $f < l/3$ 的情况下在 δ_{11} 的计算中才需要考虑。于是可有：

$$\delta_{11} = \int \frac{\overline{M}_1^2 \mathrm{d}s}{EI} + \int \frac{\overline{F}_{N1}^2 \mathrm{d}s}{EA} \tag{b}$$

$$\Delta_{1P} = \int \frac{\overline{M}_1 M_P \mathrm{d}s}{EI} \tag{c}$$

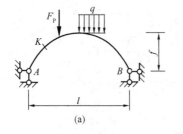
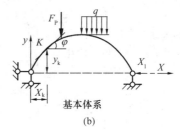

图 5-40

由于拱轴为曲线，δ_{11} 和 Δ_{1P} 不能用代数法计算，只能采用积分的方法。设弯矩以使拱内侧受拉为正，轴力以受压为正，则基本结构在 $\overline{X}_1 = 1$ 作用下的弯矩、轴力为：

$$\overline{M}_1 = -y, \overline{F}_{N1} = \cos \varphi \tag{d}$$

将式（d）代入式（b）、式（c）积分得：

$$\delta_{11} = \int \frac{y^2 \mathrm{d}s}{EI} + \int \cos^2 \varphi \frac{\mathrm{d}s}{EA} \tag{e}$$

$$\Delta_{1P} = -\int \frac{y M_P \mathrm{d}s}{EI} \tag{f}$$

将式（e）、式（f）代入式（a）有：

$$X_1 = -\frac{\Delta_{1P}}{\delta_{11}} = \frac{\int y M_P \dfrac{\mathrm{d}s}{I}}{\int y^2 \dfrac{\mathrm{d}s}{I} + \int \cos^2\varphi \dfrac{\mathrm{d}s}{A}} \tag{5-11}$$

求出 X_1 后，其余支座反力和任一截面的内力可由平衡条件求得。对于承受竖向荷载且两拱趾同高的两铰拱，任一截面的内力计算公式为：

$$M = M^0 - X_1 y \tag{5-12a}$$

$$F_Q = F_Q^0 \cos\varphi - X_1 \sin\varphi \tag{5-12b}$$

$$F_N = F_N^0 \sin\varphi + X_1 \cos\varphi \tag{5-12c}$$

可见，它们与三铰拱任一截面的内力计算公式相似。

当基础比较弱时，为避免支座承受推力，常在两铰拱底部设置拉杆，将支座改为简支，称为系杆两铰拱，计算简图如图 5-41（a）所示。用力法计算时，通常将拉杆切断，以拉杆内力为多余未知力，基本体系如图 5-41（b）所示。根据拉杆切口处的变形连续条件可建立力法典型方程。其计算方法和步骤均与两铰拱相同，但系数 δ_{11} 的计算式多了拉杆轴向变形的项 $\dfrac{l}{E_1 A_1}$，所以有：

$$X_1 = -\frac{\Delta_{1P}}{\delta_{11}} = \frac{\int y M_P \dfrac{\mathrm{d}s}{EI}}{\int y^2 \dfrac{\mathrm{d}s}{EI} + \int \cos^2\varphi \dfrac{\mathrm{d}s}{EA} + \dfrac{l}{E_1 A_1}} \tag{5-13}$$

X_1 求出后，反力和任一截面的内力可由平衡条件求得。当拱仅承受竖向荷载时，任一截面的内力可按式（5-12）计算。

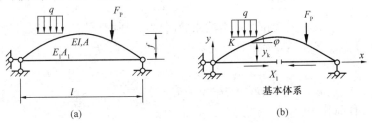

（a）　　　　　　　　　　　　（b）

图 5-41

由式（5-13）可知，当系杆的抗拉刚度 $E_1 A_1 \to \infty$ 时，系杆的轴力 X_1 与两铰拱的水平推力相同，拱的内力也与两铰拱的相同；而当 $E_1 A_1 \to 0$ 时，$X_1 \to 0$，系杆将失去作用，结构成为简支曲梁。因此，适当加大系杆的 $E_1 A_1$ 值，能够减少拱内的弯矩。

【例 5-14】　用力法计算图 5-42（a）所示等截面两铰拱。已知 $l = 18\mathrm{m}$，$f = 3.6\mathrm{m}$，拱轴方程为 $y = \dfrac{4f}{l^2} x\,(l - x)$，拱截面面积 $A = 400 \times 10^{-3}\mathrm{m}^2$，惯性矩 $I = 2000 \times 10^{-6}\mathrm{m}^4$。

【解】　取基本体系如图 5-42（b）所示。因 $f/l = 3.6/18 = 1/5 < 1/3$，故 δ_{11} 的计算中需要考虑轴力的影响。由于拱身较平，为便于计算，近似地取 $\mathrm{d}s = \mathrm{d}x$，$\cos\varphi = 1$，注意到 I、A 为常数，于是，式（5-11）简化为：

$$X_1 = \int_0^l y M_P \mathrm{d}x \Big/ \left(\int_0^l y^2 \mathrm{d}x + Il/A \right)$$

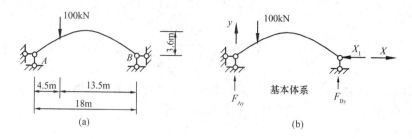

图 5-42

基本结构在荷载作用下 $F_{Ay}=75kN$，于是 M_P 的表达式为：

$$M_P = F_{Ay}x = 75x \quad (0 \leqslant x \leqslant 4.5)$$

$$M_P = F_{Ay}x - 100 \times (x-4.5) = 75x - 100 \times (x-4.5) \quad (4.5 < x \leqslant 18)$$

将各值代入 X_1 的计算式可得：

$$X_1 = \left\{ \int_0^{4.5} \frac{4 \times 3.6}{18^2} x(18-x) \times 75x dx + \int_{4.5}^{18} \frac{4 \times 3.6}{18^2} x(18-x) \times [75x - 100 \times (x-4.5)] dx \right\}$$

$$\div \left[\int_0^{18} \left(\frac{4 \times 3.6}{18^2} \right)^2 x^2 (18-x)^2 dx + 2000 \times 10^{-6} \times 18/(400 \times 10^{-3}) \right]$$

$$= 8656.87/124.51 = 69.53kN$$

X_1 求出后，即可按式（5-12）计算拱各截面的内力，并绘制内力图。请读者自行练习。

5.9.2　无铰拱的计算

图 5-43（a）所示对称无铰拱，用力法求解时，可从拱顶处截开，取对称的基本结构，如图 5-43（b）所示。X_1、X_2 为正对称的多余未知力，X_3 为反对称的多余未知力，由对称性可知：

$$\delta_{13}=\delta_{31}=0 \ , \ \delta_{23}=\delta_{32}=0$$

力法典型方程简化为：

$$\delta_{11}X_1 + \delta_{12}X_2 + \Delta_{1P} = 0 \tag{a}$$

$$\delta_{21}X_1 + \delta_{22}X_2 + \Delta_{2P} = 0 \tag{b}$$

$$\delta_{33}X_3 + \Delta_{3P} = 0 \tag{c}$$

若能再使 $\delta_{12}=\delta_{21}=0$，则上述方程组将简化为三个独立的方程，计算更加简化。采用弹性中心法，即可使力法方程变成三个独立的方程，现说明如下。

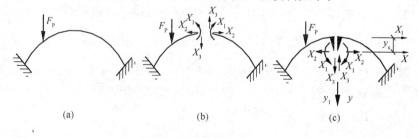

图 5-43

弹性中心法的思路是，设想在拱顶切口处两边各加一个刚度无限大、长度为 y_s 的刚臂，上端与拱顶切口处刚接。由于刚臂本身不变形，因此，刚臂端点与拱顶切口处变形相同。将三对多余未知力作用到刚臂端点，如图 5-43（c）所示，并以此代替原基本结构。现以刚臂端点为坐标原点，x 轴向右为正，y 轴向下为正，拱轴各点切线的倾角 φ 在右半拱取正，左半拱取负；弯矩以使拱内侧受拉为正，剪力以绕隔离体顺时针转向为正，轴力以压力为正。则基本结构在 $\overline{X}_1 = 1$、$\overline{X}_2 = 1$、$\overline{X}_3 = 1$ 分别作用时的内力为：

$$\overline{M}_1 = 1, \quad \overline{F}_{N1} = 0, \quad\quad \overline{F}_{Q1} = 0$$
$$\overline{M}_2 = y, \quad \overline{F}_{N2} = \cos\varphi, \quad \overline{F}_{Q2} = \sin\varphi$$
$$\overline{M}_3 = x, \quad \overline{F}_{N3} = -\sin\varphi, \quad \overline{F}_{Q3} = \cos\varphi$$

于是副系数 δ_{12}、δ_{21} 为：

$$\delta_{12} = \delta_{21} = \int \frac{\overline{M}_1 \overline{M}_2 \mathrm{d}s}{EI} + \int \frac{\overline{F}_{N1} \overline{F}_{N2} \mathrm{d}s}{EA} + \int k \frac{\overline{F}_{Q1} \overline{F}_{Q2} \mathrm{d}s}{GA}$$

$$= \int y \frac{\mathrm{d}s}{EI} = \int (y_1 - y_s) \frac{\mathrm{d}s}{EI} = \int y_1 \frac{\mathrm{d}s}{EI} - y_s \int \frac{\mathrm{d}s}{EI}$$

令 $\delta_{12} = \delta_{21} = 0$，由上式可得刚臂长度的计算公式：

$$y_s = \frac{\int y_1 \dfrac{\mathrm{d}s}{EI}}{\int \dfrac{\mathrm{d}s}{EI}} \tag{5-14}$$

观察 y_s 的计算式可知，若沿拱轴作一宽度为 $\dfrac{1}{EI}$ 的图形（图 5-44），则分母就是图形的面积，分子则表示图形对 x_1 轴的静矩，y_s 则为该图形的形心 O 至 x_1 坐标轴的距离。由于此图形与结构的弹性性质 EI 有关，故称为弹性面积，其形心称为弹

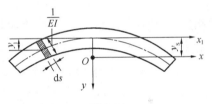

图 5-44

性中心。可见，将多余未知力置于弹性中心，并以此为坐标原点，力法方程的副系数就都为零，从而使计算简化，这一方法称为弹性中心法。此时，力法典型方程为：

$$\delta_{11} X_1 + \Delta_{1P} = 0 \tag{5-15a}$$
$$\delta_{22} X_2 + \Delta_{2P} = 0 \tag{5-15b}$$
$$\delta_{33} X_3 + \Delta_{3P} = 0 \tag{5-15c}$$

与两铰拱类似，计算系数、自由项时，同样可以略去曲率对变形的影响，而用下面的位移计算公式，即：

$$\delta_{ii} = \int \frac{\overline{M}_i^2 \mathrm{d}s}{EI} + \int \frac{\overline{F}_{Ni}^2 \mathrm{d}s}{EA} + \int k \frac{\overline{F}_{Qi}^2 \mathrm{d}s}{GA} \tag{5-16}$$

$$\Delta_{iP} = \int \frac{\overline{M}_i M_P \mathrm{d}s}{EI} + \int \frac{\overline{F}_{Ni} F_{NP} \mathrm{d}s}{EA} + \int k \frac{\overline{F}_{Qi} F_{QP} \mathrm{d}s}{GA} \tag{5-17}$$

对于大多数拱桥，轴向变形和剪切变形的影响可以忽略不计。但当拱高 $f < l/5$ 时，δ_{22} 的计算中应考虑轴力的影响；当 $f > l/5$，且拱顶截面高度 $h_c > l/10$ 时，δ_{22} 中应考虑轴力和剪力的影响，δ_{33} 中应考虑剪力的影响。

工程实际中，拱轴方程比较复杂，拱截面沿拱轴也常常是变化的，系数、自由项用积分计算将很困难。实用上常采用数值积分法（又称总和法），即把拱轴沿跨度等分为若干段；每段的积分图形用简单、近似的图形代替，求出积分结果；然后把各段的计算结果总和起来，作为上述积分的近似值。常用的作法有梯形法和辛卜生法（又称抛物线法）。

用梯形法计算定积分 $\int_a^b F \mathrm{d}s$ 时（图 5-45a），是先将区间 $[a, b]$ 划分为 n 个等份，各等份长度为 $\Delta s = \dfrac{b-a}{n}$。设各等分点处的被积函数值 F_0、F_1、F_2、$\cdots$、F_n 已知，则将各相邻竖标的顶点用直线相连，可得 n 个梯形，求出各梯形面积之和便是上述定积分的近似值，即

$$\int_a^b F \mathrm{d}s = \Delta s \left(\frac{1}{2}F_0 + F_1 + F_2 + \cdots + F_{n-1} + \frac{1}{2}F_n \right) \qquad (5\text{-}18)$$

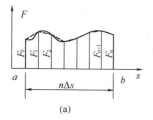

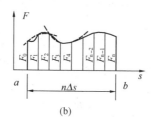

(a)　　　　　　　　　(b)

图 5-45

上式就是梯形法的计算公式。

用辛卜生法计算定积分 $\int_a^b F \mathrm{d}s$ 时（图 5-45b），是将区间 $[a, b]$ 划分为 n 等份（n 为偶数），每等份长度为 $\Delta s = \dfrac{b-a}{n}$，将各相邻三个被积函数值竖标的顶点用抛物线相连，则原积分曲线可用 $n/2$ 个抛物线近似代替，求出每个抛物线弧下的面积并求和即为上述定积分的近似值。据此，可得辛卜生法计算公式如下：

$$\int_a^b F \mathrm{d}s = \frac{\Delta s}{3} \big[F_0 + 4(F_1 + F_3 + \cdots + F_{n-1})$$
$$+ 2(F_2 + F_4 + \cdots + F_{n-2}) + F_n \big] \qquad (5\text{-}19)$$

在上述数值积分法的计算中，等分的区段数目越多，就越接近积分值，但计算工作量也就越大。一般取 $n=8\sim12$，即可得到满意的结果。

系数、自由项求出后，即可由式（5-15）求出多余未知力 X_1、X_2、X_3。于是，拱任一截面的内力可由图 5-43（c）所示的基本结构分别在荷载和多余未知力作用下的内力叠加求得：

$$M = X_1 + X_2 y + X_3 x + M_P \qquad (5\text{-}20\mathrm{a})$$

$$F_Q = X_2 \sin\varphi + X_3 \cos\varphi + F_{QP} \qquad (5\text{-}20\mathrm{b})$$

$$F_N = X_2 \cos\varphi - X_3 \sin\varphi + F_{NP} \qquad (5\text{-}20\mathrm{c})$$

【例 5-15】 试用弹性中心法计算图 5-46（a）所示对称无铰拱。已知拱截面为矩形，拱顶截面高度 $h_c = 0.6\mathrm{m}$，拱轴方程为 $y_1 = \dfrac{4f}{l^2}x^2$。计算时取宽度 $b=1\mathrm{m}$ 的拱圈，$I=I_c/\cos\varphi$，$A=A_c/\cos\varphi$。

【解】 本例拱轴变化不复杂，各系数、自由项可直接积分。但作为示例，现按辛卜生公式（5-19）计算。

（1）求弹性中心。采用对称的基本结构，将拱轴沿跨度等分为 8 份，各等分点如图

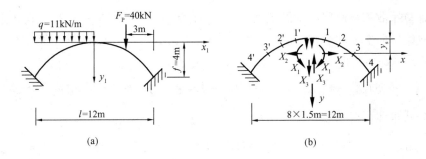

(a)　　　　　　　　　　　　　　　(b)

图 5-46

5-46（b）所示，$\Delta x = 1.5\text{m}$，拱轴方程为 $y_1 = \dfrac{4f}{l^2}x^2 = \dfrac{4 \times 4}{12^2}x^2 = \dfrac{x^2}{9}$。各等分点的 y_1 值列于表 5-3 中，注意到 $ds/I = dx/I_\text{c}$，现按辛卜生公式计算式（5-14）的两个积分如下：

$$\int\limits_{-6}^{6}\frac{ds}{I} = \frac{1}{I_\text{c}}\int\limits_{-6}^{6}dx = \frac{1}{I_\text{c}}\cdot\frac{1.5}{3}\times[24.0] = \frac{12}{I_\text{c}}$$

$$\int\limits_{-6}^{6}y_1\frac{ds}{I} = \frac{1}{I_\text{c}}\int\limits_{-6}^{6}y_1 dx = \frac{1}{I_\text{c}}\cdot\frac{1.5}{3}\times[32] = \frac{16}{I_\text{c}}$$

式中方括号内之值按式（5-19）方括号内算式求得，见表 5-3 中"Σ"行。

由式（5-14）得刚臂长度为：

$$y_\text{s} = \int\limits_{-6}^{6}y_1\frac{ds}{I}\Big/\int\limits_{-6}^{6}\frac{ds}{I} = \left(\frac{16}{I_\text{c}}\right)\Big/\left(\frac{12}{I_\text{c}}\right) = 1.33\text{m}$$

几何数据及主系数、自由项的计算　　　　　　　　　　　　　　表 5-3

分点	x	辛卜生公式系数	y_1	y	y^2	x^2	M_P		xM_P	yM_P
							$-5.5x^2$	-40 $(x-3)$		
4′	-6.0	1	4.00	2.67	7.13	36	-198.0		1188.0	-528.7
3′	-4.5	4	2.25	0.92	0.85	20.25	-111.4		501.2	-102.5
2′	-3.0	2	1.00	-0.33	0.11	9	-49.5		148.5	16.3
1′	-1.5	4	0.25	-1.08	1.17	2.25	-12.4		18.6	13.4
0	0.0	2	0.00	-1.33	1.77	0	0.0		0.0	0.0
1	1.5	4	0.25	-1.08	1.17	2.25			0.0	0.0
2	3.0	2	1.00	-0.33	0.11	9			0.0	0.0
3	4.5	4	2.25	0.92	0.85	20.25		-60.0	-270	-55.2
4	6.0	1	4.00	2.67	7.13	36		-120.0	-720	-320.4
Σ	24.0		32.00		34.33	288	-1152.0		1764.0	-1393.6

注：表中 Σ 行各值是按式（5-19）方括号内算式求得，即该值所在列各数乘以辛卜生公式系数后再求和。

以弹性中心为坐标原点建立 $x-y$ 坐标系，$y = y_1 - y_\text{s} = y_1 - 1.33$，各等分点的 y 值列于表 5-3。

（2）计算系数和自由项：本例 $f/l = 1/3 > 1/5$，$h_C/l = 1/20 < 1/10$，在各系数计算中，可以忽略轴向变形和剪切变形的影响。$\overline{M}_1 = 1$、$\overline{M}_2 = y$、$\overline{M}_3 = x$，并且 $\mathrm{d}s/I = \mathrm{d}x/I_C$，于是由式（5-16）得：

$$EI_c\delta_{11} = \int \mathrm{d}x = l \,, \quad EI_c\delta_{22} = \int y^2 \mathrm{d}x \,, \quad EI_c\delta_{33} = \int x^2 \mathrm{d}x$$

按辛卜生公式求和可得系数 δ_{22}、δ_{33} 为：

$$EI_c\delta_{22} = \frac{1.5}{3} \times [34.33] = 17.2 \,, \quad EI_c\delta_{33} = \frac{1.5}{3} \times [288.0] = 144$$

为了计算自由项，需写出基本结构在荷载作用下 M_P 的表达式：

$$M_P = -\frac{1}{2}qx^2 = -5.5x^2 \qquad\qquad\qquad (-6 \leqslant x \leqslant 0)$$

$$M_P = 0 \qquad\qquad\qquad\qquad\qquad (0 \leqslant x \leqslant 3)$$

$$M_P = -F_P(x-3) = -40(x-3) \qquad\quad (3 \leqslant x \leqslant 6)$$

根据式（5-17），各自由项的表达式为：

$$EI_c\Delta_{1P} = \int M_P \mathrm{d}x \,, \quad EI_c\Delta_{2P} = \int yM_P \mathrm{d}x \,, \quad EI_c\Delta_{3P} = \int xM_P \mathrm{d}x$$

将各积分区段的 M_P 代入，由辛卜生公式可求得：

$$EI_c\Delta_{1P} = \frac{1.5}{3} \times [-1152] = -576$$

$$EI_c\Delta_{2P} = \frac{1.5}{3} \times [-1393.6] = -696.8$$

$$EI_c\Delta_{3P} = \frac{1.5}{3} \times [1764] = 882$$

各系数、自由项计算式中方括号内之值见表 5-3 的"Σ"行。

（3）求多余未知力。由式（5-15）得：

$$X_1 = -\Delta_{1P}/\delta_{11} = 576/12 = 48.0 \text{kN} \cdot \text{m}$$

$$X_2 = -\Delta_{2P}/\delta_{22} = 696.8/17.2 = 40.5 \text{kN}$$

$$X_3 = -\Delta_{3P}/\delta_{33} = -882/144 = -6.13 \text{kN}$$

（4）绘制内力图。多余未知力求出后，即可按式（5-20）逐一计算各等分点截面的内力，如表 5-4 所示。表中，$\tan\varphi = y_1' = \dfrac{2}{9}x$；$F_{QP}$、$F_{NP}$ 的计算式为：

当 $-6 \leqslant x \leqslant 0$ 时，

$$F_{QP} = -qx\cos\varphi = -11x\cos\varphi$$

$$F_{NP} = qx\sin\varphi = 11x\sin\varphi$$

当 $0 \leqslant x < 3$ 时，$F_{QP} = 0$，$F_{NP} = 0$

当 $3 < x \leqslant 6$ 时，$F_{QP} = -F_P\cos\varphi = -40\cos\varphi$

$$F_{NP} = F_P \sin \varphi = 40 \sin \varphi$$

例 5-15 表 表 5-4

等分点	x	y	$\tan\varphi$	$\sin\varphi$	$\cos\varphi$	M_P	F_{QP}	F_{NP}	M	F_Q	F_N
$4'$	-6.0	2.67	-1.333	-0.800	0.600	-198.0	39.6	52.8	-5.1	3.5	72.2
$3'$	-4.5	0.92	-1.000	-0.707	0.707	-111.4	35.0	35.0	1.5	2.0	59.3
$2'$	-3.0	-0.33	-0.667	-0.555	0.832	-49.5	27.5	18.3	3.5	-0.1	48.6
$1'$	-1.5	-1.08	-0.333	-0.316	0.949	-12.4	15.7	5.2	1.1	-3.0	41.7
0	0.0	-1.33	0.0	0.0	1.0	0.0	0.0	0.0	-5.9	-6.1	40.5
1	1.5	-1.08	0.333	0.316	0.949	0.0	0.0	0.0	-4.9	7.0	40.4
$2_{左}$	3.0	-0.33	0.667	0.555	0.832	0.0	0.0	0.0	16.2	17.4	37.1
$2_{右}$	3.0	-0.33	0.667	0.555	0.832	0.0	-33.3	22.2	16.2	-15.9	59.3
3	4.5	0.92	1.000	0.707	0.707	-60.0	28.3	28.3	-2.3	-4.0	61.2
4	6.0	2.67	1.333	0.800	0.600	-120.0	-24.0	32.0	-0.6	4.7	61.2

最后，以拱的跨度为基线，将表中各分段点截面的 M、F_Q、F_N 值分别用竖标标出，并将各竖标顶点用光滑的曲线相连即得各内力图，如图 5-47 所示。

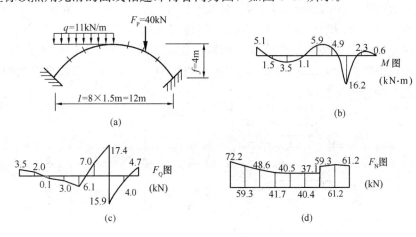

图 5-47

5.10 超静定结构的特性

与静定结构相比，超静定结构具有以下一些重要特性：

1. 在几何组成上，静定结构是无多余约束的几何不变体系，结构的任一约束遭破坏后，即成为几何可变体系而不能承受荷载；而超静定结构由于具有多余约束，在多余约束被破坏后，仍能维持几何不变性，继续承受荷载。因此，在军事、抗震等突发事故方面，超静定结构比静定结构具有更强的防御能力。

2. 在静力分析上，静定结构的所有反力和内力仅凭静力平衡条件就能唯一地确定，

145

其值与组成结构的材料性质和截面尺寸无关；而超静定结构的内力不仅要满足静力平衡条件，还必须同时满足位移条件，才能得到唯一的解答。位移的计算要用到结构的刚度（EI、EA 等），因此超静定结构的内力与结构的材料性质和截面尺寸有关。根据这一特性，在设计超静定结构时，须事先确定结构的材料和截面尺寸。但材料和截面尺寸是根据内力确定的，而内力大小又与影响构件自重的截面尺寸有关。因而，开始设计时无法给出确切的截面尺寸。通常，先选定材料并用较简单的方法估算各杆截面尺寸，据此进行内力计算。然后再按算出的内力确定截面尺寸。当与初估的截面尺寸相差较大时，应重新调整尺寸再行计算。如此反复进行，直到满意为止。因此，超静定结构的设计要比静定结构复杂。

3. 在内力产生的原因上，静定结构除了荷载以外，其他任何因素，如温度改变、支座移动、制造误差、材料收缩等都不会引起结构的内力；而超静定结构，由于具有多余约束，在上述任何因素作用时，都将受到多余约束的限制而产生内力。由于超静定结构的这一特性，在设计结构时，对可能产生的不利内力，应采取适当措施，减轻甚至消除其影响。另一方面，又可利用这一特性，调整结构的整体内力状态，使内力分布更合理。

4. 在内力分布上，静定结构的某一几何不变部分若能与荷载平衡，其余部分则不受影响。或者说，静定结构在局部荷载作用下，内力分布范围小，但峰值较大；而超静定结构由于具有多余约束，任何部分受力，都将影响整个结构。或者说，超静定结构在局部荷载作用下，内力分布范围广，但较均匀。这一特性可用图5-48（a）、（b）所示的三跨连续梁与三跨简支梁的对比说明。在跨度、材料、截面相同的情况下，显然前者的最大挠度、最大弯矩值都较后者为小，但内力、变形分布范围广。连续梁的较平滑的变形曲线，在桥梁中可以减少行车时的冲击作用。

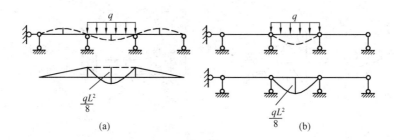

图 5-48

思 考 题

1. 对超静定结构进行受力分析，要综合考虑哪几方面的条件？

2. 力法求解超静定结构的思路是什么？试简述力法的解题步骤。

3. 力法方程中各系数、自由项的含义是什么？为什么主系数恒大于零，而副系数、自由项则可正、可负、可为零？

4. 力法典型方程的物理意义是什么？力法方程的右端是否一定为零？在什么情况下不为零？

5. 试比较力法求解超静定梁和刚架、桁架、组合结构及排架的异同。

6. 试比较力法求解超静定结构在荷载作用、温度改变、支座移动时的异同。

7. 力法 EXCEL 表对传统计算方法作了哪些修改？如何用表格计算超静定梁和刚架？

8. 如何计算超静定结构的位移？为什么 $\overline{M}$ 图可以由不同的基本结构得到？

9. 为什么最后内力图要从静力平衡条件和位移条件两方面校核？如何校核超静定结构在温度改变、支座移动时的最后内力图？

10. 何谓对称结构？对称结构在正、反对称荷载作用下的内力和变形有何特点？

11. 何谓弹性中心？如何确定弹性中心的位置？

12. 两铰拱与系杆拱的计算有何异同？

13. 静定结构中，改换部分杆件的材料，其他条件不变，对内力有无影响？若是超静定结构将会怎样？

习　题

5-1　试确定图示各结构的超静定次数。

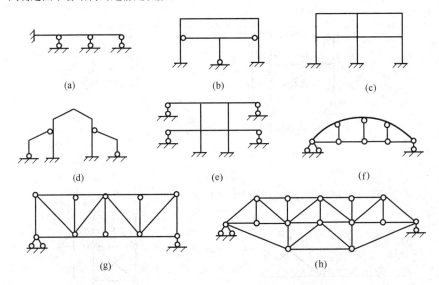

(a)　　　　　　(b)　　　　　　(c)

(d)　　　　　　(e)　　　　　　(f)

(g)　　　　　　　　　　(h)

题 5-1 图

5-2　试用力法计算图示超静定梁，绘出内力图。

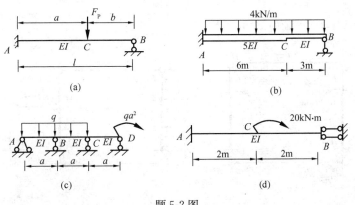

(a)　　　　　　　　　　(b)

(c)　　　　　　　　　　(d)

题 5-2 图

5-3 试用力法计算图示超静定刚架，绘出其弯矩图。

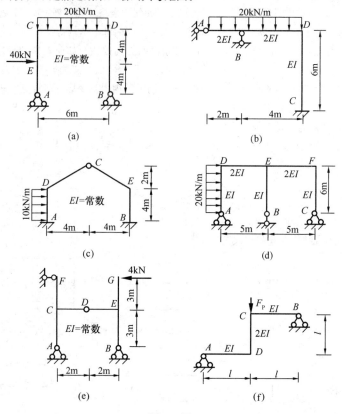

题 5-3 图

5-4 试用力法计算图示超静定桁架各杆轴力，各杆 EA 相同。

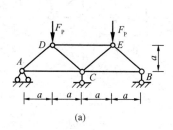

(a)

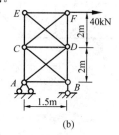

(b)

题 5-4 图

5-5 试用力法计算图示排架，绘出 M 图。

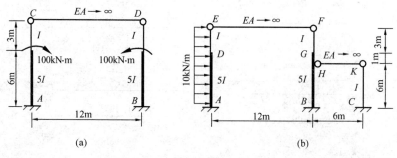

(a)   (b)

题 5-5 图

5-6 试用力法分析图示组合结构,求出各链杆的轴力,绘出受弯杆件的 M 图。已知各横梁 $EI=1\times 10^4\,\mathrm{kN\cdot m^2}$,各链杆 $EA=2\times 10^5\,\mathrm{kN}$。

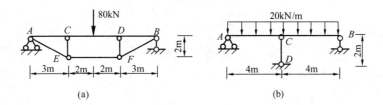

题 5-6 图

5-7 试利用对称性分析图示结构,绘出内力图。

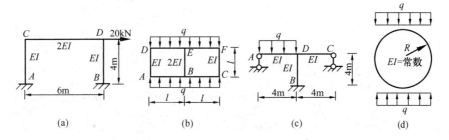

题 5-7 图

5-8 结构的温度改变如图所示,$EI=$ 常数,杆件截面为矩形,截面高 $h=l/10$,材料线膨胀系数为 α。(1)试作 M 图;(2)求杆端 A 的转角。

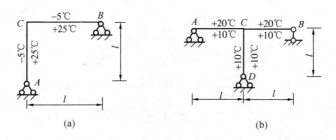

题 5-8 图

5-9 试以两种不同的基本结构计算图示结构由于支座移动而引起的内力,绘出 M 图。

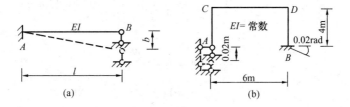

题 5-9 图

5-10 图示桁架各杆 EA 相同,其中 CD 杆制作时比设计长度短 2cm,现将其拉伸安装(设受力在线弹性范围内),试求由此原因引起的各杆的内力。

5-11 试在题 5-2~题 5-4 中任选三个结构,进行最后内力图的校核。

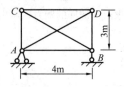

题 5-10 图

5-12　试判断图示各结构 M 图是否正确?

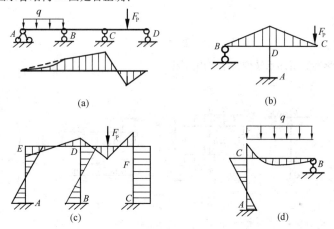

(a)　　　　　　　　　　　(b)

(c)　　　　　　　　　　　(d)

题 5-12 图

5-13　试用总和法或积分法计算图示抛物线无铰拱的内力。已知拱轴线方程为 $y=4fx^2/l^2$,拱截面为矩形,拱顶截面高 $h_c=0.8$m, $I=I_c/\cos\varphi$, $A=A_c/\cos\varphi$。计算时取宽度 $b=1$m,系数和自由项可略去轴力和剪力的影响。

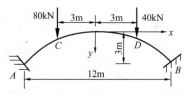

题 5-13 图

5-14　试求图示抛物线两铰拱 K 截面及拉杆 AB 的内力。$y=4fx(l-x)/l^2$,$EI=5\times10^3$ kN·m^2,$EA=3.6\times10^6$ kN,$E_1A_1=2\times10^5$ kN。

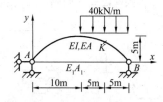

题 5-14 图

5-15　试在习题 5-2、5-3、5-5、5-8、5-9 中各选一个结构,用力法 EXCEl 表计算。

答　案

5-1　(a) 3 次;(b) 6 次;(c) 12 次;(d) 5 次;

(e) 10 次；(f) 1 次；(g) 6 次；(h) 3 次

5-2 (a) $M_A = F_P ab(l+b)/(2l^2)$（上面受拉，以下简记"上拉"）；

(b) $M_A = 50.94$kN・m（上拉）；

(c) $M_{BA} = 0.183qa^2$（上拉）；

(d) $M_A = 10$kN・m（上拉）

5-3 (a) $M_{CE} = 34.12$kN・m（右侧受拉，以下简记"右拉"）；$M_{DB} = 125.88$kN・m（右拉）；

(b) $M_{BD} = 40$kN・m（上拉）；$M_{DC} = 6.15$kN・m（右拉）；

(c) $M_{AD} = 49.04$kN・m（左侧受拉，以下简记"左拉"）；$M_{BE} = 11.52$kN・m（左拉）；

(d) $M_{DA} = 145.71$kN・m（右拉）；$M_{FC} = 214.29$kN・m（右拉）；

(e) $M_{CF} = 4.8$kN・m（左拉）；

(f) $M_{CB} = F_P l/2$（下拉）

5-4 (a) $F_{cy} = 1.172F_P$（↑）；

(b) $F_{NBC} = -31.33$kN（压力）；$F_{NDE} = -31.33$kN（压力）

5-5 (a) $F_{NCD} = -12.9$kN（压力）；$M_{AC} = 61.29$kN・m（左拉）；

(b) $M_{AD} = -313.15$kN・m（左拉）；$M_{CK} = -37.37$kN・m（左拉）

5-6 (a) $M_{CA} = 18.877$kN・m（上拉）；$F_{NEF} = 69.438$kN（拉力）；

(b) $M_{CA} = 38.14$kN・m（上拉）；$F_{NCD} = 99.07$kN（压力）

5-7 (a) $M_{AC} = 22.22$kN・m（左拉）；

(b) $M_{DA} = ql^2/24$（左拉）；

(c) $M_{DA} = 1.33q$kN・m（上拉）；

(d) 上下中点处弯矩 $qR^2/4$（内侧受拉）

5-8 (a) $M_{CB} = 480\alpha EI/l$（上拉）；

(b) $M_{CD} = 30\alpha EIb/l$（右拉）

5-9 (a) $M_A = 3EIb/l^2$（上拉）；

(b) $F_{Ax} = 0.0011EI$（→）；$F_{Ay} = 0.00125EI$（↓）

5-11 M 图正确

5-10 $F_{NAD} = -750$kN（压力）

5-12 (a)、(b) 不满足位移条件；(c) 节点 D 不平衡；(d) AC 杆不满足 $\Sigma F_x = 0$

5-13 $M_A = 10.62$kN・m（外侧受拉）；水平推力 73.44kN

5-14 $F_{NAB} = 199.6$kN（拉力）；$M_K = 251.486$kN・m（内侧受拉）

5-15 与所选题的手算结果相同。

第6章 位 移 法

6.1 概 述

力法和位移法是求解超静定结构的两种基本方法。20世纪初，随着钢筋混凝土结构的应用，出现了大量的高次超静定刚架，用力法计算十分麻烦。于是，人们又提出了位移法。

力法是以多余未知力作为基本未知量，通过位移条件对其进行求解，然后再计算结构的其他反力、内力和位移。然而，在一定的外因作用下，结构的内力和位移之间恒具有一定的对应关系。因此，也可以把结构的某些节点位移（角位移、线位移）作为基本未知量，首先求出这些位移，然后再计算结构的内力，这种方法便是位移法。对于一些超静定次数较高的结构，位移法的基本未知量数常常比结构的多余未知力数要少，此时，用位移法求解比用力法要简单得多。

用位移法计算超静定结构，通常采用以下变形假定：

（1）对于受弯杆件，只考虑弯曲变形，忽略轴向变形和剪切变形的影响；

（2）由于杆件的变形与其尺寸相比非常小，因此可以认为在变形前后直杆两端之间的距离保持不变。

现以图 6-1（a）所示超静定刚架为例，说明位移法的基本作法。

在均布荷载 q 作用下刚架将会发生变形，由于支座 2、3 无线位移，根据变形假定，节点 1 也无线位移，只有转角。考虑到刚架是由 12、13 杆在 1 点刚接而成，故各杆在节点 1 的角位移相同，设为 Z_1。于是，12 杆的受力和变形与 1、2 端均为固定的梁受均布荷载 q 作用并在 1 端发生角位移 Z_1 的情况完全相同；而 13 杆，则与 1 端固定、3 端铰支的梁，在固定端 1 处发生角位移 Z_1 的情况完全相同，如图 6-1（b）所示。对 12 杆的受力与变形还可以看做是两端固定的梁受均布荷载 q 作用与两端固定的梁在 1 端发生角位移 Z_1 两种情况的叠加，如图 6-1（c）所示。如果能设法求出 Z_1，则由力法便可求出上述两种单跨超静定梁的内力，也就是求出了超静定刚架的内力。这就把原结构的内力计算转换为单跨超静定梁的计算。

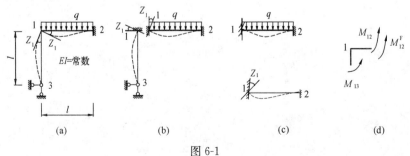

图 6-1

设两端固定的杆件 12 在荷载作用下 1 端的弯矩已由力法求出为 M_{12}^F；此外，因角位移 Z_1 将引起杆件 12（两端固定）1 端弯矩为 M_{12}，杆件 13（一端固定、一端铰支）1 端弯矩为 M_{13}。由于两杆在 1 端刚接，于是根据节点 1 的平衡条件 $\Sigma M_1 = 0$ 有（图 6-1d）：

$$M_{12} + M_{13} + M_{12}^F = 0$$

式中 M_{12}、M_{13} 均与 Z_1 有关，是 Z_1 的函数，因此该式就是含有未知量 Z_1 的静力平衡方程。由此式求出 Z_1，即可求得各杆其余截面的内力，这就是位移法的基本思路。

在上述求解过程中，要先求出 Z_1，然后才能计算各杆的内力，因此 Z_1 称为位移法的基本未知量。

由上可知，用位移法求解超静定结构需要解决以下问题：

（1）用力法计算出单跨超静定梁因支座或节点位移（角位移、线位移）以及荷载等因素作用下的杆端内力；

（2）确定结构用位移法计算的基本未知量；

（3）建立求基本未知量的方程，解方程求出基本未知量。

以下三节将依次讨论这些问题。

6.2　等截面直杆的转角位移方程

用位移法计算超静定结构，要用到单跨超静定梁在杆端发生位移以及荷载等外因作用下的杆端内力（弯矩和剪力）。为了以后应用方便，本节先用力法推导出这种梁在不同外因作用下的杆端内力计算公式，这种表示杆端内力与荷载以及支座位移的关系式称为转角位移方程。

考虑到位移法的变形假定，单跨超静定梁有两端固定、一端固定一端铰支、一端固定一端定向支承三种，如图 6-2 所示。作用于梁上的外因可以是支座移动（杆端角位移和线位移）、荷载作用、温度变化等。在推导转角位移方程之前，先对有关符号作一说明。

图 6-2

（1）杆端内力的符号及正负规定

对单跨超静定梁 ik，杆端内力用 S_{ik} 表示，其第一个下标为内力所在截面，第二个为该截面所属杆件另一端。如 M_{ik}、F_{Qki} 依次表示杆件 ik 的 i 端弯矩和 k 端剪力。由荷载及温度变化等引起的杆端弯矩和杆端剪力，分别称为固端弯矩和固端剪力，用 M_{ik}^F、M_{ki}^F 及 F_{Qik}^F、F_{Qki}^F 表示。杆端弯矩对杆端而言以顺时针转为正（对支座或节点而言，则以逆时针转为正）。在图 6-3（a）中，M_{ki} 为正，M_{ik} 为负。杆端剪力，以绕隔离体顺时针转为正。

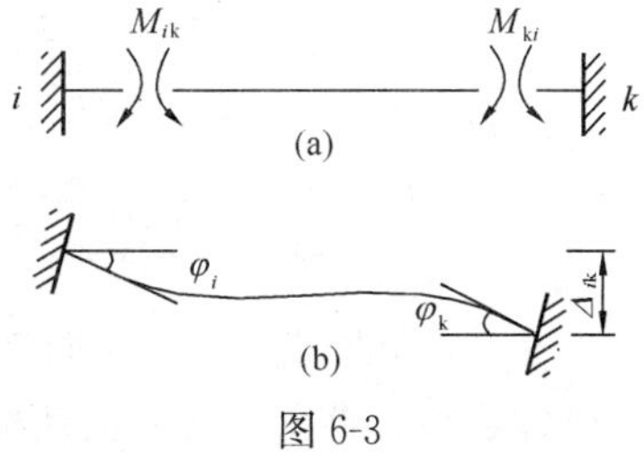

（2）杆端位移的符号及正负规定

根据变形假定，杆件的轴向变形忽略不计，因此杆

图 6-3

153

端位移只考虑杆端转角和杆件两端在垂直于杆轴方向上的相对线位移（又称侧移）。对单跨超静定梁 ik，杆端转角分别记为 φ_i、φ_k，以顺时针转为正；杆件两端在垂直于杆轴方向上的相对线位移用 Δ_{ik} 表示，并规定 Δ_{ik} 以使杆件顺时针转为正。在图 6-3（b）中，所给出的杆端位移 φ_i、φ_k、Δ_{ik} 均为正值。

一、两端固定梁的转角位移方程

如图 6-4（a）所示两端固定梁，A 端发生转角 φ_A，B 端发生转角 φ_B，A、B 两端垂直于杆轴方向的相对线位移为 Δ_{AB}，梁抗弯刚度 EI＝常数。现用力法计算杆端内力。

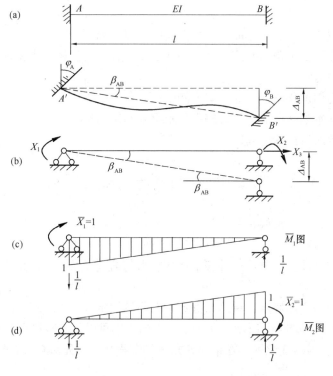

图 6-4

选取基本体系如图 6-4（b）所示。多余未知力为杆端弯矩 X_1、X_2 和轴力 X_3，由于忽略轴力对变形的影响，故 X_3 可不考虑。根据基本结构在 X_1、X_2 和 Δ_{AB} 共同作用下沿每个多余未知力方向的位移与原结构相应的位移相同的条件，可列出力法方程如下：

$$\delta_{11}X_1 + \delta_{12}X_2 + \Delta_{1\Delta} = \varphi_A$$

$$\delta_{21}X_1 + \delta_{22}X_2 + \Delta_{2\Delta} = \varphi_B$$

绘出 $\overline{M}_1$、$\overline{M}_2$ 图如图 6-4（c）、（d）所示。由代数法求得各系数为：

$$\delta_{11} = \frac{l}{3EI} , \, \delta_{22} = \frac{l}{3EI} , \, \delta_{12} = \delta_{21} = -\frac{l}{6EI}$$

根据图 6-4（c）、（d）的支座反力与图 6-4（b）的支座位移可得自由项：

$$\Delta_{1\Delta} = \Delta_{2\Delta} = -\sum \overline{R}_i c_i = -\left(-\frac{1}{l} \cdot \Delta_{AB}\right) = \frac{\Delta_{AB}}{l} = \beta_{AB}$$

式中　β_{AB}——弦转角，以顺时针转为正。

将各系数、自由项代入力法方程可求得：

$$X_1 = 4i\varphi_A + 2i\varphi_B - \frac{6i}{l}\Delta_{AB}$$

$$X_2 = 2i\varphi_A + 4i\varphi_B - \frac{6i}{l}\Delta_{AB}$$

式中，$i = \dfrac{EI}{l}$，称为杆件的线刚度。X_1、X_2 就是梁 A、B 端在支座移动时的杆端弯矩。

设以 M_{AB}^{F}、M_{BA}^{F} 表示两端固定梁在荷载及温度变化等外因作用下 A、B 端的弯矩，它们同样可由力法求出。

当两端固定梁受支座移动（φ_A、φ_B、Δ_{AB}）、荷载、温度改变等外因共同作用时，根据叠加原理，杆端最后弯矩等于各外因分别作用时杆端弯矩的代数和，即：

$$M_{AB} = 4i\varphi_A + 2i\varphi_B - \frac{6i}{l}\Delta_{AB} + M_{AB}^{F} \tag{6-1a}$$

$$M_{BA} = 2i\varphi_A + 4i\varphi_B - \frac{6i}{l}\Delta_{AB} + M_{BA}^{F} \tag{6-1b}$$

杆端弯矩求出后，杆端剪力即可由平衡条件求得：

$$F_{QAB} = -\frac{6i}{l}\varphi_A - \frac{6i}{l}\varphi_B + \frac{12i}{l^2}\Delta_{AB} + F_{QAB}^{F} \tag{6-1c}$$

$$F_{QBA} = -\frac{6i}{l}\varphi_A - \frac{6i}{l}\varphi_B + \frac{12i}{l^2}\Delta_{AB} + F_{QBA}^{F} \tag{6-1d}$$

式中　F_{QAB}^{F}、F_{QBA}^{F} 为梁在荷载及温度变化等外因作用下 A、B 端的剪力。

式（6-1）为两端固定梁的转角位移方程。

二、一端固定一端铰支梁的转角位移方程

图 6-5 所示 A 端固定 B 端铰支的等截面梁，在支座移动、荷载及温度变化等外因共同作用下，其转角位移方程同样可由力法求出，也可以由式（6-1）直接推导如下：

由于 B 端为铰支，故 $M_{BA} = 0$，于是由式（6-1b）可得：

$$\varphi_B = -\frac{1}{2}\left(\varphi_A - \frac{3}{l}\Delta_{AB} + \frac{1}{2i}M_{BA}^{F}\right)$$

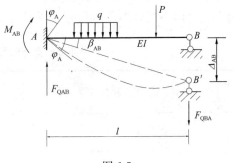

图 6-5

上式说明 φ_B 是 φ_A 和 Δ_{AB} 的函数，它不是独立的。将上式代入式（6-1a）可得一端固定一端铰支等截面梁的杆端弯矩为：

$$M_{AB} = 3i\left(\varphi_A - \frac{\Delta_{AB}}{l}\right) + M_{AB}^{F'} \tag{6-2a}$$

$$M_{BA} = 0 \tag{6-2b}$$

式中，$M_{AB}^{F'} = M_{AB}^{F} - \dfrac{1}{2}M_{BA}^{F}$，是一端固定一端铰支梁的固端弯矩。

由平衡条件求得杆端剪力为：

$$F_{QAB} = -\frac{3i}{l}\varphi_A + \frac{3i}{l^2}\Delta_{AB} + F_{QAB}^{F} \tag{6-2c}$$

$$F_{QBA} = -\frac{3i}{l}\varphi_A + \frac{3i}{l^2}\Delta_{AB} + F_{QBA}^F \tag{6-2d}$$

式（6-2）为一端固定一端铰支梁的转角位移方程。

三、一端固定一端定向支承梁的转角位移方程

对于图 6-6 所示 A 端固定 B 端定向支承的等截面梁，在支座移动、荷载及温度变化等外因共同作用下的转角位移方程同样可由力法求出（计算过程从略）：

$$M_{AB} = i(\varphi_A - \varphi_B) + M_{AB}^{F'} \tag{6-3a}$$

$$M_{BA} = i(\varphi_A - \varphi_B) + M_{BA}^{F'} \tag{6-3b}$$

$$F_{QAB} = F_{QAB}^{F'} \tag{6-3c}$$

$$F_{QBA} = 0 \tag{6-3d}$$

式中　$M_{AB}^{F'}$、$M_{BA}^{F'}$、$F_{QAB}^{F'}$——一端固定一端定向支承梁的固端弯矩和固端剪力。

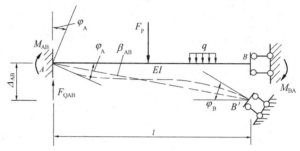

图 6-6

上述单跨超静定梁的转角位移方程，反映了等截面直杆的杆端内力与杆端位移、荷载作用、温度改变等外因之间的关系。为方便以后应用，现将三种等截面单跨超静定梁在各种不同外因下的杆端弯矩和剪力列于表 6-1 中。

等截面直杆的杆端弯矩和剪力 $\left(i = \dfrac{EI}{l}\right)$　　　表 6-1

编号	梁的简图	杆端弯矩		杆端剪力	
		M_{AB}	M_{BA}	F_{QAB}	F_{QBA}
1		$4i$	$2i$	$-\dfrac{6i}{l}$	$-\dfrac{6i}{l}$
2		$-\dfrac{6i}{l}$	$-\dfrac{6i}{l}$	$\dfrac{12i}{l^2}$	$\dfrac{12i}{l^2}$
3		$-\dfrac{F_p ab^2}{l^2}$	$\dfrac{F_p a^2 b}{l^2}$	$\dfrac{F_P b^2(l+2a)}{l^3}$	$-\dfrac{F_P a^2(l+2b)}{l^3}$
		当 $a=b=l/2$ $-\dfrac{F_P l}{8}$	$\dfrac{F_P l}{8}$	$\dfrac{F_P}{2}$	$-\dfrac{F_P}{2}$

编号	梁的简图	杆端弯矩		杆端剪力	
		M_{AB}	M_{BA}	F_{QAB}	F_{QBA}
4		$-\dfrac{ql^2}{12}$	$\dfrac{ql^2}{12}$	$\dfrac{ql}{2}$	$-\dfrac{ql}{2}$
5		$\dfrac{b(3a-l)}{l^2}M$	$\dfrac{a(3b-l)}{l^2}M$	$-\dfrac{6ab}{l^3}M$	$-\dfrac{6ab}{l^3}M$
6	$\Delta t=t_1-t_2$	$\dfrac{EI\alpha\Delta t}{h}$	$-\dfrac{EI\alpha\Delta t}{h}$	0	0
7	$\varphi=1$	$3i$	0	$-\dfrac{3i}{l}$	$-\dfrac{3i}{l}$
8		$-\dfrac{3i}{l}$	0	$\dfrac{3i}{l^2}$	$\dfrac{3i}{l^2}$
9		$-\dfrac{F_P ab(l+b)}{2l^2}$ 当 $a=b=l/2$ 时, $-\dfrac{3F_P l}{16}$	0 0	$\dfrac{F_P b(3l^2-b^2)}{2l^3}$ $\dfrac{11F_P}{16}$	$-\dfrac{F_P a^2(2l+b)}{2l^3}$ $-\dfrac{5F_P}{16}$
10		$-\dfrac{ql^2}{8}$	0	$\dfrac{5ql}{8}$	$-\dfrac{3ql}{8}$
11		$\dfrac{l^2-3b^2}{2l^2}M$ 当 $a=l$ 时, $\dfrac{M}{2}$	0 $M_B^l=M$	$-\dfrac{3(l^2-b^2)}{2l^3}M$ $-M\dfrac{3}{2l}$	$-\dfrac{3(l^2-b^2)}{2l^3}M$ $-M\dfrac{3}{2l}$
12	$\Delta t=t_1-t_2$	$\dfrac{3EI\alpha\Delta t}{2h}$	0	$-\dfrac{3EI\alpha\Delta t}{2hl}$	$-\dfrac{3EI\alpha\Delta t}{2hl}$

编号	梁的简图	杆端弯矩		杆端剪力	
		M_{AB}	M_{BA}	F_{QAB}	F_{QBA}
13	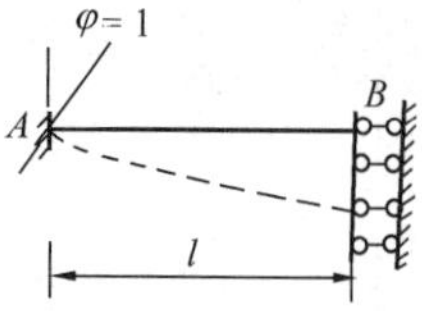	i	$-i$	0	0
14		$-\dfrac{F_P a(2l-a)}{2l}$ 当 $a=l/2$ 时, $-\dfrac{3F_P l}{8}$	$-\dfrac{F_P a^2}{2l}$ $-\dfrac{F_P l}{8}$	F_P F_P	0 0
15	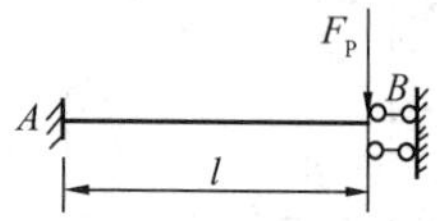	$-\dfrac{F_P l}{2}$	$-\dfrac{F_P l}{2}$	F_P	$F_{QB}^{L}=F_P$ $F_{QB}^{R}=0$
16	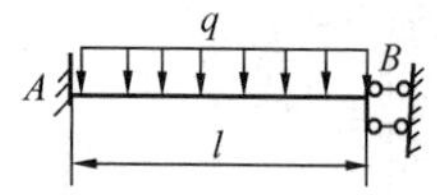	$-\dfrac{ql^2}{3}$	$-\dfrac{ql^2}{6}$	ql	0
17	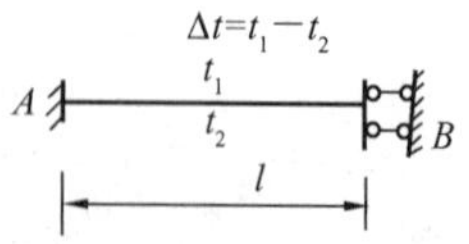	$\dfrac{EI\alpha\Delta t}{h}$	$-\dfrac{EI\alpha\Delta t}{h}$	0	0

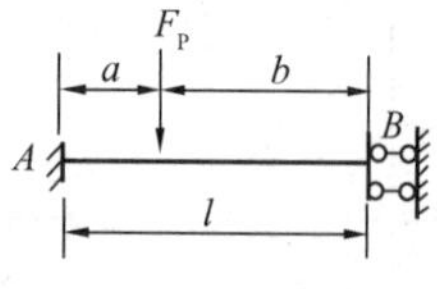

6.3 位移法的基本未知量和基本结构

6.3.1 位移法的基本未知量

位移法是以独立的节点位移作为基本未知量的。因此，首先应确定独立的节点位移是哪些，其数目有多少。节点位移包括节点角位移和节点线位移，其基本未知量等于这两种节点位移之和。

（1）节点角位移

汇交于同一刚节点的各杆端转角都是相等的，因此每个刚节点只有一个节点角位移，而且是独立的。在铰节点或铰支座处，杆端虽然可自由转动，但由上一节可知，一端固定另一端铰支的等截面直杆，其铰接端的转角并不独立。另外，在固定支座处，其角位移为零或是已知值。因此，铰节点、固定铰支座、固定支座的角位移均不作为位移法的基本未知量。这样，结构独立的节点角位移数目，就是结构的刚节点数。如图 6-7 （a）所示刚架，有两个刚节点，故独立的节点角位移数目为 2（Z_1、Z_2）。

（2）节点线位移

在忽略杆件轴向变形的情况下，确定节点线位移时，只需考虑杆件两端与杆轴垂直方向的线位移。

对于简单刚架，其独立的节点线位移数目，可根据杆件端点约束情况和杆件变形前后长度不变的假定，通过直接观察确定。例如在图 6-7 (a) 所示刚架中，三根竖杆的 4、5、6 端都是不动点，根据变形假定各杆长度变形前后不变，因而节点 1、2、3 均无竖向线位移，又由于两根横梁长度也保持不变，故节点 1、2、3 有相同的水平线位移，因此该刚架只有一个独立的节点线位移（Z_3），如图 6-7 (a) 所示。

对于较复杂的刚架，直观判断比较困难。此时，可采用"铰化节点，增设链杆"的方法，即将结构中所有的刚节点、固定端都换成铰节点，从而得到一个完全的铰接链杆体系，简称铰接体系。若体系为几何常变或几何瞬变，就用添加链杆的方法（通常用水平链杆或竖向链杆），使其成为几何不变体系，则所需添加的最少链杆数目就是原结构的独立节点线位移数目；若体系为几何不变，则说明原结构没有独立的节点线位移。如图 6-7 (a) 所示刚架，将其变为铰接体系后，它是几何可变的，必须在节点 3（或 1）添加一根水平支座链杆才能成为几何不变体系（图 6-7b），故原结构独立的节点线位移数目为 1。

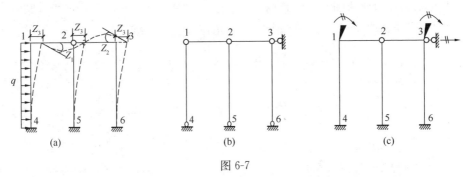

图 6-7

由上一节知，一端固定一端定向支承的梁，在横向荷载及固定端角位移作用下，定向支承端虽有线位移，但该位移对杆端内力的计算是不必要的。或者说，定向支承端与杆轴垂直方向的线位移，不会使杆件产生内力。因此，定向支承处的线位移不作为基本未知量。

需要指出的是，上述关于独立节点线位移数目的确定，是以受弯直杆变形前后两端距离保持不变的假定为依据的。对于受弯曲杆或需要考虑轴向变形的二力杆，其变形前后两端距离是不同的。例如，图 6-8 (a) 所示结构，考虑横梁轴向变形时，节点 1、2 的水平线位移不相等，其独立的节点线位移数目是 2 而不是 1。又如图 6-8 (b) 所示结构，曲杆 12 在节点 1、2 点水平线位移也不相同，故节点线位移数目也是 2。本章不讨论曲杆和轴向变形的情况。

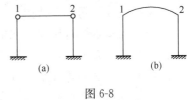

图 6-8

6.3.2 位移法的基本结构

用位移法计算超静定结构，是以单跨超静定梁作为计算单元的，这就需要把结构每一根杆件都暂时变为单跨超静定梁。为此，在每一个刚节点处加上一个附加刚臂阻止节点转动（用▼上面加 ⌒ 表示），但不能阻止节点移动；同时，在每个产生独立线位移的节点上，沿可能产生位移的方向加一根附加支座链杆（简称附加链杆）阻止节点线位移（用 ∘⊶ 后面加 ↦ 表示），但不能阻止节点转动。附加刚臂和附加链杆统称为附加约束（或称附加联系）。这样，在原结构上增加附加约束后，就得到一个由若干单跨超静定梁组成的组合体，称为位移法的基本结构。仍以图 6-7（a）所示刚架为例，在刚节点 1、3 处分别加上附加刚臂阻止节点转动，并在节点 3 处加一根水平链杆阻止节点线位移，则杆件 14、36 就成为两端固定梁，杆件 12、32、52 就成为一端固定一端铰支的梁，如图 6-7（c）所示，结构变成五根单跨超静定梁的组合体。这就是位移法的基本结构。

由上可见，位移法的基本结构，就是在原结构的每个刚节点上加入附加刚臂，在每个独立节点线位移上加入附加链杆。这样，在确定基本结构的同时，根据加入的附加约束也就确定了基本未知量及其数目。例如对图 6-9（a）所示刚架，在刚节点 1、2 处加入附加刚臂，另外由观察知节点 3 可能有竖向位移，还要加一根竖向附加链杆，于是便得到如图 6-9（b）所示的基本结构，其基本未知量数为 3（两个角位移、一个线位移）。又如图 6-10（a）所示排架，节点 3 是一个组合节点，杆件 23 和 3B 在该处刚接，加入一个附加刚臂，在节点 2、4 各加一根水平附加链杆，可得到如图 6-10（b）所示的基本结构。由加入的附加约束知，基本未知量共有 3 个：一个角位移，两个线位移。

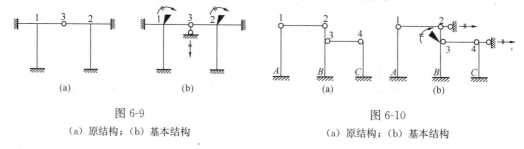

图 6-9
（a）原结构；（b）基本结构

图 6-10
（a）原结构；（b）基本结构

6.4　位移法的典型方程及计算步骤

用位移法计算超静定结构，关键是求出独立的节点位移，具体计算有两种方法。一种是将原结构与基本结构比较，列出位移法典型方程，然后求出节点位移及结构的内力，这种方法称为典型方程法；另一种是根据转角位移方程直接写出各杆端内力表达式，然后利用节点或截面的平衡条件建立含有基本未知量的方程并求解，此种方法称为直接平衡法。两种方法的基本原理相同，本节介绍前一种方法，后一种方法将在 6.6 节介绍。

6.4.1　位移法典型方程

如图 6-11（a）所示刚架，各杆 EI 相同，杆长均为 l。在荷载 q 作用下，结构将产生图中虚线所示变形，其中节点 1 发生角位移 Z_1，节点 1、2 发生水平线位移 Z_2。由上一节可知，在节点 1 处加上附加刚臂，在节点 2（或 1）处上加水平附加链杆，便得到基本结构（图 6-11b），它是三根单跨超静定梁的组合体，共两个基本未知量。此时，若将原结构的荷载作用于基本结构上，由于有附加约束，节点 1 不会转动，节点 2 也无线位移，显然由此产生的内力和变形与原结构不同。此时若使附加刚臂发生与原结构相同的角位移

Z_1（用▼上面加 ⌒ Z_1 表示），附加链杆也发生与原结构相同的线位移 Z_2（用 ○ 后面加 →Z_2 表示），便得到如图 6-11（c）所示体系，它是基本结构在荷载和独立节点位移共同作用下的体系，称为位移法的基本体系。比较图 6-11（a）和图 6-11（c）可知，基本体系上的荷载和各节点位移均与原结构相同，因而两种情况下每根对应杆件上的内力、变形也必然相同，即二者是完全等价的。于是，只要求出基本体系中各杆的内力，也就求出了原结构各杆的内力。然而，计算基本体系各杆的内力，必须先求出未知节点位移 Z_1 和 Z_2。

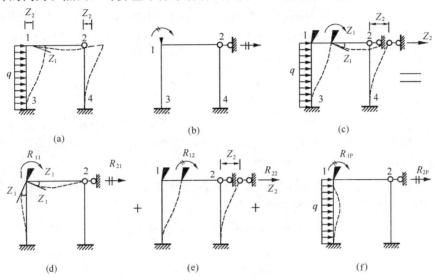

图 6-11

（a）原结构；（b）基本结构；（c）基本体系

为了求得 Z_1、Z_2，现将基本体系的受力状态分为以下三种：

状态一：基本结构仅发生角位移 Z_1。为此需要在刚臂上施加一个力矩，记为 R_{11}，由于 Z_1 的原因，附加链杆也会产生阻止节点 2 移动的约束反力，记为 R_{21}，如图 6-11（d）所示。

状态二：基本结构仅发生线位移 Z_2。为此需要在附加链杆上施加一个力，记为 R_{22}，由于 Z_2 的原因，附加刚臂也会产生阻止节点 1 转动的反力矩，记为 R_{12}，如图 6-11（e）所示。

状态三：基本结构仅受荷载作用。此时在附加刚臂上会产生阻止节点 1 转动的反力矩，记为 R_{1P}，在附加链杆上会产生阻止节点 2 移动的反力，记为 R_{2P}，如图 6-11（f）所示。

上述各种状态中，作用于附加刚臂上的力矩 R_{11}、R_{12}、R_{1P}，称为附加刚臂上的反力矩；作用于附加链杆上的力 R_{21}、R_{22}、R_{2P}，称为附加链杆上的反力。各反力、反力矩符号的第一个下标表示反力或反力矩的地点，第二个下标表示引起反力或反力矩的原因，如 R_{12} 则为附加链杆产生位移 Z_2 时，附加刚臂上的反力矩，余类推。

将上述三种状态叠加，可得到基本体系附加刚臂上总的反力矩 R_1 和附加链杆上总的反力 R_2，即

$$R_1 = R_{11} + R_{12} + R_{1P} \qquad\qquad\qquad\text{(a)}$$
$$R_2 = R_{21} + R_{22} + R_{2P} \qquad\qquad\qquad\text{(b)}$$

既然基本体系与原结构的荷载及各节点位移完全相同，而原结构并没有附加刚臂和附加链杆，当然也就不存在反力矩和反力。所以，基本体系附加刚臂上的总反力矩和附加链杆上的总反力都应等于零，即 $R_1=0$，$R_2=0$。这就是基本体系的受力、变形与原结构相同时，附加约束必须满足的条件。根据这一条件，式（a）、式（b）又可写为：

$$R_{11} + R_{12} + R_{1P} = 0 \tag{c}$$

$$R_{21} + R_{22} + R_{2P} = 0 \tag{d}$$

设以 r_{11} 和 r_{21} 表示基本结构在单位位移 $\overline{Z}_1 = 1$ 时，附加刚臂上的反力矩和附加链杆上的反力；r_{12} 和 r_{22} 表示基本结构在单位位移 $\overline{Z}_2 = 1$ 时，附加刚臂上的反力矩和附加链杆上的反力。则式（c）、式（d）可写为：

$$r_{11}Z_1 + r_{12}Z_2 + R_{1P} = 0 \tag{6-4a}$$

$$r_{21}Z_1 + r_{22}Z_2 + R_{2P} = 0 \tag{6-4b}$$

上式即为求解节点位移的方程，称为位移法典型方程。其物理意义是：基本结构在各节点位移和荷载等因素共同作用下，每一个附加约束中的反力或反力矩都应等于零。可见位移法典型方程的实质是静力平衡条件。

对于具有 n 个独立节点位移的结构，相应地必须加入 n 个附加约束。根据每个附加约束处的反力或反力矩均应为零的条件，可建立 n 个方程：

$$r_{11}Z_1 + \cdots + r_{1i}Z_i + \cdots + r_{1n}Z_n + R_{1P} = 0$$

$$\cdots\cdots$$

$$r_{i1}Z_1 + \cdots + r_{ii}Z_i + \cdots + r_{in}Z_n + R_{iP} = 0 \tag{6-5}$$

$$\cdots\cdots$$

$$r_{n1}Z_1 + \cdots + r_{ni}Z_i + \cdots + r_{nn}Z_n + R_{nP} = 0$$

式中 Z_i 为广义位移，可以是线位移，也可以是角位移。主对角线上的系数 r_{ii} 称为主系数，它们代表基本结构上第 i 个附加约束发生单位位移 $\overline{Z}_i = 1$ 时引起的第 i 个附加约束上的反力（反力矩），其方向与 Z_i 所设的方向一致，故 r_{ii} 恒为正值，且不为零；其他系数 r_{ij}（$i \neq j$）称为副系数，它们代表基本结构上第 j 个附加约束发生单位位移 $\overline{Z}_j = 1$ 时引起的第 i 个附加约束上的反力（反力矩）。R_{iP} 称为自由项，它表示基本结构在荷载单独作用时，第 i 个附加约束上的反力（反力矩）。当 r_{ij}、R_{iP} 与 Z_i 所设方向一致时，其值为正，反之为负，附加约束无反力（反力矩）时为零。此外，根据反力互等定理可知，主对角线两边处于对称位置的两个副系数 r_{ij} 与 r_{ji} 数值相等，即 $r_{ij} = r_{ji}$。

虽然位移法方程是根据平衡条件建立的，但也同时满足了变形条件。因为位移法是建立在用力法先计算单跨超静定梁的基础上的，用力法求解时已用到变形条件，而且在确定位移法基本未知量时，也考虑了变形连续条件，保证了变形协调。

将方程式（6-5）写为矩阵形式，得：

$$\begin{bmatrix} r_{11} & r_{12} & \cdots & r_{1n} \\ r_{21} & r_{22} & \cdots & r_{2n} \\ \vdots & \vdots & \vdots & \vdots \\ r_{n1} & r_{n2} & \cdots & r_{nn} \end{bmatrix} \begin{Bmatrix} Z_1 \\ Z_2 \\ \vdots \\ Z_n \end{Bmatrix} = \begin{Bmatrix} R_{1P} \\ R_{2P} \\ \vdots \\ R_{nP} \end{Bmatrix} \tag{6-6}$$

在位移法典型方程中，各系数是单位位移引起的反力（反力矩），它与结构的刚度成正比。故这些系数又称为刚度系数，方程的系数矩阵称为刚度矩阵，式（6-6）则称为刚度方程，位移法也因此称为刚度法。

下面仍以图 6-11 为例，说明位移法典型方程的具体计算。为了求出方程式（6-4）中的系数及自由项，可借助表 6-1，绘出基本结构在 $\overline{Z}_1 = 1$、$\overline{Z}_2 = 1$ 以及荷载分别作用下的弯矩图 $\overline{M}_1$、$\overline{M}_2$ 和 M_P 图，如图 6-12（a）、（b）、（c）所示。然后将典型方程中的系数和自由项分为两类：一类是附加刚臂上的反力矩 r_{11}、r_{12} 和 R_{1P}；一类是附加链杆上的反力 r_{21}、r_{22} 和 R_{2P}。对于附加刚臂上的反力矩，可取各弯矩图中的节点 1 为隔离体，分别如图 6-12（d）、（e）、（f）所示，由力矩平衡方程 $\Sigma M_1 = 0$ 可求得：

$$r_{11} = 7i \qquad r_{12} = -\frac{6i}{l} \qquad R_{1P} = \frac{ql^2}{12} \tag{e}$$

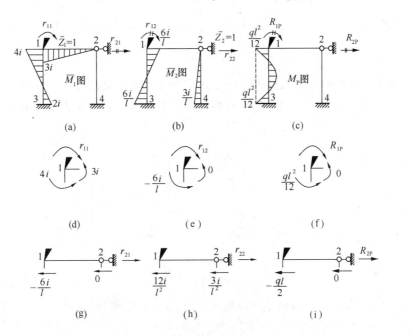

图 6-12

对于附加链杆上的反力，可切断两柱顶端，取各图的横梁 12 为隔离体，如图 6-12（g）、（h）、（i）所示，柱顶剪力可由表 6-1 查出，于是，由投影方程 $\Sigma F_x = 0$ 可求得：

$$r_{21} = -\frac{6i}{l} \qquad r_{22} = \frac{15i}{l^2} \qquad R_{2P} = -\frac{ql}{2} \tag{f}$$

以上各系数中，$i = EI/l$。由于 $r_{ij} = r_{ji}$，故计算副系数时，可利用这一关系减少计算量。

将以上各系数和自由项代入典型方程式（6-4），有

$$7iZ_1 - \frac{6i}{l}Z_2 + \frac{ql^2}{12} = 0$$

$$-\frac{6i}{l}Z_1 + \frac{15i}{l^2}Z_2 - \frac{ql}{2} = 0$$

解方程组可得：

$$Z_1 = \frac{7ql^2}{276i} \qquad Z_2 = \frac{ql^3}{23i}$$

Z_1、Z_2 均为正值，说明各节点位移的实际方向与所设方向一致。

结构最后弯矩图可按下式绘出：

$$M = \overline{M}_1 Z_1 + \overline{M}_2 Z_2 + M_P \tag{g}$$

例如杆端弯矩 M_{31} 之值为：

$$M_{31} = 2i \times \frac{7ql^2}{276i} - \frac{6i}{l} \times \frac{1}{23}\frac{ql^3}{i} - \frac{ql^2}{12} = -\frac{27}{92}ql^2$$

其他各杆端弯矩可类似算出，M 图如图 6-13（a）所示。求出 M 图后，即可根据杆端弯矩和杆件上的荷载求出杆端剪力，绘出 F_Q 图（图 6-13b），如 $F_{Q31} = \frac{27+7}{92}ql^2/l + \frac{ql}{2} = \frac{80}{92}ql$。再取各节点为隔离体，由投影方程求出各杆轴力，绘出 F_N 图（图 6-13c），如取节点 1 为隔离体，由 $F_{Q12} = -\frac{7ql}{92}$ 知 13 杆受拉，$F_N = 7ql/92$。

对最后内力图进行校核是必要的。由于选取基本未知量时已考虑了变形连续条件，因此，在位移法中主要是进行平衡条件的校核，作法与 5.7.2 节所述相同，不再重复。

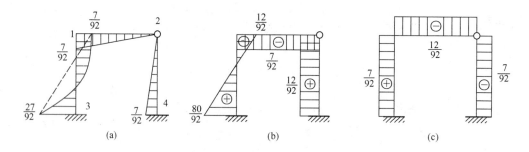

图 6-13

(a) M 图（ql^2）；(b) F_Q 图（ql）；(c) F_N 图（ql）

6.4.2 采用表格计算系数、自由项

考察位移法典型方程的系数、自由项可知：

（1）在方程中，同一行系数、自由项仅表示同一个附加约束的反力或反力矩。该附加约束就用系数、自由项的第一个下标表示。以式（6-4）为例，第一行 r_{1i}、R_{1P} 都是节点 1 处附加刚臂上的反力矩；第二行 r_{2i}、R_{2P} 都是节点 2 处附加链杆上的反力。

（2）在方程中，同一列系数、自由项仅表示由同一外因引起的附加约束上的反力或反力矩。该外因就用系数、自由项的第二个下标表示。例如式（6-4）中，第一列 r_{i1} 都是由 $\overline{Z}_1 = 1$ 引起的；第二列 r_{i2} 都是由 $\overline{Z}_2 = 1$ 引起的；而第三列 R_{iP} 都是由荷载引起的。

（3）附加刚臂上的反力矩，只和该刚臂的相关杆端弯矩有关；附加链杆上的反力，只和该链杆的相关杆端剪力有关。

这里"相关杆端"，对附加刚臂是指与刚臂同一刚节点的各杆端。例如图 6-11（b）中，1-2 杆的 1 端和 1-3 杆的 1 端；对附加链杆是指基本结构中，由于附加链杆的微小位移，而产生侧移的杆端。例如图 6-11（b）中，当节点 2 的附加链杆发生位移时，1-3 杆的 1 端和 2-4 杆的 2 端就会产生侧移，因此是附加链杆的相关杆端。

如果将杆端力产生的地点（各杆件及其杆端）按行排出，将引起杆端力的外因（单位节点位移、荷载）按列排出，列成表 6-2 所示的表格；再由表 6-1 查出行列相交格的杆端力；则某一系数或自由项，就可按它的角标号从表格中选出相关项，然后由平衡条件求得。例如求 r_{21}，可按角标 2 选出附加链杆相关杆端所在行与按角标 1 选出 $\overline{Z}_1 = 1$ 产生的杆端剪力所在列相交格的项，再由平衡条件求值（求代数和）；求 R_{1P}，可按角标 1 选出附加刚臂相关杆端所在行与按 P 选出荷载产生的杆端弯矩所在列相交格的项，然后求和。这种"对号、选项、求值"的做法，无须绘 $\overline{M}_i$ 和 M_P 图，对照基本体系就能完成。

值得一提的是，考虑到叠加最后弯矩的需要，各单位位移和荷载引起的所有杆端弯矩均应填入表格。而杆端剪力，只需填附加链杆的相关杆端。自然，无节点线位移的结构，$\overline{F}_{Qi}$ 列无须列出。

位移法系数、自由项计算表　　　　　　　　　表 6-2

杆件	i 值	杆长 l	杆端	$\overline{Z}_1 = 1$		$\overline{Z}_2 = 1$		…		荷载	
				$\overline{M}_1$	$\overline{F}_{Q1}$	$\overline{M}_2$	$\overline{F}_{Q2}$	…	…	M_P	F_{QP}
AB											
CD											
…											
r_{1i}, R_{1P}　($i =1$, 2, …, n)											
r_{2i}, R_{2P}　($i =1$, 2, …, n)											
…, …											

图 6-11 结构用位移法时的系数、自由项计算表　　　　　表 6-3

杆件	i 值	杆长 l	杆端	$\overline{Z}_1 = 1$		$\overline{Z}_2 = 1$		荷载	
				$\overline{M}_1$	$\overline{F}_{Q1}$	$\overline{M}_2$	$\overline{F}_{Q2}$	M_P	F_{QP}
3—1	$i=EI/l$	l	3	$2i$		$-6\,i/\,l$		$-ql^2/12$	
			1	$4i$	$-6i/l$	$-6i/l$	$12i/l^2$	$ql^2/12$	$-ql/2$
1—2	i	l	1	$3i$		0		0	
			2	0		0		0	
4—2	i	l	4	0		$-3i/l$		0	
			2	0	0	0	$3i/l^2$	0	0
r_{1i}, R_{1P}　($i =1$, 2)				$7i$		$-6i/l$		$ql^2/12$	
r_{2i}, R_{2P}　($i =1$, 2)						$-6i/l$	$15i/l^2$		$-ql/2$

以图 6-11 所示结构为例，其系数、自由项的计算如表 6-3 所示。首先对照结构填入杆件、

i 值、l、杆端码；其次对照基本体系，由表 6-1 查出杆端内力填入表 6-3 的 5～10 列；然后按照所求系数或自由项的脚码号，在表中选出对应的项，根据平衡条件求出代数和。如 r_{11} 等于杆端为 1 的行与 $\overline{M}_1$ 列相交格的项之和，r_{12} 为杆端为 1 的行与 $\overline{M}_2$ 列相交格的两个值求和，R_{1P} 等于杆端为 1 的行与 M_P 列相交格的两项之和；r_{21}、r_{22} 由附加链杆相关杆端（杆件 3—1 的 1 端、杆件 4—2 的 2 端）所在行与 $\overline{F}_{Q1}$、$\overline{F}_{Q2}$ 列相交格的项求和，R_{2P} 则是杆件 3—1 的 1 端的行与 F_{QP} 列相交格的值等，如表 6-3 最后两行所示，各值与式（e）、式（f）相同。

6.4.3 位移法的计算步骤

综上所述，可归纳出位移法求解超静定结构的步骤如下：

（1）确定基本结构。在原结构独立的节点角位移和节点线位移处加入相应的附加约束即得基本结构，绘出基本体系。

（2）建立位移法典型方程。根据基本结构在各节点位移和荷载等外因共同作用下，各附加约束上的反力矩或反力应等于零的条件，列出位移法典型方程。

（3）求系数、自由项。列出系数、自由项计算表，输入各杆件参数，由表 6-1 查出杆端内力，按"对号、选项、求值"的作法求出各系数、自由项。

（4）解方程，求出未知位移 Z_i。

（5）绘内力图。按叠加法绘制最后弯矩图，由平衡条件作出剪力图和轴力图。

（6）校核。对最后内力图进行校核。

将位移法与力法进行比较可知，两种方法在解题步骤和典型方程形式上既相似，又有区别：力法的基本未知量是多余未知力，其数目等于结构的超静定次数；位移法的基本未知量是独立的节点位移，其数目与超静定次数无关。力法的基本结构是原结构去掉多余约束后得到的静定结构；位移法的基本结构是在原结构上加入附加约束得到的单跨超静定梁的组合体。力法的系数、自由项表示各单位力和荷载单独作用时，沿多余未知力方向的位移；位移法的系数、自由项表示各单位位移和荷载分别作用时，在附加约束上产生的反力或反力矩。力法典型方程的实质是位移协调方程；位移法典型方程的实质是静力平衡方程。了解这些联系与区别，能加深对两种方法的理解。

6.5 位移法计算示例

6.5.1 连续梁及无侧移刚架

只有节点角位移而无节点线位移的结构，称为无侧移结构，连续梁和无侧移刚架均属于此类。对于连续梁及无侧移刚架，基本结构的附加约束均为附加刚臂，位移法方程中的系数及自由项只与 $\overline{M}_i$ 及 M_P 值有关。

【例 6-1】 试用位移法绘制图 6-14（a）所示连续梁的内力图。各杆 EI＝常数。

【解】 （1）确定基本结构。该连续梁只有一个刚节点 B，设其角位移为 Z_1，在该处加入附加刚臂可得基本结构，基本体系如图 6-14（b）所示。

（2）建立位移法典型方程。根据基本结构在荷载和 Z_1 共同作用下，附加刚臂上的反力矩等于零的条件，可列出位移法典型方程如下：

$$r_{11}Z_1 + R_{1P} = 0$$

（3）求系数、自由项。令 $i = EI/4$，列出系数、自由项计算表，输入各杆件参数，由表 6-1 查出各杆端弯矩，如表 6-4 所示。按"对号、选项、求值"的作法可得：

$$r_{11} = 7i \qquad R_{1P} = -6\text{kN} \cdot \text{m}$$

（4）解方程求 Z_1。将 r_{11}、R_{1P} 代入典型方程，有

$$7iZ_1 - 6 = 0$$

求解得：

$$Z_1 = 6/7i$$

图 6-14 结构的系数、自由项计算表　　　　　　　　　　　　　表 6-4

杆件	i 值	杆长 l	杆端	$\overline{Z}_1 = 1$ $\overline{M}_1$	荷载 M_P
AB	i	4	A	$2i$	-2
			B	$4i$	2
BC	i	4	B	$3i$	-8
			C	0	0
r_{11}，R_{1P}				$7i$	-6

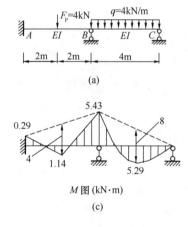

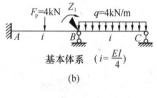

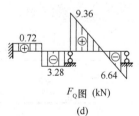

图 6-14

（5）绘制 M 图。按 $M = Z_1 \overline{M}_1 + M_P$ 绘出结构最后弯矩图，如图 6-14（c）所示。

（6）绘制 F_Q 图。对各跨梁，根据两端 M 值和跨中荷载由力矩方程可求出各杆端剪力。以 AB 跨 B 端剪力为例：

$$F_{QBA} = -(5.43 - 0.29 + 4 \times 2)/4 = -3.28\text{kN}$$

根据各杆端剪力和梁上荷载绘出 F_Q 图，如图 6-14（d）所示。

（7）校核。B 节点弯矩满足 $\sum M_B = 0$，由观察可知 M 图计算无误。

【例 6-2】 试用位移法作图 6-15（a）所示刚架的弯矩图，各杆 EI＝常数。

【解】 （1）确定基本结构。该刚架有两个刚节点，基本未知量数为 2，在节点 C、D 分别加上附加刚臂可得基本结构。基本体系如图 6-15（b）所示。

（2）列位移法方程。根据基本体系每个附加刚臂上的反力矩均应为零的条件，可建立位移法典型方程：

$$r_{11}Z_1 + r_{12}Z_2 + R_{1P} = 0$$
$$r_{21}Z_1 + r_{22}Z_2 + R_{2P} = 0$$

（3）求系数、自由项。设 $i = EI/4 = 1$。列出系数、自由项计算表，输入各杆件参数，由表 6-1 查出各杆端弯矩，如表 6-5 所示。按"对号、选项、求值"的作法可得：

$$r_{11} = 8 \qquad r_{12} = 2 \qquad R_{1P} = -8/3$$
$$r_{21} = 2 \qquad r_{22} = 11 \qquad R_{2P} = -4/3$$

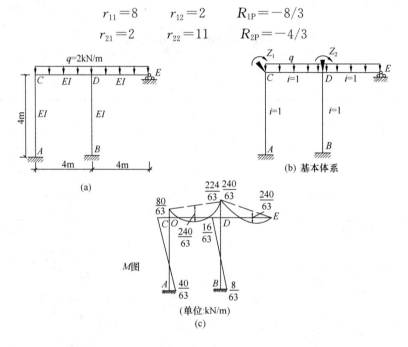

（b）基本体系

M图

（单位:kN/m）

（c）

图 6-15

结构系数、自由项计算表　　　　　　　　　　　　　　　　　表 6-5

杆件	i 值	杆长 l	杆端	$\overline{z}_1 = 1$ $\overline{M}_1$	$\overline{z}_2 = 1$ $\overline{M}_2$	荷载 M_P
CD	1	4	C	4	2	$-8/3$
			D	2	4	$8/3$
DE	1	4	D	0	3	-4
			E	0	0	0
AC	1	4	A	2	0	0
			C	4	0	0
BD	1	4	B	0	2	0
			D	0	4	0
r_{1i}，R_{1P}（$i'' = 1, 2$）				8	2	$-8/3$
r_{2i}，R_{2P}（$i = 1, 2$）				2	11	$-4/3$

（4）解方程求 Z_1、Z_2。将各系数、自由项代入典型方程，得：

$$8Z_1 + 2Z_2 - 8/3 = 0$$
$$2Z_1 + 11Z_2 - 4/3 = 0$$

解方程组求得：

$$Z_1 = 20/63 \qquad Z_2 = 4/63$$

结果均为正，表明 Z_1、Z_2 的实际转向均为顺时针。

（5）绘制 M 图。根据 $M = Z_1 \overline{M}_1 + Z_2 \overline{M}_2 + \overline{M}_P$ 可绘出 M 图，如图 6-15（c）所示。

（6）校核。取节点 C、D 为隔离体，验算平衡条件是否满足，例如，取节点 D，由 $\Sigma M_D = 0$ 可得：

$$\Sigma M_D = 16/63 + 224/63 - 240/63 = 0$$

计算无误。

6.5.2 有侧移刚架

具有节点线位移的刚架，称为有侧移刚架，图 6-11（a）所示刚架便是其中一例。有侧移刚架和无侧移刚架相比，计算方法并无区别，只是在确定基本结构、建立位移法方程、计算系数和自由项时都要考虑节点线位移的情况。

【例 6-3】 试用位移法计算图 6-16（a）所示有侧移刚架，绘出 M 图。

【解】 （1）选取基本体系。刚架基本未知量为节点 C 的转角 Z_1 和节点 D（或 B）的水平线位移 Z_2。在节点 C 加附加刚臂、节点 D 加附加水平链杆可得基本结构，基本体系如图 6-16（b）所示。

（2）列位移法方程。根据基本体系附加刚臂的总反力矩和附加链杆的总反力均应为零的条件，可建立位移法典型方程如下：

$$r_{11}Z_1 + r_{12}Z_2 + R_{1P} = 0$$
$$r_{21}Z_1 + r_{22}Z_2 + R_{2P} = 0$$

（3）求系数和自由项。令 $i = EI/4 = 1$。列出系数、自由项计算表，输入各杆件参数，由表 6-1 查出各杆端力，按"对号、选项、求值"的作法求系数、自由项，如表 6-6 所示。需要说明的是，由图 6-16（b）可知，在 C 点作用有集中力偶 -10kN·m（绕节点顺时针），故 R_{1P} 为表 6-6 中各杆端 C 与 M_P 列相交格的弯矩之和再加 -10kN·m，即 $R_{1P} = -10$kN·m；在 B 点作用有集中力 -30kN（与附加链杆方向相同），故 R_{2P} 为相关杆端剪力 F_{QBA}、F_{QCE} 与 -30kN 之和，即 $R_{2P} = -30 - 30 = -60$kN。

（4）解方程求 Z_i。将各系数、自由项代入位移法方程，得：

$$10Z_1 - \frac{3}{2}Z_2 - 10 = 0$$

$$-\frac{3}{2}Z_1 + \frac{15}{16}Z_2 - 60 = 0$$

求解得：

$$Z_1 = 13.95$$
$$Z_2 = 86.33$$

（5）绘 M 图。由 $M = Z_1 \overline{M}_1 + Z_2 \overline{M}_2 + M_P$ 可得 M 图，如图 6-16（c）所示。

（6）校核。取节点 C（图 6-16d）验算：
$$\Sigma M_C = 10 + 73.7 - 41.85 - 41.85 = 0$$
满足节点平衡条件。

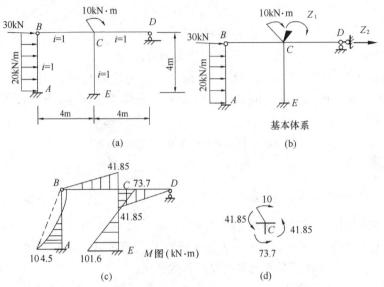

图 6-16

结构系数、自由项计算表　　　　　　　　　　　　　　　　　　表 6-6

杆件	i 值	杆长 l	杆端	$\overline{Z}_1=1$		$\overline{Z}_2=1$		荷载	
				$\overline{M}_1$	$\overline{F}_{Q1}$	$\overline{M}_2$	$\overline{F}_{Q2}$	M_P	F_{QP}
AB	1	4	A	0		$-3/4$		0	50
			B	0		0	3/16	0	-30
BC	1	4	B	0		0		0	
			C	3		0		0	
EC	1	4	E	2		$-3/2$	3/4	0	
			C	4	$-3/2$	$-3/2$		0	0
CD	1	4	C	3		0		0	
			D	0		0		0	
r_{1i}，R_{1P}（$i=1,\ 2$）				10		$-3/2$		-10	
r_{2i}，R_{2P}（$i=1,\ 2$）					$-3/2$		15/16		-60

＊6.5.3　带斜柱的有侧移刚架

具有斜柱的刚架，若无节点线位移则为无侧移刚架，否则为有侧移刚架。对无侧移的情况，其计算与 6.5.1 节做法相同。而对有侧移的情况，在计算方法上与无斜柱有侧移刚架相同，只是由于斜柱的存在，确定变形后的节点位置比较麻烦，因而计算单位线位移引起的杆端弯矩和附加链杆上的反力较为困难。

170

为了确定发生线位移时各节点的位置，可采用下面介绍的作节点位移图的方法。如图6-17（a）所示具有斜柱的刚架，当发生节点线位移时，A 点是不动点，按照受弯直杆两端距离不变的假设，B 点只能绕 A 点作圆弧运动，当位移很小时，可认为是沿垂直于 AB 方向上的运动，设其位移为 BB'。C 点的位移可分解为两步：第一步为 BC 杆平移。此时 C 点移至 C''，且有 $CC''=BB'$；第二步为点 C'' 绕点 B' 转动。由于位移很小，C'' 只能在垂直于 $B'C''$ 的方向上运动，于是可过 C'' 点作 $B'C''$ 的垂线。然而，D 点也是不动点，因而 C 点的最终位置还必须垂直于 CD 杆，于是过 C 点再作 DC 的垂线。这两条垂线的交点 C' 便是 C 点位移后的位置。

在上述三角形 $CC'C''$ 中，CC' 为 C 点变形后的位移。由于 CC'' 与 BB' 平行且等长，因此若以 C'' 代表 B'，则 C 点同时又代表 B 点的位置，即 CC'' 又代表 B 点变形后的位移，于是 $C'C''$ 便是变形之后 C、B 两点的相对线位移了，此三角形称为节点位移图。可见，只要直接画出节点位移图，便可确定各节点位移后的位置。

仍以图6-17（a）为例，说明画节点位移图的步骤：①任选一点 O（它代表所有不动点的位置），过 O 点作线段 OB（设长度为1）垂直于杆件 AB；②过 B 点作杆件 BC 的垂线；③过 O 点作杆件 CD 的垂线与杆件 BC 的垂线相交于点 C，则三角形 OBC 即为所求的节点位移图，如图6-17（b）所示。其中向量 OB 为 B 点的位移；向量 OC 为 C 点的位移；而向量 BC 就是 B、C 两点的相对线位移。当然，也可以先画 OC，再画 CB，最后画 OB。三根线段中，只有一个是独立的，给出其中任一个值（图中给出 $OB=1$），其余二者便可由几何关系确定。按以上作法画图时，若向量 OB、OC 重合，则表明杆件 BC 只有平移，B、C 两点无相对线位移。例如图6-17（c）所示的斜杆，由 O 点画出的向量 OB、OC 重合，故 B、C 两点无相对线位移。

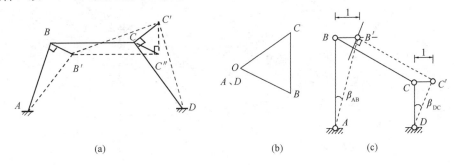

(a)	(b)	(c)

图 6-17

各节点变形后的位移确定后，其余计算则与 6.5.2 节做法相同。下面通过算例说明。

【例 6-4】 用位移法计算图6-18（a）所示带斜柱且有侧移的刚架，并作 M 图。

【解】　（1）确定基本体系。该刚架有 2 个基本未知量，在节点 B 加入附加刚臂，节点 C 加上水平附加链杆。基本体系如图6-18（b）所示。

（2）列位移法方程。基本体系中附加刚臂的总反力矩和附加链杆的总反力都等于零，即：

$$r_{11}Z_1 + r_{12}Z_2 + R_{1P} = 0$$
$$r_{21}Z_1 + r_{22}Z_2 + R_{2P} = 0$$

（3）求系数、自由项。令 $EI/l=1$，各杆线刚度相对值如图6-18（b）所示。列出系数、自由项计算表，输入各杆件参数，见表 6-7 的 1～4 列。利用表 6-1，查出 $\overline{M}_1$ 列和 M_P 列各杆端弯矩，"对号、选项、求值"，可得 $r_{11}=6+4\sqrt{2}$，$R_{1P}=-\dfrac{ql^2}{8}$。由于斜柱的存在，$\overline{M}_2$ 列之值与节点的线位移有关，为此令 $\overline{Z}_2=1$（即 $OC=1$），按上述方法作出节点位移图（图 6-18c），并由几何关系求得：AB 杆 B 点侧移为 $\Delta_{AB}=\sqrt{2}$；BC 杆 C 点相对于 B 点的侧移为 $\Delta_{BC}=-1$。据此由表 6-1 查出 $\overline{M}_2$ 列各杆端弯矩，由"对号、选项、求值"得 $r_{12}=\dfrac{6-6\sqrt{2}}{l}$。

由反力互等定理知 $r_{21}=r_{12}=-\dfrac{6\sqrt{2}-6}{l}$；刚架的斜柱有侧移时，其轴力对 r_{22} 和 R_{2P} 都有影响，无法由表 6-1 查出，对此可选用力矩方程计算。例如求 r_{22} 时，取两柱轴线交点 O 为矩心（图 6-18d），查出 AB 杆在侧移 $\Delta_{AB}=\sqrt{2}$ 时杆端剪力 F_{QBA}、弯矩 M_{BA} 及 CD 杆在侧移 $\Delta_{CD}=1$ 时的杆端剪力 F_{QCD}，由力矩方程 $\Sigma M_O=0$ 可有 $\dfrac{6\sqrt{2}}{l}-\dfrac{6\sqrt{2}-6}{l}+\dfrac{12}{l^2}\sqrt{2}l+\dfrac{3}{l^2}l-r_{22}l=0$ 得：

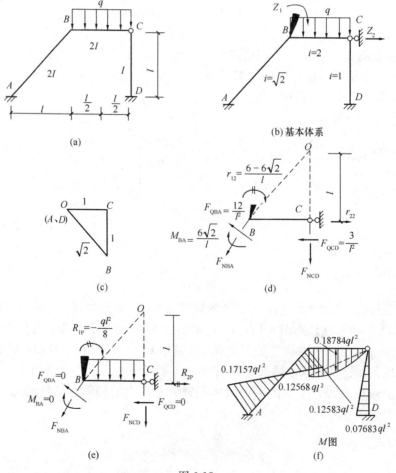

图 6-18

172

$$r_{22} = \frac{9 + 12\sqrt{2}}{l^2}$$

R_{2P}的计算和求 r_{22} 类似，基本结构在荷载作用下，AB 杆 B 端和 CD 杆 C 端的杆端内力如图 6-18（e）所示，用力矩方程 $\Sigma M_O = 0$，由反正法求得：

$$R_{2P} = \frac{1}{l}\left(-\frac{ql^2}{8} - ql \times \frac{l}{2}\right) = -\frac{5ql}{8}$$

（4）求 Z_1、Z_2。将以上系数、自由项代入典型方程，得：

$$(6 + 4\sqrt{2})Z_1 - \frac{6\sqrt{2} - 6}{l}Z_2 - \frac{ql^2}{8} = 0$$

$$-\frac{6\sqrt{2} - 6}{l}Z_1 + \frac{9 + 12\sqrt{2}}{l^2}Z_2 - \frac{5}{8}ql = 0$$

联立求解得：$Z_1 = 0.01617ql^2$ $Z_2 = 0.02561ql^3$

（5）绘制 M 图

由 $M = Z_1 \overline{M}_1 + Z_2 \overline{M}_2 + M_P$，可作出 M 图，如图 6-18（f）所示。

r_{11}、r_{12}、R_{1P} 计算表

表 6-7

杆件	i 值	杆长	杆端	$\overline{Z}_1 = 1$ $\overline{M}_1$	$\overline{Z}_2 = 1$ $\overline{M}_2$	荷载 M_P
AB	$\sqrt{2}$	$\sqrt{2}l$	A	$2\sqrt{2}$	$-6\sqrt{2}/l$	0
			B	$4\sqrt{2}$	$-6\sqrt{2}/l$	0
BC	2	l	B	6	$6/l$	$-ql^2/8$
			C	0	0	0
DC	1	l	D	0	$-3/l$	0
			C	0	0	0
r_{11}，r_{12}，R_{1P}				$6 + 4\sqrt{2}$	$\dfrac{6 - 6\sqrt{2}}{l}$	$\dfrac{-ql^2}{8}$

6.6 直接由平衡条件建立位移法典型方程

本节介绍直接平衡法，具体步骤如下：

1. 确定基本未知量；

2. 根据转角位移方程，写出用基本未知量表示的各杆端内力表达式；

3. 利用同一刚节点各杆端的力矩平衡条件和节点线位移相关杆端剪力的投影平衡条件，建立位移法方程，并求出基本未知量；

4. 将求得的位移代回各杆端弯矩表达式，求出杆端弯矩，绘出结构最后弯矩图；

5. 校核。

在步骤 3 中，对应于每个独立的节点角位移都有一个力矩平衡方程，对应于每个独立的节点线位移都有一个投影平衡方程。因而，方程数目与基本未知量数目相同，可求得节点位移的唯一解答。下面通过例题具体说明。

【例 6-5】 试用直接平衡法计算图 6-19（a）所示刚架，并作 M 图。

【解】 此结构在例 6-3 已计算过，为了对位移法的两种算法进行对比，现用本节方法

计算如下。

（1）确定基本未知量。该刚架有节点 C 的角位移 φ_C 和横梁水平线位移 Δ 两个基本未知量。

（2）写出杆端内力表达式。设 $EI=4$，则各杆的线刚度均为 $i=1$。利用转角位移方程式（6-1）、式（6-2）和表 6-1 写出各杆端在节点位移 φ_C、Δ 及荷载作用下的内力表达式：

杆端弯矩 $\quad M_{AB}=-3i\dfrac{\Delta}{l}-\dfrac{1}{8}ql^2$，$M_{BA}=0$，$M_{BC}=0$，$M_{CB}=3i\varphi_C$，

$$M_{CE}=4i\varphi_C-6i\dfrac{\Delta}{l},\ M_{EC}=2i\varphi_C-6i\dfrac{\Delta}{l},\ M_{CD}=3i\varphi_C,\ M_{DC}=0$$

杆端剪力 $\qquad F_{QBA}=\dfrac{3i}{l^2}\Delta-\dfrac{3}{8}ql$，$F_{QCE}=-\dfrac{6i}{l}\varphi_C+\dfrac{12i}{l^2}\Delta$

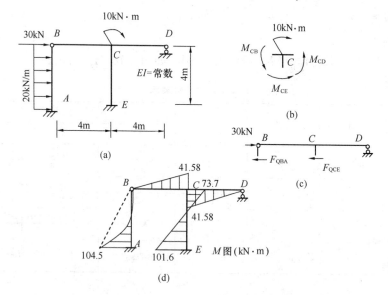

图 6-19

（3）列位移法方程，求基本未知量。取节点 C 为隔离体（图 6-19b），由力矩平衡条件 $\Sigma M_C=0$ 有：

$$M_{CB}+M_{CE}+M_{CD}-10=0 \tag{a}$$

再取横梁为隔离体（图 6-19c），由投影平衡条件 $\Sigma Fx=0$ 有：

$$F_{QBA}+F_{QCE}-30=0 \tag{b}$$

将有关杆端弯矩、杆端剪力表达式代入式（a）、式（b），并注意到 $i=1$、$l=4\text{m}$、$q=20\text{kN/m}$，可得：

$$10\varphi_C-\dfrac{3}{2}\Delta-10=0 \tag{c}$$

$$-\dfrac{3}{2}\varphi_C+\dfrac{15}{16}\Delta-60=0 \tag{d}$$

174

联立求解式（c）、式（d）可得：

$$\varphi_C = 13.95 \quad \Delta = 86.33$$

（4）求各杆端弯矩值。将求得的 φ_C、Δ 代回各杆端弯矩表达式得：

$$M_{AB} = -104.5 \text{kN} \cdot \text{m}; M_{BA} = 0; M_{BC} = 0; M_{CB} = 41.85 \text{kN} \cdot \text{m}$$

$$M_{CE} = -73.7 \text{kN} \cdot \text{m}; M_{EC} = -101.6 \text{kN} \cdot \text{m}; M_{CD} = 41.85 \text{kN} \cdot \text{m}; M_{DC} = 0$$

（5）作最后弯矩图。根据杆端弯矩值及杆件上的荷载逐杆绘出 M 图，如图 6-19（d）所示。

本例与例 6-3 建立的方程和计算结果完全一样。由算例可见，两种方法都是以平衡条件获得位移法的基本方程，本质是相同的，只是在建立方程的途径上稍有差别。直接平衡法的物理概念较为明确，但计算量较大；典型方程法与力法有良好的对应关系，方程及系数、自由项都具有独立的力学意义，解题步骤规则，也有利于对第 10 章矩阵位移法的学习。

6.7 位移法采用 EXCEL 计算的作法

随着未知量增加，求解位移法方程和叠加最后弯矩的计算愈加繁琐。为了提高解题速度，可在表 6-2 格式的基础上编制成位移法 EXCEL 计算表，该 EXCEL 表收集在本书附录Ⅱ.2 中。

下面结合算例说明采用位移法 EXCEL 表的具体操作。

【例 6-6】 试采用位移法 EXCEL 表计算图 6-20（a）所示刚架，绘出 M 图。

【解】 （1）此结构基本未知量为节点 1 的角位移 Z_1 和水平线位移 Z_2，绘出位移法基本体系，如图 6-20（b）所示。

（2）打开位移法 EXCEL 表。在表格上方"基本未知量数"栏的转角下面输入"1"，线位移下面输入"1"，杆件数下面输入"3"，点击"生成表格模板"，即得到表 6-8.1 所示的表格。

（3）将杆件代号、线刚度 i、杆长 l、杆端号填入表 6-8.1 的 1～4 列（i、l 以 1 代入）。

（4）附加链杆的相关杆端为 3-1 杆 1 端和 4-2 杆 2 端。借助表格上方的帮助栏，对照基本体系查出 $\overline{Z}_1 = 1$、$\overline{Z}_2 = 1$、荷载（F_P 用 1 代入）单独作用时各杆端弯矩以及相关杆端的剪力，填入表 6-8.1 的第 5～10 列。

（5）求系数、自由项。用"对号、选项、求值"的作法计算系数、自由项。例如 r_{11} 为杆端为 1 的行与 $\overline{M}_1$ 列相交格的值（4 和 3）之和，r_{21} 为 3-1 杆 1 端、4-2 杆 2 端的行与 $\overline{F}_{Q1}$ 列相交处之值（-6，0）求和，余类推。将它们填入表 6-8.1 的后两行。

（6）点击"开始计算"，表格自动将 r_{ij} 及 R_{iP} 传递到表 6-8.2 解方程求出 Z_1、Z_2（见表 6-8.3）；然后再将各 Z_i 与各杆端弯矩（表 6-8.1 的第 5、7、9 列）传递到表 6-8.4 叠加出杆端最后弯矩，如表 6-8.4 最后一列所示（各值均应乘以 $F_P l$）。

（7）绘制最后内力图。根据杆端最后弯矩绘出 M 图，如图 6-20（c）所示。

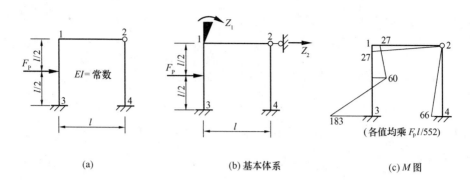

(a)	(b) 基本体系	(c) M 图

图 6-20

例 6-6 计算表　　　　　　　　　　　　　　　　　　　　　　　　表 6-8

位移法 Excel 计算表格

输入：	基本未知量数		杆件数
	转角	线位移	
	1	1	3

生成表格模板

填好下表中数据列后，按"开始计算"：

开始计算

1. 位移法系数、自由项计算表格：

计算简图		弯　矩			剪　力		
支座情况	外　因	M_{AB}		M_{BA}	F_{QAB}		F_{QBA}
两端固支	单位转角	$4i$		$2i$	$-6i/l$		$-6i/l$
杆件	i	l	杆端	$\overline{Z}_1=1$		$\overline{Z}_2=1$	荷　载
				$\overline{M}_1$	$\overline{F}_{Q1}$	$\overline{M}_2$	$\overline{F}_{Q2}$	M_P	F_{QP}

杆件	i	l	杆端	$\overline{M}_1$	$\overline{F}_{Q1}$	$\overline{M}_2$	$\overline{F}_{Q2}$	M_P	F_{QP}
3-1	1	1	3	2.00		−6.00		−0.13	
			1	4.00	−6.00	−6.00	12.00	0.13	−0.50
1-2	1	1	1	3.00		0.00		0.00	
			2	0.00		0.00		0.00	
4-2	1	1	4	0.00		−3.00		0.00	
			2	0.00	0.00	0.00	3.00	0.00	0.00
r_{1i}，R_{1P}				7		−6		0.125	
r_{2i}，R_{2P}						−6		15	−0.5

2. 位移法方程$[r_{ij}]\{Z_i\}=-\{R_{iP}\}$：

$$\begin{matrix} 7.00 & -6.00 \\ -6.00 & 15.00 \end{matrix} \quad \begin{matrix} Z_1 \\ Z_2 \end{matrix} = \begin{matrix} -0.13 \\ 0.50 \end{matrix}$$

3. 位移法方程解：

$$\{Z_i\} = \begin{matrix} 0.016304 \\ 0.039855 \end{matrix}$$

4. 最后弯矩：

杆件	杆端	$\overline{M}_1$	$\overline{M}_2$	M_P	Z_1	Z_2	M
3-1	z(左)	2.000	−6.000	−0.125	0.016	0.040	−0.332
	y(右)	4.000	−6.000	0.125			−0.049
1-2	z(左)	3.000	0.000	0.000			0.049
	y(右)	0.000	0.000	0.000			0.000
4-2	z(左)	0.000	−3.000	0.000			−0.120
	y(右)	0.000	0.000	0.000			0.000

【例 6-7】 试采用位移法 EXCEL 表计算图 6-21（a）所示结构，绘出 M 图。

【解】 （1）此结构的基本未知量为节点 2 的角位移 Z_1 和竖向线位移 Z_2，基本体系如图 6-21（b）所示。

（2）打开位移法 EXCEL 表。在表格上方"基本未知量数"栏转角下面和线位移下面输入"1"，杆件数输入"2"，点击"生成表格模板"，即得表 6-9.1。

（3）将各杆件代号、$i(EI/l = 1)$、l（用 1 代入）、杆端号按顺序填入表 6-9.1 的 1～4 列。

（4）附加链杆的相关杆端为 1-2 杆 2 端、2-3 杆 2 端。对照基本体系，由表格上方帮助栏查出 $\overline{Z}_1 = 1$、$\overline{Z}_2 = 1$、荷载（F_P 用 1 代入）引起的杆端弯矩和相关杆端剪力，填入表 6-9.1 第 5～10 列。

例 6-7 计算表　　　　　　　　　　　　　　　　表 6-9

位移法 Excel 计算表格

输入：	基本未知量数		杆件数	生成表格模板
	转角	线位移		
	1	1	2	

填好下表中数据列后，按"开始计算"：
开始计算

1. 位移法系数、自由项计算表格：

计算简图				弯　矩		剪　力	
支座情况	外　因			M_{AB}	M_{BA}	F_{QAB}	F_{QBA}
两端固支	单位转角			$4i$	$2i$	$-6i/l$	$-6i/l$
杆件	i	l	杆端	$\overline{Z}_1=1$		$\overline{Z}_2=1$		荷　载	
				$\overline{M}_1$	$\overline{F}_{Q1}$	$\overline{M}_2$	$\overline{F}_{Q2}$	M_P	F_{QP}
1-2	3	1	1	6.00		−18.00		0.00	
			2	12.00	−18.00	−18.00	36.00		0.00
2-3	1	1	2	4.00	6.00	6.00	12.00	0.00	0.00
			3	2.00		6.00			
r_{1i}, R_{1P}				16.00		−12.00		0.00	
r_{2i}, R_{2P}						−12.00	48.00		−1.00

2. 位移法方程 $[r_{ij}]\{Z_i\} = -\{R_{iP}\}$：

$$\begin{matrix} 16.00 & -12.00 \\ -12.00 & 48.00 \end{matrix} \quad \begin{matrix} Z_1 \\ Z_2 \end{matrix} = \begin{matrix} 0.00 \\ 1.00 \end{matrix}$$

3. 位移法方程解：

$$\{Z_i\} = \begin{matrix} 0.019231 \\ 0.025641 \end{matrix}$$

4. 最后弯矩：

杆件	杆端	$\overline{M}_1$	$\overline{M}_2$	M_P	Z_1	Z_2	M
1-2	z(左)	6.000	−18.000	0.000	0.019	0.026	−0.346
	y(右)	12.000	−18.000	0.000			−0.231
2-3	z(左)	4.000	6.000	0.000			0.231
	y(右)	2.000	6.000	0.000			0.192

（5）求系数、自由项。按照"对号、选项、求值"的作法计算，例如由杆端为 2 的行与 $\overline{M}_1$ 列相交格可得 $r_{11} = 12+4 = 16$；由杆端为 2 的行与 $\overline{F}_{Q2}$ 列可求得 $r_{22} = 48$；由杆端为 2 的行与荷载栏 M_P 列相交处可得 $R_{1P} = 0$ 等等。本例杆件 2 端与 F_{QP} 列相交格的剪力均为

零，但节点2有 F_P 作用，由 Z_2 方向的投影方程有 $R_{2P} = -F_P$。各系数、自由项见表6-9.1最后两行。

（6）点击"开始计算"，表格自动将 r_{ij} 及 R_{iP} 传递到表6-9.2解方程求出 Z_1、Z_2（见表6-9.3）；然后再将各 Z_i 与各杆端弯矩（表6-9.1第5、7、9列）传递到表6-9.4叠加出杆端最后弯矩（表6-9.4最后一列）。据此绘出弯矩图，如图6-21（c）所示。

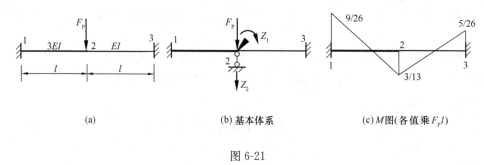

(a)　　　　　　(b) 基本体系　　　　　(c) M图(各值乘 $F_p l$)

图 6-21

6.8　对　称　性　的　利　用

工程中对称结构的应用很多。在第5章曾经讨论过对称性的利用，并指出：对称结构在正对称荷载作用下，其内力和位移都是正对称的；对称结构在反对称荷载作用下，其内力和位移都是反对称的。当对称结构承受一般非对称荷载作用时，可将荷载分解为正对称和反对称的两组分别作用于结构上求解，然后再将结果叠加。

在位移法中，利用上述结论，在计算前就能知道某些节点位移之值或彼此之间的关系，从而使未知量数目减少。例如，图6-22（a）所示刚架，用位移法计算时，有3个未知节点位移 Z_1、Z_2、Z_3。若在正对称荷载作用下（图6-22b），Z_1、Z_2 大小相等转向相反，$Z_3 = 0$，只有一个未知量；若在反对称荷载作用下（图6-22c），Z_1、Z_2 大小相等转向相同，$Z_3 \neq 0$，有两个未知量。

在5.7节关于对称结构可取半个结构计算的结论，是对称结构的特性确定的，与所用

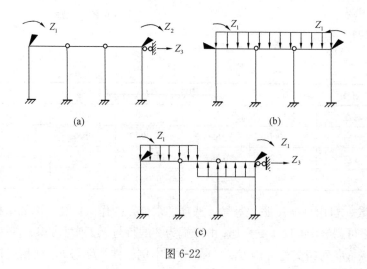

(a)　　　　　　(b)

(c)

图 6-22

的计算方法无关。因此，在位移法中，这一结论同样适用。

分析表明，对称结构受正对称荷载作用时，取半个结构计算宜采用位移法；对称结构受反对称荷载作用时，取半个结构计算宜采用力法。例如对图 6-23（a）、图 6-24（a）所示刚架，在正对称荷载作用下，取半个结构计算时，如图 6-23（b）、图 6-24（b）所示。若用位移法未知量均只有一个，而用力法则多余未知力数依次为两个、三个；而在反对称荷载作用下，取半个结构计算时，分别为图 6-23（c）和图 6-24（c）。用位移法未知量依次为两个、三个，而用力法未知量数依次为一个和三个。同一个对称结构，利用对称性取半个结构后，根据计算方法的未知量最少原则选用位移法或力法，要比单纯采用一种方法计算简便。

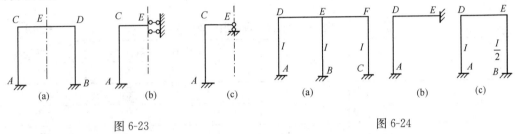

图 6-23   图 6-24

【**例 6-8**】 试利用对称性计算图 6-25（a）所示刚架，作出弯矩图。

【**解**】 此结构为两跨对称刚架承受正对称荷载作用，取半个结构（图 6-25b）后，仍为对称结构，因此，可再次利用对称性，取图 6-25（c）所示半刚架。用位移法计算只有一个基本未知量（节点 D 的角位移），基本体系如图 6-25（d）所示。

典型方程为：

$$r_{11}Z_1 + R_{1P} = 0$$

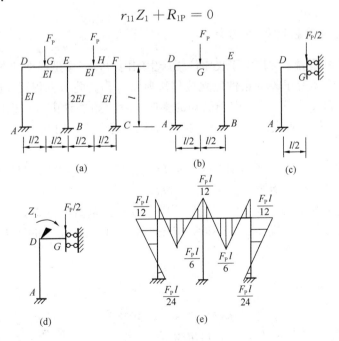

图 6-25

计算系数、自由项。令 $i = EI/l$（注意，DG 杆线刚度为 $2i$），系数、自由项计算表如表 6-10 所示。将各杆的 i、l、杆端弯矩填入表中，按照"对号、选项、求值"的作法可得

$$r_{11} = 4i + 2i = 6i, \ R_{1P} = -\frac{F_P}{8}l$$

解位移法方程得：

$$Z_1 = -\frac{R_{1P}}{r_{11}} = \frac{F_P l}{48i}$$

根据 $M = Z_1 \overline{M}_1 + M_P$，并利用内力正对称条件可作出最后 M 图，如图 6-25（e）所示。

例 6-8 的系数、自由项计算表　　　　　　　　　　表 6-10

杆　件	i 值	杆长 l	杆端	$\overline{Z}_1 = 1$ $\overline{M}_1$	荷载 M_P
AD	i	l	A	$2i$	0
			D	$4i$	0
DG	$2i$	$l/2$	D	$2i$	$-F_P l/8$
			G	$-2i$	$-F_P l/8$
r_{11}，R_{1P}				$6i$	$-F_P l/8$

*6.9　支座位移和温度变化时超静定结构的计算

6.9.1　支座位移时的内力计算

用位移法计算超静定结构由于支座位移产生的内力，同样是根据基本体系附加约束上的总反力或总反力矩等于零的条件建立位移法典型方程。此时方程式（6-5）中的自由项 R_{iP} 改用 $R_{i\Delta}$，它们表示基本结构由于已知的支座位移在附加约束上产生的反力或反力矩，可借助表 6-1 有关栏目查出。至于各系数的计算则与荷载作用时相同，不再重复。下面通过例题具体说明。

【例 6-9】　图 6-26（a）所示刚架的支座 D 产生转角 φ，支座 C 产生竖向位移 $\Delta = l\varphi$。试用位移法计算并绘制弯矩图。已知 $EI =$ 常数。

【解】　此刚架基本未知量只有节点 B 的角位移 Z_1。基本体系如图 6-26（b）所示，它是基本结构在已知的支座位移 φ、Δ 和基本未知量 Z_1 共同作用下的受力体系。位移法典型方程为：

$$r_{11}Z_1 + R_{i\Delta} = 0$$

设 $i = EI/l$，则：

$$i_{BD} = i, \ i_{AB} = i_{BC} = 2i$$

绘出 $\overline{M}_1$、M_Δ 图（图 6-26c、d），可求得

$$r_{11} = 2i + 4i + 6i = 12i, \ R_{1\Delta} = 2i\varphi - \frac{3 \times 2i}{l}l\varphi = -4i\varphi$$

于是可得
$$Z_1 = -\frac{R_{1\Delta}}{r_{11}} = \frac{\varphi}{3}$$

刚架最后弯矩图可由 $M = Z_1 \overline{M_1} + M_\Delta$ 绘出，如图 6-26（e）所示。

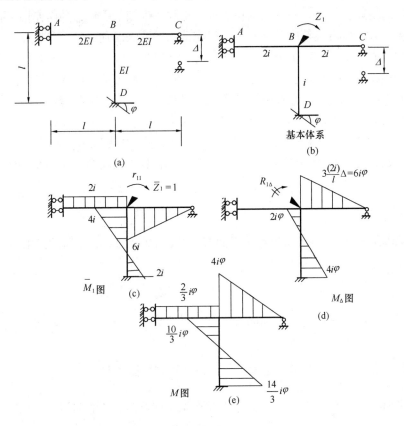

图 6-26

图 6-26 结构的系数、自由项计算表 表 6-11

杆件	i 值	杆长 l	杆端	$\overline{Z}_1 = 1$ $\overline{M}_1$	支座位移 M_Δ
AB	$2i$	l	A	$-2i$	0
			B	$2i$	0
BC	$2i$	l	B	$6i$	$-6i\varphi$
			C	0	0
DB	i	l	D	$2i$	$4i\varphi$
			B	$4i$	$2i\varphi$
r_{11}，$R_{1\Delta}$				$12i$	$-4i\varphi$

本例同样可用表格计算系数、自由项，如表 6-11 所示。比较可知，用表格计算，无须绘 $\overline{M}_1$、M_Δ 图，方便简便。

6.9.2 温度变化时的内力计算

因温度变化引起的超静定结构内力，与荷载作用或支座位移时的计算原理相同，此时位移法方程的物理意义是，基本结构在温度变化和各未知节点位移共同作用下，每个附加约束的总反力或总反力矩都应等于零。但应注意以下两点区别：（1）典型方程中的自由项不同，此时，方程式（6-5）中的自由项 R_{iP} 用 R_{it} 代替。这里，R_{it} 表示基本结构由于温度变化在第 i 个附加约束上产生的反力或反力矩。（2）在温度变化时将引起杆件的轴向变形和弯曲变形，因此前述关于直杆两端距离不变的假设不再适用，计算 R_{it} 时应按轴向变形和弯曲变形两种情况考虑。下面通过示例进行说明。

图 6-27（a）所示刚架，外侧温度升高 $t_1 = 10℃$，内侧升高 $t_2 = 30℃$，各杆为对称等截面直杆，截面高度 $h = l/10$。用位移法计算时，基本体系如图 6-27（b）所示。位移法方程为：

$$r_{11}Z_1 + R_{1t} = 0$$

绘出基本结构在 $\overline{Z}_1 = 1$ 单独作用下的弯矩图，如图 6-27（c）所示。由节点 C 的平衡求得：

$$r_{11} = 4i + i = 5i$$

温度变化时，将使杆件产生轴向变形和弯曲变形，因而会使节点产生线位移和角位移。R_{1t} 应按上述两种情况分别计算。

（1）只考虑杆件轴向变形。温度变化使各杆轴线处温度升高 $t = \frac{1}{2}(t_1 + t_2)$，其中 AC 杆的伸长使 BC 杆 C 端侧移为 $\Delta = \alpha t l$，由此产生杆端弯矩：$M_{CB} = M_{BC} = -\dfrac{6i}{l}\Delta = -6i\alpha t$；同时 BC 杆的伸长使 AC 杆 C 端也有侧移 αtl，但不会使 AC 杆产生杆端弯矩。据此可绘出基本结构只考虑杆件轴向变形时的弯矩图（$M_{1t}^{(1)}$ 图），如图 6-27（d）所示。由平衡条件可求得附加刚臂上的反力矩为：

$$R_{1t}^{(1)} = -6i\alpha t$$

（2）只考虑杆件弯曲变形。杆件内外温度差为 $\Delta t = t_2 - t_1$，由表 6-1 第 6、17 栏可查得：

$$M_{CA} = -M_{AC} = EI\alpha\Delta t/h;$$

$$M_{CB} = -M_{BC} = -EI\alpha\Delta t/h$$

据此可绘出基本结构只考虑杆件弯曲变形时的弯矩图（$M_{1t}^{(2)}$ 图），如图 6-27（e）所示。由平衡条件可求得附加刚臂上的反力矩为：

$$R_{1t}^{(2)} = 0$$

温度改变引起附加刚臂上的总反力矩是上述两种情况之和，即：

$$R_{1t} = R_{1t}^{(1)} + R_{1t}^{(2)} = -6i\alpha t$$

将 r_{11}、R_{1t} 代入位移法方程得：

$$5iZ_1 - 6i\alpha t = 0$$

即 $$Z_1 = 6\alpha t/5$$

由 $M = \overline{M}_1 Z_1 + M_{1t}^{(1)} + M_{1t}^{(2)}$ 并计入 $t = (10+30)/2$，$\Delta t = 30-10 = 20$，$h = l/10$ 可得刚架最后弯矩图，如图 6-27（f）所示。

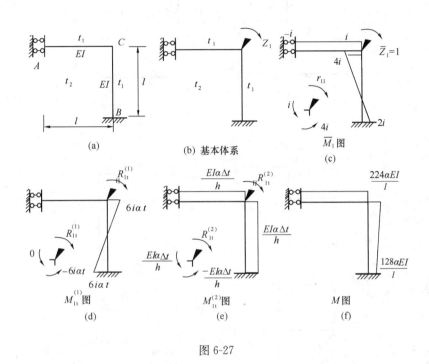

图 6-27

思 考 题

1. 位移法的基本思路是什么？为什么说位移法是建立在力法基础上的？

2. 在位移法中，一般角位移的数目等于刚节点数，那么铰节点或铰支座处的角位移可否也作为基本未知量？

3. 位移法的典型方程是平衡条件，是否只用平衡条件就可以求出超静定结构的内力？为什么说位移法也满足结构的位移条件？

4. 定向支承处的线位移为什么不是独立的节点线位移？

5. 如何确定附加刚臂、附加链杆的相关杆端？如何利用表格计算系数、自由项？

6. 支座位移时的位移法方程与荷载作用下的位移法方程有何不同？其自由项应如何计算？

7. 温度变化时的位移法方程与荷载作用下的位移法方程有何不同？其系数、自由项应如何计算？

8. 建立位移法方程有哪两种不同途径？这两种方法各有什么优缺点？

9. 位移法采用 EXCEL 表计算时，如何确定系数、自由项？

10. 结构对称但荷载不对称时，可否取一半结构计算？

11. 力法和位移法在计算原理和步骤上有何异同？

习　题

6-1　对于图示结构，试确定在位移法计算中的基本未知量数目。

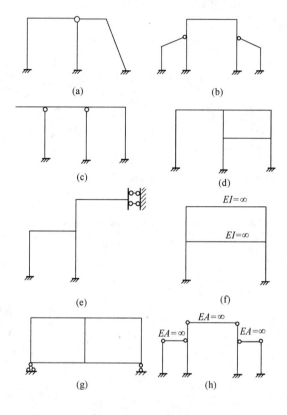

题 6-1 图

6-2　用位移法计算图示连续梁，并绘制弯矩图。EI＝常数。

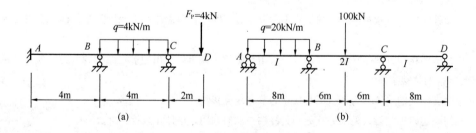

题 6-2 图

6-3　用位移法计算图示结构，并绘制其弯矩图、剪力图和轴力图。EI＝常数。

6-4　用位移法计算图示结构，绘制弯矩图。

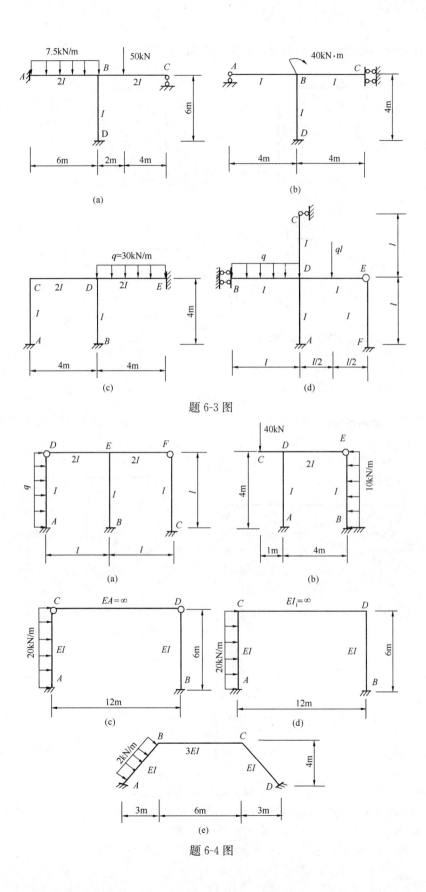

题 6-3 图

题 6-4 图

6-5　利用对称性按位移法计算图示刚架，并绘出弯矩图。EI＝常数。

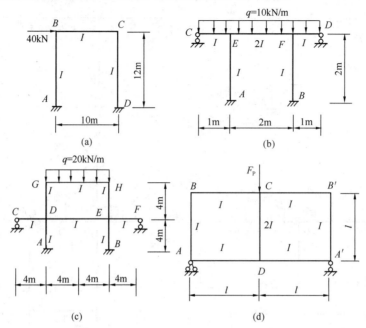

题 6-5 图

6-6　设图示等截面连续梁的支座 B 下沉 20mm，支座 C 下沉 12mm，试作此连续梁的弯矩图。已知 $E = 2.1 \times 10^2 \, \text{kN/mm}^2$，$I = 2 \times 10^8 \, \text{mm}^4$。

6-7　设图示刚架的支座 B 下沉 5mm，试作此刚架的弯矩图。已知 $EI = 3 \times 10^5 \, \text{kN} \cdot \text{m}^2$。

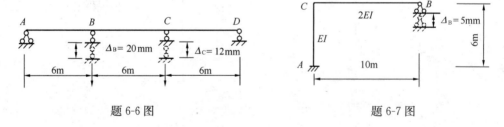

题 6-6 图　　　　　　　　　　　题 6-7 图

6-8　试中习题 6-2、6-3、6-4 中各选基本未知量不少于两个的结构，用位移法 EXCEl 表格计算。

答　案

6-1　(a) 3；(b) 9；(c) 3；(d) 7；(e) 4；(f) 2；(g) 8；(h) 5

6-2　(a) M_B＝2.29kN・m(上拉)，M_C＝8kN・m(上拉)；

　　(b) M_B＝175.2kN・m(上拉)，M_C＝58.9kN・m(上拉)

6-3　(a) M_{AB}＝－15.15kN・m(上拉)，M_{BA}＝37.19kN・m(上拉)；

　　(b) M_{BA}＝15kN・m(上拉)，M_{BD}＝20kN・m(左拉)；

　　(c) M_{DC}＝14.29kN・m(上拉)，M_{DB}＝8.57kN・m(左拉)，

　　　M_{CA}＝－2.86kN・m(右拉)；

　　(d) M_{DA}＝－0.053ql^2(右拉)，M_{DB}＝0.32ql^2(上拉)

6-4　(a) M_{AD}＝－(11/56)ql^2(左拉)，M_{BE}＝－(1/8)ql^2(左拉)；

(b) $M_{BE}=42.1$kN・m（右拉）；

(c) $M_{AC}=-225.08$kN・m（左拉），$M_{BD}=-135$kN・m（左拉）；

(d) $M_{AC}=-150$kN・m（左拉），$M_{BD}=-90$kN・m（左拉）；

(e) $M_{AB}=-8.97$kN・m（上拉），$M_{BA}=-1.88$kN・m（下拉），

　$M_{CD}=-4.20$kN・m（上拉），$M_{DC}=-3.88$kN・m（下拉）

6-5 (a) $M_{AB}=-134.76$kN・m（左拉），$M_{BA}=-105.46$kN・m（右拉）；

(b) $M_{EC}=2.14$kN・m（上拉），$M_{EF}=-2.74$kN・m（上拉）；

(c) $M_{AD}=-7.619$kN・m（左拉），$M_{DG}=30.467$kN・m（右拉）；

(d) $M_{BA}=(3/28)F_P l$（左拉），$M_{CB}=-(1/7)F_P l$（下拉）

6-6 $M_{BC}=50.4$kN・m（下拉），$M_{CB}=-5.6$kN・m（下拉）

6-7 $M_{CB}=-47.4$kN・m（上拉）

6-8 与所选题的计算结果相同。

第 7 章 渐 近 法

7.1 概　　述

计算超静定结构的力法和位移法都需要求解线性代数方程组，当未知量数目较多时，计算非常繁冗。为了寻求更简捷的计算途径，人们提出了求解超静定刚架的一些实用计算方法，例如力矩分配法、迭代法、无剪力分配法等。这些方法都是以位移法为基础的渐近解法，即计算中通过采用逐次修正或逐步逼近的作法来计算结构杆端弯矩，最后收敛于精确解，从而避免了建立和求解联立方程组。它们物理概念明确，计算过程又能遵循一定的步骤循环进行，容易掌握，适合手算，在工程中得到广泛应用。

然而，随着计算机的普及，上述渐近解法的应用在逐渐减少，但在未知量较少的结构计算和提高力学分析能力方面，仍有其应用价值。

力矩分配法适用于计算连续梁和无节点线位移刚架，而无剪力分配法则适用于刚架虽有线位移，但各柱剪力却可以由平衡条件直接求出的情况。本章除阐述这两种方法外，还将介绍剪力分配法。

7.2　力矩分配法的基本原理

力矩分配法是位移法演变而来的一种结构计算方法。因此，位移法中的变形假定在这里仍然适用，杆端弯矩和节点角位移的正负号规定也与位移法相同，不再重复。为了说明力矩分配法的基本原理，下面先介绍几个有关的名词。

7.2.1　转动刚度、传递系数和分配系数

（1）转动刚度

转动刚度又称劲度系数，它表示杆端对于转动的抵抗能力。例如图 7-1（a）所示 A 端铰支、B 端固定的梁，使 A 端产生单位转角 $\varphi=1$ 时，在 A 端所需要施加的力矩，称为 AB 杆在 A 端的转动刚度，用 S_{AB} 表示。S_{AB} 的下标，A 表示施力端，称为近端，B 表示杆件的另一端，称为远端。由于 AB 杆的受力、变形情况与图 7-1（b）所示的两端固定梁的受力、变形情况完全相同，因此 $S_{AB}=M_{AB}$。当 AB 杆为等截面直杆时，其值可由第 6 章表 6-1 第 1 栏查出，即

$$S_{AB} = M_{AB} = \frac{4EI}{l} = 4i$$

对于等截面直杆在远端（B 端）分别为铰支和定向支承时的转动刚度，可由表 6-1 的第 7、13 栏查出，现将它们一并列入表 7-1。由表 7-1 可知，转动刚度的大小不仅与杆件

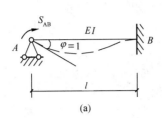
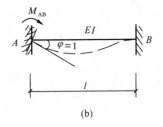

(a)   (b)

图 7-1

的线刚度 $i = \dfrac{EI}{l}$ 有关，而且与远端的支承情况有关。

等截面直杆的转动刚度和传递系数   表 7-1

编 号	计算简图	转动刚度 S	传递系数 C
1	$\begin{array}{c} A \quad EI \quad B \\ \hline l \end{array}$	$S_{AB}=S_{BA}=\dfrac{4EI}{l}=4i_{AB}$	$C_{AB}=C_{BA}=\dfrac{1}{2}$
2	$\begin{array}{c} A \quad EI \quad B \\ \hline l \end{array}$	$S_{AB}=\dfrac{3EI}{l}=3i_{AB}$	$C_{AB}=0$
3	$\begin{array}{c} A \quad EI \quad B \\ \hline l \end{array}$	$S_{AB}=-S_{BA}=\dfrac{EI}{l}=i_{AB}$	$C_{AB}=C_{BA}=-1$

（2）传递系数

由表 6-1 第 1、7、13 栏还可以看出，当杆件 AB 的 A 端施加力矩 M_{AB} 时，在 B 端也产生弯矩 M_{BA}，好比是近端弯矩按一定的比例传递到远端一样，故远端弯矩又称为传递弯矩。传递弯矩与近端弯矩的比值称为传递系数，用 C_{AB} 表示，即：

$$C_{AB} = M_{BA}/M_{AB} \quad 或 \quad M_{BA} = C_{AB}M_{AB} \tag{7-1}$$

等截面直杆远端为固定、铰支、定向支承时的传递系数见表 7-1。

（3）分配系数

图 7-2（a）所示刚架，在节点 A 作用有力矩 M，使结构在 A 处产生角位移 φ_A。因为 A 为刚节点，故各杆在 A 端产生的转角均为 φ_A。由于有角位移，各杆在 A 端必然有对节点的抵抗力矩。根据转动刚度的定义，各抵抗力矩分别为：

$$M_{AB} = S_{AB}\varphi_A, M_{AC} = S_{AC}\varphi_A, M_{AD} = S_{AD}\varphi_A \tag{7-2}$$

取节点 A 为隔离体（图 7-2b），由 $\Sigma M_A = 0$ 可得：

$$M = M_{AB} + M_{AC} + M_{AD} = (S_{AB} + S_{AC} + S_{AD})\varphi_A$$

图 7-2

由此得：

$$\varphi_A = \frac{M}{S_{AB} + S_{AC} + S_{AD}} = \frac{M}{\Sigma S_{Ai}} \tag{7-3}$$

式中 ΣS_{Ai}——汇交于节点 A 的各杆转动刚度之和。

将式（7-3）代入式（7-2），可得各杆 A 端弯矩为：

$$M_{AB} = \frac{S_{AB}}{\Sigma S_{Ai}}M = \mu_{AB}M, \quad M_{AC} = \frac{S_{AC}}{\Sigma S_{Ai}}M = \mu_{AC}M, \quad M_{AD} = \frac{S_{AD}}{\Sigma S_{Ai}}M = \mu_{AD}M \tag{7-4}$$

式（7-4）表明，汇交于节点 A 处的各杆端弯矩，好比是由作用于节点 A 的力矩 M 按比例分配给各近端的，故称为分配弯矩。而 μ_{AB}、μ_{AC}、μ_{AD} 则为相应杆件的分配系数，式（7-4）可统一表示为：

$$M_{Aj} = \mu_{Aj}M \tag{7-5}$$

其中

$$\mu_{Aj} = \frac{S_{Aj}}{\Sigma S_{Ai}} \tag{7-6}$$

式（7-6）表明，节点 A 处某一杆件的分配系数，等于该杆 A 端的转动刚度与节点 A 所有各杆 A 端转动刚度总和之比。显然，汇交于同一节点各杆分配系数之和等于 1，即

$$\Sigma\mu_{Aj} = 1 \tag{7-7}$$

7.2.2　力矩分配法的基本概念

如图 7-3（a）所示刚架，设想将其受力视作图 7-3（b）和图 7-3（c）两种情况的叠加。在图 7-3（b）中，是先用附加刚臂将节点 1 固定不动，然后施加原结构的荷载 F_P、q。此时，刚架不仅受到原有荷载的作用，同时附加刚臂必然有阻止节点 1 转动的反力矩（以绕节点顺时针转为正），记为 M_1^F。在图 7-3（c）中，是在节点 1 的附加刚臂上施加与 M_1^F 等值、反向的力矩（$-M_1^F$），它是消除附加刚臂阻止节点转动的力矩，即放松节点。显然，这两种情况外力叠加的结果就是原结构的荷载。根据叠加原理，求出图 7-3（b）和图 7-3（c）中各杆内力再求和即得图 7-3（a）所示刚架的内力。

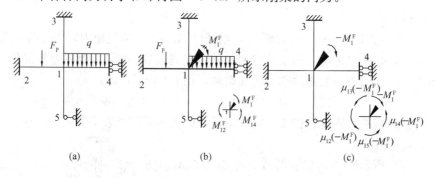

图 7-3

图 7-3（b）的受力其实就是位移法基本结构受荷载作用的情况。由于节点 1 固定，各杆成为单跨超静定梁，杆端弯矩可由表 6-1 查出。再取节点 1 为隔离体（图 7-3b），由 $\Sigma M_1 = 0$ 求得附加刚臂上的反力矩 M_1^F，其值为：

$$M_1^F = \Sigma M_{1i}^F \tag{7-8}$$

式中，ΣM_{1i}^F 为杆件 $1i$ 在 1 端（近端）的杆端弯矩（又称为固端弯矩），以绕节点逆时针转为正。式（7-8）表明，附加刚臂上的反力矩等于该节点各杆固端弯矩的代数和，它是各固端弯矩所不能平衡的差额，故又称为节点不平衡力矩。因为固端弯矩对节点是以逆时针转为正，所以节点不平衡力矩则是以顺时针转为正。

在图 7-3（c）中，刚架在节点 1 受（$-M_1^F$）作用，由 7.2.1 知，各杆在 1 端（近端）将得到分配弯矩，可由式（7-5）求得，如图 7-3（c）中的小图所示；在远端将得到传递弯矩，可由式（7-1）求出。

将这两种情况求得的杆端弯矩相加，即为原结构各杆端的最后弯矩。

以上是只有一个刚节点的结构用力矩分配法的计算过程，它可以概括为：

（1）计算各杆的分配系数；

（2）固定节点，即在刚节点处加入附加刚臂，求出各杆固端弯矩及节点不平衡力矩；

（3）放松节点，即将节点不平衡力矩反号施加于节点，按分配系数求出各杆近端的分配弯矩；

（4）将分配弯矩进行传递，求出各杆远端的传递弯矩；

（5）将同一杆端的固端弯矩、分配弯矩、传递弯矩叠加即得最后弯矩，绘出 M 图。

【例 7-1】 试用力矩分配法作图 7-4（a）所示连续梁的弯矩图。

【解】 （1）计算节点 B 各杆端分配系数。为方便计算，令 $EI/6 = 1$，则 $i_{BA} = \dfrac{EI}{6} = 1$；$i_{BC} = \dfrac{EI}{8} = 0.75$。由式（7-6）得：

$$\mu_{BA} = \frac{4 \times 1}{4 \times 1 + 3 \times 0.75} = 0.64, \mu_{BC} = \frac{3 \times 0.75}{4 \times 1 + 3 \times 0.75} = 0.36$$

$\mu_{BA} + \mu_{BC} = 1$，计算无误。

（2）固定节点 B，计算各杆固端弯矩和节点不平衡力矩。由表 6-1 第 4、9 栏查得

$$M_{AB}^{F} = -\frac{ql^2}{12} = -60 \text{kN} \cdot \text{m}; M_{BA}^{F} = \frac{ql^2}{12} = 60 \text{kN} \cdot \text{m};$$

$$M_{BC}^{F} = -\frac{3F_{P}l}{16} = -\frac{3 \times 50 \times 8}{16} = -75 \text{kN} \cdot \text{m}; M_{CB}^{F} = 0$$

节点 B 的不平衡力矩为：

$$M_{B}^{F} = \Sigma M_{Bj}^{F} = 60 - 75 = -15 \text{kN} \cdot \text{m}$$

（3）放松节点 B，进行力矩分配和传递。将 M_{B}^{F} 反号并乘以分配系数即得节点 B 各杆近端的分配弯矩，各分配弯矩再乘以传递系数即得各杆远端的传递弯矩。为使计算过程紧凑、直观，可直接在图 7-4（a）下面列表进行。计算时，在分配弯矩下面画一横线，表明它是放松节点 B 时由（$-M_{B}^{F}$）分配给各杆近端的弯矩；在分配弯矩和传递弯矩之间画一箭头，表示弯矩向远端传递。

（4）计算杆端最后弯矩、绘制弯矩图。将各杆端的固端弯矩、分配弯矩和传递弯矩代

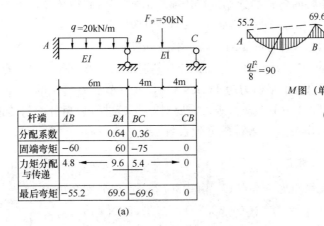

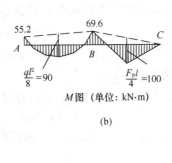

M 图（单位：kN·m）

(b)

杆端	AB	BA	BC	CB
分配系数		0.64	0.36	
固端弯矩	−60	60	−75	0
力矩分配与传递	4.8 ←	9.6	5.4 →	0
最后弯矩	−55.2	69.6	−69.6	0

(a)

图 7-4

数相加，便得到杆端最后弯矩，如图 7-4（a）下面表中最后一行所示，据此可绘出 M 图，如图 7-4（b）所示。

7.3 力矩分配法计算连续梁和无节点线位移刚架

以上通过只有一个刚节点角位移的结构介绍了力矩分配法的基本概念。对于具有多个刚节点的连续梁和无节点线位移刚架，可以轮流反复地对每个刚节点进行力矩分配和传递，直至满足精度要求为止。最后将各杆端的固端弯矩、分配弯矩、传递弯矩求和便得到最后弯矩，现具体说明如下。

对图 7-5（a）所示三跨连续梁，首先将节点 B、C 都固定起来，使其不能转动，则在荷载作用下各杆端固端弯矩由表 6-1 可查得：

$$M_{AB}^F = -\frac{320 \times 5 \times 3^2}{8^2} = -225\text{kN} \cdot \text{m}, \quad M_{BA}^F = \frac{320 \times 5^2 \times 3}{8^2} = 375\text{kN} \cdot \text{m}$$

$$M_{BC}^F = -\frac{200 \times 10}{8} = -250\text{kN} \cdot \text{m}, \quad M_{CB}^F = \frac{200 \times 10}{8} = 250\text{kN} \cdot \text{m}$$

$$M_{CD}^F = -\frac{30 \times 6^2}{8} = -135\text{kN} \cdot \text{m}, \quad M_{DC}^F = 0$$

节点 B、C 的不平衡力矩由式（7-8）计算如下：

$$M_B^F = M_{BA}^F + M_{BC}^F = 125\text{kN} \cdot \text{m}, \quad M_C^F = M_{CB}^F + M_{CD}^F = 115\text{kN} \cdot \text{m}$$

为了消除这两个不平衡力矩，可先将其中一个节点放松，进行力矩分配、传递，再固定；然后对另一个节点进行同样的计算。如此反复轮流运算，直至满足精度要求。例如，放松节点 B，进行力矩分配与传递。这与上节放松单节点的情况完全相同。即，先求节点 B 各杆端分配系数，由式（7-6）得：

$$\mu_{BA} = \frac{4 \times 1}{4 \times 1 + 4 \times 1} = 0.5, \quad \mu_{BC} = \frac{4 \times 1}{4 \times 1 + 4 \times 1} = 0.5$$

再将不平衡力矩（125kN·m）反号作用于节点 B，由式（7-5）求得分配弯矩：

$$M_{BA} = \mu_{BA}(-M_B^F) = -62.5\text{kN} \cdot \text{m}$$

$$M_{BC} = \mu_{BC}(-M_B^F) = -62.5\text{kN} \cdot \text{m}$$

与此同时，分配弯矩将向各自的远端进行传递，由式（7-1）得传递弯矩为：

$$M_{AB} = C_{AB}M_{BA} = -31.25\text{kN} \cdot \text{m}$$

$$M_{CB} = C_{BC}M_{BC} = -31.25\text{kN} \cdot \text{m}$$

以上完成了节点 B 的一次分配和传递，节点 B 暂时获得平衡，然后将节点 B 固定。

再来考察节点 C。它原有不平衡力矩 115kN·m，又有节点 B 传来的 -31.25kN·m，共为 83.75kN·m。为消除这一不平衡力矩，需要对节点 C 进行力矩分配与传递，做法与节点 B 的运算相同。即求出节点 C 各杆端分配系数：

$$\mu_{CB} = \frac{4 \times 1}{4 \times 1 + 3 \times 2} = 0.4, \quad \mu_{CD} = \frac{3 \times 2}{4 \times 1 + 3 \times 2} = 0.6$$

再将 83.75kN·m 反号施加于节点 C，由式（7-5）求得分配弯矩为：

$$M_{CB} = 0.4 \times (-83.75) = -33.5\text{kN} \cdot \text{m}$$

$$M_{CD} = 0.6 \times (-83.75) = -50.25\text{kN} \cdot \text{m}$$

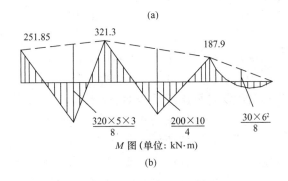

分配系数		0.5	0.5		0.4	0.6	
固端弯矩	−225	375	−250		250	−135	0
B点1次分配传递	−31.25 ←	−62.5	−62.5	→	−31.25		
C点1次分配传递			−16.75	←	−33.5	−50.25 →	0
B点2次分配传递	4.19 ←	8.375	8.375	→	4.19		
C点2次分配传递			−0.838	←	−1.676	−2.514	
B点3次分配传递	0.21 ←	0.419	0.419	→	0.21		
C点3次分配					−0.084	−0.126	
杆端最后弯矩	−251.85	321.3	−321.3		187.89	−187.89	0

(a)

M 图 (单位: kN·m)

(b)

图 7-5

将分配弯矩向各自的远端传递，得传递弯矩为：

$$M_{BC} = \frac{1}{2} \times (-33.5) = -16.75 \text{kN} \cdot \text{m}, \quad M_{DC} = 0$$

以上也完成了节点 C 的一次分配和传递，节点 C 暂时获得平衡，但节点 B 又有了节点 C 传来的新的不平衡力矩（−16.75kN·m）。于是，再固定节点 C，放松节点 B，对其进行第二次力矩分配和传递。如此固定、放松，再固定、再放松，反复地轮流进行力矩分配、传递，直至传递弯矩小到满足要求，即认为各刚节点已消除了刚臂的作用，结构已非常接近其真实的平衡状态，计算便可停止。上述计算可列表进行。对于连续梁，表格常画在结构下方以方便对照。在各节点每次分配弯矩的下面画一横线，在分配弯矩和传递弯矩之间画一箭头，有利于对分配、传递计算的检查。最后把各杆端的固端弯矩和历次的分配弯矩、传递弯矩相加，便得到最后弯矩，据此绘出 M 图，如图 7-5 (b) 所示。

由于分配系数和传递系数均小于1，因此节点不平衡力矩消减得很快。为使计算收敛得更快，通常是从不平衡力矩绝对值较大的节点开始，一般只需计算两三个轮次就可达到精度要求。

凡是正确的解答，必然同时满足静力平衡条件和变形协调条件。对力矩分配法求得的杆端弯矩，同样应按以上两个条件校核。对平衡条件，各节点杆端弯矩应满足 $\Sigma M = 0$。对变形条件，汇交于同一刚节点各杆端转角 φ 应相等。设汇交于节点 i 有 n 个杆件，则各杆在 i 端的转角应满足：

$$\varphi_i = \frac{\Sigma M_{i1}^\mu}{S_{i1}} = \frac{\Sigma M_{i2}^\mu}{S_{i2}} = \cdots = \frac{\Sigma M_{ij}^\mu}{S_{ij}} = \cdots = \frac{\Sigma M_{in}^\mu}{S_{in}} \tag{7-9}$$

式中 $\quad j = 1、2、\cdots、n$；

$\quad\quad \Sigma M_{ij}^\mu$ ——节点 i 处杆件 ij 在 i 端历次分配弯矩之和；

$\quad\quad S_{ij}$ ——ij 杆在 i 端的转动刚度。

例如本例节点 C 处各杆转角为：

$$\frac{\Sigma M_{CB}^\mu}{S_{CB}} = \frac{-33.5 - 1.676 - 0.084}{4 \times 1} = -8.815$$

$$\frac{\Sigma M_{CD}^\mu}{S_{CD}} = \frac{-50.25 - 2.514 - 0.126}{3 \times 2} = -8.815$$

满足式（7-9）变形条件的要求。再由观察可知，两个杆端弯矩的代数和为零，满足平衡条件。类似地计算可知，汇交于节点 B 的两杆端也满足平衡条件和变形条件。表明计算无误。

以上关于连续梁的做法，同样适用于无节点线位移刚架。

由上可见，具有多个刚节点的力矩分配法，实际上就是重复进行单节点力矩分配、传递的基本运算。现将力矩分配法计算连续梁和无节点线位移刚架的步骤归纳如下：

（1）计算每个刚节点各杆端的分配系数并确定传递系数。

（2）将刚节点固定，计算各杆固端弯矩，求出节点不平衡力矩。

（3）轮流放松、固定各节点。每放松一个节点时，就将该节点不平衡力矩反号乘以分配系数，求出节点各杆近端的分配弯矩；再将分配弯矩乘以传递系数，求出各杆远端的传递弯矩；然后再将该节点固定，进行下一个节点的力矩分配与传递；如此反复循环进行，直到传递弯矩小到可以忽略时为止。

（4）将各杆端固端弯矩、历次分配弯矩、传递弯矩相加，求出最后弯矩，绘出 M 图。

（5）对计算结果进行校核。

比较可知，位移法计算连续梁和无侧移刚架是根据基本结构在荷载和未知角位移共同作用下，附加刚臂上的总反力矩为零的条件，建立含有未知量的方程，因而需要解方程。力矩分配法则是先将节点固定，求出结构在荷载作用下的杆端弯矩和节点不平衡力矩；再轮回逐次将节点放松，对节点不平衡力矩进行分配、传递，逐渐逼近精确解，因此不解方程就可求出结构的最后内力。

【例 7-2】 试用力矩分配法作图 7-6（a）所示连续梁的弯矩图。

【解】 （1）此梁的外伸部分 EF 的内力是静定的，可直接画出，若将其去掉，以相应的弯矩和剪力作为外力作用于节点 E，则节点 E 可化为铰支座处理，如图 7-6（b）所示。

（2）求分配系数：

$$\mu_{BA} = \frac{3 \times 4.5}{3 \times 4.5 + 4 \times 3} = 0.529 \quad \mu_{BC} = \frac{4 \times 3}{3 \times 4.5 + 4 \times 3} = 0.471$$

$$\mu_{CB} = \frac{4 \times 3}{4 \times 3 + 4 \times 3} = 0.5 \quad \mu_{CD} = \frac{4 \times 3}{4 \times 3 + 4 \times 3} = 0.5$$

$$\mu_{DC} = \frac{4 \times 3}{4 \times 3 + 3 \times 4.5} = 0.471 \quad \mu_{DE} = \frac{3 \times 4.5}{4 \times 3 + 3 \times 4.5} = 0.529$$

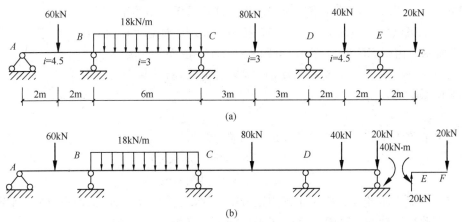

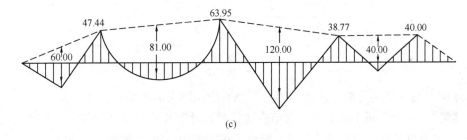

	A	B		C		D		E	F
分配系数		0.529	0.471	0.500	0.500	0.471	0.529		
固端弯矩	0	45.00	-54.00	54.00	-60.00	60.00	-10.00	40.00	-40.00
B、D点1次分配传递	0 ←	4.76	4.24 →	2.12	-11.78 ←	-23.55	-26.45 →	0	
C点1次分配传递			3.92 ←	7.83	7.83 →	3.92			
B、D点2次分配传递		-2.07	-1.85 →	-0.93	-0.93 ←	-1.85	-2.07		
C点2次分配传递			0.47	0.93	0.93 →	0.47			
B、D点3次分配传递		-0.25	-0.22 →	-0.11	-0.11 ←	-0.22	-0.25		
C点3次分配				0.11	0.11				
杆端最后弯矩	0	47.44	-47.44	63.95	-63.95	38.77	-38.77	40.00	-40.00
校核 $\varphi_i = \dfrac{\sum M_{ij}^\mu}{S_{ij}}$		0.18	0.18	0.74	0.74	-2.13	-2.13		

图 7-6　M 图（单位：kN·m）

（3）计算固端弯矩，由表 6-1 可计算出各杆固端弯矩如下：

$$M_{AB}^F = 0 \qquad M_{BA}^F = \frac{3 \times 60 \times 4}{16} = 45.0\,\text{kN·m}$$

$$M_{BC}^F = -\frac{18 \times 6^2}{12} = -54.0\,\text{kN·m} \qquad M_{CB}^F = \frac{18 \times 6^2}{12} = 54.0\,\text{kN·m}$$

$$M_{CD}^F = -\frac{80 \times 6}{8} = -60.0\,\text{kN·m} \qquad M_{DC}^F = \frac{80 \times 6}{8} = 60.0\,\text{kN·m}$$

$$M_{DE}^F = -\frac{3 \times 40 \times 4}{16} + 20 = -10.0\,\text{kN·m} \qquad M_{ED}^F = 40.0\,\text{kN·m}$$

（4）计算最后杆端弯矩：

求出分配系数和固端弯矩后，即可进行力矩分配和传递，计算最后杆端弯矩。为了加快收敛速度，采取 B、D 点先分配、传递，再进行 C 点的分配传递，如此反复进行，运算过程见图 7-6（b）下面的表格。根据求出的杆端最后弯矩绘出 M 图，如图 7-6（c）所示。

本例也可以把 E 点作为一个节点，按力矩分配法计算 DE 杆的固端弯矩。取 DF 段如图 7-7 所示，由于 EF 为一悬臂，可知各杆在 E 端的转动刚度为：

$$S_{ED} = 4i_{ED} = 4 \times 4.5 = 18, \ S_{EF} = 0$$

分配系数为：

$$\mu_{ED} = 1, \ \mu_{EF} = 0$$

先将节点 E 固定，则节点 D、E 的固端弯矩为：

$$M^F_{DE} = -M^F_{ED} = -20.0 \text{kN} \cdot \text{m}$$

$$M^F_{EF} = -40.0 \text{kN} \cdot \text{m}$$

再将节点 E 放松，并将不平衡力矩分配传递，见图 7-7 下面的计算表格，结果与前面相同。在此后结构的计算中，节点 E 不再固定，仅作为铰支端处理。

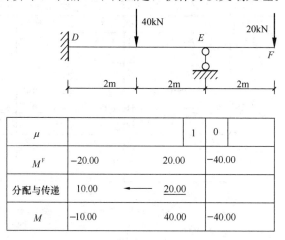

μ			1	0	
M^F	−20.00	20.00		−40.00	
分配与传递	10.00	← 20.00			
M	−10.00	40.00		−40.00	

图 7-7

【例 7-3】 试用力矩分配法作图 7-8（a）所示刚架的弯矩图。

【解】 刚架有两个刚节点，无节点线位移，计算步骤与连续梁相同。在刚架中，汇交于同一刚节点的杆件可能是 2 根、3 根或 4 根，使得计算表格中，同一杆件的两个杆端位置可能分开，因此力矩传递时应注意。求分配系数时，为计算方便，可令 $EI/6 = 1$，据此

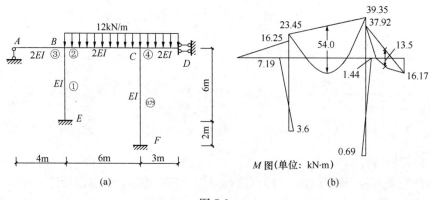

(a)　　　　　　　　　　(b)

图 7-8

求得各杆线刚度之相对值示于图 7-8（a）的小圆圈中。其余计算列于表 7-2 中。根据杆端最后弯矩绘出的 M 图见图 7-8（b）。

杆 端 弯 矩 计 算　　　　　　　　表 7-2

节　点	E	A	B			C			D	F
杆　端	EB	AB	BA	BE	BC	CB	CF	CD	DC	FC
分配系数			0.43	0.19	0.38	0.533	0.200	0.267		
固端弯矩					−36.00	36.00		−36.00	−18.00	
B 分配传递	3.42 ←		15.48	6.84	13.68 →	6.84				
C 分配传递					−1.83 ←	−3.65	−1.37	−1.83 →	1.83 →	−0.69
B 分配传递	0.18 ←		0.77	0.35	0.70 →	0.35				
C 分配						−0.19	−0.07	−0.09		
最后弯矩	3.6	0	16.25	7.19	−23.45	39.35	−1.44	−37.92	−16.17	−0.69

【例 7-4】　试用力矩分配法作图 7-9(a)所示刚架的弯矩图。

【解】　这是一个对称结构承受对称荷载，利用对称性取一半结构计算，如图 7-9（b）所示。令 $EI/4=1$，求得 $i_{AB}=2$，$i_{BE}=1$，$i_{BG}=4$。分配系数、固端弯矩及力矩分配传递的计算见表 7-3。结构 M 图如图 7-9（c）所示。

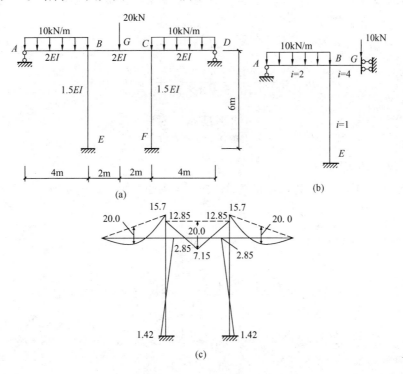

(a)

(b)

(c)

图 7-9　M 图(单位：kN·m)

节　点	A	E		B		G
杆　端	AB	EB	BE	BA	BG	GB
μ			0.285	0.430	0.285	
M^F				20	−10	−10
分配与传递		−1.42 ←	−2.85	−4.30	−2.85 →	2.85
M		−1.42	−2.85	15.7	−12.85	−7.15

【例 7-5】 图 7-10（a）所示连续梁，由于地基不均匀沉陷，A 支座发生角位移 φ_A = 0.02rad，C 支座下沉 Δ_C = 3cm。已知 E = 2×10^8 kPa，I = 4×10^{-5} m^4。试用力矩分配法计算，绘出弯矩图。

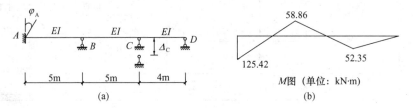

图 7-10

【解】 支座移动时与荷载作用的区别，仅在于固端弯矩是由于杆件两端的支座位移引起的，其余计算均相同。

（1）计算分配系数

$$\mu_{BA} = \mu_{BC} = \frac{4 \times EI/5}{4 \times EI/5 + 4 \times EI/5} = 0.5$$

$$\mu_{CB} = \frac{4 \times EI/5}{4 \times EI/5 + 3 \times EI/4} = 0.516;$$

$$\mu_{CD} = \frac{3 \times EI/4}{4 \times EI/5 + 3 \times EI/4} = 0.484$$

（2）计算固端弯矩

将节点 B、C 固定，此时，φ_A 将使 AB 杆产生固端弯矩，Δ_C 则使 BC、CD 杆引起固端弯矩。查表 6-1 得：

$$M_{AB}^F = 4 \times \frac{2 \times 10^8 \times 4 \times 10^{-5}}{5} \times 0.02 = 128 \text{kN} \cdot \text{m}$$

$$M_{BA}^F = 2 \times \frac{2 \times 10^8 \times 4 \times 10^{-5}}{5} \times 0.02 = 64 \text{kN} \cdot \text{m}$$

$$M_{BC}^F = M_{CB}^F = -6 \times \frac{2 \times 10^8 \times 4 \times 10^{-5}}{5^2} \times 0.03 = -57.6 \text{kN} \cdot \text{m}$$

$$M_{CD}^F = 3 \times \frac{2 \times 10^8 \times 4 \times 10^{-5}}{4^2} \times 0.03 = 45 \text{kN} \cdot \text{m}$$

（3）计算最后杆端弯矩、绘制 M 图

先 C 点再 B 点轮流进行力矩分配、传递，最后将各杆端弯矩求和，计算如表 7-4 所示。最后弯矩图如图 7-10（b）所示。

<table>
<tr><td colspan="7" align="right">杆 端 弯 矩 计 算   表 7-4</td></tr>
<tr><td>节 点</td><td>A</td><td colspan="2">B</td><td colspan="2">C</td><td>D</td></tr>
<tr><td>杆 端</td><td>AB</td><td>BA</td><td>BC</td><td>CB</td><td>CD</td><td>DC</td></tr>
<tr><td>分配系数</td><td></td><td>0.5</td><td>0.5</td><td>0.516</td><td>0.484</td><td></td></tr>
<tr><td>固端弯矩</td><td>128.00</td><td>64.00</td><td>−57.60</td><td>−57.60</td><td>45.00</td><td>0</td></tr>
<tr><td>C 一次分配</td><td></td><td></td><td>3.25</td><td>6.50</td><td>6.10</td><td></td></tr>
<tr><td>B 一次分配</td><td>−2.42</td><td>−4.83</td><td>−4.83</td><td>−2.42</td><td></td><td></td></tr>
<tr><td>C 二次分配</td><td></td><td></td><td>0.62</td><td>1.25</td><td>1.17</td><td></td></tr>
<tr><td>B 二次分配</td><td>−0.16</td><td>−0.13</td><td>−0.13</td><td>−0.16</td><td></td><td></td></tr>
<tr><td>C 三次分配</td><td></td><td></td><td></td><td>0.08</td><td>0.08</td><td></td></tr>
<tr><td>M</td><td>125.42</td><td>58.86</td><td>−58.86</td><td>−52.35</td><td>52.35</td><td>0</td></tr>
</table>

7.4 力矩分配法采用 EXCEL 计算

7.4.1 力矩分配法的改进作法

对节点多的结构，力矩分配法用手算工作量很大，耗时多、易出错。为此，作如下改进：一是将逐点进行力矩分配、传递，改为所有节点同时进行力矩分配、传递；二是用 EXCEL 表计算力矩分配、传递以及叠加最后杆端弯矩。这样，既不改变力矩分配法解题步骤，又解决了计算繁难的问题。

1. 所有节点同时进行力矩分配、传递

（1）将所有节点同时放松。即将各节点不平衡力矩反号后，同时进行力矩分配得到分配弯矩。

（2）将所有节点同时固定。即将各杆端分配弯矩同时向远端传递，再将同一节点各杆端传递弯矩求和，得到新的节点不平衡力矩。

（3）反复进行步骤（1）和（2），直到分配弯矩小到满足精度要求为止。

下面以图 7-11 所示三跨等截面连续梁为例，分别用传统的力矩分配、传递（表 7-5）和改进后的力矩分配、传递（表 7-6）进行计算。

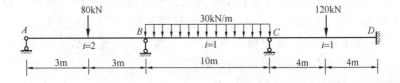

图 7-11

逐点进行力矩分配、传递求杆端弯矩 表 7-5

节点	A		B			C			D
分配系数			0.6	0.4		0.5	0.5		
固端弯矩	0.0		90.0	−250.0		250.0	−120.0		120.0
力矩分配与传递	0.0		←96.0	64.0 →		32.0			
				−40.5		← −81.0	−81.0 →		−40.5
	0.0		←24.3	16.2 →		8.1			
						−4.05	−4.05		
最后弯矩	0.0		210.3	−210.3		205.05	−205.05		79.5

所有节点同时进行力矩分配、传递求杆端弯矩 表 7-6

节点	A		B			C			D
分配系数			0.6	0.4		0.5	0.5		
固端弯矩	0.0		90.0	−250.0		250.0	−120.0		120.0
力矩分配与传递		↙	96.0	64.0 ↘	↙	−65.0	−65.0 ↘		
	0.0			−32.5		32.0			−32.5
		↙	19.5	13.0 ↘	↙	−16.0	−16.0 ↘		
	0.0			−8.0		6.5			−8.0
			4.8	3.2		−3.25	−3.25		
最后弯矩	0.0		210.3	−210.3		204.25	−204.25		79.5

注：若将 B 端最后分配弯矩 3.2 向 C 端传递并分配，则 $M_{CB}=205.05$，$M_{CD}=-205.05$ 与表 7-5 完全相同。

对比两种力矩分配、传递计算表可以看出，所有节点同时分配、传递只是改变了传统的力矩分配、传递的次序，结果并未改变。然而，这一做法，却使力矩分配和传递变得规律、统一，减少了逐点分配时因节点不平衡力矩反号而造成的错误。更重要的是，力矩分配与传递的计算容易编制成 EXCEL 表，尤其是无侧移刚架。虽然所有节点同时分配、传递，会使计算轮次略有增加，但这对计算机根本不是问题。

2. 采用 EXCEL 表计算

按照上述作法，编制了"力矩分配法（连续梁）EXCEL 计算表"和"力矩分配法（无侧移刚架）EXCEL 计算表"，收集在附录Ⅱ.2 中。采用 EXCEL 表，大大提高了解题速度。计算表格的操作如下：

（1）打开 EXCEL 计算表，按表格上方提示，输入给定结构的"跨数"和"分配传递次数"（刚架还要输入"层数"），点击"生成表格模板"，即可得到所需表格；

（2）对生成的计算表格，逐点输入节点号、杆端号、分配系数、传递系数、固端弯矩等参数，表格便可自动计算，求出最后杆端弯矩；

（3）根据最后杆端弯矩绘出 M 图。

用 EXCEL 表计算，方便修改、检查。若某个参数输入错误，只需改动该参数，表格便自动将计算结果修正。若需检查某一计算，可点击"工具（T）"→"公式审核"→显示

"公式审核"工具栏→选定要检查的单元格→"追踪引用单元格",表格便用箭头指出该数据的来源。

需要说明的是,打开无侧移刚架 EXCEL 表后,需要先预估力矩分配传递的次数填入提示栏,以便生成所需计算表格。由于分配系数小于 1,传递系数为 0.5,因此分配传递次数只要不小于 4,一般都能满足工程的精度要求。

7.4.2 算例

【例 7-6】 试用力矩分配法 EXCEL 表计算图 7-12(a)所示等截面连续梁,绘出 M 图。各跨杆件 EI=常数。

【解】 打开力矩分配法(连续梁)EXCEL 计算表,在表格上方"跨数"栏下面输入"3",点击"生成表格模板",即得所需要的表格,见表 7-7。令 $EI/12m=1$,将各节点号、杆端号、分配系数、传递系数、固端弯矩依次输入表 7-7 第 1～5 行。表格自动显示出第一次的力矩分配、传递计算结果。然后采用复制粘贴直到满足精度要求为止。表格最后一行即自动显示出杆端最后弯矩。

根据杆端最后弯矩绘出 M 图,如图 7-12(b)所示。

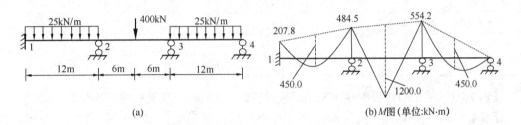

(a)

(b) M 图(单位:kN·m)

图 7-12

例 7-6 计算表　　　　　　　　　　表 7-7

连续梁用力矩分配法计算表格

输入参数:	跨数	分配传递次数(≤10)		生成表格模板
	3	7		

节点	1	2		3		4
杆端	1-2	2-1	2-3	3-2	3-4	4-3
分配系数		0.50	0.50	0.57	0.43	
传递系数		0.50	0.50	0.50	0.00	
固端弯矩	−300.00	300.00	−600.00	600.00	−450.00	0.00
不平衡力矩	−300.00	−300.00		150.00		0.00
分配	0.00	150.00	150.00	−85.50	−64.50	0.00
传递	75.00	0.00	−42.75	75.00	0.00	0.00

不平衡力矩	75.00		−42.75		75.00		0.00
分配	0.00	21.38	21.38	−42.75	−32.25		0.00
传递	10.69	0.00	−21.38	10.69	0.00		0.00
不平衡力矩	10.69		−21.38		10.69		0.00
分配	0.00	10.69	10.69	−6.09	−4.60		0.00
传递	5.34	0.00	−3.05	5.34	0.00		0.00
不平衡力矩	5.34		−3.05		5.34		0.00
分配	0.00	1.52	1.52	−3.05	−2.30		0.00
传递	0.76	0.00	−1.52	0.76	0.00		0.00
不平衡力矩	0.76		−1.52		0.76		0.00
分配	0.00	0.76	0.76	−0.43	−0.33		0.00
传递	0.38	0.00	−0.22	0.38	0.00		0.00
不平衡力矩	0.38		−0.22		0.38		0.00
分配	0.00	0.11	0.11	−0.22	−0.16		0.00
传递	0.05	0.00	−0.11	0.05	0.00		0.00
不平衡力矩	0.05		−0.11		0.05		0.00
分配	0.00	0.05	0.05	−0.03	−0.02		0.00
最后弯矩	−207.77	484.51	−484.51	554.16	−554.16		0.00

【例 7-7】　试用力矩分配法 EXCEL 表计算图 7-13（a）所示刚架。各杆 EI＝常数。

【解】　（1）刚架为一层三跨。打开力矩分配法（无侧移刚架）EXCEL 计算表，在表格上方"层数"、"跨数"、"分配传递次数"栏下依次输入"1"、"3"、"6"，点击"生成表格模板"，即显示出所需要的表格，见表 7-8。

（2）令 $EI/6m＝1$，按顺序将节点号、杆端号、分配系数、传递系数、固端弯矩输入表格第 1～5 行，如表 7-8 所示。这时，表格将自动显示出各次力矩分配传递的计算结果

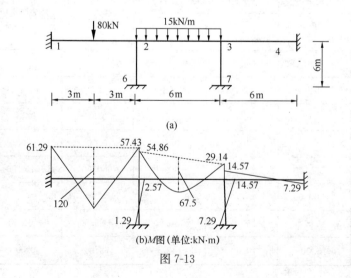

(a)

(b)M图（单位:kN·m）

图 7-13

和杆端最后弯矩。

（3）根据杆端最后弯矩绘出 M 图，如图 7-13（b）所示。

例 7-7 计算表　　　　　　　　　　　　　　　　表 7-8

无侧移刚架用力矩分配法计算表格

输入参数：	层数	跨数（≤5）	分配传递次数	生成表格模板
	1	3	6	

1层节点	1		2				3				4		
杆件	1-5	1-2	2-1		2-6	2-3	3-2		3-7	3-4	4-3		4-8
分配系数			0.33		0.33	0.33	0.33		0.33	0.33			
传递系数			0.50		0.50	0.50	0.50		0.50	0.50			
固端弯矩		−60.00	60.00			−45.00	45.00						
第1次分配	0.00	0.00	−5.00		−5.00	−5.00	−15.00		−15.00	−15.00	0.00		0.00
第1次传递	0.00	−2.50	0.00		0.00	−7.50	−2.50		0.00	0.00	−7.50		0.00
第2次分配	0.00	0.00	2.50		2.50	2.50	0.83		0.83	0.83	0.00		0.00
第2次传递	0.00	1.25	0.00		0.00	0.42	1.25		0.00	0.00	0.42		0.00
第3次分配	0.00	0.00	−0.14		−0.14	−0.14	−0.42		−0.42	−0.42	0.00		0.00
第3次传递	0.00	−0.07	0.00		0.00	−0.21	−0.07		0.00	0.00	−0.21		0.00
第4次分配	0.00	0.00	0.07		0.07	0.07	0.02		0.02	0.02	0.00		0.00
第4次传递	0.00	0.03	0.00		0.00	0.01	0.03		0.00	0.00	0.01		0.00
第5次分配	0.00	0.00	0.00		0.00	0.00	−0.01		−0.01	−0.01	0.00		0.00
第5次传递	0.00	0.00	0.00		0.00	−0.01	0.00		0.00	0.00	−0.01		0.00
第6次分配	0.00	0.00	0.00		0.00	0.00	0.00		0.00	0.00	0.00		0.00
最后弯矩	0.00	−61.29	57.43		−2.57	−54.86	29.14		−14.57	−14.57	−7.29		0.00

支座节点	5		6		7		8	
杆件	5-1		6-2		7-3		8-4	
分配系数								
传递系数								
固端弯矩								
第1次分配	0.00		0.00		0.00		0.00	
第1次传递	0.00		−2.50		−7.50		0.00	
第2次分配	0.00		0.00		0.00		0.00	
第2次传递	0.00		1.25		0.42		0.00	
第3次分配	0.00		0.00		0.00		0.00	
第3次传递	0.00		−0.07		−0.21		0.00	
第4次分配	0.00		0.00		0.00		0.00	
第4次传递	0.00		0.03		0.01		0.00	
第5次分配	0.00		0.00		0.00		0.00	
第5次传递	0.00		0.00		−0.01		0.00	
最后弯矩	0.00		−1.29		−7.29		0.00	

7.5　无剪力分配法

力矩分配法只适用于连续梁和无节点线位移刚架的计算。然而对符合某些特定条件的有侧移刚架，例如图 7-14（a）、（b）所示多层单柱刚架和单跨对称刚架，在水平荷载作用下各节点将产生水平线位移，但是柱中的剪力可根据平衡条件直接确定。这时，可采用下面介绍的无剪力分配法求各杆弯矩。

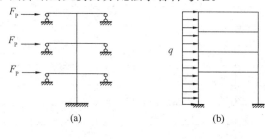

图 7-14

对图 7-15（a）所示对称刚架，计算内力时，常利用对称性，将荷载分解为正对称和反对称两组，如图 7-15（b）、（c）所示。对于正对称荷载作用的情况，在忽略杆件轴向变形时，各节点无线位移，可直接对图 7-15（b）（或利用对称性取半个结构）用力矩分配法计算，无须赘述。对于反对称荷载作用的情况，各节点除转角外还有侧移，其内力计算，可取图 7-16（a）所示的半个刚架进行。

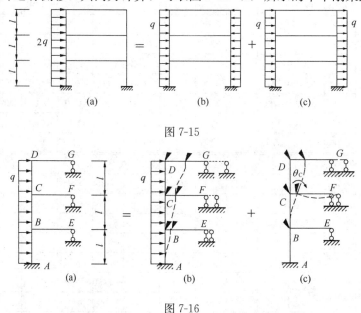

图 7-15

图 7-16

考察图 7-16（a）所示结构，其受力、变形具有以下特点：各横梁两端无相对线位移，称之为无侧移杆件；各柱两端在外力作用下将产生水平线位移，而且各柱的剪力可以根据静力平衡条件直接确定，与节点位移无关，称为剪力静定柱。若用附加刚臂阻止各刚节点的转动，则在各附加刚臂上必然作用有节点不平衡力矩，如图 7-16（b）所示；再将各节点不平衡力矩反号施加于刚臂上，轮流地进行力矩分配和传递，如图 7-16（c）所示。那么，图 7-16（a）所示结构的受力和变形，就是图 7-16（b）与图 7-16（c）所示两种情况的叠加。

在图 7-16（b）中，各节点的附加刚臂只阻止节点转动，但并不阻止节点线位移。此时，结构在水平荷载作用下，自下而上每层的侧移均由两部分组成：一是本层随下层顶端的整体刚体移动，它不会使杆件产生内力；另一是本层上端对下端的相对侧移，它将使柱子产生内力，横梁只作水平方向的刚体移动，不产生内力，如图 7-16（b）中虚线所示。现以二层柱 BC 为例，说明柱子上端相对于下端的侧移。以 B 点为基准点，由于刚臂阻止节点转动，可看作固定端；C 点也不能转动，但水平方向无约束，可看作定向支承。因此柱子的约束和变形与一端固定一端定向支承的情况完全相同。由静力平衡条件可知，每一层柱的上端承受的剪力，等于柱顶以上各层所有水平荷载的代数和。于是 C 端的剪力值为 $F_Q = ql$。由表 6-1 可查出二层柱在 F_Q 作用下柱端弯矩为：

$$M_{CB}^{F1} = M_{BC}^{F1} = -\frac{F_Q l}{2} = -\frac{ql^2}{2}$$

此外，BC 柱上还有均布荷载 q，因此还要叠加由柱上荷载引起的杆端弯矩 $\left(M_{BC}^{F2} = -\frac{ql^2}{3}, \right.$

$\left. M_{CB}^{F2} = -\frac{ql^2}{6} \right)$，才是二层柱的固端弯矩。按此做法，可求出所有柱的固端弯矩，进而计算各节点不平衡力矩。

图 7-16（c）表示通过各节点轮流地放松、固定，对节点不平衡力矩进行分配和传递。图中所示为放松节点 C 的情形，即将节点 C 的不平衡力矩反号作用于节点上，这将使节点 C 产生转角 θ_C。由于各层柱均相当于下端固定上端滑动的等截面柱，因此，对 BC 柱而言，则为滑动支座有转角 θ_C，固定端无转动；对 CD 柱而言，则是固定端有转角 θ_C，滑动支座无转动。由式（6-3）可知，不论哪端转动，柱两端剪力都为零。在求转动刚度和传递系数时，各柱均可按一端固定一端滑动的杆件计算，即转动刚度都等于各自的线刚度 i，传递系数均取（-1）。各层横梁，则按一端固定、一端铰支的杆件计算。至于力矩分配、传递的具体计算则与一般力矩分配法的作法相同。由于在力矩分配与传递过程中，柱内不会产生新的剪力，故称为无剪力分配法。下面通过算例说明具体计算。

【例 7-8】 试用无剪力分配法计算图 7-17（a）所示刚架，绘出弯矩图。

【解】 在节点 B、C 加上附加刚臂（图 7-17b），各横梁按一端固定、一端铰支的杆考虑，各柱按一端固定、一端定向支承的杆考虑。

（1）分配系数

各柱转动刚度为 $S_{AB} = S_{BC} = i$，各梁转动刚度为 $S_{BD} = S_{CE} = 3 \times 2i = 6i$，据此求得分配系数如下：

$$\mu_{BA} = \mu_{BC} = \frac{i}{i + i + 6i} = 0.125, \quad \mu_{BD} = \frac{6i}{i + i + 6i} = 0.75$$

$$\mu_{CB} = \frac{i}{i + 6i} = 0.143, \quad \mu_{CE} = \frac{6i}{i + 6i} = 0.857$$

（2）固端弯矩

按表 6-1 第 14 栏计算固端弯矩：

对 BC 柱

$$M_{BC}^F = -\frac{3 \times 20 \times 6}{8} = -45 \text{kN} \cdot \text{m}$$

$$M_{CB}^F = -\frac{20 \times 6}{8} = -15 \text{kN} \cdot \text{m}$$

对 AB 柱，除本层柱中集中力外，还有柱顶剪力 20kN，由表 6-1 第 14、15 栏有：

$$M_{AB}^F = -\frac{3 \times 20 \times 6}{8} - \frac{20 \times 6}{2} = -105\text{kN} \cdot \text{m}$$

$$M_{BA}^F = -\frac{20 \times 6}{8} - \frac{20 \times 6}{2} = -75\text{kN} \cdot \text{m}$$

（3）计算杆端弯矩、绘制最后弯矩图

杆端弯矩的计算与一般力矩分配法相同。计算时需注意各柱的传递系数为（-1）。计算过程见表 7-9。根据计算结果，可作出最后弯矩图，如图 7-17（c）所示。

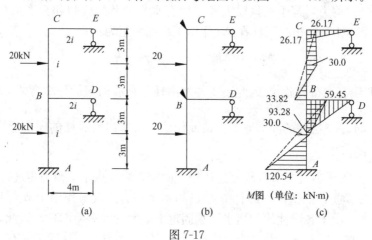

(a)   (b)   (c)

图 7-17

杆 端 弯 矩 计 算   表 7-9

节点	D	A	B			C		E
杆端	DB	AB	BA	BD	BC	CB	CE	EC
分配系数			0.125	0.75	0.125	0.143	0.857	
固端弯矩		−105.0	−75.0		−45.0	−15.0		
分配与传递	0	−15.0	15.0	90.0	15.0	−15.0		
						4.29	25.71	0
						−4.29		
	0	−0.54	0.54	3.22	0.54	−0.54		
						0.08	0.46	0
						−0.08		
			0.01	0.06	0.01			
最后弯矩	0.0	−120.54	−59.45	93.28	−33.82	−26.17	26.17	0.0

例 7-8 各节点同时进行力矩分配传递的计算表   表 7-10

节点	D	A	B			C		E
杆端	DB	AB	BA	BD	BC	CB	CE	EC
分配系数			0.125	0.75	0.125	0.143	0.857	
固端弯矩		−105.0	−75.0		−45.0	−15.0		
分配与传递			15.0	90.0	15.0	2.145	12.855	
	0.0	−15.0			−2.145	−15.0		0.0
			0.27	1.61	0.27	2.145	12.855	
	0.0	−0.27			−2.145	−0.27		0.0
			0.27	1.61	0.27	0.04	0.23	
	0.0	−0.27			−0.04	−0.27		0.0
			0.01	0.03	0.01	0.04	0.23	
最后弯矩	0.0	−120.54	−59.45	93.25	−33.78	−26.17	26.17	0.0

表 7-9 是按逐点进行力矩分配传递的方法计算的，同样可用各节点同时进行力矩分配传递的方法，计算过程列于表 7-10。对比表 7-9 与表 7-10 的计算结果可知，力矩分配传递的次序改变，并不影响最后计算结果。

*7.6 剪力分配法

7.6.1 剪力分配法的基本概念

如图 7-18（a）所示单层多跨刚架，其横梁刚度无限大，各柱线刚度和柱高依次为 i_1、h_1，i_2、h_2，i_3、h_3，在柱顶受集中力 F_P 作用。用位移法计算时，各柱顶只有一个水平线位移 Δ。现从柱顶将各柱截断，取横梁为隔离体，如图 7-18（b）所示，图中未画出各柱端的弯矩和轴力，因为它们与横梁的水平投影平衡条件无关。由 $\Sigma F_x = 0$ 有：

$$F_{Q1} + F_{Q2} + F_{Q3} - F_P = 0 \qquad (a)$$

令 D_1、D_2、D_3 依次表示各柱柱顶产生单位侧移时所需要的杆端剪力，称为柱的侧移刚度，其值由表 6-1 第 2 栏可查得：

$$D_1 = \frac{12i_1}{h_1^2}, \ D_2 = \frac{12i_2}{h_2^2}, \ D_3 = \frac{12i_3}{h_3^2}$$

于是各柱顶剪力可用侧移刚度表示为：

$$F_{Q1} = D_1\Delta = \frac{12i_1}{h_1^2}\Delta, \ F_{Q2} = D_2\Delta = \frac{12i_2}{h_2^2}\Delta,$$

$$F_{Q3} = D_3\Delta = \frac{12i_3}{h_3^2}\Delta \qquad (b)$$

式（b）代入式（a），可求得线位移 Δ 为：

$$\Delta = \frac{1}{D_1 + D_2 + D_3}F_P = \frac{1}{\Sigma D_i}F_P \qquad (c)$$

将式（c）代入式（b）可得各柱剪力为：

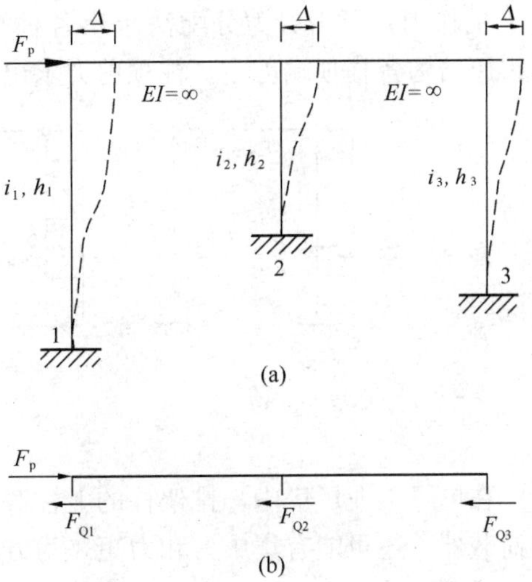

$$F_{Q1} = \frac{D_1}{\Sigma D_i}F_P = \nu_1 F_P, \ F_{Q2} = \frac{D_2}{\Sigma D_i}F_P = \nu_2 F_P,$$

$$F_{Q3} = \frac{D_3}{\Sigma D_i}F_P = \nu_3 F_P \qquad (d)$$

图 7-18

式（d）可写成一般形式：

$$F_{Qj}^v = \frac{D_j}{\Sigma D_i}F_P = \nu_j F_P \qquad (7-10)$$

其中

$$\nu_j = \frac{D_j}{\Sigma D_i} \qquad (7-11)$$

式中　ΣD_i——各柱的侧移刚度之和；

　　　ν_j——第 j 根柱的剪力分配系数；

　　　F_{Qj}^v——第 j 根柱的分配剪力。与力矩分配法类似，同层各柱剪力分配系数之和也等于 1，即 $\Sigma \nu_j = 1$。

由上可知，对于只有一个水平节点线位移的刚架，柱的剪力可按以下步骤计算：首先由式（7-11）求出各柱的剪力分配系数，再将水平节点荷载 F_P 和各剪力分配系数代入式（7-10）即可求出各柱顶的分配剪力。这种利用剪力分配系数求柱顶剪力的做法称为剪力分配法，它与力矩分配法的做法十分相似。

下面讨论剪力分配法在等高铰接排架和多层多跨刚架中的应用。

7.6.2 用剪力分配法计算等高铰接排架

等高铰接排架是指各柱高相同均在柱顶与横梁铰接且柱顶水平位移均相同的结构。如图 7-19（a）所示单跨等高铰接排架，承受均布荷载 q 作用。用位移法计算时，未知量只有一个水平线位移。因此，可采用上述剪力分配法计算。首先用附加链杆固定横梁，限制其水平线位移，此时排架除受荷载 q 作用外，还有附加链杆的反力 F_R，如图 7-19（b）所示。其次在附加链杆上施加（$-F_R$），使横梁发生侧移，如图 7-19（c）所示。从受力来看，图 7-19（b）和图 7-19（c）所受的外力叠加，就是原结构的荷载，因此这两种情况的内力叠加，即得原结构的最后内力。在图 7-19（b）中，各柱端剪力（称为固端剪力）可由表 6-1 查出，从而可求出附加链杆上的反力 F_R。在图 7-19（c）中，附加链杆受（$-F_R$）的作用，可用剪力分配法求出各柱顶端剪力。然后叠加上述两种情况的柱顶剪力，即得原结构各柱顶端剪力。柱顶剪力求出后，各柱可按悬臂杆求出各截面内力。

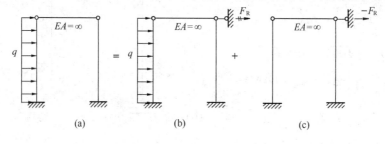

图 7-19

在单层工业厂房中，排架柱的上柱截面和下柱截面一般不同，作用于柱上的荷载除均布荷载外，还可能有集中力和力矩。为方便计算，将排架柱的侧移刚度及在各种荷载作用下的柱顶固端剪力，汇集在排架计算手册中，以供查用。表 7-11 仅列出几种常用的侧移刚度和固端剪力计算式，表中 λ 为上柱高度 H_1 与柱总高度 H_2 之比，即 $\lambda = H_1/H_2$；n 为下柱截面惯性矩 I_2 与上柱截面惯性矩 I_1 之比，即 $n = I_2/I_1$；其他符号的含义如表中各计算简图所示。

下面通过算例说明剪力分配法的具体计算。

排架柱的侧移刚度与固端剪力   **表 7-11**

$\lambda = H_1/H_2$ $n = I_2/I_1$	$D = \dfrac{3EI_2}{H_2^3[1+(n-1)\lambda^3]}$

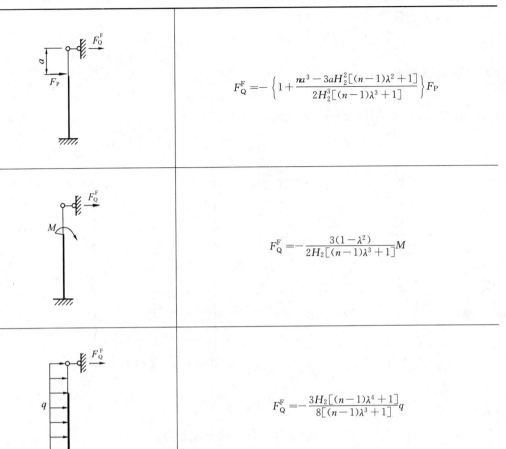

$$F_Q^F = -\left\{1 + \frac{na^3 - 3aH_2^2[(n-1)\lambda^2 + 1]}{2H_2^3[(n-1)\lambda^3 + 1]}\right\}F_P$$

$$F_Q^F = -\frac{3(1-\lambda^2)}{2H_2[(n-1)\lambda^3 + 1]}M$$

$$F_Q^F = -\frac{3H_2[(n-1)\lambda^4 + 1]}{8[(n-1)\lambda^3 + 1]}q$$

【例 7-9】 试用剪力分配法计算图 7-20（a）所示铰接排架，绘出弯矩图。

【解】 （1）求各柱的侧移刚度：

柱 AB 及 EF：$\lambda = 0.3$，$n = 2$，$H_2 = h$；柱 CD：$\lambda = 0.3$，$n = 5$，$H_2 = h$。

由表 7-11 第 1 栏可求得各柱侧移刚度如下：

$$D_{AB} = D_{EF} = \frac{3E \cdot 2I}{h^3[1 + (2-1) \times 0.3^3]} = 5.842\frac{EI}{h^3}$$

$$D_{CD} = \frac{3E \cdot 5I}{h^3[1 + (5-1) \times 0.3^3]} = 13.538\frac{EI}{h^3}$$

（2）按式（7-11）求各柱的剪力分配系数：

$$\nu_{AB} = \nu_{EF} = \frac{5.842\dfrac{EI}{h^3}}{(5.842 \times 2 + 13.538)\dfrac{EI}{h^3}} = 0.232$$

$$\nu_{CD} = \frac{13.538\dfrac{EI}{h^3}}{(5.842 \times 2 + 13.538)\dfrac{EI}{h^3}} = 0.536$$

（3）在 E 点加附加链杆，阻止横梁水平线位移（图7-20b），求链杆上的反力 F_R。

首先计算各柱的固端剪力，由表7-11第3栏得：

$$F_{QAB}^F = -\frac{3(1-0.3^2)}{2h[(2-1)0.3^3+1]}M = -1.329\frac{M}{h}$$

CD、EF 柱无荷载，故：

$$F_{QCD}^F = F_{QEF}^F = 0$$

再取横梁为隔离体（图7-20c），由 $\Sigma F_x = 0$ 有：

$$F_R = F_{QAB}^F + F_{QCD}^F + F_{QEF}^F = -1.329\frac{M}{h}$$

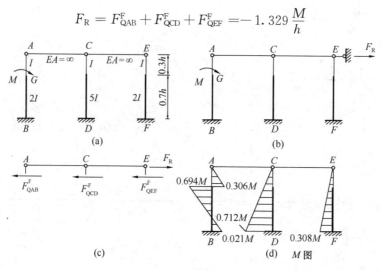

图7-20

（4）将 F_R 反号代入式（7-10），计算各柱的分配剪力：

$$F_{QAB}^v = F_{QEF}^v = 0.232 \times 1.329\frac{M}{h} = 0.308\frac{M}{h}$$

$$F_{QCD}^v = 0.536 \times 1.329\frac{M}{h} = 0.712\frac{M}{h}$$

（5）计算各柱柱顶的最后剪力，即各柱固端剪力与分配剪力的代数和，可得：

$$F_{QAB} = F_{QAB}^F + F_{QAB}^v = -1.329\frac{M}{h} + 0.308\frac{M}{h} = -1.021\frac{M}{h}$$

$$F_{QCD} = F_{QCD}^F + F_{QCD}^v = 0 + 0.712\frac{M}{h} = 0.712\frac{M}{h}$$

$$F_{QEF} = F_{QEF}^F + F_{QEF}^v = 0 + 0.308\frac{M}{h} = 0.308\frac{M}{h}$$

（6）绘制最后弯矩图。

求得柱顶最后剪力后，各柱按悬臂柱在柱顶最后剪力和柱上荷载作用下，由平衡条件绘出最后 M 图。各柱底端的最后弯矩为：

$$M_{BA} = -M - F_{QAB}h = -M - (-1.021M/h) \times h = 0.021M（右侧受拉）$$

$$M_{DC} = -F_{QCD}h = -0.712M（左侧受拉）$$

$$M_{FE} = -F_{QEF}h = -0.308M（左侧受拉）$$

排架最后弯矩图如图7-20（d）所示。

7.6.3 用剪力分配法计算多层多跨刚架

图 7-21（a）所示多层多跨刚架，承受节点水平荷载 F_{P1}、F_{P2}、F_{P3} 作用，底层柱下端为固定端，其余各层柱上下端均与横梁刚接，其横梁刚度都为无限大，侧移时柱上下端均无转角发生，故每层只有一个柱顶的水平线位移，因此同样可用剪力分配法求出各层柱顶剪力。

取任一层柱顶以上部分为隔离体（图 7-21b），由水平投影平衡条件可知，各层总剪力等于该层及以上各层所有水平荷载的代数和。于是按式（7-11）求出各柱的剪力分配系数后，即可由式（7-10）求得各柱顶的分配剪力。由于柱上无荷载作用，所以各柱的剪力为常量。又因各柱上、下端只有相对侧移而无转角，所以各柱弯矩为零的截面（又称反弯点）在柱子的中点处。据此可将各柱剪力乘以柱高的 $1/2$，就是柱上、下端的弯矩。

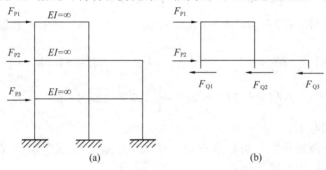

图 7-21

求出各柱端弯矩后，还可按以下方法确定刚性横梁的杆端弯矩：若节点只连接一根刚性横梁，则可由节点的力矩平衡条件求出横梁在该节点的杆端弯矩；若节点连接两根刚性横梁，则可近似认为各横梁的转动刚度相同，从而分配到相同的杆端弯矩。

用剪力分配法计算多层多跨刚架，由于采用了横梁刚度为无限大的基本假定，各刚节点均无转角，因而各柱的反弯点在柱的中点，从而使计算简化。实际结构的横梁刚度并非无限大，但经验表明，当梁与柱的线刚度比大于 5 时，上述结果仍足够精确。随着梁柱线刚度比的减小，节点转动的影响将逐渐增加，此时，底层柱的反弯点位置将向柱上端逐渐升高，顶部少数几层柱反弯点将向柱下端逐渐降低，其余各层反弯点仍在柱中点附近。对有两根横梁的节点，先由节点力矩平衡条件求出两梁端弯矩之和，再按各梁的刚度大小按比例分配给各梁端。

【例 7-10】 试用剪力分配法计算图 7-22（a）所示刚架，绘出弯矩图。

【解】 （1）求各柱的侧移刚度。

为方便起见，设 $\dfrac{12EI}{h^3} = \dfrac{12EI}{3^3} = 1$，由表 6-1 第 2 栏查得上层各柱（从左至右）侧移刚度为：

$$D_1 = D_2 = D_3 = 1$$

下层各柱（从左至右）侧移刚度为：

$$D_4 = 1.5, \ D_5 = 2, \ D_6 = 1.5$$

（2）求各柱的剪力分配系数。

由式（7-11）求得各柱的剪力分配系数为：

上层：$\nu_1 = \nu_2 = \nu_3 = \dfrac{1}{1+1+1} = \dfrac{1}{3}$

下层：$\nu_4 = \nu_6 = \dfrac{1.5}{1.5+1.5+2} = 0.3$，$\nu_5 = \dfrac{2}{1.5+1.5+2} = 0.4$

（3）求各柱的剪力。

上、下层的总剪力分别为 30kN 和 70kN，由式（7-10）可求得各柱顶的分配剪力为：

上层：$F_{Q14}^{\mu} = F_{Q25}^{\mu} = F_{Q36}^{\mu} = \dfrac{1}{3} \times 30 = 10\text{kN}$

下层：$F_{Q47}^{\mu} = F_{Q69}^{\mu} = 0.3 \times 70 = 21\text{kN}$，$F_{Q58}^{\mu} = 0.4 \times 70 = 28\text{kN}$

（4）求各柱的柱端弯矩。

将上述各柱剪力乘以柱高的一半，可得各柱端弯矩为：

$$M_{14} = M_{41} = M_{25} = M_{52} = M_{36} = M_{63} = 10 \times \frac{1}{2} \times 3 = 15\text{kN} \cdot \text{m}$$

$$M_{47} = M_{74} = M_{69} = M_{96} = 21 \times \frac{1}{2} \times 3 = 31.5\text{kN} \cdot \text{m}$$

$$M_{58} = M_{85} = 28 \times \frac{1}{2} \times 3 = 42\text{kN} \cdot \text{m}$$

（5）求各梁端弯矩。

由节点力矩平衡条件知：边柱节点处，梁端弯矩等于柱端弯矩的代数和；中柱节点处，梁端弯矩等于柱端弯矩代数和的一半。于是可得：

$$M_{12} = 15\text{kN} \cdot \text{m}, \quad M_{21} = M_{23} = \frac{1}{2} \times 15 = 7.5\text{kN} \cdot \text{m}, \quad M_{32} = 15\text{kN} \cdot \text{m}$$

$$M_{45} = M_{65} = 15 + 31.5 = 46.5\text{kN} \cdot \text{m}, \quad M_{54} = M_{56} = \frac{1}{2}(15 + 42) = 28.5\text{kN} \cdot \text{m}$$

（6）绘制弯矩图。根据各梁、柱杆端弯矩绘出 M 图如图 7-22（b）所示。

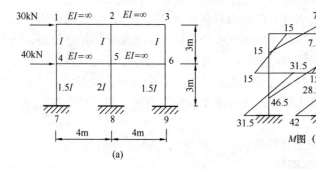

图 7-22

思 考 题

1. 试比较力矩分配法与位移法的异同点。

2. 何谓节点不平衡力矩？固端弯矩、分配弯矩、传递弯矩、杆端最后弯矩的含义各是什么？

3. 试说明力矩分配、传递的物理意义。力矩分配、传递的计算为什么是收敛的？可否采用将所有节点同时分配，再同时传递的计算过程？

4. 力矩分配法只适用于无节点线位移的结构，但为什么这类结构发生已知支座位移时还可以用力矩分配法计算？

5. 力矩分配法 EXCEL 表是如何进行力矩分配与传递的？

6. 无剪力分配法的适用条件是什么？它的基本结构是什么形式？

7. 剪力分配法的适用条件是什么？它与力矩分配法有何异同？

习　题

7-1　试用力矩分配法计算图示连续梁，并绘出 M 图。

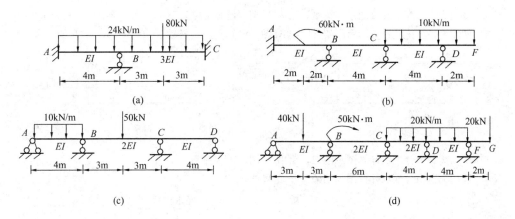

题 7-1 图

7-2　试用力矩分配法计算图示刚架，并绘出 M 图。E＝常数。

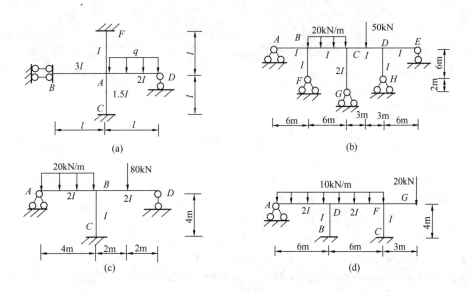

题 7-2 图

7-3 试用力矩分配法计算图示对称刚架，绘出 M 图。E＝常数。

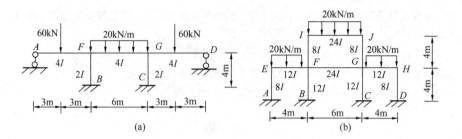

题 7-3 图

7-4 试用力矩分配法计算图示连续梁，绘出 M 图。已知支座 C 下沉 3cm，梁 EI＝$8×10^3$ kN・m^2。

7-5 试用力矩分配法计算图示刚架，绘出 M 图。已知支座 C 转动 φ＝0.03rad，各杆 EI＝常数。

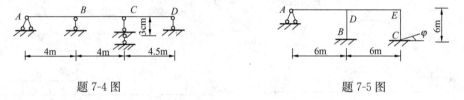

题 7-4 图　　　　　　　　　　题 7-5 图

7-6 试用无剪力分配法计算图示刚架，绘出 M 图。EI＝常数。

7-7 试用无剪力分配法计算图示刚架，并绘 M 图。

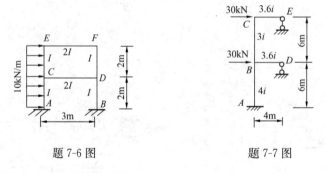

题 7-6 图　　　　　　　　题 7-7 图

7-8 试用力矩分配法 EXCEl 来计算习题 7-1（a）、7-2（b）、7-3（a）。

答　　案

7-1 （a）M_{AB}＝－15.33kN・m（上拉），M_{BC}＝－65.33kN・m（上拉）；

（b）M_{AB}＝10.2kN・m（下拉），M_{CD}＝－3.64kN・m（上拉）；

（c）M_{BA}＝31.83kN・m（上拉），M_{CD}＝－17.27kN・m（上拉）；

（d）M_{BA}＝44.55kN・m（上拉）M_{CD}＝－12.73kN・m（上拉）

7-2 （a）M_{AB}＝$3ql^2/152$（上拉），M_{AC}＝$0.04ql^2$（左拉）；

（b）M_{CB}＝63.65kN・m（上拉），M_{DE}＝－9.87kN・m（上拉）；

（c）M_{BA}＝47.5kN・m（上拉），M_{BC}＝5kN・m（左拉）；

（d）M_{DA}＝37.5kN・m（上拉），M_{FC}＝15kN・m（左拉）

7-3 （a）M_{FA}＝64.8kN・m（上拉），M_{FG}＝－61.9kN・m（上拉）；

（b）$M_{EA}=13.87\text{kN} \cdot \text{m}（左拉），M_{FB}=-16.03\text{kN} \cdot \text{m}（右拉）$

7-4　$M_{BA}=34.53\text{kN} \cdot \text{m}（上拉），M_{CD}=48.14\text{kN} \cdot \text{m}（下拉）$

7-5　$M_{CE}=0.017EI（左拉），M_{DE}=-0.002EI（下拉）$

7-6　$M_{AC}=-20.276\text{kN} \cdot \text{m}（左拉），M_{CD}=16.593\text{kN} \cdot \text{m}（下拉）$

（提示：将荷载分解为正对称和反对称两组分别计算，最后将所得结果叠加）

7-7　$M_{BA}=2.4\text{kN} \cdot \text{m}（左拉），M_{CE}=110\text{kN} \cdot \text{m}（下拉）$

7-8　与所选题的计算结果相同。

第8章 结构位移图的绘制

位移图能全面反映变形沿杆件的变化规律，能一目了然地知道最大位移及其发生的截面。位移图和内力图一样具有十分重要的作用，对照两种图形，有助于了解内力与变形之间的内在关系。本章介绍的比拟法是一种方便实用的位移图绘制方法。

8.1 绘制位移图的比拟法

8.1.1 比拟法的理论依据

根据梁的弹性理论，挠度 ω、转角 φ 与弯矩 M 的微分关系为：

$$\omega'' = -M/EI, \ \omega' = \varphi, \ \varphi' = -M/EI \tag{8-1}$$

弯矩 M、剪力 F_Q 与分布荷载 q 的微分关系为：

$$M'' = q, \ M' = F_Q, \ F'_Q = q \tag{8-2}$$

上述两式的微分关系完全相同。若把 $(-M/EI)$ 比拟为结构上的分布荷载 q^b，则仿照绘制内力图的作法绘出的比拟弯矩图（M^b 图）、比拟剪力图（F_Q^b 图），便是结构的挠度图与转角图，这就是比拟法的理论依据。各比拟值符号中的上标 b 表示比拟的意思。

8.1.2 比拟内力图与内力图的异同

在比拟法中，M^b、F_Q^b、q^b 的正负号规定如下：水平杆、斜杆产生向下的侧移或竖杆产生向右的侧移时，M^b 值为正；M^b 图绘在杆件产生侧移的一侧（即 M^b 使杆件纤维受拉的一侧），不必标明正负号。截面产生顺时针方向转动时，F_Q^b 值为正；F_Q^b 图可以绘在杆件任一侧，但要注明正负号。由于 $q^b = -M/EI$，故其指向是背离杆件轴线的。计算时，若水平杆上的 q^b 指向下或竖杆上的 q^b 指向右，其值为正。这些规定与第 3 章绘内力图时对 M、F_Q、q 正负号规定是一致的。

比拟法只是用 q^b 代换 q，用 M^b、F_Q^b 代换 M、F_Q。因此，求截面比拟内力时，截面法、叠加法同样适用；绘 M^b 图和 F_Q^b 图，仍可采用"分段、求值、连线"的作法。然而，q^b 比 q 要复杂得多；此外，杆端截面的 M^b、F_Q^b 值与结构的约束条件和变形连续条件有关。这些都使得绘制位移图有其特别之处，下面作具体说明。

1. 关于区段

绘 F_Q^b 图、M^b 图是分段进行的。在常见均布力、集中力、集中力偶作用下，M 图可分解为矩形、三角形、标准二次抛物线（标准抛物线是指含有顶点的抛物线，所谓顶点是指抛物线在该点的切线与基线平行的点）等基本图形，若将每个基本图形视作一种"基本荷载"，则 q^b 可视作各"基本荷载"的叠加，其引起的某一截面"内力"，可由各"基本荷载"引起的同一截面"内力"叠加而得。为此，绘图时区段上的"荷载"应是一种或几种"基本荷载",或者是无荷载,满足上述要求的区段称为叠加区段。由于支座处、刚节点、铰节点的位移不连续,而"分布荷载"集度突变处或不连续处不方便"内力"叠加,因此这些点都要作为叠加区段分段点。

2. 关于求值

q^b 分布复杂,截面比拟内力计算繁冗。为方便绘图,可将叠加区段视作悬臂杆件,将 q^b 分解成各种"基本荷载",求出每种"基本荷载"作用下的 F_Q^b、M^b 计算式。这样,区段任一截面位移值便可由开始端截面比拟力和相关"基本荷载"的内力计算式求出。表8-1给出了几种"基本荷载" F_Q^b、M^b 计算式,以供选用。

基本荷载及 F_Q^b、M^b 计算表　　　　　　　　　　　　　　表 8-1

序号	基本荷载	F_Q^b	M^b
1	$q_J^b = \dfrac{M}{EI}$　　x　　l　　$q^b = q_J^b$	$F_{QJ}^b = -q_J^b \cdot x$	$M_J^b = -\dfrac{1}{2}q_J^b x^2$
2	$q_Z^b = \dfrac{M}{EI}$　　x　　l　　$q^b = q_Z^b\left(1-\dfrac{x}{l}\right)$	$F_{QZ}^b = -q_Z^b\left(1-\dfrac{x}{2l}\right)x$	$M_Z^b = -\dfrac{q_Z^b}{2}\left(1-\dfrac{x}{3l}\right)x^2$
3	$q_Y^b = \dfrac{M}{EI}$　　x　　l　　$q^b = q_Y^b \cdot \dfrac{x}{l}$	$F_{QY}^b = -q_Y^b \cdot \dfrac{x^2}{2l}$	$M_Y^b = -q_Y^b \cdot \dfrac{x^3}{6l}$
4	$q_P^b = \dfrac{M}{EI}$　　x　　$q^b = 4q_P^b \cdot \dfrac{x}{l}\left(1-\dfrac{x}{l}\right)$	$F_{QP}^b = -q_P^b\left(2-\dfrac{4}{3}\dfrac{x}{l}\right)\dfrac{x^2}{l}$	$M_P^b = -\dfrac{q_P^b}{3l^2}(2l-x)x^3$

注:当坐标原点在右端,x 轴向左为正时,序号1、4中 q^b、M^b 表达式不变,F_Q^b 等号右边第一个负号改正号;
序号2、3中 q^b、F_Q^b、M^b 表达式对调,q_Z^b、q_Y^b 互换,F_Q^b 等号右边第一个负号改正号。

设区段始端比拟剪力 F_{QS}^b、比拟弯矩 M_S^b 及各"基本荷载"已知,则由表8-1可叠加出 x 轴向右时任一截面比拟剪力、比拟弯矩计算式:

$$F_Q^b = F_{QS}^b - q_J^b x - q_Z^b\left(1-\dfrac{x}{2l}\right)x - q_Y^b\dfrac{x^2}{2l} - q_P^b\left(2-\dfrac{4}{3}\dfrac{x}{l}\right)\dfrac{x^2}{l} \tag{8-3a}$$

$$M^b = M_S^b + F_{QS}^b x - \dfrac{1}{2}q_J^b x^2 - \dfrac{1}{2}q_Z^b\left(1-\dfrac{x}{3l}\right)x^2 - q_Y^b\dfrac{x^3}{6l} - \dfrac{q_P^b}{3l^2}(2l-x)x^3 \tag{8-3b}$$

式中,各内力符号的下标含义为:S表示始端;J、Y、Z、P依次表示均布荷载、最大值在右端的三角形荷载、最大值在左端的三角形荷载和二次抛物线荷载。

类似地，可叠加出 x 轴向左时任一截面比拟剪力、比拟弯矩计算式：

$$F_Q^b = F_{QS}^b + q_J^b x + q_Y^b \left(1 - \frac{x}{2l}\right)x + q_Z^b \frac{x^2}{2l} + q_P^b \left(2 - \frac{4}{3}\frac{x}{l}\right)\frac{x^2}{l} \tag{8-4a}$$

$$M^b = M_S^b - F_{QS}^b x - \frac{1}{2}q_J^b x^2 - \frac{1}{2}q_Y^b \left(1 - \frac{x}{3l}\right)x^2 - q_Z^b \frac{x^3}{6l} - \frac{q_P^b}{3l^2}(2l - x)x^3 \tag{8-4b}$$

"基本荷载"为矩形、三角形、二次曲线时，绘 F_Q^b 图需要依次计算 2、3、4 个控制截面值；绘 M^b 图要依次计算 3、4、5 个控制截面值。控制截面一般取区段两端和等分点截面。

为方便叠加，图 8-1 给出几种不同情况的比拟荷载分解图。

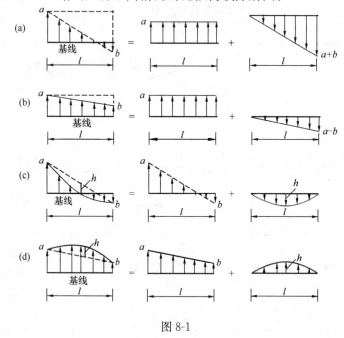

图 8-1

3. 关于叠加区段始端比拟力

按悬臂杆件绘制比拟内力图，要先知道叠加区段始端比拟剪力和比拟弯矩。这些比拟力就是杆端截面的转角和侧移，自然可用第 4 章所述的代数法求出，不过这样做太麻烦。通常，可根据位移条件（即结构的已知约束、变形连续条件和杆件变形前后长度不变的假定），直接判断某些特殊截面的位移值。例如，固定支座处 $M^b = 0$、$F_Q^b = 0$；铰支座处 $M^b = 0$；又如同一刚节点处各杆端 F_Q^b 值相同；刚架的水平横梁两端截面侧移为零（即 $M^b = 0$），而梁两端相连的柱端侧移相同等。

当由位移条件不能直接确定区段同一端的 F_Q^b、M^b 时，就要取结构某一部分为隔离体，由平衡条件求出。隔离体可以含有几个叠加区段，但必须是节点（刚节点、铰节点）、支座之间的直杆，因为这些截面两侧的位移不连续。此外，隔离体要有两个比拟力为已知，其中至少有一个比拟弯矩。下面以图 8-2 所示水平直杆隔离体为例，说明始端比拟力的计算式。

①已知右端"剪力"，由投影方程求左端"剪力"：

$$F_{Qij}^b = F_{Qi}^b + \Sigma(q_{Jm}^b l_m + q_{Ym}^b l_m/2 + q_{Zm}^b l_m/2 + 2q_{Pm}^b l_m/3) \tag{8-5}$$

②已知左端"剪力"，由投影方程求右端"剪力"：

$$F_{Qji}^{b} = F_{Qij}^{b} - \Sum(q_{Jm}^{b}l_m + q_{Ym}^{b}l_m/2 + q_{Zm}^{b}l_m/2 + 2q_{Pm}^{b}l_m/3) \tag{8-6}$$

③已知两端"弯矩"，由力矩方程求左端"剪力"：

$$F_{Qij}^{b} = (M_{ji}^{b} - M_{ij}^{b} + \Sigma M_{qm}^{b})/L \tag{8-7a}$$

其中

$$M_{qm}^{b} = q_{Jm}^{b}l_m(l_m/2 + l_{0m}) + (q_{Ym}^{b}l_m/2)(l_m/3 + l_{0m})$$
$$+ (q_{Zm}^{b}l_m/2)(2l_m/3 + l_{0m}) + (2q_{Pm}^{b}l_m/3)(l_m/2 + l_{0m}) \tag{8-7b}$$

④已知两端"弯矩"，由力矩方程求右端"剪力"：

$$F_{Qji}^{b} = (M_{ji}^{b} - M_{ij}^{b} - \Sigma M_{qm}^{b})/L \tag{8-8a}$$

其中　$M_{qm}^{b} = q_{Jm}^{b}l_m(L - l_m/2 - l_{0m}) + (q_{Ym}^{b}l_m/2)(L - l_m/3 - l_{0m})$

$$+ (q_{Zm}^{b}l_m/2)(L - 2l_m/3 - l_{0m}) + (2q_{Pm}^{b}l_m/3)(L - l_m/2 - l_{0m}) \tag{8-8b}$$

以上各式中，i、j 表示隔离体的左、右端；q^b 的下标 J、Y、Z、P 含义与式（8-3）相同；l_m 表示第 m 个叠加区段长度（$m=1$、2、$\cdots$、n）；L 为隔离体长度；l_{0m} 为第 m 个叠加区段右端到 j 点的距离；M_{qm}^{b} 表示第 m 个叠加区段各"基本荷载"对 j 点（右端）力矩之和。

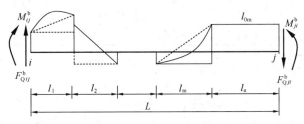

图 8-2

斜杆始端比拟力计算与平杆相同；竖杆顺针转 90°，比拟力计算也与平杆相同。

个别结构无法由位移条件和平衡方程确定始端比拟力时，可用代数法计算。

根据变形连续条件，隔离体相邻两叠加区段交界面的 F_Q^b 和 M^b 相同。因此，求出隔离体始端比拟力后，便可逐段按式（8-3）、式（8-4）计算各控制截面的比拟力。

比拟法是一个新概念、老方法。所谓新概念，是指 q^b 是一种比拟荷载，任一截面的比拟力则是该截面的位移（挠度和转角）。当区段杆端有约束时，比拟力可由位移条件直接求出。所谓老方法，是指绘制 ω、φ 图与绘制内力图的作法完全相同，既可用截面法，也可用叠加法。了解上述区别与相同点，对掌握比拟法很有帮助。

8.1.3　比拟法绘图步骤

综上所述，可归纳出比拟法的绘图步骤如下：

（1）确定比拟荷载。绘出 M 图，则结构上的 q^b 其形状与 M 图相同，方向垂直且背离杆件轴线，大小为 M/EI。

（2）选取隔离体，求杆端比拟力。取支座、铰节点、刚节点之间的直杆为隔离体，根据位移条件直接判断或由截面法或代数法，求出隔离体始端比拟剪力和比拟弯矩。

（3）绘位移图。由式（8-3）式（8-4）求出各叠加区段控制截面比拟剪力、比拟弯矩，绘出 φ 图、ω 图。

（4）用观察和验算两种方式校核。观察就是检查杆端位移与位移条件是否一致，比拟内力与比拟荷载是否满足微分关系；验算则是用截面法或代数法计算截面的比拟力。

8.2 算　例

本节通过例题，说明比拟法的绘图过程。

【例 8-1】 试绘制图 8-3（a）所示外伸梁的 φ、ω 图。

【解】 （1）确定比拟荷载。绘出 M 图，如图 8-3（a）所示。将"$-M/EI$"看成梁上的"分布荷载"，AD 段 $q^b=0$；DB 段为"三角形荷载"，指向上，最大集度 $q_y^b=-F_P l/EI$；BC 段为"均布荷载"，指向上，$q^b=-F_P l/EI$。比拟荷载如图 8-3（b）所示。

（2）选隔离体，求杆端比拟力。取 AB 部分为隔离体，支座处 $M_{AD}^b=M_{BD}^b=0$，由式（8-7）求得 F_{QAD}^b 为：

$$F_{QAD}^b=\frac{1}{l}\times\left(-\frac{1}{2}\times\frac{l}{2}\times\frac{F_P l}{EI}\times\frac{1}{3}\times\frac{l}{2}\right)=-\frac{F_P l^2}{24EI}\text{（逆针转）}$$

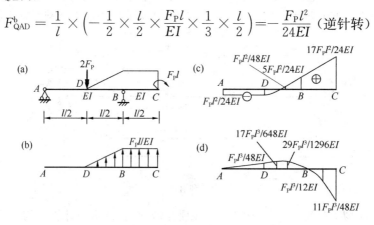

图 8-3

（3）绘位移图。M_{AD}^b、F_{QAD}^b 已知后，由式（8-3a）、式（8-3b）可依次求出 AD 段、DB 段、BC 段各控制截面比拟力。计算如下：

① 绘 F_Q^b 图。

AD 段：$q^b=0$，由 F_Q^b 与 q^b 的微分关系知，F_Q^b 图是一条与杆轴平行的线，其值与 F_{QAD}^b 相同，即：

$$F_Q^b=F_{QAD}^b=-F_P l^2/24EI\text{（逆针转）}$$

DB 段：$F_{QDB}^b=F_{QDA}^b=-F_P l^2/24EI$（逆针转），$q^b$ 为右三角形（$q_y^b=-F_P l/EI$），$l_{DB}=l/2$。将它们代入式（8-3a）得：

$$F_{Qx}^b=F_{QDB}^b-q_y^b x^2/2l_{DB}=-F_P l^2/24EI+F_P x^2/EI$$

依次取 $x=0$、$l/4$、$l/2$，可求得 D 点、区段中点、B 点的值为：

$$-F_P l^2/24EI，F_P l^2/48EI，5F_P l^2/24EI$$

最后用光滑的曲线将三个值的竖标顶点相连。

BC 段：$F_{QBC}^b=F_{QBD}^b=5F_P l^2/24EI$，$q_J^b=-F_P l/EI$（常数），$l_{BC}=l/2$，由式（8-3a）得：

$$F_{Qx}^b=F_{QBC}^b-q_J^b x=5F_P l^2/24EI+F_P lx/EI$$

F_Q^b 图为直线图。取 $x=l_{BC}=l/2$ 得 $F_{QCB}^b=17F_Pl^2/24EI$。连接 F_{QBC}^b、F_{QCB}^b 竖标顶点即得 BC 段 F_Q^b 图。

在各段图中标上正负号就是梁的 φ 图，如图 8-3（c）所示。

②绘 M^b 图。

AD 段：$M_{AD}^b=0$，F_Q^b 为常数，M^b 图为斜直线。由式（8-3b）得：

$$M_{DA}^b=F_{QAD}^b\times(l/2)=-F_Pl^3/48EI\ (\text{向上移})$$

用直线连接 M_{AD}^b、M_{DA}^b 即得 AD 段位移图。

DB 段：$M_{DB}^b=M_{DA}^b=-F_Pl^3/48EI$，$F_{QDB}^b=-F_Pl^2/24EI$，$q_y^b=-F_Pl/EI$，$l_{DB}=l/2$。$M^b$ 图是一条三次曲线。由式（8-3b）得：

$$M_x^b=-F_Pl^3/48EI-F_Pl^2x/24EI+F_Px^3/12EI$$

将 $x=0$、$l/6$、$l/3$、$l/2$ 代入可求得 DB 段四个控制值为：

$$-F_Pl^3/48EI,\ -17F_Pl^3/648EI,\ -29F_Pl^3/1296EI,\ 0$$

最后将四个值的竖标顶点用光滑的曲线相连。

BC 段：$M_{BC}^b=0$，$F_{QBC}^b=5F_Pl^2/24EI$，$q_J^b=-F_Pl/EI$，$l_{DB}=l/2$。M^b 图为二次曲线。由式（8-4）得：

$$M_x^b=5F_Pl^2x/24EI+F_Plx^2/2EI$$

取 $x=0$、$l/4$、$l/2$，求得三个控制截面的值为：

$$0,\ F_Pl^3/12EI,\ 11F_Pl^3/48EI。$$

将三个值的竖标顶点用光滑的曲线相连。

梁的 ω 图如图 8-3（d）所示，最大侧移发生在 C 截面。

（4）校核。由观察知，A、B 截面侧移满足边界条件；F_Q^b 图、M^b 图均满足 q^b 与比拟内力的微分关系。也可通过计算验算，例如由代数法求得 B 截面转角为：

$$\varphi_B=\frac{l/2}{6EI}\times F_Pl\left(2+\frac{1}{2}\right)=5F_Pl^2/24EI$$

与图 8-3（c）所示 B 截面之值相同，表明计算无误。

【例 8-2】 试绘制图 8-4（a）所示刚架的 ω 图。

【解】 （1）确定比拟荷载。绘出 M 图，如图 8-4（b）所示。将"$-M/EI$"看成刚架的比拟荷载，AD 段为右三角"荷载"，指向上，$q_Y^b=-m/2EI$；DC 段为左三角"荷载"，指向下，$q_Z^b=m/2EI$；BD 段 $q^b=0$。比拟荷载如图 8-4（c）所示。

（2）求杆端比拟力。本例需分 AD、BD、DC 三段绘图，但每段都有三个杆端"力"未知。为避免求解联立方程组，可用代数法求出某个杆端"力"，再由截面法逐段求出绘图所需的杆端"力"。现先求 D 截面转角 φ_D。虚力状态及 $\overline{M}$ 图如图 8-4（d）所示，由代数法可得：

$$F_{QD}^b=\frac{l}{6EI}\cdot2\cdot\frac{m}{2}\cdot\frac{1}{2}\times2=ml/6EI\ (\text{顺时针})$$

（3）绘 ω 图。

①AD 段。$M_{AD}^b=0$；由式（8-5）得 $F_{QAD}^b=F_{QD}^b-q_Y^bl/2=-ml/12EI$；$q^b$ 为右三角"荷载"指向上，$q_Y^b=-m/2EI$；$l_{AD}=l$。ω 图为三次曲线，由式（8-3b）得：

$$M_x^b=F_{QAD}^bx-q_Y^bx^3/6l=-mlx/12EI+mx^3/12lEI$$

令 $x=0, l/3, 2l/3, l$，可得 M^b 的四个值：

$$0, -2ml^2/81EI, -5ml^2/162EI, 0$$

按此可绘出 AD 段 ω 图（图 8-4e）。

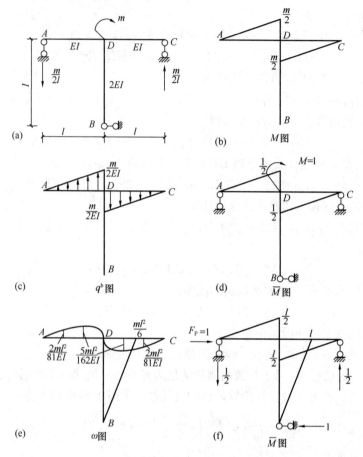

图 8-4

②DC 段。$M_{DC}^b = M_{DA}^b = 0$；$F_{QDC}^b = F_{QD}^b = ml/6EI$；左三角 "荷载" 指向下，$q_Z^b = m/2EI$；$l_{DC} = l$。$\omega$ 图为三次曲线，由式（8-3b）得：

$$M_x^b = F_{QDC}^b x - \frac{1}{2} q_Z^b \left(1 - \frac{x}{3l}\right) x^2 = mlx/6EI - m(3l-x)x^2/12lEI$$

区段四个控制截面值为：

$$0, 5ml^2/162EI, 2ml^2/81EI, 0$$

绘出的 ω 图如图 8-4（e）所示。

③BD 段。$q^b = 0$；可见 F_Q^b 为常数，故 $F_{QBD}^b = F_{QD}^b = ml/6EI$；$M_{BD}^b = 0$；由式（8-3b）得：$M_{DB}^b = F_{QBD}^b l = ml^2/6EI$（向右移）。$M^b$ 图为斜直线，连接 M_{BD}^b 与 M_{DB}^b 的竖标顶点即为 BD 段 ω 图（图 8-4e）。

由图 8-4（e）可知，最大位移为 D 点的水平位移，且比其他侧移大很多。

（4）校核。各支座处侧移均为零，与约束相同。用代数法验算 D 截面的水平位移。虚力状态及 $\overline{M}$ 图如图 8-4（f）所示，由代数法求得：

$$\Delta_{\mathrm{DH}} = \frac{l}{6EI}\left(2 \cdot \frac{m}{2} \cdot \frac{l}{2}\right) \times 2 = ml^2/6EI \ (\rightarrow)$$

与 M_{DB}^b 相同。计算无误。

8.3　比拟法采用 EXCEL 表计算

比拟荷载复杂，手算十分繁琐，采用 EXCEL 表计算，则能很好地解决这一问题。

将式（8-3）～式（8-8）编制成 EXCEL 表（见附录Ⅱ.3），格式如表 8-2 所示。计算控制截面比拟力时，只需在表 8-2（a）填入叠加区段计算参数，表格便自动求出各控制截面比拟力；计算隔离体始端比拟剪力时，只要按表 8-2（b）、（c）符号的提示填入计算参数，表格便自动求出所需结果。

叠加区段控制截面转角（F_Q^b）和挠度（M^b）计算表　　表 8-2（a）

区段长	l	始端"剪力"		F_{QS}^b	求 F_Q^b 控制截面数	n	始端"弯矩"		M_S^b	求 M^b 控制截面数	n
		q_J^b	q_J^b	q_Y^b	q_Y^b		q_Z^b	q_Z^b	q_P^b	q_P^b	
截面	x	F_{QJ}^b	F_{QY}^b	F_{QZ}^b	F_{QP}^b	F_Q^b	截面	x	M_J^b	M_Y^b	M_Z^b	M_P^b	M^b
1	x_1	0.00	0.00	0.00	0.00	0.00	1	x_1	0.00	0.00	0.00	0.00	0.00
2	x_2	0.00	0.00	0.00	0.00	0.00	2	x_2	0.00	0.00	0.00	0.00	0.00
……							……						

已知一端"剪力"，求另一端"剪力"计算表　　表 8-2（b）

叠加区段	长度 l_m	q_{Jm}^b	q_{Ym}^b	q_{Zm}^b	q_{Pm}^b	F_{QJ}^b	F_{QY}^b	F_{QZ}^b	F_{QP}^b	F_{Qm}^b
1										
2										
……										
已知端剪力 F_Q^b：								求出端剪力：		F_Q^b

注：F_{QJ}^b、F_{QY}^b、F_{QZ}^b、F_{QP}^b 依次为式（8-5）等号右边括号内各项；$F_{Qm}^b = F_{QJ}^b + F_{QY}^b + F_{QZ}^b + F_{QP}^b$。

已知两端"弯矩"，求任一端"剪力"计算表　　表 8-2（c）

叠加区段	长度 l_m	l_{0m}	q_{Jm}^b	q_{Ym}^b	q_{Zm}^b	q_{Pm}^b	M_J^b	M_Y^b	M_Z^b	M_P^b	M_{qm}^b
1											
2											
……											
左端弯矩 M_{ij}^b：		右端弯矩 M_{ji}^b：			隔离体长 L			求出端剪力 F_Q^b：			

注：M_J^b、M_Y^b、M_Z^b、M_P^b 依次为式（8-7b）或式（8-8b）等号右边各项。

【例 8-3】 试绘制图 8-5（a）所示刚架的 φ、ω 图。各杆 EI＝常数。

【解】 （1）确定比拟荷载。绘出 M 图，如图 8-5（a）所示。将"$-M/EI$"看成刚架的比拟荷载，AB 段 $q_J^b = 8/EI$，指向右；BC 段为"均布荷载"（$q_J^b = 4/EI$）与左三角"荷载"（$q_Z^b = 4/EI$）的叠加，均指向下；CD 段为左三角"荷载"，$q_Z^b = 4/EI$，指向下。比拟荷载如图 8-5（b）所示。

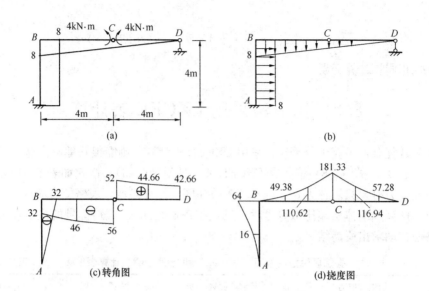

图 8-5

图 (b)、(c)、(d) 各值乘 $1/EI$

（2）求杆端比拟力，绘位移图。本例 A 端固定，由表 8-2（a）依次计算 AB 段、BC 段控制截面比拟力，如表 8-3（a）、（b）所示；然后根据 C、D 两端侧移由表 8-2（c）求出 F_{QCD}^b（表 8-3c），再由表 8-2（a）计算 CD 段控制截面比拟内力，如表 8-3（d）所示。

具体操作如下：打开 EXCEL 表Ⅱ.3（1），即表 8-2（a）（选起始端在左端），按表格提示，输入区段长 l、F_{QS}^b、F_Q 控制点数、M_S^b、M^b 控制点数、q_J^b、q_Y^b、q_Z^b，点击"生成计算模板"；输入各控制截面坐标（x）值，点击"计算"可得各区段控制截面比拟力。打开 EXCEL 表Ⅱ.3（3），即表 8-2（c）（选求左端），输入叠加区段数、左右端 M^b 值、隔离体长，点击"生成计算模板"；输入 l_m、l_{om}、q_{Zm}^b，点击"计算"，可得 F_{QCD}^b。

AB 段控制截面 F_Q^b、M^b 值计算表　　　　　　　　表 8-3（a）

区段长	4	F_{QS}^b		0	F_Q^b控制点数		2	M_S^b		0	M^b 控制点数	3
		q_J^b		8	q_Y^b		0	q_Z^b		0	q_P^b	0
控制点	x	F_{QJ}^b	F_{QY}^b	F_{QZ}^b	F_{QP}^b	F_Q^b	控制点	x	M_J^b	M_Y^b	M_Z^b	M_P^b	M^b
1	0	0.0	0.0	0.0	0.0	0.0	1	0	0.0	0.0	0.0	0.0	0.0
2	4	32.0	0.0	0.0	0.0	−32.0	2	2	16.0	0.0	0.0	0.0	−16.0
							3	4	64.0	0.0	0.0	0.0	−64.0

BC 段控制截面 F_Q^b、M^b 值计算表　　　　　　　　表 8-3（b）

区段长	4	F_{QS}^b		−32.0	F_Q^b控制点数		3	M_S^b		0	M^b 控制点数	4
		q_J^b		8	q_Y^b		−4	q_Z^b		0	q_P^b	0
控制点	x	F_{QJ}^b	F_{QY}^b	F_{QZ}^b	F_{QP}^b	F_Q^b	控制点	x	M_J^b	M_Y^b	M_Z^b	M_P^b	M^b
1	0	0.0	0.0	0.0	0.0	−32.0	1	0.0	0.0	0.0	0.0	0.0	0.0
2	2	16.0	−2.0	0.0	0.0	−46.0	2	1.333	7.108	−0.39	0.0	0.0	−49.38
3	4	32.0	−8.0	0.0	0.0	−56.0	3	2.666	28.43	−3.16	0.0	0.0	−110.62
							4	4.0	64.0	−10.67	0.0	0.0	−181.33

叠加区段数	1		左端 M^b	−181.33		右端 M^b	0		隔离体长 L	4
叠加区段	l_m	l_{0m}	q_{Jm}^b	q_{Ym}^b	q_{Zm}^b	q_{Pm}^b	M_J^b	M_Y^b	M_Z^b	M_P^b	M_{qm}^b
1	4	0	0	0	0	0	0	0	21.33	0	21.33
左端 F_Q^b	52									

CD 段控制截面 F_Q^b、M^b 值计算表　　　　　　表 8-3（d）

区段长	4		F_{QS}^b	52		F_Q^b 控制点数	3		M_S^b	−181.33		M^b 控制点数	4
	q_J^b			0		q_Y^b		0		q_Z^b	4		q_P^b	0
控制点	x	F_{QJ}^b	F_{QY}^b	F_{QZ}^b	F_{QP}^b	F_Q^b	控制点	x	M_J^b	M_Y^b	M_Z^b	M_P^b	M^b
1	0	0.0	0.0	0.0	0.0	52	1	0.0	0.0	0.0	0.0	0.0	−181.33
2	2	0.0	0.0	6.0	0.0	44.66	2	1.333	0.0	0.0	3.16	0.0	−116.94
3	4	0.0	0.0	8.0	0.0	42.66	3	2.666	0.0	0.0	11.06	0.0	−57.28
							4	4.0	0.0	0.0	21.33	0.0	0.0

按以上作法求出各值连成的曲线如图 8-5（c）、（d）所示。由位移图可知，C 截面的转角、侧移最大。

（3）校核。由观察知，A、B、C、D 截面的侧移与约束一致；F_Q^b 图、M^b 图均满足 q^b 与比拟内力的微分关系。此外，用代数法计算 B 截面转角为 $\varphi_B = -32/EI$（逆时针），与图 8-5（c）中 B 截面之值相同，计算无误。

8.4　比拟法在其他方面的应用

比拟法是根据梁的弹性理论建立的，因此，对于线性弹性体系无论静定结构还是超静定结构，无论是荷载作用还是支座移动、温度改变等引起的位移计算都是适用的。此外，超静定结构位移影响线也可以用比拟法绘出，具体见 9.10 节。

8.4.1　超静定结构在荷载作用下的位移图

如图 8-6（a）所示超静定结构，在荷载作用下的 M 图已由力法或位移法求出，现用比拟法绘制位移图。

根据 M 图和 EI 值，可得结构的比拟荷载如图 8-6（b）所示。由于超静定结构具有多余约束，确定隔离体始端比拟力更方便。

竖杆 A 端固定，$F_{QA}^b = 0$，$M_A^b = 0$；水平杆 $F_{QCB}^b = F_{QCD}^b$，$M_{CB}^b = 0$，因此叠加区段 AD、DC、CB 各控制截面位移依次可由表 8-2（a）求出。

各叠加区段比拟荷载如下。

AD 段 q^b 为左三角"荷载"（指向左，$q_z^b = -28F_P a/176EI$）与"均布荷载"（指向右，$q_J^b = 13F_P a/176EI$）的叠加；

DC 段 q^b 为左三角"荷载"（指向右，$q_z^b = 16F_P a/176EI$）与"均布荷载"（指向左，$q_J^b = -3F_P a/176EI$）的叠加；

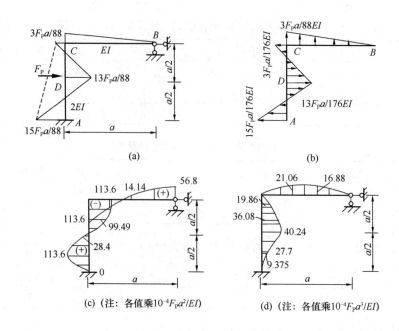

图 8-6

CB 段 q^{b} 为左三角"荷载"，$q_{z}^{b} = -3F_{P}a/88EI$（指向上）。

打开 EXCEL 表Ⅱ.3（1），即表 8-2（a）（选定起始端在左端），按表格提示，输入区段长 l、F_{QS}^{b}、F_{Q}^{b} 控制点数，M_{S}^{b}、M^{b} 控制点数，q_{J}^{b}、q_{z}^{b}，点击"生成计算模板"；然后输入各控制点值（x），点击"计算"，可得各控制截面值。三个叠加区段计算作法均相同。

表 8-4 为各区段控制截面比拟力汇总表。将各值按比例标在基线上，用光滑的曲线相连，即得 φ 图、ω 图，如图 8-6（c）、（d）所示。

图 8-6（a）刚架各区段 F_{Q}^{b}、M^{b} 汇总表　　　　　　　　　　表 8-4

区段	AD				DC				CB			
	x	F_{Q}^{b}	x	M^{b}	x	F_{Q}^{b}	x	M^{b}	x	F_{Q}^{b}	x	M^{b}
控制点及相应的比拟力	0.0	0.0	0.0	0.0	0.0	28.4	0.0	40.24	0.0	−113.6	0.0	0.0
	0.25	113.6	0.1666	9.375	0.25	−99.49	0.1666	36.08	0.25	14.14	0.1666	−21.06
	0.5	28.4	0.3333	27.70	0.5	−113.6	0.3333	19.86	0.5	56.8	0.3333	−16.88
			0.5	40.24			0.5	0.0			0.5	0.0

注：1. AD、DC 段长为 $a/2$，CB 段长为 a；

2. F_{Qi}^{b} 各值乘 $10^{-4}F_{P}a^{2}/EI$，$M^{b}i$ 各值乘 $10^{-4}F_{P}a^{3}/EI$。

8.4.2 支座移动时结构的位移图

静定结构在支座移动时，各杆只有刚体移动，截面内力均为零，即 $q^{b}=0$。由荷载与内力的微分关系知，F_{Q}^{b} 图（φ 图）与基线平行，M^{b} 图（ω 图）为直线图。由于各支座处位移（即比拟力）为已知值，因此可由平衡条件求其余杆端比拟力，进而画出位移图。

如图 8-7（a）所示两跨简支梁，$l=16\text{m}$，支座 A、B、C 的沉降分别为 $a=40\text{mm}$，b

$=100\text{mm}$，$c=80\text{mm}$。现欲求 A、C 截面的角位移 φ_A、φ_C 以及铰 B 左右两侧截面的相对角位移 $\varphi_{B\text{-}B}$。

由于支座位移已知，即：

$$M_A^b = 40\text{mm}, \ M_B^b = 100\text{mm}, \ M_C^b = 80\text{mm}$$

由式（8-7）可得比拟剪力如下：

AB 段：$F_{QAB}^b = (M_B^b - M_A^b)/l = 0.00375$

BC 段：$F_{QBC}^b = (M_C^b - M_B^b)/l = -0.00125$

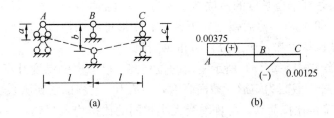

图 8-7

$q^b = 0$，F_Q^b 图为水平线，由力矢移动法就可绘出 F_Q^b 图（图 8-7b）。由图知：

$$\varphi_A = 0.00375\text{rad}(\curvearrowright), \quad \varphi_C = -0.00125\text{rad}(\curvearrowleft)$$

B 截面两侧的相对角位移为：

$$\varphi_{B\text{-}B} = 0.00375 - (-0.00125) = 0.005\text{rad}$$

又如图 8-8（a）所示简支刚架，支座 B 下沉 b，欲求各杆的侧移。可先由杆长不变的假定和支座约束情况确定 CD 段两端的侧移：

$$M_{CD}^b = 0, \ M_{DC}^b = b$$

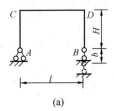 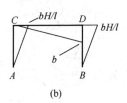

图 8-8

然后，由式（8-7）和刚节点的变形特点可得：

$$F_{QCD}^b = F_{QDC}^b = F_{QCA}^b = F_{QDB}^b = (M_{DC}^b - M_{CD}^b)/l = b/l$$

对 AC 段，$M_{AC}^b = 0$，$F_{QAC}^b = F_{QCA}^b = = b/l$。由此可求出 $M_{CA}^b = bH/l$。

对 DB 段，$M_{DB}^b = M_{CA}^b = bH/l$，$F_{QDB}^b = b/l$。由平衡条件可求出 $M_{BD}^b = 0$。

各区段 M^b 图均为直线图，连接两端比拟弯矩可得侧移图，如图 8-8（b）所示。

8.4.3 温度改变时结构的位移图

温度改变将使杆件产生轴向伸缩和弯曲变形。对等截面直杆结构，在温度改变沿杆件长度不变的情况下，任一截面的位移是以上两种变形的叠加。显然，杆件变形前后长度不变的假定在这里已不再适用。轴向伸缩时，直杆各截面无转角和侧移，只有平动，故 F_Q^b 图、M^b 图均为零，杆件长度的改变为 $\alpha t_0 l$。由于 $\alpha t_0 l$，将使与其相连且杆轴方向不同的杆件产生侧移。弯曲变形时，直杆单位长度的角位移为 $\alpha \Delta t/h$，由于 $\alpha \Delta t/h$ 为常数，可将其比拟为杆件上的均布荷载 q^b，指向温度改变较高的一侧。故 F_Q^b 图最多为直线图，M^b 图最多为二次曲线。这里，轴向伸缩、弯曲变形中各符号含义与 4.6 节相同。

绘图时，先将各杆单位长度的角位移比拟为杆件上的均布荷载，即 $q^b = \alpha \Delta t/h$；再计算各杆的伸缩量（即 $\alpha t_0 l$）；然后根据约束条件、变形连续条件以及平衡条件求出杆端比拟力；最后由杆端比拟力和 q^b 绘出 F_Q^b 图和 M^b 图。

【例 8-4】 试绘制图 8-9（a）所示刚架的位移图。已知内侧温度升高 t_1℃，外侧升高 t_2℃（$t_2 > t_1$）；各杆横截面为矩形，截面高度 $h = l/10$，材料的线膨胀系数为 α。

【解】 （1）确定比拟荷载。各杆承受大小相同的比拟均布荷载 $q^b = \alpha \Delta t/h$，计算时，q^b 按指向温度改变较高的一侧考虑，取 $\Delta t = t_2 - t_1$。比拟荷载图如图 8-9（b）所示。

（2）求杆端比拟力，绘位移图。各杆伸长均为 $\alpha t_0 l = \alpha(t_1 + t_2)l/2$。$CD$ 杆根据两端侧移（比拟弯矩）可求出 F_{QC}^b、F_{QD}^b，进而绘出 φ、ω 图；其次，AC 杆根据 A 端无侧移及 C 端转角可绘出位移图；最后，由 AC 杆 C 端侧移与 CD 杆 D 端转角可得到 BD 杆 D 端比拟力，绘出位移图。具体作法如下：

①绘 φ 图。

CD 杆：$M_{CD}^b = M_{DC}^b = -\alpha t_0 l$，$q^b = -\alpha \Delta t/h$（指向上），由式（8-7b）得：

$$F_{QCD}^b = \frac{1}{l}\left(-\frac{\alpha \Delta t}{h} \cdot l \cdot \frac{l}{2} + \alpha \frac{t_1 + t_2}{2} \cdot l - \alpha \frac{t_1 + t_2}{2} \cdot l\right) = -\alpha \Delta t l/2h$$

用力矢移动法可绘出 F_Q^b 图，并求得 $F_{QDC}^b = \alpha \Delta t l/2h$。

AC 杆：$F_{QCA}^b = F_{QCD}^b = -\alpha \Delta t l/2h$，$q^b = -\alpha \Delta t/h$（指向左）。由 C 到 A 进行力矢平移可得 F_Q^b 图，并求得 $F_{QAC}^b = -3\alpha \Delta t l/2h$。

BD 杆：$F_{QDB}^b = F_{QDC}^b = \alpha \Delta t l/2h$，$q^b = \alpha \Delta t/h$（指向右）。$F_{QDB}^b$ 从 D 到 B 平移可得 DB 杆 F_Q^b 图，到 B 点得 $F_{QBD}^b = 3\alpha \Delta t l/2h$。

整个结构的 φ 图如图 8-9（c）所示。

②绘 ω 图。

AC 杆：由 $M_{AC}^b = 0$、$F_{QAC}^b = -3\alpha \Delta t l/2h$、$q^b = -\alpha \Delta t/h$（指向左），可列出 M_x^b 计算式为：

$$M_x^b = F_{QAC}^b x - q^b x^2/2 = -3\alpha \Delta t l x/2h + \alpha \Delta t x^2/2h$$

取 $x = 0$、$l/2$、l 代入上式，可得控制截面值：0、$-5\alpha \Delta t l^2/8h$、$-\alpha \Delta t l^2/h$。将它们按比例标在基线上，用光滑的曲线将各竖标顶点相连，即得 AC 杆的 M^b 图。

CD 杆：$M_{CD}^b = -\alpha t_0 l$、$F_{QCD}^b = -\alpha \Delta t l/2h$、$q^b = -\alpha \Delta t/h$（指向上），由截面法求得任一截面比拟弯矩表达式为：

$$M_x^b = -\alpha t_0 l - \alpha \Delta t l x / 2h + \alpha \Delta t x^2 / 2h$$

取 $x = 0, l/2, l$，由上式得：$-\alpha t_0 l$，$-\alpha t_0 l - \alpha \Delta t l^2 / 8h$、$-\alpha t_0 l$，据此可绘出 M^b 图。

BD 杆：考虑到 CD 杆的轴向伸长，$M_{DB}^b = \alpha t_0 l + M_{CA}^b = \alpha t_0 l - \alpha \Delta t l^2 / h$；$F_{QDB}^b = \alpha \Delta t l / 2h$；$q^b = \alpha \Delta t / h$（指向右）。由截面法得 M_x^b 表达式为：

$$M_x^b = M_{DB}^b - F_{QDB}^b x - q^b x^2 / 2 = \alpha t_0 l - \alpha \Delta t l^2 / h - \alpha \Delta t l x / 2h - \alpha \Delta t x^2 / 2h$$

取 $x = 0, l/2, l$，由上式得控制截面 M^b 值为：$\alpha t_0 l - \alpha \Delta t l^2 / h$、$\alpha t_0 l - 11\alpha \Delta t l^2 / 8h$、$\alpha t_0 l - 2\alpha \Delta t l^2 / h$。将它们标在基线上，并用光滑的曲线连接顶点，即得 M^b 图。

结构的 ω 图如图 8-9（d）所示。

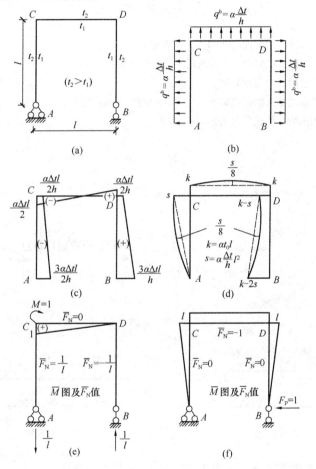

图 8-9

（3）校核。由位移图知，φ 为直线图，ω 为二次曲线，符合温度改变时杆件变形实际。A 点无位移，B 点有水平位移，节点 C、D 处各杆转角相同，符合杆端约束要求。此外，可计算任一截面的位移进行验算。以 φ_C、Δ_{BH} 为例，说明如下：

在结构 C 点加 $M = 1$ 为虚力状态，$\overline{M}$ 图及 $\overline{F}_N$ 值如图 8-9（e）所示。由式（4-14）求得：

$$\varphi_C = \alpha t_0 l (1/l - 1/l + 0) - \frac{\alpha \Delta t l}{2h}(1 + 0) = -\alpha \Delta t l / 2h (\curvearrowleft)$$

229

与图 8-9（c）所示 C 截面转角值相同。

在 B 点加水平单位力为虚力状态，$\overline{M}$ 图及 $\overline{F}_N$ 值如图 8-9（f）所示。由式（4-14）求得：

$$\Delta_{BH} = \alpha t_0 l(-1) + \frac{\alpha l}{2h}\big[(-\Delta t)(-l) + \Delta t l + (-\Delta t)(-l-l)\big] = -\alpha t_0 l + 2\alpha \Delta t l^2 / h(\leftarrow)$$

与图 8-9（d）所示 B 截面位移值相同。

校核表明位移图计算无误。

思 考 题

1. 用比拟法绘制位移图与截面法绘制内力图有哪些异同？
2. 如何划分叠加区段？试对图 8-1 各图用不同的形式进行分解。
3. 如何确定比拟法的"分布荷载"？
4. 如何划分求始端比拟力的隔离体？求始端比拟力可有哪些做法？
5. 比拟内力、比拟荷载的正负号是如何规定的？

习 题

8-1～8-3　试绘制题图所示各静定梁的 ω 图。各杆 $EI=$ 常数。

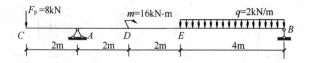

题 8-1 图

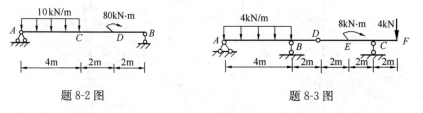

题 8-2 图　　　　　　　　　　题 8-3 图

8-4～8-5　试绘制题图所示各静定刚架的 φ、ω 图。各杆 $EI=$ 常数。

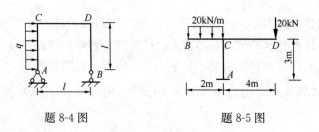

题 8-4 图　　　　　　　　题 8-5 图

8-6　试绘制题图所示超静定梁的 ω 图。杆件 $EI=$ 常数。

8-7 试绘制题图所示超静定刚架的 ω 图。刚架的 M 图见图 6-20（c）。

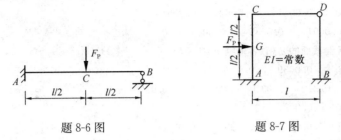

题 8-6 图   题 8-7 图

8-8 试绘制题图所示静定梁支座移动时的 φ、ω 图。已知 $a=4$cm，$b=5$cm，$c=6$cm，$\theta=0.005$rad。

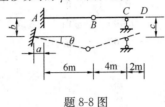

题 8-8 图

答　案

8-1 各区段控制截面的 ω 值：

　CA 段：40/EI　　23.51/EI　　9.38/EI　　0；

　AD 段：0　　−2.77/EI　　0.99/EI　　10.67/EI；

　DE 段：10.67/EI　　22.12/EI　　31.21/EI　　37.33/EI；

　EB 段：37.33/EI　　39.75/EI　　33.33/EI　　19.1/EI　　0

8-2 各区段控制截面的 ω 值：

　AC 段：0　　30.42/EI　　46.67/EI　　43.75/EI　　26.67/EI

　CD 段：26.67/EI　　14.32/EI　　7.9/EI　　13.33/EI

　DB 段：13.33/EI　　18.76/EI　　12.34/EI　　0

8-3 各区段控制截面的 ω 值：

　AB 段：0　　14.5/EI　　21.33/EI　　16.5/EI　　0

　BD 段：0　　−15/EI　　−33.98/EI　　−53.33/EI

　DE 段 −53.33/EI　　−48.69/EI　　−42.86/EI　　−34.67/EI

　EC 段：−34.67/EI　　−24.69/EI　　−13.53/EI　　0

　CF 段：0　　16.69/EI　　35.75/EI　　56/EI

8-4 各区段控制截面比拟力（各 φ 值乘 ql^3/EI，各 ω 值乘 ql^4/EI）：

　CD 段：φ 值　　0.167　　−0.208　　−0.083

　　　　ω 值　0　　0.031　　0.0247　　0

　AC 段：φ 值　　0.5　　0.45　　0.33　　0.167

　　　　ω 值　0　　0.123　　0.232　　0.318　　0.375

　BD 段：φ 值　　−0.0083　　−0.083

　　　　ω 值　0.458　　0.375

8-5 各区段控制截面比拟力（φ、ω 各值乘 $1/EI$）：

　AC 段：φ 值　0　　120；　ω 值　0　　45　　180

　CD 段：φ 值　　120，240，280；ω 值 0，223.21，541.23，906.67

8-6 各区段控制截面的 ω 值(各值乘 $F_P l^3/EI$):

AC 段：0   0.0021   0.0062   0.0091

CB 段：0.0091   0.0085   0.0049   0

8-7 各区段控制截面的 ω 值(各值乘 $F_P l^3/EI$):

AG 段：0   0.0039   0.0130   0.0231

GC 段：0.0231   0.0310   0.0364   0.0399

CD 段：0   0.003   0.0024   0

BD 段：0   0.0059   0.0207   0.0399

8-8 各区段控制截面的 φ(单位：rad)、ω(单位：cm) 值

AB 段：φ 值   0.005   0.005 ω 值   5   8

BC 段：φ 值 -0.005 -0.005 ω 值   8   6

CD 段：φ 值 -0.005 -0.005 ω 值   6   5

第9章 影响线及其应用

前面各章讨论结构受力分析时，荷载作用位置是固定不变的，这种荷载称为固定荷载。实际工程中，有些结构除承受固定荷载外，还要受到移动荷载的作用。所谓移动荷载是指荷载的大小、方向不变，仅作用位置在结构上移动的荷载。例如，桥梁承受的汽车、列车等荷载，厂房中的吊车梁承受的吊车荷载等。严格说来，移动荷载是一种动力荷载，但为了简化计算，工程中常把它作为一种位置在变化的静力荷载来处理，而对其动力效应则用相应的动力系数来表示。移动荷载作用下，结构的内力是借助影响线求出的。本章前面 7 节讨论影响线的绘制，以后各节讨论影响线在内力计算中的应用。

9.1 影响线的概念

在移动荷载作用下，结构的支座反力和截面内力等量值将随着荷载位置的移动而变化。结构设计时，需要知道移动荷载作用下反力和内力的最大值。但是不同截面的量值变化规律各不相同，即便是同一截面，不同的量值变化规律也不相同。例如图 9-1 所示简支梁，当汽车自左向右移动时，支座 A 的反力 F_{Ay} 将逐渐减小，而支座 B 的反力 F_{By} 却逐渐增大。此外，简支梁同一截面的弯矩与剪力变化规律也不相同（将在下一节讨论）。为了求出各量值的最大值，首先要研究它们在移动荷载作用下的变化规律，而且一次只宜研究一个截面、某一量值的变化规律。

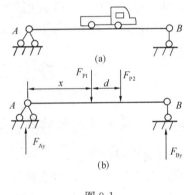

图 9-1

实际工程中，移动荷载通常是一组相互平行并且间距不变的竖向荷载，其形式多种多样，但它们都具有大小和方向保持不变的共同特性。根据这一特性，可先从最简单的竖向单位荷载 $F_p=1$ 入手，研究它沿结构移动时某一指定量值的变化规律，再根据叠加原理确定实际移动荷载作用下该量值的变化规律，进而确定使该量值产生最大值的荷载作用位置，这一位置称为该量值的最不利荷载位置，然后求出最大值。

如图 9-2（a）所示简支梁，当竖向单位荷载 $F_p=1$ 在梁上移动时，支座 B 的反力变化如下：$F_p=1$ 位于支座 A 时，$F_{By}=0$；$F_p=1$ 位于支座 B 时，$F_{By}=1$；$F_p=1$ 从 A 向 B 移动时，F_{By} 在逐渐增大。若取 A 为坐标原点，以 x 表示荷载 $F_p=1$ 到 A 点的距离，则由平衡条件 $\sum M_A=0$ 可求得：

$$F_{By} = x/l$$

它是 x 的一次函数，反映了 $F_p=1$ 从 A 移动到 B 时，F_{By} 的变化规律。这一函数图形称为

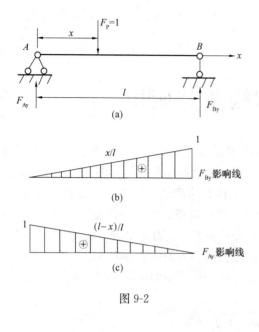

图 9-2

反力 F_{By} 影响线（图 9-2b），函数 $F_{By}=x/l$ 则称为 F_{By} 的影响线方程。这种利用静力平衡条件列出所求量值的影响线方程，再根据影响线方程绘制影响线的方法，称为静力法。

由 F_{By} 影响线可知，当 $F_p=1$ 作用于 B 点时，F_{By} 有最大值，表明 B 点是反力 F_{By} 的最不利荷载位置。

影响线的定义如下：当一个方向不变的竖向单位集中荷载（$F_p=1$）沿结构移动时，表示结构某一截面某一指定量值变化规律的图形，称为该量值的影响线。

用静力法绘制影响线的作法如下：

（1）将单位移动荷载 $F_p=1$ 放在结构的任意位置，适当选择坐标原点，建立坐标系，用 x 表示单位荷载到坐标原点的距离；

（2）根据静力平衡条件列出所求量值与荷载位置 x 的函数关系，即影响线方程；

（3）由影响线方程求出影响线的控制竖标，绘出影响线。规定将影响线的正号竖标绘在基线上边，负号竖标绘在下边，并标明正负号。

影响线是研究移动荷载作用下结构受力计算的基本工具。某一量值的影响线一经绘出，就可以应用它来确定最不利荷载位置，求出该量值的最大值。

9.2 静力法作单跨静定梁的影响线

9.2.1 简支梁的影响线

1. 反力影响线

仍以图 9-2（a）所示简支梁为例。绘制支座 A 反力 F_{Ay} 的影响线时，取 A 为坐标原点，x 轴向右为正，竖向单位荷载 $F_p=1$ 到 A 点的距离为 x，设支座反力向上为正，则由平衡条件 $\sum M_B=0$ 有：

$$F_{Ay}=\frac{l-x}{l}F_p=\frac{l-x}{l} \quad (0 \leqslant x \leqslant l) \tag{a}$$

式（a）即为反力 F_{Ay} 的影响线方程。它是 x 的一次函数，其图形是一条直线，只需定出两个点的竖标。

在 A 点，$x=0$，$F_{Ay}=1$；

在 B 点，$x=l$，$F_{Ay}=0$。

连接这两个竖标的顶点可得 F_{Ay} 影响线，如图 9-2（c）所示。

反力 F_{By} 影响线（图 9-2b）的绘制上一节已作了讨论，其影响线方程为：

$$F_{By}=x/l \quad (0 \leqslant x \leqslant l) \tag{b}$$

由于竖向单位荷载 $F_p=1$ 是量纲为 1 的量，因此反力影响线的竖标量纲也是为 1 的量，在利用影响线确定实际荷载对某一量值的影响量时，需乘以实际荷载的单位。

2. 弯矩影响线

作弯矩影响线，首先应明确是哪个截面的影响线。例如要绘截面 C 的弯矩影响线，可取 A 为坐标原点，以 x 表示 $F_p=1$ 的作用位置（图 9-3a）。当 $F_p=1$ 在截面 C 以左和以右移动时，截面 C 的弯矩表达式是不同的，应分别考虑。

$F_p=1$ 在截面 C 以左移动时，取截面 C 以右的梁段 CB 为隔离体（取外力较少的部分计算简便），设弯矩使梁下边纤维受拉为正，则由 $\Sigma M_C=0$，得：

$$M_C = F_{By}b = xb/l \quad (0 \leqslant x \leqslant a) \tag{c}$$

上式表明，M_C 影响线在截面 C 以左部分为一条直线。当 $x=0$ 时，$M_C=0$；当 $x=a$ 时，$M_C=ab/l$。据此可作出截面 C 以左梁段的 M_C 影响线，称为 M_C 影响线的左直线，如图 9-3（b）所示。

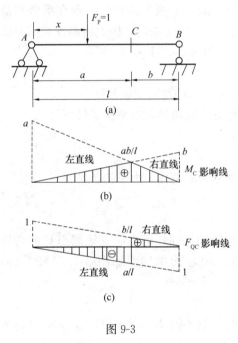

图 9-3

$F_p=1$ 在截面 C 以右移动时，取截面 C 以左梁段 AC 为隔离体，由 $\Sigma M_C=0$，得：

$$M_C = F_{Ay}a = \frac{l-x}{l}a \quad (a \leqslant x \leqslant l) \tag{d}$$

显然，截面 C 以右部分的 M_C 影响线也是直线。令 $x=a$ 和 $x=l$，可得 $M_C=ab/l$ 和 $M_C=0$。由此可绘出截面 C 之右梁段的 M_C 影响线，称为 M_C 影响线的右直线，如图 9-3（b）所示。

可见，当 $F_p=1$ 在整个梁上移动时，M_C 影响线由左直线和右直线两个直线段组成，其交点恰好位于截面 C 的对应位置。弯矩影响线竖标的量纲为长度。

比较图 9-2（b）、（c）与图 9-3（b）可知，弯矩 M_C 影响线的左直线可由反力 F_{By} 影响线的竖标放大 b 倍得到，右直线可由反力 F_{Ay} 影响线乘以 a 而获得，两直线在截面 C 的上方相交，其值为 ab/l。因此，可利用 F_{Ay} 和 F_{By} 影响线绘制 M_C 影响线，作法是：将 F_{By} 影响线竖标乘以 b 所得直线（即支座 B 的竖标为 b，支座 A 的竖标为 0 的连线）取 C 点以左部分，将 F_{Ay} 影响线竖标扩大 a 倍后的直线（即支座 A 竖标为 a，支座 B 为 0 的连线）取 C 点以右部分，便是 M_C 影响线的左、右直线。这种利用已知量值的影响线作未知量值影响线的办法更方便。

3. 剪力影响线

与弯矩影响线类似，建立 C 截面剪力 F_{QC} 影响线方程也需分段考虑。当 $F_P=1$ 在截面 C 之左移动时，取截面 C 以右的梁段为隔离体，并规定：绕隔离体产生顺时针转的剪力为正，反之为负。由 $\Sigma F_y=0$，得：

$$F_{QC} = -F_{By} \quad (0 \leqslant x \leqslant a) \tag{e}$$

可见，将 F_{By} 影响线反号并取其 AC 段，即可得到 F_{QC} 影响线的左直线（图 9-3c）。

同理，当 $F_P=1$ 在截面 C 之右移动时，取截面 C 以左部分为隔离体，可得：

$$F_{QC} = F_{Ay} \quad (a \leqslant x \leqslant l) \tag{f}$$

直接取 F_{Ay} 影响线的 CB 段，就是 F_{QC} 影响线的右直线（图 9-3c）。

由图 9-3（c）可知，F_{QC} 影响线由两段互相平行的直线组成，其竖标在支座处为零，在 C 点有突变，突变值等于 1。

9.2.2 伸臂梁的影响线

1. 反力影响线

如图 9-4（a）所示伸臂梁，绘制支座反力影响线时，仍取支座 A 为坐标原点，x 轴向右为正，由整体平衡条件可得 A、B 支座反力影响线方程为：

$$F_{Ay} = (l-x)/l \quad (-d \leqslant x \leqslant l+e)$$
$$F_{By} = x/l \quad (-d \leqslant x \leqslant l+e)$$

注意到当 $F_P = 1$ 位于支座 A 以左时，x 取负值，故以上两个影响线方程在梁全长范围内都是适用的。上面两个方程与简支梁反力影响线方程完全相同，因此将简支梁反力影响线向两个伸臂部分延长，即得伸臂梁反力影响线，如图 9-4（b）、（c）所示。

2. 跨内部分某一截面内力影响线

绘制两支座之间任一截面 C 的弯矩和剪力影响线，作法与简支梁相同。

当 $F_P = 1$ 位于截面 C 以左时，取截面 C 以右部分为隔离体，由平衡条件可得：

$$M_C = F_{By} b$$
$$F_{QC} = -F_{By}$$

当 $F_P = 1$ 位于截面 C 以右时，取截面 C 以左部分为隔离体，由平衡条件得：

$$M_C = F_{Ay} a$$
$$F_{QC} = F_{Ay}$$

可见，M_C 和 F_{QC} 的影响线方程和简支梁也是相同的，同样可将简支梁截面 C 的弯矩和剪力影响线向伸臂部分延长，即得伸臂梁的 M_C、F_{QC} 影响线，如图 9-4（d）、（e）所示。

3. 伸臂部分截面内力影响线

求伸臂部分任一截面 F 的弯矩、剪力影响线时，取截面 F 为坐标原点，x 轴以指向截面 F 所属伸臂部分的自由端为正，如图 9-5（a）所示。

当 $F_P = 1$ 在 DF 段移动时，取截面 F 以左部分为隔离体，由截面法可得：

$$M_F = -x$$
$$F_{QF} = -1$$

当 $F_P = 1$ 在 FE 段移动时，仍取截面 F 以左部分为隔离体，则有：

$$M_F = 0$$
$$F_{QF} = 0$$

据此可作出 M_F、F_{QF} 影响线，如图 9-5（b）、（c）所示。

需要指出的是，由于支座两侧截面分别属于伸臂部分和跨内部分，因此支座截面剪力影响线需按支座左、右两侧分别绘制。以支座 A 为例，其左侧截面的剪力影响线，只与 $F_P = 1$ 在 AD 部分的移动位置有关，其图形可由 F_{QF} 影响线使截面 F 趋于截面 A 的左侧得到，如图 9-5（d）所示；而支座 A 右侧截面的剪力影响线，则与 $F_P = 1$ 在整个梁上的移

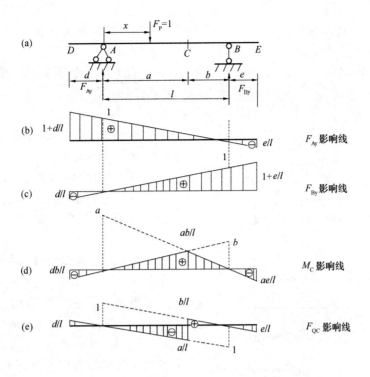

图 9-4

动位置有关，其值可由图 9-4（e）中的 F_{QC} 影响线使截面 C 趋于截面 A 的右侧得到，如图 9-5（e）所示。

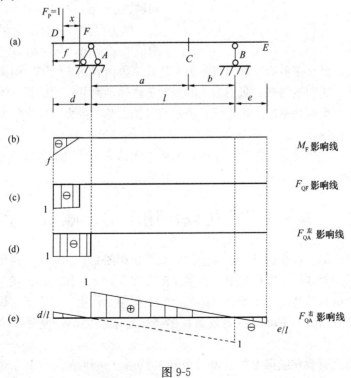

图 9-5

【例 9-1】 试作图 9-6（a）所示悬臂梁的反力影响线及 C 截面的弯矩、剪力影响线。

【解】 （1）反力 F_{Ay}、M_A 影响线。

以 A 为坐标原点，x 轴向右为正。由平衡条件可得 F_{Ay}、M_A 影响线方程：

$$F_{Ay} = 1 \quad (0 \leqslant x \leqslant l)$$

$$M_A = -x \quad (0 \leqslant x \leqslant l)$$

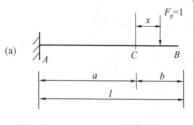
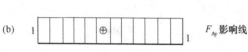
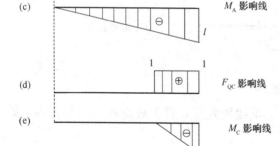

据此可绘出 F_{Ay}、M_A 影响线，如图 9-6（b）、（c）所示。

（2）弯矩 M_C 和剪力 F_{QC} 影响线。

取 C 为坐标原点，x 轴向右为正，以 C 截面以右部分为隔离体。由平衡条件有：

当 $F_P = 1$ 在截面 C 以左时，

$$M_C = F_{QC} = 0$$

当 $F_P = 1$ 在截面 C 以右时，

$$F_{QC} = 1 \quad (0 \leqslant x \leqslant b)$$

$$M_C = -x \quad (0 \leqslant x \leqslant b)$$

按以上影响线方程绘出的 F_{QC} 和 M_C 影响线如图 9-6（d）、（e）所示。

可见，悬臂梁任一截面某一内力影响线与伸臂梁外伸部分相应量值影响线相同。

综上可知，静力法绘制某一截面某一量值的影响线，与绘制固定荷载作用下的内力图方法相同，都是用截面法求出该量值表达式，再由表达式绘图。但影响线和内力图两者的含义不同：影响线是根据量纲为 1 的竖向单位移动荷载作用的情况绘制的，而内力图是根据实际固定荷载绘制的；影响线只表示某一截面某一内力或反力的变化规律，而内力图则反映所有截面同一内力的变化规律；影响线的横坐标表示竖向单位荷载的作用位置，纵坐标表示某一指定截面的某一量值，而内力图的横坐标表示截面位置，纵坐标表示该截面的内力值。

图 9-6

9.3 间接荷载作用下的影响线

工程中，有些结构承受的是节点传递的荷载。例如图 9-7（a）所示桥梁，荷载直接作用在纵梁上，纵梁两端简支在横梁上，横梁又简支在主梁上。作用在纵梁上的荷载通过横梁传到主梁，主梁只在各横梁支承处（即节点）受集中力作用。对主梁来说，这种荷载称为间接荷载或节点荷载。下面以主梁截面 C 的弯矩影响线为例，说明间接荷载作用下影响线的绘制。

现将竖向单位荷载在纵梁上的移动分为两种情形：一种是 $F_P = 1$ 移动到各节点；一种是 $F_P = 1$ 在任意两相邻节点间移动。

（1）当 $F_P=1$ 移动到各节点时，主梁受力与 $F_P=1$ 直接作用的情况完全一样。因此，作出主梁在直接荷载作用下 C 截面 M_C 影响线，如图 9-7（b）所示三角形 ABC。其在 D、E、F 处的影响线竖标 y_D、y_E、y_F，也就是间接荷载 $F_P=1$ 移动到 D、E、F 处的 M_C 影响线竖标。

（2）当 $F_P=1$ 在任意两相邻节点(如 D、E)之间的纵梁上移动时，由平衡条件知，主梁在节点 D、E 同时受到的作用力为 $(d-x)/d$ 和 x/d，如图 9-7(c)所示。由于主梁在节点 D、E 处受 $F_P=1$ 作用时，M_C 影响线竖标为 y_D 和 y_E，那么在节点 D、E 分别受 $(d-x)/d$ 和 x/d 作用时，影响线竖标应为 $(d-x)y_D/d$ 和 xy_E/d。由叠加原理知，在上述两节点力共同作用下的 M_C 值为：

$$y = \frac{d-x}{d}y_D + \frac{x}{d}y_E$$

它是 x 的一次函数，说明 $F_P=1$ 在 DE 段内移动时 M_C 为一条直线，且在 D 点（$x=0$），$y=y_D$；在 E 点（$x=d$），$y=y_E$。由此可见，直接连接竖标 y_D 和 y_F 的顶点所得直线即为间接荷载作用下 DE 段的 M_C 影响线（图 9-7b）。

由以上分析可知：间接荷载作用下主梁某截面的弯矩影响线，就是直接荷载作用下该截面的弯矩影响线各节点的竖标顶点在相邻两节点之间连线后得到的直线图形。可以证明，这一结论对间接荷载作用下主梁其他量值的影响线也适用。由此，可得间接荷载作用下某一截面某一量值影响线的绘制步骤：

① 按上节方法用虚线作出直接荷载作用下所求量值的影响线；

② 取各节点的竖标，将各相邻节点竖标顶点用直线相连，即得所求的影响线。

依照上述方法，可绘出间接荷载作用下主梁 F_{QC} 影响线，如图 9-7（d）所示。

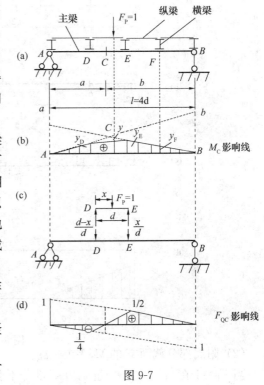

图 9-7

绘制反力 F_{Ay}、F_{By} 影响线，与直接荷载作用下的作法完全相同，无须赘述。

9.4　多跨静定梁的影响线

作多跨静定梁某一量值的影响线，先要分清基本部分和附属部分以及它们之间的传力关系，然后再对每个部分进行绘制。下面结合图 9-8（a）所示多跨静定梁 E、F 截面弯矩影响线的绘制具体说明。

梁的层叠图如图 9-8（b）所示，由图可知，AD 段为基本部分，DC 段为附属部分。

（1）基本部分截面 E 的 M_E 影响线。

当 $F_P = 1$ 在 AD 段移动时，附属部分 DC 段不受力；AD 段受力与伸臂梁相同。故 M_E 影响线在 AD 段可按伸臂梁绘出。其中，伸臂端 M_E 的竖标 $y_D = -a/2$。

当 $F_P = 1$ 在 DC 段移动时，AD 梁在伸臂端受到铰 D 传来的压力为：

$$F_{Dy} = (l-x)/l(\downarrow)$$

由此引起 M_E 的竖标为：$(l-x) y_D/l$，它是 x 的一次函数。故 M_E 影响线在 DC 段也是一条直线，且当 $x=0$ 时，$M_E = y_D$（已由 AD 段影响线得出）；$x=l$ 时，$M_E = 0$。

以上两部分影响线连接起来就是 M_E 影响线，如图 9-8（c）所示。

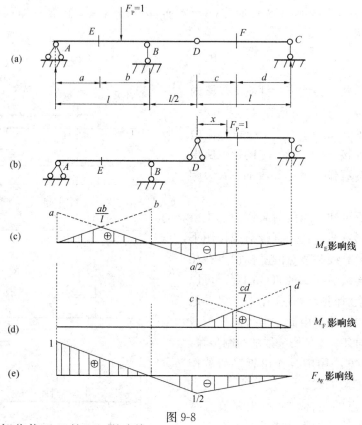

图 9-8

（2）附属部分截面 F 的 M_F 影响线。

当 $F_P = 1$ 在 AD 部分移动时，DC 部分不受力，故 M_F 影响线在 AD 段处处为零；

当 $F_P = 1$ 在 DC 部分移动时，其受力与简支梁完全相同，故 M_F 影响线在 DC 段可按简支梁绘出。M_F 影响线如图 9-8（d）所示。

以上作法同样适用于作多跨静定梁其他量值影响线的绘制。图 9-8（e）为按上述作法得到的 F_{Ay} 影响线，读者可自行校核。

根据以上讨论，可得出静力法作多跨静定梁某量值影响线的方法如下：

（1）绘出梁的层叠图，分清各部分之间的传力关系。

（2）根据拟求影响线的截面位置，按以下情况绘制 $F_P = 1$ 所在梁段的影响线：

当 $F_P = 1$ 与拟求影响线的截面在同一梁段时，该梁段的影响线与相应单跨静定梁相同。当 $F_P = 1$ 与拟求影响线的截面不在同一梁段，若 $F_P = 1$ 所在的梁段是拟求影响线的截面所在梁段的基本部分时，该梁段的影响线竖标为零；若 $F_P = 1$ 所在的梁段是拟求影响线的截面所在梁段的附属部分时，该梁段的影响线为直线，它可根据两个梁段铰接处影响线竖标为已知和附属部分另一支座处竖标为零的条件绘出。

9.5　机动法作影响线

机动法作影响线的依据是虚位移原理。利用这一原理把作静定结构内力或反力影响线的静力问题转化为作竖向虚位移图的几何问题，从而可以无需计算就能很快绘出影响线，既能为结构设计快速提供移动荷载最不利布局的参数，又能对静力法所作影响线迅速校核。本节介绍这一方法。

如图 9-9（a）所示简支梁，现拟求 B 支座反力 F_{By} 影响线。为此将与此反力相应的约束去掉，并以反力 F_{By} 代替，如图 9-9（b）所示。此时结构变成具有一个自由度的机构。然后使此机构产生微小的虚位移，并以 δ_B 和 δ_P 分别表示 F_{By} 和 F_P 作用点沿力作用方向的虚位移。此时反力 F_{By} 在 δ_B 上作正功，单位荷载 $F_P=1$ 在 δ_P 上作负功，根据虚位移原理，各力所作的虚功总和应等于零，即 $F_{By}\delta_B+（-F_P\delta_P）=0$。因 $F_P=1$，故得：

$$F_{By} = \delta_P/\delta_B \tag{a}$$

式中，δ_B 是给定的虚位移，为一常数；而 δ_P 是随 $F_P=1$ 的移动位置 x 而变化的。我们把 δ_P 随 x 变化的图形称为竖向虚位移图。

由于 δ_B 可以任意给定，故可令 $\delta_B=1$，则式（a）成为：

$$F_{By} = \delta_P \tag{b}$$

此时 δ_P 表示 $F_P=1$ 移动到某一位置时的 F_{By} 值，因此虚位移图 δ_P 也就代表着反力 F_{By} 的影响线，如图 9-9（c）所示。在虚位移图中，规定虚位移 δ_P 在基线上面为正，支座反力 F_{By} 以向上为正。这样，F_{By} 沿其作用方向向上发生单位位移时，δ_B 在基线上面，因此虚位移图也恰好在基线上面，这与影响线的正值画在基线上面的规定一致。

由上述可知，为了作 F_{By} 的影响线，只需将与 F_{By} 相应的约束去掉，并

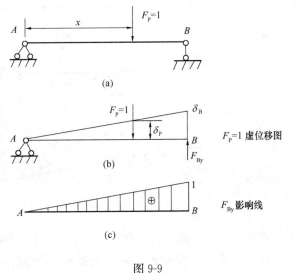

图 9-9

使所得机构沿 F_{By} 的正方向产生单位位移，由此得到的虚位移图即代表 F_{By} 的影响线。这种通过作虚位移图而获得影响线的方法称为机动法。

用机动法同样可作静定梁任一截面某量值的影响线。例如，作图 9-10（a）所示简支梁 C 截面的 M_C 影响线。则可先去掉与 M_C 相应的约束，即将截面 C 处改为铰接，并加一对正向力偶代替原有的约束力。然后，使 AC、CB 两刚片沿 M_C 的正方向发生虚位移。此时，虚位移只能使 AC 绕 A 转动一个角度 α，使 BC 绕 B 转动一个角度 β，铰 C 左右截面的相对转角为 $\theta=\alpha+\beta$，如图 9-10（b）所示。由虚功方程可有：

$$M_C（\alpha+\beta）+（-F_P\delta_P） = 0$$

注意到，$F_P=1$，并令 $\theta=\alpha+\beta=1$，上式则为：

$$M_C = \delta_P \qquad\qquad (c)$$

式（c）表明，$F_P=1$ 在某一位置时，C 截面的弯矩 M_C，在数值上等于它在该处的虚位移 δ_P。因此，δ_P 竖向虚位移图即为 M_C 影响线（图 9-10c）。

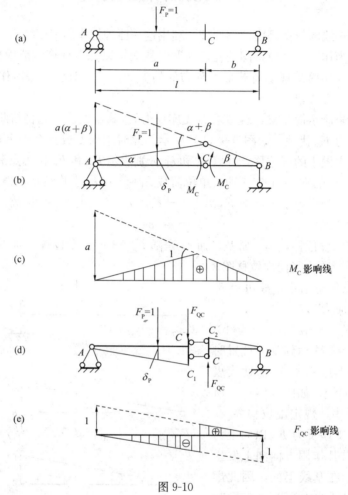

图 9-10

类似地，若要作截面 C 的剪力 F_{QC} 影响线，则应去掉与 F_{QC} 相应的约束，而将截面 C 改为用两根水平链杆相连，使 C 两侧截面不能转动和水平移动，只能作竖向相对移动。用一对正向剪力 F_{QC} 代替原有的约束力，如图 9-10（d）所示。然后，使截面 C 左右两侧沿 F_{QC} 正方向分别产生微小的虚位移 CC_1、CC_2（图 9-10d）。由于连接 AC、CB 两刚片的是两根平行链杆，它们只能作相对的平行移动，所以虚位移后 AC_1 平行于 C_2B。由虚位移原理有：

$$F_{QC}(CC_1+CC_2)+(-F_P\delta_P)=0$$

注意到，$F_P=1$，并令 $CC_1+CC_2=1$。于是上式可写为：

$$F_{QC}=\delta_P \qquad\qquad (d)$$

同样可知，δ_P 竖向虚位移图即为 F_{QC} 影响线（图 9-10e）。

将图 9-10（c）、（e）与图 9-3（b）、（c）对比可知，两种方法绘制的影响线完全相同。

242

用机动法作影响线的步骤如下：

（1）要作某量值 S（支座反力或某截面内力）的影响线时，则去掉与该量值相应的约束以 S 代之，得到一个处于平衡状态的机构；

（2）使机构沿量值 S 的正方向发生单位虚位移，由此得到的竖向虚位移图即为量值 S 的影响线；

（3）基线以上的影响线取正号，以下的取负号。

用机动法绘制多跨静定梁的影响线，基本步骤与单跨静定梁相同，下面以图 9-11（a）所示多跨静定梁为例，说明 F_{By}、M_G、F_{QG} 影响线的绘制。

绘制 F_{By} 影响线。去掉 B 处支座链杆，以 F_{By} 代之，令机构沿 F_{By} 正方向发生单位虚位移，可得到相应的虚位移图（图 9-11b）。用实线画出其轮廓图，并标明正负号，按几何关系求出各控制点的竖标值，即得 F_{By} 影响线，如图 9-11（c）所示。

绘制 M_G 影响线。将 G 处改为铰接，以 M_G 代之。使机构沿 M_G 正方向发生虚位移，并令 G 两侧截面的相对转角 $\alpha+\beta=1$，可得到相应的虚位移图（图 9-11d）。以实线画出其轮廓图，按几何关系求出控制点竖标值，标明正负号，即得 M_G 影响线（图 9-11e）。

绘制剪力 F_{QG} 影响线。将 G 处改为用两根水平链杆相连，使 G 两侧截面沿 F_{QG} 正方向发生竖向单位相对位移，可得到相应的虚位移图（图 9-11f）。用实线画出其轮廓图，求出控制点的竖标值，标明正负号，即得 F_{QG} 影响线，如图 9-11（g）所示。

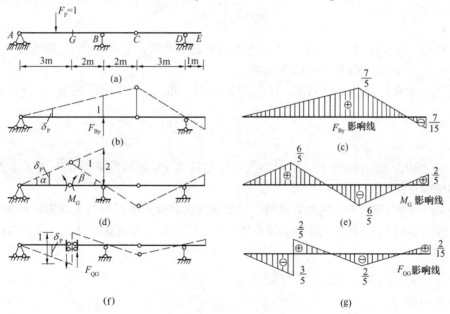

图 9-11

9.6 桁 架 的 影 响 线

绘制桁架影响线的基本方法仍然是静力法。本节仅以单跨梁式桁架为例，说明影响线的绘制。

9.6.1 桁架支座反力影响线

当移动荷载 $F_P=1$ 在某一位置时，桁架支座反力与相应简支梁完全相同，因此影响线的绘制也与单跨梁相同。在绘制桁架杆件内力影响线时，常常要用到支座反力影响线。

9.6.2 桁架杆件影响线

桁架杆件内力计算式，是根据静力平衡条件列出的。因此 3.4 节计算桁架内力的节点法和截面法仍然可用来建立影响线方程。此外，桁架承受的移动荷载一般是由纵梁和横梁传递到桁架节点上的。所以，9.3 节关于间接荷载作用下影响线的性质在作桁架杆件内力影响线时也适用。

如图 9-12（a）所示桁架，单位荷载 $F_P=1$ 沿下弦移动，其给桁架下弦各节点的传力方式与图 9-12（b）所示的梁相同，即桁架承受间接荷载。现说明各杆内力影响线的作法。

1. 弦杆的内力影响线

下弦杆 1-2 的内力 F_{N1-2} 影响线方程，可以节点 4 为矩心，取截面 I-I 之任一侧，由力矩平衡方程求之。

当 $F_P=1$ 在杆件 1-2 以左 A、1 之间移动时，取 I-I 截面以右部分，由 $\Sigma M_4=0$ 有：

$$F_{N1-2}=\frac{3d}{h}F_{By} \tag{a}$$

根据式（a）可绘出 F_{N1-2} 在节点 1 之左部分的影响线，它是反力 F_{By} 影响线乘以常数 $3d/h$ 后的一段直线，称为 F_{N1-2} 的左直线。

当 $F_P=1$ 在杆件 1-2 以右 2、B 之间移动时，取 I-I 截面以左部分，由 $\Sigma M_4=0$ 可得：

$$F_{N1-2}=\frac{d}{h}F_{Ay} \tag{b}$$

按式（b）绘出的影响线为 F_{N1-2} 的右直线，它是反力 F_{Ay} 影响线乘以 d/h 后在节点 2、B 之间的一段直线。

当 $F_P=1$ 在节点 1、2 之间移动时，根据间接荷载作用下影响线的性质，可知 F_{N1-2} 影响线为连接节点 1、2 处影响线竖标顶点的直线，它恰好与右直线的延长线重合。杆件 1-2 的 F_{N1-2} 影响线如图 9-12（c）所示。

式（a）与式（b）可统一表示为：

$$F_{N1-2}=\frac{M_4^0}{r} \tag{c}$$

式中 M_4^0 为图 9-12b）所示相应简支梁与桁架节点 4 对应截面的弯矩影响线；r 为力臂，对杆件 1-2 有 $r=h$，它是节点 4 到杆件 1-2 的距离。式（c）表明，杆件 1-2 轴力影响线的左、右直线可由相应简支梁与矩心对应截面的弯矩影响线除以力臂得到；而节点 1、2 之间的影响线则由左、右直线在 1、2 点的影响线竖标顶点用直线相连。

上弦杆 4-5 的 F_{N4-5} 影响线，同样可取 I-I 截面之左（或之右）为隔离体，以节点 2 为矩心，由 $\Sigma M_2=0$ 得到

$$F_{N4-5}=-M_2^0/r \tag{d}$$

式中 M_2^0 为相应简支梁（图 9-12b）与桁架节点 2 对应截面的弯矩影响线；力臂 $r=h$，为矩心节点 2 到杆件 4-5 的距离。按此画出影响线的左、右直线，再将节点 4、5 对应的影响线竖标顶点用直线相连（它恰与左直线的延长线重合）。因为 $F_{N4\text{-}5}$ 为负值，故将所得图形翻转 180°，就是该杆的轴力影响线（图 9-12d）。

式（c）和式（d）与 3.4 节式（3-5）相同。因此可知，对于单跨梁式桁架，无论三角形桁架、平行弦桁架还是折弦形桁架，弦杆内力影响线的左、右直线均可利用相应简支梁对应截面的弯矩影响线除以力臂 r 得到。

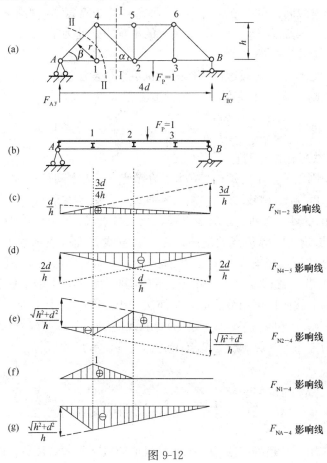

图 9-12

2. 腹杆的内力影响线

(1) 斜杆 2-4 的影响线。用截面法，取截面 Ⅰ-Ⅰ之任一侧为隔离体，由投影方程可列出影响线方程。

当 $F_P=1$ 在 A、1 之间移动时，取 2-B 部分研究，由 $\Sigma F_y=0$ 有：

$$F_{N2\text{-}4}\sin\alpha = -F_{By}$$

即
$$F_{N2\text{-}4} = -\frac{F_{By}}{\sin\alpha} = -\frac{\sqrt{h^2+d^2}}{h}F_{By} \tag{e}$$

当 $F_P=1$ 在 2、B 之间移动时，取 A-1 部分为隔离体，由 $\Sigma F_y=0$ 有：

$$F_{N2\text{-}4} = \frac{F_{Ay}}{\sin\alpha} = \frac{\sqrt{h^2+d^2}}{h}F_{Ay} \tag{f}$$

上述两式中，F_{Ay}、F_{By} 为支座 A、B 的反力。

当 $F_P=1$ 在节点 1、2 之间移动时，将节点 1、2 影响线竖标顶点连以直线。

F_{N2-4} 的影响线如图 9-12（e）所示。

（2）竖杆 1-4、2-5 的影响线。

用节点法作 F_{N1-4} 影响线是简便的。取节点 1 为隔离体，由 $\Sigma F_y=0$ 可知，当 $F_P=1$ 位于节点 1 时，$F_{N1-4}=1$；当 $F_P=1$ 位于其他节点时，$F_{N1-4}=0$，因此 F_{N1-4} 影响线为一个三角形，如图 9-12（f）所示。

杆件 2-5 的影响线同样可由节点法作出。取节点 5 为隔离体，由零杆的判断知识知无论 $F_P=1$ 位于哪个节点都有 $F_{N2-5}=0$，即 F_{N2-5} 的影响线处处为零。

3. 端斜杆 A-4 的影响线

端斜杆 A-4 的影响线，可按截面法作图，也可按节点法绘出。

若用节点法，则取节点 A 研究。当 $F_P=1$ 位于节点 A 时，$F_{NA-4}=0$；当 $F_P=1$ 位于节点 1 之右时，$F_{NA-4}=-\dfrac{F_{Ay}}{\sin\beta}=-\dfrac{\sqrt{h^2+d^2}}{h}F_{Ay}$；当 $F_P=1$ 在节点 A、1 之间时，F_{NA-4} 为连接 A、1 两点影响线竖标顶点的直线。

若用截面法，则以节点 1 为矩心。$F_P=1$ 在节点 A、1 之间移动时，取截面 II-II 以右部分，由 $\Sigma M_1=0$ 可列出影响线方程，绘出左直线；$F_P=1$ 在节点 2、B 之间移动时，取截面 II-II 之左，由 $\Sigma M_1=0$ 列出影响线方程，绘出右直线；$F_P=1$ 在节点 1、2 之间移动时，为 1、2 两点影响线竖标顶点的连线。左、右直线方程可表示为 $F_{NA-4}=-M_1^0/r$，r 为杆件 A-4 的力臂。F_{NA-4} 影响线如图 9-12（g）所示。两种方法绘出的影响线相同。

以上是 $F_P=1$ 沿下弦移动（下承桁架）的情况。当 $F_P=1$ 沿上弦移动（上承桁架）时，各杆件内力影响线同样可用节点法和截面法作出。在本例中，若 $F_P=1$ 沿上弦移动，按上述方法可得 F_{N1-2}、F_{N4-5}、F_{N2-4}、F_{NA-4} 的影响线仍如图 9-12（c）、（d）、（e）、（g）所示，F_{N1-4} 影响线为零，F_{N2-5} 影响线是节点 4 竖标为零、节点 5 竖标为−1、节点 6 竖标为零所连成的三角形。

*9.7　超静定梁影响线的概念

在移动荷载作用下，超静定梁某一截面某值的最不利荷载位置，同样需要利用影响线确定。绘制超静定梁的影响线也有两种方法：一种是用超静定结构的计算方法（如力法、位移法）求出所求量值的影响线方程，再根据方程绘影响线，这种方法称为静力法。另一种方法与绘制静定梁影响线的机动法类似，先从原结构中去掉与所求量值相应的约束，并以该量值代替约束的作用，然后使所得体系（仍为几何不变体系）沿所求量值的正方向发生单位位移，由此所得体系的弹性曲线即为该量值的影响线，习惯上这一方法也称为机动法。

1. 静力法

如图 9-13（a）所示单跨超静定梁，欲绘制支座 B 的反力影响线。为此，可将 $F_P=1$ 置于距支座 A 为 x 处，求出支座 B 的反力表达式（即影响线方程），然后根据表达式绘出影响线。具体作法是，先将 $F_P=1$ 视作作用位置已知的固定荷载，其到 A 点的距离为 a，如图 9-13（b）所示。由表 6-1 第 9 栏可查得：

$$R_{\mathrm{By}} = \frac{a^2\,(3l-a)}{2l^3}\,(\uparrow) \qquad (a)$$

当 $F_P=1$ 在 AB 梁上移动时，a 的大小也随之改变，因此可用 x 代替上式中的 a，所得表达式表示 $F_P=1$ 在梁上移动时支座 B 的反力 R_{By}，即 R_{By} 影响线方程：

$$R_{\mathrm{By}} = \frac{x^2\,(3l-x)}{2l^3} \qquad (b)$$

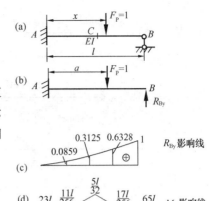

图 9-13

R_{By} 是 x 的三次函数，其影响线是一条曲线。给 x 不同的值，可求得对应点的影响线竖标值，然后将各值顶点连线即得 R_{By} 影响线，如图 9-13（c）所示。

有了 R_{By} 影响线方程，其余反力和某指定截面某内力的影响线方程可由平衡条件求出。例如跨中截面 M_C 影响线方程，当 $F_P=1$ 在 C 截面左侧移动时，取截面之右部分，由平衡条件可得影响线方程为：

$$M_C = R_{\mathrm{By}} \cdot \frac{l}{2} = \frac{x^2\,(3l-x)}{4l^2} \quad (0 \leqslant x \leqslant l/2) \qquad (c)$$

它是 x 的三次曲线。

当 $F_P=1$ 在截面右侧移动时，仍取截面之右部分，由平衡条件可得影响线方程为：

$$M_C = R_{\mathrm{By}} \cdot \frac{l}{2} - \left(x - \frac{l}{2}\right) = \frac{-x^3 + 3lx^2 - 4l^2 x + 2l^3}{4l^2} \quad (l/2 \leqslant x \leqslant l) \qquad (d)$$

它也是 x 的三次曲线。

给 x 以不同的值，由式（c）、式（d）可绘出 C 截面左、右两侧的 M_C 影响线，如图 9-13（d）所示。随着超静定次数的增多，超静定梁的影响线绘制将要繁杂得多。

2. 机动法

现将图 9-13（a）所示梁重绘于图 9-14（a），说明用机动法绘制支座 B 的反力影响线。去掉支座 B 的约束，用 X_B 代替，所得体系如图 9-14（b）所示。令 X_B 沿其正方向产生单位位移，由此得到的竖向位移图即为支座 B 的反力 X_B 影响线，如图 9-14（c）所示。然而图 9-14（c）所示体系为几何不变体系（悬臂梁），其竖向位移图是一条弹性曲线，不能直接绘出。对此，可借用第 8 章介绍的比拟法绘出 X_B 影响线。作法如下：

① 绘出 $\overline{X}_B=1$ 作用下的 $\overline{M}$ 图，如图 9-14（d）所示；

② 杆件 AB 上的比拟荷载为：$q_z^{\mathrm{b}} = \overline{M}/EI = l/EI$（指向下），$A$ 为固定端，故 $M^{\mathrm{b}}=0$，$F_Q^{\mathrm{b}}=0$，杆件"受力图"如图 9-14（e）所示；

③ 比拟荷载 q^{b} 为斜直线，故比拟弯矩图 M^{b} 为三次曲线，由式（8-3b）有：$M^{\mathrm{b}} = -\frac{1}{2}q_z^{\mathrm{b}}\left(1 - \frac{x}{3l}\right)x^2$

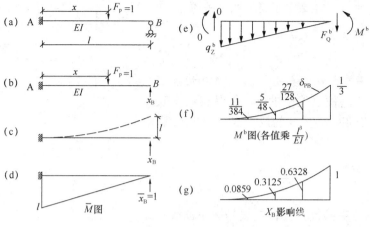

图 9-14

令 $x=0$、$l/4$、$l/2$、$3l/4$、l，可得各对应点的比拟弯矩值。

④ 将各截面值标在基线上，用曲线相连即得 M^b 图，如图 9-14（f）所示。

M^b 图就是悬臂梁在 B 点受 $\overline{X}_B = 1$ 作用下的弹性曲线，在 B 端的位移为 δ_{BB}（$=l^3/3EI$）。显然，将 M^b 图各点之值除以 δ_{BB}（它是常数），即为 B 点沿竖向产生单位位移时的弹性曲线，也就是 X_B 影响线，如图 9-14（g）所示。它与图 9-13（c）完全相同。

3. 连续梁的影响线形状

绘制超静定结构某量值的影响线是相当麻烦的，然而对于连续梁，按照上述机动法的作法，无需进行具体计算，凭直观就能描绘出某量值影响线的大致形状。

描绘连续梁某量值影响线形状的作法如下：欲绘制连续梁某量值影响线的形状时，先去掉与该量值相应的约束，并以未知量值代替其作用，然后令结构沿该量值的正方向产生单位位移，再根据其余支座竖向位移为零、支座截面两侧转角相同和变形连续条件，便可草绘出一条光滑的连续曲线，就是所求量值影响线的形状。图 9-15 给出了按上述作法绘出的连续梁支座 i 反力 F_{iy}、弯矩 M_i 以及跨内截面 K 的弯矩 M_K、剪力 F_{QK} 影响线形状。

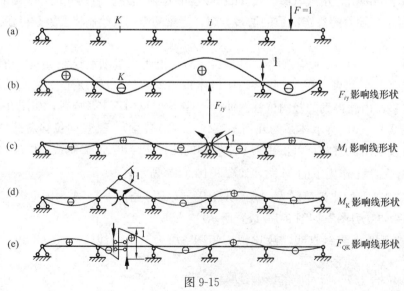

图 9-15

9.8　利用影响线求影响量

绘制影响线是为了计算移动荷载对结构产生的某一量值的最大值，以便进行结构设计。对此问题，可以按以下两种情况考虑：一是当移动荷载的位置已知时，如何利用影响线计算某一量值的影响量。二是如何利用影响线确定使某一量值达到最大值时的荷载位置（即最不利荷载位置），只要这一位置能够确定，便可按情况一求得该量值的最大值。本节讨论第一种情况。

1. 集中荷载作用

如图 9-16（a）所示简支梁，承受一组位置已知的竖向荷载 F_{P1}、F_{P2}、F_{P3}的作用，现在利用影响线求截面 C 剪力的影响量。

首先作 F_{QC}影响线，如图 9-16（b）所示。设以 y_1、y_2、y_3 分别代表 F_{P1}、F_{P2}、F_{P3}作用点对应的 F_{QC}影响线竖标。由影响线的定义知，y_1 表示 $F_P=1$ 位于节点 1 时截面 C 的剪力。若荷载不是 1 而是 F_{P1}，则 C 截面剪力应为 $F_{P1}y_1$。同理，由 F_{P2}、F_{P3} 产生的 C 截面剪力为 $F_{P2}y_2$、$F_{P3}y_3$。根据叠加原理，可得该组荷载作用下 C 截面剪力为：

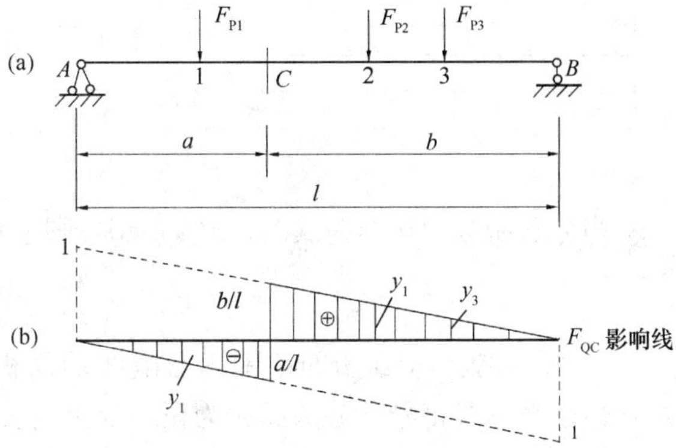

图 9-16

$$F_{QC}=F_{P1}y_1+F_{P2}y_2+F_{P3}y_3$$

其他量值影响量同样可用叠加原理计算。一般地，设结构承受一组位置已知的竖向集中荷载 F_{P1}、F_{P2}、…、F_{Pn}的作用，而与各荷载作用点对应的某量值 S 的影响线竖标分别为 y_1、y_2、…、y_n，则在该组荷载作用下，量值 S 的数值为：

$$\begin{aligned}S&=F_{P1}y_1+F_{P2}y_2+\cdots+F_{Pn}y_n\\&=\Sigma F_{Pi}y_i\end{aligned}\tag{9-1}$$

应用上式时，需注意影响线竖标 y_i 在基线之上为正，在基线之下为负。

当一组竖向集中荷载作用于影响线的某一直线段时，用它们的合力代替各力，不会改变所求量值的最后结果。这一结论可由合力矩定理证明如下：

如图 9-17 所示，设有 n 个竖向集中荷载 F_{P1}、F_{P2}、…、F_{Pn}作用在影响线的 AB 直线段上，直线的倾角为 α。延长此段直线与基线交于 O 点，则由式（9-1）可有：

$$\begin{aligned}S&=F_{P1}y_1+F_{P2}y_2+\cdots+F_{Pn}y_n\\&=(F_{P1}x_1+F_{P2}x_2+\cdots+F_{Pn}x_n)\tan\alpha=\tan\alpha\Sigma F_{Pi}x_i\end{aligned}\tag{a}$$

上式中 $\Sigma F_{Pi}x_i$为各力对 O 点的力矩之和，根据合力矩定理，它应等于合力 F_R 对 O 点之矩，即：

$$\Sigma F_{Pi}x_i=F_R\overline{x}\tag{b}$$

将式（b）代入式（a）可得：

$$S=F_R\overline{x}\tan\alpha=F_R\overline{y}\tag{9-2}$$

式中　$\overline{y}$——合力 F_R 所对应的影响线竖标。

2. 分布荷载作用

如图 9-18（a）所示简支梁，承受位置已知的分布荷载作用。若要利用 F_{QC} 影响线（图 9-18b）求截面 C 的剪力值，则可将分布荷载视作无限多个微小集中力 $q(x)\mathrm{d}x$，每一微小集中力引起的剪力值为 $yq(x)\mathrm{d}x$。于是，在全部分布荷载作用下截面 C 的剪力为：

$$F_{QC} = \int_c^d yq(x)\mathrm{d}x \tag{c}$$

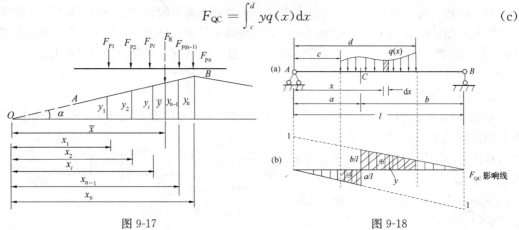

图 9-17   图 9-18

当分布荷载为均布荷载时，$q(x)=q$，则上式变为：

$$F_{QC} = q\int_c^d y\mathrm{d}x = q\omega \tag{9-3}$$

式中，ω 表示荷载分布范围内影响线的面积（如图 9-18b 斜线所示部分），同样要注意：位于影响线正号部分的面积为正，反之为负。

【例 9-2】 试用影响线求图 9-19（a）所示伸臂梁在给定荷载作用下 M_C 和 F_{QC} 的影响量。

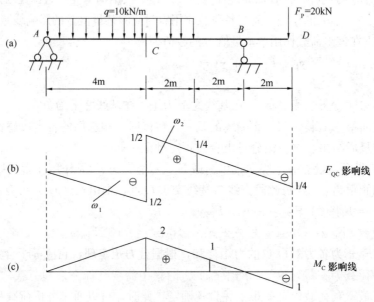

图 9-19

【解】 作出 F_{QC} 和 M_C 影响线，并求出有关的影响线竖标值，如图 9-19(b)、(c)所示。

（1）计算截面 C 的弯矩 M_C

$$M_C = q\omega + F_P y = 10 \times \left[\frac{1}{2} \times 2 \times 4 + \frac{1}{2} \times (2+1) \times 2\right] - 20 \times 1 = 50\text{kN} \cdot \text{m}$$

（2）计算截面 C 的剪力 F_{QC}

$$F_{QC} = q\omega + F_P y = 10 \times \left[-\frac{1}{2} \times \frac{1}{2} \times 4 + \frac{1}{2} \times \left(\frac{1}{2} + \frac{1}{4}\right) \times 2\right] - 20 \times \frac{1}{4} = -7.5\text{kN}$$

9.9　最不利荷载位置

为了求出移动荷载作用下各种量值的最大值（包括最大正值和最大负值，最大负值也称为最小值），就必须先确定使某一量值产生最大（或最小）值时的最不利荷载位置。本节讨论这一问题。

9.9.1　可动均布荷载作用

所谓可动均布荷载是指可以任意断续布置的均布荷载，如人群、货物等。根据均布荷载 q 作用下某量值 S 的计算式 $S = q\omega$ 可知，当可动均布荷载布满影响线的正号部分时，S 有最大值 S_{max}；布满影响线的负号部分时，S 有最小值 S_{min}，如图 9-20 所示。

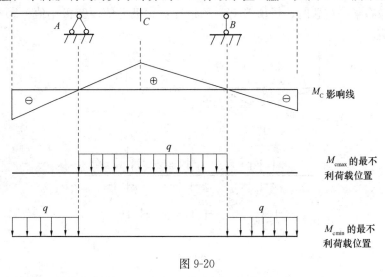

图 9-20

9.9.2　集中荷载作用

当移动荷载情况比较简单时，在绘出拟求量值 S 的影响线后，一般凭直观即可看出最不利荷载位置。例如只有一个集中荷载 F_P 时（图 9-21），显然，当 F_P 移至 S 影响线的最大正竖标 B 处时，有最大正值 S_{max}，移至 S 影响线最大负竖标 A 处时，有最小值 S_{min}。

如果移动荷载为一系列数值和间距都不变的集中荷载（称为系列荷载），如列车、汽车车队等，其最不利荷载位置就难于凭直观确定。此时，可以通过分析荷载移动时量值 S 的增量来确定最不利荷载位置。现说明如下。

如图 9-22(a) 所示，某量值的影响线为一折线，其中各段直线的倾角分别为 α_1、α_2、…、α_n。x 轴向右为正，y 轴向上为正，倾角 α 以逆时针转为正。系列荷载的位置如图 9-22(b) 所

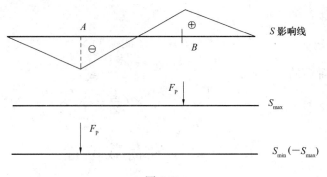

图 9-21

示，其产生的量值以 S_1 表示。设每段直线范围内荷载的合力为 F_{R1}、F_{R2}、$\cdots$、F_{Rn}，则有：

$$S_1 = F_{R1}y_1 + F_{R2}y_2 + \cdots + F_{Rn}y_n$$

当整个系列荷载向右（或向左）移动微小距离 Δx 时，相应的量值 S_2 为：

$$S_2 = F_{R1}(y_1 + \Delta y_1) + F_{R2}(y_2 + \Delta y_2) + \cdots + F_{Rn}(y_n + \Delta y_n)$$

则 S 的增量为：

$$\Delta S = S_2 - S_1 = F_{R1}\Delta y_1 + F_{R2}\Delta y_2 + \cdots + F_{Rn}\Delta y_n = \Sigma F_{Ri}\Delta y_i$$

由于 $\Delta y_i = \Delta x \tan\alpha_i$，且 Δx 为常量，因此增量 ΔS 又可写为：

$$\Delta S = \Delta x \Sigma F_{Ri}\tan\alpha_i$$

系列荷载在某一位置时，量值 S 有三种情况：①极大值；②极小值；③不是极大值，也不是极小值。

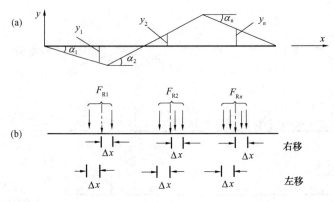

图 9-22

当 S 为极大值时，则荷载自该位置无论向左或向右移动微小距离，S 值均将减小或等于零。此时，增量 ΔS 为：$\Delta S = \Delta x \Sigma F_{Ri}\tan\alpha_i \leqslant 0$。或者说：

荷载稍向左移　　　　　　　$(\Delta x < 0)$，$\Sigma F_{Ri}\tan\alpha_i \geqslant 0$ 　　　　　　　(9-4a)

荷载稍向右移　　　　　　　$(\Delta x > 0)$，$\Sigma F_{Ri}\tan\alpha_i \leqslant 0$ 　　　　　　　(9-4b)

式（9-4）就是满足 S 为极大值的条件。

当 S 为极小值时，增量 ΔS 为：$\Delta S = \Delta x \Sigma F_{Ri}\tan\alpha_i \geqslant 0$。即 $\Sigma F_{Ri}\tan\alpha_i$ 应满足：

荷载稍向左移　　　　　　　$(\Delta x < 0)$，$\Sigma F_{Ri}\tan\alpha_i \leqslant 0$ 　　　　　　　(9-5a)

荷载稍向右移　　　　　　　$(\Delta x > 0)$，$\Sigma F_{Ri}\tan\alpha_i \geqslant 0$ 　　　　　　　(9-5b)

式（9-5）则是量值 S 为极小值的条件。

当 S 不是极大值也不是极小值时，荷载由该位置发生向左或向右的微小移动，增量

ΔS 不是始终在增加（$\Delta S>0$）就是始终在减小（$\Delta S<0$），$\Sigma F_{Ri}\tan\alpha_i$ 不会改变符号。

总之，荷载向左或向右有微小移动，$\Sigma F_{Ri}\tan\alpha_i$ 必须变号，S 才可能有极值。

由于影响线直线段的斜率 $\tan\alpha_i$ 为一常数。因此系列荷载微小移动时，如果没有任何荷载通过影响线的顶点，则各段的 F_{Ri} 值不会变化，$\Sigma F_{Ri}\tan\alpha_i$ 也不会变号；只有系列荷载在微小移动时，至少有一个集中荷载通过影响线顶点，F_{Ri} 值才会发生变化，但是 $\Sigma F_{Ri}\tan\alpha_i$ 不一定会变号；只有某一集中荷载通过影响线顶点，又能使 $\Sigma F_{Ri}\tan\alpha_i$ 变号，量值 S 才有极值。这个能使 $\Sigma F_{Ri}\tan\alpha_i$ 变号的荷载称为临界荷载，记为 F_{Pcr}，此时的荷载位置称为临界位置，而式（9-4）、式（9-5）则称为临界位置判别式。

确定临界位置的方法一般是试算，即先将移动荷载中某一集中荷载置于影响线的某一个顶点，然后令系列荷载分别向左、向右作微小移动，并计算相应的 $\Sigma F_{Ri}\tan\alpha_i$ 值。如果 $\Sigma F_{Ri}\tan\alpha_i$ 不变号，则说明此荷载位置不是临界位置，需要再换一个荷载置于影响线顶点，进行上述计算。直至找到一个能使 $\Sigma F_{Ri}\tan\alpha_i$ 变号（包括由正、负变为零，或由零变为正、负）的荷载，也就找出了一个临界位置。算出该荷载位置的 S 值，即得该临界位置对应的极值。在试算中，置于影响线顶点的集中荷载，左移后为该顶点左边直线段上的荷载，右移后为该顶点右边直线段上的荷载。此外，荷载移动前后，结构上的荷载有增减时，应按移动前后的荷载分别计算。

一般情况下，临界位置不止一个。这就需要逐一算出各临界位置对应的极值，找出其中的最大值（或最小值），其对应的荷载位置就是最不利荷载位置。

为了减少试算次数，宜将系列荷载中数值较大且较为密集的部分置于影响线的最大竖标附近，同时布置在影响线同符号范围内的荷载应尽量多一些。

当影响线为如图 9-23 所示的三角形时，确定最不利荷载位置将会简化。现说明如下：

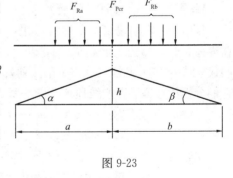

图 9-23

设系列荷载中的某个集中荷载为临界荷载 F_{Pcr}，将其置于三角形影响线顶点，以 F_{Ra}、F_{Rb} 分别表示临界荷载 F_{Pcr} 以左和以右各荷载的总和。由于影响线只有两个直线段，且倾角 α 为正，β 为负。因此荷载左移时，增量 ΔS 为：$\Delta x[(F_{Ra}+F_{Pcr})\tan\alpha-F_{Rb}\tan\beta]$，右移时为：$\Delta x[F_{Ra}\tan\alpha-(F_{Pcr}+F_{Rb})\tan\beta]$。根据 S 为极大值的条件，荷载向左、向右移动时，ΔS 均应小于零，于是有

荷载稍向左移（$\Delta x<0$）：$(F_{Ra}+F_{Pcr})\tan\alpha-F_{Rb}\tan\beta\geqslant0$

荷载稍向右移（$\Delta x>0$）：$F_{Ra}\tan\alpha-(F_{Pcr}+F_{Rb})\tan\beta\leqslant0$

将 $\tan\alpha=h/a$ 和 $\tan\beta=h/b$ 代入，得

$$\frac{F_{Ra}+F_P}{a}\geqslant\frac{F_{Rb}}{b} \tag{9-6a}$$

$$\frac{F_{Ra}}{a}\leqslant\frac{F_P+F_{Rb}}{b} \tag{9-6b}$$

式（9-6）称为三角形影响线确定临界位置的判别式，它表明：临界位置的特点是必有一集中荷载 F_{Pcr} 位于影响线的顶点，将 F_{Pcr} 计入哪一边，哪一边的平均荷载就大些。

应注意的是，应用式（9-6）求出的临界位置可能不止一个，因此必须经过试算比较，才能确定最不利荷载位置。

9.9.3 移动均布荷载作用

荷载分布长度一定，且其长度小于影响线范围的均布荷载，如履带车辆荷载等，称为移动均布荷载。当移动均布荷载跨过三角形影响线顶点时（图9-24），量值 S 是荷载位置 x 的二次函数，根据高等数学的知识，S 的极值发生在增量变化率 $ds/dx=0$ 处。于是可由 $ds/dx=\Sigma F_{Ri}\tan\alpha_i=0$ 的条件确定临界位置。此时有 $\Sigma F_{Ri}\tan\alpha_i=F_{Ra}h/a-F_{Rb}h/b=0$，即

$$F_{Ra}/a = F_{Rb}/b \tag{9-7}$$

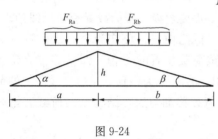

图 9-24

上式表明，移动均布荷载位于临界位置的条件是：三角形影响线顶点左、右两边的平均荷载应相等。

对于直角三角形影响线以及竖标有突变的影响线，判别式（9-4）～式（9-7）均不再适用。此时，当荷载较简单时，可由直观判断来确定最不利荷载位置；当荷载较复杂时，可将各荷载分别布置在影响线顶点，算出相应的 S 值，其中最大的 S 值所对应的荷载位置即为最不利荷载位置。

【例9-3】 试求图9-25（a）所示简支梁截面 C 的最大弯矩、最大正剪力和最大负剪力。已知移动荷载 $F_{P1}=F_{P2}=76kN$，$F_{P3}=F_{P4}=108.5kN$。

【解】 （1）求截面 C 的最大弯矩

作出 M_C 影响线（三角形），如图9-25（b）所示。列表计算出 F_{P1}、F_{P2}、F_{P3}、F_{P4} 为临界荷载时，影响线顶点左、右边的合力 F_{Ra} 及 F_{Rb}，如表9-1第2、3列所示。然后将它们代入式（9-6）判断（表9-1第4列）。由表可知，只有 F_{P2} 和 F_{P3} 是临界荷载。于是，将它们分别放在 M_C 影响线顶点（图9-25c、d），可求得相应的影响量为：

$$M_{C2} = \Sigma F_{Pi}y_i = 76\times1.46+76\times2.92+108.5\times2.25 = 577.01kN\cdot m$$

$$M_{C3} = \Sigma F_{Pi}y_i = 76\times0.98+76\times2.44+108.5\times2.92+108.5\times0.35 = 614.72kN\cdot m$$

比较可知 M_{C3} 为最大值，故 F_{P3} 作为 F_{Pcr} 时为 M_C 的最不利荷载位置。

（2）求截面 C 的最大正剪力和最大负剪力

作出剪力 F_{QC} 影响线，如图9-25（e）所示。由于截面 C 剪力 F_{QC} 影响线竖标有突变，临界位置判别式不再适用。为此，可将各荷载分别布置在影响线的顶点试算：

F_{P1} 或 F_{P2} 位于 C 截面稍右，都不可能产生 $+F_{QC(max)}$。将 F_{P3} 和 F_{P4} 分别置于截面 C 偏右（图9-25h、i），算得：

F_{P3} 在 C 稍右：$F_{QC}=108.5\times(-0.05)+108.5\times0.583+76\times0.487+76\times0.196$
$$=109.74kN$$

F_{P4} 在 C 稍右：$F_{QC}=108.5\times0.583+108.5\times0.217+76\times0.121=96.0kN$

可见，F_{P3} 在截面 C 时为最不利荷载位置，最大正剪力为 $109.74kN$。

F_{P3} 或 F_{P4} 位于截面 C 稍左，都不可能产生负的最大剪力，而 F_{P1} 和 F_{P2} 分别位于截面

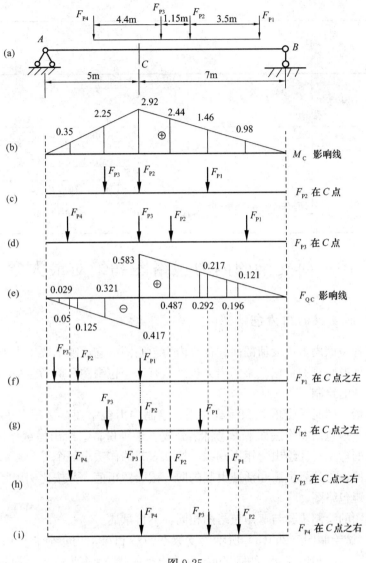

图 9-25

C 偏左时(图 9-25f、g),算得:

F_{P1} 在 C 稍左:$F_{QC}=108.5\times(-0.029)+76\times(-0.125)+76\times(-0.417)$

$$=-44.34\text{kN}$$

F_{P2} 在 C 稍左:$F_{QC}=108.5\times(-0.32)+76\times(-0.417)+76\times0.292=-44.33\text{kN}$

可见,F_{P1} 在截面 C 时为最不利荷载位置,最大负剪力为 44.34kN。

求 M_{cmax} 时的 F_{Pcr} 判别表 表 9-1

F_{PCr}	F_{Ra}	F_{Rb}	$\dfrac{F_{Ra}+F_{PCr}}{5}\geqslant\dfrac{F_{Rb}}{7}$ $\dfrac{F_{Ra}}{5}\leqslant\dfrac{F_{PCr}+F_{Rb}}{7}$	结论
$F_{P1}=76$	$F_{P2}+F_{P3}$ $=76+108.5$	0	$\dfrac{76+108.5+76}{5}>\dfrac{0}{7}$ $\dfrac{76+108.5}{5}>\dfrac{76}{7}$	不满足,F_{P1} 不是 F_{PCr}

F_{PCr}	F_{Ra}	F_{Rb}	$\dfrac{F_{Ra}+F_{PCr}}{5} \geqslant \dfrac{F_{Rb}}{7}$ $\dfrac{F_{Ra}}{5} \leqslant \dfrac{F_{PCr}+F_{Rb}}{7}$	结论
$F_{P2}=76$	$F_{P3}=108.5$	$F_{P1}=76$	$\dfrac{108.5+76}{5} > \dfrac{76}{7}$ $\dfrac{108.5}{5} < \dfrac{76+76}{7}$	满足， F_{P2} 是 F_{Pcr}
$F_{P3}=108.5$	$F_{P4}=108.5$	$F_{P1}+F_{P2}=76+76$	$\dfrac{108.5+108.5}{5} > \dfrac{76+76}{7}$ $\dfrac{108.5}{5} < \dfrac{76+76+108.5}{7}$	满足， F_{P3} 是 F_{Pcr}
$F_{P4}=108.5$	0	$F_{P2}+F_{P3}=76+108.5$	$\dfrac{0+108.5}{5} < \dfrac{76+108.5}{7}$ $\dfrac{0}{5} < \dfrac{108.5+76+108.5}{7}$	不满足， F_{P4} 不是 F_{Pcr}

9.10 简支梁的内力包络图和绝对最大弯矩

9.10.1 简支梁的内力包络图

连接全梁各截面内力最大值的曲线称为内力包络图，它反映了梁中内力变化的极值范围，是结构设计或验算的依据。梁的内力包络图有弯矩包络图和剪力包络图。下面说明简支梁内力包络图的绘制。

工程中的梁，同时承受恒载和活载作用，绘制内力包络图，必须考虑两者的共同影响。简支梁的弯矩包络图作法如下：①将梁分成若干等份；②绘出恒载作用下的弯矩图，求出各等分点的弯矩；③绘出弯矩影响线，按 9.8 节的作法求每个等分点活载最不利布置时的最大弯矩值；④计算恒载和活载引起的同一截面弯矩值，并按比例用竖标标出，连成曲线，即得弯矩包络图。

剪力包络图的绘制步骤与弯矩包络图相同，不再重述。

【例 9-4】 试绘制图 9-26（a）所示简支梁在恒载和可动均布荷载作用下的弯矩包络图和剪力包络图。已知恒载 $q=20\text{kN/m}$，可动均布荷载 $p=40\text{kN/m}$，梁的跨度 $l=16\text{m}$。

【解】 将梁分为 8 等份。利用对称性，只需计算半跨的内力。

（1）绘制弯矩包络图。

①恒载作用下的弯矩计算。绘出弯矩图，如图 9-26（c）中靠近基线的曲线所示。距左支座 x 处截面的弯矩计算式为：

$$M_q = \frac{1}{2}qx(l-x)$$

按上式列表求出各等分点截面的弯矩值，见表 9-2 中的 M_q 列。

② 绘出各等分截面的弯矩影响线，如图 9-26（b）所示。

③ 各影响线只有正值，因此可动均布荷载 p 满跨布置时，各截面弯矩值最大，其值可按 $M_{pmax}=pA_\omega$ 求出，计算结果见表 9-2 中的 M_{pmax} 列。

当梁上无可动均布荷载 p 作用时，各截面弯矩值最小，其值均为零，即 $M_{pmin}=0$。

④ 绘制弯矩包络图。梁各截面的最大、最小弯矩为：

$$M_{\max} = M_q + M_{p\max}$$
$$M_{\min} = M_q + M_{p\min} = M_q$$

按上式计算的结果见表 9-2 最后一列。将各截面最大、最小弯矩的竖标顶点分别用光滑的曲线相连，即得弯矩包络图，如图 9-26（c）所示。

（2）绘制剪力包络图。恒载作用下各截面剪力为：
$$F_{Qq} = q(l/2 - x)$$

按上式求得的各等分截面剪力见表 9-3 的 F_{Qq} 列。

绘出各等分截面的剪力影响线，如图 9-26（d）所示。显然，将可动均布荷载 p 布置在影响线的正值部分时，可得剪力最大值，计算式为：$F_{Qp(\max)} = pA_\omega^+$；而将 p 布置在影响线的负值部分时，可得剪力最小值（最大负剪力），计算式为：$F_{Qp(\min)} = pA_\omega^-$；计算结

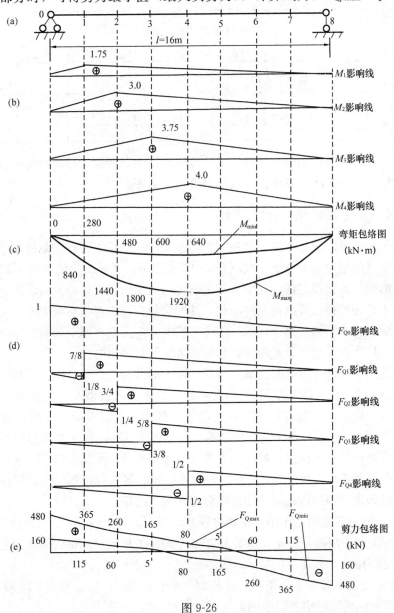

图 9-26

257

果见表 9-3 第 5 列。

梁各截面最大、最小剪力的计算式为：

$$F_{Qmax} = F_{Qq} + pA_\omega^+$$

$$F_{Qmin} = F_{Qq} + pA_\omega^-$$

计算结果见表 9-3 最后一列，由此绘出的剪力包络图如图 9-26（e）所示。

各等分点截面弯矩值　　　　　　　　　　　　　　　　　　　表 9-2

截面	x (m)	y_i	A_w (m²)	M_q (kN·m)	M_{pmax} (kN·m)	M_{max}、M_{min} (kN·m)
1	2	1.75	14	280	560	840、280
2	4	3.0	24	480	960	1440、480
3	6	3.75	30	600	1200	1800、600
4	8	4.0	32	640	1280	1920、640

各等分点截面剪力值　　　　　　　　　　　　　　　　　　　表 9-3

截面	x (m)	A_ω^+、A_ω^- (m²)	F_{Qq} (kN)	$F_{Qp(max)}$、$F_{Qp(min)}$ (kN)	$F_{Q(max)}$、$F_{Q(min)}$ (kN)
0	0	8、0	160	320、0	480、160
1	2	6.125、−0.125	120	245、−5	365、115
2	4	4.5、−0.5	80	180、−20	260、60
3	6	3.125、−1.125	40	125、−45	165、−5
4	8	2、−2	0	80、−80	80、−80

由图可知，剪力包络图与直线很接近。实际设计中，通常将两端和跨中最大、最小剪力值的竖标顶点连以直线，以此作为近似的剪力包络图。

9.10.2　简支梁的绝对最大弯矩

由弯矩包络图可以很方便地了解各截面的最大弯矩，其中所有截面最大弯矩中的最大者，称为简支梁的绝对最大弯矩。在例 9-4 中，恒载 q、可移动荷载 p 均为均布荷载，跨中截面弯矩影响线的面积与任一截面弯矩影响线的面积相比又是最大的，因此绝对最大弯矩发生在跨中。如果移动荷载是系列荷载，其绝对最大弯矩将不在跨中截面。此时，确定绝对最大弯矩，将遇到如下两个问题：①绝对最大弯矩发生在哪个截面？②此截面的最不利荷载位置如何布置？这里，截面位置和荷载情况都是未知的。

由 9.9 节知，对任一指定截面 K，当其弯矩为最大时，必有一临界荷载位于它的影响线顶点（即截面 K 处）。假如截面 K 是发生绝对最大弯矩的截面，则该截面也一定是临界荷载作用点。由此可以断定，绝对最大弯矩必然发生在临界荷载作用点的截面上。于是，可任取某个（第 i 个）集中荷载为临界荷载，求出系列荷载在全梁移动时，产生的最大弯矩及其临界荷载作用位置。然后再取另一个（第 j 个）荷载为临界荷载，以同样的作法求出第 j 个荷载为临界荷载时，产生的最大弯矩及临界荷载位置。最后将各个荷载作为临界荷载时的最大弯矩加以比较，即可得到绝对最大弯矩。

如图 9-27 所示简支梁上作用有系列荷载 F_{P1}、F_{P2}、$\cdots$、F_{Pn}。以 F_{Pi} 为临界荷载，以 x 表示 F_{Pi} 至支座 A 的距离，以 a 表示梁上全部荷载的合力 F_R 与 F_{Pi} 的距离，由 $\Sigma M_B = 0$ 可得支座 A 的反力为：

$$F_{Ay} = F_R(l - x - a)/l \tag{a}$$

以 M_x 表示 F_{Pi} 作用点截面的弯矩，即：

$$M_x = F_{Ay}x - M_i = F_R(l-x-a)x/l - M_i$$

(b)

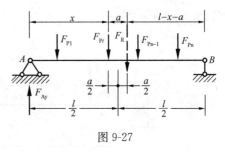

式中，M_i 表示梁上 F_{Pi} 以左各荷载对 F_{Pi} 作用点的力矩之和，它与 x 无关，是一个常数。M_x 有极值的条件是 $\dfrac{dM_x}{dx} = 0$，即：

图 9-27

$$\frac{dM_x}{dx} = \frac{F_R}{l}(l-2x-a) = 0 \qquad (c)$$

得

$$x = l/2 - a/2 \qquad (9\text{-}8)$$

式（9-8）表明，当 F_{Pi} 与合力 F_R 分别位于梁中点两侧的对称位置时，F_{Pi} 作用点截面的弯矩达到最大，其值为：

$$M_{max} = \frac{F_R}{l}\left(\frac{l}{2} - \frac{a}{2}\right)^2 - M_i \qquad (9\text{-}9)$$

当合力 F_R 位于 F_{Pi} 的左边时，式（9-8）、式（9-9）中 $a/2$ 前面的减号改为加号。

取每一个荷载作为临界荷载由式（9-9）试算，求出其作用点截面的最大弯矩及相应的荷载位置，通过比较，即可得到绝对最大弯矩及相应的荷载位置。

简支梁的绝对最大弯矩通常总是发生在梁的中点附近，而且绝对最大弯矩对应的临界荷载往往是布置较密集、数值较大的荷载。因此，用式（9-9）计算时应选择满足上述条件的那些荷载作为临界荷载，可以减少试算工作量。

值得注意的是，合力 F_R 为梁上实际荷载的合力。当安排不同的荷载为临界荷载时，梁上的荷载可能有增减，此时应重新计算合力的大小和位置。

【例 9-5】 试求图 9-28 (a) 所示吊车梁的绝对最大弯矩。

【解】 首先判断使梁跨中截面 C 发生最大弯矩的临界荷载。不难看出，F_{P2} 或 F_{P3} 在截面 C 时，最可能使跨中截面产生最大弯矩。因此，可选择 F_{P2} 和 F_{P3} 作为绝对最大弯矩的临界荷载进行试算。利用对称性，只需对一个荷载（例如 F_{P2}）进行试算。

将 F_{P2} 与梁上荷载的合力 F_R 对称地置于梁的中点，此时梁上有 4 个荷载（图 9-28b）和 3 个荷载（图 9-28c）两种情况。

（1）梁上有 4 个荷载时，F_{P2} 在合力 F_R 的左边，$F_R = 4 \times 300 = 1200$kN；$M_i = 4.8 \times 300 = 1440$kN·m；$a = 1.4/2 = 0.7$m。由式（9-9）可得：

$$M_{max} = \frac{1200}{12} \times \left(\frac{12}{2} - \frac{0.7}{2}\right)^2 - 1440 = 1752 \text{kN·m}$$

（2）梁上有 3 个荷载时，F_{P2} 在 F_R 的右边，$F_R = 3 \times 300 = 900$kN；$M_i = 4.8 \times 300 = 1440$kN·m；$a$ 可由合力矩定理（以 F_{P2} 作用点为矩心）求得：

$$a = \frac{300 \times 4.8 - 300 \times 1.4}{900} = 1.13 \text{m}$$

由式（9-9）可得：$M_{max} = \dfrac{900}{12} \times \left(\dfrac{12}{2} + \dfrac{1.13}{2}\right)^2 - 1440 = 1792$kN·m

比较（1）、（2）两种结果知，简支梁的绝对最大弯矩为 1792kN·m。相应的荷载位置如图 9-28（c）所示。

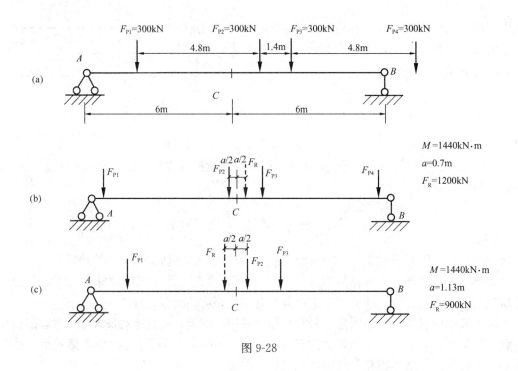

图 9-28

*9.11　连续梁的内力包络图

连续梁是工程中常见的结构形式，作用在连续梁上的荷载有恒载和活载。在进行结构计算时，需要知道各个截面在恒载和活载共同作用下的最大内力和最小内力。将连续梁各截面最大、最小内力按同一比例绘在基线上并分别连成曲线，就得到连续梁的内力包络图。连续梁的内力包络图有弯矩包络图和剪力包络图。

恒载作用位置是固定不变的，它产生的内力可用位移法、力矩分配法等求出。

活载是可变的，它所产生的内力则随荷载分布位置的不同而变化。为了求得活载作用下各截面的最大、最小内力，需要先确定最不利荷载位置。当活载仅为可动均布荷载时，根据某截面相关影响线形状（图 9-15），便可确定最不利荷载位置。

图 9-29 给出五跨连续梁中间某支座截面弯矩、跨中某截面弯矩、跨中某截面剪力、端支座反力的影响线形状及最大、最小值的最不利荷载位置，依次如图 9-29（b）、（c）、（d）、（e）所示。可以看出，不管哪种情况的最不利荷载位置都是在一些跨内布满活载，另一些跨内无荷载。这样，计算各截面最大、最小内力（或支座反力）时，均可先由各跨单独布满荷载（按固定荷载作用）计算出结果，然后将同一截面各同号内力值相加后，再与该截面恒载下的内力值叠加。

综上所述，可得连续梁的弯矩包络图绘制步骤如下：

① 将每一跨分为若干等分；② 用位移法或力矩分配法绘出连续梁在恒载和各跨单独布满均布活载时的弯矩图，计算出各等分截面的弯矩值；③ 将活载各弯矩图中同一截面

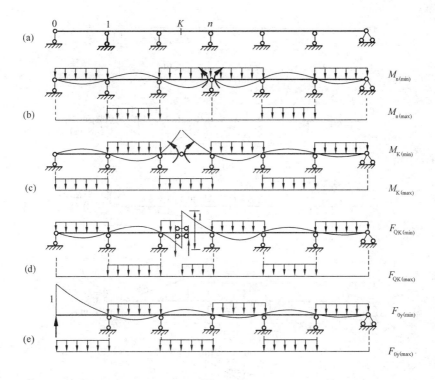

图 9-29

的正值相加再与恒载产生的弯矩叠加，便得到该截面的最大弯矩。将活载下各图同一截面负值相加再与恒载下的弯矩叠加，便得到该截面的最小弯矩；④ 将各截面的最大、最小弯矩竖标顶点用光滑的曲线相连，即得所求的弯矩包络图。

通常连续梁的最大、最小剪力发生在支座两侧截面。因此可分别绘出连续梁在恒载和各跨单独布满均布活载时的剪力图，然后对各支座两侧截面活载作用下符号相同的剪力相加，再与恒载下的剪力叠加，求出最大、最小剪力值，最后将它们分别以直线相连，即得近似的剪力包络图。按此剪力包络图进行设计是偏于安全的。

【例 9-6】 试绘制图 9-30（a）所示连续梁的弯矩包络图和剪力包络图。已知恒载 $g=25\text{kN/m}$，均布活载 $p=45\text{kN/m}$。

【解】 （1）弯矩包络图。将每跨梁分为四等份，绘出恒载和各跨单独布满活载时的弯矩图，求出各等分点截面的弯矩值，如图 9-30（b）、（c）、（d）、（e）所示。将图 9-30（b）中的竖标分别与图 9-30（c）、（d）、（e）中对应的正（负）值竖标叠加，即得最大（最小）弯矩值。例如支座 C 截面的最大、最小弯矩为：

$$M_{Cmax} = -90 + 27 = -63\text{kN} \cdot \text{m}, \quad M_{Cmin} = -90 - 81 - 108 = -279\text{kN} \cdot \text{m}$$

又如第一跨跨中 F 截面的最大、最小弯矩为：

$$M_{Fmax} = 67.5 + 148.5 + 13.5 = 229.5\text{kN} \cdot \text{m}$$

$$M_{Fmin} = 67.5 - 40.5 = 27\text{kN} \cdot \text{m}$$

最后将各截面的最大、最小值用曲线相连，即得弯矩包络图，如图 9-30（f）所示。

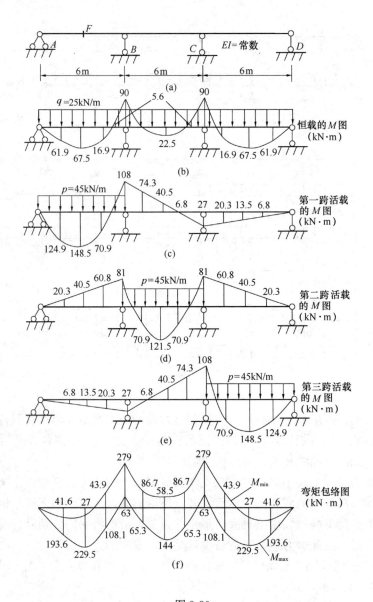

图 9-30

(2) 剪力包络图。根据图 9-30（b）、（c）、（d）、（e）中各支座截面的弯矩和跨中荷载，由平衡条件分别求出各支座两侧截面的最大、最小剪力值，依次如图 9-31（b）、（c）、（d）、（e）所示。

将图 9-31（b）中的竖标与图 9-31（c）、（d）、（e）中对应截面的正（负）值竖标相加，即得最大（最小）剪力值。例如支座 C 左侧截面的最大、最小剪力为：

$$F_{QCmax}^L = -75 + 22.5 = -52.5kN, \quad F_{QCmin}^L = -75 - 135 - 22.5 = -232.5kN$$

将各支座截面最大、最小剪力分别用直线相连，即得剪力包络图（图 9-31f）。

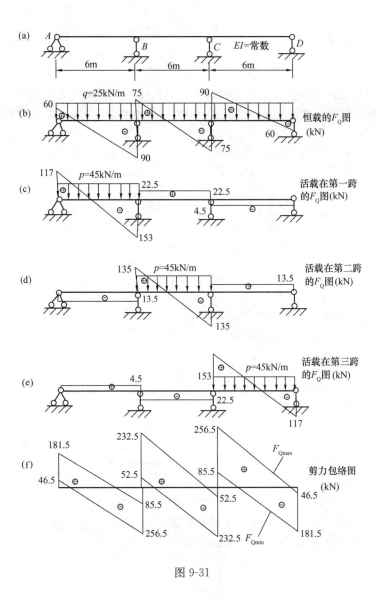

图 9-31

思 考 题

1. 什么是影响线？影响线上任一点的横坐标和纵坐标各代表什么意义？

2. 研究移动荷载对结构的影响时，为什么要选取单位集中荷载 $F_P=1$ 作为基础？

3. 反力和内力的影响线各有什么样的量纲？

4. 用静力法作某内力的影响线与在固定荷载作用下求该内力有何不同？

5. 机动法作影响线的原理是什么？机动法和静力法在原理和方法上有何不同？

6. 固定荷载作用下的内力为何可以利用影响线来求？

7. 什么是临界荷载位置和最不利荷载位置？两者的关系如何？

8. 能否利用式（9-6）来判断剪力影响线的临界荷载，为什么？

9. 梁的内力图、内力影响线和内力包络图三者有何区别？各有什么用途？

10. 简支梁的绝对最大弯矩与跨中最大弯矩是否相等？什么情况下两者会相等？

习　题

9-1　题图所示简支梁 AB 在 C 点受单位荷载 $F_P=1$ 作用时的弯矩图如图（b）所示，移动荷载 $F_P=1$ 作用下截面 C 的弯矩影响线如图（c）所示，两图的形状及竖标完全相同，试说明图中 y_1 和 y_2 各代表什么意义。

9-2　试作图示伸臂梁中 F_{Ay}、M_B、F_{QB}^L 影响线。

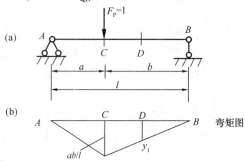

题 9-1 图

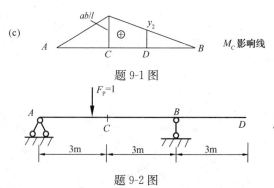

题 9-2 图

9-3　试用静力法作图示斜梁 F_{Ax}、M_C、F_{NC} 影响线。

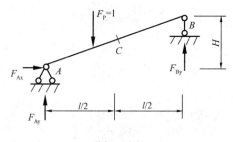

题 9-3 图

9-4　试用静力法作图示梁的 M_A、M_B、F_{QB}^R 影响线。

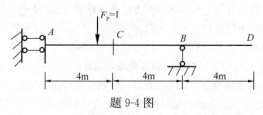

题 9-4 图

9-5 试作图示刚架 F_{QC}、M_C 影响线。已知 $F_P=1$ 在 DE 部分移动。

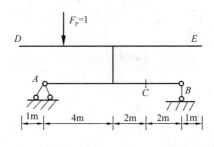

题 9-5 图

9-6 试用静力法作出图示结构下列量值的影响线：F_{NBC}、F_{QD}、F_{ND}。设单位荷载 $F_P=1$ 在 AE 之间移动。

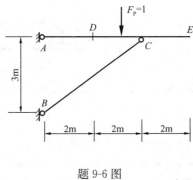

题 9-6 图

9-7 试作图示主梁 AB 的 F_{By}、M_D、F_{QC}^L影响线。

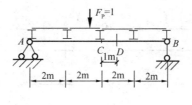

题 9-7 图

9-8 试作图示结构 M_A、M_C、F_{QC}^L影响线。

9-9 试作图示桁架指定杆件的内力影响线。

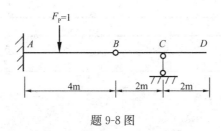

题 9-8 图

9-10 试利用影响线求图示固定荷载作用下截面 C 的弯矩和剪力。

9-11 试利用影响线求图示固定荷载作用下 F_{Cy}、F_{QC}^r、M_E 的值。

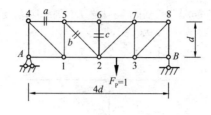

题 9-9 图

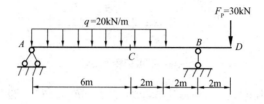

题 9-10 图

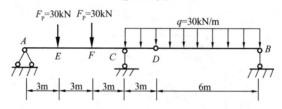

题 9-11 图

9-12　试求图示简支梁在两台吊车轮压作用下截面 C 的最大弯矩、最大正剪力和最大负剪力。

9-13　试求图示简支梁在两台吊车轮压作用下截面 C 的最大弯矩、最大正剪力和最大负剪力。已知第一台吊车轮压力 $F_{P1} = F_{P2} = 478.5$kN，第二台吊车轮压力 $F_{P3} = F_{P4} = 324.5$kN。

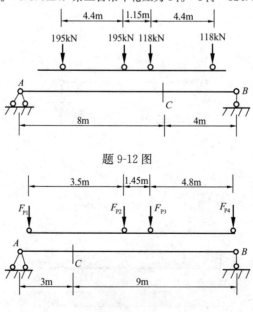

题 9-12 图

题 9-13 图

答　案

9-1 　y_1 代表固定荷载 $F_p=1$ 作用在 C 点时 D 截面的弯矩值；y_2 为移动荷载 $F_p=1$ 移动到 D 点时 C 截面的弯矩影响量。

9-2 　影响线方程（坐标原点在 A 点）：$F_{Ay}=1-\dfrac{x}{6}$ （$0\leqslant x\leqslant 9$）；$M_B=0$ （$0\leqslant x\leqslant 6$），$M_B=6-x$ （$6\leqslant x\leqslant 9$）；

$$F_{QB}^L=-\frac{x}{6}(0\leqslant x<6),F_{QB}^L=1-\frac{x}{6}(6\leqslant x\leqslant 9)$$

9-3 　影响线方程（x 原点在 A 点，x 轴水平向右）：$F_{Ax}=0$ （$0\leqslant x\leqslant l$）；

$$M_C=\frac{x}{2}(0\leqslant x\leqslant l/2),M_C=\frac{l}{2}-\frac{x}{2}(l/2\leqslant x\leqslant l);$$

$$F_{NC}=\frac{x}{l}\cdot\frac{H}{\sqrt{H^2+l^2}}(0\leqslant x\leqslant l/2),\quad F_{NC}=\left(\frac{x}{l}-1\right)\frac{H}{\sqrt{H^2+l^2}}(l/2\leqslant x\leqslant l)$$

9-4 　影响线方程（x 原点在 A 点）：$M_A=8-x$ （$0\leqslant x\leqslant 12$）；$M_B=0$ （$0\leqslant x\leqslant 8$），$M_B=8-x$ （$8\leqslant x\leqslant 12$）；

$$F_{QB}^R=0\quad(0\leqslant x\leqslant 8),F_{QB}^R=1\quad(8\leqslant x\leqslant 12)$$

9-5 　影响线方程（x 原点在 A 点）：$F_{QC}=-\dfrac{x}{8}$ （$-1\leqslant x\leqslant 9$）；$M_c=\dfrac{x}{4}$ （$-1\leqslant x\leqslant 9$）

9-6 　影响线方程（x 原点在 A 点）：$F_{NBC}=\dfrac{-5x}{12}$ （$0\leqslant x\leqslant 6$）；$F_{QD}=-\dfrac{x}{4}$ （$0\leqslant x\leqslant 2$），

$$F_{QD}=1-\frac{x}{4}(2\leqslant x\leqslant 6);\quad F_{ND}=\frac{x}{3}(0\leqslant x\leqslant 6)$$

9-7 　影响线方程（x 原点在 A 点）：$F_{By}=\dfrac{x}{8}$ （$0\leqslant x\leqslant 8$）；$M_D=\dfrac{3x}{8}$ （$0\leqslant x\leqslant 4$），

$$M_D=2-\frac{x}{8}(4\leqslant x\leqslant 6),M_D=\frac{10}{8}-\frac{x-6}{1.6}(6\leqslant x\leqslant 8);F_{QC}^L=-\frac{x}{8}(0\leqslant x\leqslant 4)$$

$$F_{QC}^L=1-\frac{x}{8}(4\leqslant x\leqslant 8)$$

9-8 　影响线方程（x 原点在 A 点）：$M_A=-x$ （$0\leqslant x\leqslant 4$），$M_A=2$ （$x-6$） （$4\leqslant x\leqslant 8$）；

$$M_C=0(0\leqslant x\leqslant 6),M_C=6-x(6\leqslant x\leqslant 8);F_{QC}^L=0\quad(0\leqslant x\leqslant 4),$$

$$F_{QC}^L=2-\frac{x}{2}(4\leqslant x<6),F_{QC}^L=3-\frac{x}{2}\quad(6\leqslant x\leqslant 8)$$

9-9 　影响线方程（x 原点在 A 点）：$F_{Na}=-\dfrac{3x}{4d}$ （$0\leqslant x\leqslant d$），$F_{Na}=\dfrac{x}{4d}-1$ （$d\leqslant x\leqslant 4d$）；

$$F_{Nb}=-\sqrt{2}\frac{x}{4d}\ (0\leqslant x\leqslant d),\ F_{Nb}=-\sqrt{2}\left(1-\frac{3x}{4d}\right)\ (d\leqslant x\leqslant 2d),\ F_{Nb}=\sqrt{2}\left(1-\frac{x}{4d}\right)\ (2d\leqslant x\leqslant 4d);$$

$F_{Nc}=0$ （$0\leqslant x\leqslant 4d$）

9-10 　$M_C=180$kN·m （下拉）；$F_{QC}=-30$kN

9-11 　$F_{Cy}=255$kN （↑）；$F_{QC}^L=-75$kN；$M_E=-45$kN.m （上拉）

9-12 　$M_{C(max)}=978.2$kN.m；$F_{QC(max)}=65$kN；$F_{QC(min)}=-229.79$kN

9-13 　$M_{C(max)}=1912.21$kN.m；$F_{QC(max)}=687.55$kN；$F_{QC(min)}=-81.13$kN

第10章 矩阵位移法

10.1 概　　述

用力法或者位移法求解超静定结构，当基本未知量数目较多时，手算都将非常困难。随着计算机技术的发展与应用，结构矩阵分析方法于 20 世纪 60 年代迅速兴起，有效地解决了手算难以完成的计算问题。结构矩阵分析方法是以传统的结构分析方法作为理论基础、以矩阵作为数学表述形式、以计算机作为计算工具的三位一体的方法。与传统力法相对应的有矩阵力法（柔度法），与传统位移法相对应的有矩阵位移法（刚度法）。其中，矩阵位移法因其矩阵表达式结构紧凑、形式统一，易于编写程序，通用性强，故在结构设计中得到广泛应用。本章介绍矩阵位移法。

矩阵位移法的基本思路是：先将结构离散成有限个杆件（称为单元）；通过单元分析，建立描述单元杆端力与杆端位移之间的关系式，即单元刚度方程；再通过整体分析，根据变形协调条件和静力平衡条件，把这些离散的单元组合成原来的结构，建立整个结构的刚度方程；然后解方程，求出原结构的未知位移，最后求出各杆内力。这就把一个复杂结构的计算问题转化为简单单元的分析和集合问题。可见，用矩阵位移法分析结构，主要包括以下三部分内容：

一是进行单元分析。即研究单元的力学特性，建立单元刚度方程。

二是进行整体分析。即对单元进行集合，研究结构整体刚度方程的组成和求解。

三是计算各杆内力。即根据求出的节点位移，求出各单元最后杆端力。

矩阵位移法与传统位移法在基本原理上是相同的，只是在计算过程中的具体作法上有所不同。从"电算"的角度考虑，矩阵位移法采用了矩阵运算来处理位移法的计算，有些作法从"手算"的角度看是"笨"的，但其机械、规律的步骤却适合于计算机进行大规模计算。注意到两种方法的异同，将有助于对本章内容的理解。

10.2　单元及单元刚度矩阵

10.2.1　单元

在位移法中是以单跨超静定梁作为计算单元。类似地，在矩阵位移法中也是先将结构划分成若干单元。对于杆件结构，一般是以一根杆件或杆件的一段作为一个单元。

为方便讨论，我们只考虑等截面直杆这种形式的单元，并且规定荷载只作用于节点处（即单元上无荷载）。对于单元上有荷载（如均布荷载、集中力等）的情况，将用等效节点荷载代替（见 10.5 节）。根据上述要求，划分的单元其始端和末端应是结构的刚节点、铰节点、支承点或截面突变点，这些点统称为节点。相邻两节点间的杆段即为一个单元。由此得到的单元可以仅由给定的杆端位移写出杆端力的表达式。

为了描述各单元的量，如杆端力、杆端位移等，需要对每个单元建立一个局部坐标系 $O\bar{x}\bar{y}$。在 x、y 上面加一横线，表示它是专属于某一单元的坐标系，故局部坐标系也称单元坐标系。如图 10-1 所示等截面直杆单元，设其在整个结构中编号为 e，以单元始端 i 为坐标原点，杆轴为 $\bar{x}$ 轴，从 i 到 j 为 $\bar{x}$ 轴正向，以 $\bar{x}$ 轴的正向逆时针旋转 $90°$ 为 $\bar{y}$ 轴的正向，这便是单元 e 的局部坐标系。

1. 一般单元

用矩阵位移法计算平面刚架，通常不再忽略杆件的轴向变形，因而单元的每个杆端有三个杆端力和三个杆端位移（图 10-1）。当不考虑单元两端的约束情况时，一个单元共有六个杆端力分量和六个杆端位移分量，即 i 端的轴力 $\bar{F}_{Ni}^e$、剪力 $\bar{F}_{Qi}^e$、弯矩 $\bar{M}_i^e$ 和相应的杆端位移 $\bar{u}_i^e$、$\bar{v}_i^e$、$\bar{\varphi}_i^e$ 以及 j 端的轴力 $\bar{F}_{Nj}^e$、剪力 $\bar{F}_{Qj}^e$、弯矩 $\bar{M}_j^e$ 和相应的杆端位移 $\bar{u}_j^e$、$\bar{v}_j^e$、$\bar{\varphi}_j^e$（上述各量符号上面加一横线，表示它们是局部坐标系中的量，上标 e 表示它们属于单元 e，下同）。上述这种两端不受约束的单元称为一般单元或自由单元。在局部坐标系中，杆端轴力 $\bar{F}_N$、剪力 $\bar{F}_Q$ 和相应的杆端位移 $\bar{u}^e$、$\bar{v}^e$ 均规定与坐标轴的正方向一致时为正；杆端弯矩 $\bar{M}^e$ 和相应的杆端转角 $\bar{\varphi}^e$ 均以逆时针转向为正。六个杆端力分量和杆端位移分量按照先 i 端后 j 端的顺序排列，形成杆端力列向量 $\bar{\boldsymbol{F}}^e$ 和杆端位移列向量 $\bar{\boldsymbol{\delta}}^e$ 如下：

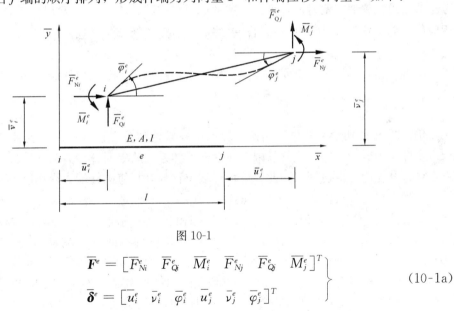

图 10-1

$$\bar{\boldsymbol{F}}^e = \begin{bmatrix} \bar{F}_{Ni}^e & \bar{F}_{Qi}^e & \bar{M}_i^e & \bar{F}_{Nj}^e & \bar{F}_{Qj}^e & \bar{M}_j^e \end{bmatrix}^T \left.\vphantom{\begin{matrix}1\\1\end{matrix}}\right\}$$
$$\bar{\boldsymbol{\delta}}^e = \begin{bmatrix} \bar{u}_i^e & \bar{v}_i^e & \bar{\varphi}_i^e & \bar{u}_j^e & \bar{v}_j^e & \bar{\varphi}_j^e \end{bmatrix}^T \left.\vphantom{\begin{matrix}1\\1\end{matrix}}\right. \tag{10-1a}$$

显然，在同一单元中，$\bar{\boldsymbol{F}}^e$ 的分量数目和 $\bar{\boldsymbol{\delta}}^e$ 的分量数目相同。

2. 特殊单元

由于结构类型或计算方法的不同，除上述一般单元外，还有一些杆件单元的某些杆端位移值已知为零或杆件某一变形忽略不计，这类单元统称为特殊单元。

对于平面刚架，用位移法计算时，通常忽略杆件的轴向变形，此时每个杆件单元的杆端只有侧移和转角，称为自由梁式单元。显然这种单元就是图 10-1 所示自由单元 $\bar{u}_i^e = 0$、$\bar{u}_j^e = 0$ 的情况。在局部坐标系中，自由梁式单元 i 端的杆端力为剪力 $\bar{F}_{Qi}^e$、弯矩 $\bar{M}_i^e$，相应

的杆端位移为 $\bar{\nu}_i^e$、$\bar{\varphi}_i^e$；j 端的杆端力为剪力 $\bar{F}_{Qj}^e$、弯矩 $\bar{M}_j^e$，相应的杆端位移为 $\bar{\nu}_j^e$、$\bar{\varphi}_j^e$。单元杆端力列向量 $\bar{\pmb{F}}^e$ 和杆端位移列向量 $\bar{\pmb{\delta}}^e$ 分别为：

$$\bar{\pmb{F}}^e = [\;\bar{F}_{Qi}^e \quad \bar{M}_i^e \quad \bar{F}_{Qj}^e \quad \bar{M}_j^e\;]^T, \quad \bar{\pmb{\delta}}^e = [\;\bar{\nu}_i^e \quad \bar{\varphi}_i^e \quad \bar{\nu}_j^e \quad \bar{\varphi}_j^e\;]^T \qquad (10\text{-}1b)$$

对于平面桁架，以每根杆件为一个单元，称为桁架单元。桁架各杆只有轴力，杆件只有轴向变形。在局部坐标系中，i、j 两端的杆端力为 $\bar{F}_{Ni}^e$、$\bar{F}_{Nj}^e$，相应的杆端位移为 $\bar{u}_i^e$、$\bar{u}_j^e$，如图 10-2（a）所示。桁架单元杆端力列向量 $\bar{\pmb{F}}^e$ 和杆端位移列向量 $\bar{\pmb{\delta}}^e$ 分别为：

$$\bar{\pmb{F}}^e = [\;\bar{F}_{Ni}^e \quad \bar{F}_{Nj}^e\;]^T, \quad \bar{\pmb{\delta}}^e = [\;\bar{u}_i^e \quad \bar{u}_j^e\;]^T \qquad (10\text{-}1c)$$

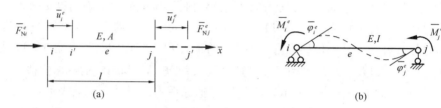

图 10-2

对于连续梁，通常不计梁的轴力和轴向变形，并且取梁的一跨为一个单元，这种单元两端只有角位移，而无线位移，称为连续梁单元，如图 10-2（b）所示。计算连续梁和不考虑节点线位移的刚架时，就可采用这种单元。连续梁单元 i、j 两端的杆端力为 $\bar{M}_i^e$、$\bar{M}_j^e$，相应的杆端位移为 $\bar{\varphi}_i^e$ 和 $\bar{\varphi}_j^e$。单元杆端力列向量 $\bar{\pmb{F}}^e$ 和杆端位移列向量 $\bar{\pmb{\delta}}^e$ 为：

$$\bar{\pmb{F}}^e = [\;\bar{M}_i^e \quad \bar{M}_j^e\;]^T, \; \bar{\pmb{\delta}}^e = [\;\bar{\varphi}_i^e \quad \bar{\varphi}_j^e\;] \qquad (10\text{-}1d)$$

不难看出，不论哪种单元，在同一单元中，杆端力与杆端位移都是一一对应的。

10.2.2 单元刚度矩阵

仍以图 10-1 所示一般单元为例，设六个杆端位移分量已知，杆上无荷载作用，现欲求六个杆端力分量。由于我们仅限于线性变形体系，故单元杆端力和杆端位移之间服从胡克定律，叠加原理也适用。因此，可将杆端位移与其相应的杆端力视作以下两种情况的叠加：一种是只有杆端位移 $\bar{u}^e$ 和相应的杆端力 $\bar{F}_N$；一种是只有杆端位移 $\bar{\nu}^e$、$\bar{\varphi}^e$ 和相应的杆端力 $\bar{F}_Q$、$\bar{M}^e$。对前一种情况，单元受力状态相当于两端固定梁仅有轴向位移 $\bar{u}^e$。于是由胡克定律可求出一端有单位轴向位移，另一端位移为零时的杆端轴力，如图 10-3（a）、（b）所示。对后一种情况，单元受力状态又可分解为两端固定梁仅某一支座发生 $\bar{\nu}^e$ 或 $\bar{\varphi}^e$ 的位移。于是，由表 6-1 第 1、2 栏（注意现在的正负号规定与该表不同），可查出仅某一杆端位移分量为 1，其余杆端位移分量均为零时的杆端力分量，如图 10-3（c）～（f）所示。最后，将以上情况叠加，可得各杆端力如下：

$$\bar{F}_{Ni} = \frac{EA}{l}\bar{u}_i^e - \frac{EA}{l}\bar{u}_j^e$$

$$\bar{F}_{Qi} = \frac{12EI}{l^3}\bar{\nu}_i^e + \frac{6EI}{l^2}\bar{\varphi}_i^e - \frac{12EI}{l^3}\bar{\nu}_j^e + \frac{6EI}{l^2}\bar{\varphi}_j^e$$

$$\bar{M}_i = \frac{6EI}{l^2}\bar{\nu}_i^e + \frac{4EI}{l}\bar{\varphi}_i^e - \frac{6EI}{l^2}\bar{\nu}_j^e + \frac{2EI}{l}\bar{\varphi}_j^e$$

$$\overline{F}_{Nj} = -\frac{EA}{l}\overline{u}_i^e + \frac{EA}{l}\overline{u}_j^e$$

$$\overline{F}_{Qj} = -\frac{12EI}{l^3}\overline{v}_i^e - \frac{6EI}{l^2}\overline{\varphi}_i^e + \frac{12EI}{l^3}\overline{v}_j^e - \frac{6EI}{l^2}\overline{\varphi}_j^e$$

$$\overline{M}_j = \frac{6EI}{l^2}\overline{v}_i^e + \frac{2EI}{l}\overline{\varphi}_i^e - \frac{6EI}{l^2}\overline{v}_j^e + \frac{4EI}{l}\overline{\varphi}_j^e$$

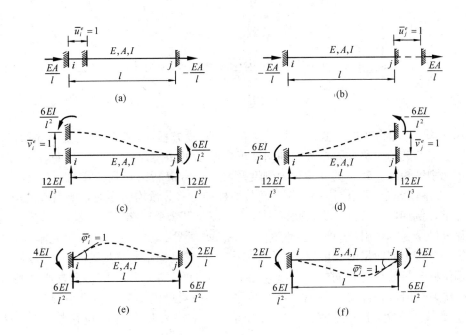

图 10-3

写成矩阵形式则有

$$
\begin{bmatrix}
\overline{F}_{Ni}^e \\[4pt]
\overline{F}_{Qi}^e \\[4pt]
\overline{M}_i^e \\[4pt]
\overline{F}_{Nj}^e \\[4pt]
\overline{F}_{Qj}^e \\[4pt]
\overline{M}_j^e
\end{bmatrix}
=
\begin{bmatrix}
\dfrac{EA}{l} & 0 & 0 & -\dfrac{EA}{l} & 0 & 0 \\[8pt]
0 & \dfrac{12EI}{l^3} & \dfrac{6EI}{l^2} & 0 & -\dfrac{12EI}{l^3} & \dfrac{6EI}{l^2} \\[8pt]
0 & \dfrac{6EI}{l^2} & \dfrac{4EI}{l} & 0 & -\dfrac{6EI}{l^2} & \dfrac{2EI}{l} \\[8pt]
-\dfrac{EA}{l} & 0 & 0 & \dfrac{EA}{l} & 0 & 0 \\[8pt]
0 & -\dfrac{12EI}{l^3} & -\dfrac{6EI}{l^2} & 0 & \dfrac{12EI}{l^3} & -\dfrac{6EI}{l^2} \\[8pt]
0 & \dfrac{6EI}{l^2} & \dfrac{2EI}{l} & 0 & -\dfrac{6EI}{l^2} & \dfrac{4EI}{l}
\end{bmatrix}
\begin{bmatrix}
\overline{u}_i^e \\[4pt]
\overline{v}_i^e \\[4pt]
\overline{\varphi}_i^e \\[4pt]
\overline{u}_j^e \\[4pt]
\overline{v}_j^e \\[4pt]
\overline{\varphi}_j^e
\end{bmatrix}
\tag{10-2a}
$$

或简写为:

$$\overline{\boldsymbol{F}}^e = \overline{\boldsymbol{k}}^e\,\overline{\boldsymbol{\delta}}^e \tag{10-2b}$$

其中

$$\bar{k}^e = \begin{array}{cccccc} \overline{u_i^e} & \overline{\nu_i^e} & \overline{\varphi_i^e} & \overline{u_j^e} & \overline{\nu_j^e} & \overline{\varphi_j^e} \end{array}$$

$$\bar{k}^e = \left[\begin{array}{ccc:ccc} \dfrac{EA}{l} & 0 & 0 & -\dfrac{EA}{l} & 0 & 0 \\[2mm] 0 & \dfrac{12EI}{l^3} & \dfrac{6EI}{l^2} & 0 & -\dfrac{12EI}{l^3} & \dfrac{6EI}{l^2} \\[2mm] 0 & \dfrac{6EI}{l^2} & \dfrac{4EI}{l} & 0 & -\dfrac{6EI}{l^2} & \dfrac{2EI}{l} \\ \hdashline 0 & & & & & \\ -\dfrac{EA}{l} & 0 & 0 & \dfrac{EA}{l} & 0 & 0 \\[2mm] 0 & -\dfrac{12EI}{l^3} & -\dfrac{6EI}{l^2} & 0 & \dfrac{12EI}{l^3} & -\dfrac{6EI}{l^2} \\[2mm] 0 & \dfrac{6EI}{l^2} & \dfrac{2EI}{l} & 0 & -\dfrac{6EI}{l^2} & \dfrac{4EI}{l} \end{array}\right] \begin{array}{l} \overline{F_{Ni}^e} \\[2mm] \overline{F_{Qi}^e} \\[2mm] \overline{M_i^e} \\[2mm] \overline{F_{Nj}^e} \\[2mm] \overline{F_{Qj}^e} \\[2mm] \overline{M_j^e} \end{array} \qquad (10\text{-}3)$$

式（10-2）即为在局部坐标系中一般单元的刚度方程，它实际上就是第 6 章讨论过的两端固定梁的转角位移方程在考虑轴向变形影响后的矩阵形式。矩阵 $\bar{k}^e$ 称为局部坐标系中的单元刚度矩阵。$\bar{k}^e$ 中的元素称为刚度系数，其第 m 行第 n 列元素 $\bar{k}_{mn}^e$（m，$n=1$，2，$\cdots$，6）表示第 n 个杆端位移分量为 1 而其余杆端位移分量均为零时，所引起的第 m 个杆端力分量。例如，第 3 行第 2 列元素 $6EI/l^2$，就是第 2 个杆端位移分量 $\overline{\nu_i^e}$ 等于 1，其余杆端位移分量全为零，引起的第 3 个杆端力分量 $\overline{M_i^e}$（图 10-3c）。显然，单元刚度矩阵中的行数等于杆端力列向量的分量数，列数等于杆端位移列向量的分量数。由于杆端力分量数与杆端位移分量数总是相同的，所以它是一个 6×6 阶方阵。$\bar{k}^e$ 的各元素必须按式（10-2a）杆端力列向量和杆端位移列向量的顺序，一一对应的排列。为避免混乱，可以像式（10-3）那样，在 $\bar{k}^e$ 上方注明杆端位移分量，在右方注明与杆端位移相对应的杆端力分量。

单元刚度矩阵具有如下两个重要性质：

（1）对称性。由于刚度系数 $\bar{k}_{mn}^e$ 和 $\bar{k}_{nm}^e$ 对称地处于主对角线的两侧，且 $\bar{k}_{mn}^e = \bar{k}_{nm}^e$（根据反力互等定理）。因此，$\bar{k}^e$ 是一个对称方阵。

（2）奇异性。如将式（10-3）中的第 1 行（列）元素与第 4 行（列）的对应元素相加，或者将第 2 行（列）元素与第 5 行（列）的对应元素相加，则所得行（或列）的各元素都为零，故 $\bar{k}^e$ 的行列式等于零。所以 $\bar{k}^e$ 是一个奇异矩阵，即它的逆矩阵不存在。因此，由单元刚度方程式（10-2），只能由杆端位移 $\bar{\delta}^e$ 唯一地求出杆端力 $\bar{F}^e$，而不能由杆端力 $\bar{F}^e$ 唯一地确定杆端位移 $\bar{\delta}^e$。奇异性是由于自由单元完全没有外加约束，允许有刚体位移而产生的特性。

各种特殊单元的刚度方程无需另行推导，只要对一般单元的刚度方程式（10-2）作一些简单的修改便可得到，现说明如下。

由式（10-2）中删去与杆端轴力对应的行及与杆端轴向位移对应的列，便得到自由梁式单元的刚度方程：

$$\begin{bmatrix} \overline{F_{Qi}^e} \\[1mm] \overline{M_i^e} \\[1mm] \overline{F_{Qj}^e} \\[1mm] \overline{M_j^e} \end{bmatrix} = \begin{bmatrix} 12EI/l^3 & 6EI/l^2 & -12EI/l^3 & 6EI/l^2 \\ 6EI/l^2 & 4EI/l & -6EI/l^2 & 2EI/l \\ -12EI/l^3 & -6EI/l^2 & 12EI/l^3 & -6EI/l^2 \\ 6EI/l^2 & 2EI/l & -6EI/l^2 & 4EI/l \end{bmatrix} \begin{bmatrix} \overline{\nu_i^e} \\[1mm] \overline{\varphi_i^e} \\[1mm] \overline{\nu_j^e} \\[1mm] \overline{\varphi_j^e} \end{bmatrix} \qquad (10\text{-}4)$$

相应的单元刚度矩阵为：

$$\boldsymbol{k}^e = \begin{bmatrix} 12EI/l^3 & 6EI/l^2 & -12EI/l^3 & 6EI/l^2 \\ 6EI/l^2 & 4EI/l & -6EI/l^2 & 2EI/l \\ -12EI/l^3 & -6EI/l^2 & 12EI/l^3 & -6EI/l^2 \\ 6EI/l^2 & 2EI/l & -6EI/l^2 & 4EI/l \end{bmatrix} \qquad (10\text{-}5)$$

式（10-5）也是一个对称方阵和奇异矩阵。

由式（10-2）中删去与杆端剪力和杆端弯矩对应的行及与杆端横向位移和转角对应的列，便得到桁架单元的刚度方程：

$$\begin{bmatrix} \overline{F}_{\mathrm{N}i}^e \\ \overline{F}_{\mathrm{N}j}^e \end{bmatrix} = \begin{bmatrix} \dfrac{EA}{l} & -\dfrac{EA}{l} \\ -\dfrac{EA}{l} & \dfrac{EA}{l} \end{bmatrix} \begin{bmatrix} \overline{u}_i^e \\ \overline{u}_j^e \end{bmatrix} \qquad (10\text{-}6)$$

相应的单元刚度矩阵为：

$$\overline{\boldsymbol{k}}^e = \begin{bmatrix} \dfrac{EA}{l} & -\dfrac{EA}{l} \\ -\dfrac{EA}{l} & \dfrac{EA}{l} \end{bmatrix} \qquad (10\text{-}7)$$

式（10-7）也是一个对称方阵和奇异矩阵。

连续梁单元的刚度方程也可由式（10-2）删去与杆端轴力、杆端剪力对应的行及与杆端在 $\overline{x}$、$\overline{y}$ 方向位移对应的列而得到：

$$\begin{bmatrix} \overline{M}_i^e \\ \overline{M}_j^e \end{bmatrix} = \begin{bmatrix} \dfrac{4EI}{l} & \dfrac{2EI}{l} \\ \dfrac{2EI}{l} & \dfrac{4EI}{l} \end{bmatrix} \begin{bmatrix} \overline{\varphi}_i^e \\ \overline{\varphi}_j^e \end{bmatrix} \qquad (10\text{-}8)$$

连续梁单元的刚度矩阵为：

$$\overline{\boldsymbol{k}}^e = \begin{bmatrix} \dfrac{4EI}{l} & \dfrac{2EI}{l} \\ \dfrac{2EI}{l} & \dfrac{4EI}{l} \end{bmatrix} \qquad (10\text{-}9)$$

式（10-9）不是奇异矩阵，其逆矩阵是存在的。因为连续梁单元两端只有角位移，没有线位移，因而不会产生刚体位移。根据单元刚度方程式（10-8），可以任意指定转角求出相应的杆端弯矩，也可以任意指定杆端弯矩求出相应的转角，且都是唯一解。

10.3　单元刚度矩阵的坐标变换

局部坐标系是按照以杆轴为 $\overline{x}$ 轴建立的，大多数平面杆件结构中，杆轴方向是不同的，因此按局部坐标系表示的杆端力和杆端位移也就方向各异。而在结构整体分析时，为了由节点平衡条件及位移连续条件对单元进行组合，需要将各单元的杆端力和杆端位移统

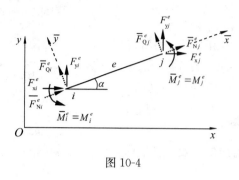

图 10-4

一到同一指定的方向。为此，必须选定一个统一的坐标系，这个坐标系称为整体坐标系或结构坐标系。本节讨论如何将局部坐标系下的单元杆端力、杆端位移和刚度矩阵转换成整体坐标系下的单元杆端力、杆端位移和刚度矩阵。

如图 10-4 所示一般单元 e，其局部坐标系为 $O\bar{x}\ \bar{y}$，结构整体坐标系为 oxy。$\boldsymbol{F}^e$ 和 $\boldsymbol{\delta}^e$ 分别表示整体坐标系中单元 e 的杆端力列向量和杆端位移列向量，即：

$$\left.\begin{aligned}\boldsymbol{F}^e &= \begin{bmatrix} F_{xi}^e & F_{yi}^e & M_i^e & F_{xj}^e & F_{yj}^e & M_j^e \end{bmatrix}^T \\ \boldsymbol{\delta}^e &= \begin{bmatrix} u_i^e & \nu_i^e & \varphi_i^e & u_j^e & \nu_j^e & \varphi_j^e \end{bmatrix}^T\end{aligned}\right\} \tag{10-10}$$

其中，杆端力 F_x^e、F_y^e 和杆端位移 u^e、ν^e 与整体坐标系指向一致时为正，杆端弯矩 M^e 和杆端转角 φ^e 以逆时针方向转动为正。

现在考察两种坐标系中杆端力之间的变换关系。在两种坐标系中，弯矩都作用在同一平面上，是垂直于坐标平面的力偶矢量，不受平面内坐标变换的影响。因此，杆端弯矩 $\overline{M}_i^e$、$\overline{M}_j^e$ 从局部坐标转换到整体坐标，只需改写为 M_i^e、M_j^e，数值和方向都不变，即：

$$\left.\begin{aligned}\overline{M}_i^e &= M_i^e \\ \overline{M}_j^e &= M_j^e\end{aligned}\right\} \tag{a}$$

杆端力 $\overline{F}_N^e$ 和 $\overline{F}_Q^e$ 将随坐标转换而重新组合为沿整体坐标系方向（通常是水平和竖直方向）的分力 F_x^e 和 F_y^e。设整体坐标系的 x 轴旋转到局部坐标系的 $\bar{x}$ 轴角度为 a，逆时针转为正。根据力的投影关系由图 10-4 可得：

$$\left.\begin{aligned}\overline{F}_{Ni}^e &= F_{xi}^e \cos\alpha + F_{yi}^e \sin\alpha \\ \overline{F}_{Qi}^e &= -F_{xi}^e \sin\alpha + F_{yi}^e \cos\alpha \\ \overline{F}_{Nj}^e &= F_{xj}^e \cos\alpha + F_{yj}^e \sin\alpha \\ \overline{F}_{Qj}^e &= -F_{xj}^e \sin\alpha + F_{yj}^e \cos\alpha\end{aligned}\right\} \tag{b}$$

将 (a)、(b) 两式按照从 i 到 j 的顺序排列，并写成矩阵形式，则有

$$\begin{bmatrix} \overline{F}_{Ni}^e \\ \overline{F}_{Qi}^e \\ \overline{M}_i^e \\ \overline{F}_{Nj}^e \\ \overline{F}_{Qj}^e \\ \overline{M}_j^e \end{bmatrix} = \begin{bmatrix} \cos\alpha & \sin\alpha & 0 & 0 & 0 & 0 \\ -\sin\alpha & \cos\alpha & 0 & 0 & 0 & 0 \\ 0 & 0 & 1 & 0 & 0 & 0 \\ 0 & 0 & 0 & \cos\alpha & \sin\alpha & 0 \\ 0 & 0 & 0 & -\sin\alpha & \cos\alpha & 0 \\ 0 & 0 & 0 & 0 & 0 & 1 \end{bmatrix} \begin{bmatrix} F_{xi}^e \\ F_{yi}^e \\ M_i^e \\ F_{xj}^e \\ F_{yj}^e \\ M_j^e \end{bmatrix} \tag{10-11}$$

或简写为：

$$\overline{F}^e = TF^e \tag{10-12}$$

式（10-12）反映了两种坐标系中杆端力之间的转换关系。其中 T 为：

$$T = \begin{bmatrix} \cos\alpha & \sin\alpha & 0 & 0 & 0 & 0 \\ -\sin\alpha & \cos\alpha & 0 & 0 & 0 & 0 \\ 0 & 0 & 1 & 0 & 0 & 0 \\ 0 & 0 & 0 & \cos\alpha & \sin\alpha & 0 \\ 0 & 0 & 0 & -\sin\alpha & \cos\alpha & 0 \\ 0 & 0 & 0 & 0 & 0 & 1 \end{bmatrix} \tag{10-13}$$

它是一个方阵，称为单元坐标转换矩阵。由式（10-13）可以看出，T 的任一列元素的平方之和等于 1，且任一列元素与另一列对应元素乘积之和等于零，符合正交矩阵的判别定理，表明单元坐标转换矩阵 T 是一正交矩阵。由正交矩阵的特性知，T 的逆矩阵等于 T 的转置矩阵，即：

$$T^{-1} = T^T \tag{10-14}$$

或

$$T^{-1}T = T^T T = I \tag{10-15}$$

式中 I ——与 T 同阶的单位矩阵。

类似地推导，同样可得到两种坐标系中杆端位移之间的转换关系，即：

$$\overline{\delta}^e = T\delta^e \tag{10-16}$$

再来讨论单元刚度矩阵由局部坐标系向整体坐标系的转换。由式（10-2b）有：

$$\overline{F}^e = \overline{k}^e \overline{\delta}^e$$

将式（10-12）和式（10-16）代入上式，有

$$TF^e = \overline{k}^e T\delta^e$$

两边同时左乘 T^{-1}，得：

$$F^e = T^{-1}\overline{k}^e T\delta^e \tag{10-17}$$

或写为：

$$F^e = k^e \delta^e \tag{10-18}$$

其中：

$$k^e = T^T \overline{k}^e T \tag{10-19}$$

式（10-18）就是整体坐标系中一般单元的单元刚度方程，式（10-19）就是单元刚度矩阵由局部坐标系向整体坐标系转换的运算公式。坐标变换并不改变单元刚度矩阵原来的性质，即 k^e 仍然具有对称性和奇异性。

将式（10-3）的 $\overline{k}^e$ 和式（10-13）的 T（再由 T 求出 T^T）一并代入式（10-19）进行矩阵运算，便得到一般单元整体坐标系的单元刚度矩阵 k^e（为方便书写，式中用 c 表示 $\cos\alpha$，用 s 表示 $\sin\alpha$，下同）：

$$
\boldsymbol{k}^e =
\begin{bmatrix}
\left(\frac{EA}{l}c^2 + \frac{12EI}{l^3}s^2\right) & \left(\frac{EA}{l} - \frac{12EI}{l^3}\right)cs & -\frac{6EI}{l^2}s & \left(-\frac{EA}{l}c^2 - \frac{12EI}{l^3}s^2\right) & \left(-\frac{EA}{l} + \frac{12EI}{l^3}\right)cs & -\frac{6EI}{l^2}s \\
\left(\frac{EA}{l} - \frac{12EI}{l^3}\right)cs & \left(\frac{EA}{l}s^2 + \frac{12EI}{l^3}c^2\right) & \frac{6EI}{l^2}c & \left(-\frac{EA}{l} + \frac{12EI}{l^3}\right)cs & \left(-\frac{EA}{l}s^2 - \frac{12EI}{l^3}c^2\right) & \frac{6EI}{l^2}c \\
-\frac{6EI}{l^2}s & \frac{6EI}{l^2}c & \frac{4EI}{l} & \frac{6EI}{l^2}s & -\frac{6EI}{l^2}c & \frac{2EI}{l} \\
\left(-\frac{EA}{l}c^2 - \frac{12EI}{l^3}s^2\right) & \left(-\frac{EA}{l} + \frac{12EI}{l^3}\right)cs & \frac{6EI}{l^2}s & \left(\frac{EA}{l}c^2 + \frac{12EI}{l^3}s^2\right) & \left(\frac{EA}{l} - \frac{12EI}{l^3}\right)cs & \frac{6EI}{l^2}s \\
\left(-\frac{EA}{l} + \frac{12EI}{l^3}\right)cs & \left(-\frac{EA}{l}s^2 - \frac{12EI}{l^3}c^2\right) & -\frac{6EI}{l^2}c & \left(\frac{EA}{l} - \frac{12EI}{l^3}\right)cs & \left(\frac{EA}{l}s^2 + \frac{12EI}{l^3}c^2\right) & -\frac{6EI}{l^2}c \\
-\frac{6EI}{l^2}s & \frac{6EI}{l^2}c & \frac{2EI}{l} & \frac{6EI}{l^2}s & -\frac{6EI}{l^2}c & \frac{4EI}{l}
\end{bmatrix}
\tag{10-20}
$$

各种特殊单元，同样可按上述作法进行坐标变换。例如平面桁架单元，设 x 轴到 $\overline{x}$ 轴的角度为 α（图 10-5），则其在整体坐标系中的杆端力和相应的杆端位移列向量分别为：

$$
\boldsymbol{F}^e = \left\{\frac{\boldsymbol{F}_i^e}{\boldsymbol{F}_j^e}\right\} =
\begin{bmatrix} F_{xi}^e \\ F_{yi}^e \\ F_{xj}^e \\ F_{yj}^e \end{bmatrix}, \quad
\boldsymbol{\delta}^e = \left\{\frac{\boldsymbol{\delta}_i^e}{\boldsymbol{\delta}_j^e}\right\} =
\begin{bmatrix} u_i^e \\ v_i^e \\ u_j^e \\ v_j^e \end{bmatrix}
\tag{10-21a}
$$

为了便于进行坐标转换，将式（10-1c）改写为：

$$
\left.\begin{aligned}
\overline{\boldsymbol{F}}^e &= \begin{bmatrix} \overline{F}_{\mathrm{N}i} & 0 & \overline{F}_{\mathrm{N}j} & 0 \end{bmatrix}^T \\
\overline{\boldsymbol{\delta}}^e &= \begin{bmatrix} \overline{u}_i^e & \overline{v}_i^e & \overline{u}_j^e & \overline{v}_j^e \end{bmatrix}^T
\end{aligned}\right\}
\tag{10-21b}
$$

式（10-7）改写成：

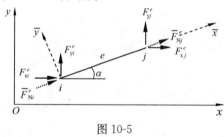

图 10-5

$$
\overline{\boldsymbol{k}}^e =
\begin{bmatrix}
\frac{EA}{l} & 0 & -\frac{EA}{l} & 0 \\
0 & 0 & 0 & 0 \\
-\frac{EA}{l} & 0 & \frac{EA}{l} & 0 \\
0 & 0 & 0 & 0
\end{bmatrix}
\tag{10-22}
$$

坐标转换矩阵 $\boldsymbol{T}$ 为：

$$
\boldsymbol{T} =
\begin{bmatrix}
c & s & 0 & 0 \\
-s & c & 0 & 0 \\
0 & 0 & c & s \\
0 & 0 & -s & c
\end{bmatrix}
\tag{10-23}
$$

将式（10-22）和式（10-23）代入式（10-19）进行矩阵运算，可得整体坐标系中桁架单元刚度矩阵为：

$$
\boldsymbol{k}^e = \frac{EA}{l}
\begin{bmatrix}
c^2 & cs & -c^2 & -cs \\
cs & s^2 & -cs & -s^2 \\
-c^2 & -cs & c^2 & cs \\
-cs & -s^2 & cs & s^2
\end{bmatrix}
\tag{10-24}
$$

事实上，各种特殊单元的刚度矩阵 $\boldsymbol{k}^e$，均可由式（10-20）经过简单的修改得到。例如，由式（10-20）删去与两端弯矩有关的第 3、6 行与列，再去掉与 EI 有关的项便得到式（10-24）。同样，在式（10-20）中删去与 EA 有关的项，则得到自由梁式单元的刚度矩阵 $\boldsymbol{k}^e$：

$$
\boldsymbol{k}^e = \begin{bmatrix}
\dfrac{12EI}{l^3}s^2 & -\dfrac{12EI}{l^3}cs & -\dfrac{6EI}{l^2}s & -\dfrac{12EI}{l^3}s^2 & \dfrac{12EI}{l^3}cs & -\dfrac{6EI}{l^2}s \\[2mm]
-\dfrac{12EI}{l^3}cs & \dfrac{12EI}{l^3}c^2 & \dfrac{6EI}{l^2}c & \dfrac{12EI}{l^3}cs & -\dfrac{12EI}{l^3}c^2 & \dfrac{6EI}{l^2}c \\[2mm]
-\dfrac{6EI}{l^2}s & \dfrac{6EI}{l^2}c & \dfrac{4EI}{l} & \dfrac{6EI}{l^2}s & -\dfrac{6EI}{l^2}c & \dfrac{2EI}{l} \\[2mm]
-\dfrac{12EI}{l^3}s^2 & \dfrac{12EI}{l^3}cs & \dfrac{6EI}{l^2}s & \dfrac{12EI}{l^3}s^2 & -\dfrac{12EI}{l^3}cs & \dfrac{6EI}{l^2}s \\[2mm]
\dfrac{12EI}{l^3}cs & -\dfrac{12EI}{l^3}c^2 & -\dfrac{6EI}{l^2}c & -\dfrac{12EI}{l^3}cs & \dfrac{12EI}{l^3}c^2 & -\dfrac{6EI}{l^2}c \\[2mm]
-\dfrac{6EI}{l^2}s & \dfrac{6EI}{l^2}c & \dfrac{2EI}{l} & \dfrac{6EI}{l^2}s & -\dfrac{6EI}{l^2}c & \dfrac{4EI}{l}
\end{bmatrix} \quad (10\text{-}25)
$$

连续梁单元的局部坐标 $\bar{x}$ 轴与整体坐标 x 方向是一致的，因而 $\boldsymbol{k}^e$ 与式（10-9）的 $\bar{\boldsymbol{k}}^e$ 相同。可见，式（10-20）是平面杆件结构整体坐标下最一般形式的单元刚度矩阵。

对单元进行坐标变换的目的，一是通过坐标变换将各单元方向各异的杆端力、杆端位移转换到统一指定的方向上，以便进行整体分析；二是求出结构整体坐标下的未知节点位移后，通过坐标变换求出局部坐标系下各单元杆端力或杆端位移。

由以上两节可知，各种特殊单元在两种坐标系下的刚度方程均可由一般单元的刚度方程经过修改而得到。因此，用矩阵位移法计算某类结构时，既可采用与其对应的特殊单元（编写程序相对简单，但不能计算其他类型结构），也可采用一般单元（编写程序相对复杂，但计算的结构类型广）。

10.4　结 构 刚 度 矩 阵

矩阵位移法是以节点位移为基本未知量的，为了求得这些位移，在上述单元分析的基础上还需要进行整体分析，建立结构的刚度方程。

结构是由单元通过节点连接而成。在整体分析时，首先应根据变形连续条件，确定结构的节点位移和单元杆端位移的对应关系，用节点位移代换整体坐标系下单元刚度方程中的杆端位移，得到由节点位移表示的单元杆端力；其次根据平衡条件，建立节点荷载和单元杆端力的关系，得到描述节点位移和节点荷载关系的方程，即结构刚度方程。下面结合具体结构进行说明。

图 10-6（a）所示三跨连续梁，承受节点荷载 M_1、M_2、M_3 作用，现进行整体分析。

该连续梁共有三个单元，编号为①、②、③；三个节点位移为转角 Δ_A、Δ_B、Δ_C，如图 10-6（b）所示。节点位移列向量为

$$\boldsymbol{\Delta} = \begin{bmatrix} \Delta_A & \Delta_B & \Delta_C \end{bmatrix}^T \tag{a}$$

节点荷载分量与节点位移分量一一对应，它们都是以逆时针转向为正。按照和节点位移同

样的顺序，可列出节点荷载列向量为：

$$\boldsymbol{F} = \begin{bmatrix} M_1 & M_2 & M_3 \end{bmatrix}^T \tag{b}$$

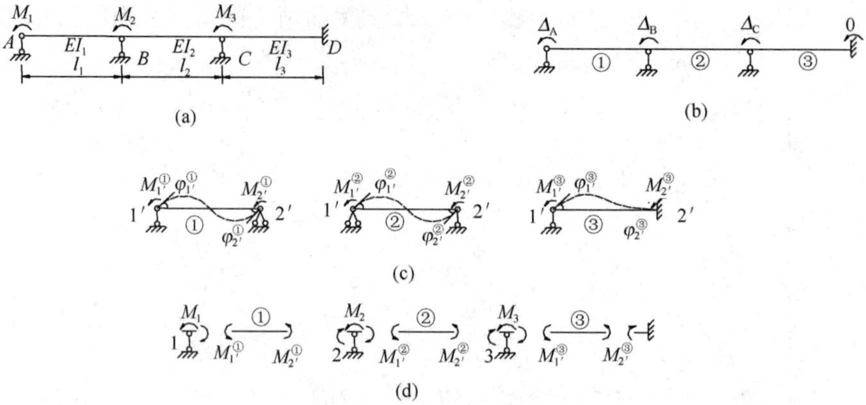

图 10-6

各单元杆端位移分量、杆端力分量如图 10-6（c）所示。图中杆端位移分量（也是杆端力分量）的编码（$1'$、$2'$）是属于单元自己的，称为局部码。本例由于各单元局部坐标 $\bar{x}$ 轴与整体坐标 x 轴相同（都是向右为正），因而整体坐标系中三个单元刚度方程可由式（10-8）直接得到。

单元①：

$$\begin{bmatrix} M_{1'}^{①} \\ M_{2'}^{①} \end{bmatrix} = \begin{bmatrix} 4EI_1/l_1 & 2EI_1/l_1 \\ 2EI_1/l_1 & 4EI_1/l_1 \end{bmatrix} \begin{bmatrix} \varphi_{1'}^{①} \\ \varphi_{2'}^{①} \end{bmatrix}$$

单元②：

$$\begin{bmatrix} M_{1'}^{②} \\ M_{2'}^{②} \end{bmatrix} = \begin{bmatrix} 4EI_2/l_2 & 2EI_2/l_2 \\ 2EI_2/l_2 & 4EI_2/l_2 \end{bmatrix} \begin{bmatrix} \varphi_{1'}^{②} \\ \varphi_{2'}^{②} \end{bmatrix}$$

单元③：

$$\begin{bmatrix} M_{1'}^{③} \\ M_{2'}^{③} \end{bmatrix} = \begin{bmatrix} 4EI_3/l_3 & 2EI_3/l_3 \\ 2EI_3/l_3 & 4EI_3/l_3 \end{bmatrix} \begin{bmatrix} \varphi_{1'}^{③} \\ \varphi_{2'}^{③} \end{bmatrix}$$

根据变形连续条件，各单元杆端位移和结构节点位移之间的关系为：

$$\varphi_{1'}^{①} = \Delta_\mathrm{A}, \quad \varphi_{2'}^{①} = \Delta_\mathrm{B};$$
$$\varphi_{1'}^{②} = \Delta_\mathrm{B}, \quad \varphi_{2'}^{②} = \Delta_\mathrm{C};$$
$$\varphi_{1'}^{③} = \Delta_\mathrm{C}, \quad \varphi_{2'}^{③} = 0$$

用节点位移代换各单元刚度方程中的杆端位移，并进行矩阵运算可得到由节点位移表示的单元杆端力表达式：

单元①： $M_{1'}^{①} = \Delta_\mathrm{A} \times 4EI_1/l_1 + \Delta_\mathrm{B} \times 2EI_1/l_1$

$\qquad\qquad M_{2'}^{①} = \Delta_\mathrm{A} \times 2EI_1/l_1 + \Delta_\mathrm{B} \times 4EI_1/l_1$

单元②： $M_{1'}^{②} = \Delta_\mathrm{B} \times 4EI_2/l_2 + \Delta_\mathrm{C} \times 2EI_2/l_2$

$\qquad\qquad M_{2'}^{②} = \Delta_\mathrm{B} \times 2EI_2/l_2 + \Delta_\mathrm{C} \times 4EI_2/l_2$

单元③： $M_{1'}^{③} = \Delta_\mathrm{C} \times 4EI_3/l_3 + 0 \times 2EI_3/l_3$

$$M_{2'}^{③} = \Delta_C \times 2EI_3/l_3 + 0 \times 4EI_3/l_3$$

对照图 10-6（d），由平衡条件可得节点荷载与单元杆端力的关系为：

$$M_1 = M_{1'}^{①}$$

$$M_2 = M_{2'}^{①} + M_{1'}^{②}$$

$$M_3 = M_{2'}^{②} + M_{1'}^{③}$$

再将由节点位移表示的各单元杆端力代入上述三个方程，可得到节点位移和节点荷载的关系式：

$$M_1 = M_{1'}^{①} = \Delta_A 4EI_1/l_1 + \Delta_B 2EI_1/l_1$$

$$M_2 = M_{2'}^{①} + M_{1'}^{②} = \Delta_A 2EI_1/l_1 + \Delta_B 4EI_1/l_1 + \Delta_B 4EI_2/l_2 + \Delta_C 2EI_2/l_2$$

$$M_3 = M_{2'}^{②} + M_{1'}^{③} = \Delta_B 2EI_2/l_2 + \Delta_C 4EI_2/l_2 + \Delta_C 4EI_3/l_3$$

写成矩阵的形式为：

$$
\begin{bmatrix}
4EI_1/l_1 & 2EI_1/l_1 & 0 \\
2EI_1/l_1 & 4EI_1/1 + 4EI_2/l_2 & 2EI_2/l_2 \\
0 & 2EI_2/l_2 & 4EI_2/l_2 + 4EI_3/l_3
\end{bmatrix}
\begin{bmatrix}
\Delta_A \\
\Delta_B \\
\Delta_C
\end{bmatrix}
=
\begin{bmatrix}
M_1 \\
M_2 \\
M_3
\end{bmatrix}
\tag{c}
$$

式（c）即为连续梁的结构刚度方程。

令

$$
\boldsymbol{K} =
\begin{bmatrix}
4EI_1/l_1 & 2EI_1/l_1 & 0 \\
2EI_1/l_1 & 4EI_1/l_1 + 4EI_2/l_2 & 2EI_2/l_2 \\
0 & 2EI_2/l_2 & 4EI_2/l_2 + 4EI_3/l_3
\end{bmatrix}
\tag{d}
$$

式（c）可简写为

$$\boldsymbol{K\Delta} = \boldsymbol{F} \tag{10-26}$$

式中，$\boldsymbol{\Delta}$ 为节点位移列向量，$\boldsymbol{F}$ 为节点荷载列向量，$\boldsymbol{K}$ 为结构刚度矩阵。式（10-26）是结构刚度方程的矩阵表达形式。

考查构建结构刚度方程的过程可知，节点位移列向量和节点荷载列向量，根据结构的未知节点位移和相应的节点荷载即可直接列出。而结构刚度矩阵各元素是由各 $\boldsymbol{K}^e$ 中的有关元素集合而成。因此，整体分析的主要任务就是集成结构刚度矩阵。

为了方便迅速地集成结构刚度矩阵，可借用"单元定位向量"完成。仍以图 10-6 所示三跨连续梁为例。首先对节点位移分量进行编码，Δ_A、Δ_B、Δ_C 的编码依次为 1、2、3。它们是结构的节点位移编号，称为总码。本例，固定端处节点位移分量为零，其总码编为 0。这是因为零乘任何数的积都为零，故与零位移相应的单元刚度系数对结构整体刚度系数无影响。其次按照单元杆端位移分量的顺序列出对应的节点位移分量的总码列向量，称为单元定位向量，用 $\boldsymbol{\lambda}$ 表示。例如单元①的杆端位移分量按顺序为 $\varphi_1^{①}$、$\varphi_2^{①}$，对应的节点位移分量的总码为 1、2，则单元①的单元定位向量即为：

$$\boldsymbol{\lambda}^{①} = \begin{bmatrix} 1 & 2 \end{bmatrix}^T$$

类似地可列出单元②、③的单元定位向量：

$$\boldsymbol{\lambda}^{②} = \begin{bmatrix} 2 & 3 \end{bmatrix}^T, \boldsymbol{\lambda}^{③} = \begin{bmatrix} 3 & 0 \end{bmatrix}^T$$

然后将单元定位向量的总码标在单元刚度矩阵的右方和上方可有：

单元①：

$$\boldsymbol{k}^{①} = \begin{matrix} & 1 & & 2 \\ \end{matrix}$$

$$\boldsymbol{k}^{①} = \begin{bmatrix} 4EI_1/l_1 & 2EI_1/l_1 \\ 2EI_1/l_1 & 4EI_1/l_1 \end{bmatrix} \begin{matrix} 1 \\ 2 \end{matrix} \tag{e}$$

单元②：

$$\boldsymbol{k}^{②} = \begin{bmatrix} 4EI_2/l_2 & 2EI_2/l_2 \\ 2EI_2/l_2 & 4EI_2/l_2 \end{bmatrix} \begin{matrix} 2 \\ 3 \end{matrix} \tag{f}$$

单元③：

$$\boldsymbol{k}^{②} = \begin{bmatrix} 4EI_3/l_3 & 2EI_3/l_3 \\ 2EI_3/l_3 & 4EI_3/l_3 \end{bmatrix} \begin{matrix} 3 \\ 0 \end{matrix} \tag{g}$$

右方总码指出了单元刚度矩阵中的元素在结构刚度矩阵中所在的行数，上方总码指出了列数。例如 $\boldsymbol{k}^{①}$ 中第一行的两个元素在结构刚度矩阵的位置为 1 行 1 列和 1 行 2 列，$\boldsymbol{k}^{②}$ 中第二行的两个元素为 3 行 2 列和 3 行 3 列，$\boldsymbol{k}^{③}$ 中第二行的两个元素为 0 行 3 列和 0 行 0 列，依此类推。凡与总码"0"相关的元数都无须进行集合，或者说在 0 行或 0 列，不在结构刚度矩阵中。由此得到的刚度矩阵与式（d）完全相同。

从以上讨论可以看出，在得到整体坐标系下的单元刚度矩阵后，只要列出单元定位向量，并标在单元刚度矩阵的右方和上方，即可按总码给出的行列号"对号入座"，直接集成结构刚度矩阵。这种方法称为直接刚度法。

下面再通过图 10-7（a）所示承受节点荷载的平面刚架，说明结构刚度矩阵的集成。

在考虑杆件轴向变形的情况下，结构 C 点的位移为：水平位移 u_c、竖向位移 ν_c、转角 φ_c，D 点为：水平位移 u_D、竖向位移 ν_D、转角 φ_D。现依次用 Δ_1、Δ_2、Δ_3、Δ_4、Δ_5、Δ_6 表示（总码依次为 1、2、3、4、5、6）；结构有三个单元，编码为①、②、③。整体坐标系和各单元局部坐标系如图 10-7（b）所示。

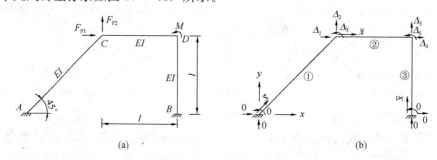

图 10-7

对照图 10-7（b）可列出节点位移列向量：

$$\boldsymbol{\Delta} = [\Delta_1 \quad \Delta_2 \quad \Delta_3 \quad \Delta_4 \quad \Delta_5 \quad \Delta_6]^T = [u_c \quad \nu_c \quad \varphi_c \quad u_D \quad \nu_D \quad \varphi_D]^T \tag{h}$$

相应的节点荷载列向量可对照图 10-7（a）列出如下：

$$\boldsymbol{F} = [F_1 \quad F_2 \quad F_3 \quad F_4 \quad F_5 \quad F_6]^T = [F_{P1} \quad F_{P2} \quad 0 \quad 0 \quad 0 \quad M]^T \tag{i}$$

根据变形连续条件，对照图 10-7（b）可列出各单元定位向量：

$$\boldsymbol{\lambda}^{①} = [0 \quad 0 \quad 0 \quad 1 \quad 2 \quad 3]^T$$

$$\boldsymbol{\lambda}^{②} = \begin{bmatrix} 1 & 2 & 3 & 4 & 5 & 6 \end{bmatrix}^T$$
$$\boldsymbol{\lambda}^{③} = \begin{bmatrix} 0 & 0 & 0 & 4 & 5 & 6 \end{bmatrix}^T$$

各单元杆件长度以及局部坐标系与整体坐标系之间的夹角依次为：

$$l_1 = \sqrt{2}\,l, \quad \alpha_1 = 45°; \quad l_2 = l, \quad \alpha_2 = 0°; \quad l_3 = l, \quad \alpha_3 = 90°$$

将它们代入式（10-20）可得整体坐标系的单元刚度矩阵，然后对照单元定位向量，在单元刚度矩阵的上方和右方依次标出总码。最后结果如下（各单元刚度矩阵中 $a = EA/l$，$b = EI/l^3$，$c = EI/l^2$，$d = EI/l$）：

单元①：

$$
\boldsymbol{k}^{①} = \frac{1}{2\sqrt{2}} \times
\begin{array}{cccccc}
0 & 0 & 0 & 1 & 2 & 3 \\
\end{array}
\begin{bmatrix}
a+6b & a-6b & -6c & -a-6b & -a+6b & -6c \\
a-6b & a+6b & 6c & -a+6b & -a-6b & 6c \\
-6c & 6c & 8d & 6c & -6c & 4d \\
-a-6b & -a+6b & 6c & a+6b & a-6b & 6c \\
-a+6b & -a-6b & -6c & a-6b & a+6b & -6c \\
-6c & 6c & 4d & 6c & -6c & 8d
\end{bmatrix}
\begin{array}{c}
0 \\ 0 \\ 0 \\ 1 \\ 2 \\ 3
\end{array}
$$

单元②：

$$
\boldsymbol{k}^{②} =
\begin{array}{cccccc}
1 & 2 & 3 & 4 & 5 & 6 \\
\end{array}
\begin{bmatrix}
a & 0 & 0 & -a & 0 & 0 \\
0 & 12b & 6c & 0 & -12b & 6c \\
0 & 6c & 4d & 0 & -6c & 2d \\
-a & 0 & 0 & a & 0 & 0 \\
0 & -12b & -6c & 0 & 12b & -6c \\
0 & 6c & 2d & 0 & -6c & 4d
\end{bmatrix}
\begin{array}{c}
1 \\ 2 \\ 3 \\ 4 \\ 5 \\ 6
\end{array}
$$

单元③：

$$
\boldsymbol{k}^{③} =
\begin{array}{cccccc}
0 & 0 & 0 & 4 & 5 & 6 \\
\end{array}
\begin{bmatrix}
12b & 0 & -6c & -12b & 0 & -6c \\
0 & a & 0 & 0 & -a & 0 \\
-6c & 0 & 4d & 6c & 0 & 2d \\
-12b & 0 & 6c & 12b & 0 & 6c \\
0 & -a & 0 & 0 & a & 0 \\
-6c & 0 & 2d & 6c & 0 & 4d
\end{bmatrix}
\begin{array}{c}
0 \\ 0 \\ 0 \\ 4 \\ 5 \\ 6
\end{array}
$$

各单元刚度矩阵中，某元素沿行对应的右方总码和沿列对应的上方总码，就是该元素在结构刚度矩阵中的行列号，将它们按总码指示的行、列号置于结构刚度矩阵（与总码"0"对应的元素不计入）。"对号入座"后，将处于同一位置的不同单元的元素求和，即得集成后的结构刚度矩阵：

$$K = \begin{bmatrix} \dfrac{1+2\sqrt{2}}{2\sqrt{2}}a+\dfrac{3}{\sqrt{2}}b & \dfrac{a}{2\sqrt{2}}-\dfrac{3}{\sqrt{2}}b & \dfrac{3\sqrt{2}}{2}c & -a & 0 & 0 \\[2mm] \dfrac{a}{2\sqrt{2}}-\dfrac{3\sqrt{2}}{b} & \dfrac{a}{2\sqrt{2}}+\dfrac{3+12\sqrt{2}}{\sqrt{2}}b & \dfrac{12-3\sqrt{2}}{2}c & 0 & -12b & 6c \\[2mm] \dfrac{3\sqrt{2}}{2}c & \dfrac{12-3\sqrt{2}}{2}c & \dfrac{4+4\sqrt{2}}{\sqrt{2}}d & 0 & -6c & 2d \\[2mm] -a & 0 & 0 & a+12b & 0 & 6c \\[2mm] 0 & -12b & -6c & 0 & a+12b & -6c \\[2mm] 0 & 6c & 2d & 6c & -6c & 8d \end{bmatrix} \quad \text{(j)}$$

将式（h）、式（i）、式（j）代入公式（10-26）就是图 10-7（a）所示刚架的结构刚度方程。

结构刚度矩阵中每一个元素的物理意义就是：当其所在列对应的节点位移分量等于 1，其余节点位移分量均为零时，其所在行对应的节点力分量所应有的数值。结构刚度矩阵 K 具有以下性质：（1）对称矩阵，刚度矩阵中主对角线两侧对称位置的元素相等，即 $K_{mn}=K_{nm}$；（2）稀疏矩阵，结构的节点较多时，非零元素在主对角线两侧一定宽度的带状区域内；（3）可逆矩阵，按本节方法集成 K 时已考虑了支承条件，因此给定 F，即可求出 Δ 的唯一值，故知 K^{-1} 是存在的。

需要指出的是，在整体分析时，单元和节点可以任意编号，并不影响最后的计算结果，但为了避免混乱，通常都是按一定的顺序编号。此外，既然与总码"0"对应的元素不会在结构刚度矩阵出现，因此当计算整体坐标下单元刚度元素仅为了集成结构刚度矩阵时，与总码"0"对应的行、列各元素便不必计算，而用虚线表示即可。如例 10-1 那样。

通过以上讨论，可归纳出直接刚度法建立结构刚度方程的步骤如下：

（1）将结构划分单元并进行编号，选取各单元局部坐标系和结构整体坐标系。

（2）在整体坐标系下，按节点顺序将各节点位移分量依次编码（总码），建立节点位移列向量 Δ 及相应的节点荷载列向量 F。

（3）按变形连续条件写出各单元定位向量，并将总码标在单元刚度矩阵的右方和上方；计算整体坐标系下的单元刚度矩阵 k^e。题意只要求集成结构刚度矩阵时，"0"对应的行、列元素用虚线标出。

（4）按照单元刚度矩阵右方和上方的总码将各元素"对号入座"送到结构刚度矩阵中（总码"0"对应的元素不计入），并将不同单元处于同一位置的元素求和，即得结构刚度矩阵 K。

（5）按照式（10-26）的形式列出结构刚度方程。

【例 10-1】 试用直接刚度法建立图 10-8（a）所示刚架的结构刚度方程。各杆材料及截面均相同，$E=200\text{GPa}$，$I=30\times10^{-5}\text{m}^4$。忽略杆件的轴向变形。

【解】 （1）结构划分为三个单元，编号

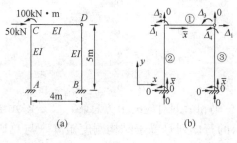

图 10-8

为①、②、③。建立整体坐标系和各单元局部坐标系，如图 10-8（b）所示。

（2）本例不计杆件的轴向变形，结构的未知节点位移为：C 点的水平位移 u_c、转角 φ_c，CD 杆 D 点的转角 φ_{DC}，BD 杆 D 点的转角 φ_{DB}，依次用 Δ_1、Δ_2、Δ_3、Δ_4 表示，总码为 1、2、3、4，如图 10-8（b）所示。

对照图 10-8（b）列出节点位移列向量：

$$\boldsymbol{\Delta} = [\Delta_1 \quad \Delta_2 \quad \Delta_3 \quad \Delta_4]^T = [u_c \quad \varphi_c \quad \varphi_{DC} \quad \varphi_{DB}]^T \tag{k}$$

对照图 10-8（a）列出相应的节点荷载列向量：

$$\boldsymbol{F} = [F_1 \quad F_2 \quad F_3 \quad F_4]^T = [50 \quad 100 \quad 0 \quad 0]^T \tag{l}$$

（3）各单元始端 $i \to$ 末端 j 与结构节点的对应关系是：单元① 为 $C \to D$；单元② 为 $A \to C$；单元③ 为 $B \to D$。对照图 10-8（b）列出各单元定位向量如下：

$$\boldsymbol{\lambda}^{①} = [1\,0\,2\,1\,0\,3]^T; \quad \boldsymbol{\lambda}^{②} = [0\,0\,0\,1\,0\,2]^T; \quad \boldsymbol{\lambda}^{③} = [0\,0\,0\,1\,0\,4]^T$$

本例整体坐标下各单元刚度元素只是用于集成结构刚度矩阵。计算时先将总码标在单元刚度矩阵的右方和上方，将总码"0"对应的行、列元素用虚线标出，再计算非零总码对应的各元素。

单元①：$EI = 60 \times 10^3 \text{kN} \cdot \text{m}^2$，$l = 4\text{m}$，$\alpha_1 = 0°$，代入自由梁式单元刚度矩阵式（10-25）得：

$$
\boldsymbol{k}^{①} = 10^3 \times
\begin{array}{cccccc}
1 & 0 & 2 & 1 & 0 & 3 \\
\end{array}
\left[
\begin{array}{cccccc}
0 & \text{---} & 0 & 0 & \text{---} & 0 \\
\text{---} & \text{---} & \text{---} & \text{---} & \text{---} & \text{---} \\
0 & \text{---} & 60 & 0 & \text{---} & 30 \\
0 & \text{---} & 0 & 0 & \text{---} & 0 \\
\text{---} & \text{---} & \text{---} & \text{---} & \text{---} & \text{---} \\
0 & \text{---} & 30 & 0 & \text{---} & 60 \\
\end{array}
\right]
\begin{array}{c}
1 \\ 0 \\ 2 \\ 1 \\ 0 \\ 3
\end{array}
$$

单元②：$EI = 60 \times 10^3 \text{kN} \cdot \text{m}^2$，$l = 5\text{m}$，$\alpha_2 = 90°$，将它们代入式（10-25）得：

$$
\boldsymbol{k}^{②} = 10^3 \times
\begin{array}{cccccc}
0 & 0 & 0 & 1 & 0 & 2 \\
\end{array}
\left[
\begin{array}{cccccc}
\text{---} & \text{---} & \text{---} & \text{---} & \text{---} & \text{---} \\
\text{---} & \text{---} & \text{---} & \text{---} & \text{---} & \text{---} \\
\text{---} & \text{---} & \text{---} & \text{---} & \text{---} & \text{---} \\
\text{---} & \text{---} & \text{---} & 5.76 & \text{---} & 14.4 \\
\text{---} & \text{---} & \text{---} & \text{---} & \text{---} & \text{---} \\
\text{---} & \text{---} & \text{---} & 14.4 & \text{---} & 48 \\
\end{array}
\right]
\begin{array}{c}
0 \\ 0 \\ 0 \\ 1 \\ 0 \\ 2
\end{array}
$$

单元③：$EI = 60 \times 10^3 \text{kN} \cdot \text{m}^2$，$l = 5\text{m}$，$\alpha_3 = 90°$，代入式（10-25）得：

$$
\boldsymbol{k}^{③} = 10^3 \times
\begin{array}{cccccc}
0 & 0 & 0 & 1 & 0 & 4 \\
\end{array}
\left[
\begin{array}{cccccc}
\text{---} & \text{---} & \text{---} & \text{---} & \text{---} & \text{---} \\
\text{---} & \text{---} & \text{---} & \text{---} & \text{---} & \text{---} \\
\text{---} & \text{---} & \text{---} & \text{---} & \text{---} & \text{---} \\
\text{---} & \text{---} & \text{---} & 5.76 & \text{---} & 14.4 \\
\text{---} & \text{---} & \text{---} & \text{---} & \text{---} & \text{---} \\
\text{---} & \text{---} & \text{---} & 14.4 & \text{---} & 48 \\
\end{array}
\right]
\begin{array}{c}
0 \\ 0 \\ 0 \\ 1 \\ 0 \\ 4
\end{array}
$$

（4）集成结构刚度矩阵。对单元刚度矩阵，按右方和上方的非零总码，将各元素"对号入座"置于结构刚度矩阵。并将同一位置的元素求和，可得结构刚度矩阵：

$$K = 10^3 \times \begin{bmatrix} 11.52 & 14.4 & 0 & 14.4 \\ 14.4 & 108 & 30 & 0 \\ 0 & 30 & 60 & 0 \\ 14.4 & 0 & 0 & 48 \end{bmatrix} \qquad (m)$$

（5）建立结构刚度方程。按式（10-26）形式，由式（k）、式（l）、式（m）列出结构刚度方程如下：

$$10^3 \times \begin{bmatrix} 11.52 & 14.4 & 0 & 14.4 \\ 14.4 & 108 & 30 & 0 \\ 0 & 30 & 60 & 0 \\ 14.4 & 0 & 0 & 48 \end{bmatrix} \begin{bmatrix} u_c \\ \varphi_c \\ \varphi_{DC} \\ \varphi_{DB} \end{bmatrix} = \begin{bmatrix} 50 \\ 100 \\ 0 \\ 0 \end{bmatrix}$$

【例 10-2】 试用直接刚度法建立图 10-9（a）所示桁架的结构刚度矩阵，各杆 EA 相同。

【解】 例 10-5 将用到本例整体坐标下各单元刚度矩阵，因此总码"0"对应的元素也要计算。

（1）对单元进行编号，并选定整体坐标系和单元局部坐标系，如图 10-9（b）所示。各单元基本数据列于表 10-1 中。

（2）建立节点位移列向量和节点荷载列向量。A、B、C 均为固定铰支座，它们的位移分量为零（总码为 0）；节点 D 有水平位移 u_D、竖向位移 v_D，节点 E 有水平位移 u_E、竖向位移 v_E，依次用 Δ_1、Δ_2、Δ_3、Δ_4 表示，总码为 1、2、3、4。

节点位移列向量为：

$$\boldsymbol{\Delta} = \begin{bmatrix} \Delta_1 & \Delta_2 & \Delta_3 & \Delta_4 \end{bmatrix}^T = \begin{bmatrix} u_D & v_D & u_E & v_E \end{bmatrix}^T$$

相应的节点荷载列向量为：

$$\boldsymbol{F} = \begin{bmatrix} F_1 & F_2 & F_3 & F_4 \end{bmatrix}^T = \begin{bmatrix} 30 & -40 & 0 & -20 \end{bmatrix}^T$$

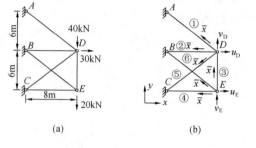

图 10-9

各单元基本数据和单元定位向量　　　　　　　　　　　表 10-1

单元	局部坐标系（$i \to j$）	长度 $l/$（m）	$\cos\alpha$	$\sin\alpha$	单元定位向量（$\boldsymbol{\lambda}^e$）
①	$D \to A$	10	-0.8	0.6	$\begin{bmatrix} 1 & 2 & 0 & 0 \end{bmatrix}^T$
②	$D \to B$	8	-1	0	$\begin{bmatrix} 1 & 2 & 0 & 0 \end{bmatrix}^T$
③	$E \to D$	6	0	1	$\begin{bmatrix} 3 & 4 & 1 & 2 \end{bmatrix}^T$
④	$E \to C$	8	-1	0	$\begin{bmatrix} 3 & 4 & 0 & 0 \end{bmatrix}^T$
⑤	$D \to C$	10	-0.8	-0.6	$\begin{bmatrix} 1 & 2 & 0 & 0 \end{bmatrix}^T$
⑥	$E \to B$	10	-0.8	0.6	$\begin{bmatrix} 3 & 4 & 0 & 0 \end{bmatrix}^T$

（3）对照图 10-9（b）列出各单元定位向量，如表 10-1 所示；再将总码标在单元刚度矩阵的右方和上方，将表 10-1 各参数代入式（10-24）可得：单元①和单元⑥：

$$\boldsymbol{k}^{①} = \boldsymbol{k}^{⑥} = EA/10 \begin{bmatrix} 0.64 & -0.48 & -0.64 & 0.48 \\ -0.48 & 0.36 & 0.48 & -0.36 \\ -0.64 & 0.48 & 0.64 & -0.48 \\ 0.48 & -0.36 & -0.48 & 0.36 \end{bmatrix}$$

$$
= EA/3000 \begin{matrix} (3) & (4) & (0) & (0) \\ 1 & 2 & 0 & 0 \end{matrix}
$$

$$
= EA/3000 \begin{bmatrix} 192 & -144 & -192 & 144 \\ -144 & 108 & 144 & -108 \\ -192 & 144 & 192 & -144 \\ 144 & -108 & -144 & 108 \end{bmatrix} \begin{matrix} 1 & (3) \\ 2 & (4) \\ 0 & (0) \\ 0 & (0) \end{matrix}
$$

式中单元刚度矩阵右方和上方，不加括号的数字是单元①的定位向量总码，加括号的是单元⑥的定位向量总码。

单元②和单元④：

$$
k^{②} = k^{④} = EA/8 \begin{bmatrix} 1 & 0 & -1 & 0 \\ 0 & 0 & 0 & 0 \\ -1 & 0 & 1 & 0 \\ 0 & 0 & 0 & 0 \end{bmatrix} = EA/3000 \begin{bmatrix} 375 & 0 & -375 & 0 \\ 0 & 0 & 0 & 0 \\ -375 & 0 & 375 & 0 \\ 0 & 0 & 0 & 0 \end{bmatrix} \begin{matrix} (3) & (4) & (0) & (0) \\ 1 & 2 & 0 & 0 \\[4pt] 1 & (3) \\ 2 & (4) \\ 0 & (0) \\ 0 & (0) \end{matrix}
$$

式中单元刚度矩阵右方和上方的数字，不加括号的是单元②的定位向量总码，加括号的是单元④的定位向量总码。

单元③：

$$
k^{③} = EA/6 \begin{bmatrix} 0 & 0 & 0 & 0 \\ 0 & 1 & 0 & -1 \\ 0 & 0 & 0 & 0 \\ 0 & -1 & 0 & 1 \end{bmatrix} = EA/3000 \begin{bmatrix} 0 & 0 & 0 & 0 \\ 0 & 500 & 0 & -500 \\ 0 & 0 & 0 & 0 \\ 0 & -500 & 0 & 500 \end{bmatrix} \begin{matrix} 3 & 4 & 1 & 2 \\[4pt] 3 \\ 4 \\ 1 \\ 2 \end{matrix}
$$

单元⑤：

$$
K^{⑤} = EA/10 \begin{bmatrix} 0.64 & 0.48 & -0.64 & -0.48 \\ 0.48 & 0.36 & -0.48 & -0.36 \\ -0.64 & -0.48 & 0.64 & 0.48 \\ -0.48 & -0.36 & 0.48 & 0.36 \end{bmatrix}
$$

$$
= EA/3000 \begin{bmatrix} 192 & 144 & -192 & -144 \\ 144 & 108 & -144 & -108 \\ -192 & -144 & 192 & 144 \\ -144 & -108 & 144 & 108 \end{bmatrix} \begin{matrix} 1 & 2 & 0 & 0 \\[4pt] 1 \\ 2 \\ 0 \\ 0 \end{matrix}
$$

（4）集成结构刚度矩阵。将各单元刚度矩阵的元素，按总码"对号入座"置于结构刚度矩阵。并将处于同一位置的元素求和，可得结构刚度矩阵：

$$
K = EA/3000 \begin{bmatrix} 759 & 0 & 0 & 0 \\ 0 & 716 & 0 & -500 \\ 0 & 0 & 567 & -144 \\ 0 & -500 & -144 & 608 \end{bmatrix}
$$

（5）按式（10-26）的形式，可得结构刚度方程为：

$$\frac{EA}{3000}\begin{bmatrix}759 & 0 & 0 & 0 \\ 0 & 716 & 0 & -500 \\ 0 & 0 & 567 & -144 \\ 0 & -500 & -144 & 608\end{bmatrix}\begin{bmatrix}u_{\mathrm{D}} \\ v_{\mathrm{D}} \\ u_{\mathrm{E}} \\ v_{\mathrm{E}}\end{bmatrix} = \begin{bmatrix}30 \\ -40 \\ 0 \\ -20\end{bmatrix}$$

本节各示例中，在形成结构刚度矩阵之前，先考虑支承条件，将节点位移分量已知为零的均编号"0"，并将单元刚度矩阵中凡是与编号为 0 对应的元素均不送入结构刚度矩阵，这样形成的刚度矩阵为非奇异矩阵，由此得到的刚度方程可直接求出未知的节点位移，这种方法称为先处理法。如果在集成结构刚度矩阵时，把结构的支座也暂时看作可以产生位移的节点进行编号（不是 0），然后统一采用自由单元的刚度矩阵，"对号入座"地集成结构原始刚度矩阵，最后引入结构的支承条件，形成实际结构的刚度矩阵和刚度方程，这种方法称为后处理法。先处理法形成的结构刚度矩阵占用计算机存储量较小，后处理法编写程序简单，两种处理法各有所长。关于后处理法，可参阅有关教材。

10.5　非节点荷载的处理

整体分析时，作用在结构上的荷载都是节点荷载，但在实际结构中，不可避免地会遇到非节点荷载，对于这种情况，可采用等效节点荷载进行处理，现说明如下。

如图 10-10（a）所示刚架，为了列出节点荷载列向量，首先，在各节点加上附加约束（附加链杆和附加刚臂）将节点固定，如图 10-10（b）所示。此时，由于原有荷载的作用，各附加约束将有附加约束反力。由节点平衡可知，附加约束反力等于汇交于同一节点各杆端固端力的代数和。为方便应用，表 10-2 列出了常见荷载作用下等截面直杆单元的固端力（局部坐标系）。其次，取消附加约束，也就是将附加约束反力反号后施加于节点上，如图 10-10（c）所示。显然，图 10-10（a）所示刚架的内力和变形，等于图 10-10（b）、（c）两种情况的叠加。由于在附加约束限制下，图 10-10（b）中所有节点位移都为零。因此，图 10-10（c）中各节点位移就等于图 10-10（a）对应节点的位移。可见，图

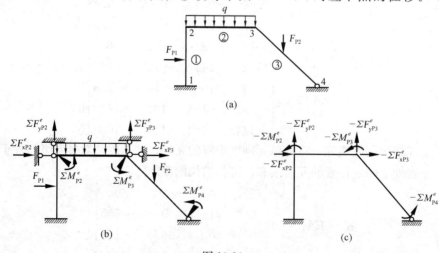

图 10-10

10-10（c）中节点荷载引起的节点位移与原非节点荷载引起的节点位移相同，故称为原非节点荷载的等效节点荷载。有了等效节点荷载，便可按上一节方法建立结构刚度方程并求出各单元内力，再将所得内力与图 10-10（b）中对应的内力叠加，就是原结构在非节点荷载作用下的内力。

等截面直杆单元的固端力（局部坐标系） 表 10-2

	荷载简图	固端力	始　端　i	末　端　j
1		$\overline{F}_{NP}^{e}$	0	0
		$\overline{F}_{QP}^{e}$	$F_P\dfrac{b^2}{l^2}\left(1+2\dfrac{a}{l}\right)$	$F_P\dfrac{a^2}{l^2}\left(1+2\dfrac{b}{l}\right)$
		$\overline{M}_{P}^{e}$	$F_P\dfrac{ab^2}{l^2}$	$-F_P\dfrac{a^2b}{l^2}$
2		$\overline{F}_{NP}^{e}$	$-F_P\dfrac{b}{l}$	$-F_P\dfrac{a}{l}$
		$\overline{F}_{QP}^{e}$	0	0
		$\overline{M}_{P}^{e}$		
3		$\overline{F}_{NP}^{e}$	0	0
		$\overline{F}_{QP}^{e}$	$qa\left(1-\dfrac{a^2}{l^2}+\dfrac{a^3}{2l^3}\right)$	$q\dfrac{a^3}{l^2}\left(1-\dfrac{a}{2l}\right)$
		$\overline{M}_{P}^{e}$	$\dfrac{qa^2}{12}\left(6-8\dfrac{a}{l}+3\dfrac{a^2}{l^2}\right)$	$-\dfrac{qa^3}{12l}\left(4-3\dfrac{a}{l}\right)$
4		$\overline{F}_{NP}^{e}$	0	0
		$\overline{F}_{QP}^{e}$	$q\dfrac{a}{4}\left(2-3\dfrac{a^2}{l^2}+1.6\dfrac{a^3}{l^3}\right)$	$\dfrac{q}{4}\dfrac{a^3}{l^2}\left(3-1.6\dfrac{a}{l}\right)$
		$\overline{M}_{P}^{e}$	$q\dfrac{a^2}{6}\left(2-3\dfrac{a}{l}+1.2\dfrac{a^2}{l^2}\right)$	$-\dfrac{qa^3}{4l}\left(1-0.8\dfrac{a}{l}\right)$
5		$\overline{F}_{NP}^{e}$	0	0
		$\overline{F}_{QP}^{e}$	$-\dfrac{6Mab}{l^3}$	$\dfrac{6Mab}{l^3}$
		$\overline{M}_{P}^{e}$	$-M\dfrac{b}{l}\left(2-3\dfrac{b}{l}\right)$	$-M\dfrac{a}{l}\left(2-3\dfrac{a}{l}\right)$

综上所述，可归纳出求等效节点荷载的步骤如下：

1. 在节点加入附加约束，由表 10-2 查出单元 e 在局部坐标系下的固端力 $\overline{F}^{Fe}$ 为：

$$\overline{F}^{Fe}=\begin{bmatrix}\overline{F}_i^{Fe} & \overline{F}_j^{Fe}\end{bmatrix}^T=\begin{bmatrix}\overline{F}_{NPi}^{e} & \overline{F}_{QPi}^{e} & \overline{M}_{Pi}^{e} & \overline{F}_{NPj}^{e} & \overline{F}_{QPj}^{e} & \overline{M}_{Pj}^{e}\end{bmatrix}^T \quad (10-27)$$

2. 按式（10-12）求单元 e 在整体坐标系下的固端力 F^{Fe} 为：

$$F^{Fe}=T^T\overline{F}^{Fe}=\begin{bmatrix}F_i^{Fe} & F_j^{Fe}\end{bmatrix}^T=\begin{bmatrix}F_{xPi}^{e} & F_{yPi}^{e} & M_{Pi}^{e} & F_{xPj}^{e} & F_{yPj}^{e} & M_{Pj}^{e}\end{bmatrix}^T$$

$$(10-28)$$

3. 求结构等效节点荷载 F_E。将各单元整体坐标系下的固端力 F^{Fe} 反号，然后按单元定位向量 λ^e 中的总码，在结构等效节点荷载列向量中定位并叠加即得 F_E。

如果结构除非节点荷载外，还有直接作用的节点荷载，则整个结构的综合节点荷载为等效节点荷载与直接节点荷载之和。若以 F 表示结构综合节点荷载列向量，以 F_D 表示结构直接节点荷载列向量，F_E 为结构的等效节点荷载列向量，可得 F 的计算式为：

$$F = F_D + F_E \qquad (10\text{-}29)$$

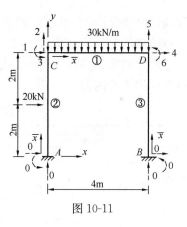

图 10-11

【例 10-3】 试求图 10-11 所示刚架在给定荷载作用下的等效节点荷载 F_E。

【解】 结构坐标系和各单元局部坐标系如图 10-11 所示。节点位移分量编码（即总码）在图 10-11 中用虚线示出，对照总码可直接写出各单元定位向量。各单元基本数据和单元定位向量列于表 10-3。

各单元基本数据和单元定位向量 表 10-3

单元	局部坐标系 $(i \to j)$	长度 l (m)	$\cos\alpha$	$\sin\alpha$	单元定位向量 (λ^e)
①	C→D	4	1	0	$\begin{bmatrix} 1 & 2 & 3 & 4 & 5 & 6 \end{bmatrix}^T$
②	A→C	4	0	1	$\begin{bmatrix} 0 & 0 & 0 & 1 & 2 & 3 \end{bmatrix}^T$
③	B→D	4	0	1	$\begin{bmatrix} 0 & 0 & 0 & 4 & 5 & 6 \end{bmatrix}^T$

（1）求各单元局部坐标系中的固端力 $\overline{F}^{Fe}$。

单元①：$q = 30\text{kN/m}$，$l_1 = 4\text{m}$，由表 10-2 第 3 栏求得：

$$\overline{F}_{NPi}^{①} = 0, \quad \overline{F}_{QPi}^{①} = 60\text{kN}, \quad \overline{M}_{Pi}^{①} = 40\text{kN·m}$$

$$\overline{F}_{NPj}^{①} = 0, \quad \overline{F}_{QPj}^{①} = 60\text{kN}, \quad \overline{M}_{Pj}^{①} = -40\text{ kN·m}$$

即 $\qquad \overline{F}^{F①} = \begin{bmatrix} 0 & 60 & 40 & 0 & 60 & -40 \end{bmatrix}^T \qquad$ (a)

单元②：$F_P = 20\text{kN}$，$a = b = l/2 = 2\text{m}$，由表 10-2 第 1 栏得：

$$\overline{F}_{NPi}^{②} = 0, \quad \overline{F}_{QPi}^{②} = 10\text{kN}, \quad \overline{M}_{Pi}^{②} = 10\text{kN·m}$$

$$\overline{F}_{NPj}^{②} = 0, \quad \overline{F}_{QPj}^{②} = 10\text{kN}, \quad \overline{M}_{Pj}^{②} = -10\text{ kN·m}$$

即 $\qquad \overline{F}^{F②} = \begin{bmatrix} 0 & 10 & 10 & 0 & 10 & -10 \end{bmatrix}^T \qquad$ (b)

单元③：无非节点荷载作用。

$$\overline{F}^{F③} = \mathbf{0} \qquad (c)$$

（2）求各单元在整体坐标系中的固端力 F^{Fe}。

单元①：将 $\alpha_1 = 0°$ 代入式（10-13）求出 T^T，再与式（a）一起代入式（10-28）得：

$$\begin{array}{cccccc} 1 & 2 & 3 & 4 & 5 & 6 \end{array}$$
$$F^{F①} = \begin{bmatrix} 0 & 60 & 40 & 0 & 60 & -40 \end{bmatrix}^T \qquad (d)$$

单元②：将 $\alpha_2 = 90°$ 代入式（10-13）求出 T^T，与式（b）一起代入式（10-28）得：

$$\begin{array}{cccccc} 0 & 0 & 0 & 1 & 2 & 3 \end{array}$$
$$F^{F②} = \begin{bmatrix} -10 & 0 & 10 & -10 & 0 & -10 \end{bmatrix}^T \qquad (e)$$

单元③：$\overline{F}^{F③} = \mathbf{0}$，故

$$F^{F\text{③}} = \begin{matrix} 0 & 0 & 0 & 4 & 5 & 6 \\ [0 & 0 & 0 & 0 & 0 & 0] \end{matrix}^T \tag{f}$$

式（d）、式（e）、式（f）上方的数字是相应单元的定位向量总码。

（3）求等效节点荷载 F_E。

将各单元整体坐标系下的固端力 F_{Fe} 反号，按单元定位向量的总码在 F_E 中定位并叠加可得：

$$F_E = \begin{bmatrix} 0+10 \\ -60+0 \\ -40+10 \\ 0+0 \\ -60+0 \\ 40+0 \end{bmatrix} = \begin{bmatrix} 10\text{kN} \\ -60\text{kN} \\ -30\text{kN} \cdot \text{m} \\ 0 \\ -60\text{kN} \cdot \text{m} \\ 40\text{kN} \cdot \text{m} \end{bmatrix}$$

10.6 矩阵位移法解题示例

10.6.1 求单元最后杆端力

以上各节通过单元分析和整体分析，建立了结构刚度方程，解方程便可求出未知节点位移 Δ。接下来就是计算各杆件内力。

各单元最后杆端力由两部分组成：一部分是综合节点荷载作用下的杆端力；一部分是非节点荷载作用下的固端力。具体计算如下：

1. 综合节点荷载引起的杆端力 $\overline{F}^e$。

将式（10-18）代入式（10-12）或将式（10-16）代入式（10-2b）可得 $\overline{F}^e$ 的计算式：

$$\overline{F}^e = T F^e = T k^e \delta^e \tag{10-30}$$

$$\overline{F}^e = \overline{k}^e \overline{\delta}^e = \overline{k}^e T \delta^e \tag{10-31}$$

式中，δ^e 为各单元整体坐标系下的杆端位移，根据变形连续条件，对照结构刚度方程求出的节点位移 Δ 确定。

2. 非节点荷载引起的固端力 $\overline{F}^{Fe}$。

对于有非节点荷载作用的单元，$\overline{F}^{Fe}$ 由表 10-2 查出；无非节点荷载作用的单元，$\overline{F}^{Fe}$ 为零。

3. 按下式计算最后杆端力 $\overline{F}_Z^e$（下标 Z 表示最后）：

$$\overline{F}_Z^e = \overline{F}^{Fe} + \overline{F}^e \tag{10-32}$$

至此可归纳出矩阵位移法的解题步骤如下：

（1）对各单元和节点位移分量进行编号，选定结构整体坐标系和单元局部坐标系；

（2）列出单元定位向量，标在单元刚度矩阵的右方和上方；根据单元类型，按式（10-20）（一般单元）或式（10-24）（桁架单元）或式（10-25）（自由梁式单元）或式（10-9）（连续梁单元）计算整体坐标系中各单元刚度矩阵；

（3）将各单元刚度矩阵的元素"对号入座"集成结构刚度矩阵 K；

（4）按式（10-28）计算单元固端力、求出等效节点荷载 F_E，按式（10-29）计算综合节点荷载 F；

（5）建立节点位移列向量 Δ；

（6）解结构刚度方程 $K\Delta = F$，求出节点位移 Δ；

（7）确定单元杆端位移列向量 δ^e，按式（10-30）或式（10-31）计算综合节点荷载杆端力 $\overline{F}^e$，按式（10-32）计算各单元最后杆端力 $\overline{F}_Z^e$；

（8）根据最后杆端力 $\overline{F}_Z^e$ 和单元上的非节点荷载绘出内力图。

10.6.2　算例

【例 10-4】 试求图 10-12（a）所示刚架的内力（考虑杆件轴向变形）。已知各杆材料及截面相同，$E = 200\text{GPa}$，$A = 1.0 \times 10^{-2}\,\text{m}^2$，$I = 32 \times 10^{-5}\,\text{m}^4$。

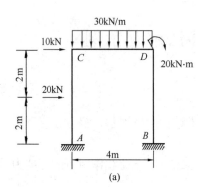
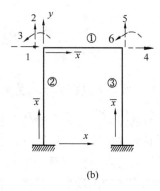

图 10-12

【解】　（1）刚架划分为三个单元。各单元编号、局部坐标系和整体坐标系如图 10-12（b）所示。未知节点位移为 C 点的水平位移 u_C、竖向位移 ν_C、转角 φ_C，D 点的水平位移 u_D、竖向位移 ν_D、转角 φ_D，总码为 1、2、3、4、5、6（图 10-12b）。

节点位移列向量为：

$$\Delta = \begin{bmatrix} u_C & \nu_C & \varphi_C & u_D & \nu_D & \varphi_D \end{bmatrix}^T$$

各单元定位向量为：

$$\boldsymbol{\lambda}^{①} = \begin{bmatrix} 1 & 2 & 3 & 4 & 5 & 6 \end{bmatrix}^T;$$
$$\boldsymbol{\lambda}^{②} = \begin{bmatrix} 0 & 0 & 0 & 1 & 2 & 3 \end{bmatrix}^T;$$
$$\boldsymbol{\lambda}^{③} = \begin{bmatrix} 0 & 0 & 0 & 4 & 5 & 6 \end{bmatrix}^T$$

（2）按式（10-20）计算整体坐标系下各单元刚度矩阵。

整体坐标系与各单元局部坐标系的夹角为：$\alpha_1 = 0°$；$\alpha_2 = \alpha_3 = 90°$。各单元 E、I、A、l 值均相同，求得：

$$EA/l = 500 \times 10^3\,\text{kN/m}, \qquad 12EI/l^3 = 12 \times 10^3\,\text{kN/m}$$
$$6EI/l^2 = 24 \times 10^3\,\text{kN}, \qquad 2EI/l = 32 \times 10^3\,\text{kN·m}$$

以上各值代入式（10-20）可求得各单元整体坐标系中的刚度矩阵，在其右方和上方是单元定位向量码。结果如下：

单元①：

$$\boldsymbol{k}^{①}=10^3\begin{array}{c}\begin{array}{cccccc}1 & 2 & 3 & 4 & 5 & 6\end{array}\\\left[\begin{array}{ccc:ccc}500 & 0 & 0 & -500 & 0 & 0\\ 0 & 12 & 24 & 0 & -12 & 24\\ 0 & 24 & 64 & 0 & -24 & 32\\ \hdashline -500 & 0 & 0 & 500 & 0 & 0\\ 0 & -12 & -24 & 0 & 12 & -24\\ 0 & 24 & 32 & 0 & -24 & 64\end{array}\right]\begin{array}{c}1\\2\\3\\4\\5\\6\end{array}\end{array}$$

单元②、③：

$$\boldsymbol{k}^{②}=\boldsymbol{k}^{③}=10^3\begin{array}{c}\begin{array}{cccccc}(0) & (0) & (0) & (4) & (5) & (6)\\ 0 & 0 & 0 & 1 & 2 & 3\end{array}\\\left[\begin{array}{ccc:ccc}12 & 0 & -24 & -12 & 0 & -24\\ 0 & 500 & 0 & 0 & -500 & 0\\ -24 & 0 & 64 & 24 & 0 & 32\\ \hdashline -12 & 0 & 24 & 12 & 0 & 24\\ 0 & -500 & 0 & 0 & 500 & 0\\ -24 & 0 & 32 & 24 & 0 & 64\end{array}\right]\begin{array}{c}0\,(0)\\0\,(0)\\0\,(0)\\1\,(4)\\2\,(5)\\3\,(6)\end{array}\end{array}$$

式中，单元刚度矩阵右方和上方，不加括号的是单元②的定位向量总码，加括号的是单元③的总码。

（3）集成结构刚度矩阵。

将各单元刚度矩阵的元素"对号入座"，并将同一位置的元素求和，可集成结构刚度矩阵：

$$\boldsymbol{K}=10^3\times\left[\begin{array}{ccc:ccc}512 & 0 & 24 & -500 & 0 & 0\\ 0 & 512 & 24 & 0 & -12 & 24\\ 24 & 24 & 128 & 0 & -24 & 32\\ \hdashline -500 & 0 & 0 & 512 & 0 & 24\\ 0 & -12 & -24 & 0 & 512 & -24\\ 0 & 24 & 32 & 24 & -24 & 128\end{array}\right]$$

（4）求节点荷载列向量 $\boldsymbol{F}$。

本例非节点荷载及单元均与例 10-3 相同。由例 10-3 已求得等效节点荷载 $\boldsymbol{F}_E$ 为：

$$\boldsymbol{F}_E=\begin{bmatrix}10 & -60 & -30 & 0 & -60 & 40\end{bmatrix}^T$$

结构还有直接作用的节点荷载，由图 10-12（a）知直接节点荷载 $\boldsymbol{F}_D$ 为：

$$\boldsymbol{F}_D=\begin{bmatrix}10 & 0 & 0 & 0 & 0 & -20\end{bmatrix}^T$$

于是，由式（10-29）可得综合节点荷载 $\boldsymbol{F}$ 为：

$$\boldsymbol{F}=\boldsymbol{F}_E+\boldsymbol{F}_D=\begin{bmatrix}20 & -60 & -30 & 0 & -60 & 20\end{bmatrix}^T$$

（5）解方程，求未知位移。

将 $\boldsymbol{K}$、$\boldsymbol{F}$、$\boldsymbol{\varDelta}$ 代入式 $\boldsymbol{K\varDelta}=\boldsymbol{F}$，得结构刚度方程：

$$10^3 \times \begin{bmatrix} 512 & 0 & 24 & -500 & 0 & 0 \\ 0 & 512 & 24 & 0 & -12 & 24 \\ 24 & 24 & 128 & 0 & -24 & 32 \\ -500 & 0 & 0 & 512 & 0 & 24 \\ 0 & -12 & -24 & 0 & 512 & -24 \\ 0 & 24 & 32 & 24 & -24 & 128 \end{bmatrix} \begin{bmatrix} u_C \\ v_C \\ \varphi_c \\ u_D \\ v_D \\ \varphi_D \end{bmatrix} = \begin{bmatrix} 20 \\ -60 \\ -30 \\ 0 \\ -60 \\ 20 \end{bmatrix}$$

求解可得：

$$\boldsymbol{\Delta} = \begin{bmatrix} u_c & v_C & \varphi_c & u_D & v_D & \varphi_D \end{bmatrix}^T$$
$$= 10^{-6} \times \begin{bmatrix} 1314.0 & -98.7 & -496.8 & 1282.0 & -141.3 & 32.1 \end{bmatrix}^T$$

（6）求各单元最后杆端力 $\overline{\boldsymbol{F}}_Z^e$。

单元①：首先，由表 10-2 查出 $\overline{\boldsymbol{F}}^{F①}$：

$$\overline{\boldsymbol{F}}^{F①} = \begin{bmatrix} 0 & 60 & 40 & 0 & 60 & -40 \end{bmatrix}^T$$

其次由变形连续条件知：

$$\boldsymbol{\delta}^① = \begin{bmatrix} u_c & v_C & \varphi_c & u_D & v_D & \varphi_D \end{bmatrix}^T$$

将 $\alpha_1 = 0°$ 代入式（10-13）求出 $\boldsymbol{T}$，再与 $\boldsymbol{k}^①$、$\boldsymbol{\delta}^①$ 一起代入式（10-30）计算 $\overline{\boldsymbol{F}}^①$，最后，将 $\overline{\boldsymbol{F}}^{F①}$、$\overline{\boldsymbol{F}}^①$ 代入式（10-32）可得 $\overline{\boldsymbol{F}}_Z^①$，计算如下：

$$\overline{\boldsymbol{F}}_Z^① = \begin{bmatrix} 0 \\ 60 \\ 40 \\ 0 \\ 60 \\ -40 \end{bmatrix} + \boldsymbol{T} \times 10^3 \begin{bmatrix} 500 & 0 & 0 & -500 & 0 & 0 \\ 0 & 12 & 24 & 0 & -12 & 24 \\ 0 & 24 & 64 & 0 & -24 & 32 \\ -500 & 0 & 0 & 500 & 0 & 0 \\ 0 & -12 & -24 & 0 & 12 & -24 \\ 0 & 24 & 32 & 0 & -24 & 64 \end{bmatrix} \times 10^{-6} \begin{bmatrix} 1314.0 \\ -98.7 \\ -496.8 \\ 1282.0 \\ -141.3 \\ 32.1 \end{bmatrix}$$

$$= \begin{bmatrix} 0 \\ 60 \\ 40 \\ 0 \\ 60 \\ -40 \end{bmatrix} + \begin{bmatrix} 1 & 0 & 0 & & & \\ 0 & 1 & 0 & & \boldsymbol{0} & \\ 0 & 0 & 1 & & & \\ & & & 1 & 0 & 0 \\ & \boldsymbol{0} & & 0 & 1 & 0 \\ & & & 0 & 0 & 1 \end{bmatrix} \begin{bmatrix} 16 \\ -10.6 \\ -29.7 \\ -16 \\ 10.6 \\ -12.8 \end{bmatrix} = \begin{bmatrix} 16\text{kN} \\ 49.4\text{kN} \\ 10.3\text{kN} \cdot \text{m} \\ -16\text{kN} \\ 70.6\text{kN} \\ -52.8\text{kN} \cdot \text{m} \end{bmatrix}$$

单元②：由表 10-2 查得：$\overline{\boldsymbol{F}}^{F②} = \begin{bmatrix} 0 & 10 & 10 & 0 & 10 & -10 \end{bmatrix}^T$

由变形连续条件有：$\boldsymbol{\delta}^② = \begin{bmatrix} 0 & 0 & 0 & u_c & v_C & \varphi_c \end{bmatrix}^T$

将 $\alpha_2 = 90°$ 代入式（10-13）求出 $\boldsymbol{T}$，再与 $\boldsymbol{k}^②$、$\boldsymbol{\delta}^②$ 一起代入式（10-30）计算 $\overline{\boldsymbol{F}}^②$，然后将 $\overline{\boldsymbol{F}}^{F②}$ 与 $\overline{\boldsymbol{F}}^②$ 代入式（10-32）可求得 $\overline{\boldsymbol{F}}_Z^②$ 如下：

$$\overline{\boldsymbol{F}}_Z^② = \begin{bmatrix} 0 \\ 10 \\ 10 \\ 0 \\ 10 \\ -10 \end{bmatrix} + \boldsymbol{T} \times 10^3 \begin{bmatrix} 12 & 0 & -24 & -12 & 0 & -24 \\ 0 & 500 & 0 & 0 & -500 & 0 \\ -24 & 0 & 64 & 24 & 0 & 32 \\ -12 & 0 & 24 & 12 & 0 & 24 \\ 0 & -500 & 0 & 0 & 500 & 0 \\ -24 & 0 & 32 & 24 & 0 & 64 \end{bmatrix} \times 10^{-6} \begin{bmatrix} 0.0 \\ 0.0 \\ 0.0 \\ 1314.0 \\ -98.7 \\ -496.8 \end{bmatrix}$$

$$
=\begin{bmatrix}0\\10\\10\\\hdashline 0\\10\\-10\end{bmatrix}+\begin{bmatrix}0&1&0&&\\-1&0&0&&\mathbf{0}\\0&0&1&&\\\hdashline&&&0&1&0\\&\mathbf{0}&&-1&0&0\\&&&0&0&1\end{bmatrix}\begin{bmatrix}-3.8\\49.4\\15.6\\\hdashline 3.8\\-49.4\\-0.3\end{bmatrix}=\begin{bmatrix}49.4\mathrm{kN}\\13.8\mathrm{kN}\\25.6\mathrm{kN\cdot m}\\\hdashline-49.4\mathrm{kN}\\6.2\mathrm{kN}\\-10.3\mathrm{kN\cdot m}\end{bmatrix}
$$

单元③：$\overline{\boldsymbol{F}}^{\mathrm{F}③}=\boldsymbol{0}$。$\alpha_3=90°$；$\boldsymbol{\delta}^{③}=\begin{bmatrix}0&0&0&u_\mathrm{D}&v_\mathrm{D}&\varphi_\mathrm{D}\end{bmatrix}^T$，由式（10-30）求得 $\overline{\boldsymbol{F}}^{③}$ 后，再由式（10-32）求得 $\overline{\boldsymbol{F}}_Z^{③}$ 如下：

$$
\overline{\boldsymbol{F}}_Z^{③}=\begin{bmatrix}0\\0\\0\\\hdashline 0\\0\\0\end{bmatrix}+\boldsymbol{T}\times 10^3\begin{bmatrix}12&0&-24&-12&0&-24\\0&500&0&0&-500&0\\-24&0&64&24&0&32\\\hdashline-12&0&24&12&0&24\\0&-500&0&0&500&0\\-24&0&32&24&0&64\end{bmatrix}\times 10^{-6}\begin{bmatrix}0.0\\0.0\\0.0\\\hdashline 1282.0\\-141.3\\32.1\end{bmatrix}
$$

$$
=\begin{bmatrix}0\\0\\0\\\hdashline 0\\0\\0\end{bmatrix}+\begin{bmatrix}0&1&0&&\\-1&0&0&&\mathbf{0}\\0&0&1&&\\\hdashline&&&0&1&0\\&\mathbf{0}&&-1&0&0\\&&&0&0&1\end{bmatrix}\begin{bmatrix}-16.2\\70.7\\31.8\\\hdashline 16.2\\-70.7\\32.8\end{bmatrix}=\begin{bmatrix}70.7\mathrm{kN}\\16.2\mathrm{kN}\\31.8\mathrm{kN\cdot m}\\\hdashline-70.7\mathrm{kN}\\-16.2\mathrm{kN}\\32.8\mathrm{kN\cdot m}\end{bmatrix}
$$

按以上计算结果可绘出轴力图、剪力图和弯矩图。其中弯矩图如图 10-13 所示。

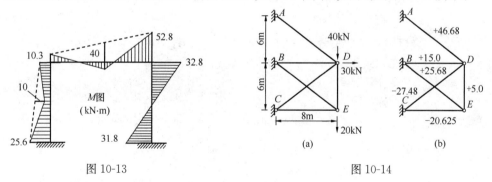

图 10-13　　　　　　　　　　　　　　　图 10-14

【**例 10-5**】　试求例 10-2 桁架的内力，各杆 EA 相同。

【**解**】　为方便起见，现将例 10-2 的桁架重绘于图 10-14（a）。在例 10-2 中建立的结构刚度方程如下：

$$
EA/3000\begin{bmatrix}759&0&0&0\\0&716&0&-500\\0&0&567&-144\\0&-500&-144&608\end{bmatrix}\begin{bmatrix}u_\mathrm{D}\\v_\mathrm{D}\\u_\mathrm{E}\\v_\mathrm{E}\end{bmatrix}=\begin{bmatrix}30\\-40\\0\\-20\end{bmatrix}
$$

（1）解方程，求得未知节点位移为：

$$\Delta=\begin{bmatrix}u_D & \nu_D & u_E & \nu_E\end{bmatrix}^T=EA/3000\begin{bmatrix}0.04 & -0.206 & -0.055 & -0.216\end{bmatrix}^T$$

（2）求各单元内力。

桁架只有节点荷载，各杆 $\overline{\boldsymbol{F}}^{Fe}$ 为零，故 $\overline{\boldsymbol{F}}_Z^e=\overline{\boldsymbol{F}}^e$。各单元整体坐标系下杆端位移 $\boldsymbol{\delta}^e$ 由变形连续条件确定，单元刚度矩阵 $\boldsymbol{k}^e$ 见例 10-2。

单元①（DA杆）：由例 10-2 知，$\cos\alpha_1=-0.8$，$\sin\alpha_1=0.6$，代入式（10-23）求出 $\boldsymbol{T}$；由变形连续条件知 $\boldsymbol{\delta}^①=\begin{bmatrix}u_D & \nu_D & 0 & 0\end{bmatrix}^T$；将 $\boldsymbol{T}$、$\boldsymbol{\delta}^①$ 和 $\boldsymbol{k}^①$ 代入式（10-30）得：

$$\overline{\boldsymbol{F}}_Z^①=\begin{bmatrix}-0.8 & 0.6 & 0 & 0\\ -0.6 & -0.8 & 0 & 0\\ 0 & 0 & -0.8 & 0.6\\ 0 & 0 & -0.6 & -0.8\end{bmatrix}\times EA/3000\begin{bmatrix}192 & -144 & -192 & 144\\ -144 & 108 & 144 & -108\\ -192 & 144 & 192 & -144\\ 144 & -108 & -144 & 108\end{bmatrix}$$

$$\times 3000/EA\begin{bmatrix}0.04\\ -0.206\\ 0\\ 0\end{bmatrix}$$

$$=\begin{bmatrix}-46.68 & 0 & 46.68 & 0\end{bmatrix}^T\mathrm{kN}$$

单元②（DB杆）：由变形连续条件有 $\boldsymbol{\delta}^②=\begin{bmatrix}u_D & \nu_D & 0 & 0\end{bmatrix}^T$。$\cos\alpha_2=-1$，$\sin\alpha_1=0$，代入式（10-23）求出 $\boldsymbol{T}$ 再与 $\boldsymbol{\delta}^②$、$\boldsymbol{k}^②$ 代入式（10-30）得：

$$\overline{\boldsymbol{F}}_Z^②=\begin{bmatrix}-1 & 0 & 0 & 0\\ 0 & -1 & 0 & 0\\ 0 & 0 & -1 & 0\\ 0 & 0 & 0 & -1\end{bmatrix}\times EA/3000\begin{bmatrix}375 & 0 & -375 & 0\\ 0 & 0 & 0 & 0\\ -375 & 0 & 375 & 0\\ 0 & 0 & 0 & 0\end{bmatrix}\times 3000/EA\begin{bmatrix}0.04\\ -0.206\\ 0\\ 0\end{bmatrix}$$

$$=\begin{bmatrix}-15 & 0 & 15 & 0\end{bmatrix}^T\mathrm{kN}$$

单元③（ED杆）：由变形连续条件有 $\boldsymbol{\delta}^③=\begin{bmatrix}u_E & \nu_E & u_D & \nu_D\end{bmatrix}^T$。$\cos\alpha_3=0$，$\sin\alpha_3=-1$，代入式（10-23）求出 $\boldsymbol{T}$ 再与 $\boldsymbol{\delta}^③$、$\boldsymbol{k}^③$ 代入式（10-30）得：

$$\overline{\boldsymbol{F}}_Z^③=\begin{bmatrix}0 & -1 & 0 & 0\\ 1 & 0 & 0 & 0\\ 0 & 0 & 0 & -1\\ 0 & 0 & 1 & 0\end{bmatrix}\times EA/3000\begin{bmatrix}0 & 0 & 0 & 0\\ 0 & 500 & 0 & -500\\ 0 & 0 & 0 & 0\\ 0 & -500 & 0 & 500\end{bmatrix}\times 3000/EA\begin{bmatrix}0.055\\ -0.216\\ 0.04\\ -0.206\end{bmatrix}$$

$$=\begin{bmatrix}-5 & 0 & 5 & 0\end{bmatrix}^T\mathrm{kN}$$

单元④（EC杆）：由变形连续条件有 $\boldsymbol{\delta}^④=\begin{bmatrix}u_E & \nu_E & 0 & 0\end{bmatrix}^T$。$\cos\alpha_4=-1$，$\sin\alpha_4=0$，代入式（10-23）求出 $\boldsymbol{T}$ 后与 $\boldsymbol{k}^④$、$\boldsymbol{\delta}^④$ 代入式（10-30）有：

$$\overline{\boldsymbol{F}}_Z^④=\begin{bmatrix}-1 & 0 & 0 & 0\\ 0 & -1 & 0 & 0\\ 0 & 0 & -1 & 0\\ 0 & 0 & 0 & -1\end{bmatrix}\times EA/3000\begin{bmatrix}375 & 0 & -375 & 0\\ 0 & 0 & 0 & 0\\ -375 & 0 & 375 & 0\\ 0 & 0 & 0 & 0\end{bmatrix}\times 3000/EA\begin{bmatrix}-0.055\\ -0.216\\ 0\\ 0\end{bmatrix}$$

$$=\begin{bmatrix}20.625 & 0 & -20.625 & 0\end{bmatrix}^T\mathrm{kN}$$

单元⑤（DC杆）：由变形连续条件有 $\boldsymbol{\delta}^⑤=\begin{bmatrix}u_D & \nu_D & 0 & 0\end{bmatrix}^T$。$\cos\alpha_5=-0.8$，$\sin\alpha_5=-0.6$，代入式（10-23）求出 $\boldsymbol{T}$ 后与 $\boldsymbol{k}^⑤$、$\boldsymbol{\delta}^⑤$ 一起代入式（10-30）有：

$$\overline{F}_z^{\textcircled{5}} = \begin{bmatrix} -0.8 & -0.6 & 0 & 0 \\ 0.6 & -0.8 & 0 & 0 \\ 0 & 0 & -0.8 & -0.6 \\ 0 & 0 & 0.6 & -0.8 \end{bmatrix} \times EA/3000 \begin{bmatrix} 192 & 144 & -192 & -144 \\ 144 & 108 & -144 & -108 \\ -192 & -144 & 192 & 144 \\ -144 & -108 & 144 & 108 \end{bmatrix}$$

$$\times 3000/EA \begin{bmatrix} 0.04 \\ -0.206 \\ 0 \\ 0 \end{bmatrix} = \begin{bmatrix} 27.48 & 0 & -27.48 & 0 \end{bmatrix}^T \text{kN}$$

单元⑥（EB 杆）：由变形连续条件有 $\boldsymbol{\delta}^{\textcircled{6}} = \begin{bmatrix} u_E & v_E & 0 & 0 \end{bmatrix}^T$。$\cos\alpha_6 = -0.8$，$\sin\alpha_6 = 0.6$，代入式（10-23）求出 $\boldsymbol{T}$ 后与 $\boldsymbol{\delta}^{\textcircled{6}}$、$\boldsymbol{k}^{\textcircled{6}}$ 代入式（10-30）得：

$$\overline{F}_z^{\textcircled{6}} = \begin{bmatrix} -0.8 & 0.6 & 0 & 0 \\ -0.6 & -0.8 & 0 & 0 \\ 0 & 0 & -0.8 & 0.6 \\ 0 & 0 & -0.6 & -0.8 \end{bmatrix} \times EA/3000 \begin{bmatrix} 192 & -144 & -192 & 144 \\ -144 & 108 & 144 & -108 \\ -192 & 144 & 192 & -144 \\ 144 & -108 & -144 & 108 \end{bmatrix}$$

$$\times 3000/EA \begin{bmatrix} -0.055 \\ -0.216 \\ 0 \\ 0 \end{bmatrix} = \begin{bmatrix} -25.68 & 0 & 25.68 & 0 \end{bmatrix}^T \text{kN}$$

各杆轴力如图 10-14（b）所示。

【例 10-6】 试求图 10-15（a）所示刚架的内力，忽略轴向变形的影响。各杆材料与截面尺寸相同，已知 $EI = 125 \times 10^4 \text{kN} \cdot \text{m}^2$。

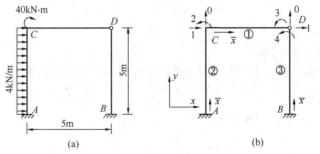

图 10-15

【解】 （1）划分单元、建立坐标系。

刚架划分为三个单元。各单元编号、局部坐标系和整体坐标系如图 10-15（b）所示。节点位移分量如下：在忽略轴向变形的情况下，C、D 点无竖向位移（总码为 0）；C、D 点水平位移相同，设为 u_c（总码为 1）；C 点的转角 φ_C（总码为 2）；CD 杆 D 点的转角 φ_{DC}（总码为 3）；BD 杆 D 点的转角 φ_{DB}（总码为 4），如图 10-15（b）所示。节点位移列向量为：

$$\boldsymbol{\Delta} = \begin{bmatrix} u_c & \varphi_C & \varphi_{DC} & \varphi_{DB} \end{bmatrix}^T$$

各单元定位向量对照图 10-15（b）可直接写出：

$$\boldsymbol{\lambda}^{\textcircled{1}} = \begin{bmatrix} 1 & 0 & 2 & 1 & 0 & 3 \end{bmatrix}^T; \quad \boldsymbol{\lambda}^{\textcircled{2}} = \begin{bmatrix} 0 & 0 & 0 & 1 & 0 & 2 \end{bmatrix}^T; \quad \boldsymbol{\lambda}^{\textcircled{3}} = \begin{bmatrix} 0 & 0 & 0 & 1 & 0 & 4 \end{bmatrix}^T$$

（2）求各单元在整体坐标系中的刚度矩阵。

整体坐标系与各单元局部坐标系的夹角为：$\alpha_1=0°$；$\alpha_2=\alpha_3=90°$。各单元 EI、l 值均相同，其中：

$$12EI/l^3=12\times10^4\text{kN/m} \quad 6EI/l^2=30\times10^4\text{kN}$$
$$2EI/l=50\times10^4\text{kN}\cdot\text{m} \quad 4EI/l=100\times10^4\text{kN}\cdot\text{m}$$

将以上各值代入整体坐标系中自由梁式单元刚度矩阵式（10-25），并在单元刚度矩阵的右方和上方标出单元定位向量。结果如下：

单元①：

$$\boldsymbol{k}^{①}=10^4\times\begin{bmatrix}\begin{matrix}1 & 0 & 2 & 1 & 0 & 3\end{matrix}\\ 0 & 0 & 0 & 0 & 0 & 0 \\ 0 & 12 & 30 & 0 & -12 & 30 \\ 0 & 30 & 100 & 0 & -30 & 50 \\ 0 & 0 & 0 & 0 & 0 & 0 \\ 0 & -12 & -30 & 0 & 12 & -30 \\ 0 & 30 & 50 & 0 & -30 & 100\end{bmatrix}\begin{matrix}1\\0\\2\\1\\0\\3\end{matrix}$$

单元②、③：

$$\boldsymbol{k}^{②}=\boldsymbol{k}^{③}=10^4\times\begin{bmatrix}\begin{matrix}(0) & (0) & (0) & (1) & (0) & (4)\\ 0 & 0 & 0 & 1 & 0 & 2\end{matrix}\\ 12 & 0 & -30 & -12 & 0 & -30 \\ 0 & 0 & 0 & 0 & 0 & 0 \\ -30 & 0 & 100 & 30 & 0 & 50 \\ -12 & 0 & 30 & 12 & 0 & 30 \\ 0 & 0 & 0 & 0 & 0 & 0 \\ -30 & 0 & 50 & 30 & 0 & 100\end{bmatrix}\begin{matrix}0\,(0)\\0\,(0)\\0\,(0)\\1\,(1)\\0\,(0)\\2\,(4)\end{matrix}$$

（3）集成结构刚度矩阵。

将各单元刚度矩阵的元素"对号入座"，并将同一位置的元素求和，即得 $\boldsymbol{K}$：

$$\boldsymbol{K}=10^4\times\begin{bmatrix}24 & 30 & 0 & 30 \\ 30 & 200 & 50 & 0 \\ 0 & 50 & 100 & 0 \\ 30 & 0 & 0 & 100\end{bmatrix}$$

（4）求节点荷载列向量 $\boldsymbol{F}$

本例仅单元②有非节点荷载，由表 10-2 第 3 栏查得局部坐标系中的固端力：

$\overline{F}^{②}_{\text{NP}i}=0$，$\overline{F}^{②}_{\text{QP}i}=10\text{kN}$，$\overline{M}^{②}_{\text{P}i}=8.333\text{kN}\cdot\text{m}$

$\overline{F}^{②}_{\text{NP}j}=0$，$\overline{F}^{②}_{\text{QP}j}=10\text{kN}$，$\overline{M}^{②}_{\text{P}j}=-8.333\text{kN}\cdot\text{m}$

即 $$\overline{\boldsymbol{F}}^{\text{F}②}=\begin{bmatrix}0 & 10 & 8.333 & 0 & 10 & -8.333\end{bmatrix}^{\text{T}}$$

将 $\alpha_2=90°$ 代入式（10-13）求出 $\boldsymbol{T}^T$，与 $\overline{\boldsymbol{F}}^{\text{F}②}$ 一起代入式（10-28）可得单元②在整体坐标系中的固端力 $\boldsymbol{F}^{\text{F}②}$ 为：

$$\overset{\begin{matrix}0 & 0 & 0 & 1 & 0 & 2\end{matrix}}{\boldsymbol{F}^{\text{F}②}=\begin{bmatrix}-10 & 0 & 8.333 & -10 & 0 & -8.333\end{bmatrix}^{\text{T}}}$$

式中，$\boldsymbol{F}^{\text{F}②}$ 上方的数字是单元②的定位向量总码。

对照总码，将 $\boldsymbol{F}^{\mathrm{F}②}$ 反号，并在 $\boldsymbol{F}_{\mathrm{E}}$ 中定位可得：

$$\boldsymbol{F}_{\mathrm{E}}=\begin{bmatrix}10 & 8.333 & 0 & 0\end{bmatrix}^{T}$$

由图 10-15（a）知，结构直接节点荷载列向量 $\boldsymbol{F}_{\mathrm{D}}$ 为：

$$\boldsymbol{F}_{\mathrm{D}}=\begin{bmatrix}0 & -40 & 0 & 0\end{bmatrix}^{T}$$

将 $\boldsymbol{F}_{\mathrm{E}}$、$\boldsymbol{F}_{\mathrm{D}}$ 代入式（10-29）得：

$$\boldsymbol{F}=\boldsymbol{F}_{\mathrm{D}}+\boldsymbol{F}_{\mathrm{E}}=\begin{bmatrix}10 & -31.667 & 0 & 0\end{bmatrix}^{T}$$

（5）解方程，求未知位移。

将 $\boldsymbol{K}$、$\boldsymbol{F}$、$\boldsymbol{\Delta}$ 代入式 $\boldsymbol{K\Delta}=\boldsymbol{F}$，得结构刚度方程：

$$10^{4}\times\begin{bmatrix}24 & 30 & 0 & 30\\30 & 200 & 50 & 0\\0 & 50 & 100 & 0\\30 & 0 & 0 & 100\end{bmatrix}\begin{bmatrix}u_{\mathrm{c}}\\\varphi_{\mathrm{C}}\\\varphi_{\mathrm{DC}}\\\varphi_{\mathrm{DB}}\end{bmatrix}=\begin{bmatrix}10\\-31.667\\0\\0\end{bmatrix}$$

求解可得：

$$\boldsymbol{\Delta}=\begin{bmatrix}u_{\mathrm{c}} & \varphi_{\mathrm{C}} & \varphi_{\mathrm{DC}} & \varphi_{\mathrm{DB}}\end{bmatrix}^{T}=10^{-5}\times\begin{bmatrix}15.65 & -4.493 & 2.246 & -4.696\end{bmatrix}^{T}$$

（6）求各单元最后杆端力 $\overline{\boldsymbol{F}}_{Z}^{e}$。

单元①（CD 杆）：

无非节点荷载，$\overline{\boldsymbol{F}}^{\mathrm{F}①}=\begin{bmatrix}0 & 0 & 0 & 0 & 0 & 0\end{bmatrix}^{T}$；由变形连续条件知，$\boldsymbol{\delta}^{①}=\begin{bmatrix}u_{\mathrm{c}} & 0 & \varphi_{\mathrm{c}} & u_{\mathrm{C}} & 0 & \varphi_{\mathrm{DC}}\end{bmatrix}^{T}$；将 $\alpha_{1}=0°$ 代入式（10-13）求出 $\boldsymbol{T}^{①}$；然后将 $\boldsymbol{T}^{①}$、$\boldsymbol{k}^{①}$、$\boldsymbol{\delta}^{①}$ 代入式（10-30）可求出 $\overline{\boldsymbol{F}}^{①}$。将 $\overline{\boldsymbol{F}}^{\mathrm{F}①}$ 与 $\overline{\boldsymbol{F}}^{①}$ 相加，可求得 $\overline{\boldsymbol{F}}_{Z}^{①}$ 为：

$$\overline{\boldsymbol{F}}_{Z}^{①}=\begin{bmatrix}0\\0\\0\\0\\0\\0\end{bmatrix}+\begin{bmatrix}1 & 0 & 0 & 0 & 0 & 0\\0 & 1 & 0 & 0 & 0 & 0\\0 & 0 & 1 & 0 & 0 & 0\\0 & 0 & 0 & 1 & 0 & 0\\0 & 0 & 0 & 0 & 1 & 0\\0 & 0 & 0 & 0 & 0 & 1\end{bmatrix}\times10^{4}\times\begin{bmatrix}0 & 0 & 0 & 0 & 0 & 0\\0 & 12 & 30 & 0 & -12 & 30\\0 & 30 & 100 & 0 & -30 & 50\\0 & 0 & 0 & 0 & 0 & 0\\0 & -12 & -30 & 0 & 12 & -30\\0 & 30 & 50 & 0 & -30 & 100\end{bmatrix}$$

$$\times10^{-5}\times\begin{bmatrix}15.65\\0\\-4.493\\15.65\\0\\2.246\end{bmatrix}=\begin{bmatrix}0\\-6.740\mathrm{kN}\\-33.70\mathrm{kN\cdot m}\\0\\6.740\mathrm{kN}\\0\end{bmatrix}$$

单元②（AC 杆）：

$\overline{\boldsymbol{F}}^{\mathrm{F}②}=\begin{bmatrix}0 & 10 & 8.333 & 0 & 10 & -8.333\end{bmatrix}^{T}$；$\alpha_{2}=90°$，代入式（10-13）可得 $\boldsymbol{T}^{②}$；由变形连续条件知，$\boldsymbol{\delta}^{②}=\begin{bmatrix}0 & 0 & 0 & u_{\mathrm{c}} & 0 & \varphi_{\mathrm{c}}\end{bmatrix}^{T}$。将 $\boldsymbol{T}^{②}$、$\boldsymbol{k}^{②}$、$\boldsymbol{\delta}^{②}$ 代入式（10-30）得 $\overline{\boldsymbol{F}}^{②}$，再与 $\overline{\boldsymbol{F}}^{\mathrm{F}②}$ 相加即得 $\overline{\boldsymbol{F}}_{Z}^{②}$：

$$
\overline{F}_{Z}^{②} = \begin{bmatrix} 0 \\ 10 \\ 8.333 \\ 0 \\ 10 \\ -8.333 \end{bmatrix} + \begin{bmatrix} 0 & 1 & 0 & 0 & 0 & 0 \\ -1 & 0 & 0 & 0 & 0 & 0 \\ 0 & 0 & 1 & 0 & 0 & 0 \\ 0 & 0 & 0 & 0 & 1 & 0 \\ 0 & 0 & 0 & -1 & 0 & 0 \\ 0 & 0 & 0 & 0 & 0 & 1 \end{bmatrix} \times 10^4 \times \begin{bmatrix} 12 & 0 & -30 & -12 & 0 & -30 \\ 0 & 0 & 0 & 0 & 0 & 0 \\ -30 & 0 & 100 & 30 & 0 & 50 \\ -12 & 0 & 30 & 12 & 0 & 30 \\ 0 & 0 & 0 & 0 & 0 & 0 \\ -30 & 0 & 50 & 30 & 0 & 100 \end{bmatrix}
$$

$$
\times 10^{-5} \times \begin{bmatrix} 0 \\ 0 \\ 0 \\ 15.65 \\ 0 \\ -4.493 \end{bmatrix} = \begin{bmatrix} 0 \\ 15.31 \text{kN} \\ 32.818 \text{kN} \cdot \text{m} \\ 0 \\ 4.69 \text{kN} \\ -6.313 \text{kN} \cdot \text{m} \end{bmatrix}
$$

单元③（BD 杆）：无非节点荷载，$\overline{F}^{F③}$ 为零；$\alpha_3 = 90°$ 代入式（10-13）可求出 $T^{③}$；由变形连续条件知，$\delta^{③} = \begin{bmatrix} 0 & 0 & 0 & u_c & 0 & \varphi_{DB} \end{bmatrix}^T = 10^{-5} \times \begin{bmatrix} 0 & 0 & 0 & 15.65 & 0 & -4.696 \end{bmatrix}^T$。将 $T^{③}$、$k^{③}$、$\delta^{③}$ 代入式（10-30）求得的 $\overline{F}^{③}$ 即为 $\overline{F}_{Z}^{③}$：

$$
\overline{F}_{Z}^{③} = \begin{bmatrix} 0 & 1 & 0 & 0 & 0 & 0 \\ -1 & 0 & 0 & 0 & 0 & 0 \\ 0 & 0 & 1 & 0 & 0 & 0 \\ 0 & 0 & 0 & 0 & 1 & 0 \\ 0 & 0 & 0 & -1 & 0 & 0 \\ 0 & 0 & 0 & 0 & 0 & 1 \end{bmatrix} \times 10^4 \times \begin{bmatrix} 12 & 0 & -30 & -12 & 0 & -30 \\ 0 & 0 & 0 & 0 & 0 & 0 \\ -30 & 0 & 100 & 30 & 0 & 50 \\ -12 & 0 & 30 & 12 & 0 & 30 \\ 0 & 0 & 0 & 0 & 0 & 0 \\ -30 & 0 & 50 & 30 & 0 & 100 \end{bmatrix}
$$

$$
\times 10^{-5} \times \begin{bmatrix} 0 \\ 0 \\ 0 \\ 15.65 \\ 0 \\ -4.696 \end{bmatrix} = \begin{bmatrix} 0 \\ 4.69 \text{kN} \\ 23.47 \text{kN} \cdot \text{m} \\ 0 \\ -4.69 \text{kN} \\ 0 \end{bmatrix}
$$

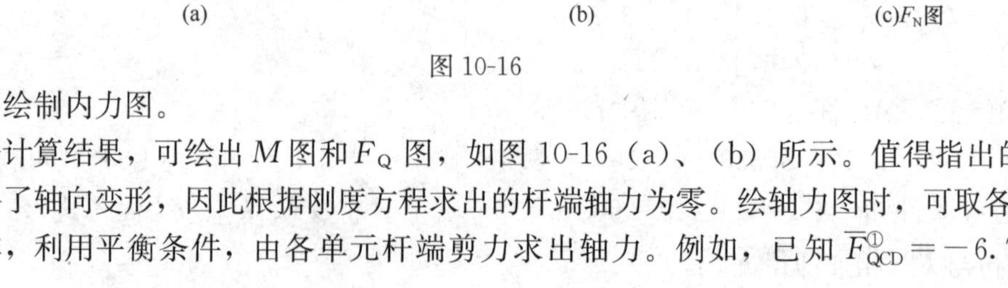

图 10-16

（7）绘制内力图。

根据计算结果，可绘出 M 图和 F_Q 图，如图 10-16（a）、（b）所示。值得指出的是：由于忽略了轴向变形，因此根据刚度方程求出的杆端轴力为零。绘轴力图时，可取各节点为隔离体，利用平衡条件，由各单元杆端剪力求出轴力。例如，已知 $\overline{F}_{QCD}^{①} = -6.74 \text{kN}$

（↓）；$\overline{F}_{QDC}^{①}=6.74kN$（↑），分别由节点 C、D 的竖向平衡条件知：AC 杆 $F_N=6.74kN$（受拉），BD 杆 $F_N=-6.74kN$（受压）；又知 $F_{QCA}^{②}=4.69kN$（←），由 C 点水平方向平衡条件知 $F_{NCD}=-4.69kN$（受压）。F_N 图如图 10-16（c）所示。

由以上算例可以看出，单元定位向量是整体坐标下单元刚度方程与结构刚度方程之间的桥梁。集成结构刚度矩阵、建立节点荷载列阵都要用到。

10.7 矩阵位移法计算程序

矩阵位移法计算结构用手算难以进行。因此，在以上分析的基础上，尚需编制计算机程序。在 10.3 节曾指出，编制矩阵位移法计算程序，既可以采用特殊单元，也可以采用一般单元。作为示例，这里采用一般单元编制。

本程序按照先处理法，在 Microsoft Excel 下使用 VBA（Visual Basic Application）。程序的计算框图、变量说明、源程序均收集在附录Ⅲ中。可计算等截面直杆组成的平面结构在节点荷载、非节点荷载作用下的节点位移和杆件内力。计算时，打开附录Ⅲ"平面杆件结构分析程序 1_1.xls"，按照表格提示输入基本信息，然后点击"计算"按钮，程序便自动计算各单元刚度矩阵 k^e，生成单元定位向量 λ^e，集成结构刚度矩阵 K，建立节点位移列向量 Δ 和节点荷载列向量 F，求解结构刚度方程，求出节点位移 Δ 和各单元最后杆端力 $\overline{F}_Z^e$。最后以表格形式输出计算结果。整个过程好似在用 Excel 表计算一道习题，非常方便。

下面结合图 10-17（a）所示结构（忽略杆件轴向变形），说明基本信息的输入。

打开"平面杆件结构分析程序 1_1.xls"，可得如表 10-4（1）所示的表格。在"结构总信息表"中输入给定结构的节点数、单元数、节点荷载数和非节点荷载数。图 10-17（a）所示结构依次为 5、4、1、2。单击"数据输入"按钮，程序便自动生成如表 10-4（2）所示的"结构基本信息表"。

在"节点位移分量"一栏中，汇交于刚节点的各杆，节点号相同；汇交于铰节点的各杆杆端转角不同，每个杆端一个节点号。每个节点号处（杆端）位移分量都是按结构坐标系 x、y 方向、转角的顺序填写。被约束的位移分量填"0"，无约束的位移分量填"1，2，3，…"。当某节点号（杆端）的某位移分量与另一节点号（杆端）的对应位移分量相同时，则用同一个位移分量编号。对照图 10-17（b）可输入本栏所示的信息。

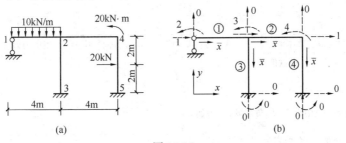

图 10-17

在"单元基本信息"一栏中，由'始节点号'到'终节点号'的方向就是单元坐标系 $\overline{x}$ 轴的正方向，以此来确定该单元的'方向角'（即 x 轴逆时针转到 $\overline{x}$ 轴的角度）。当单元方向角不能直接确定时，可根据单元杆件在 x、y 方向的投影长度，用 Excel 表中"数学与三角函数"求出。计算中，忽略轴向变形的单元，'A'值填"0"；不考虑剪切、弯曲变形的单元'I'值取"0"。各单元基本信息见表 10-4（2）。

结构总信息表　　　　　　　　　　　　　　　　　　　　　　　　　表 10-4（1）

结构基本信息表　　　　　　　　　　　　　　　　　　　　　　　　表 10-4（2）

节点位移分量（被约束填 0，无约束填 1，2，3，……）

节点号	x	y	转角
1	1	0	2
2	1	0	3
3	0	0	0
4	1	0	4
5	0	0	0

单元基本信息

单元号	始节点号	终节点号	单元长度	A	I	E	方向角
①	1	2	4	0	1	1	0
②	2	4	4	0	1	1	0
③	2	3	4	0	1	1	−90
④	4	5	4	0	1	1	−90

节点荷载信息（荷载类型按整体坐标定义：沿 x 方向集中力 1，沿 y 方向集中力 2，集中力偶 3）

作用节点号	荷载类型	荷载值
4	3	20

非节点荷载信息（类型：集中力 1，均布荷载 2，力偶 3。）

作用单元号	荷载类型	荷载大小	特征长度
①	2	10	0
④	1	20	2

在"节点荷载信息"一栏中，只填直接作用的节点荷载。集中力与 x、y 轴正方向一致时取正号，集中力偶以逆时针方向为正。本例在结点 4 有集中力偶 20kN·m。

在"非节点荷载信息"一栏中，竖直方向的集中力、均布力以指向下为正，水平方向的以指向右为正，集中力偶以逆时针为正。'特征长度'是集中力、集中力偶作用点以及均布荷载起始点到单元始端的距离。本例单元①有均布加 10kN/m，单元④有集中力 20kN。

基本信息输入后，单击"计算"按钮，计算结果便显示出，如表 10-4（3）所示。表格中 $\overline{F}_{Ni}$、$\overline{F}_{Qi}$ 与单元坐标轴正方向一致为正，$\overline{M}$ 以逆时针为正。据此可绘出内力图。

节点位移、杆件内力计算结果表　　　　　　表 10-4 (3)

节点位移

节点号	x 位移	y 位移	角位移
1	$-5.008E+01$	$0.000E+00$	$-1.935E+01$
2	$-5.008E+01$	$0.000E+00$	$1.203E+01$
3	$0.000E+00$	$0.000E+00$	$0.000E+00$
4	$-5.008E+01$	$0.000E+00$	$1.138E+01$
5	$0.000E+00$	$0.000E+00$	$0.000E+00$

单元内力（内力以与单元局部坐标正向为正）

单元号	$\overline{F}_{Ni}$	$\overline{F}_{Qi}$	$\overline{M}_i$	$\overline{F}_{Nj}$	$\overline{F}_{Qj}$	$\overline{M}_j$
①	$0.000E+00$	$1.726E+01$	$-.776E-15$	$0.000E+00$	$2.274E+01$	$-1.098E+01$
②	$0.000E+00$	$8.780E+00$	$1.772E+01$	$0.000E+00$	$-8.780E+00$	$1.740E+01$
③	$0.000E+00$	$-4.878E+00$	$-6.748E+00$	$0.000E+00$	$4.878E+00$	$-1.276E+01$
④	$0.000E+00$	$4.878E+00$	$2.602E+00$	$0.000E+00$	$1.512E+01$	$-2.309E+01$

【例 10-7】 图 10-18（a）所示连续梁与例 6-1 相同，各杆 $EI=$ 常数，不考虑轴向变形。试用 Excel VBA 程序计算梁的内力。

【解】 节点、单元编号及节点位移分量如图 10-18（b）所示。数据输入见表 10-5（1）。计算结果如表 10-5（2）所示，据此绘出的弯矩图和剪力图与例 6-1 图 6-14（c）和图 6-14（d）相同。

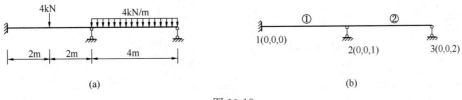

(a)　　　　　　　　　　　　　　　　　　(b)

图 10-18

结构总信息

节点数	单元数	节点荷载数	非节点荷载数
3	2	0	2

数据输入　　　　计算

节点位移向量（被约束填 0，无约束填 1，2，3，……）

节点号	x	y	转角
1	0	0	0
2	0	0	1
3	0	0	2

单元基本信息

单元号	始节点号	终节点号	单元长度	A	I	E	方向角
①	1	2	4	0	1	1	0
②	2	3	4	0	1	1	0

非节点荷载信息（类型：集中力 1，均布荷载 2，力偶 3。）

作用单元号	荷载类型	荷载大小	特征长度
①	1	4	2
②	2	4	0

例 10-7 结构计算结果表　　　　　　表 10-5（2）

节点位移

节点号	x 位移	y 位移	角位移
1	0.000E+00	0.000E+00	0.000E+00
2	0.000E+00	0.000E+00	$-3.429E+00$
3	0.000E+00	0.000E+00	7.048E+00

单元内力（内力以与单元局部坐标正向为正）

单元号	$\overline{F}_{Ni}$	$\overline{F}_{Qi}$	$\overline{M}_i$	$\overline{F}_{Nj}$	$\overline{F}_{Qj}$	$\overline{M}_j$
①	0.000E+00	7.143E$-$01	2.857E$-$01	0.000E+00	3.286E+00	$-5.429E+00$
②	0.00E+00	9.357E+00	5.429E+00	0.000E+00	6.643E+00	$-8.882E-16$

【例 10-8】　如图 10-19（a）所示刚架同例 6-3。各杆 $EI=$ 常数，不考虑杆件轴向变形，试用 Excel VBA 程序计算刚架内力。

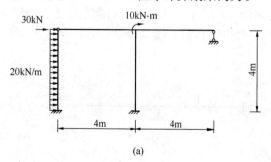

(a)

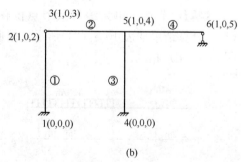

(b)

图 10-19

【解】 节点、单元编号及节点位移分量如图 10-19（b）所示，数据输入见表 10-6（1）。计算结果如表 10-6（2）所示，根据计算结果绘出的弯矩图与图 6-16（c）相同。

例 10-8 结构计算参数输入表　　　　　　　　表 10-6（1）

结构总信息

节点数	单元数	节点荷载数	非节点荷载数
6	4	2	1

数据输入	计算	重置

节点位移向量（被约束填 0，无约束填 1，2，3，……）

节点号	x	y	转角
1	0	0	0
2	1	0	2
3	1	0	3
4	0	0	0
5	1	0	4
6	1	0	5

单元基本信息

单元号	始节点号	终节点号	单元长度	A	I	E	方向角
①	1	2	4	0	1	1	90
②	3	5	4	0	1	1	0
③	4	5	4	0	1	1	90
④	5	6	4	0	1	1	0

节点荷载信息（荷载类型按整体坐标定义：沿 x 方向集中力 1，沿 y 方向集中力 2，集中力偶 3）

作用节点号	荷载类型	荷载值
2	1	30
5	3	−10

非节点荷载信息（类型：集中力 1，均布荷载 2，力偶 3。）

作用单元号	荷载类型	荷载大小	特征长度
①	2	20	0

例 10-8 结构计算结果表　　　　　　　　表 10-6（2）

节点位移

节点号	x 位移	y 位移	角位移
1	0.000E+00	0.000E+00	0.000E+00
2	3.453E+02	0.000E+00	−1.028E+02
3	3.453E+02	0.000E+00	2.789E+01
4	0.000E+00	0.000E+00	0.000E+00
5	3.453E+02	0.000E+00	−5.579E+01
6	3.453E+02	0.000E+00	2.789E+01

单元内力（内力以与单元局部坐标正向为正）

单元号	$\overline{F}_{Ni}$	$\overline{F}_{Qi}$	$\overline{M}_i$	$\overline{F}_{Nj}$	$\overline{F}_{Qj}$	$\overline{M}_j$
①	0.000E+00	6.618E+01	1.047E+02	0.000E+00	1.382E+01	−1.776E−14
②	0.000E+00	−1.046E+01	0.000E+00	0.000E+00	1.046E+01	−4.184E+01
③	0.000E+00	4.382E+01	1.016E+02	0.000E+00	−4.382E+01	7.368E+01
④	0.000E+00	−1.046E+01	−4.184E+01	0.000E+00	1.046E+01	0.000E+00

思 考 题

1. 矩阵位移法与传统位移法有何异同？

2. 单元刚度矩阵各元素的物理意义是什么？单元刚度矩阵有哪些性质？

3. 什么是坐标变换？为什么要进行坐标变换？如何进行坐标变换？

4. 如何由单元刚度矩阵集合成结构刚度矩阵？结构刚度矩阵元素的物理意义是什么？结构刚度矩阵有哪些性质？

5. 何谓单元定位向量？在矩阵位移法的哪些计算中要用到单元定位向量？

6. 什么是等效节点荷载？"等效"的含义是什么？如何把非节点荷载转换为等效节点荷载？

7. 什么是节点力向量？什么是节点荷载向量？两者有何区别？

8. 求出未知节点位移后，如何求各单元杆端力？

9. 试叙述矩阵位移法的解题过程。

习 题

10-1　试列出图示刚架的节点位移列阵。

10-2　试建立图示连续梁的结构刚度矩阵。

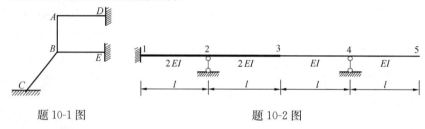

题 10-1 图　　　　　　　　　　　　题 10-2 图

10-3　试建立图示刚架的结构刚度矩阵。柱刚度 EI，横梁刚度 $2EI$，忽略轴向变形的影响。

10-4　试建立图示刚架的结构刚度矩阵。已知各杆材料和截面相同，其中 $E = 2.1 \times 10^4 \, \text{kN/cm}^2$，$I = 6400 \text{cm}^4$，$A = 20 \text{cm}^2$。

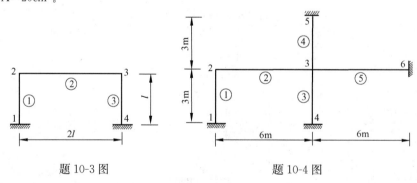

题 10-3 图　　　　　　　　　　　　题 10-4 图

10-5　试用矩阵位移法计算图示连续梁，画出弯矩图。

10-6　试用矩阵位移法计算图示桁架各杆的轴力。已知 EA 为常数。

10-7　试用矩阵位移法计算图示刚架并作出 M 图（只考虑弯曲变形）。$EI =$ 常数。

10-8　试用矩阵位移法计算图示刚架并作出 M 图（只考虑弯曲变形）。

10-9　试用 Excel VBA 程序计算习题 10-5 所示结构。

10-10　试用 Excel VBA 程序计算习题 10-6 所示结构。

10-11 试用 Excel VBA 程序计算习题 10-7 所示结构。

10-12 试用 Excel VBA 程序计算习题 10-8 所示结构。

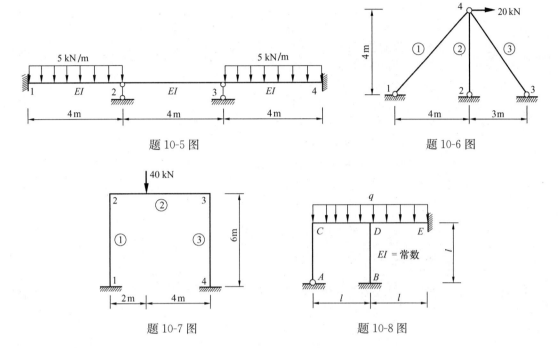

题 10-5 图

题 10-6 图

题 10-7 图

题 10-8 图

答　案

10-1 $\Delta = \begin{bmatrix} u_A & v_A & \varphi_A u_B & v_B & \varphi_B \end{bmatrix}^T$

10-2 $\boldsymbol{K} = \dfrac{EI}{l}\begin{bmatrix} 16 & -\dfrac{12}{l} & 4 & 0 & 0 & 0 \\[2mm] -\dfrac{12}{l} & \dfrac{36}{l^2} & -\dfrac{6}{l} & \dfrac{6}{l} & 0 & 0 \\[2mm] 4 & -\dfrac{6}{l} & 12 & 2 & 0 & 0 \\[2mm] 0 & \dfrac{6}{l} & 2 & 8 & -\dfrac{6}{l} & 2 \\[2mm] 0 & 0 & 0 & -\dfrac{6}{l} & \dfrac{12}{l} & -\dfrac{6}{l} \\[2mm] 0 & 0 & 0 & 2 & -\dfrac{6}{l} & 4 \end{bmatrix}$

10-3 $\boldsymbol{K} = \dfrac{EI}{l}\begin{bmatrix} \dfrac{6}{l^2} & \dfrac{3}{l} & \dfrac{3}{l} \\[2mm] \dfrac{3}{l} & 8 & 2 \\[2mm] \dfrac{3}{l} & 2 & 8 \end{bmatrix}$

$$10\text{-}4 \quad \boldsymbol{K}=\begin{bmatrix} 75973 & 0 & 8960 & -70000 & 0 & 0 \\ 0 & 140747 & 2240 & 0 & -747 & 2240 \\ 8960 & 2240 & 26880 & 0 & -2240 & 4480 \\ -70000 & 0 & 0 & 151946 & 0 & 0 \\ 0 & -747 & -2240 & 0 & 281494 & 0 \\ 0 & 2240 & 4480 & 0 & 0 & 53760 \end{bmatrix}$$

10-5 $M_{12}=8.89\text{kN}\cdot\text{m}$, $M_{21}=-2.22\text{kN}\cdot\text{m}$,

$M_{23}=2.22\text{kN}\cdot\text{m}$, $M_{32}=-2.22\text{kN}\cdot\text{m}$,

$M_{34}=2.22\text{kN}\cdot\text{m}$, $M_{43}=-8.89\text{kN}\cdot\text{m}$

10-6 $F_{\text{N}}^{①}=15.85\text{kN}$, $F_{\text{N}}^{②}=0.509\text{kN}$, $F_{\text{N}}^{③}=-14.65\text{kN}$

10-7 $M_{12}=-7.619\text{kN}\cdot\text{m}$, $M_{21}=-19.048\text{kN}\cdot\text{m}$,

$M_{23}=19.048\text{kN}\cdot\text{m}$, $M_{32}=-16.508\text{kN}\cdot\text{m}$,

$M_{34}=16.508\text{kN}\cdot\text{m}$, $M_{43}=10.159\text{kN}\cdot\text{m}$

10-8 $M_{\text{CD}}=\dfrac{3}{80}ql^2$, $M_{\text{DC}}=-\dfrac{1}{10}ql^2$, $M_{\text{DE}}=\dfrac{11}{120}ql^2$, $M_{\text{ED}}=-\dfrac{19}{240}ql^2$,

$M_{\text{DB}}=\dfrac{1}{120}ql^2$, $M_{\text{BD}}=\dfrac{1}{240}ql^2$

10-9、10-10、10-11、10-12 答案依次与 10-5、10-6、10-7、10-8 相同。

第11章 结构的极限荷载

11.1 概　述

前面各章，我们把结构当作理想弹性体来分析，在结构的内力、位移计算中假定材料服从胡克定律，应力和应变成正比，在使结构产生变形的荷载全部卸掉以后，结构仍将恢复原来的形状，没有残余变形。这种分析方法称为弹性分析方法。根据弹性计算的结果，再按容许应力来确定结构构件的截面尺寸，或者根据已知的杆件截面尺寸进行强度验算，即要求结构的最大应力 $\sigma_{\max}$ 满足强度条件：

$$\sigma_{\max} \leqslant [\sigma] = \frac{\sigma_u}{k} \tag{11-1}$$

式（11-1）中，$[\sigma]$ 为材料的容许应力；σ_u 为材料的极限应力，对塑性材料为屈服极限，对脆性材料为强度极限；k 是一个大于 1 的常数，称为安全系数。

上述结构设计方法至今在工程中广为应用。但是，按容许应力设计结构存在一些缺点。首先，当结构个别构件的某一局部应力达到极限应力时，其他构件并没有破坏，尤其是超静定结构，还能承受更大的荷载。可见，所设计的结构是不够经济合理的。其次，结构临近破坏以前早已超出弹性阶段，而容许应力法却只按弹性假定进行计算。因而与实际结构的破坏状态不符。再次，安全系数 k 只是针对某一截面的，也不能如实反映整个结构的强度储备。

为了弥补上述方法的不足，在结构分析领域中，又建立和发展了按极限荷载计算结构强度的方法。这种方法不是以结构在弹性阶段的最大应力达到极限应力作为破坏的标志，而是以结构进入塑性阶段并最后丧失承载能力时的极限状态作为破坏标志，故又称为塑性分析方法。按照塑性分析方法，计算中不是局限于考虑材料的弹性工作阶段，而是进一步考虑材料的塑性性质。此时，强度条件改为针对整个结构的强度条件：

$$F_P \leqslant [F_P] = \frac{F_{Pu}}{K} \tag{11-2}$$

式中　F_P——结构实际承受的荷载；

　　$[F_P]$——许用荷载；

　　F_{Pu}——极限荷载；

　　K——安全系数。

这里，安全系数 K 是根据整个结构所能承受的荷载考虑的，所以它比式（11-1）中的 k 更能正确地反映结构的强度储备。

显然，按塑性分析方法设计结构要比按弹性分析将更为经济合理。不过，塑性分析方法也有其局限性：（1）它只能反映结构的最后状态，而不能反映结构由弹性阶段到弹塑性阶段，再到极限状态的过程。（2）给定安全系数 K 后，结构在实际荷载作用下处于什么工作状态无法确定。（3）塑性分析只适用于延性较好的弹塑性材料，而不适用于脆性材料，对变形条件控制较严的结构也不宜采用。（4）叠加原理不再适用，每种荷载组合都需要单独计算。事实上，结构在设计荷载作用下，大多处于弹性阶段，仍需采用弹性分析研究其工作状态。所以，在结构设计中，塑性计算与弹性计算是互补的。

为了简化计算，在结构的塑性分析中，仍然应用小变形时的平面假设，并采用简化的应力-应变关系如图 11-1 所示。图中：

① OA 段为弹性阶段，应力-应变关系为单值线性函数，$\sigma = E\varepsilon$。

② 当应力达到屈服极限 σ_s、应变达到 ε_s 时，材料进入塑性流动阶段，如图中 AC 段所示，此时，应变无限增加，而应力不变。

③ 若塑性变形到 B 处后进行卸载，则应变的减小值与应力的减小值成正比，其比值仍为 E，如图中虚线 BF 所示。当应力减小至零时，材料有残余应变 OF。

④ 当为压应力时，假定材料的受拉、受压性质相同，应力-应变关系按 ODE 变化。

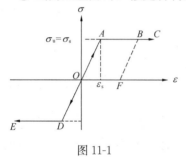

图 11-1

符合上述应力与应变关系的材料，称为理想弹塑性材料。钢的应力-应变曲线有很长的屈服阶段，所以图 11-1 所示的应力-应变关系可以应用于一般的钢结构计算中。钢筋混凝土受弯构件，在混凝土受拉区出现裂缝后，拉力完全由钢筋承受，故也可以采用上述简化图形。

由图 11-1 可知，材料在加载与卸载时情形不同。加载时（应力增加），材料是理想弹塑性的；而卸载时（应力减小），材料是弹性的。还可以看到，在经历塑性变形之后，同一个应力值可对应于不同的应变值，同一个应变值也可对应于不同的应力值。应力与应变之间不再存在单值对应关系，在结构的塑性分析中，叠加原理不再适用。因此，对于任何一种荷载组合都必须单独进行计算。

从结构的弹性工作阶段开始，通过逐渐增加荷载使结构进入弹塑性工作阶段，最后达到极限状态，据此求极限荷载的方法称为逐渐加载法（又称增量法）。而将荷载一次加于结构，且各荷载按同一比例增加（即所谓比例加载），直接根据结构的极限状态来确定极限荷载的方法称为比例加载法。分析结果表明，按上述两种途经求得的极限荷载完全相同，而且按后者求极限荷载比前者简便的多。本章介绍比例加载法。

11.2 极限弯矩、塑性铰和破坏机构

本节以理想弹塑性材料的静定梁为例，说明塑性分析方法中的几个基本概念。

图 11-2（a）所示矩形截面简支梁受荷载 F_P 的作用。随着荷载的增大，梁将会经历一个由弹性阶段到弹塑性阶段，最后达到塑性阶段的过程。图 11-2（b）、（c）、（d）分别表示当荷载不断增大时，截面 C 在几个不同阶段的应力状态。试验表明，无论在哪个阶段，梁弯曲变形时的平面截面假定都是成立的。

（1）弹性阶段。当荷载较小时，整个截面的应力都小于屈服极限 σ_s。当荷载增加到一

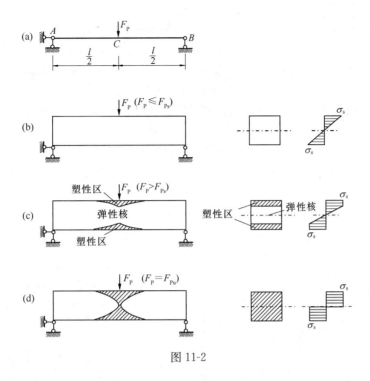

图 11-2

定值时，截面 C 最外边缘处的正应力将首先达到屈服极限 σ_s（图 11-2b）。此时作用于梁上的荷载称为屈服荷载，记为 F_{Ps}，而截面 C 的弯矩则称为屈服弯矩或弹性极限弯矩，用 M_s 表示。由图 11-2（b）的应力分布可得：

$$M_s = 2 \times \frac{bh}{4}\sigma_s \times \frac{2}{3} \times \frac{h}{2} = \frac{bh^2}{6}\sigma_s \tag{11-3}$$

（2）弹塑性阶段。当荷载再增大（$F_P > F_{Ps}$）时，在靠近截面的上、下边缘部分将有更多的纤维应力达到 σ_s 并保持不变，应变则可继续增加，从而形成塑性区，但截面其余部分的纤维仍处于弹性阶段，我们把截面仍处于弹性阶段的区域称为弹性核。这时截面的受力状态称为弹塑性受力状态，截面应力分布如图 11-2（c）所示。随着荷载的继续增加，塑性区域将由外向内逐渐扩展，弹性核在逐渐缩小。同时，紧靠截面 C 的一些截面，其外侧纤维也开始屈服，形成图 11-2（c）左图中阴影所示的塑性区。

（3）塑性流动阶段。当荷载增加到整个截面 C 的应力都达到屈服极限 σ_s 时，正应力分布图便形成两个矩形（图 11-2d），截面达到塑性流动阶段。这时的截面弯矩达到了该截面所能承受的极限值，称为极限弯矩，用 M_u 表示。于是由图 11-2（d）可得：

$$M_u = 2 \times \frac{bh}{2}\sigma_s \times \frac{1}{2} \times \frac{h}{2} = \frac{bh^2}{4}\sigma_s \tag{11-4}$$

它表明极限弯矩只与截面的形状尺寸和屈服极限 σ_s 有关。

在极限弯矩值保持不变的情况下，截面 C 所有纤维均已达到塑性阶段，弯曲变形可以任意增大，截面 C 两侧的截面沿 M_u 的方向可作有限的相对转动，这就相当于在该截面处出现了一个铰，称之为塑性铰。对于图 11-2（a）所示的静定梁来说，截面 C 形成塑性铰时，结构已变为几何可变体系，称为破坏机构（简称机构）。此时，梁的承载力已无法再增加，即达到了极限状态，与这一状态相对应的荷载称为极限荷载，用 F_{Pu} 表示。

需要注意的是，塑性铰与普通铰有区别，其不同之处在于：（1）普通铰不能承受弯矩，而塑性铰则承受着极限弯矩 M_u；（2）普通铰是双向铰，即它的两侧可以沿两个方向发生相对转动，而塑性铰是单向铰，它的两侧只能沿与极限弯矩一致的方向发生相对转动。当弯矩减少时，材料恢复弹性，塑性铰即告消失。

极限弯矩与屈服弯矩之比值称为截面形状系数，用 α 表示，即

$$\alpha = \frac{M_u}{M_s} \tag{11-5}$$

将式（11-3）与式（11-4）代入上式，可得矩形截面的形状系数为：

$$\alpha = \frac{M_u}{M_s} = \frac{\dfrac{bh^2}{4}\sigma_s}{\dfrac{bh^2}{6}\sigma_s} = 1.5 \tag{11-6}$$

可见，α 是由截面形状决定的，与外力无关。

式（11-6）表明，对于矩形截面梁来说，按塑性计算比按弹性计算可使截面的承载能力提高50%。

在推导梁的极限弯矩时，我们未考虑剪力的影响。由于剪力的存在，截面的极限弯矩值会降低，但这种影响一般很小，可以忽略不计。

上述关于矩形截面梁弹塑性分析的结论，同样适用于梁的横截面只有一根对称轴的情况。图11-3（a）为具有一个对称轴的 T 形截面，它在弹性阶段、弹塑性阶段和塑性阶段的正应力分布分别如图11-3（b）、（c）、（d）所示。

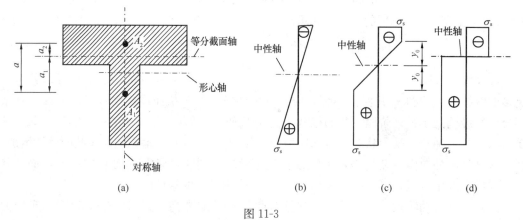

图 11-3

在弹性阶段（图11-3b），随着荷载的增加，当最外侧下边缘正应力达到屈服极限 σ_s 时，截面上的弯矩达到屈服弯矩 M_s。由材料力学可知：

$$\sigma_s = M_s y_{max}/I$$

可求得屈服弯矩 M_s 为：

$$M_s = \sigma_s W$$

式中 $W = I/y_{max}$，为弹性截面系数。

在弹塑性阶段（图11-3c），中性轴的位置将随弯矩 M 的大小而变化。若 M 为已知，则由 $\int \sigma dA = 0$（截面轴力为零）和 $\int \sigma y dA = M$（截面应力对中性轴力矩的和为 M），可

以确定中性轴的位置和弹性核的高度 y_0。

在塑性流动阶段（图 11-3d），受压区和受拉区全部纤维的应力均为屈服极限 σ_s。设以 A_1 表示受拉区面积，A_2 表示受压区面积，则由截面轴力为零的条件有：

$$\sigma_s A_1 = \sigma_s A_2$$

因而得

$$A_1 = A_2 = \frac{A}{2}$$

式中 A 为梁截面面积。这说明在极限状态下，中性轴将截面分为面积相等的两个部分，这时中性轴与等分截面轴重合。此时的极限弯矩为：

$$M_u = \sigma_s A_1 a_1 + \sigma_s A_2 a_2 = \sigma_s (S_1 + S_2) = \sigma_s W_u$$

式中　a_1、a_2——分别为面积 A_1 和 A_2 的形心至等分截面轴的距离；

　　S_1、S_2——分别为 A_1 和 A_2 对中性轴（等分截面轴）的静矩；

$W_u = S_1 + S_2$，为塑性截面系数。

于是，由极限弯矩与屈服弯矩之比可得截面形状系数为：

$$\alpha = \frac{M_u}{M_s} = \frac{W_u}{W}$$

α 表示按塑性计算时截面承载能力提高的程度，它只与截面形状有关。对于几种常用截面，α 值如下：矩形截面 $\alpha = 1.5$；圆形截面 $\alpha = 1.70$；工字形截面 $\alpha = 1.10 \sim 1.20$（一般取 1.15）；薄壁圆环形截面 $\alpha = 1.27 \sim 1.40$（一般取 1.3）。

上述讨论说明，极限弯矩 M_u 只取决于截面的形状和尺寸以及材料的屈服应力，而与荷载无关。

11.3　梁 的 极 限 荷 载

由上一节可知，当结构出现若干塑性铰而成为几何可变体系（常变或瞬变）时，便成为破坏机构。此时，承载力已无法再增加，即达到极限状态，与其对应的荷载就是极限荷载。为了求得梁的极限荷载，需要解决两个问题：一是先要确定破坏机构，即结构成为机构需要有几个塑性铰，每个塑性铰又可能出现在哪个截面；二是计算极限荷载。通常求极限荷载的方法有两种：一种是由静力平衡条件作出荷载作用下的极限状态弯矩图（即破坏机构中塑性铰处的弯矩等于极限弯矩时的弯矩图），据此确定极限荷载，这一方法称为静力法；一种是使破坏机构产生一微小的可能位移（虚位移），利用虚功原理求极限荷载，这一方法称为机动法。

11.3.1　静定梁的极限荷载

静定梁没有多余约束，因此只要有一个截面出现塑性铰，梁就成为破坏机构。若梁为等截面梁，塑性铰必定首先出现在弯矩绝对值最大的截面，即 $|M|_{max}$ 处；若梁为变截面梁，塑性铰可能出现在弯矩最大的截面，也可能出现在截面改变处截面较小的一侧，但首先出现的截面一定是所受弯矩 M 与其极限弯矩 M_u 之比绝对值最大的截面，即 $\left|\dfrac{M}{M_u}\right|_{max}$ 处。按照这一原则确定破坏机构后，再用静力法或机动法求出极限荷载 F_{Pu}。

以图 11-4（a）所示均布荷载 q 作用下的等截面简支梁为例，跨中截面 C 处弯矩最大。

当截面 C 出现塑性铰时，弯矩达到极限弯矩 M_u，梁成为破坏机构，如图 11-4（b）所示。图中黑小圆表示塑性铰（下同）。用静力法求解时，作出极限状态弯矩图，如图 11-4（c）所示，于是有：

$$\frac{ql^2}{8}=M_u$$

求得

$$q_u=\frac{8M_u}{l^2}$$

用机动法求解时，可令机构沿荷载正方向产生微小的虚位移（图 11-4d），在作虚位移图时，通常略去微小的弹性变形，并视各杆段为不变形的刚性杆。此时，各塑性铰处的极限弯矩 M_u 对刚性杆件是外力，当极限荷载 q_u 沿其方向有虚位移时作正虚功，M_u 作负虚功。由刚体体系的虚功原理可知，作用于刚体体系所有外力虚功的总和为零，即

$$q_u\times\frac{1}{2}\times l\times\frac{l\theta}{2}-M_u\times2\theta=0$$

所以

$$q_u=\frac{8M_u}{l^2}$$

两种方法计算结果完全相同。

又如图 11-5（a）所示受集中力 F_P 作用的变截面悬臂梁，A 截面、$C_右$ 截面都有可能出现塑性铰，但由 F_P 作用下的弯矩图（图 11-5b）知，C 截面弯矩与其极限弯矩之比 $\frac{F_P a}{M_u}$ 大于 A 截面弯矩与其极限弯矩之比 $\frac{2F_P a}{3M_u}$。因此塑性铰首先在 $C_右$ 截面出现，并成为破坏机构。用静力法：作出如图 11-5（c）所示的极限状态弯矩图，由 C 截面弯矩 $F_{pu}a=M_u$，可得：

$$F_{Pu}=M_u/a$$

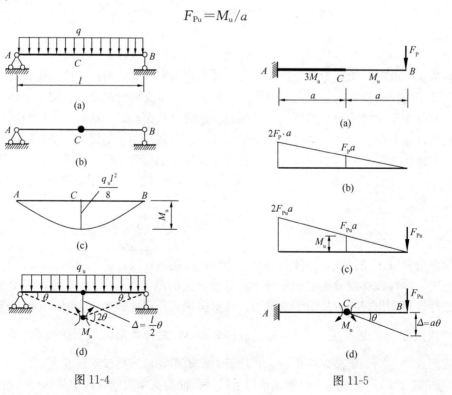

图 11-4   图 11-5

312

用机动法：作出破坏机构的虚位移图（图 11-5d），由虚功原理可有 $F_{\text{pu}} \cdot a\theta - M_{\text{u}} \cdot \theta = 0$。于是，求得极限荷载为：

$$F_{\text{Pu}} = M_{\text{u}}/a$$

11.3.2 单跨超静定梁的极限荷载

超静定梁由于具有多余约束，当出现一个塑性铰时，梁仍是几何不变的，并不会破坏，还能承受更大的荷载。因此，只有出现足够数目的塑性铰才能使梁变成几何可变或瞬变体系，成为破坏机构，从而丧失承载能力，这是与静定梁的不同之处。

例如图 11-6（a）所示等截面超静定梁，承受集中荷载 F_{P} 的作用。假设荷载一次加于结构上且成比例地增加，梁的正、负弯矩极限值都是 M_{u}。

当 $F_{\text{P}} \leqslant F_{\text{Ps}}$ 时，梁处于弹性阶段，弯矩图可按力法或位移法求得（图 11-6b），其中截面 A 的弯矩最大。

当荷载超过 F_{Ps} 时，首先在截面 A 形成塑性区并扩大，随后在跨中截面也将形成塑性区。随着荷载的继续增加，塑性区向中性轴延伸，在截面 A 首先出现塑性铰，弯矩达到极限值 M_{u}，如图 11-6（c）所示。此时，在加载条件下，梁已转化为静定梁。由图 11-6（c）可见，它与 A 端作用已知弯矩 M_{u} 并在跨中承受集中荷载 F_{P}（$F_{\text{Ps}} < F_{\text{P}} < F_{\text{Pu}}$）的简支梁的弯矩图完全相同。因此梁并没有破坏，承载能力尚未达到极限值。

若荷载继续增大，A 端弯矩将保持不变，最后跨中截面 C 的弯矩也达到极限值 M_{u}，从而在该截面形成梁的第二个塑性铰。这时，梁就变成几何可变体系，达到了极限状态，此时的荷载就是极限荷载 F_{Pu}。

用静力法求极限荷载 F_{Pu} 的作法是：先绘出极限状态弯矩图。即根据静力平衡条件，绘出梁在跨中受极限荷载 F_{Pu} 作用，在 A 端和跨中截面 C 均为极限弯矩 M_{u} 的弯矩图，如图 11-6（d）所示。其中截面 C 的弯矩为：

$$\frac{F_{\text{Pu}} l}{4} - \frac{M_{\text{u}}}{2} = M_{\text{u}}$$

由此求得极限荷载为：

$$F_{\text{Pu}} = 6M_{\text{u}}/l$$

用机动法求极限荷载 F_{Pu} 的作法是：先绘出破坏机构，并令其沿 F_{Pu} 正方向产生微小的虚位移，如图 11-6（e）所示。则由刚体体系外力虚功总和为零的条件：

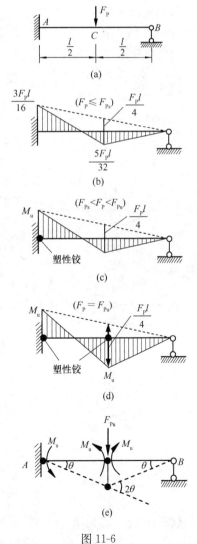

图 11-6

$$W = F_{Pu} \, l\theta/2 - M_u\theta - 2M_u\theta = 0$$

可得：

$$F_{Pu} = 6M_u/l$$

综上所述，可概括出超静定结构极限荷载计算的一些特点：

（1）随着荷载的不断增加，超静定梁经历了由超静定结构转化为静定结构，再到破坏机构的过程。其极限荷载可以直接根据极限状态弯矩图用静力法求出，也可以根据破坏机构由机动法求出，而无需考虑结构弹塑性的发展过程。

（2）超静定结构的极限状态弯矩图，可由超静定梁转化后的静定梁在已出现塑性铰处的极限弯矩和极限荷载作用下，用静力平衡条件绘出，然后求出该极限荷载值。即计算极限荷载只需考虑静力平衡条件，无需考虑变形协调条件，计算简便。

（3）超静定结构的极限荷载不受温度变化、支座移动等因素的影响。因为超静定结构变为机构以前，先成为静定结构。故这些因素只影响结构变形的发展过程，而不会影响极限荷载的最后结果。

【例 11-1】 图 11-7（a）所示两端固定的等截面梁 AB，受均布荷载 q 作用，设其正、负弯矩的极限值都是 M_u，试求极限荷载 q_u。

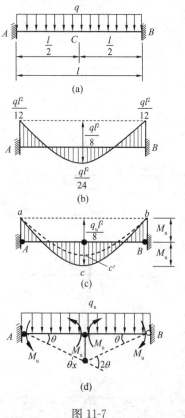

图 11-7

【解】（1）用静力法求解

梁在弹性阶段的弯矩图如图 11-7（b）所示，A、B 两端的弯矩最大。随着 q 逐渐增大，首先在 A、B 两处同时形成塑性铰。此时，在不计轴力的情况下，梁转化为静定梁。绘出在 A、B 处 M_u 和均布荷载 q（$q < q_u$）作用下的弯矩图，如图 11-7（c）中虚线 $ac'b$ 所示，然后增加 q 值（A、B 处 M_u 不变），当截面 C 出现塑性铰时，结构达到极限状态，q 达到极限值 q_u。此时的弯矩图即为极限状态弯矩图，如图 11-7（c）中实线 acb 所示。截面 C 的弯矩为：

$$q_u l^2 / 8 - M_u = M_u$$

即

$$q_u = \frac{16M_u}{l^2}$$

（2）用机动法求解

作出机构沿荷载正方向产生任意微小虚位移的图形（即虚位移图），如图 11-7（d）所示。则根据虚功原理有：

$$q_u \times \frac{l}{2} \times \frac{l\theta}{2} - M_u \cdot \theta - M_u \cdot \theta - M_u \cdot 2\theta = 0$$

由此得：

$$q_u = \frac{16M_u}{l^2}$$

【例 11-2】 图 11-8（a）所示等截面梁 AB，其正、负弯矩的极限值都是 M_u，承受逐渐增加的均布荷载 q 作用。试求极限荷载 q_u。

【解】 梁处于弹性阶段（$q \leqslant q_s$）的弯矩图如图11-8（b）所示。随着荷载的增加，A 截面首先出现塑性铰，梁变为静定梁，此时弯矩图（图11-8c）与简支梁 A 端作用 M_u、跨间作用均布荷载 q（$q_s < q < q_u$）时的弯矩图完全相同。

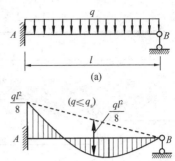

荷载继续增加到 q_u 时，梁将出现第二个塑性铰，梁变为机构。

设第二个塑性铰在距 B 端为 x 的 C 截面处（图11-8d），则支座 B 的反力 F_{By} 可由 $\Sigma M_A = 0$ 求得：

$$F_{By} = \frac{q_u l}{2} - \frac{M_u}{l}$$

取 CB 段为隔离体，由 $\Sigma M_C = 0$ 可得：

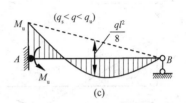

$$M_x = M_u = F_{By}x - \frac{1}{2}q_u x^2$$

$$= \left(\frac{q_u l}{2} - \frac{M_u}{l}\right)x - \frac{1}{2}q_u x^2 \qquad \text{(a)}$$

既然 C 截面弯矩达到极限值，则有：

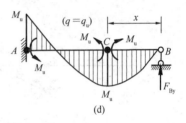

$$\frac{dM_x}{dx} = \frac{q_u l}{2} - \frac{M_u}{l} - q_u x = 0$$

可得

$$q_u = \frac{2M_u}{l(l - 2x)} \qquad \text{(b)}$$

图 11-8

将式（b）代入式（a）有

$$M_u = \frac{M_u}{l - 2x}x - \frac{M_u}{l}x - \frac{1}{2}\frac{2M_u}{l(l - 2x)}x^2$$

整理后得：

$$x^2 + 2lx - l^2 = 0$$

解方程得：

$$x = (\sqrt{2} - 1) \cdot l = 0.4142l$$

再将 x 代入式（b）得：

$$q_u = \frac{11.66M_u}{l^2}$$

本例用机动法求 q_u 的计算见例11-6。

【例 11-3】 图11-9（a）所示变截面梁，AB 段极限弯矩为 $2M_u$，BC 段为 M_u，试求极限荷载。

【解】（1）静力法

该梁为一次超静定结构，只要出现两个塑性铰就形成破坏机构。然而可能出现塑性铰的有 A、$B_右$、D 三个截面，两两组合则有三种可能的极限状态。为了尽快求出真实的极限状态弯矩图，可应用下述作图的办法确定。作法是，先作出梁的阶梯形极限弯矩图（图11-9b所示的阶形线），上面的阶形线表示负极限弯矩图，下面的阶形线表示正极限弯矩

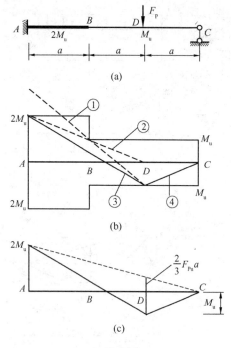

图 11-9

图。在荷载 F_{Pu} 作用下，弯矩图 AD、DC 段均为直线图形。若 $B_右$、D 截面的弯矩先达到 M_u，则 AD 段极限状态弯矩图如图 11-9（b）的虚线①所示，在 A 截面弯矩已超过 $2M_u$。显然，这个弯矩图不可能出现；若 A、B 截面先出现塑性铰，则 AD 段极限状态弯矩图如图 11-9（b）的虚线②所示，在 DC 段弯矩为零，即支座 C 反力为零。这也是不可能的；只有 A、D 截面先达到极限状态，AD 段极限状态弯矩图如图 11-9（b）的斜实线③所示，此时 B 截面尚未出现塑性铰，梁已变成机构。因此斜直线③、④与梁轴围成的图形就是极限状态弯矩图（图 11-9c），D 截面的弯矩为：

$$M_D = M_u = 2F_{Pu} \times \frac{a}{3} - \frac{2M_u}{3}$$

于是可得：

$$F_{Pu} = \frac{5M_u}{2a}$$

（2）机动法

绘出破坏机构沿 F_{Pu} 正方向的微小虚位移图（图 11-9d），由虚功原理得：

$$F_{pu} \times 2a\theta - 2M_u\theta - M_u \times 3\theta = 0$$

即

$$F_{Pu} = \frac{5M_u}{2a}$$

11.3.3　连续梁的极限荷载

一个 n 次超静定的连续梁，当出现 $n+1$ 个塑性铰时，梁就形成破坏机构。但在足够的塑性铰出现以前，也可能在某一跨的两端和跨中某截面出现三个塑性铰而成为破坏机构，还有可能由相邻几跨联合形成破坏机构。对于每跨都为等截面，且各跨截面可不相同的连续梁，在受到方向相同（通常向下）、按比例增加的荷载作用时，每跨内的负弯矩在跨端最大，对应的塑性铰在跨端先出现，从而形成各跨独立的破坏机构（图 11-10b、c）。而几跨联合破坏的形式（图 11-10d）是不可能出现的。因此，只需分别求出每跨破坏时的荷载，然后选其中最小的一个，便是所求连续梁的极限荷载。

【例 11-4】　对图 11-10（a）所示等截面梁，比例加载为 $F_{P1} : F_{P2} = F_P : 1.2F_P = 1 : 1.2$，试求极限荷载 F_{Pu}。

【解】　（1）机动法

本例的破坏机构有两种可能，分别如图 11-10（b）、（c）所示。

在图 11-10（b）中，根据虚功原理得：

$$F_P \times \Delta_D - M_u \times \theta - M_u \times 2\theta = 0$$

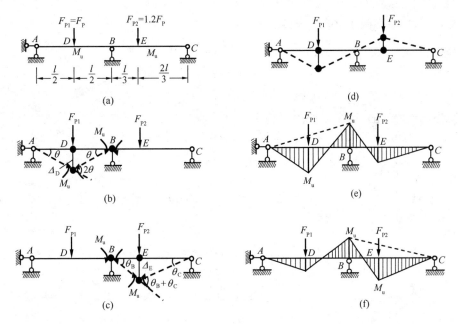

图 11-10

因为：$\Delta_D = l\theta/2$，代入上式，得：

$$F_P \cdot \frac{l}{2}\theta = 3M_u\theta$$

即

$$F_P = \frac{6M_u}{l} \qquad\qquad (a)$$

在图 11-10（c）中，根据虚功原理得：

$$1.2F_P \cdot \Delta_E - M_u \cdot \theta_B - M_u \cdot (\theta_B + \theta_C) = 0$$

式中：$\theta_B = \dfrac{3}{l} \cdot \Delta_E$，$\theta_C = \dfrac{3}{2l} \cdot \Delta_E$，代入上式，得：

$$1.2F_P \cdot \Delta_E = M_u \cdot \frac{3}{l}\Delta_E + M_u \cdot \left(\frac{3}{l} + \frac{3}{2l}\right)\Delta_E$$

所以有

$$F_P = \frac{6.25M_u}{l} \qquad\qquad (b)$$

比较式（a）和式（b）可见，极限荷载为：

$$F_{Pu} = \frac{6M_u}{l}$$

破坏机构为 AB 跨形成的机构。

（2）静力法

在 AB 跨和 BC 跨分别单独成为破坏机构时的弯矩图如图 11-10（e）、（f）所示。

在图 11-10（e）中，截面 D 的弯矩为：

$$\frac{F_P l}{4} - \frac{M_u}{2} = M_u$$

所以

$$F_P = \frac{6M_u}{l} \qquad\qquad (c)$$

在图 11-10 （f） 中，截面 E 的弯矩为：

$$\frac{1}{l}\left(1.2F_P \cdot \frac{l}{3} \cdot \frac{2l}{3}\right) - \frac{2}{3}M_u = M_u$$

所以

$$F_P = \frac{6.25M_u}{l} \tag{d}$$

比较式 （c） 和式 （d） 可见，极限荷载为：

$$F_{Pu} = \frac{6M_u}{l}$$

与机动法结果相同。

【例 11-5】 图 11-11 （a） 所示三跨连续梁，AB 和 BC 跨极限弯矩为 $1.5M_u$，CD 跨为 M_u，试用机动法求极限荷载 F_{Pu}。

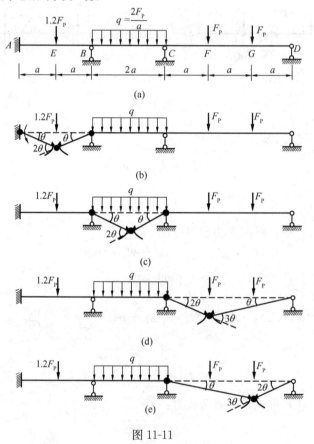

图 11-11

【解】 本题共有四种可能的破坏机构，分别如图 11-11 （b）、（c）、（d）、（e） 所示。

在图 11-11 （b） 中，根据虚功原理有

$$1.2F_P \times a\theta - 1.5M_u \times \theta - 1.5M_u \times 2\theta - 1.5M_u \times \theta = 0$$

所以

$$F_P = \frac{5M_u}{a}$$

在图 11-11 （c） 中，BC 与 CD 两跨截面不等，若在截面 C 改变处形成塑性铰，这个铰必然在极限弯矩较小的一侧，根据虚功原理有：

$$\frac{1}{2} \times 2a \times a\theta \times \frac{2F_P}{a} - 1.5M_u \times \theta - 1.5M_u \times 2\theta - M_u \times \theta = 0$$

所以
$$F_P = \frac{2.75M_u}{a}$$

在图 11-11 (d) 中，根据虚功原理有：
$$F_P \times 2a\theta + F_P \times a\theta - M_u \times 2\theta - M_u \times 3\theta = 0$$

所以
$$F_P = \frac{5M_u}{3a}$$

在图 11-11 (e) 中，根据虚功原理有：
$$F_P \times a\theta + F_P \times 2a\theta - M_u \times \theta - M_u \times 3\theta = 0$$

所以
$$F_P = \frac{4M_u}{3a}$$

比较各破坏机构相应的荷载可知，在其他破坏机构出现之前 CD 跨就形成如图 11-11 (e) 所示的破坏机构而丧失承载能力，因此极限荷载为：
$$F_{Pu} = \frac{4M_u}{3a}$$

它是各种破坏形式极限荷载中的最小值。

11.4　比例加载判定定理

上一节讨论的结构和荷载都比较简单，破坏机构比较容易确定，极限荷载的计算也不困难。但是当结构和荷载较复杂，尤其在刚架结构中，可能出现的破坏形式较多，确定其真实的破坏机构较为困难。此时，可借助本节所述的几个比例加载判定定理来计算极限荷载。

所谓比例加载是指作用于结构上的所有荷载都是按同一比例增加的，而且不出现卸载现象。这时各荷载之间有一个公共因子，称为荷载参数，用 F_P 表示。例如例 11-4、例 11-5 中的荷载就是比例加载的两个例子，它们的荷载参数就是 F_P。于是，寻求极限荷载的问题，也就归结为求荷载参数 F_P 的极限值 F_{Pu}。

由前述梁的极限荷载计算可以看出，结构的极限状态应同时满足如下三个条件：

（1）平衡条件。在极限状态中，结构的整体或任一局部仍能保持瞬时的平衡状态。

（2）屈服条件。在极限状态中，结构任一截面的弯矩绝对值都不超过极限弯矩值，即 $|M| \leqslant M_u$。

（3）机构条件。在极限状态中，结构必须出现足够数量的塑性铰而成为机构（几何常变或几何瞬变体系）。在机构运动时，可沿荷载作正功的方向发生单向移动，这种机构称为单向机构。

同时满足上述三个条件的荷载就是极限荷载。下面给出确定极限荷载的三个定理。

定理一：上限定理（又称极小定理）

取结构的各种破坏机构形式，由平衡条件求得相应的荷载（称为可破坏荷载，记为 F_P^+），其中最小者，就是极限荷载。即，$F_{Pu} \leqslant F_P^+$。换句话说，可破坏荷载的最小值就是极限荷载的上限值。

这个定理表明：同时满足机构条件和平衡条件的可破坏荷载，将大于或等于极限荷载。

定理二：下限定理（又称极大定理）

取结构满足屈服条件的各种弯矩分布，由平衡条件求得相应的荷载（称为可接受荷载，记为 F_{P}^{-}），其中最大者，就是极限荷载。即，$F_{\mathrm{Pu}} \geqslant F_{\mathrm{P}}^{-}$。换句话说，可接受荷载中的最大值就是极限荷载的下限值。

这个定理表明：同时满足屈服条件和平衡条件的可接受荷载，将小于或等于极限荷载。

定理三：单值定理（又称唯一性定理）

如果荷载既是可破坏荷载，同时又是可接受荷载，则该荷载就是极限荷载。

这个定理表明：对于比例加载作用下的给定结构，同时满足平衡条件、屈服条件及机构条件的荷载就是极限荷载，而且是唯一确定的解答。

上限定理和下限定理，给出了极限荷载的上下限范围。如果完备地列出结构的各种破坏机构形式，求出各自相应的可破坏荷载，其中最小者便是极限荷载；或者一一作出结构满足屈服条件的各种弯矩分布，求出各自相应的可接受荷载，其中最大者便是极限荷载。这种通过列举所有破坏机构或弯矩分布，求极限荷载的方法称为穷举法。例 11-5 就是穷举法利用上限定理求极限荷载的例子。

单值定理给出了极限荷载必须满足的全部条件。一般来说，求结构的可破坏荷载要比求可接受荷载较为简便。因此，可任选一种破坏机构，由虚功原理求出可破坏荷载，再由平衡条件作出其弯矩图，若满足屈服条件，则该荷载即为极限荷载；若不满足，则另选一种破坏机构再行试算，直至满足。这种方法称为试算法。

【例 11-6】 试利用上限定理求图 11-8（a）所示单跨超静定梁的极限荷载 q_{u}。

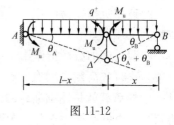

图 11-12

【解】 由图 11-8（a）可知，该梁为一次超静定结构，出现两个塑性铰时，将形成破坏机构，其中一个塑性铰出现在固定端截面（负弯矩最大的截面），设另一个塑性铰出现在距离 B 端为 x 的截面处，如图 11-12 所示。则由虚功原理有

$$q^{+} \times \frac{l}{2} \times \Delta - M_{\mathrm{u}} \times \theta_{\mathrm{A}} - M_{\mathrm{u}} \times (\theta_{\mathrm{A}} + \theta_{\mathrm{B}}) = 0 \tag{a}$$

式中，$\theta_{\mathrm{A}} = \dfrac{\Delta}{l-x}$；$\theta_{\mathrm{B}} = \dfrac{\Delta}{x}$，将它们代入式（a）得：

$$q^{+} = 2M_{\mathrm{u}} \times \frac{l+x}{l \cdot x(l-x)} = \frac{2M_{\mathrm{u}}}{l(l-x)} + \frac{2M_{\mathrm{u}}}{x(l-x)} \tag{b}$$

根据上限定理，极限荷载 q_{u} 是 q^{+} 中的最小值，故令 $\dfrac{\mathrm{d}q^{+}}{\mathrm{d}x} = 0$，可得：

$$\frac{\mathrm{d}q^{+}}{\mathrm{d}x} = \frac{-2M_{\mathrm{u}}}{l(l-x)^{2}} + \frac{2M_{\mathrm{u}}(l-2x)}{x^{2}(l-x)^{2}} = 0$$

即

$$x^{2} + 2lx - l^{2} = 0$$

由此解得

$$x = (\sqrt{2} - 1) \cdot l = 0.4142l \tag{c}$$

将式（c）代入式（b），得极限荷载 q_u 为：

$$q_u = 11.66 \frac{M_u}{l^2}$$

与例 11-2 按静力法求得的结果相同。

【例 11-7】 试求图 11-13（a）所示连续梁的极限荷载，各跨梁截面的极限弯矩均为 M_u。

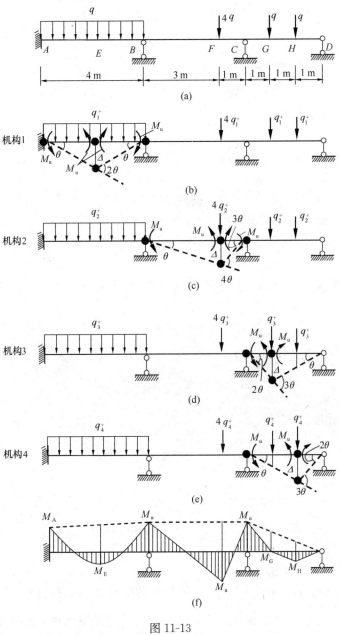

图 11-13

【解】 1. 用穷举法求极限荷载

该连续梁共有 4 种可能的破坏机构，分别如图 11-13（b）、（c）、（d）、（e）所示。

（1）机构1。由虚位移原理得：

$$q_1^+ \times \frac{1}{2} \times 4 \times \Delta = M_u \cdot (\theta + \theta) + M_u \cdot 2\theta$$

因为 $\theta = \dfrac{\Delta}{2}$，代入上式得：

$$q_1^+ \times \frac{1}{2} \times 4 \times \Delta = 2M_u \cdot \Delta$$

整理后可得：

$$q_1{}^+ = M_u \tag{a}$$

（2）机构2。由虚位移原理得：

$$4q_2^+ \times \Delta = M_u \cdot \theta + M_u \cdot 3\theta + M_u \cdot 4\theta$$

因为 $\theta = \dfrac{\Delta}{3}$，代入上式得：

$$4q_2^+ \cdot \Delta = M_u \cdot \frac{\Delta}{3} + M_u \cdot 3 \times \frac{\Delta}{3} + M_u \cdot 4 \times \frac{\Delta}{3}$$

整理后可得：

$$q_2^+ = 2M_u/3 \tag{b}$$

（3）机构3。由虚位移原理得：

$$q_3^+ \cdot \Delta + q_3^+ \cdot \frac{\Delta}{2} = M_u \cdot 2\theta + M_u \cdot 3\theta$$

将 $\theta = \dfrac{\Delta}{2}$ 代入上式得：$q_3^+ \cdot \Delta + q_3^+ \cdot \dfrac{\Delta}{2} = M_u \cdot 2 \times \dfrac{\Delta}{2} + M_u \cdot 3 \times \dfrac{\Delta}{2}$

整理后可得：

$$q_3^+ = 5M_u/3 \tag{c}$$

（4）机构4。由虚位移原理得：

$$q_4^+ \cdot \Delta + q_4^+ \cdot \frac{\Delta}{2} = M_u \cdot \theta + M_u \cdot 3\theta$$

将 $\theta = \dfrac{\Delta}{2}$ 代入上式得：

$$q_4^+ \cdot \Delta + q_4^+ \cdot \frac{\Delta}{2} = M_u \cdot \frac{\Delta}{2} + M_u \cdot 3 \times \frac{\Delta}{2}$$

整理后可得：

$$q_4^+ = 4M_u/3 \tag{d}$$

比较式（a）、式（b）、式（c）、式（d），可得极限荷载为 $q_u = q_2^+ = 2M_u/3$，破坏机构如图 11-13（c）所示。

2. 用试算法求极限荷载

任选一种破坏机构，例如图 11-13（c）所示的机构2，由虚功原理求得可破坏荷载为 $q_2^+ = \dfrac{2}{3}M_u$（作法同上）。然后画出与机构2相对应的弯矩分布图，如图 11-13（f）所示。在截面 B、F、C 处弯矩分别为 $-M_u$、M_u 和 $-M_u$。还需验算截面 A、E、H 的弯矩是否也满足屈服条件。

计算 M_A 和 M_E 时，可将 AB 跨视为 A 端固定、B 端简支的单跨超静定梁，承受全跨

均布荷载 $q_2^+ = \dfrac{2}{3}M_u$ 和 B 端力矩 M_u 的作用，由力法或位移法求得：

$$M_A = -\frac{1}{8} \times \frac{2}{3}M_u \times 4^2 + \frac{1}{2} \times M_u = -\frac{5}{6}M_u$$

再由平衡条件求得：

$$M_E = \frac{1}{8} \times \frac{2}{3}M_u \times 4^2 - \frac{1}{2} \times \left(\frac{5}{6}M_u + M_u \right) = \frac{5}{12}M_u$$

CD 跨可视为简支梁，受两个集中力 $q_2^+ = \dfrac{2}{3}M_u$ 和 C 端力矩 M_u 的作用，由平衡条件得：

$$M_H = \frac{2}{3}M_u \times 1 - \frac{1}{3} \times M_u = \frac{1}{3}M_u$$

$$M_G = \frac{2}{3}M_u \times 1 - \frac{2}{3} \times M_u = 0$$

可见均满足屈服条件，因此 $q_2^+ = \dfrac{2}{3}M_u$ 同时也是可接受荷载。故极限荷载为：

$$q_u = q_2^+ = \frac{2}{3}M_u$$

11.5　刚架的极限荷载

在荷载作用下，刚架结构中杆件截面除弯矩外，还有剪力和轴力。因此在一般情况下，确定刚架的极限荷载较为复杂。前面曾指出，剪力对极限弯矩的影响很小，可以忽略不计。计算表明，当轴力较小时，它对极限弯矩的影响同样可以略去不计。这样，在确定极限荷载时只考虑弯矩的影响，计算将大大简化。本节仅讨论简单刚架极限荷载的计算，方法仍然是穷举法或试算法。对于更复杂刚架极限荷载的计算，可用以矩阵位移法为基础的增量变刚度法由计算机完成，详细内容可参阅有关著作。

计算刚架的极限荷载，需要先确定破坏机构可能出现的各种形式。以图 11-14 （a）所示刚架为例，各杆分别为等截面直杆，横梁的极限弯矩比竖柱大一倍。刚架为一次超静定，只要有两个塑性铰，即变成机构。在图示荷载作用下，塑性铰可能在 A、C 以及柱顶

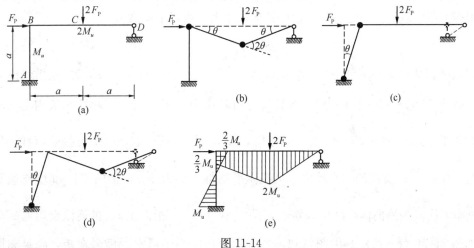

图 11-14

B 截面三处出现。其中，当横梁出现两个塑性铰时（图 11-14b），便会形成局部破坏，如同梁的破坏形式，称为梁机构；而在竖柱上下端出现两个塑性铰时（图 11-14c），刚架会出现较大侧移的破坏形式，称为侧移机构。上述两种机构都分别为某种基本杆件的破坏形式，故称为基本机构。基本机构数 m 与刚架的超静定次数 n 和可能出现的塑性铰数 h 之间有如下关系：

$$m=h-n$$

本例刚架为 1 次超静定，可能出现 3 个塑性铰，可知基本机构数为 2。

在图 11-14（d）所示破坏机构中，既有横梁转折，又有刚架侧移，它综合了两种基本机构的情况，称为联合机构。

显然，刚架的破坏机构包括基本机构和联合机构。因此，只要先由上式定出 m 个基本机构，然后加以适当组合，就得到所有可能的破坏机构。在本例中，破坏机构的可能形式共有三种（两个基本机构和一个联合机构），如图 11-14（b）、（c）、（d）所示。

应该注意，在确定联合机构时，基本机构中的塑性铰可能闭合。如本例中，横梁与立柱之间的夹角，在梁机构中是减小的（图 11-14b），在侧移机构中是增大的（图 11-14c）。因此，在联合机构中 B 处的塑性铰闭合，即组合后截面 B 处塑性铰消失。

用穷举法求极限荷载时，可分别对各破坏机构逐一应用虚功原理计算。

在梁机构（图 11-14b）中，有：

$$2F_{\mathrm{P}}^+ \times a\theta - 2M_{\mathrm{u}} \times 2\theta - M_{\mathrm{u}} \times \theta = 0$$

所以

$$F_{\mathrm{P}}^+ = \frac{5M_{\mathrm{u}}}{2a}$$

在侧移机构（图 11-14c）中，有：

$$F_{\mathrm{P}}^+ \times a\theta - M_{\mathrm{u}} \times \theta - M_{\mathrm{u}} \times \theta = 0$$

所以

$$F_{\mathrm{P}}^+ = \frac{2M_{\mathrm{u}}}{a}$$

在联合机构（图 11-14d）中，有：

$$F_{\mathrm{P}}^+ \times a\theta + 2F_{\mathrm{P}}^+ \times a\theta - M_{\mathrm{u}} \times \theta - 2M_{\mathrm{u}} \times 2\theta = 0$$

所以

$$F_{\mathrm{P}}^+ = \frac{5M_{\mathrm{u}}}{3a}$$

根据上限定理，由上述各 F_{P}^+ 值中选取最小者，得极限荷载为：

$$F_{\mathrm{Pu}} = \frac{5M_{\mathrm{u}}}{3a}$$

若用试算法求解，则可任选一破坏机构（如选联合机构），由虚功原理求出相应的可破坏荷载 $F_{\mathrm{P}}^+ = \frac{5M_{\mathrm{u}}}{3a}$（计算同上）。然后将此荷载作用于图 11-14（d）所示机构上（塑性铰处的弯矩已知），由平衡条件绘出弯矩图，验算 $F_{\mathrm{P}}^+ = \frac{5M_{\mathrm{u}}}{3a}$ 是否也是可接受荷载。作弯矩图时，先求出 A 支座的水平反力（由整体平衡得大小为 $\frac{5M_{\mathrm{u}}}{3a}$，指向左）和 D 支座竖向反力（取 CD 段为隔离体，C 点为矩心，得大小为 $\frac{2M_{\mathrm{u}}}{a}$，指向上），再逐段绘出弯矩分布图，如图 11-14（e）所示。由图可知，各截面弯矩均小于给定的极限弯矩，满足屈服条件。根据单值定理，此机构即为极限状态，极限荷载为 $F_{Pu} = \dfrac{5M_u}{3a}$。

【例 11-8】 试用穷举法和试算法求图 11-15（a）所示刚架的极限荷载。

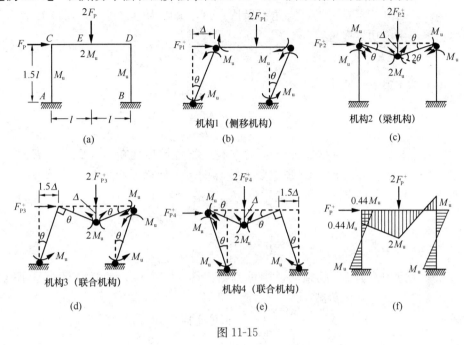

图 11-15

【解】 1. 穷举法

（1）确定可能的破坏机构。

可能出现塑性铰的截面是 A、B、C、D、E 共 5 处。结构为 3 次超静定，所以，只要出现 4 个塑性铰或在一直杆上出现 3 个塑性铰即成为破坏机构。基本机构 $m = 5 - 3 = 2$，可能的破坏形式为两个基本机构、两个联合机构共四个，如图 11-15（b）、（c）、（d）、（e）所示。

（2）计算各破坏机构相应的可破坏荷载。

由于梁的极限弯矩比柱子的极限弯矩大，所以，梁与柱连接处的塑性铰发生在柱的上端。

①机构 1（图 11-15b）：4 个塑性铰出现在 A、B、C、D 处，整个刚架成为侧移机构，由虚功方程得：

$$F_{P1}^+ \times \Delta = M_u \times \theta + M_u \times \theta + M_u \times \theta + M_u \times \theta$$

因为，$\theta = \dfrac{\Delta}{1.5l}$，代入上式得：

$$F_{P1}^+ = 2.67 \frac{M_u}{l} \tag{a}$$

②机构 2（图 11-15c）：横梁上出现 3 个塑性铰（其余部分仍几何不变），局部破坏成为梁机构，由虚功方程得：

$$2F_{P2}^+ \times \Delta = M_u \times \theta + M_u \times \theta + 2M_u \times 2\theta$$

因为 $\theta = \dfrac{\Delta}{l}$，由上式可得：

$$F_{P2}^+ = 3.0 \frac{M_u}{l} \tag{b}$$

③机构 3（图 11-15d）：塑性铰出现在 A、B、E、D 处，横梁转折，刚架也侧移，成为联合机构。此时刚节点 C 处两杆夹角仍保持直角，又因为位移微小，所以 C 和 D 点的水平位移相等，由虚功方程可得：

$$2F_{P3}^+ \times \Delta + F_{P3}^+ \times 1.5\Delta = 4 \times (M_u \times \theta) + 2M_u \times 2\theta$$

将 $\theta = \dfrac{\Delta}{l}$ 代入上式得：

$$F_{P3}^+ = 2.29 \frac{M_u}{l} \tag{c}$$

④机构 4（图 11-15e）：此机构也是联合机构。塑性铰出现在 A、B、C、E 处，机构发生虚位移时设右柱向左转动，则 E 点竖直位移向下，使横梁上的集中力作正功。此时刚架向左侧移，所以，C 点的水平荷载作负功。于是，虚功方程为：

$$2F_{P4}^+ \times \Delta - F_{P4}^+ \times 1.5\Delta = 4 \times (M_u \times \theta) + 2M_u \times 2\theta$$

因为 $\theta = \dfrac{\Delta}{l}$，由上式得： $\qquad F_{P4}^+ = 16 \dfrac{M_u}{l} \tag{d}$

事实上，如果注意到 C 点 F_P 的指向，则可判断出图 11-15（e）的联合机构是不会出现的，因此也无需计算可破坏荷载。

比较式（a）、式（b）、式（c）、式（d），根据上限定理可知极限荷载为：

$$F_{Pu} = F_{P3}^+ = 2.29 \frac{M_u}{l}$$

2. 试算法

首先任选一种可能的破坏形式，例如图 11-15（d）所示机构，其可能的虚位移示于图中，由虚功方程可求得其相应的可破坏荷载：

$$F_P^+ = 2.29 \frac{M_u}{l}$$

然后画出在此荷载作用下的弯矩图（图 11-15f），校核弯矩分布是否满足屈服条件。由 DB 杆平衡求出：

$$F_{QBD} = \frac{M_u + M_u}{1.5l} = \frac{4M_u}{3l} \quad (\leftarrow)$$

由整体投影方程求出：

$$F_{QAC} = F_P^+ - \frac{4M_u}{3l} = \frac{0.96M_u}{l} \quad (\leftarrow)$$

由 AC 杆平衡求出：

$$M_{CA} = \frac{0.96M_u}{l} \times 1.5l - M_u = 0.44M_u < M_u$$

该极限内力状态满足屈服条件，$F_P^+ = 2.29 \dfrac{M_u}{l}$ 既是可破坏荷载，又是可接受荷载，根据唯一性定理，判定极限荷载为：

$$F_{Pu} = 2.29 \frac{M_u}{l}$$

思 考 题

1. 结构的弹性分析和塑性分析各有哪些不足？
2. 计算结构的极限荷载为什么可以不考虑结构弹塑性分析的全过程？
3. 什么是杆件截面的形心轴、中性轴、等分截面轴？它们之间有何关系？
4. 何谓塑性铰？它与普通铰有何区别？
5. 结构处于极限状态时应满足哪些条件？
6. 结构极限荷载的判别定理是什么？可破坏荷载、可接受荷载与极限荷载的关系是什么？

习 题

11-1 求下列截面的极限弯矩，已知材料的屈服极限为 $\sigma_s = 240\text{MPa}$。

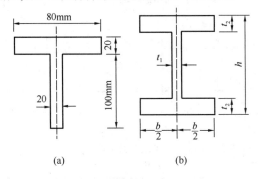

题 11-1 图

11-2 试求图示实心圆截面和空心圆截面（圆环形截面）的极限弯矩，设材料的屈服极限为 σ_s。

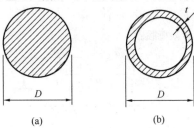

题 11-2 图

11-3 试求图示等截面静定梁的极限荷载，已知 $a = 2\text{m}$，$M_u = 300\text{kN} \cdot \text{m}$。

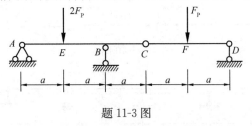

题 11-3 图

11-4 图示等截面伸臂梁，受均布荷载 q 作用，已知截面的极限弯矩为 M_u，试求极限荷载 q_u。

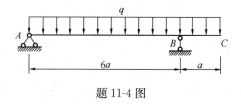

题 11-4 图

11-5 试求图示阶梯形变截面梁的极限荷载 q_u。

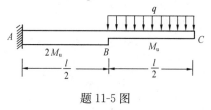

题 11-5 图

11-6、11-7 试求图示等截面单跨超静定梁的极限荷载。

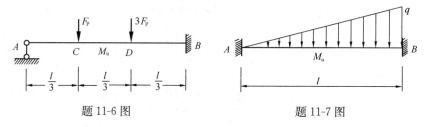

题 11-6 图　　　　　　　　　　　题 11-7 图

11-8 已知等截面梁的极限弯矩为 M_u，求极限荷载 m_u。

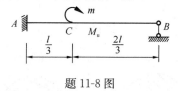

题 11-8 图

11-9～11-11 求图示连续梁的极限荷载。

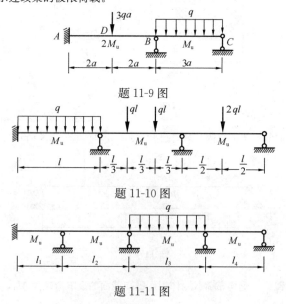

题 11-9 图

题 11-10 图

题 11-11 图

11-12 试求图示等截面连续梁所需的截面极限弯矩值。已知安全系数 $K=1.7$。

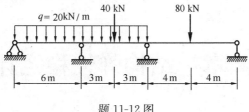

题 11-12 图

11-13~11-15 试求图示刚架的极限荷载，各杆的极限弯矩 M_u 如图中所示。

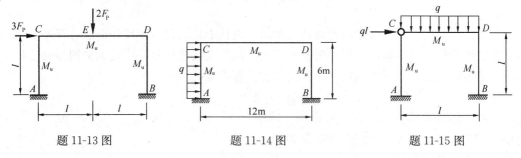

题 11-13 图　　　　　　　　　题 11-14 图　　　　　　　　　题 11-15 图

答　　案

11-1 (a) 27.4kN·m;　　　　　　(b) $\dfrac{(h-2t_2)^2 t_1}{4}\sigma_s + bt_2(h-t_2)\sigma_s$

11-2 (a) $\dfrac{D^3}{6}\sigma_s$;　　　　　　(b) $\dfrac{t}{3}(3D^2 - 6Dt + 4t^2)\sigma_s$

11-3 $F_{Pu}=200\text{kN}$

11-4 $q_u = 0.235\dfrac{M_u}{a^2}$

11-5 $q_u = \dfrac{16}{3}\dfrac{M_u}{l^2}$

11-6 $F_{Pu} = \dfrac{15}{7}\dfrac{M_u}{l}$

11-7 $q_u = 18\sqrt{3}\dfrac{M_u}{l^2}$

11-8 $m_u = 2M_u$

11-9 $q_u = 1.167\dfrac{M_u}{a^2}$

11-10 $q_u = \dfrac{3M_u}{l^2}$

11-11 各无荷载跨不可能单独破坏，$q_u = \dfrac{16M_u}{l_3^2}$

11-12 $M_u = 181.3\text{kN·m}$

11-13 $F_{Pu} = \dfrac{1.2M_u}{l}$

11-14 $q_u = 0.22553M_u$

11-15 $q_u = 2.337\dfrac{M_u}{l^2}$

第12章 结构弹性稳定计算

12.1 概 述

为了保证结构安全有效地承受荷载，在结构设计中，除进行强度和刚度计算外，还应进行稳定性验算。近年来，尤其是随着大跨度结构及高层建筑日益广泛地采用高强度材料和薄壁结构，稳定问题就更加突出，往往成为控制设计的因素。

稳定问题不同于强度问题，它有其特殊性。这可以通过下面的简单实验来说明。现取两根直径为 10mm、材料的屈服极限为 $\sigma_s = 240$MPa 的圆截面直杆，一根长 20mm，另一根长 1000mm，分别对其施加轴向压力，如图 12-1 所示。对于短杆，当压力达到 $5^2 \times \pi\sigma_s = 18.8$kN 时而发生塑性流动。而对于长杆，压力只有 1kN 时就发生了弯曲变形，并随着压力的增加，弯曲变形迅速增大，从而丧失承载能力。杆件这种因不能保持原有直线形式的稳定性而丧失工作能力的现象，称为丧失稳定，简称失稳。对于细长杆件失稳时的压力比因为强度不足而破坏的压力小得多。因此，对受压杆件必须进行稳定性计算。

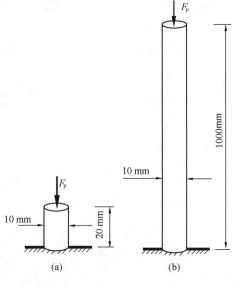

图 12-1

按照结构失稳时材料应力所处阶段，可分为弹性失稳、弹塑性失稳和塑性失稳三种。本章仅讨论结构的弹性失稳。

结构弹性失稳有两种基本形式，即第一类失稳（又称分支点失稳）和第二类失稳（又称极值点失稳）。第一类失稳可用图 12-2 (a) 所示理想中心受压直杆来说明。由材料力学可知，当压力 F_P 小于欧拉临界值 $F_{Pcr} = \dfrac{\pi^2 EI}{l^2}$ 时，杆件保持直线平衡状态，是稳定的。这时若受某种外因的干扰（例如微小水平力的作用）而使杆件弯曲，则在干扰取消后，杆件将回到原来的直线平衡位置。当压力 F_P 增大到 F_{Pcr} 时，若因某种外因干扰使杆件发生微小弯曲，则在干扰消失后，杆件将不能回到原来的直线位置，而是停留在弯曲位置

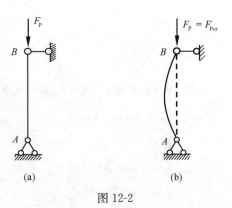

图 12-2

上维持新的平衡形式，称为随遇平衡或中性平衡，如图 12-2（b）所示。此时，压杆处于由稳定平衡过渡到不稳定平衡的临界状态，与此状态相应的荷载 F_{Pcr} 称为临界荷载。如果压力继续增加，杆件将迅速弯曲因失稳而导致破坏。由上述可知，压杆处于临界状态时，既具有原来的直线平衡形式，又具有新的弯曲平衡形式，即压杆从稳定平衡到随遇平衡的临界点开始出现了平衡形式的分支，所以第一类失稳又称为分支点失稳。总之，当 $F_P <$ F_{Pcr} 时，压杆是稳定的；当 $F_P \geq F_{Pcr}$ 时，压杆是不稳定的，故 F_{Pcr} 既是稳定平衡形式的最大荷载，也是不稳定平衡形式的最小荷载。

除中心受压直杆外，第一类失稳也可能在其他结构中发生。如图 12-3（a）所示承受均布水压力的圆环，图 12-3（b）所示承受均布荷载的抛物线拱，图 12-3（c）所示承受节点集中力的刚架，在荷载达到临界值之前，都处于稳定平衡状态；当荷载达到临界值时，将出现同时具有压缩和弯曲变形的新的平衡形式。又如图 12-3（d）所示工字梁，当荷载达到临界值时，原有的平面弯曲形式不再是稳定的，此时，梁还可能从腹板平面内偏离出来，发生斜弯曲和扭转。

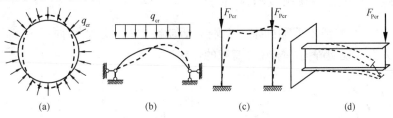

图 12-3

可见，第一类失稳的特征是：原有的平衡形式成为不稳定的，而同时出现新的有质的区别的平衡形式。

结构第二类失稳可用图 12-4（a）所示的偏心受压直杆说明。在这种情况中，杆件从一开始就处于同时受压和受弯的状态。随着荷载 F_P 的增大，结构的平衡形式并不发生质的变化，荷载 F_P 与挠度 Δ 的关系为非线性关系，如图 12-4（b）所示。当荷载 F_P 小于临界值 F_{Pcr}（此值比第一类失稳的临界荷载小），若不再加大荷载，杆件挠度就不会自动增加。而当荷载达到极限值 F_{Pcr}，即图 12-4（b）中 A 点对应的荷载值（A 点称为极值点），此时即使荷载不增加甚至减小，挠度仍继续增加。因此第二类失稳又称为极值点失稳。

丧失第二类稳定性的特征是：平衡形式并不发生质的变化，变形按原有形式迅速增长，以致使结构丧失承载能力。

上述两类失稳现象虽然在形式上有所不同，但其结果都将使结构不能维持原有的工作状态，或者丧失承载能力。无论发生何种失稳，对工程结构来说，都是不允许的。稳定性问题之所以重要，还在于结构的失稳总是突然发生，事先不会引起人们的戒备，从而造成工程事故。所以在结构设计中，稳定问题不容忽视。

(a)

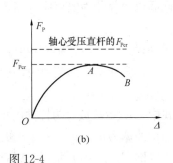

(b)

图 12-4

实际的结构不可能处于完全地理想中心受压状态，因此工程中的失稳属于第二类稳定性问题。由于第二类稳定问题分析涉及材料的塑性变形、偏心受压等，比较复杂。此外第二类失稳有时可化为第一类失稳问题处理，而将其偏心等影响用相应的系数来反映。为此，本章仅讨论在弹性范围内的第一类稳定性问题。

为了防止结构不稳定平衡状态的发生，就必须寻求结构具有新的平衡形式的最小荷载值，即临界荷载。确定临界荷载的基本方法是静力法和能量法。这两种方法的共同点在于：它们都是根据结构失稳时平衡的二重性（即具有原来的和新的两种平衡形式），寻求结构能维持新的平衡形式的荷载；不同的是：静力法是应用静力平衡条件求解，能量法则是应用能量形式表示的平衡条件求解。

12.2　用静力法确定临界荷载

12.2.1　静力法的原理及计算步骤

现以图 12-5（a）所示下端固定，上端为活动铰支座，承受轴向压力 F_P 作用的等截面弹性直杆为例，说明静力法求临界荷载的作法。

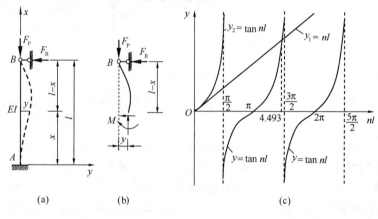

图 12-5

设轴向压力 F_P 逐渐增大到临界荷载值，此时压杆可能出现两种平衡形式——原有的直线平衡形式和新的微弯曲平衡形式，求临界荷载则是在结构可能出现新的平衡形式的基础上进行的。现考虑图 12-5（a）直杆在新的曲线平衡形式下杆件任一截面的弯矩，取 x 截面以上部分为隔离体（图 12-5b），利用平衡条件可得：

$$M = F_P y + F_R (l - x) \tag{a}$$

式中，$y = y(x)$，为杆件处于新的平衡形式下的挠曲线方程；F_R 为上端支座反力。

在弹性小变形范围内，挠曲线的近似微分方程可表示为：

$$EIy'' = \pm M \tag{b}$$

式中，EI＝常数，为杆件的抗弯刚度。由材料力学知，当 y 轴向下为正时，挠曲线向下凸，曲率为负（$y'' < 0$），弯矩为正（$M > 0$）；反之 $y'' > 0$，$M < 0$。故 y'' 与 M 总是反号，式（b）M 前为负号。将式（a）代入式（b）得：

$$EIy'' + F_P y = -F_R(l - x) \tag{12-1}$$

令
$$n^2 = \frac{F_P}{EI} \tag{12-2}$$

则有
$$y'' + n^2 y = -n^2 \frac{F_R}{F_P}(l - x) \tag{c}$$

此微分方程的通解为：

$$y = A\cos nx + B\sin nx - \frac{F_R}{F_P}(l - x) \tag{12-3}$$

式中，A、B 为待定的积分常数，反力 F_R 也是未知的，它们可由边界条件确定。对图 12-5（a）所示压杆，其边界条件为：当 $x=0$ 时，$y=0$ 和 $y'=0$
$$当 x=l 时，y=0$$

将它们分别代入式（12-3），可得：

$$\left. \begin{array}{l} A - \dfrac{F_R}{F_P} l = 0 \\[2mm] Bn + \dfrac{F_R}{F_P} = 0 \\[2mm] A\cos nl + B\sin nl = 0 \end{array} \right\} \tag{d}$$

当 $A=B=\dfrac{F_R}{F_P}=0$ 时，式（12-3）是满足的，此时各点的位移 y 均等于零，它对应于原有的直线平衡形式；对于新的弯曲平衡形式，要求 A、B、$\dfrac{F_R}{F_P}$ 不全为零，于是式（d）的系数行列式应等于零，即

$$D = \begin{vmatrix} 1 & 0 & -l \\ 0 & n & 1 \\ \cos nl & \sin nl & 0 \end{vmatrix} = 0 \tag{e}$$

上式就是计算临界荷载的特征方程，又称稳定方程。将该式展开得到如下超越方程：

$$\tan nl = nl \tag{12-4}$$

上述方程可用试算法配合图解法求解，作法是：

（1）绘出 $y=nl$ 和 $y=\tan nl$ 两组函数图线，其交点的横坐标即为方程的根。由图 12-5（c）可知，两组图线交点有无穷多个，即方程有无穷多个根，因而有无穷多个特征荷载值，其中最小者即为临界荷载 F_{Pcr}。

（2）最小正根 nl 在 $\dfrac{3\pi}{2} \approx 4.7$ 附近，为求得较准确的 nl 值，可将上述超越方程表示为：

$$D = \tan nl - nl = 0$$

（3）任取 $nl < 4.7$ 的值代入上式试算，其中使 D 接近于零的 nl 即为所求。试算如下：

取 $nl=4.5$，　　则 $\tan nl=4.673$，　　得 $D=0.173$
取 $nl=4.4$，　　则 $\tan nl=3.069$，　　得 $D=-1.331$
取 $nl=4.49$，　　则 $\tan nl=4.422$，　　得 $D=-0.068$
取 $nl=4.491$，　　则 $\tan nl=4.443$，　　得 $D=-0.048$
取 $nl=4.492$，　　则 $\tan nl=4.464$，　　得 $D=-0.028$

取 $nl=4.493$, 则 $\tan nl=4.485$, 得 $D=-0.008$

取 $nl=4.494$, 则 $\tan nl=4.506$, 得 $D=0.012$

（4）比较试算结果可得最小根为 $nl=4.493$，将其代入式（12-2）可得临界荷载如下：

$$F_{Pcr}=n^2EI=20.19\frac{EI}{l^2}$$

当等截面直杆的杆端约束不同时，仿照上面的推导，同样可求出临界荷载 F_{Pcr}。表 12-1 给出了等直杆五种不同支承的 F_{Pcr} 值。计算表明，不论两端为何种支承，对于杆端受 F_P 作用的等截面理想轴压杆，其平衡微分方程的形式均可写成：

$$y''+n^2y=f(x) \tag{12-5}$$

式中 $n^2=F_P/EI$；$f(x)$ 则随压杆的支承情况而定。微分方程的一般解的形式为：

$$y=A\cos nx+B\sin nx+y^* \tag{12-6}$$

若 $f(x)$ 为一次多项式，则有：

$$y^*=\frac{EI}{F_P}f(x) \tag{12-7}$$

综上所述，可归纳出静力法的主要计算步骤如下：

（1）从丧失稳定时平衡形式将发生质变这一特征出发，假定杆件已处于新的平衡形式，列出式（12-5）形式的平衡微分方程。

（2）求出方程的一般解。

（3）利用边界条件导出超越方程。

（4）解超越方程，求出最小根，进而求出临界荷载。

等截面直杆不同支承情况的临界荷载 F_{Pcr}　　　　　　　　表 12-1

杆端支承	两端铰支	一端自由 一端固定	一端铰支 一端固定	两端固定	一端可水平移动但 不能转动，一端固定
挠曲线图形					
F_{Pcr}	$\dfrac{\pi^2EI}{l^2}$	$\dfrac{\pi^2EI}{4l^2}$	$\dfrac{20.19EI}{l^2}$	$\dfrac{4\pi^2EI}{l^2}$	$\dfrac{\pi^2EI}{l^2}$

【例 12-1】 试求图 12-6（a）所示结构的临界荷载。

【解】（1）列出平衡微分方程。设压杆已处于图 12-6（b）虚线所示的新平衡形式，上端支座反力为 F_R。取 BC 段为研究对象（图 12-6c），由 $\sum M_B=0$，有：

$$F_P\Delta+F_Rl=0$$

得：

$$F_R=-F_P\Delta/l$$

再取 x 截面以上部分为研究对象（图 12-6d），由 $\sum M_x=0$，有：

$$M_x=F_Py+F_R(2l-x)=F_Py-F_P\frac{\Delta}{l}(2l-x)$$

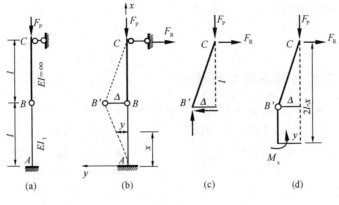

图 12-6

弹性曲线微分方程可表示为：

$$EI_1 y'' = -M_x = -F_P \cdot y + F_P \frac{\Delta}{l}(2l - x) \tag{a}$$

令

$$n^2 = F_P/EI_1 \tag{b}$$

则微分方程可写为：

$$y'' + n^2 y = n^2 \left(2\Delta - \frac{\Delta x}{l}\right) \tag{c}$$

（2）求出方程的一般解。平衡微分方程解的一般形式为：

$$y = A\cos nx + B\sin nx + 2\Delta - \frac{\Delta x}{l} \tag{d}$$

（3）利用边界条件推导超越方程。根据边界条件由式（d）可得：

当 $x = 0$ 时，$y = 0$ 有：$A + 2\Delta = 0$

当 $x = 0$ 时，$y' = 0$ 有：$nlB - \Delta = 0$

当 $x = l$ 时，$y = \Delta$ 有：$A\cos nl + B\sin nl = 0$

于是可得确定积分常数 A、B 和未知位移 Δ 的齐次方程为：

$$\left.\begin{array}{r} A + 2\Delta = 0 \\ nlB - \Delta = 0 \\ A\cos nl + B\sin nl = 0 \end{array}\right\} \tag{e}$$

稳定方程为：

$$\begin{vmatrix} 1 & 0 & 2 \\ 0 & nl & -1 \\ \cos nl & \sin nl & 0 \end{vmatrix} = 0 \tag{f}$$

展开得超越方程为：

$$\tan nl = 2nl \tag{g}$$

（4）解超越方程求临界荷载。将上述超越方程表示为如下形式：

$$D = \tan nl - 2nl = 0$$

用试算法配合图解法可求得最小根为：

$$nl = 1.165$$

由式（b）可得临界荷载：

$$F_{\mathrm{Pcr}} = n^2 EI_1 = 1.36\,\frac{EI_1}{l^2}$$

*12.2.2　剪力对临界荷载的影响

前面确定临界荷载时，未计入剪力的影响。事实上，对于实体杆件，剪力对临界荷载的影响通常很小，可以忽略不计。下面以图 12-7（a）所示等截面直杆说明。

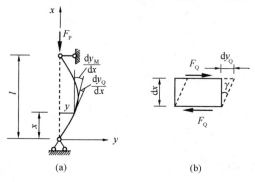

图 12-7

设杆件处于新的平衡形式时挠度曲线为 y，它由弯矩产生的挠度 y_{M} 和剪力产生的挠度 y_{Q} 组成，于是有：

$$y = y_{\mathrm{M}} + y_{\mathrm{Q}}$$

上式对 x 求二阶导数，可得到表示曲率的近似公式：

$$\frac{\mathrm{d}^2 y}{\mathrm{d}x^2} = \frac{\mathrm{d}^2 y_{\mathrm{M}}}{\mathrm{d}x^2} + \frac{\mathrm{d}^2 y_{\mathrm{Q}}}{\mathrm{d}x^2} \qquad (\mathrm{a})$$

由前面的讨论知，弯矩所引起的曲率为：

$$\frac{\mathrm{d}^2 y_{\mathrm{M}}}{\mathrm{d}x^2} = -\frac{M}{EI} \qquad (\mathrm{b})$$

至于曲率 $\dfrac{\mathrm{d}^2 y_{\mathrm{Q}}}{\mathrm{d}x^2}$，可从剪力引起的杆轴切线的附加转角 $\dfrac{\mathrm{d}y_{\mathrm{Q}}}{\mathrm{d}x}$ 入手进行推导。由图 12-7（b）可知，$\dfrac{\mathrm{d}y_{\mathrm{Q}}}{\mathrm{d}x}$ 在数值上等于剪切角 γ，即：

$$\frac{\mathrm{d}y_{\mathrm{Q}}}{\mathrm{d}x} = \tan\gamma = \gamma \qquad (\mathrm{c})$$

对于图 12-7（a）所示坐标系，当剪力 F_{Q} 为正值时，微段 $\mathrm{d}x$ 两端的相对位移 $\mathrm{d}y_{\mathrm{Q}}$ 也是正值，故 $\mathrm{d}y_{\mathrm{Q}}$ 与 F_{Q} 同号。

由第 4 章知：

$$\gamma = k\,\frac{F_{\mathrm{Q}}}{GA} \qquad (\mathrm{d})$$

式中 k 为切应力沿截面分布不均匀系数。将式（d）代入式（c），并注意到剪力 F_{Q} 在数值上是弯矩 M 的一阶导数，于是可得：

$$\frac{\mathrm{d}y_{\mathrm{Q}}}{\mathrm{d}x} = k\,\frac{F_{\mathrm{Q}}}{GA} = \frac{k}{GA}\,\frac{\mathrm{d}M}{\mathrm{d}x}$$

再对 x 求导一次可有：

$$\frac{\mathrm{d}^2 y_{\mathrm{Q}}}{\mathrm{d}x^2} = \frac{k}{GA}\,\frac{\mathrm{d}^2 M}{\mathrm{d}x^2} \qquad (\mathrm{e})$$

将式（b）、式（e）代入式（a），即得同时考虑弯矩和剪力影响时的挠曲线微分方程：

$$\frac{\mathrm{d}^2 y}{\mathrm{d}x^2} = -\frac{M}{EI} + \frac{k}{GA}\,\frac{\mathrm{d}^2 M}{\mathrm{d}x^2} \qquad (12\text{-}8)$$

再取图 12-7（a）中 x 截面以上部分研究，由平衡条件可得 x 截面弯矩为：

$$M = F_{\mathrm{P}} y \qquad (\mathrm{f})$$

上式对 x 求二阶导数有：

$$\frac{\mathrm{d}^2 M}{\mathrm{d}x^2} = F_P \cdot \frac{\mathrm{d}^2 y}{\mathrm{d}x^2} \tag{g}$$

将式（f）、式（g）代入式（12-8）得：

$$\frac{\mathrm{d}^2 y}{\mathrm{d}x^2} = -\frac{F_P y}{EI} + \frac{k F_P}{GA}\frac{\mathrm{d}^2 y}{\mathrm{d}x^2}$$

或写成：

$$EI\left(1-\frac{kF_P}{GA}\right)y'' + F_P y = 0$$

令

$$m^2 = \frac{F_P}{EI\left(1-\dfrac{kF_P}{GA}\right)} \tag{12-9}$$

则微分方程的通解为：

$$y = A\cos mx + B\sin mx \tag{12-10}$$

利用边界条件（当 $x=0$ 和 $x=l$ 时，$y=0$），由式（12-10）可得下列稳定方程：

$$\sin ml = 0$$

对给定结构，l、m 均不会为零，可见使上式成立的 ml 值为 π、2π、3π、$\cdots$，其中最小值 $ml=\pi$ 即为所求，将它代入式（12-9）得：

$$\left(\frac{\pi}{l}\right)^2 = \frac{F_P}{EI\left(1-\dfrac{kF_P}{GA}\right)}$$

由上式可求得临界荷载：

$$F_{Pcr} = \frac{1}{1+\dfrac{k}{GA}\dfrac{\pi^2 EI}{l^2}} \cdot \frac{\pi^2 EI}{l^2} = \alpha F_{Pe} \tag{12-11}$$

式中，$F_{Pe}=\dfrac{\pi^2 EI}{l^2}$ 为只考虑弯矩时的临界荷载；$\alpha=\dfrac{1}{1+\dfrac{k}{GA}\dfrac{\pi^2 EI}{l^2}}$ 为考虑剪力影响的修正系

数，显然，$\alpha<1$。F_{Pe} 与杆件截面积 A 之比代表临界应力 σ_e，即：

$$\sigma_e = \frac{F_{Pe}}{A} = \frac{\pi^2 EI}{(l^2 A)}$$

于是 α 又可写为：

$$\alpha = \frac{1}{1+k\dfrac{\sigma_e}{G}}$$

当杆件的材料和截面形状给定后，σ_e、G、k 也就确定了，即可由上式求出 α。例如设压杆截面为矩形，材料为 3 号钢，取比例极限为临界应力。则有 $\sigma_e=200\mathrm{MPa}$，剪切弹性模量 $G=80\mathrm{GPa}$，$k=1.2$，由此求得 $\alpha=0.997$。这说明在实体杆件中，考虑剪力影响后临界荷载将变小，但这种影响甚微，可忽略不计。

12.2.3　具有弹性支承压杆的稳定

在工程结构中，受压杆件的杆端常常受到结构其余部分的弹性约束。例如，刚架柱端

会受到梁端的弹性转动约束；排架横梁对立柱也有侧移弹性约束等。对这种情况，可将压杆单独取出，以弹性支座代替其余部分对它的约束作用（例如用抗转弹簧支座代替弹性转动约束，用抗移弹簧支座代替侧移弹性约束），然后便可用静力法求其临界荷载。下面通过算例进行说明。

【例 12-2】 试求图 12-8（a）所示铰接排架的临界荷载。

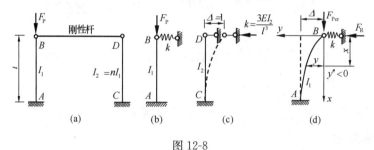

图 12-8

【解】 （1）列出平衡微分方程。受压柱 AB 下端固定，上端侧移受到 BD 杆与 CD 柱部分对 B 点的弹性约束可用抗移弹簧支座代替，如图 12-8（b）所示。这样，对原排架的稳定分析就可用具有弹性支座的压杆来代替。抗移弹簧的刚度 k 可由 CD 柱的 D 端产生单位线位移 $\Delta = 1$ 时（图 12-8c）所需的杆端力来确定，由表 6-1 查得：

$$k = \frac{3EI_2}{l^3} \tag{a}$$

设 AB 杆在临界状态下处于新的平衡形式，如图 12-8（d）所示。此时，柱 B 端有未知水平反力 $F_R = k\Delta$。将坐标原点设于 B 点，则弯矩方程为：

$$M(x) = F_P y - F_R x = F_P y - k\Delta x \tag{b}$$

弹性曲线的微分方程为：

$$EI_1 y'' = -(F_P y - k\Delta x)$$

可改写为：

$$y'' + n^2 y = \frac{k\Delta \cdot x}{EI_1} \tag{c}$$

其中

$$n^2 = F_P / EI_1 \tag{d}$$

（2）求出方程的一般解。上述微分方程的解为：

$$y = A\cos nx + B\sin nx + k\frac{\Delta}{F_P} x \tag{e}$$

（3）利用边界条件导出超越方程。积分常数 A、B 和 Δ 由边界条件确定：

当 $x = 0$ 时，$y = 0$；求得：$A = 0$

当 $x = l$ 时，$y = \Delta$ 和 $y' = 0$；求得：

$$B\sin nl + \frac{kl}{F_P}\Delta = \Delta$$

$$Bn\cos nl + \frac{k}{F_P}\Delta = 0$$

因为 $y(x)$ 不恒为零，故 B、Δ 不全为零。由此可知，它们的系数行列式应等于零，即

$$\begin{vmatrix} \sin nl & \dfrac{kl}{F_{\mathrm{P}}}-1 \\[3mm] n\cos nl & \dfrac{k}{F_{\mathrm{P}}} \end{vmatrix} = 0$$

展开上式，并利用关系式 $F_{\mathrm{P}}=n^2 EI_1$，简化后，得以下超越方程：

$$\tan nl = nl - (nl)^3 \frac{EI_1}{kl^3} \tag{f}$$

（4）解超越方程求临界荷载。求解超越方程，需要事先给定 k 值。下面讨论 k 为 0、∞ 以及 $0\sim\infty$ 之间三种情形的解：

① $k=0$，这对应于 $I_2=0$，即无 CD 柱。这时 AB 柱与无侧移约束的悬臂杆情况相同，式（f）变为：

$$nl - \tan nl = \infty$$

由式（d）知，当 EI_1 为有限值时，$nl\neq\infty$，所以有：

$$\tan nl = -\infty$$

这个方程的最小根为 $nl=\pi/2$，因此临界荷载为：

$$F_{\mathrm{Pcr}} = n^2 EI_1 = \frac{\pi^2 EI_1}{(2l)^2}$$

这正是表 12-1 给出的悬臂压杆的临界荷载值。

② $k=\infty$，这对应于 $I_2=\infty$，即 AB 柱上端为水平链杆支承，它与图 12-5（a）所示压杆的情况相同。这时式（f）变为：

$$\tan nl = nl$$

由对图 12-5（a）所示压杆的分析知，$nl=4.493$，临界荷载为

$$F_{\mathrm{Pcr}} = n^2 EI_1 = \frac{20.19 EI_1}{l^2}$$

③ k 在 $0\sim\infty$ 之间，即 I_2 也在 $0\sim\infty$ 之间，则 nl 在 $\pi/2\sim4.493$ 范围内变化。此时可根据 I_2 与 I_1 的比值，由式（a）求出 k，再由式（f）得到只含 nl 的超越方程，然后由试算法求出 nl。例如当 $I_2=I_1$ 时，则由式（a）有 $k=\dfrac{3EI_1}{l^3}$。这时方程式（f）变为：

$$\tan nl = nl - \frac{1}{3}(nl)^3$$

将上式表示为如下形式：

$$D = \frac{1}{3}(nl)^3 + \tan nl - nl = 0$$

用试算法求解知，当 $nl=2.21$ 时，$D\approx0$。因此可得 $I_2=I_1$ 时的临界荷载为：

$$F_{\mathrm{Pcr}} = n^2 EI_1 = 4.88\frac{EI_1}{l^2}$$

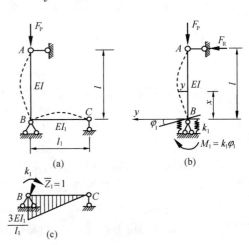

图 12-9

【例 12-3】 试求图 12-9（a）所示刚架的临界荷载。

【解】（1）列出平衡微分方程。压杆 AB 下端与 BC 杆刚性连接，其转动受到 BC

杆的弹性约束。B 处为固定铰支座，可用抗转弹簧代替，如图 12-9（b）所示。抗转弹簧刚度 k_1 等于使梁 B 端发生单位转角时所需的力矩（图 12-9c），由表 6-1 知：

$$k_1 = \frac{3EI_1}{l_1} \tag{a}$$

设压杆失稳时 B 端转角为 φ_1（图 12-9b），则抗转弹簧支座的反力矩为 $M_1 = k_1\varphi_1$，设 A 端支座反力为 F_R，由平衡条件 $\Sigma M_B = 0$ 可得：

$$F_R l = M_1 = k_1\varphi_1 \tag{b}$$

截面 x 处的弯矩 $M(x)$ 为：

$$M(x) = F_P y - F_R(l - x)$$

将其代入挠曲线近似微分方程 $EIy'' = -M(x)$ 可得：

$$EIy'' = -F_P y + F_R(l - x) \tag{c}$$

令

$$n^2 = F_P/EI \tag{d}$$

将式（b）、式（d）代入式（c）可得

$$y'' + n^2 y = k_1\varphi_1 \frac{l - x}{EIl}$$

（2）求微分方程的一般解。上式的通解为：

$$y = A\cos nx + B\sin nx + k_1\varphi_1 \frac{l - x}{F_P l} \tag{e}$$

（3）导出超越方程。根据边界条件：当 $x=0$ 有 $y=0$ 和 $y'=\varphi_1$；当 $x=l$ 有 $y=0$，由式（e）可得到 A、B、φ_1 的如下齐次方程：

$$\left. \begin{array}{l} A + \dfrac{k_1\varphi_1}{F_P} = 0 \\[2mm] Bn - \left(\dfrac{k_1}{F_P l} + 1 \right)\varphi_1 = 0 \\[2mm] A\cos nl + B\sin nl = 0 \end{array} \right\} \tag{f}$$

A、B、φ_1 不能全为零，因而稳定方程为：

$$\begin{vmatrix} 1 & 0 & \dfrac{k_1}{F_P} \\[3mm] 0 & n & -\left(\dfrac{k_1}{F_P l} + 1 \right) \\[3mm] \cos nl & \sin nl & 0 \end{vmatrix} = 0 \tag{g}$$

将上式展开，并注意到 $F_P = n^2 EI$，整理后得超越方程如下：

$$\tan nl = \frac{nl}{1 + \dfrac{(nl)^2 EI}{k_1 l}} \tag{h}$$

（4）解超越方程求临界荷载。给定抗转弹簧刚度 k_1 值之后，便可由式（h）求出 nl 的最小正根，进而可求出临界荷载 F_{Pcr}。对于极端情况，当 $k_1=0$ 时，式（h）便成为：

$$\sin nl = 0 \tag{i}$$

此时便是两端铰支的情形，式（i）的最小根（除零以外）为 π，则 $n = \pi/l$。可得：

$$F_{Pcr} = n^2 EI = \pi^2 EI/l^2$$

而当 $k_1 = \infty$ 时，式（h）变成：

$$\tan nl = nl \qquad\qquad\qquad\qquad\qquad\qquad (j)$$

此时便是一端铰支一端固定的情况。式（j）与式（12-4）相同，临界荷载为 $20.19EI/l^2$。

12.3 用能量法确定临界荷载

压杆情况较复杂时，用静力法确定临界荷载常会遇到困难，例如所建立的微分方程可能具有变系数而不能积分为有限形式，或者边界条件较复杂以致导出的稳定方程为高阶行列式而不易展开及求解等。在这种情况下用能量法就较为方便。

用能量法确定临界荷载，是以结构失稳时的能量特征为依据的。因此，本节首先介绍结构不同平衡形式的能量特征，然后推导出按能量法计算临界荷载的基本公式，最后给出求临界荷载的具体作法。

图 12-10（a）所示两端铰支的弹性杆件，受荷载 F_P 的作用，杆件处于图中虚直线所示的位置。这时，若杆件受某种干扰发生微小的弯曲变形，例如用一水平力推压杆，使其到达新的平衡位置（图 12-10a 实曲线所示），B 点将下降 Δ，压力 F_P 则作虚功，其值为 $\Delta W = F_P\Delta$。外力的虚功等于荷载势能的减少，若以 δE_P^* 表示荷载势能的变化，则有 $\delta E_P^* = -\Delta W$。与此同时，杆件由原来的虚直线变成实曲线，增加了弯曲应变能，增量用 δV 表示。从能量的角度看，整个杆件体系势能的改变等于荷载势能的改变和体系弯曲应变能改变之和。若以 δE_P 表示整个体系的总势能增量，则有：

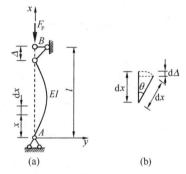

图 12-10

$$\delta E_P = \delta V + \delta E_P^* = \delta V - \Delta W$$

如果这时撤去水平干扰力，根据 F_P 的大小，压杆将会出现如下三种情况：

（1）当 $F_P < F_{Pcr}$，压杆回复到原来的直线平衡位置。说明新的平衡状态是稳定的，其能量特征是：弯曲应变能增量 δV 大于荷载势能增量 δE_P^*，即体系的总势能增量 $\delta E_P > 0$。

（2）当 $F_P > F_{Pcr}$，压杆不能回到原来的直线平衡位置，还会继续弯曲，甚至破坏。说明新的平衡状态是不稳定的，其能量特征是：弯曲应变能增量 δV 小于荷载势能增量 δE_P^*，即总势能增量 $\delta E_P < 0$。

（3）当 $F_P = F_{Pcr}$，压杆不会回到原来的直线平衡位置，也不会继续弯曲。说明结构处于由稳定平衡向不稳定平衡过渡的随遇平衡状态，其能量特征是：弯曲应变能增量 δV 等于荷载势能增量 δE_P^*，即体系总势能增量为：

$$\delta E_P = \delta V + \delta E_P^* = \delta V - \Delta W = 0 \qquad\qquad (12\text{-}12)$$

能量法确定临界荷载，就是以结构处于随遇平衡状态的这一能量特征为理论依据的。

下面推导用能量法计算临界荷载的基本公式。

压杆由直线平衡形式过渡到曲线平衡形式时的弯曲应变能增量，可由材料力学求出：

$$\delta V = \frac{1}{2}\int_0^l \frac{M^2}{EI}\mathrm{d}x \qquad\qquad\qquad (12\text{-}13)$$

将关系式 $M = -EIy''$ 代入得：

$$\delta V = \frac{1}{2} \int_0^l EI \, (y'')^2 \, \mathrm{d}x \tag{12-14}$$

此时荷载 F_P 所作虚功为：

$$\Delta W = F_P \Delta \tag{a}$$

式中，Δ 为 B 点的竖向位移，即虚直线表示的杆长 l 与实曲线在原来直杆轴线上投影之差。现任取微段 $\mathrm{d}x$ 研究，假定杆件弯曲前后长度不变，则由图 12-10（b）知，微段 $\mathrm{d}x$ 与其变形后在直杆轴线上投影的差值为：

$$\mathrm{d}\Delta = (1 - \cos\theta) \mathrm{d}x \tag{b}$$

$\cos\theta$ 展开为 θ 的幂级数为：$\cos\theta = 1 - \dfrac{1}{2!}\theta^2 + \dfrac{1}{4!}\theta^4 - \cdots\cdots$，略去展开式中的高阶小量，式（b）可改写为：$\mathrm{d}\Delta = \dfrac{1}{2}\theta^2 \mathrm{d}x$。由于微弯曲时 θ 很小，可取 $\theta = \tan\theta = y'$，于是 $\mathrm{d}\Delta$ 又可表示为：

$$\mathrm{d}\Delta = \frac{1}{2}(y')^2 \mathrm{d}x \tag{c}$$

将式（c）沿杆长积分，可得

$$\Delta = \frac{1}{2}\int_0^l (y')^2 \mathrm{d}x \tag{12-15}$$

因此

$$\Delta W = F_P \Delta = \frac{F_P}{2}\int_0^l (y')^2 \mathrm{d}x \tag{12-16}$$

将式(12-14)和式(12-16)代入式(12-12)，即得按能量法确定直杆临界荷载的基本关系式：

$$F_P \int_0^l (y')^2 \mathrm{d}x = \int_0^l EI (y'')^2 \mathrm{d}x \tag{12-17}$$

或

$$F_P = \frac{\displaystyle\int_0^l EI \, (y'')^2 \mathrm{d}x}{\displaystyle\int_0^l (y')^2 \mathrm{d}x} \tag{12-18}$$

应用式（12-18）求临界荷载时，必须知道压杆处于随遇平衡状态真实的弹性曲线 $y(x)$，但事先这是未知的。为此先假设一个满足实际结构边界条件的随遇平衡状态弹性曲线，代入式（12-18）计算，由此可求出 F_P 值。对于弹性杆件满足实际结构边界条件的弹性曲线可有无限个，因此满足式（12-18）的 F_P 值就不止一个。临界荷载是使体系产生随遇平衡荷载的极小值，只有其中最小的 F_P 值才是所求的临界荷载。所以，在利用式（12-

18）计算时，可选择若干可能的位移函
数 $y(x)$，并求出相应的 F_P 值，取其中最
小者作为临界荷载的近似值。

上述求解稳定问题的方法称为铁摩
辛柯能量法。

【例 12-4】 试用铁摩辛柯能量法求
图 12-11（a）所示压杆的临界荷载。

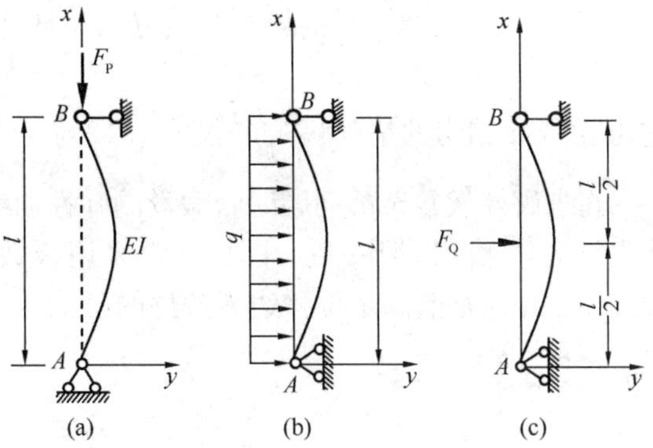

【解】 本例取两种变形曲线（它们
都是满足实际结构边界条件的弹性曲线）
作为近似的位移函数曲线计算。

图 12-11

（1）取均布荷载作用下的弹性曲线，
如图 12-11（b）所示。由材料力学可知，$y(x)$ 的表达式为：

$$y(x) = \frac{q}{EI}\left(\frac{x^4}{24} - \frac{lx^3}{12} + \frac{l^3 x}{24}\right)$$

由此得：

$$y'(x) = \frac{q}{24EI}(4x^3 - 6lx^2 + l^3)$$

$$y''(x) = \frac{q}{2EI}(x^2 - lx)$$

将 $y'(x)$ 和 $y''(x)$ 代入式（11-18）并进行积分运算可求得：

$$F_P = 9.882\frac{EI}{l^2}$$

（2）取图 12-11（c）所示在跨中受水平集中力 F_Q 作用时的变形曲线，由材料力
学知：

$$y(x) = -\frac{F_Q}{EI}\left(\frac{x^3}{12} - \frac{l^2 x}{16}\right) \quad \left(0 \leqslant x \leqslant \frac{l}{2}\right)$$

由此得：

$$y'(x) = -\frac{F_Q}{EI}\left(\frac{x^2}{4} - \frac{l^2}{16}\right)$$

$$y'' = -\frac{F_Q x}{2EI}$$

将 $y'(x)$ 和 $y''(x)$ 代入式（12-18），算得：

$$F_P = 10\frac{EI}{l^2}$$

比较两种弹性曲线所得结果，可知应以其中较小者作为临界荷载的近似值，即

$$F_{\text{Pcr}} = 9.882 \frac{EI}{l^2}$$

它比表 12-1 给出的精确解 $\dfrac{\pi^2 EI}{l^2}$ 仅大 0.12%。

在求解比较复杂的问题时，假设的弹性曲线方程式常常难于满足全部边界条件，其形状也很难与实际情况一致，因此，常采用级数形式的位移函数 $y(x)$ 逼近真实的位移曲线。设 $\varphi_i(x)$ 是能满足位移边界条件的已知连续函数，则 $y(x)$ 可表示为 $\varphi_i(x)$ 的线性组合，即：

$$y = \sum_{i=1}^{n} a_i \varphi_i(x) \quad (i = 1, 2, 3, \cdots, n) \tag{12-19}$$

式中 a_i——任意参数。这样结构的所有变形状态便可由几个独立的参数 a_1，a_2，$\cdots$，a_n 来确定。

将式(12-19)代入式(12-18)可得：

$$F_{\text{P}} = \frac{\int_0^l EI \left(\sum_{i=1}^{n} a_i \varphi_i'' \right)^2 \mathrm{d}x}{\int_0^l \left(\sum_{i=1}^{n} a_i \varphi_i' \right)^2 \mathrm{d}x} \tag{12-20}$$

临界荷载 F_{Pcr} 是所有随遇平衡状态的 F_{P} 值中的最小者，于是有：

$$F_{\text{Pcr}} = \min \left[\frac{\int_0^l EI \left(\sum_{i=1}^{n} a_i \varphi_i'' \right)^2 \mathrm{d}x}{\int_0^l \left(\sum_{i=1}^{n} a_i \varphi_i' \right)^2 \mathrm{d}x} \right] \tag{12-21}$$

为便于书写，将上式写为 $F_{\text{Pcr}} = \min \left(\dfrac{A}{B} \right)$，其中 A、B 分别为式（12-21）的分子和分母，它们都是参数 a_i 的二次式。若用 F_{P} 表示 $\left(\dfrac{A}{B} \right)$，则 F_{P} 的极小值可由以下极值条件来确定：

$$\frac{\partial F_{\text{P}}}{\partial a_i} = 0 \quad (i = 1, 2, \cdots, n) \tag{d}$$

将 $F_{\text{P}} = \dfrac{A}{B}$ 代入并注意到 $B \neq 0$，则由式（d）可得：

$$\frac{\partial A}{\partial a_i} - F_{\text{P}} \frac{\partial B}{\partial a_i} = 0 \quad (i = 1, 2, \cdots, n) \tag{12-22}$$

其中 $\dfrac{\partial A}{\partial a_i}$、$\dfrac{\partial B}{\partial a_i}$ 分别为：

$$\frac{\partial A}{\partial a_i} = \int_0^l EI \left[\sum_{j=1}^{n} a_j \varphi_j''(x) \right] \varphi_i''(x) \mathrm{d}x = \sum_{j=1}^{n} a_j \int_0^l EI \varphi_i''(x) \varphi_j''(x) \mathrm{d}x \tag{e}$$

$$\frac{\partial B}{\partial a_i} = \int_0^l \left[\sum_{j=1}^{n} a_j \varphi_j'(x) \right] \varphi_i'(x) \mathrm{d}x = \sum_{j=1}^{n} a_j \int_0^l \varphi_i'(x) \varphi_j'(x) \mathrm{d}x \tag{f}$$

将式(e)、式(f)代入式(11-22)，并令 C_{ij} 为：

$$C_{ij} = \int_0^l \left[EI \varphi_i''(x) \varphi_j''(x) - F_{\text{P}} \varphi_i'(x) \varphi_j'(x) \right] \mathrm{d}x \tag{g}$$

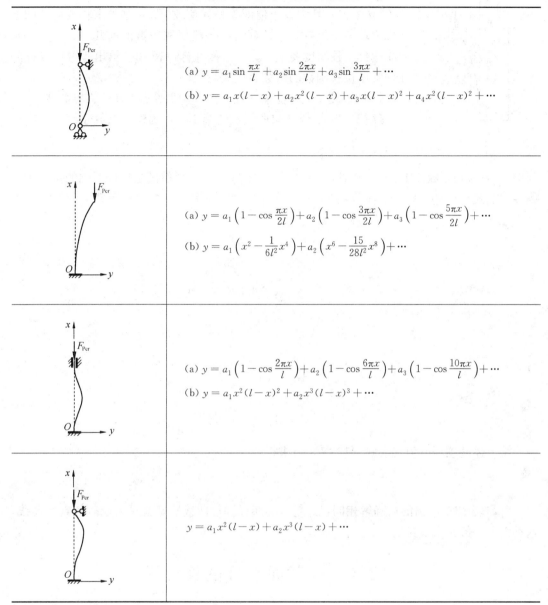

(a) $y = a_1 \sin \dfrac{\pi x}{l} + a_2 \sin \dfrac{2\pi x}{l} + a_3 \sin \dfrac{3\pi x}{l} + \cdots$

(b) $y = a_1 x(l-x) + a_2 x^2(l-x) + a_3 x(l-x)^2 + a_4 x^2(l-x)^2 + \cdots$

(a) $y = a_1\left(1 - \cos\dfrac{\pi x}{2l}\right) + a_2\left(1 - \cos\dfrac{3\pi x}{2l}\right) + a_3\left(1 - \cos\dfrac{5\pi x}{2l}\right) + \cdots$

(b) $y = a_1\left(x^2 - \dfrac{1}{6l^2}x^4\right) + a_2\left(x^6 - \dfrac{15}{28l^2}x^8\right) + \cdots$

(a) $y = a_1\left(1 - \cos\dfrac{2\pi x}{l}\right) + a_2\left(1 - \cos\dfrac{6\pi x}{l}\right) + a_3\left(1 - \cos\dfrac{10\pi x}{l}\right) + \cdots$

(b) $y = a_1 x^2(l-x)^2 + a_2 x^3(l-x)^3 + \cdots$

$y = a_1 x^2(l-x) + a_2 x^3(l-x) + \cdots$

则式(12-22)可改写为:

$$\sum_{j=1}^{n} a_j C_{ij} = 0 \quad (i = 1, 2, \cdots, n) \tag{12-23}$$

式(12-23)是关于 $a_j(j = 1, 2, \cdots, n)$ 的线性齐次方程组,使 a_j 不全为零的条件是方程组的系数行列式等于零,即:

$$D = \begin{vmatrix} C_{11} & C_{12} & \cdots & C_{1n} \\ C_{21} & C_{22} & \cdots & C_{2n} \\ \vdots & \vdots & \ddots & \vdots \\ C_{n1} & C_{n2} & \cdots & C_{nn} \end{vmatrix} = 0 \tag{12-24}$$

345

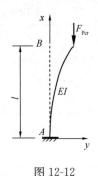

图 12-12

式(12-24)即为求临界荷载的稳定方程。将其展开并求解，可得关于 F_P 的 n 个根，其中最小值即为临界荷载 F_{Pcr}，这种求临界荷载的方法称为瑞利－里兹法。计算时，一般仅取级数的前几项(2～3 项)，便能达到工程精度要求。为了方便计算，表 12-2 给出等截面直杆的几种常用位移函数的级数表达式。

【例 12-5】 试用能量法计算图 12-12 所示压杆的临界荷载。

【解】 由表 12-2 只取级数的第 1 项作为位移函数曲线，即：

$$y = a_1\left(1 - \cos\frac{\pi}{2l}x\right)$$

其中 a_1 为未知参数。上式 $x=0$ 时，$y=0$；$x=l$ 时 $y=a_1$。显然满足压杆两端的位移边界条件。上式对 x 的一阶、二阶导数为：

$$y' = \frac{\pi a_1}{2l}\sin\frac{\pi}{2l}x$$

$$y'' = \frac{\pi^2 a_1}{4l^2}\cos\frac{\pi}{2l}x$$

于是可有：

$$\int_0^l EI\,(y'')^2\,\mathrm{d}x = \frac{EI\pi^4 a_1^2}{16l^4}\int_0^l \cos^2\frac{\pi x}{2l}\mathrm{d}x = \frac{\pi^4 EI}{32l^3}a_1^2$$

$$\int_0^l (y')^2\,\mathrm{d}x = \frac{\pi^2 a_1^2}{4l^2}\int_0^l \sin^2\frac{\pi x}{2l}\mathrm{d}x = \frac{\pi^2}{8l}a_1^2$$

将上述两项积分值代入式（12-21）可求得：

$$F_{Pcr} = \frac{\pi^2 EI}{4l^2}$$

它与表 12-1 给出的精确解相同，这是因为所设弹性曲线恰好就是失稳时的真实曲线，这种情形一般是很少见的。

12.4 变截面直杆的稳定

变截面压杆较等截面的经济，工程中常见的变截面压杆有阶形压杆和截面沿杆长连续变化的压杆两类。在一般情况下，求后一类压杆稳定的精确解是困难的。本节仅讨论阶形压杆的稳定问题。

如图 12-13（a）所示阶形杆，其刚度上部为 EI_1，下部为 EI_2，顶部受轴向力 F_P 作用。用静力法求临界荷载时，可用 y_1、y_2 分别表示上部和下部各点在新的平衡形式下的挠度（图 12-13b），则这两部分的微分方程分别为：

$$EI_1 y_1'' = F_P(\delta - y_1) \tag{a}$$

$$EI_2 y_2'' = F_P(\delta - y_2) \tag{b}$$

或改写为：

$$y_1'' + n_1^2 y_1 = n_1^2\delta \tag{c}$$

$$y''_2 + n_2^2 y_2 = n_2^2 \delta \qquad\qquad\text{(d)}$$

式中

$$n_1 = \sqrt{\frac{F_P}{EI_1}}, \; n_2 = \sqrt{\frac{F_P}{EI_2}} \qquad\qquad\text{(e)}$$

它们的通解分别为：

$$y_1 = A_1 \cos n_1 x + B_1 \sin n_1 x + \delta \quad\text{(f)}$$

$$y_2 = A_2 \cos n_2 x + B_2 \sin n_2 x + \delta \quad\text{(g)}$$

上述通解中 A_1、B_1、A_2、B_2 为积分常数，δ 为未知量。已知边界条件为：

(1) 当 $x=0$ 时，$y_2=0$，$y'_2=0$；

(2) 当 $x=l$ 时，$y_1=\delta$；

(3) 当 $x=l_2$ 时，$y_1=y_2$，$y'_1=y'_2$。

由（1）中的两个边界条件可求得：

$$A_2 = -\delta, \; B_2 = 0$$

故 y_2 的表达式可改写为：

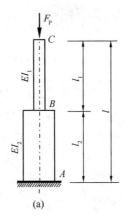 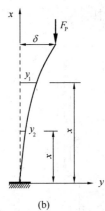

图 12-13

$$y_2 = \delta(1 - \cos n_2 x) \qquad\qquad\text{(h)}$$

由式（f）、式（h）并利用边界条件（2）和（3），可得如下齐次方程组：

$$\left.\begin{array}{l} A_1 \cos n_1 l + B_1 \sin n_1 l = 0 \\ A_1 \cos n_1 l_2 + B_1 \sin n_1 l_2 + \delta \cos n_2 l_2 = 0 \\ A_1 n_1 \sin n_1 l_2 - B_1 n_1 \cos n_1 l_2 + \delta n_2 \sin n_2 l_2 = 0 \end{array}\right\}$$

因此，稳定方程为：

$$\begin{vmatrix} \cos n_1 l & \sin n_1 l & 0 \\ \cos n_1 l_2 & \sin n_1 l_2 & \cos n_2 l_2 \\ \sin n_1 l_2 & -\cos n_1 l_2 & \dfrac{n_2}{n_1}\sin n_2 l_2 \end{vmatrix} = 0$$

将上面的行列式展开并整理可得：

$$\tan n_1 l_1 \cdot \tan n_2 l_2 = \frac{n_1}{n_2} \qquad\qquad(12\text{-}25)$$

给出比值 $\dfrac{I_1}{I_2}$ 和 $\dfrac{l_1}{l_2}$ 后，即可由式（12-25）求出临界荷载。例如当 $EI_2 = 10EI_1$，$l_2 = l_1$ $= 0.5l$ 时，$n_1 = \sqrt{\dfrac{F_P}{EI_1}}$，$n_2 = \sqrt{\dfrac{F_P}{10EI_1}} = 0.316 n_1$，式（12-25）变为：

$$\tan n_1 l_1 \cdot \tan(0.316 n_1 l_1) = 3.165$$

由试算法可求得最小根为：

$$n_1 l_1 = 3.955$$

从而可求得临界荷载为：

$$F_{Pcr} = \left(\frac{3.955}{l_1^2}\right)^2 \cdot EI_1 = 25.33 \frac{\pi^2 EI_1}{4l^2}$$

对于在柱顶承受 F_{P1}，同时在截面突变处承受 F_{P2} 作用的情况（图 12-14），用上述类似地推导过程可得出稳定方程（具体推导从略）：

$$\tan n_1 l_1 \cdot \tan n_2 l_2 = \frac{n_1}{n_2} \cdot \frac{F_{P1} + F_{P2}}{F_{P1}} \qquad (12\text{-}26a)$$

式中
$$n_1 = \sqrt{\frac{F_{P1}}{EI_1}}, \qquad n_2 = \sqrt{\frac{F_{P1} + F_{P2}}{EI_2}} \qquad (12\text{-}26b)$$

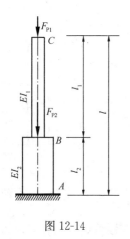

图 12-14

同样在给出比值 $\dfrac{I_1}{I_2}$、$\dfrac{l_1}{l_2}$ 和 $\dfrac{F_{P1}}{F_{P2}}$ 后，即可由式（12-26）求出临界荷载。例如在图 12-14 所示压杆中，当 $EI_2 = 2EI_1$，$l_1 = l_2 = 0.5l$，$F_{P2} = 3F_{P1}$ 时，由式（12-26b）可得：

$$n_1 = \sqrt{\frac{F_{P1}}{EI_1}}, \quad n_2 = \sqrt{\frac{F_{P1} + F_{P2}}{2EI_1}} = \sqrt{2}\, n_1$$

设 $n_1 l_1 = u$，则 $n_2 l_2 = \sqrt{2}\, u$，于是稳定方程（12-26a）变为：

$$\tan u \tan \sqrt{2}\, u = 2.8284$$

用试算法可求得：

$$u \approx 0.8434$$

从而可求得临界荷载为：

$$F_{Pcr} = n_1^2 EI_1 = \frac{u^2 \pi^2}{(0.5l)^2 \pi^2} \cdot EI_1 = 1.153 \frac{\pi^2 EI_1}{4l^2}$$

12.5　组合压杆的稳定

为了增强杆件的稳定性，工程中有时采用组合压杆的形式，例如厂房的双肢柱、起重机塔身和电视发射塔架等。组合压杆通常由两个型钢用若干附属杆件相连而成，其中作为承受荷载的主要部分的型钢（一般为槽钢或工字钢）称为主要杆件，用以连接主要杆件的附属杆件称为连接件。组合压杆根据连接件的形式分成缀条式（图 12-15a）和缀板式（图 12-15b）两种。缀条由斜杆和横杆组成，一般采用单根角钢。与主要杆件相比，缀条的截面较小，两端可视为铰接。采用缀板连接时，没有斜杆存在，缀板的刚度比缀条大得多，计算时缀板与主要杆件的连接通常看成刚接。

组合压杆的临界荷载比截面和柔度（长细比）相同的实体压杆的临界荷载要小，这主要是在组合压杆中剪力影响远比实体杆件大。但是根据组合杆件的主要受力性质，组合压杆的稳定可以看作是由两个主要杆件组成的中心受压杆件的稳定问题。实验证明，只要缀条或缀板之间的距离 d 比整个杆长 l 小得多，而且组合压杆的节间数目也比较多（例如节间数大于6），其临界荷载就可近似采用实体压杆的临界荷载计算公式（12-11），计算结果也相当满意。由 12.2.2 节所述可知，$\dfrac{k}{GA}$ 是代表单位剪力作用下的剪切角 $\bar{\gamma}$，所以只要求出组合压杆在单位剪力作用下的剪切角 $\bar{\gamma}$，用它代替式（12-11）中的 $\dfrac{k}{GA}$，即可计算组合压杆的临界荷载。下面分别就缀条式和缀板式两种情况进行讨论。

12.5.1 缀条式

现从图 12-15（a）中取出一个节间，如图 12-16 所示。其中，横杆杆长 $b = \dfrac{d}{\tan\alpha}$，截面面积为 A_p，斜杆杆长为 $\dfrac{d}{\sin\alpha}$，截面面积为 A_q，在单位剪力 $F_\mathrm{Q}=1$ 作用下的剪切角为：

$$\overline{\gamma} \approx \tan\overline{\gamma} = \frac{\delta_{11}}{d} \tag{a}$$

式中 δ_{11} 表示剪力 $F_\mathrm{Q}=1$ 引起的沿其本身方向的位移。

由第 4 章静定桁架的位移计算公式有：

$$\delta_{11} = \Sigma \frac{\overline{F}_{\mathrm{N}1}^2 l}{EA} \tag{b}$$

其中 $\overline{F}_{\mathrm{N}1}$ 表示各杆在 $F_\mathrm{Q}=1$ 作用下的轴力；l、EA 分别表示各杆的杆长和抗拉刚度。

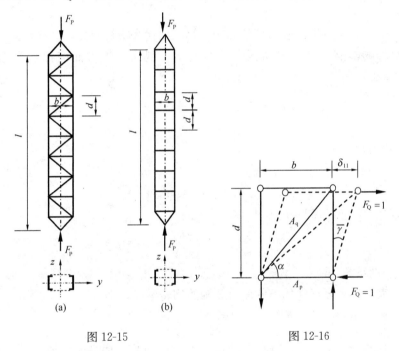

图 12-15　　　　　　　　　图 12-16

由节点平衡条件求得：

上面横杆：$\overline{F}_{\mathrm{N}1}=0$；下面横杆：$\overline{F}_{\mathrm{N}1}=-1$；斜杆轴力：$\overline{F}_{\mathrm{N}1}=\dfrac{1}{\cos\alpha}$

将这些数值代入式（b）可得：

$$\delta_{11} = \frac{d}{E} \left(\frac{1}{A_\mathrm{q}\sin\alpha\cos^2\alpha} + \frac{1}{A_\mathrm{p}\tan\alpha} \right)$$

于是式（a）可写成：

$$\overline{\gamma} = \frac{1}{E} \left(\frac{1}{A_\mathrm{q}\sin\alpha\cos^2\alpha} + \frac{1}{A_\mathrm{p}\tan\alpha} \right) \tag{c}$$

将上式的 $\overline{\gamma}$ 代替式（12-11）中的 $\dfrac{k}{GA}$，可得：

$$F_{Pcr} = \cfrac{F_{Pe}}{1 + \cfrac{F_{Pe}}{E}\left(\cfrac{1}{A_q\sin\alpha\cos^2\alpha} + \cfrac{1}{A_p\tan\alpha}\right)} = \alpha_1 F_{Pe} \qquad (12\text{-}27)$$

式中，$F_{Pe} = \pi^2 EI/l^2$ 为欧拉临界荷载。计算 F_{Pe} 所用的惯性矩 I，在组合压杆中为两根主要杆件的横截面对整个截面的形心轴 z 的惯性矩。若用 A_d 表示一根主要杆件的截面积，I_d 表示一根主要杆件的横截面对其自身形心轴的惯性矩，并略去其形心与其腹板之间的距离（亦即近似地认为其形心到 z 轴的距离等于 $b/2$），则有：

$$I \approx 2I_d + \frac{1}{2}A_d b^2 \qquad (d)$$

由式（12-27）可知，斜杆比横杆对临界荷载的影响更大。例如，当斜杆和横杆具有相同的 EA 值，而且 $\alpha = 45°$ 时，则有：

$$\alpha_1 = \cfrac{1}{1 + \cfrac{F_{Pe}}{EA}(2.83 + 1)} \qquad (e)$$

上式分母的括号中，第一项代表斜杆的影响，第二项代表横杆的影响。

如不计横杆的影响，并考虑到在一般情况下，型钢两侧平面内都设有缀条，则式（12-27）变成：

$$F_{Pcr} = \cfrac{F_{Pe}}{1 + \cfrac{F_{Pe}}{E}\cdot\cfrac{1}{2A_q\sin\alpha\cos^2\alpha}} \qquad (12\text{-}28)$$

式中 A_q 为一根斜杆的截面积。

令
$$\mu = \sqrt{1 + \frac{\pi^2 I}{l^2}\cdot\frac{1}{2A_q\sin\alpha\cos^2\alpha}} \qquad (12\text{-}29)$$

则式（12-28）可写成欧拉问题的基本形式：

$$F_{Pcr} = \frac{\pi^2 EI}{(\mu l)^2} \qquad (12\text{-}30)$$

式中 μ——长度系数。

若用 r 代表两根主要杆件的横截面对 z 轴的迴转半径，则有：

$$I = 2A_d r^2$$

将上述关系式代入式（12-29），引入长细比 $\lambda = \dfrac{l}{r}$，同时考虑到 α 一般在 $30°\sim60°$ 之间，

可近似地取 $\dfrac{\pi^2}{\sin\alpha\cos^2\alpha}\approx27$，则式（12-29）变为：

$$\mu = \sqrt{1 + \frac{27A_d}{A_q\lambda^2}} \qquad (12\text{-}31)$$

在工程中常采用换算长细比 λ_h，其表达式为：

$$\lambda_h = \mu\lambda = \frac{\mu l}{r} = \sqrt{\lambda^2 + 27\frac{A_d}{A_q}} \qquad (12\text{-}32)$$

这就是钢结构规范中推荐的缀条式组合压杆换算长细比的公式。

12.5.2 缀板式

由于缀板与主要杆件之间的连接当作刚接，因此，可把组合压杆当作单跨多层刚架，并近似认为主要杆件的反弯点在节间中点，且剪力是平均分配于两根主要杆件。于是可取图 12-17 （a） 所示部分来计算其剪切角 $\bar{\gamma}$。单位剪力作用下的弯矩图如图 12-17 （b） 所示，由代数法可得：

$$\delta_{11} = 4 \times \frac{d/2}{3EI_d} \times \left(\frac{d}{4}\right)^2 + 2 \times \frac{b/2}{3EI_b} \times \left(\frac{d}{2}\right)^2 = \frac{d^3}{24EI_d} + \frac{bd^2}{12EI_b} \tag{a}$$

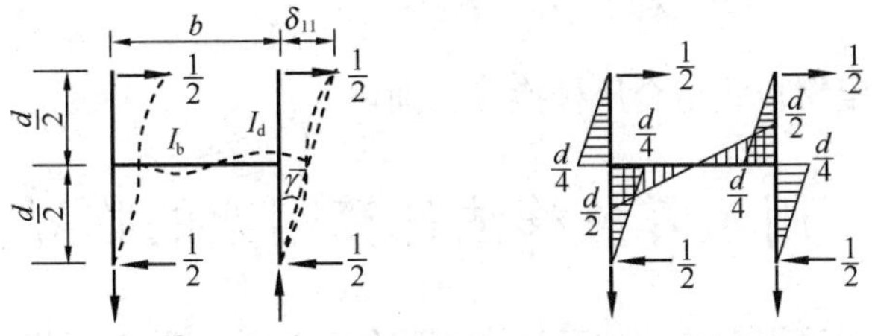

图 12-17

于是剪切角为：

$$\bar{\gamma} = \frac{\delta_{11}}{d} = \frac{d^2}{24EI_d} + \frac{bd}{12EI_b} \tag{b}$$

用上式代替式 （12-11） 中的 $\frac{k}{GA}$，即得：

$$F_{Pcr} = \frac{F_{Pe}}{1 + \left(\dfrac{d^2}{24EI_d} + \dfrac{bd}{12EI_b}\right)F_{Pe}} = \alpha_2 F_{Pe} \tag{12-33}$$

由上式可见，修正系数 α_2 的数值随着节间间距 d 的增加而减小。

在一般情况下，缀板的刚度要比主要杆件的刚度大得多，因此，可近似地取 $EI_b = \infty$。于是式 （12-33） 变为：

$$F_{Pcr} = \frac{F_{Pe}}{1 + \dfrac{d^2}{24EI_d}F_{Pe}} = \frac{F_{Pe}}{1 + \dfrac{\pi^2 d^2}{24l^2}\dfrac{I}{I_d}} \tag{12-34}$$

式中 I 与前述相同，它表示整个组合杆件的截面惯性矩，即：

$$I = 2I_d + \frac{1}{2}A_d b^2 \tag{c}$$

整个组合杆件的截面惯性矩 I、长细比 λ 与回转半径 r 的关系为：

$$I = 2A_d r^2, \quad \lambda = \frac{l}{r} \tag{d}$$

式中 l——组合杆件的总长度。

在一个节间中，一根主要杆件对其横截面形心轴的惯性矩 I_d、长细比 λ_d 与迴转半径 r_d 的关系为：

$$I_d = A_d r_d^2, \quad \lambda_d = \frac{d}{r_d} \tag{e}$$

将式 （d）、式 （e） 所示关系代入式 （12-34），即得：

$$F_{Pcr} = \frac{F_{Pe}}{1 + \dfrac{\pi^2 2d^2 r^2 A_d}{24l^2 r_d^2 A_d}} = \frac{F_{Pe}}{1 + 0.82\dfrac{\lambda_d^2}{\lambda^2}} \tag{f}$$

若近似地用 1 代替 0.82，则式（f）可写为：

$$F_{Pcr} = \frac{\lambda^2}{\lambda^2 + \lambda_d^2} F_{Pe} \qquad (12\text{-}35)$$

相应的长度系数可写成：

$$\mu = \sqrt{\frac{\lambda^2 + \lambda_d^2}{\lambda^2}}$$

因而组合杆件的换算长细比为：

$$\lambda_h = \mu\lambda = \frac{\mu l}{r} = \sqrt{\lambda^2 + \lambda_d^2} \qquad (12\text{-}36)$$

这就是规范中用以确定缀板式组合压杆换算长细比的公式。

12.6 用矩阵位移法计算刚架的临界荷载

刚架的稳定计算可采用力法、位移法和矩阵位移法等，其中矩阵位移法便于编制计算程序，受到工程界的欢迎。本节将介绍这一方法。

首先，对刚架的受力和变形情况作如下假定：

（1）刚架只在节点承受集中荷载，刚架失稳前各杆只受轴力作用且无弯曲变形，即只讨论刚架的第一类失稳问题。对于刚架横梁受竖向荷载作用，当荷载达到临界荷载时，柱子将丧失第二类稳定性，实用上可将横梁荷载分解为作用于两端节点的集中荷载，将原来的第二类失稳问题简化为第一类失稳问题，这里不作进一步讨论。

（2）刚架失稳时，变形是微小的且不计轴向变形，因而仍可采用近似的曲率公式：

$$EIy'' = -M$$

（3）各荷载按比例同时增加，直至平衡分支出现。

与第 10 章用矩阵位移法计算刚架的内力相似，用矩阵位移法计算刚架临界荷载时的步骤也是将结构划分为若干杆单元；进行单元分析，建立单元刚度方程；进行整体分析，建立结构刚度方程。根据结构刚度矩阵相应的行列式等于零的条件，建立稳定方程；求出临界荷载。需要指出的是，第 10 章计算内力时，由于轴向力对刚架弯曲变形的影响很小，因而在单元分析中不考虑轴力的影响；而在稳定问题中，轴力是使杆件失稳变弯的决定因素，因此在单元分析中必须考虑轴力对弯曲变形的影响，这种单元称为压杆单元。下面先来建立压杆单元的刚度方程。

图 12-18 所示为刚架某等截面直杆 ij 受轴向压力 F_P 作用，当 F_P 增大到 F_{Pcr} 时，杆件处于过渡平衡状态新的微弯位置，杆端将有沿杆轴方向的位移 Δ 和两端的侧移及转角。杆端位移列阵 $\bar{\boldsymbol{\delta}}^e$ 为：

$$\bar{\boldsymbol{\delta}}^e = \begin{bmatrix} \overline{v_i} & \overline{\varphi_i} & \overline{v_j} & \overline{\varphi_j} \end{bmatrix}^T$$

相应地，杆端力除轴力 F_P 外还有杆端弯矩和剪力，杆端力列阵为 $\bar{\boldsymbol{F}}^e$：

$$\bar{\boldsymbol{F}}^e = \begin{bmatrix} \overline{F_{Qi}} & \overline{M_i} & \overline{F_{Qj}} & \overline{M_j} \end{bmatrix}^T$$

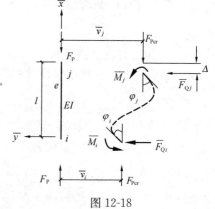

图 12-18

为了求出杆端力与杆端位移之间的关系，可以引用能量原理，即杆件外力功的增量 ΔW 等于杆件弯曲应变能的增量 δV：

$$\delta V = \Delta W \tag{a}$$

由式（12-14）知：

$$\delta V = \frac{1}{2} \int_0^l EI (y'')^2 \, dx \tag{12-37}$$

在压杆单元中，ΔW 由两部分组成：一是杆端力在弯曲变形上作的功，一是压力 F_P 在杆件弯曲引起的轴向位移上作的功，即：

$$\Delta W = \frac{1}{2} \overline{\boldsymbol{\delta}}^{eT} \overline{\boldsymbol{F}}^e + F_P \Delta \tag{12-38}$$

式中，Δ 由式（12-15）知：

$$\Delta = \frac{1}{2} \int_0^l (y')^2 \, dx \tag{12-39}$$

故式（a）可写成：

$$\frac{1}{2} \overline{\boldsymbol{\delta}}^{eT} \overline{\boldsymbol{F}}^e + \frac{F_P}{2} \int_0^l (y')^2 \, dx = \frac{EI}{2} \int_0^l (y'')^2 \, dx \tag{b}$$

设单元的刚度矩阵为 $\overline{\boldsymbol{k}}^e$，则有 $\overline{\boldsymbol{F}}^e = \overline{\boldsymbol{k}}^e \overline{\boldsymbol{\delta}}^e$，于是式（b）可写为：

$$\overline{\boldsymbol{\delta}}^{eT} \overline{\boldsymbol{k}}^e \overline{\boldsymbol{\delta}}^e = EI \int_0^l (y'')^2 \, dx - F_P \int_0^l (y')^2 \, dx \tag{12-40}$$

为了能从式（12-40）中求出 $\overline{\boldsymbol{k}}^e$，需要先知道压杆单元失稳时的位移函数 $y(x)$。考虑到杆件两端共有 4 个位移边界条件，故假设近似位移函数为三次曲线：

$$y(x) = a_1 + a_2 x + a_3 x^2 + a_4 x^3 \tag{c}$$

根据边界条件 $x=0$ 时，$y = \overline{\nu}_i$，$y' = \overline{\varphi}_i$；$x=l$ 时，$y = \overline{\nu}_j$，$y' = \overline{\varphi}_j$，可求出 a_1、a_2、a_3、a_4，再将它们代入式（c）整理得到：

$$y(x) = \left[\left(1 - \frac{3x^2}{l^2} + \frac{2x^3}{l^3} \right) \quad \left(x - \frac{2x^2}{l} + \frac{x^3}{l^2} \right) \quad \left(\frac{3x^2}{l^2} - \frac{2x^3}{l^3} \right) \right.$$

$$\left. \left(-\frac{x^2}{l} + \frac{x^3}{l^2} \right) \right] [\overline{\nu}_i \quad \overline{\varphi}_i \quad \overline{\nu}_j \quad \overline{\varphi}_j]^T = \boldsymbol{A} \overline{\boldsymbol{\delta}}^e \tag{12-41}$$

式中

$$\boldsymbol{A} = \left[\left(1 - \frac{3x^2}{l^2} + \frac{2x^3}{l^3} \right) \quad \left(x - \frac{2x^2}{l} + \frac{x^3}{l^2} \right) \quad \left(\frac{3x^2}{l^2} - \frac{2x^3}{l^3} \right) \quad \left(-\frac{x^2}{l} + \frac{x^3}{l^2} \right) \right] \tag{d}$$

其中每一项表示当 $\overline{\boldsymbol{\delta}}_i^e = 1$ 时所引起的挠曲线。

将式（12-41）对 x 求导，得：

$$y'(x) = \boldsymbol{A}' \overline{\boldsymbol{\delta}}^e = \boldsymbol{B} \overline{\boldsymbol{\delta}}^e \tag{12-42}$$

$$y''(x) = \boldsymbol{A}'' \overline{\boldsymbol{\delta}}^e = \boldsymbol{C} \overline{\boldsymbol{\delta}}^e \tag{12-43}$$

其中

$$\boldsymbol{B}=\left[\left(-\frac{6x}{l^2}+\frac{6x^2}{l^3}\right)\quad\left(1-\frac{4x}{l}+\frac{3x^2}{l^2}\right)\quad\left(\frac{6x}{l^2}-\frac{6x^2}{l^3}\right)\quad\left(-\frac{2x}{l}+\frac{3x^2}{l^2}\right)\right]\tag{e}$$

$$\boldsymbol{C}=\left[\left(-\frac{6}{l^2}+\frac{12x}{l^3}\right)\quad\left(-\frac{4}{l}+\frac{6x}{l^2}\right)\quad\left(\frac{6}{l^2}-\frac{12x}{l^3}\right)\quad\left(-\frac{2}{l}+\frac{6x}{l^2}\right)\right]\tag{f}$$

将式(12-42)、式(12-43)代入式(12-40)则有:

$$\overline{\boldsymbol{\delta}}^{eT}\overline{\boldsymbol{k}}^e\overline{\boldsymbol{\delta}}^e=EI\int_0^l\boldsymbol{C}\overline{\boldsymbol{\delta}}^e\boldsymbol{C}\overline{\boldsymbol{\delta}}^e\mathrm{d}x-F_{\mathrm{P}}\int_0^l\boldsymbol{B}\overline{\boldsymbol{\delta}}^e\boldsymbol{B}\overline{\boldsymbol{\delta}}^e\mathrm{d}x$$

由线性代数知识知$\boldsymbol{C}\overline{\boldsymbol{\delta}}^e=\overline{\boldsymbol{\delta}}^{eT}\boldsymbol{C}^T$,$\boldsymbol{B}\overline{\boldsymbol{\delta}}^e=\overline{\boldsymbol{\delta}}^{eT}\boldsymbol{B}^T$,故上式又可改写为:

$$\overline{\boldsymbol{\delta}}^{eT}\overline{\boldsymbol{k}}^e\overline{\boldsymbol{\delta}}^e=\overline{\boldsymbol{\delta}}^{eT}\left[EI\int_0^l\boldsymbol{C}^T\boldsymbol{C}\mathrm{d}x-F_{\mathrm{P}}\int_0^l\boldsymbol{B}^T\boldsymbol{B}\mathrm{d}x\right]\overline{\boldsymbol{\delta}}^e\tag{g}$$

考虑到$\overline{\boldsymbol{\delta}}^e$的任意性,故由式(g)可得:

$$\overline{\boldsymbol{k}}^e=\left[EI\int_0^l\boldsymbol{C}^T\boldsymbol{C}\mathrm{d}x-F_{\mathrm{P}}\int_0^l\boldsymbol{B}^T\boldsymbol{B}\mathrm{d}x\right]\tag{12-44}$$

再将式(e)、式(f)代入上式进行积分,可得有轴向力作用的单元刚度矩阵为:

$$\overline{\boldsymbol{k}}^e=EI\begin{bmatrix}\dfrac{12}{l^3}&\dfrac{6}{l^2}&-\dfrac{12}{l^3}&\dfrac{6}{l^2}\\[2mm]\dfrac{6}{l^2}&\dfrac{4}{l}&-\dfrac{6}{l^2}&\dfrac{2}{l}\\[2mm]-\dfrac{12}{l^3}&-\dfrac{6}{l^2}&\dfrac{12}{l^3}&-\dfrac{6}{l^2}\\[2mm]\dfrac{6}{l^2}&\dfrac{2}{l}&-\dfrac{6}{l^2}&\dfrac{4}{l}\end{bmatrix}-F_P\begin{bmatrix}\dfrac{6}{5l}&\dfrac{1}{10}&-\dfrac{6}{5l}&\dfrac{1}{10}\\[2mm]\dfrac{1}{10}&\dfrac{2l}{15}&-\dfrac{1}{10}&-\dfrac{l}{30}\\[2mm]-\dfrac{6}{5l}&-\dfrac{1}{10}&\dfrac{6}{5l}&-\dfrac{1}{10}\\[2mm]\dfrac{1}{10}&-\dfrac{l}{30}&-\dfrac{1}{10}&\dfrac{2l}{15}\end{bmatrix}\tag{12-45}$$

上式就是压杆单元的刚度矩阵,它由两部分组成:前一部分为不考虑轴向力作用的单元刚度矩阵;后一部分为考虑轴力影响的附加刚度矩阵,称为单元几何刚度矩阵。

若式(12-45)等号右边的第1个矩阵中再补充轴向力和轴向位移之间的刚度关系,并以$\overline{\boldsymbol{k}}_{\mathrm{e}}^e$表示;第2个矩阵中在轴向力和轴向位移刚度关系的相应位置处填零,并以$\overline{\boldsymbol{s}}^e$表示,则压杆单元刚度方程可表示为:

$$\overline{\boldsymbol{F}}^e=\left[\overline{\boldsymbol{k}}_{\mathrm{e}}^e-\overline{\boldsymbol{s}}^e\right]\overline{\boldsymbol{\delta}}^e\tag{12-46}$$

其中,$\overline{\boldsymbol{F}}^e=\left[\overline{F}_{\mathrm{N}i}\quad\overline{F}_{\mathrm{Q}i}\quad\overline{M}_i\quad\overline{F}_{\mathrm{N}j}\quad\overline{F}_{\mathrm{Q}j}\quad\overline{M}_j\right]^T$

$\overline{\boldsymbol{\delta}}^e=\left[\overline{u}_i\quad\overline{v}_i\quad\overline{\varphi}_i\quad\overline{u}_j\quad\overline{v}_j\quad\overline{\varphi}_j\right]^T$

$$\overline{\boldsymbol{k}}_{\mathrm{e}}^e=\begin{bmatrix}\dfrac{EA}{l}&0&0&-\dfrac{EA}{l}&0&0\\[2mm]0&\dfrac{12EI}{l^3}&\dfrac{6EI}{l^2}&0&-\dfrac{12EI}{l^3}&\dfrac{6EI}{l^2}\\[2mm]0&\dfrac{6EI}{l^2}&\dfrac{4EI}{l}&0&-\dfrac{6EI}{l^2}&\dfrac{2EI}{l}\\[2mm]-\dfrac{EA}{l}&0&0&\dfrac{EA}{l}&0&0\\[2mm]0&-\dfrac{12EI}{l^3}&-\dfrac{6EI}{l^2}&0&\dfrac{12EI}{l^3}&-\dfrac{6EI}{l^2}\\[2mm]0&\dfrac{6EI}{l^2}&\dfrac{2EI}{l}&0&-\dfrac{6EI}{l^2}&\dfrac{4EI}{l}\end{bmatrix}\tag{12-47}$$

$$\bar{s}^e = F_P \begin{bmatrix} 0 & 0 & 0 & 0 & 0 & 0 \\ 0 & \dfrac{6}{5l} & \dfrac{1}{10} & 0 & -\dfrac{6}{5l} & \dfrac{1}{10} \\ 0 & \dfrac{1}{10} & \dfrac{2l}{15} & 0 & -\dfrac{1}{10} & -\dfrac{l}{30} \\ 0 & 0 & 0 & 0 & 0 & 0 \\ 0 & -\dfrac{6}{5l} & -\dfrac{1}{10} & 0 & \dfrac{6}{5l} & -\dfrac{1}{10} \\ 0 & \dfrac{1}{10} & -\dfrac{l}{30} & 0 & -\dfrac{1}{10} & \dfrac{2l}{15} \end{bmatrix} \tag{12-48}$$

通过坐标转换，即可由式（12-46）得到整体坐标系下的压杆单元刚度方程：

$$F^e = [k_e^e - s^e]\delta^e \tag{12-49}$$

式中杆端力和杆端位移列向量为

$$F^e = \begin{bmatrix} F_{xi} & F_{yi} & M_i & F_{xj} & F_{yj} & M_j \end{bmatrix}^T$$

$$\delta^e = \begin{bmatrix} u_i & v_i & \varphi_i & u_j & v_j & \varphi_j \end{bmatrix}^T$$

整体坐标系中的单元刚度矩阵 k_e^e 和 s^e 分别为：

$$k_e^e = T^T \bar{k}_e^e T, \; s^e = T^T \bar{s}^e T \tag{12-50}$$

式中　T——坐标转换矩阵，与第 10 章式（10-13）相同。

　　忽略轴力影响的单元刚度方程由单元坐标系向结构整体坐标系转换的作法与第 10 章自由梁式单元相同，无须赘述。

　　下面讨论刚架稳定计算的整体分析。在求得整体坐标系中的单元刚度矩阵后，即可按第 10 章所述的"对号入座"的方法形成结构刚度矩阵

$$[K_e - s]\Delta = F \tag{12-51}$$

式中，Δ 为节点位移列向量；F 为节点外力列向量。在稳定计算中，节点荷载只有压力，而各杆所受的压力已包括在压杆单元刚度矩阵之中，因此有 $F=0$。故刚度方程为：

$$[K_e - s]\Delta = 0 \tag{12-52}$$

上式是关于 Δ 的齐次方程。若令

$$K = K_e - s$$

则式（12-52）可进一步写为：

$$K\Delta = 0 \tag{12-53}$$

　　结构处于新的弯曲平衡状态的特点是 Δ 不全为零，故必有 Δ 所对应的行列式为零，即

$$|K| = 0 \tag{12-54}$$

上式就是结构的稳定方程。展开行列式，求解并取其最小根即为临界荷载。

　　需要指出，在利用能量法建立单元刚度方程时，采用了近似的弹性曲线，所以求得的结果是近似的。对此可采取把受压杆件划分成若干单元的办法，单元划分的越多，产生的误差也就越小。

　　【例 12-6】 试用矩阵位移法计算图 12-19（a）所示刚架的临界荷载。

　　【解】 （1）划分单元，将单元、节点进行编号。若按杆件划分单元，所得结果误差较大，为提高精度，将竖柱中点作为一个节点，竖柱划分为两个单元。各单元、节点编

号、局部坐标系及整体坐标系如图 12-19（b）所示。节点位移分量为 u_3，φ_3，φ_4，总码为 1、2、3。

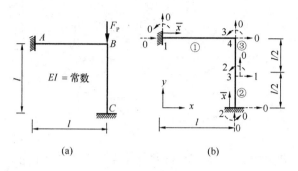

图 12-19

（2）求各单元刚度矩阵。计算单元刚度矩阵 $\boldsymbol{K}_e^e - \boldsymbol{S}^e$ 只为集成 $\boldsymbol{K}$，故总码"0"对应的行、列元素不必计算。

单元①为一般单元，$\boldsymbol{S}^{①} = 0$，又 $\alpha = 0°$，故两种坐标系下的单元刚度矩阵相同。$\boldsymbol{\lambda}^{①} = [0 \ \ 0 \ \ 0 \ \ 0 \ \ 0 \ \ 3]^T$，并标在单元刚度矩阵的右方和上方：

$$
\bar{\boldsymbol{k}}_e^{①} = \boldsymbol{k}_e^{①} =
\begin{array}{c}
\begin{array}{cccccc} 0 & \ 0 & \ 0 & \ 0 & \ 0 & \ 3 \end{array} \\
\left[
\begin{array}{cccccc}
\cdots & \cdots & \cdots & \cdots & \cdots & \cdots \\
\cdots & \cdots & \cdots & \cdots & \cdots & \cdots \\
\cdots & \cdots & \cdots & \cdots & \cdots & \cdots \\
\hdashline
\cdots & \cdots & \cdots & \cdots & \cdots & \cdots \\
\cdots & \cdots & \cdots & \cdots & \cdots & \cdots \\
\cdots & \cdots & \cdots & \cdots & \cdots & \dfrac{4EI}{l}
\end{array}
\right]
\begin{array}{c} 0 \\ 0 \\ 0 \\ 0 \\ 0 \\ 3 \end{array}
\end{array}
$$

单元②和③为压杆单元，杆长均为 $l/2$，且 EI 相同，它们在局部坐标系下的单元刚度矩阵相同：

$$
\bar{\boldsymbol{k}}_e^{②} - \bar{\boldsymbol{s}}^{②} = \bar{\boldsymbol{k}}_e^{③} - \bar{\boldsymbol{s}}^{③} =
\left[
\begin{array}{ccc:ccc}
\dfrac{2EA}{l} & 0 & 0 & -\dfrac{2EA}{l} & 0 & 0 \\[2mm]
0 & \dfrac{96EI}{l^3} & \dfrac{24EI}{l^2} & 0 & -\dfrac{96EI}{l^3} & \dfrac{24EI}{l^2} \\[2mm]
0 & \dfrac{24EI}{l^2} & \dfrac{8EI}{l} & 0 & -\dfrac{24EI}{l^2} & \dfrac{4EI}{l} \\[2mm]
\hdashline
-\dfrac{2EA}{l} & 0 & 0 & \dfrac{2EA}{l} & 0 & 0 \\[2mm]
0 & -\dfrac{96EI}{l^3} & -\dfrac{24EI}{l^2} & 0 & \dfrac{96EI}{l^3} & -\dfrac{24EI}{l^2} \\[2mm]
0 & \dfrac{24EI}{l^2} & \dfrac{4EI}{l} & 0 & -\dfrac{24EI}{l^2} & \dfrac{8EI}{l}
\end{array}
\right]
$$

$$
-F_P
\begin{bmatrix}
0 & 0 & 0 & 0 & 0 & 0 \\
0 & \dfrac{12}{5l} & \dfrac{1}{10} & 0 & -\dfrac{12}{5l} & \dfrac{1}{10} \\
0 & \dfrac{1}{10} & \dfrac{l}{15} & 0 & -\dfrac{1}{10} & -\dfrac{l}{60} \\
\hdashline
0 & 0 & 0 & 0 & 0 & 0 \\
0 & -\dfrac{12}{5l} & -\dfrac{1}{10} & 0 & \dfrac{12}{5l} & -\dfrac{1}{10} \\
0 & \dfrac{1}{10} & -\dfrac{l}{60} & 0 & -\dfrac{1}{10} & \dfrac{l}{15}
\end{bmatrix}
$$

单元②、③均为 $\alpha = 90°$，按式（12-50）进行坐标转换后，可得整体坐标系中的单元刚度矩阵 $\boldsymbol{\lambda}^{②} = \begin{bmatrix} 0 & 0 & 0 & 1 & 0 & 2 \end{bmatrix}^T$，$\boldsymbol{\lambda}^{③} = \begin{bmatrix} 1 & 0 & 2 & 0 & 0 & 3 \end{bmatrix}^T$，将它们标在矩阵的右方和上方可得：

$$
\begin{array}{cccccc}
(1) & 0 & (2) & (0) & (0) & (3) \\
0 & 0 & 0 & 1 & 0 & 2
\end{array} \qquad \lambda^{②}\ \lambda^{③}
$$

$$
\boldsymbol{k}_{\mathrm{e}}^{②} - \boldsymbol{s}^{②} = \boldsymbol{k}_{\mathrm{e}}^{③} - \boldsymbol{s}^{③} =
\begin{bmatrix}
\dfrac{96EI}{l^3} & \cdots & -\dfrac{24EI}{l^2} & -\dfrac{96EI}{l^3} & \cdots & -\dfrac{24EI}{l^2} \\
\cdots & \cdots & \cdots & \cdots & \cdots & \cdots \\
-\dfrac{24EI}{l^2} & \cdots & \dfrac{8EI}{l} & \dfrac{24EI}{l^2} & \cdots & \dfrac{4EI}{l} \\
\hdashline
-\dfrac{96EI}{l^3} & \cdots & \dfrac{24EI}{l^2} & \dfrac{96EI}{l^3} & \cdots & \dfrac{24EI}{l^2} \\
\cdots & \cdots & \cdots & \cdots & \cdots & \cdots \\
-\dfrac{24EI}{l^2} & \cdots & \dfrac{4EI}{l} & \dfrac{24EI}{l^2} & \cdots & \dfrac{8EI}{l}
\end{bmatrix}
\begin{array}{c}
0\ (1) \\ 0\ (0) \\ 0\ (2) \\ 1\ (0) \\ 0\ (0) \\ 2\ (3)
\end{array}
$$

$$
\begin{array}{cccccc}
(1) & (0) & (2) & (0) & (0) & (3) \\
0 & 0 & 0 & 1 & 0 & 2
\end{array} \qquad \lambda^{②}\ \lambda^{③}
$$

$$
-F_P
\begin{bmatrix}
\dfrac{12}{5l} & \cdots & -\dfrac{1}{10} & -\dfrac{12}{5l} & \cdots & -\dfrac{1}{10} \\
\cdots & \cdots & \cdots & \cdots & \cdots & \cdots \\
-\dfrac{1}{10} & \cdots & \dfrac{l}{15} & \dfrac{1}{10} & \cdots & -\dfrac{l}{60} \\
\hdashline
-\dfrac{12}{5l} & \cdots & \dfrac{1}{10} & \dfrac{12}{5l} & \cdots & \dfrac{1}{10} \\
\cdots & \cdots & \cdots & \cdots & \cdots & \cdots \\
-\dfrac{1}{10} & \cdots & -\dfrac{l}{60} & \dfrac{1}{10} & \cdots & \dfrac{l}{15}
\end{bmatrix}
\begin{array}{c}
0\ (1) \\ 0\ (0) \\ 0\ (2) \\ 1\ (0) \\ 0\ (0) \\ 2\ (3)
\end{array}
$$

（3）形成结构刚度矩阵。将以上整体坐标系中的各单元刚度矩阵，按单元定位向量的总码"对号入座"，可得结构刚度矩阵为：

$$\boldsymbol{K} = \begin{bmatrix} 2\left(\dfrac{96EI}{l^3} - \dfrac{12}{5l}F_\text{P}\right) & 0 & -\dfrac{24EI}{l^2} + \dfrac{1}{10}F_\text{P} \\[3mm] 0 & 2\left(\dfrac{8EI}{l} - \dfrac{l}{15}F_\text{P}\right) & \dfrac{4EI}{l} + \dfrac{l}{60}F_\text{P} \\[3mm] -\dfrac{24EI}{l^2} + \dfrac{1}{10}F_\text{P} & \dfrac{4EI}{l} + \dfrac{l}{60}F_\text{P} & \dfrac{12EI}{l} - \dfrac{l}{15}F_\text{P} \end{bmatrix}$$

（4）求临界荷载。｜K｜$=0$ 即为稳定方程。将 K 的行列式展开并令其等于零，则有

$$F_\text{P}^3 - 375.333\frac{EI}{l^2}F_\text{P}^2 + 30720\left(\frac{EI}{l^2}\right)^2 F_\text{P} - 614400\left(\frac{EI}{l^2}\right)^3 = 0$$

解此三次方程，其最小根（即临界荷载）为：

$$F_\text{Pcr} = 28.972\frac{EI}{l^2}$$

与精确值相比，误差为 2.03%。

思 考 题

1. 结构弹性失稳有哪两种基本形式？它们失稳形式的特征有何不同？
2. 静力法和能量法有何异同？
3. 试述静力法求解临界荷载的计算步骤。
4. 简要说明能量法求解临界荷载的解题思路。
5. 缀条式和缀板式组合压杆的剪切角 $\bar{\gamma}$ 是如何计算的？
6. 简述矩阵位移法计算刚架稳定问题的解题步骤。

习 题

12-1 试用静力法求题图所示压杆的稳定方程，并计算其临界荷载。

12-2 试用能量法求题 12-1 图（c）所示压杆的临界荷载。设失稳时压杆弹性部分的曲线近似地采用

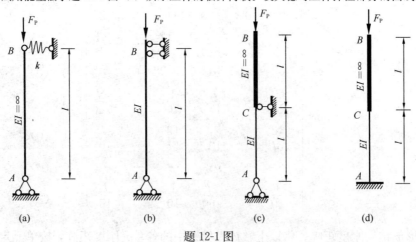

题 12-1 图

简支梁在杆端受一力偶作用时的挠曲线，即 $y = \alpha x(1 - x^2/l^2)$。

12-3 试用能量法求题 12-1 图（d）所示压杆的临界荷载。设失稳时压杆弹性部分的曲线近似地取为抛物线 $y = \alpha x^2/l^2$。

12-4 图示结构失稳时有如虚线所示的形状，试分别按静力法和能量法求其临界荷载。

12-5 试用静力法求图示结构的临界荷载。

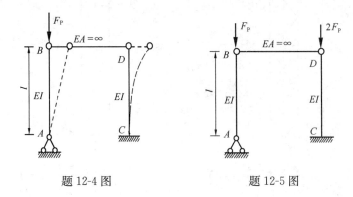

题 12-4 图　　　　　　　　　题 12-5 图

12-6 将图示刚架的竖杆视为弹性支座上的压杆。试用静力法求其稳定方程，并计算临界荷载。设各杆 EI＝常数。

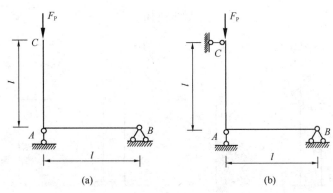

(a)　　　　　　　　　　　(b)

题 12-6 图

12-7 试用能量法求图示压杆的临界荷载。设取相应的等截面压杆失稳形式作为近似变形曲线。

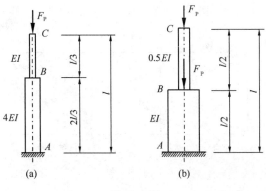

(a)　　　　　　　(b)

题 12-7 图

12-8 试确定图示组合杆件的临界荷载。

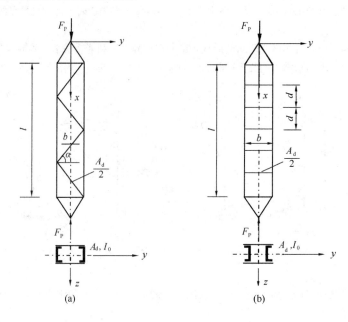

题 12-8 图

12-9 试用矩阵位移法求图示结构的临界荷载。

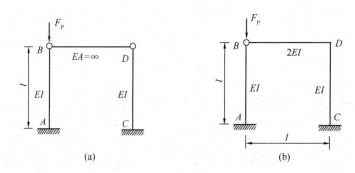

题 12-9 图

12-10 试用矩阵位移法计算图示刚架的临界荷载。

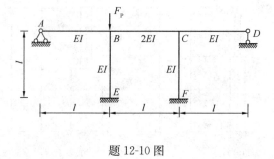

题 12-10 图

12-11 试用矩阵位移法计算图示刚架的临界荷载。

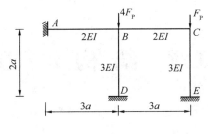

题 12-11 图

答　案

12-1　(a) $F_{Pcr} = kl$；(b) $F_{Pcr} = 20.19 \dfrac{EI}{l^2}$；(c) $F_{Pcr} = \dfrac{\pi^2 EI}{4l^2}$；(d) $F_{Pcr} = 0.7396 \dfrac{EI}{l^2}$

12-2　$F_{Pcr} = 2.5 \dfrac{EI}{l^2}$

12-3　$F_{Pcr} = 0.75 \dfrac{EI}{l^2}$

12-4　$F_{Pcr} = \dfrac{3EI}{l^2}$

12-5　$F_{Pcr} = 0.876 \dfrac{EI}{l^2}$

12-6　(a) $F_{Pcr} = 1.422 \dfrac{EI}{l^2}$；(b) $F_{Pcr} = 13.833 \dfrac{EI}{l^2}$

12-7　(a) $F_{Pcr} = 9.442 \dfrac{EI}{l^2}$；(b) $F_{Pcr} = 0.4854 \dfrac{EI}{l^2}$

12-8　(a) $F_{Pcr} = \dfrac{F_{Pe}}{1 + \dfrac{F_{Pe}}{E} \cdot \dfrac{2}{A_d \cos^2 \alpha \sin \alpha}}$，其中：$F_{Pe} = \dfrac{\pi^2 EI}{4l^2}$，$I = 2I_0 + \dfrac{A_d b^2}{2}$；

　　(b) $F_{Pcr} = \dfrac{F_{Pe}}{1 + \dfrac{F_{Pe} d^2}{24EI_0}}$，其中：$F_{Pe} = \dfrac{\pi^2 EI}{4l^2}$，$I = 2I_0 + \dfrac{A_d b^2}{2}$

12-9　(a) $F_{Pcr} = 4.86 \dfrac{EI}{l^2}$；(b) $F_{Pcr} = 8.880 \dfrac{EI}{l^2}$

12-10　$F_{Pcr} = 33.12 \dfrac{EI}{l^2}$

12-11　$F_{Pcr} = 2.68 \dfrac{EI}{a^2}$

第13章 结构动力学

13.1 概　述

1. 动力荷载的概念

前面各章讨论了结构在静力荷载作用下的计算，本章介绍动力荷载对结构的影响。

静力荷载是指缓慢地施加到结构上，不致使结构产生显著的冲击或振动，因而惯性力的影响可以略去不计。动力荷载则是指其大小、方向和作用点随时间迅速变化，致使结构产生显著加速度，因而必须考虑惯性力影响。

工程实际中，除了结构自重及一些永久荷载外，绝大多数荷载都是随时间变化的，因而或多或少地具有一定的动力作用。但是对那些随时间变化很慢，其动力作用比较小的荷载，为了简化计算，可看作静力荷载。而对那些随时间变化激烈、对结构产生的影响与静力荷载相比相差甚远的荷载，例如建筑上的飓风荷载、高速通过桥梁的列车、地震对建筑物的激振等，应按动力荷载考虑。

作用在结构上的动力荷载，按其变化规律主要有以下几类：

（1）周期荷载

周期荷载是指随时间按周期性变化的荷载。当荷载随时间按正弦函数或余弦函数规律变化时（图13-1)，称为简谐荷载，它是工程中最常见的周期荷载。例如结构上有旋转机件的设备时，因旋转部分质量具有偏心而产生的离心力，就是作用于结构的简谐荷载。

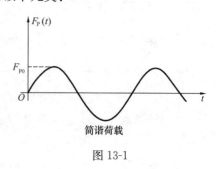

简谐荷载

图 13-1

（2）冲击、突加荷载

冲击荷载是指在很短的时间内骤然增大或减小的荷载。例如爆炸对建筑物的冲击以及落锤、打桩机工作时产生的冲击等都是冲击荷载的例子。突加荷载是指在一瞬间施加并停留在结构上的荷载，例如往粮仓卸落的粮袋就是作用于粮仓地板的突加荷载。

（3）随机荷载

凡是无法表达为确定的时间函数的荷载称为随机荷载。这种荷载任一时刻的数值事先无法知道，变化极不规则，例如脉动风压（图13-2)和地震作用（图13-3)均属于随机荷载。对随机荷载只能用概率和数理统计的方法，寻求其规律，作为动力计算的依据。

2. 动力计算的特点和内容

与静力计算不同的是，在动力荷载作用下，结构的质量具有加速度，其惯性力不容忽视。因此，是否考虑惯性力的影响是动力计算与静力计算的主要区别。

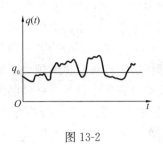

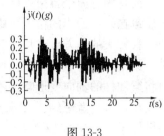

图 13-2 　　　　　　　　　　　图 13-3

当结构受到某种外界干扰后发生振动，并在以后的振动过程中不再受外界干扰的作用，这种振动称为自由振动；若在以后的振动过程中还不断受到外界干扰力的作用，则称为强迫振动。结构在动力荷载作用下产生的位移和内力，称为动位移和动内力，它们既是位置的函数又是时间的函数。动位移、动内力统称动力反应。

结构动力计算的目的，就是要确定动力荷载作用下，结构的动力反应随时间变化的规律，找出其最大值，以作为结构设计和验算的依据。因此，研究强迫振动就成为结构动力计算的一项根本任务。

结构的动力反应不仅与动力荷载的变化规律有关，而且与结构本身的动力特性密切相关。例如，用锤击打木梁和钢梁，它们的振动频率、周期就不同。结构的自振频率、振型和阻尼等是反映结构本身动力特性的指标，需要通过研究结构的自由振动来得到。因此，结构动力计算，需要分析结构的自由振动和强迫振动两种情况，前者计算结构本身的动力特性，后者进一步计算结构的动力反应。

13.2　体系振动的自由度

根据牛顿第二定律，惯性力大小等于质量与加速度的乘积，方向与加速度的方向相反。在动力计算中，为了考虑惯性力的影响，就需要确定体系的质量在运动中的位置。我们把体系在振动过程中确定其全部质量位置所需要的独立参变数的数目，称为该体系振动的自由度。

工程中的结构，其质量是连续分布的，严格说来都是无限自由度体系。但是在计算中这样考虑不仅困难，而且往往也不必要。为简化分析，实用中通常略去次要因素，将分布质量集中为有限个质点，这就将无限自由度体系转化为有限自由度问题。例如对于图 13-4（a）所示简支梁，跨中安装一台机器，当梁的分布质量远小于机器的质量 m 时，则可略去梁本身的质量，将机器简化为作用于一点的质量（称为质点）。若不考虑梁的轴向变形和机器的转动惯性，梁在小变形振动的情况下，仅需一个独立的参数 y 便可完全确定质点的位置，计算简图如图 13-4（b）所示。这种具有一个自由度的体系称为单自由度体系。自由度大于 1 的体系称为多自由度体系。

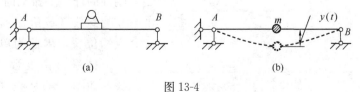

图 13-4

363

将实际结构简化为有限个自由度体系的方法有多种，最常用的是集中质量法。此法是把体系的分布质量在一些适当的位置集中起来化为若干质点。质量集中位置宜选择在集中后质点振动时位移较大的地方。对均质等截面直杆，可将杆件划分为若干段，再将各段质量集中到两端。集中质量的数目越多，所得结果越精确，计算量也就越大。如图 13-5（a）所示刚架，可将梁和柱的轴向变形略去不计，将质量分别集中在各自杆件的两端（即节点处）成为三个质点，若只考虑结构在水平力作用下的横向振动时，可简化为图 13-5（b）所示三个自由度体系。又如图 13-6（a）所示简支梁，分布质量集度为 $\overline{m}$。当计算需要将梁简化为一个、两个或三个自由度体系时，集中质量方案则如图 13-6（b）、（c）、（d）所示；当计算需要考虑连续分布质量时，可将其看作无穷多个大小为 $\overline{m}\mathrm{d}x$ 的集中质量（图 13-6e），此时梁是无限自由度体系。

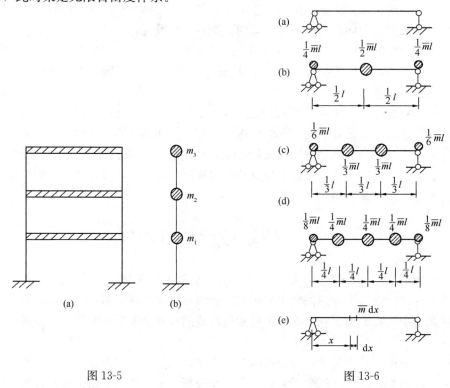

图 13-5　　　　　　　　　　　　　　　　　图 13-6

　　应当注意：（1）体系振动的自由度与集中质量的个数（质点数）有时并不相等，它应根据确定质点位置所需的独立参变数的数目判定。如图 13-7（a）所示体系，只有一个质点，在不考虑质点的转动惯性时，其位置需由两个独立参变数（水平位移和竖向位移）来确定，自由度为 2；而图 13-7（b）所示结构有三个质点，在绝对刚性的杆件上振动时，只要一个独立的参数（转角 α）便能确定各质点的位置，因此为单自由度体系。（2）体系自由度数与计算精度有关。如图 13-5（a）所示刚架，若

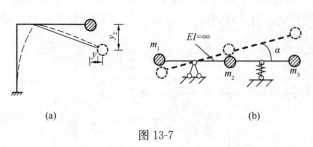

图 13-7

考虑梁和立柱的轴向变形，则体系自由度数将增加；又如图 13-7（a）所示体系，若计算精度要求考虑质点的转动惯性时，还要增加确定质点转动位置的独立参数。（3）体系的自由度与结构是静定还是超静定无关。

13.3　单自由度体系的自由振动

单自由度体系的动力分析是多自由度体系动力分析的基础。同时，工程中的许多动力问题常常可以简化为单自由度体系进行近似计算。因此单自由度体系在结构动力计算中占有重要的地位。按照单自由度体系在振动过程中是否受外部干扰力作用，分为自由振动和强迫振动。本节讨论单自由度体系的自由振动，确定频率、周期、阻尼比。

13.3.1　不考虑阻尼时的自由振动

13.3.1.1　运动微分方程的建立

图 13-8（a）所示悬臂梁在自由端有一集中质量 m，梁本身的质量与 m 相比忽略不计。未受到外界干扰时，梁在质量 m 的重力 W 作用下处于图 13-8（a）中间虚线所示的静力平衡位置。如果质点 m 在外界干扰下，离开了静力平衡位置，在干扰消失后，由于梁的弹性作用，质点 m 将沿竖直方向在静平衡位置附近上下运动。这种在运动过程中不受干扰力作用，而只由初始位移或初始速度或者两者共同影响下产生的振动称为自由振动。以质点 m 的静平衡位置为坐标原点，任一时刻 t 质点的竖向位移为 $y(t)$，并规定位移 y 和质点所受的力都以向下为正。当不考虑阻尼时，原体系可用图 13-8（b）所示的弹簧模型表示。设 k_{11} 和 δ_{11} 分别表示梁在端点处的刚度系数和柔度系数，则二者的关系为：

$$k_{11} = 1/\delta_{11} \tag{a}$$

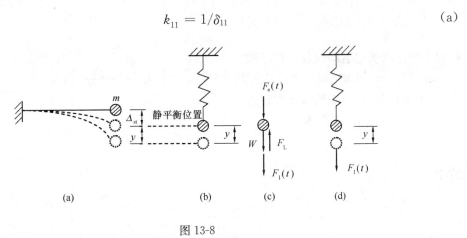

图 13-8

为了寻求体系振动时其位移以及各种量值随时间变化的规律，需要建立描述体系质点运动的微分方程，然后求解。

体系的运动微分方程可以根据达朗伯原理，采用将动力问题转化为静力问题的方法（即动静法）来建立。具体作法有两种：一种是直接建立质点 m 在任一瞬时的动力平衡方程。即在运动的每一瞬时，质点除实际作用的外力，还有惯性力，在它们作用下设想质点处于平衡状态。由于方程中含有结构的刚度系数，所以称为刚度法；另一种是把惯性力视作一个静力荷载，作用于质点上，列出任一时刻的位移方程，由于方程中含有结构的柔度系数，因而称为柔度法。

1. 刚度法

取质量 m 为隔离体，如图 13-8（c）所示。任一时刻 t 作用于质点上的力有：

（1）重力 W，方向恒指向下。

（2）弹簧拉力 F_L 和 $F_e(t)$。其中 F_L 表示质点 m 位于静力平衡位置时的弹簧拉力，它与重力 W 大小相等方向相反；$F_e(t)$ 表示质点 m 离开静力平衡位置为 y 时的弹簧拉力，大小为 $F_e(t) = -k_{11}y$，方向恒与位移 y 的方向相反。由于 $F_e(t)$ 总是有将质点 m 拉回到静力平衡位置的趋势，故称为恢复力或弹性力。

（3）惯性力 $F_I(t)$，它始终与质点的加速度 $\ddot{y}$ 方向相反，大小为 $F_I(t) = -m\ddot{y}$。

根据达朗伯原理，质点 m 在重力 W、弹簧拉力 F_L 和 $F_e(t)$、惯性力 $F_I(t)$ 作用下处于动力平衡状态，于是有：

$$W - F_L + F_e(t) + F_I(t) = 0$$

将各值代入上式可得：

$$m\ddot{y} + k_{11}y = 0 \tag{13-1}$$

上式表明，若以静平衡位置作为坐标 y 的起点，则体系的运动微分方程与质点的重力无关，这一结论对其他体系的振动（包括强迫振动）同样适用。

2. 柔度法

当体系的刚度系数不便于计算时，可用柔度法建立运动微分方程。此时把惯性力 $F_I = -m\ddot{y}$ 看作静力荷载，在 F_I 作用下，质点 m 的位移为 y（图 13-8d），于是有：

$$y = \delta_{11}F_I = -\delta_{11}m\ddot{y} \tag{b}$$

式（b）表明质点在运动过程中任一时刻的位移，等于此时惯性力作用下的静位移。

利用式（a）的关系，式（b）又可写为：

$$m\ddot{y} + k_{11}y = 0 \tag{c}$$

可见两种方法所得运动微分方程相同。

式（13-1）即为单自由度体系不考虑阻尼时自由振动的微分方程。

13.3.1.2　自由振动微分方程的解

方程（13-1）可改写为：

$$\ddot{y} + \omega^2 y = 0 \tag{13-2}$$

式中

$$\omega = \sqrt{\frac{k_{11}}{m}} \tag{13-3}$$

式（13-2）是一个二阶常系数线性齐次微分方程，其通解的形式为：

$$y(t) = C_1\cos\omega t + C_2\sin\omega t \tag{d}$$

取 $y(t)$ 对时间 t 的一阶导数，则得质点在任一时刻的速度为：

$$v(t) = \dot{y}(t) = -\omega C_1\sin\omega t + \omega C_2\cos\omega t \tag{e}$$

以上两式中 C_1 和 C_2 为积分常数，由初始条件确定。设初始时刻 $t = 0$ 时，质点 m 有初位移 $y(0) = y_0$ 和初速度 $v(0) = \dot{y}(0) = v_0$，则由式（d）和式（e）可得

$$C_1 = y_0, \quad C_2 = \frac{v_0}{\omega}$$

于是，式（d）可写为：

$$y(t) = y_0\cos\omega t + \frac{v_0}{\omega}\sin\omega t \quad\quad (13\text{-}4a)$$

式（13-4a）表明，自由振动时质点的动位移由两部分组成：一部分是由初位移 y_0 引起的，以 y_0 为幅值按余弦规律变化；另一部分是由初速度 v_0 引起的，以 $\frac{v_0}{\omega}$ 为幅值按正弦规律变化，两者之间的相位差为 $\frac{\pi}{2}$。

利用三角函数公式，式（13-4a）可改写为：

$$y(t) = A\sin(\omega t + \varphi) \quad\quad (13\text{-}4b)$$

式中

$$\left.\begin{array}{l} A = \sqrt{y_0^2 + \left(\dfrac{v_0}{\omega}\right)^2} \\[3mm] \varphi = \tan^{-1}\dfrac{y_0\omega}{v_0} \end{array}\right\} \quad\quad (13\text{-}5)$$

其中 A 表示质点 m 的最大动位移，称为振幅；φ 为初相角。

由式（13-4b）知，无阻尼自由振动是一种周期性的简谐振动。将式（13-4b）对 t 求二阶导数可得：

$$\ddot{y}(t) = -A\omega^2\sin(\omega t + \varphi) \quad\quad (13\text{-}6)$$

据此可知惯性力为：

$$F_I(t) = -m\ddot{y}(t) = mA\omega^2\sin(\omega t + \varphi) = k_{11}y(t) \quad\quad (13\text{-}7a)$$

或

$$\delta_{11}F_I(t) = y(t) \quad\quad (13\text{-}7b)$$

综上所述，在无阻尼自由振动中，位移 $y(t)$、加速度 $\ddot{y}(t)$ 和惯性力 $F_I(t)$ 都是按正弦规律变化且相位角相同的同步运动，它们将同时达到各自的最大值（即幅值），体系在任意瞬时的位移等于惯性力所产生的静力位移。

13.3.1.3 体系的自振周期和自振频率

由式（13-4b）可知，质点 m 完成一周简谐运动所需的时间为：

$$T = \frac{2\pi}{\omega} \quad\quad (13\text{-}8)$$

不难验证：$y(t) = y(t+T)$。这说明，在自由振动过程中，每隔一段时间 T 后，质点又重复原来的运动，因此 T 称为体系的自振周期，常用单位为 s。

自振周期的倒数称为工程频率，用 f 表示，即：

$$f = \frac{1}{T} = \frac{\omega}{2\pi} \qu\quad (13\text{-}9)$$

它表示体系在每秒钟内振动的次数，其单位为 s^{-1} 或赫兹（Hz）。

由式（13-9）可得 ω 的计算公式为：

$$\omega = 2\pi f = \frac{2\pi}{T} \quad\quad (13\text{-}10a)$$

由式（13-3）还可给出 ω 的如下计算公式：

$$\omega = \sqrt{\frac{k_{11}}{m}} = \sqrt{\frac{1}{m\delta_{11}}} = \sqrt{\frac{g}{W\delta_{11}}} = \sqrt{\frac{g}{\Delta_{st}}} \tag{13-10b}$$

式中 $W = mg$ 为质点的重力；Δ_{st} 表示质点在 W 作用下沿质点运动方向产生的静位移。可以看出，ω 就是体系在 2π 秒内振动的次数，称为体系自由振动的圆频率，简称为自振频率或频率。

自振周期和自振频率是结构动力特性的重要数量标志。由 T 和 ω 计算式可以看出：

（1）T 和 ω 仅取决于体系本身的质量和刚度，是体系本身所固有的属性，与外界的干扰因素无关，因此可以通过研究体系的自由振动来获得。

（2）随着体系刚度的增大或者质量的减小，ω 在增大而 T 在减小。在结构设计时利用这一特点控制自振频率（或周期），可以达到减振的目的。

【例 13-1】 试求图 13-9（a）所示排架的自振频率。设两横梁刚度 $EI_1 = \infty$，质量都为 m，各柱质量忽略不计。

【解】 由式（13-10b）知，求 ω 的关键是计算 k 或 δ。本例求 k 较方便。横梁刚度无限大，故各柱顶侧移相同，可将两横梁质量合并为 $2m$，体系的恢复力等于各柱恢复力之和，为单自由度体系。振动模型可视为三个并联弹簧作用下的振动，如图 13-9（b）所示。

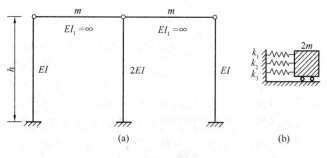

图 13-9

由表 6-1 查得各柱侧移刚度为：

边柱 $k_1 = k_3 = \dfrac{3EI}{h^3}$，中柱 $k_2 = \dfrac{6EI}{h^3}$

三弹簧并联后刚度系数为：

$$k = k_1 + k_2 + k_3 = \frac{12EI}{h^3}$$

由式（13-10b）可得：

$$\omega = \sqrt{\frac{k}{2m}} = \sqrt{\frac{6EI}{mh^3}}$$

【例 13-2】 试求图 13-10（a）所示体系的自振频率，杆件轴向变形忽略不计。

【解】 质点 m 只有竖向位移，为单自由度体系。本例求 δ 较方便。刚架为一次超静定结构，求质点 m 在单位力作用下的竖向位移 δ_{11}，需先用力法绘出 M 图（图 13-10b），再选图 13-10（c）所示的虚力状态，绘出 $\overline{M}$ 图，然后由代数法求出 $\delta_{11} = \dfrac{23l^3}{1536EI}$。由式

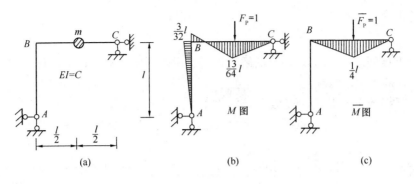

图 13-10

(13-10b) 可得：

$$\omega = \sqrt{\frac{1}{m\delta_{11}}} = \sqrt{\frac{1536EI}{23ml^3}} = 16\sqrt{\frac{6EI}{23ml^3}}$$

13.3.2 考虑阻尼时的自由振动

以上讨论了体系没有阻力时的自由振动，其振动将按照简谐振动的形式无休止地延续。但是实际结构的振动总是存在着各种阻力，不断地耗散体系的能量，最终使运动趋于停止，这种物理现象称为阻尼作用。

振动中的阻力有多种来源，例如振动过程中材料之间的内摩擦力、结构与支承物之间的摩擦力、周围介质的阻力等等，这些力通称为阻尼力。阻尼的性质比较复杂，根据不同的阻尼因素，目前有几种不同的阻尼力假设，黏滞阻尼力就是其中之一，它假定阻尼力 $F_R(t)$ 与质点运动的速度成正比，但恒与速度的方向相反，即：

$$F_R(t) = -c\dot{y}$$

式中，c 为黏滞阻尼系数。由于按黏滞阻尼力建立的运动微分方程仍为线性的，有利于振动问题的解算，而且其他种类的阻尼力也可化为等效黏滞阻尼力来分析，因而应用较为广泛。

仍以图 13-8（a）所示体系为例，坐标原点以质点 m 的静平衡位置为起点，当考虑阻尼力时，任一时刻 t 作用于质点 m 上的力有：恢复力 $F_e(t) = -k_{11}y$，惯性力 $F_I(t) = -m\ddot{y}$ 和阻尼力 $F_R(t) = -c\dot{y}$，如图 13-11 所示。于是，可列出动力平衡方程：

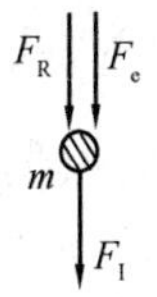

$$F_I + F_R + F_e = 0 \tag{a}$$

图 13-11

将各值代入上式可得：

$$m\ddot{y} + c\dot{y} + k_{11}y = 0 \tag{13-11}$$

令

$$\xi = \frac{c}{2m\omega} \tag{13-12}$$

式中 ξ 称为阻尼比，它反映了阻尼的大小。注意到 $\omega^2 = \dfrac{k_{11}}{m}$，则式（13-11）可写为：

$$\ddot{y} + 2\xi\omega\dot{y} + \omega^2 y = 0 \tag{13-13}$$

式（13-13）是一个二阶常系数齐次线性微分方程，特征方程为：

$$r^2 + 2\xi\omega r + \omega^2 = 0 \tag{b}$$

特征方程的根为：

$$r_{1,2} = \omega(-\xi \pm \sqrt{\xi^2 - 1}) \tag{c}$$

按照常微分方程理论，式（13-13）的解根据特征根的不同，具有以下三种形式：

1. $\xi < 1$，即小阻尼情况

此时特征根 r_1、r_2 是两个复数。式（13-13）的通解为：

$$y(t) = e^{-\xi\omega t}(C_1\cos\omega't + C_2\sin\omega't) \tag{d}$$

式中

$$\omega' = \omega\sqrt{1-\xi^2} \tag{13-14}$$

为有阻尼自振频率。式（d）中的积分常数 C_1 和 C_2 可由初始条件确定。设 $t=0$ 时，$y(0) = y_0$，$\dot{y}(0) = v_0$，由此求得 $C_1 = y_0$，$C_2 = (v_0 + \xi\omega y_0)/\omega'$。于是式（d）可写为：

$$y(t) = e^{-\xi\omega t}\left[y_0\cos\omega't + \frac{v_0 + \xi\omega y_0}{\omega'}\sin\omega't\right] \tag{13-15}$$

式（13-15）也可表达为：

$$y(t) = e^{-\xi\omega t}A\sin(\omega't + \varphi) \tag{13-16}$$

其中常数

$$\left.\begin{array}{l} A = \sqrt{y_0^2 + \left(\dfrac{v_0 + \xi\omega y_0}{\omega'}\right)^2} \\[2ex] \varphi = \tan^{-1}\dfrac{y_0\omega'}{v_0 + \xi\omega y_0} \end{array}\right\} \tag{13-17}$$

由式（13-16）可以作出有阻尼自由振动的 $y\text{-}t$ 曲线（图 13-12），它是一条逐渐衰减的波动曲线。

从上述分析可知，小阻尼自由振动具有以下特点：

（1）体系的运动含有简谐振动的因子，其频率 ω' 或质点两次通过平衡位置的时间间隔 $T' = \dfrac{2\pi}{\omega'}$ 仍为常数，但振幅按 $e^{-\xi\omega t}$ 的规律减小。阻尼比愈大，振幅的衰减愈快。严格地讲，此时运动已没有周期性，习惯上称为衰减振动。

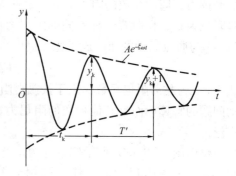

图 13-12

（2）通常阻尼比 ξ 很小，约在 $0.01 \sim 0.1$ 之间。由式（13-14）可知，ω' 与 ω 十分接近，计算时可近似取：

$$\omega' \approx \omega, \quad T' \approx T$$

（3）若在某时刻 t_k 的振幅为 y_k，经过一个时间间隔 T' 后的振幅为 y_{k+1}，则有：

$$\frac{y_k}{y_{k+1}} = \frac{Ae^{-\xi\omega t_k}}{Ae^{-\xi\omega(t_k + T')}} = e^{\xi\omega T'}$$

可见振幅是按等比数列规律递减的。将上式等号两边取对数，有：

$$\ln\frac{y_k}{y_{k+1}} = \xi\omega T' = \xi\omega\frac{2\pi}{\omega} \approx 2\pi\xi$$

这里，$\ln \dfrac{y_{\mathrm{k}}}{y_{\mathrm{k+1}}}$ 称为振幅的对数递减率。在经过 n 次波动后有：

$$\ln \frac{y_{\mathrm{k}}}{y_{\mathrm{k+n}}} \approx 2n\pi\xi \tag{13-18}$$

于是，阻尼比 ξ 可表达为：

$$\xi \approx \frac{1}{2n\pi}\ln \frac{y_{\mathrm{k}}}{y_{\mathrm{k+n}}} \tag{13-19}$$

这样，只要从结构的振动试验中测得振幅 y_{k} 和 $y_{\mathrm{k+n}}$，即可按式（13-19）确定阻尼比 ξ。可见，阻尼比与外界的干扰因素无关，也是反映结构本身动力特性的指标。对各种材料的结构，通过大量实测得到阻尼比如下：钢筋混凝土和砌体结构 $\xi=0.04\sim0.05$；钢结构 $\xi=0.02\sim0.03$；拱坝 $\xi=0.03\sim0.05$；重力坝 $\xi=0.05\sim0.1$；土坝、堆石坝 $\xi=0.1\sim0.2$。

2. $\xi=1$，即临界阻尼情况

此时特征根是一对重根，即 $r_{1,2}=-\omega$，式（13-13）的通解为：

$$y=(C_1+C_2 t)e^{-\omega t}$$

相应的 y-t 曲线如图 13-13 所示。可见，此时体系的运动已不具有振动性质。$\xi=1$ 时的阻尼系数称为临界阻尼系数，记为 c_{cr}。由式（13-12）可得：

$$c_{\mathrm{cr}}=2m\omega=2\sqrt{mk_{11}} \tag{13-20}$$

可见临界阻尼系数与体系的质量和刚度系数乘积的平方根成正比。将式（13-20）代入式（13-12）得：

$$\xi=c/c_{\mathrm{cr}} \tag{13-21}$$

上式说明 ξ 等于实际阻尼系数 c 与临界阻尼系数 c_{cr} 之比，故称为阻尼比。

3. $\xi>1$，即大阻尼情况

特征方程的两个根为：

$$r_{1,2}=-\omega\xi\pm\omega\sqrt{\xi^2-1}$$

是两个负实数，此时式（13-13）的通解为：

$$y=e^{-\xi\omega t}(C_1 sh\sqrt{\xi^2-1}\omega t+C_2 ch\sqrt{\xi^2-1}\omega t) \tag{13-22}$$

上式也不含有简谐因子，也不足以引起体系的振动。当 $y_0>0$ 且 $v_0>0$ 时，其 y-t 曲线仍然与图 13-13 大体相似。

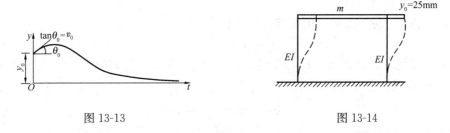

图 13-13　　　　　　　　　　　　　　图 13-14

【例 13-3】 如图 13-14 所示刚架，横梁刚度无限大，质量 $m=5000\mathrm{kg}$。为测得结构的阻尼系数，先使横梁产生 25mm 的水平位移，然后突然放开，使刚架自由振动。测得周期 $T'=0.22\mathrm{s}$ 及 5 个周期后横梁的幅值为 7.12mm。试计算该刚架的阻尼系数 c。

【解】 该刚架为单自由度体系。计算阻尼系数，需要先求出 ξ 与 ω。将 $y_k = y_0 = 25\text{mm}$ 及 $y_{k+5} = 7.12\text{mm}$ 代入式（13-19）得：

$$\xi = \frac{1}{2 \times 5\pi} \ln \frac{25}{7.12} = 0.04$$

因阻尼对周期的影响很小，可近似取 $T = T' = 0.22\text{s}$，于是 $\omega = \frac{2\pi}{T} = 28.56/\text{s}$。

再将 m、ω、ξ 之值代入式（13-12）得：

$$c = 2\xi m\omega = 2 \times 0.04 \times 5000 \times 28.56 = 11424\text{kg/s}。$$

13.4 单自由度体系的强迫振动

上一节通过单自由度体系自由振动的讨论，给出了结构固有动力特性 ω、T、ξ 的计算式，本节进一步讨论单自由度体系的强迫振动，求出结构的动力反应。强迫振动又称为受迫振动，它是结构不断受到外部干扰力 $F_P(t)$ 作用下的振动。下面先讨论无阻尼强迫振动，然后讨论有阻尼的强迫振动。

13.4.1 无阻尼强迫振动

为方便叙述，现将图 12-8（b）所示单自由度体系的振动模型重绘于图 13-15（a）。

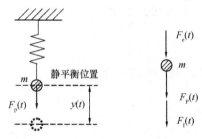

在有干扰力作用的情况下，质点受有惯性力 $F_I(t) = -m\ddot{y}$、恢复力 $Fe(t) = -k_{11}y$ 和干扰力 $F_P(t)$（图13-15b）。取质点 m 为隔离体，由达朗伯原理，可列出动力平衡方程：

$$m\ddot{y} + k_{11}y = F_P(t) \tag{13-23}$$

或

$$\ddot{y} + \omega^2 y = \frac{F_P(t)}{m} \tag{13-24}$$

图 13-15

式（13-24）是一个二阶常系数非齐次线性微分方程，它的解由两部分组成：一部分为相应齐次方程的通解，即式（13-4）；另一部分则是与干扰力 $F_P(t)$ 相应的特解，它将随干扰力的不同而改变。下面分别以简谐荷载和一般动力荷载为例，讨论结构的动力反应。

13.4.1.1 简谐荷载

简谐荷载是一种常见的动力荷载，其表达式可写为：

$$F_P(t) = F_P \sin\theta t \tag{a}$$

其中 θ 为简谐荷载的圆频率，F_P 为荷载的最大值，称为干扰力幅值。将式（a）代入式（13-24），得运动微分方程为：

$$\ddot{y} + \omega^2 y = \frac{F_P}{m} \sin\theta t \tag{13-25}$$

设式（13-25）的特解为：

$$y(t) = B \sin\theta t \tag{b}$$

B 为强迫振动时质点位移的最大值，称为动力位移振幅。将式（b）代入式（13-25），消去 $\sin\theta t$ 得：

$$B = \frac{F_P}{m(\omega^2 - \theta^2)} \tag{c}$$

故特解为：

$$y(t) = \frac{F_P}{m(\omega^2 - \theta^2)} \sin\theta t \tag{13-26}$$

将齐次解式（13-4b）和上式合并，可得方程（13-25）的通解为：

$$y(t) = A\sin(\omega t + \varphi) + \frac{F_P}{m(\omega^2 - \theta^2)} \sin\theta t \tag{13-27}$$

式（13-27）中的第一项是频率为 ω 的自由振动，它是伴随干扰力的作用而产生的，称为伴生自由振动。第二项则是干扰力引起的振动，称为纯强迫振动，这一振动的振幅和频率都是恒定的，因而又称为稳态强迫振动。由于振动过程中不可避免地存在阻尼力，伴生自由振动将迅速衰减，最后只剩下纯强迫振动。下面讨论纯强迫振动的性质。

将式（13-26）改写为：

$$y(t) = \frac{F_P}{m(\omega^2 - \theta^2)} \sin\theta t = \frac{1}{1 - \theta^2/\omega^2} \cdot \frac{F_P}{m\omega^2} \sin\theta t = \mu y_{st} \sin\theta t \tag{13-28}$$

式中　y_{st}——将动力荷载幅值 F_P 作为静力荷载作用于体系时所引起的静位移；

μ——动力位移的幅值与静位移之比，称为位移动力系数，它是描述强迫振动的一个重要指标。

y_{st} 和 μ 的表达式可写为：

$$y_{st} = F_P\delta_{11} = \frac{F_P}{k_{11}} = \frac{F_P}{m\omega^2} \tag{13-29}$$

$$\mu = \frac{B}{y_{st}} = \frac{1}{1 - \theta^2/\omega^2} \tag{13-30}$$

式（13-28）表明在简谐荷载作用下，动力位移的幅值 B 等于静位移 y_{st} 乘上动力系数 μ。若将式（b）的二阶导数代入惯性力公式可得：

$$F_I(t) = -m\ddot{y} = m\theta^2 B\sin\theta t = F_I\sin\theta t \tag{d}$$

式中 $F_I = m\theta^2 B$ 为惯性力幅值。比较式（a）与式（d）可知，惯性力与动力荷载按 $\sin\theta t$ 的规律同时增大，同时减小，同时达到幅值，即同步变化。

由式（13-30）可知，动力系数 μ 与比值 θ/ω 有关，若以 θ/ω 为横坐标，以 μ 的绝对值为纵坐标，可绘出两者之间的函数图形如图 13-16 所示。根据图形可以得出结构在简谐荷载作用下无阻尼稳态强迫振动的如下规律：

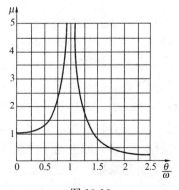

图 13-16

（1）$\theta/\omega \rightarrow 0$ 时，$\mu \rightarrow 1$，$B = y_{st}$，这说明当简谐荷载的频率与结构的自振频率相比很小时，可以当作静力荷载来处理。

（2）$\theta/\omega \rightarrow 1$ 时，$|\mu| \rightarrow \infty$，即振幅将趋于无穷大，这种现象称为共振。实际结构由于阻尼的存在，振幅不可能趋于无穷大，但它仍将远大于静位移。因此在工程设计中应避免共振现象的发生。

（3）当 $0<\theta/\omega<1$ 时，$\mu>1$，μ 将随 θ/ω 的增大而增大。

（4）当 $\theta/\omega>1$ 时，μ 为负值，$|\mu|$ 将随 θ/ω 的增大而减小。

值得指出，单自由度体系当动力荷载作用于质点 m 上，即动力荷载与惯性力作用点相同时，体系各处的动位移以及动内力按同一规律变化，因此都具有相同的动力系数。否则，动力系数就会不同。

【例 13-4】 图 13-17 所示简支钢梁，跨度 $l=4$m，横截面惯性矩 $I=4570\text{cm}^4$，抗弯截面系数 $W=381\text{cm}^3$，弹性模量 $E=2.1\times10^5\text{MPa}$。梁跨中有一台电动机，重力 $G=35$kN，转速 $n=580\text{r/min}$。由于电动机转子的偏心产生的离心力 $F_{\text{P}}=10$kN。忽略梁本身的质量和阻尼的影响，试验算电动机运行时梁的强度和变形。已知梁的容许应力 $[\sigma]=200\text{MPa}$，容许挠度 $[\Delta]=l/500$。

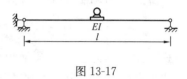

图 13-17

【解】 （1）简支梁的自振频率

梁跨中静位移 $\Delta_{\text{st}}=Gl^3/48EI$，由式（13-10b）可有：

$$\omega=\sqrt{\frac{g}{\Delta_{\text{st}}}}=\sqrt{\frac{48EIg}{Gl^3}}=\sqrt{\frac{48\times2.1\times10^4\times4570\times980}{35\times400^3}}=44.89\text{s}^{-1}$$

简谐荷载的圆频率为：

$$\theta=\frac{2\pi n}{60}=2\times3.1416\times\frac{580}{60}=60.74\text{s}^{-1}$$

由式（13-30）得动力系数：

$$\mu=\frac{1}{1-\dfrac{\theta^2}{\omega^2}}=\frac{1}{1-\left(\dfrac{60.74}{44.89}\right)^2}=-1.20$$

取绝对值 $\mu=1.20$。

梁的内力、挠度由静力荷载和动力荷载共同引起，跨中最大弯矩 $M=(G+\mu F_{\text{P}})l/4$。梁跨中点下缘有最大拉应力为：

$$\sigma=\frac{M}{W}=\frac{(G+\mu F_{\text{P}})l}{4W}=\frac{(35+1.2\times10)\times400}{4\times381}=123.36\text{MPa}<[\sigma]=200\text{MPa}$$

（2）梁跨中最大挠度

$$\Delta=\frac{(G+\mu F_{\text{P}})l^3}{48EI}=\frac{(35+1.2\times10)\times400^3}{48\times2.1\times10^4\times4570}=0.65\text{cm}<[\Delta]=\frac{400}{500}=0.8\text{cm}$$

计算表明梁的强度和刚度满足要求。

13.4.1.2 一般动力荷载

一般动力荷载 $F_{\text{P}}(t)$ 作用下强迫振动的计算公式，可利用瞬时冲量的动力反应推导。由理论力学知，冲量等于力与时间的乘积，它表示力的作用效果。而瞬时冲量，则是荷载 $F_{\text{P}}(t)$ 在极短的时间内施加给振动物体的冲量。例如图 13-18（a）所示荷载，大小为 F_{P}，作用于质点 m，在极短的时间 dt 后消失，则其对质点 m 的冲量为 d$s=F_{\text{P}}$dt，如图中阴影部分面积。设体系原来处于静止状态，从 $t=0$ 开始质点 m 在瞬时冲量作用下获得初速度 v_0，由此引起的振动可看作是初位移 $y_0=0$，初速度为 v_0 的自由振动。根据动量定律，质点 m 在时间 dt 内动量的变化 mv_0 等于施加于质点的冲量，即

$$mv_0 = F_P \mathrm{d}t$$

由此可得

$$v_0 = \frac{F_P \mathrm{d}t}{m}$$

将上式和 $y_0 = 0$ 代入式（13-4a）可得质点 m 在任一时刻的位移表达式为：

$$y(t) = \frac{F_P \mathrm{d}t}{m\omega}\sin\omega t = \frac{\mathrm{d}s}{m\omega}\sin\omega t \tag{e}$$

y-t 曲线如图 13-18（c）所示。

若在 $t = \tau(\tau > 0)$ 时作用一瞬时冲量 $\mathrm{d}s = F_P \cdot \mathrm{d}\tau$（图 13-18b），则在以后任一时刻 $t(t > \tau)$ 的位移（图 13-18d）为：

$$y(t) = \frac{F_P \mathrm{d}\tau}{m\omega}\sin\omega(t-\tau) = \frac{\mathrm{d}s}{m\omega}\sin\omega(t-\tau) \tag{f}$$

对于一般动力荷载（图 13-18e），$F_P(t)$ 随时间而变化。若将 $F_P(t)$ 的整个作用时间分成无数微小的时间间隔 $\mathrm{d}\tau$，将每个 $\mathrm{d}\tau$ 时间内的 $F_P(t)$ 值当作常量 $F_P(\tau)$，于是在 $\mathrm{d}\tau$ 时间内的瞬时冲量为 $\mathrm{d}s = F_P(\tau)\mathrm{d}\tau$，该瞬时冲量所产生的任一时刻 t 的位移由式（f）可知为：

$$\mathrm{d}y(t) = \frac{F_P(\tau)}{m\omega}\sin\omega(t-\tau)\mathrm{d}\tau \tag{g}$$

根据线性微分方程的特性，可以运用叠加原理，这样整个加载过程可视作一系列连续瞬时冲量的总和，因此质点 m 在任一时刻 t 的总位移也就是将上式积分，即：

$$y(t) = \frac{1}{m\omega}\int_0^t F_P(\tau)\sin\omega(t-\tau)\mathrm{d}\tau \tag{13-31}$$

式（13-31）称为杜哈梅（Duhamel）积分。它是初始处于静止状态的单自由度体系在一

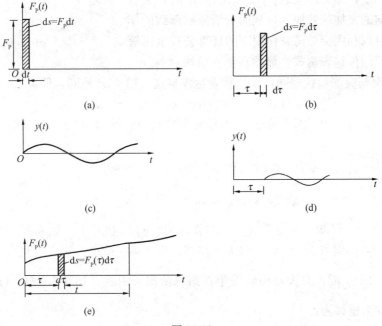

图 13-18

般动力荷载 $F_P(t)$ 作用下的位移计算公式，因而也是方程（13-24）的特解。当初位移 y_0 和初速度 v_0 不为零时，总位移为：

$$y(t) = y_0\cos\omega t + \frac{v_0}{\omega}\sin\omega t + \frac{1}{m\omega}\int_0^t F_P(\tau)\sin\omega(t-\tau)\mathrm{d}\tau \tag{13-32}$$

这就是方程（13-24）的通解。

对于 $F_P(t)$ 表达式给定的动力荷载，应用杜哈梅积分即可求出其产生的动力位移。现结合几种常见动力荷载说明如下。

（1）突加荷载。突加荷载是指突然施加于结构且其值保持不变的荷载，如图 13-19（a）所示。若 $t=0$ 时体系处于静止状态，则将 $F_P(t) = F_{P0}$ 代入式（13-31）可得：

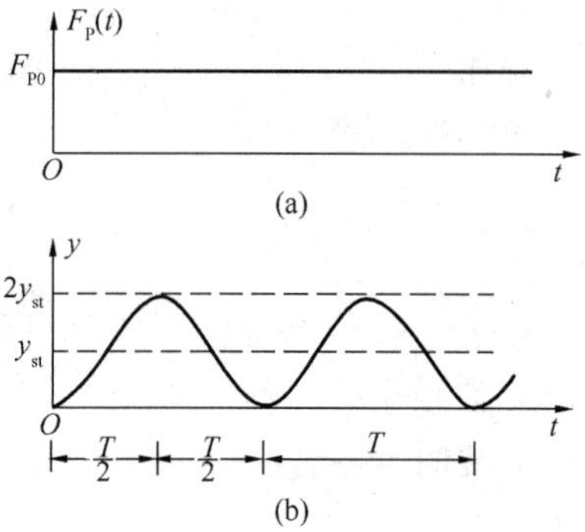

$$
\begin{aligned}
y(t) &= \frac{1}{m\omega}\int_0^t F_{P0}\sin\omega(t-\tau)\mathrm{d}\tau \\
&= \frac{F_{P0}}{m\omega^2}(1-\cos\omega t) \\
&= y_{st}(1-\cos\omega t) \tag{13-33}
\end{aligned}
$$

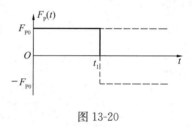

图 13-19

式中 $y_{st} = F_{P0}\delta_{11} = \dfrac{F_{P0}}{m\omega^2}$ 为常量荷载 F_{P0} 作用下的静位移。式（13-33）的位移曲线如图 13-19（b）所示。由式（13-33）可知，$y_{max} = 2y_{st}$，即突加荷载所引起的最大动力位移是静位移的 2 倍。

（2）短时荷载。短时荷载是指在短时间内停留于结构上的荷载，如图 13-20 所示。这种荷载可以视作如下两个阶段的叠加：（1）当 $t=0$ 时，荷载突然加入并一直作用于结构上，即突加荷载；（2）到 $t=t_1$ 时，又有一个等值反向的突加荷载加入，从而抵消原有荷载的作用。这样便可以利用突加荷载作用下的计算公式求出短时荷载作用下的位移表达式。显然在第一阶段（$0\leqslant t\leqslant t_1$），荷载情况与突加荷载相同，故位移表达式与式（13-33）相同，即：

图 13-20

$$y(t) = y_{st}(1-\cos\omega t)\quad(0\leqslant t\leqslant t_1) \tag{13-34a}$$

在第二阶段（$t\geqslant t_1$），其位移等于 $t=0$ 时的突加荷载与 $t=t_1$ 时的反向突加荷载引起的位移叠加，即：

$$
\begin{aligned}
y(t) &= y_{st}(1-\cos\omega t) - y_{st}[1-\cos\omega(t-t_1)] \\
&= 2y_{st}\sin\frac{\omega t_1}{2}\sin\omega\left(t-\frac{t_1}{2}\right)\quad(t\geqslant t_1) \tag{13-34b}
\end{aligned}
$$

由式（13-34）可知，动力系数 μ 与加载持续时间 t_1 相对于自振周期 T 的长短有关。当 $t\leqslant t_1$ 或虽 $t\geqslant t_1$ 但 $t_1\geqslant T/2$ 时，最大动位移发生在第一阶段，相应的动力系数为 $\mu=2$；当 $t\geqslant t_1$ 且 $t_1 < T/2$ 时，最大动位移发生在第二阶段，由式（13-34b）知，$\left(t-\dfrac{t_1}{2}\right)=\dfrac{\pi}{2\omega}$ 时可得最大动力位移为：

$$y_{\text{max}} = 2y_{\text{st}} \sin \frac{\omega t_1}{2} \tag{13-35}$$

相应的动力系数为：

$$\mu = 2\sin \frac{\omega t_1}{2} = 2\sin \frac{\pi t_1}{T} \tag{13-36}$$

（3）三角形冲击荷载。若荷载 $F_P(t)$ 的作用时间与基本周期 T 相比相对较短，且荷载值较大，则称为冲击荷载。工程中有些冲击荷载（例如爆炸荷载）可以简化为三角形冲击荷载（图 13-21），其表达式为：

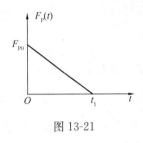

图 13-21

$$F_P(t) = \begin{cases} F_{P0}\left(1 - \dfrac{t}{t_1}\right) & \text{当 } 0 \leqslant t \leqslant t_1 \\ 0 & \text{当 } t \geqslant t_1 \end{cases}$$

将 $F_P(t)$ 代入式（13-31）可求出三角形冲击荷载作用下任一时刻 t 的位移：

$$y(t) = y_{\text{st}}\left[1 - \cos\omega t + \frac{1}{t_1}\left(\frac{\sin\omega t}{\omega} - t\right)\right] \quad (t \leqslant t_1) \tag{13-37a}$$

$$y(t) = y_{\text{st}}\left\{\frac{1}{\omega t_1}\left[\sin\omega t - \sin\omega(t - t_1)\right] - \cos\omega t\right\} \quad (t > t_1) \tag{13-37b}$$

式中　y_{st}——将 F_{P0} 作为静力荷载作用时的静位移。

根据求极值的条件，令 $\dot{y}(t) = 0$，由式（13-37）可得到 $y(t)$ 的极大值和结构的动力系数 μ，它们与 t_1/T 的值有关。可以证明：当 $t_1/T \geqslant 0.371$ 时，最大动力位移发生在（$0 \leqslant t \leqslant t_1$）阶段；当 $t_1/T < 0.371$ 时，则发生在（$t > t_1$）阶段。

13.4.2　有阻尼强迫振动

强迫振动有阻尼时，质点 m 受力为惯性力 $F_I(t) = -m\ddot{y}$、阻尼力 $F_R(t) = -c\dot{y}$、恢复力 $F_e(t) = -k_{11}y$ 和干扰力 $F_P(t)$，如图 13-22 所示。根据达朗伯原理，可列出质点振动微分方程：

$$m\ddot{y} + c\dot{y} + k_{11}y = F_P(t)$$

或写成：

$$\ddot{y} + 2\xi\omega\dot{y} + \omega^2 y = \frac{F_P(t)}{m} \tag{13-38}$$

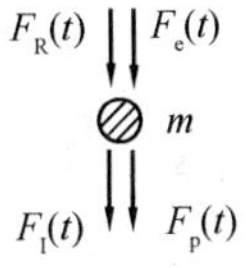

图 13-22

上式的通解由相应齐次方程的通解与非齐次方程的特解两部分构成。其中相应齐次方程的通解对应于有阻尼的自由振动，其解如 13.3.2 节所述。在阻尼力作用下，这部分振动将随时间很快消失，最后只剩下按式（13-38）的特解描述的纯强迫振动。特解部分的振动不随时间衰减，是一个平稳振动。在实际问题中平稳振动比较重要，故一般只着重讨论纯强迫振动。

在一般动力荷载作用下，有阻尼体系（$\xi < 1$）的动力位移也可以表示为杜哈梅积分形式，现说明如下。

由式（13-15）知，有阻尼体系只由初始速度 v_0（初始位移 y_0 为零）所引起的振动可表示为：

$$y(t) = e^{-\xi\omega t}\frac{v_0}{\omega'}\sin\omega't \tag{a}$$

设初始速度由瞬时冲量 $ds = F_P dt$ 所引起，则有：

$$v_0 = \frac{F_P dt}{m} \tag{b}$$

将式（b）代入式（a）可得到 $t=0$ 时有瞬时冲量作用的动力位移公式：

$$y(t) = e^{-\xi\omega t}\frac{F_P}{m\omega'}\sin\omega't\,dt \tag{c}$$

如果在时刻 $\tau(\tau>0)$ 有瞬时冲量 $F_P d\tau$ 作用，则由此引起 $t(t>\tau)$ 时的位移为：

$$y(t) = e^{-\xi\omega(t-\tau)}\frac{F_P}{m\omega'}\sin\omega'(t-\tau)d\tau \tag{d}$$

当体系受一般动力荷载作用时，可将整个加载过程视作无限多个瞬时冲量的总和，其中在时间 τ 的瞬时冲量 $ds = F_P(\tau)d\tau$，产生的任一时刻 $t(t>\tau)$ 的位移由式（d）可知为：

$$dy(t) = e^{-\xi\omega(t-\tau)}\frac{F_P(\tau)}{m\omega'}\sin\omega'(t-\tau)d\tau \tag{e}$$

将上式积分即得一般动力荷载作用下单自由度体系有阻尼的纯强迫振动方程：

$$y(t) = \frac{1}{m\omega'}\int_0^t F_P(\tau)e^{-\xi\omega(t-\tau)}\sin\omega'(t-\tau)d\tau \tag{13-39}$$

这就是考虑阻尼时的杜哈梅积分。

冲击荷载作用时间短，结构在很短的时间内即达到最大反应。此时，阻尼引起的能量耗散作用不明显，所以在计算动力位移时可以忽略阻尼的影响。以下仅讨论简谐荷载作用下阻尼对强迫振动的影响。

简谐荷载作用下有阻尼强迫振动的运动方程，可将动力荷载 $F_P(t) = F_P\sin\theta t$ 代入杜哈梅积分求出（可参阅有关文献），也可以按以下作法求得。

设方程（13-38）的特解为：

$$y(t) = B_1\sin\theta t + B_2\cos\theta t \tag{f}$$

将上式代入式（13-38），经计算可得：

$$\left.\begin{array}{l} B_1 = \dfrac{F_P}{m}\dfrac{\omega^2-\theta^2}{(\omega^2-\theta^2)^2+4\xi^2\omega^2\theta^2} \\[4mm] B_2 = -\dfrac{F_P}{m}\dfrac{2\xi\omega\theta}{(\omega^2-\theta^2)^2+4\xi^2\omega^2\theta^2} \end{array}\right\} \tag{g}$$

若令

$$B_1 = B\cos\varphi, \quad B_2 = -B\sin\varphi \tag{h}$$

则可将特解写成单项形式：

$$y(t) = B\sin(\theta t-\varphi) \tag{13-40}$$

其中 B 为有阻尼纯强迫振动的振幅，φ 为位移与动力荷载之间的相位差，它们可利用式（g）、式（h）求出如下：

$$B = \frac{1}{\sqrt{(\omega^2-\theta^2)^2+4\xi^2\omega^2\theta^2}}\cdot\frac{F_P}{m} \tag{13-41a}$$

$$\varphi = \tan^{-1}\frac{2\xi\omega\theta}{\omega^2-\theta^2} \tag{13-41b}$$

注意到 $y_{st} = F_P/m\omega^2$，振幅 B 可写为：

$$B = \frac{1}{\sqrt{\left(1 - \dfrac{\theta^2}{\omega^2}\right)^2 + 4\xi^2 \dfrac{\theta^2}{\omega^2}}} \cdot y_{st} = \mu y_{st} \qquad (13\text{-}42)$$

式中 μ——动力系数，即

$$\mu = \frac{1}{\sqrt{\left(1 - \dfrac{\theta^2}{\omega^2}\right)^2 + 4\xi^2 \dfrac{\theta^2}{\omega^2}}} \qquad (13\text{-}43)$$

式（13-43）表明动力系数 μ 不仅与频率比 θ/ω 有关，而且还与阻尼比 ξ 有关。图 13-23 给出了对应不同 ξ 值时 μ 与 θ/ω 之间的关系曲线。结合图 13-23，可得出简谐荷载作用下有阻尼稳态振动的如下特点：

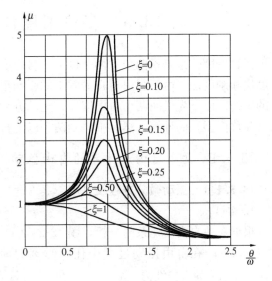

图 13-23

（1）阻尼对简谐荷载作用下的动力系数 μ 影响较大。当 $\xi = 0$ 时，$\mu - \theta/\omega$ 曲线与无阻尼时的曲线（图 13-16）相同；随着 $\xi(0 \leqslant \xi \leqslant 1)$ 的增大，图 13-23 中的 $\mu - \theta/\omega$ 曲线越来越平缓，表明 μ 随 ξ 的增大而迅速减小。特别是当 $\theta/\omega \approx 1$ 时，μ 值随 ξ 的增大下降最为显著。

（2）在 $\theta/\omega = 1$ 时，体系将发生共振，由式（13-43）可求得此时动力系数为：

$$\mu = 1/2\xi \qquad (13\text{-}44)$$

实际上，有阻尼时 μ 的最大值并不发生在 $\theta/\omega = 1$ 处，利用求极值的方法可知它发生在 $\theta/\omega = \sqrt{1 - 2\xi^2}$ 处，此时由式（13-43）求得：

$$\mu_{max} = \frac{1}{2\xi\sqrt{1 - \xi^2}}$$

由于实际工程中 ξ 值很小，故可以近似地将式（13-44）计算的 μ 值作为最大值，并称此时的振动为共振。

（3）由式（13-40）知，有阻尼时位移 $y(t)$ 比动力荷载 $F_P(t)$ 滞后一个相位角 φ，这是有阻尼与无阻尼强迫振动的一个重要区别。φ 可由式（13-41b）求得。

当 $\theta/\omega \to 0$ 时，$\varphi \to 0$，说明 $y(t)$ 与 $F_P(t)$ 趋于同向。此时惯性力和阻尼力均不明显，动力荷载主要由恢复力平衡，体系的动力反应与静力作用时情况接近。

当 $\theta/\omega \to \infty$ 时，$\varphi \to \pi$，说明 $y(t)$ 与 $F_P(t)$ 趋于反向。由式（13-43）知，此时 $\mu \to 0$，体系的动位移趋向于零，即近似于不动或只作振幅很微小的颤动，动力荷载主要由惯性力平衡。

当 $\theta/\omega \to 1$ 时，$\varphi \to \pi/2$，此时将 $\varphi = \pi/2$ 代入式（13-40）可得：

$$y(t) = B\sin(\theta t - \varphi) = -B\cos\theta t = -\mu y_{st}\cos\theta t$$

与其相应的阻尼力为：

$$F_R = -c\dot{y} = -c\mu y_{st}\theta\sin\theta t \qquad (i)$$

注意到共振时，$\mu = 1/2\xi$、$\theta = \omega$ 及 $c = 2\xi m\omega$，则式（i）可写为：

$$F_R = -m\omega^2 y_{st}\sin\theta t = -k_{11}y_{st}\sin\theta t = -F_P\sin\theta t$$

可见在共振时动力荷载与阻尼力平衡，因此在频率比 $0.75 < \theta/\omega < 1.25$ 的共振区内，阻尼对体系的动力反应将起重要作用。

13.5 多自由度体系的自由振动

多自由度体系是指两个和两个以上的自由度体系。多自由度体系的振动分析方法也有柔度法和刚度法。由于阻尼对自振频率的影响很小，限于篇幅，在以后的讨论中将略去阻尼的影响。以下先说明两个自由度体系运动方程的建立、自振频率以及振动体系的形状函数（简称振型）的计算，然后推广到两个以上自由度体系。

13.5.1 两个自由度体系的自由振动

13.5.1.1 振动微分方程及其解

1. 柔度法

根据对单自由度体系的分析，图 13-24（a）所示质点 m_1、m_2 在自由振动过程中任一时刻的动位移 $y_1(t)$、$y_2(t)$ 等于惯性力 $-m_1\ddot{y}_1(t)$ 和 $-m_2\ddot{y}_2(t)$ 共同作用下产生的静位移。其中 $-m_1\ddot{y}_1(t)$ 和 $-m_2\ddot{y}_2(t)$ 引起的 m_1 位移为 $-m_1\ddot{y}_1\delta_{11}$ 和 $-m_2\ddot{y}_2\delta_{12}$；$m_2$ 位移为 $-m_1\ddot{y}_1\delta_{21}$ 和 $-m_2\ddot{y}_2\delta_{22}$。对于线性弹性体系，应用叠加原理可有：

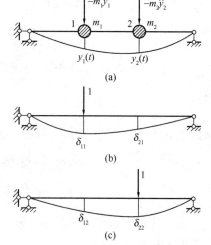

$$\left. \begin{array}{l} y_1(t) = -m_1\ddot{y}_1\delta_{11} - m_2\ddot{y}_2\delta_{12} \\ y_2(t) = -m_1\ddot{y}_1\delta_{21} - m_2\ddot{y}_2\delta_{22} \end{array} \right\} \qquad (13\text{-}45a)$$

式中　δ_{ij}——体系的柔度系数，其意义如图 13-24（b）、（c）所示。

图 13-24

上式的矩阵形式为：

$$\boldsymbol{Y} + \boldsymbol{\delta M\ddot{Y}} = 0 \qquad (13\text{-}45b)$$

其中　$\boldsymbol{Y} = \begin{bmatrix} y_1 \\ y_2 \end{bmatrix}$，$\boldsymbol{\delta} = \begin{bmatrix} \delta_{11} & \delta_{12} \\ \delta_{21} & \delta_{22} \end{bmatrix}$，$\boldsymbol{M} = \begin{bmatrix} m_1 & 0 \\ 0 & m_2 \end{bmatrix}$，$\boldsymbol{\ddot{Y}} = \begin{bmatrix} \ddot{y}_1 \\ \ddot{y}_2 \end{bmatrix}$

$\boldsymbol{Y}$ 为质点位移列向量，$\boldsymbol{\delta}$ 为系数矩阵，$\boldsymbol{M}$ 为质量矩阵，$\boldsymbol{\ddot{Y}}$ 为质点加速度列向量。式（13-45）就是按柔度法建立的两个自由度体系自由振动的微分方程。

为了求出 y_1 与 y_2，必须联立求解。设方程（13-45）解的形式为：

$$\left. \begin{array}{l} y_1(t) = A_1\sin(\omega t + \varphi) \\ y_2(t) = A_2\sin(\omega t + \varphi) \end{array} \right\} \qquad (a)$$

380

式中 A_1、A_2——分别为 m_1 和 m_2 的振幅；

ω——体系的自振频率；

φ——初始相位角。

由式（a）求出 $\ddot{y}_1$、$\ddot{y}_2$ 再与式（a）一起代入式（13-45）可得：

$$\left.\begin{array}{l}\left(\delta_{11}m_1 - \dfrac{1}{\omega^2}\right)A_1 + \delta_{12}m_2A_2 = 0 \\ \delta_{21}m_1A_1 + \left(\delta_{22}m_2 - \dfrac{1}{\omega^2}\right)A_2 = 0\end{array}\right\} \tag{13-46}$$

式（13-46）是关于振幅 A_1 和 A_2 的齐次方程组，称为振幅方程。显然 $A_1 = A_2 = 0$ 是该方程的解，它对应于体系不振动的情况。当体系发生振动时，A_1、A_2 不会都为零，此时式（13-46）的系数行列式必然为零，即：

$$D = \begin{vmatrix} \left(\delta_{11}m_1 - \dfrac{1}{\omega^2}\right) & \delta_{12}m_2 \\ \delta_{21}m_1 & \left(\delta_{22}m_2 - \dfrac{1}{\omega^2}\right) \end{vmatrix} = 0 \tag{13-47}$$

由式（13-47）可求出体系的自振频率，故称为频率方程或特征方程。展开行列式可得：

$$\left(\dfrac{1}{\omega^2}\right)^2 - (\delta_{11}m_1 + \delta_{22}m_2)\dfrac{1}{\omega^2} + (\delta_{11}\delta_{22} - \delta_{12}\delta_{21})m_1m_2 = 0$$

这是一个关于 $1/\omega^2$ 的一元二次方程，求解可得 $1/\omega^2$ 的两个正实根，从而可求得体系的两个自振频率，按数值由小到大依次表示为 ω_1、ω_2，则 ω_1 称为第一频率或基本频率，ω_2 称为第二频率。

将 ω_1、ω_2 分别代入式（13-46），即可求得质点 m_1 和 m_2 的位移幅值。由于式（13-46）的系数行列式等于零，方程组的两式不是独立的，故只能利用其中任一式求得振幅 A_1 与 A_2 之比值。例如将 ω_1 代入式（13-46）的第一式，相应于 m_1 和 m_2 的振幅记为 A_{11} 和 A_{21}，则有：

$$\frac{A_{21}}{A_{11}} = \frac{\dfrac{1}{\omega_1^2} - \delta_{11}m_1}{\delta_{12}m_2} = \rho_1 \tag{b}$$

式中 ρ_1 表示 A_{21} 与 A_{11} 的比值，为常数。将 A_{11} 和 A_{21} 代入式（a），得到质点 m_1、m_2 的振动方程为：

$$\left.\begin{array}{l}y_1(t) = A_{11}\sin(\omega_1 t + \varphi_1) \\ y_2(t) = A_{21}\sin(\omega_1 t + \varphi_1)\end{array}\right\} \tag{c}$$

它是微分方程（13-45）的一个特解。由式（c）可见，在振动过程中两个质点按同一频率 ω_1 作同步简谐振动，它们位移的比值 $y_2(t)/y_1(t) = A_{21}/A_{11} = \rho_1$，是个与时间无关的常数，说明在任一时刻结构的振动都保持同一形状，整个结构就像单自由度结构一样在振动。

同样，将 ω_2 代入式（13-46）的第一式，用 A_{12} 与 A_{22} 表示质点 m_1、m_2 的振幅可有：

$$\frac{A_{22}}{A_{12}} = \frac{\dfrac{1}{\omega_2^2} - \delta_{11}m_1}{\delta_{12}m_2} = \rho_2 \tag{d}$$

可见 ρ_2 也是常数。此时质点的振动方程为：

$$y_1(t) = A_{12}\sin(\omega_2 t + \varphi_2) \\ y_2(t) = A_{22}\sin(\omega_2 t + \varphi_2) \Big\}$$

(e)

它是微分方程（13-45）的另一个特解。同样可知，m_1 和 m_2 按 ω_2 作同步简谐振动，它们位移的比值恒为常数 ρ_2，体系的振动形式也是不随时间而变化。

上述这种各质点按同一频率进行的简谐振动形式称为主振型，简称振型。当体系按 ω_1 振动时称为第一振型或基本振型，按 ω_2 振动时称为第二振型，如图 13-25 所示。由于主振型只取决于质点位移之间的相对值，故确定振型时，可将其中某一质点的位移值定为1，由此得到的振型称为规准化振型。

方程（13-45）的通解是式（c）和式（e）的叠加，即：

$$y_1(t) = A_{11}\sin(\omega_1 t + \varphi_1) + A_{12}\sin(\omega_2 t + \varphi_2) \\ y_2(t) = A_{21}\sin(\omega_1 t + \varphi_1) + A_{22}\sin(\omega_2 t + \varphi_2) \Big\}$$

(13-48)

式中四个独立的待定常数 A_{11}（或 A_{21}）、A_{12}（或 A_{22}）和 φ_1、φ_2 可由两个质点的初位移和初速度共四个初始条件确定。一个自由度体系有两个待定常数（A、φ），两个自由度体系有四个待定常数，按此推知 n 个自由度体系将有 $2n$ 个待定常数，由 n 个质点的初位移和初速度确定。

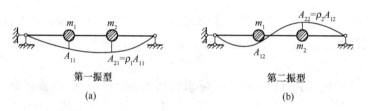

图 13-25

2. 刚度法

如图 13-26（a）所示两个自由度体系，取各质点为隔离体（图 13-26b），根据达朗伯原理，惯性力和弹性恢复力处于动平衡状态，可列出动力平衡方程：

$$-m_1\ddot{y}_1 + F_{e1} = 0 \\ -m_2\ddot{y}_2 + F_{e2} = 0 \Big\}$$

(f)

式中 F_{e1} 和 F_{e2} 分别为体系作用于质点 m_1 和 m_2 上的弹性力。对于线性振动体系，这种弹性力可按叠加原理表示为：

$$F_{e1} = -(k_{11}y_1 + k_{12}y_2) \\ F_{e2} = -(k_{21}y_1 + k_{22}y_2) \Big\}$$

(g)

式中各 k_{ij} 为体系的刚度系数，其意义如图 13-26（c）、（d）所示。

将式（g）代入式（f）有：

$$m_1\ddot{y}_1(t) + k_{11}y_1(t) + k_{12}y_2(t) = 0 \\ m_2\ddot{y}_2(t) + k_{21}y_1(t) + k_{22}y_2(t) = 0 \Big\}$$

(13-49a)

写成矩阵形式为：

$$\boldsymbol{KY} + \boldsymbol{M\ddot{Y}} = \boldsymbol{0}$$

(13-49b)

其中 $\boldsymbol{K} = \begin{bmatrix} k_{11} & k_{12} \\ k_{21} & k_{22} \end{bmatrix}$，其余 $\boldsymbol{Y}$、$\boldsymbol{M}$、$\ddot{\boldsymbol{Y}}$ 与式（13-45）相同。式（13-49）即为刚度法建立的运动微分方程。设方程的特解形式仍为：

$$\left. \begin{aligned} y_1(t) &= A_1 \sin(\omega t + \varphi) \\ y_2(t) &= A_2 \sin(\omega t + \varphi) \end{aligned} \right\} \quad (h)$$

将式（h）代入方程（13-49），消去公因子 $\sin(\omega t + \varphi)$ 后得：

$$\left. \begin{aligned} (k_{11} - \omega^2 m_1)A_1 + k_{12}A_2 &= 0 \\ k_{21}A_1 + (k_{22} - \omega^2 m_2)A_2 &= 0 \end{aligned} \right\} \quad (13-50)$$

上式为刚度法的振幅方程，它仍是一组关于振幅 A_1 和 A_2 的齐次线性代数方程。方程取得非零解的条件是系数行列式等于零，即：

$$D = \begin{vmatrix} (k_{11} - \omega^2 m_1) & k_{12} \\ k_{21} & (k_{22} - \omega^2 m_2) \end{vmatrix} = 0$$

$$(13-51)$$

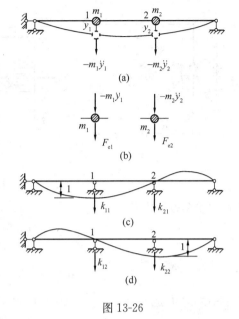

图 13-26

式（13-51）称为刚度法的频率方程，展开得：

$$m_1 m_2 (\omega^2)^2 - (k_{22}m_1 + k_{11}m_2)\omega^2 + k_{11}k_{22} - k_{12}k_{21} = 0$$

上式是关于 ω^2 的一元二次方程，可求得体系的两个自振频率 ω_1 和 ω_2。将它们分别代入式（h），可求得方程（13-49）的两个特解，结果与柔度法相同。说明方程（13-49）的通解与式（13-45）的相同。这表明按柔度法和刚度法建立的振动微分方程尽管形式不同，但实质是一样的。因此在确定结构的自振频率或振型时，柔度系数容易求就用柔度法，刚度系数容易求就用刚度法。

若以 $\boldsymbol{\delta}^{-1}$ 左乘式（13-45b）可得 $\boldsymbol{\delta}^{-1}\boldsymbol{Y} + \boldsymbol{M}\ddot{\boldsymbol{Y}} = \boldsymbol{0}$，将此式与式（13-49b）比较可有：$\boldsymbol{\delta}^{-1} = \boldsymbol{K}$，这表明柔度矩阵和刚度矩阵互为逆矩阵。

【例 13-5】 如图 13-27（a）所示对称刚架各杆 EI＝常数，设质量集中于各杆中点，其值 $m_1 = m_2 = m$，试确定该体系的自振频率和振型。

【解】 两个质点分别沿与各自所在杆件垂直的方向振动。本例柔度系数易求，采用柔度法。刚架为一次超静定结构，先以各质点分别作用单位力时的状态为位移状态，用力法作出弯矩图，如图 13-27（b）、（c）所示。再任选图 13-27（a）结构的基本结构为力状态（基本结构形式可不同），作出与图 13-27（b）、（c）对应的力状态弯矩图。由代数法可求出柔度系数如下：

$$\delta_{11} = \delta_{22} = \frac{23l^3}{1536EI}, \; \delta_{12} = \delta_{21} = -\frac{9l^3}{1536EI}$$

将各柔度系数代入式（13-46），经整理后得：

$$\left. \begin{aligned} \left(23 - \frac{1536EI}{ml^3\omega^2}\right)A_1 - 9A_2 &= 0 \\ -9A_1 + \left(23 - \frac{1536EI}{ml^3\omega^2}\right)A_2 &= 0 \end{aligned} \right\} \quad (a)$$

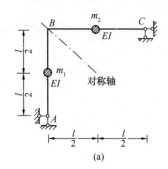
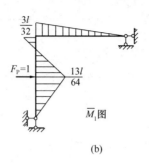
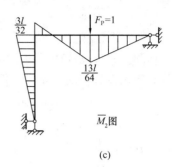

(a)　　　　　　(b)　　　　　　(c)

图 13-27

体系的频率方程为：

$$D = \begin{vmatrix} 23 - \dfrac{1536EI}{ml^3\omega^2} & -9 \\[4mm] -9 & 23 - \dfrac{1536EI}{ml^3\omega^2} \end{vmatrix} = 0 \qquad\qquad \text{(b)}$$

令 $s = 1536EI/ml^3$，$\lambda = 1/\omega^2$，展开式（b）得：

$$(23 - s\lambda)^2 - 81 = 0$$

求解得：

$$\frac{1}{\omega_1^2} = \frac{32ml^3}{1536EI}, \quad \frac{1}{\omega_2^2} = \frac{14ml^3}{1536EI}$$

据此可得：

$$\omega_1 = \sqrt{\frac{1536EI}{32ml^3}} = 6.928\sqrt{\frac{EI}{ml^3}}, \quad \omega_2 = \sqrt{\frac{1536EI}{14ml^3}} = 10.474\sqrt{\frac{EI}{ml^3}}$$

将 ω_1、ω_2 分别代入式（a）的第一个方程可得：

$$A_{21}/A_{11} = -1, \quad A_{22}/A_{12} = 1$$

体系的上述振型如图 13-28（a）、（b）所示。

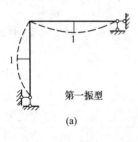

图 13-28

【例 13-6】 试求图 13-29（a）所示刚架的自振频率和振型。横梁抗弯刚度 $EI_1 = \infty$，体系的质量全部集中在横梁上。各柱旁之值为其线刚度（$i = EI/l$）。

【解】 忽略柱轴向变形后两横梁各有一水平方向的振动，其位移分别为 y_1 和 y_2（图 13-29b）。本例刚度系数易求，故用刚度法。作出下横梁发生单位位移（上横梁不动）和上横梁发生单位位移（下横梁不动）时刚架的位移示意图，如图 13-29（c）、（d）所示。各柱端剪力可从表 6-1 查出。取各横梁为隔离体，由静力平衡条件得：

$$k_{11} = \frac{48i}{l^2}, \quad k_{22} = \frac{15i}{l^2}, \quad k_{12} = k_{21} = -\frac{12i}{l^2}$$

将上述各值代入频率方程（13-51）并注意到 $m_1 = m$，$m_2 = 1.5m$，经整理得：

$$\begin{vmatrix} 48i - ml^2\omega^2 & -12i \\ -12i & 15i - 1.5ml^2\omega^2 \end{vmatrix} = 0$$

展开上式得到关于 ω^2 的一元二次方程：

$$1.5m^2l^4(\omega^2)^2 - 87mil^2\omega^2 + 576i^2 = 0$$

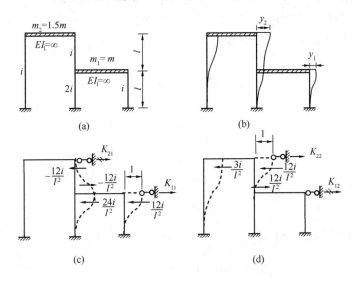

图 13-29

由此求得体系的自振频率：

$$\omega_1 = 2.761\sqrt{\frac{EI}{ml^3}}, \ \omega_2 = 7.098\sqrt{\frac{EI}{ml^3}}$$

将 ω_1、ω_2 分别代入式（13-50），可得规准化主振型：

$$\boldsymbol{A}_1 = \begin{bmatrix} A_{11} \\ A_{21} \end{bmatrix} = \begin{bmatrix} 1 \\ 3.365 \end{bmatrix}, \ \boldsymbol{A}_2 = \begin{bmatrix} A_{12} \\ A_{22} \end{bmatrix} = \begin{bmatrix} 1 \\ -0.198 \end{bmatrix}$$

其对应的振型如图 13-30（a）、（b）所示。

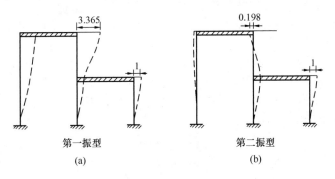

图 13-30

13.5.1.2 主振型正交性的概念

由 13.3.1.2 节可知，体系作简谐振动时，任一瞬时的位移等于惯性力所产生的静力位移。因此在两个自由度体系中，两个主振型的变形曲线可视作由相应的惯性力所引起的静力变形曲线，即第一振型看作是由惯性力幅值 $\omega_1^2 m_1 A_{11}$ 和 $\omega_1^2 m_2 A_{21}$ 产生的静力位移，第二振型看作是由惯性力幅值 $\omega_2^2 m_1 A_{12}$ 和 $\omega_2^2 m_2 A_{22}$ 产生的静力位移，如图 13-31（a）、（b）所示。若将图 13-31（a）、（b）分别视作第一状态和第二状态，则由功的互等定理可知，第一状态的力在第二状态的位移上所作功，等于第二状态的力在第一状态的位移上所作功，即：

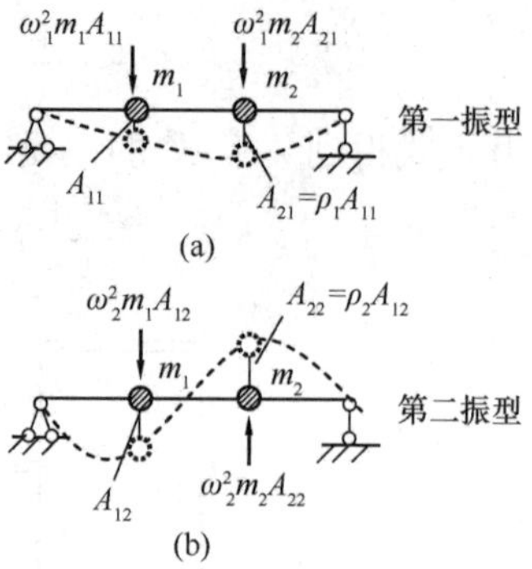

图 13-31

$$m_1 \omega_1^2 A_{11} A_{12} + m_2 \omega_1^2 A_{21} A_{22} = m_1 \omega_2^2 A_{12} A_{11} + m_2 \omega_2^2 A_{22} A_{21}$$

整理后得：

$$(\omega_1^2 - \omega_2^2)(m_1 A_{11} A_{12} + m_2 A_{21} A_{22}) = 0$$

一般地 $\omega_1 \neq \omega_2$，故有：

$$m_1 A_{11} A_{12} + m_2 A_{21} A_{22} = 0 \tag{13-52a}$$

用矩阵表达时为：

$$\boldsymbol{A}_1^T \boldsymbol{M} \boldsymbol{A}_2 = \boldsymbol{0} \tag{13-52b}$$

其中 $\quad \boldsymbol{A}_1^T = \begin{bmatrix} A_{11} & A_{21} \end{bmatrix}$, $\boldsymbol{M} = \begin{bmatrix} m_1 & 0 \\ 0 & m_2 \end{bmatrix}$, $\boldsymbol{A}_2^T = \begin{bmatrix} A_{12} & A_{22} \end{bmatrix}$

在线性代数中，若 n 维向量 $\boldsymbol{A}_1$、$\boldsymbol{A}_2$ 有如下关系：

$$\boldsymbol{A}_1^T \boldsymbol{A}_2 = \boldsymbol{0}$$

则称 $\boldsymbol{A}_1$ 和 $\boldsymbol{A}_2$ 正交；若存在一个 n 阶方阵 $\boldsymbol{B}$，使得：

$$\boldsymbol{A}_1^T \boldsymbol{B} \boldsymbol{A}_2 = \boldsymbol{0}$$

则称向量 $\boldsymbol{A}_1$ 和 $\boldsymbol{A}_2$ 对矩阵 $\boldsymbol{B}$ 正交。由式（13-52b）可见，两个主振型向量之间存在着对质量矩阵 $\boldsymbol{M}$ 的正交关系，称为主振型对质量矩阵的正交性。

13.5.2 两个以上自由度体系的自由振动

两个自由度体系的分析方法，可以推广到两个以上自由度体系中。如图 13-32（a）所示 n 个自由度体系，用柔度法计算时，参照式（13-45a）可列出位移方程为：

$$\left. \begin{array}{l} y_1 = -m_1 \ddot{y}_1 \delta_{11} - m_2 \ddot{y}_2 \delta_{12} - \cdots - m_n \ddot{y}_n \delta_{1n} \\ y_2 = -m_1 \ddot{y}_1 \delta_{21} - m_2 \ddot{y}_2 \delta_{22} - \cdots - m_n \ddot{y}_n \delta_{2n} \\ \cdots\cdots \\ y_n = -m_1 \ddot{y}_1 \delta_{n1} - m_2 \ddot{y}_2 \delta_{n2} - \cdots - m_n \ddot{y}_n \delta_{nn} \end{array} \right\} \tag{13-53a}$$

式中 δ_{ij}——柔度系数，其意义如图 13-32（b）、（c）所示。

式（13-53a）的矩阵形式为：

$$\boldsymbol{Y} = -\boldsymbol{\delta} \boldsymbol{M} \ddot{\boldsymbol{Y}} \tag{13-53b}$$

其中 $\quad \boldsymbol{Y} = \begin{bmatrix} y_1 & y_2 & \cdots & y_n \end{bmatrix}^T$, $\ddot{\boldsymbol{Y}} = \begin{bmatrix} \ddot{y}_1 & \ddot{y}_2 & \cdots & \ddot{y}_n \end{bmatrix}^T \tag{a}$

$$\boldsymbol{\delta} = \begin{bmatrix} \delta_{11} & \delta_{12} & \cdots & \delta_{1n} \\ \delta_{21} & \delta_{22} & \cdots & \delta_{2n} \\ \vdots & \vdots & \vdots & \vdots \\ \delta_{n1} & \delta_{n2} & \cdots & \delta_{nn} \end{bmatrix}, \quad \boldsymbol{M} = \begin{bmatrix} m_1 & & & \\ & m_2 & & \\ & & \ddots & \\ & & & m_n \end{bmatrix} \tag{b}$$

柔度矩阵 $\boldsymbol{\delta}$ 为 n 阶对称方阵；质量矩阵 $\boldsymbol{M}$ 为对角矩阵。

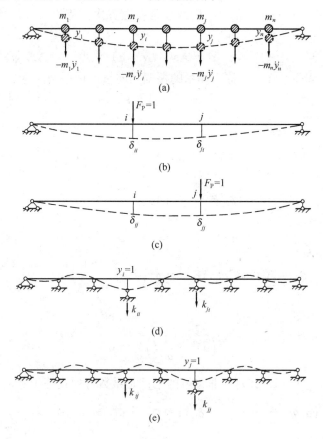

图 13-32

若按刚度法求解，参照式（13-49a）可列出 n 个动力平衡方程：

$$\left.\begin{array}{l} m_1\ddot{y}_1 + k_{11}y_1 + k_{12}y_2 + \cdots + k_{1n}y_n = 0 \\ m_2\ddot{y}_2 + k_{21}y_1 + k_{22}y_2 + \cdots + k_{2n}y_n = 0 \\ \quad\quad\cdots\cdots \\ m_n\ddot{y}_n + k_{n1}y_1 + k_{n2}y_2 + \cdots + k_{nn}y_n = 0 \end{array}\right\} \quad\quad (13\text{-}54a)$$

式中 k_{ij}——刚度系数，其意义如图 13-32（d）、（e）所示。

上式写成矩阵形式为：

$$\boldsymbol{M\ddot{Y}} + \boldsymbol{KY} = \boldsymbol{0} \quad\quad (13\text{-}54b)$$

其中 $\boldsymbol{M}$、$\boldsymbol{Y}$、$\boldsymbol{\ddot{Y}}$ 含义同上；$\boldsymbol{K}$ 为刚度矩阵，即：

$$\boldsymbol{K} = \begin{bmatrix} k_{11} & k_{12} & \cdots & k_{1n} \\ k_{21} & k_{22} & \cdots & k_{2n} \\ \vdots & \vdots & \ddots & \vdots \\ k_{n1} & k_{n2} & \cdots & k_{nn} \end{bmatrix} \quad\quad (c)$$

由于 $k_{ij} = k_{ji}$，故 $\boldsymbol{K}$ 是一个 n 阶对称方阵。若以 $\boldsymbol{\delta}^{-1}$ 左乘（13-53b）则有：

$$\boldsymbol{\delta}^{-1}\boldsymbol{Y} + \boldsymbol{\delta}^{-1}\boldsymbol{\delta M\ddot{Y}} = \boldsymbol{\delta}^{-1}\boldsymbol{Y} + \boldsymbol{M\ddot{Y}} = \boldsymbol{0} \quad\quad (d)$$

比较式（d）与式（13-54b），再次证明 $K=\delta^{-1}$，即柔度矩阵和刚度矩阵互为逆矩阵。

式（13-53）和式（13-54）都是二阶线性常系数齐次方程组，方程的解是一致的。设特解形式为：

$$Y = A\sin(\omega t + \varphi) \tag{13-55}$$

其中 $A = \begin{bmatrix} A_1 & A_2 & \cdots & A_n \end{bmatrix}^T$，称为体系的振幅列向量或称振型向量。

将式（13-55）代入式（13-53）并消去公因子 $\sin(\omega t + \varphi)$，可得到按柔度法求解的位移幅值方程为：

$$\left.\begin{array}{l} \left(\delta_{11}m_1 - \dfrac{1}{\omega^2}\right)A_1 + \delta_{12}m_2A_2 + \cdots + \delta_{1n}m_nA_n = 0 \\[3mm] \delta_{21}m_1A_1 + \left(\delta_{22}m_2 - \dfrac{1}{\omega^2}\right)A_2 + \cdots + \delta_{2n}m_nA_n = 0 \\[3mm] \cdots \qquad\qquad \cdots \\[3mm] \delta_{n1}m_1A_1 + \delta_{n2}m_2A_2 + \cdots + \left(\delta_{nn}m_n - \dfrac{1}{\omega^2}\right)A_n = 0 \end{array}\right\} \tag{13-56a}$$

或写为：

$$\left(\delta M - \dfrac{1}{\omega^2}I\right)A = 0 \tag{13-56b}$$

其中 I 为单位矩阵。式（13-56）有非零解的条件是系数行列式等于零，即

$$\begin{vmatrix} \left(\delta_{11}m_1 - \dfrac{1}{\omega^2}\right) & \delta_{12}m_2 & \cdots & \delta_{1n}m_n \\[3mm] \delta_{21}m_1 & \left(\delta_{22}m_2 - \dfrac{1}{\omega^2}\right) & \cdots & \delta_{2n}m_n \\[2mm] \vdots & \vdots & & \vdots \\[2mm] \delta_{n1}m_1 & \delta_{n2}m_2 & \cdots & \left(\delta_{nn}m_n - \dfrac{1}{\omega^2}\right) \end{vmatrix} = 0 \tag{13-57a}$$

或简写为：

$$\left|\delta M - \dfrac{1}{\omega^2}I\right| = 0 \tag{13-57b}$$

式（13-57）为多自由度体系按柔度法求解的频率方程或特征方程。将行列式展开，可得到关于 $1/\omega^2$ 的 n 次代数方程。由此可求得 n 个自振频率，按照由小到大的顺序排列为 ω_1，ω_2，$\cdots$，ω_n，依次称为第一、第二、$\cdots$、第 n 频率。

类似地，将式（13-55）代入式（13-54），通过与柔度法相同的推导，可得到含有刚度系数的位移幅值方程和频率方程：

$$(K - \omega^2 M)A = 0 \tag{13-58}$$

$$|K - \omega^2 M| = 0 \tag{13-59}$$

由频率方程式（13-59）可求出 n 个自振频率 ω_1，ω_2，$\cdots$，ω_n。

设以 A_j 表示与第 j 个频率 ω_j 相应的振型向量，即：

$$A_j = \begin{bmatrix} A_{1j} & A_{2j} & \cdots & A_{nj} \end{bmatrix}^T$$

则把 ω_j 和 A_j 代入式（13-56）式（13-58）可得到：

$$\left(\boldsymbol{\delta M} - \frac{1}{\omega_j^2} \boldsymbol{I} \right) \boldsymbol{A}_j = \boldsymbol{0} \tag{13-60}$$

或

$$(\boldsymbol{K} - \omega_j^2 \boldsymbol{M}) \boldsymbol{A}_j = \boldsymbol{0} \tag{13-61}$$

这是关于 A_{ij}（$i=1$、2、$\cdots$、n）的 n 个线性齐次方程。由式（13-60）或式（13-61）只能唯一地确定主振型 A_j 的形状，但不能确定其幅值，也就是说，只能得到振型向量 A_j 中各元素的相对值。通常规定振型向量中的某个元素为标准值，令其等于 1（例如令 $A_{1j}=1$），由此求得规准化主振型。对于 n 个自由度体系，具有 n 个频率。那么，将振型规准化后，就有 n 个线性无关的主振型向量。

振动微分方程式（13-53）或式（13-54）的通解，等于上述 n 组按各自振频率作同步简谐振动的特解的线性组合，组合后质点运动一般不再是简谐振动。

【例 13-7】　试求图 13-33（a）所示三层刚架的自振频率和振型。横梁 $EI_1 = \infty$，各层质量全部集中在本层横梁上，各层间侧移刚度 $k_1 = k_2 = k_3 = k$。

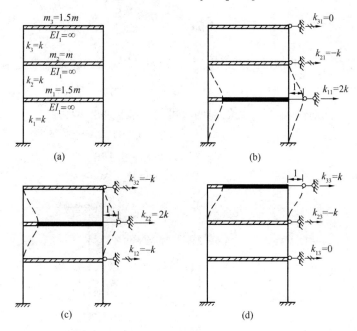

图 13-33

【解】　图 13-33（b）、（c）、（d）所示为各层横梁分别发生单位侧移时附加链杆上的反力。取各层横梁为隔离体，由平衡条件求得：

$$k_{11} = k_{22} = 2k, \ k_{33} = k, \ k_{12} = k_{21} = k_{23} = k_{32} = -k, \ k_{13} = k_{31} = 0$$

体系的刚度矩阵和质量矩阵分别为：

$$\boldsymbol{K} = \begin{bmatrix} 2k & -k & 0 \\ -k & 2k & -k \\ 0 & -k & k \end{bmatrix}, \ \boldsymbol{M} = \begin{bmatrix} 1.5m & 0 & 0 \\ 0 & m & 0 \\ 0 & 0 & 1.5m \end{bmatrix}$$

代入式（13-58）并记 $\lambda = m\omega^2/k$，可得体系的振型方程：

$$\begin{bmatrix} 4-3\lambda & -2 & 0 \\ -2 & 4-2\lambda & -2 \\ 0 & -2 & 2-3\lambda \end{bmatrix} \begin{Bmatrix} A_1 \\ A_2 \\ A_3 \end{Bmatrix} = \begin{Bmatrix} 0 \\ 0 \\ 0 \end{Bmatrix} \tag{a}$$

体系的频率方程为：

$$\begin{vmatrix} 4-3\lambda & -2 & 0 \\ -2 & 4-2\lambda & -2 \\ 0 & -2 & 2-3\lambda \end{vmatrix} = 0 \tag{b}$$

求解得：

$$\lambda_1 = 0.149, \lambda_2 = 1.073, \lambda_3 = 2.777 \tag{c}$$

于是，可求得自振频率：

$$\omega_1 = \sqrt{\frac{\lambda_1 k}{m}} = 0.386\sqrt{\frac{k}{m}}, \omega_2 = \sqrt{\frac{\lambda_2 k}{m}} = 1.036\sqrt{\frac{k}{m}}, \omega_3 = \sqrt{\frac{\lambda_3 k}{m}} = 1.666\sqrt{\frac{k}{m}}$$

将 λ_1 代入振型方程（a）的前两式，得 $\dfrac{A_{21}}{A_{11}} = 1.777$；$\dfrac{A_{31}}{A_{11}} = 2.288$，规准化第一主振型为：

$$A_1 = \begin{bmatrix} A_{11} & A_{21} & A_{31} \end{bmatrix}^T = \begin{bmatrix} 1 & 1.777 & 2.288 \end{bmatrix}^T$$

类似的，将 λ_2、λ_3 分别代入（a）式的前两式可得规准化主振型为：

$$A_2 = \begin{bmatrix} A_{12} & A_{22} & A_{32} \end{bmatrix}^T = \begin{bmatrix} 1 & 0.391 & -0.638 \end{bmatrix}^T$$

$$A_3 = \begin{bmatrix} A_{13} & A_{23} & A_{33} \end{bmatrix}^T = \begin{bmatrix} 1 & -2.166 & 0.683 \end{bmatrix}^T$$

其相应的振型如图 13-34 所示。

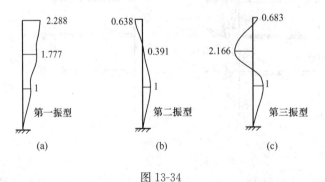

图 13-34

13.5.3 主振型的正交性

所谓主振型的正交性，是指多自由度体系及无限自由度体系中，任意两个不同的主振型之间存在着下述互相正交的性质，即关于质量矩阵的正交性和关于刚度矩阵的正交性。

1. 关于质量矩阵的正交性

在 13.5.1.2 节提出的两个自由度体系关于质量矩阵的正交性，可以推广到 n 个自由度体系中，证明如下。

图 13-35 （a）所示为一般多自由度体系，任意两个主振型 j 与 k 的变形曲线及其相应惯性力如图 13-35 （b）、（c）所示。将第 j 振型和第 k 振型视作体系的第一、第二状态。根据功的互等定理有：

$$m_1\omega_j^2 A_{1j}A_{1k} + m_2\omega_j^2 A_{2j}A_{2k} + \cdots + m_n\omega_j^2 A_{nj}A_{nk}$$
$$= m_1\omega_k^2 A_{1k}A_{1j} + m_2\omega_k^2 A_{2k}A_{2j} + \cdots + m_n\omega_k^2 A_{nk}A_{nj}$$

整理得：

$$(\omega_j^2 - \omega_k^2)(m_1 A_{1j}A_{1k} + m_2 A_{2j}A_{2k} + \cdots + m_n A_{nj}A_{nk}) = 0$$

因 $\omega_j \neq \omega_k$，故有：

$$m_1 A_{1j}A_{1k} + m_2 A_{2j}A_{2k} + \cdots + m_n A_{nj}A_{nk} = 0 \qquad (13\text{-}62a)$$

或

$$\sum_{i=1}^{n} m_i A_{ij}A_{ik} = 0 \, (k \neq j) \qquad (13\text{-}62b)$$

用矩阵可表示为：

$$\boldsymbol{A}_j^T \boldsymbol{M} \boldsymbol{A}_k = 0 \, (k \neq j) \qquad (13\text{-}62c)$$

式中 $\boldsymbol{A}_j^T = \begin{bmatrix} A_{1j} & A_{2j} & \cdots & A_{nj} \end{bmatrix}$，$\boldsymbol{A}_k = \begin{bmatrix} A_{1k} & A_{2k} & \cdots & A_{nk} \end{bmatrix}^T$。$\boldsymbol{A}_j$、$\boldsymbol{A}_k$ 分别为体系第 j、k 振型的振幅列向量，$\boldsymbol{M}$ 含义同前。

式（13-62）表明了多自由度体系任意两个主振型对质量矩阵的正交性。其物理意义是：某一振型在振动过程中所引起的惯性力不在其他振型上做功，也就是体系按某一振型振动时，它的动能不会转移到其他振型上去。

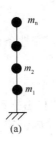
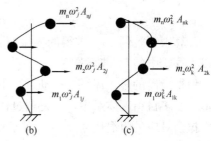

图 13-35

2. 关于刚度矩阵的正交性

利用振型关于质量矩阵的正交性可以推导出振型关于刚度矩阵的正交性，现说明如下：

根据式（13-58），对于第 k 振型则有：

$$\boldsymbol{K} \boldsymbol{A}_k = \omega_k^2 \boldsymbol{M} \boldsymbol{A}_k$$

上式等号两边左乘 $\boldsymbol{A}_j^T$ 得：

$$\boldsymbol{A}_j^T \boldsymbol{K} \boldsymbol{A}_k = \omega_k^2 \boldsymbol{A}_j^T \boldsymbol{M} \boldsymbol{A}_k$$

由式（13-62c）可知，$\boldsymbol{A}_j^T \boldsymbol{M} \boldsymbol{A}_k = 0$ 故有：

$$\boldsymbol{A}_j^T \boldsymbol{K} \boldsymbol{A}_k = 0 \, (j \neq k) \qquad (13\text{-}63)$$

式（13-63）就是主振型对刚度矩阵正交性的矩阵表达形式。其物理意义是：某一振型在振动过程中所引起的弹性恢复力在其他振型位移上所作功之和等于零，也就是体系按某一振型振动时，它的势能不会转移到其他振型上去。

主振型的正交性是结构本身固有的特性，利用这一特性可以将多自由度体系的受迫振动转化为单自由度体系，从而大大简化多自由度体系运动微分方程组的求解，同时也可以利用这一特性来检验所求得的主振型是否正确。

【例 13-8】 试验算例 13-7 求得的主振型是否正确。

【解】 由例 13-7 求得：

$\boldsymbol{A}_1 = \begin{bmatrix} 1 & 1.777 & 2.288 \end{bmatrix}^T$, $\boldsymbol{A}_2 = \begin{bmatrix} 1 & 0.391 & -0.638 \end{bmatrix}^T$, $\boldsymbol{A}_3 = \begin{bmatrix} 1 & -2.166 \\ 0.683 \end{bmatrix}^T$

体系的质量矩阵为：

$$\boldsymbol{M} = \begin{bmatrix} 1.5m & 0 & 0 \\ 0 & m & 0 \\ 0 & 0 & 1.5m \end{bmatrix}$$

于是

$$\boldsymbol{A}_1^T \boldsymbol{M} \boldsymbol{A}_2 = \begin{bmatrix} 1 & 1.777 & 2.288 \end{bmatrix} \begin{bmatrix} 1.5m & 0 & 0 \\ 0 & m & 0 \\ 0 & 0 & 1.5m \end{bmatrix} \begin{bmatrix} 1 \\ 0.391 \\ -0.638 \end{bmatrix} \approx 0$$

$$\boldsymbol{A}_1^T \boldsymbol{M} \boldsymbol{A}_3 = \begin{bmatrix} 1 & 1.777 & 2.288 \end{bmatrix} \begin{bmatrix} 1.5m & 0 & 0 \\ 0 & m & 0 \\ 0 & 0 & 1.5m \end{bmatrix} \begin{bmatrix} 1 \\ -2.166 \\ 0.683 \end{bmatrix} \approx 0$$

$$\boldsymbol{A}_2^T \boldsymbol{M} \boldsymbol{A}_3 = \begin{bmatrix} 1 & 0.391 & -0.638 \end{bmatrix} \begin{bmatrix} 1.5m & 0 & 0 \\ 0 & m & 0 \\ 0 & 0 & 1.5m \end{bmatrix} \begin{bmatrix} 1 \\ -2.166 \\ 0.683 \end{bmatrix} \approx 0$$

计算表明，例13-7求得的主振型满足正交性条件，各主振型正确。本例也可用 K 代替以上算式中的 M 进行验算。

值得指出的是，体系在振动过程中不可避免地会遇到阻尼力的影响。与单自由度体系类似，在多自由度体系中，也是通过体系的自由振动或强迫振动试验，测定出第一、第二两个振型对应的阻尼比 ξ_1 和 ξ_2，然后由下式确定第 i 振型的阻尼比 ξ_i

$$\xi_i = \frac{1}{2} \left(\frac{a}{\omega_i} + b\omega_i \right)$$

式中　$a = \dfrac{2\omega_1\omega_2 \ (\xi_1\omega_2 - \xi_2\omega_1)}{\omega_2^2 - \omega_1^2}$

$b = \dfrac{2 \ (\xi_2\omega_2 - \xi_1\omega_1)}{\omega_2^2 - \omega_1^2}$

13.6　多自由度体系的强迫振动

与单自由度体系的强迫振动一样，多自由度体系在动力荷载作用下的强迫振动也包括自由振动和强迫振动两部分。在阻尼力影响下，自由振动部分迅速衰减，振动很快由过渡阶段进入平稳阶段。通常过渡阶段比较短，对工程实际问题比较重要的是平稳阶段。本节只讨论不考虑阻尼的纯强迫振动，考虑阻尼的强迫振动可参阅有关文献。

13.6.1　简谐荷载作用下的强迫振动

我们只讨论多自由度体系的各简谐荷载具有相同的频率和相位的情况。与多自由度体系的自由振动相比，强迫振动时各质点除受惯性力作用外，还有简谐周期荷载。当干扰力直接作用在各质点上时，可用柔度法或刚度法。当干扰力作用位置为任意布置时，用柔度

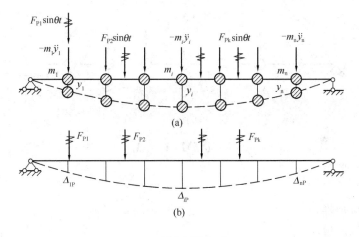

图 13-36

法比较方便。

图 13-36（a）表示 n 个自由度体系受 k 个同步简谐荷载 $F_{P1}\sin\theta t$、$F_{P2}\sin\theta t$、$\cdots$、$F_{Pk}\sin\theta t$ 的作用，质点 m_i 任意时刻的位移 y_i 等于自由振动时的位移（式 13-53a）与干扰力引起的位移（$\Delta_{iP}\sin\theta t$）的叠加，用柔度法可列出体系强迫振动的微分方程：

$$\left.\begin{array}{l}m_1\ddot{y}_1\delta_{11}+m_2\ddot{y}_2\delta_{12}+\cdots+m_n\ddot{y}_n\delta_{1n}+y_1=\Delta_{1p}\sin\theta t\\m_1\ddot{y}_1\delta_{21}+m_2\ddot{y}_2\delta_{22}+\cdots+m_n\ddot{y}_n\delta_{2n}+y_2=\Delta_{2p}\sin\theta t\\\cdots\cdots\\m_1\ddot{y}_1\delta_{n1}+m_2\ddot{y}_2\delta_{n2}+\cdots+m_n\ddot{y}_n\delta_{nn}+y_n=\Delta_{np}\sin\theta t\end{array}\right\}\tag{13-64a}$$

矩阵形式为：

$$\boldsymbol{\delta M\ddot{Y}}+\boldsymbol{Y}=\boldsymbol{\Delta}_P\sin\theta t\tag{13-64b}$$

式中 Δ_{iP} 为荷载幅值引起的质点 m_i 的静位移（图 13-36b）；$\boldsymbol{\Delta}_P=\begin{bmatrix}\Delta_{1P}&\Delta_{2P}&\cdots&\Delta_{3P}\end{bmatrix}^T$ 为简谐荷载幅值引起的静位移向量，其余符号含义同前。

图 13-37 表示 n 个自由度体系各质点有动力荷载 $\boldsymbol{F}_P(t)=\boldsymbol{F}_P\sin\theta t$ 作用的情况。其中 $\boldsymbol{F}_P=\begin{bmatrix}F_{P1}&F_{P2}&\cdots&F_{Pn}\end{bmatrix}^T$，为动力荷载幅值向量。根据质点 m_i 在惯性力、恢复力和干扰力作用下的平衡条件，可建立刚度法振动微分方程：

$$\left.\begin{array}{l}m_1\ddot{y}_1+k_{11}y_1+k_{12}y_2+\cdots+k_{1n}y_n=F_{P1}\sin\theta t\\m_2\ddot{y}_2+k_{21}y_1+k_{22}y_2+\cdots+k_{2n}y_n=F_{P2}\sin\theta t\\\cdots\cdots\\m_n\ddot{y}_n+k_{n1}y_1+k_{n2}y_2+\cdots+k_{nn}y_n=F_{Pn}\sin\theta t\end{array}\right\}\tag{13-65a}$$

写成矩阵形式为：

$$\boldsymbol{M\ddot{Y}}+\boldsymbol{KY}=\boldsymbol{F}_P\sin\theta t\tag{13-65b}$$

式（13-64）和式（13-65）都是无阻尼多自由度体系在简谐荷载作用下的振动微分方程，为 n 阶线性常系数非齐次方程组，它们的特解形式是一致的，设特解为：

$$\boldsymbol{Y}=\boldsymbol{A}\sin\theta t\tag{a}$$

式中 $\boldsymbol{Y}=\begin{bmatrix}y_1&y_2&\cdots&y_n\end{bmatrix}^T$；$\boldsymbol{A}$ 为振幅向量，$\boldsymbol{A}=\begin{bmatrix}A_1&A_2&\cdots&A_n\end{bmatrix}^T$。若将式（a）及其对时间的二阶导数代入式（13-64b），消去公因子 $\sin\theta t$，可得以柔度系数表示的位移幅值方程，它是以 $\boldsymbol{A}$ 为未知量的线性代数方程组：

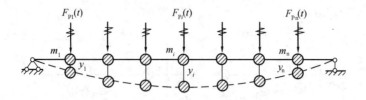

图 13-37

$$(I - \theta^2 \delta M)A = \Delta_P \qquad (13\text{-}66)$$

其系数矩阵的行列式为：

$$D_0 = |\, I - \theta^2 \delta M \,| \qquad (b)$$

式中　I——单位矩阵；

　　　A——振幅向量。

若将式（a）及其二阶导数代入式（13-65b）即得刚度系数表示的位移幅值方程：

$$(K - \theta^2 M)A = F_P \qquad (13\text{-}67)$$

其系数矩阵行列式为：

$$D_0^* = |\, K - \theta^2 M \,| \qquad (c)$$

当 $D_0 \neq 0$ 或 $D_0^* \neq 0$ 时，由方程（13-66）或式（13-67）可求得各质点纯强迫振动的位移幅值。再按下式可求得各质点的惯性力，即：

$$F_I = -M\ddot{Y} = \theta^2 M A \sin\theta t = F_I^0 \sin\theta t \qquad (d)$$

$$F_I^0 = \theta^2 M A \qquad (13\text{-}68)$$

式中　F_I^0——质点的惯性力幅值向量。

由上可知，质点的动位移 Y、惯性力 F_I 与干扰力 $F_P(t)$ 同时达到幅值。因此，可以将惯性力和干扰力的最大值同时作用于体系上，按照静力方法求得结构的最大动位移和动内力。此外，当荷载频率 θ 与体系的任一自振频率 ω_i 相同时，对比式（b）与自由振动时的频率方程式（13-57b）或者对比式（c）与式（13-59）可知，$D_0 = 0$ 或者 $D_0^* = 0$。这时方程（13-66）或式（13-67）中振幅 A 都趋于无限大，体系将发生共振现象。对于 n 个自由度体系有 n 个自振频率，所以有 n 个共振的可能性。由于阻尼力的存在，位移幅值不会无限大，但这对结构毕竟不利，故应避免共振现象出现。

【例 13-9】 试求图 13-38（a）所示体系质点的最大动位移，并绘制最大动力弯矩图。已知 $m_1 = m$，$m_2 = 2m$，横梁受简谐均布荷载 $q(t) = q\sin\theta t$，其中 $\theta = 3\sqrt{\dfrac{EI}{ml^3}}$。

【解】 所给结构为静定，柔度系数易求，动力荷载又不作用在质点上，故用柔度法。作出 $\overline{M}_1$、$\overline{M}_2$ 和 M_P 图，如图 13-38（b）、（c）、（d）所示。由代数法求得柔度系数及荷载幅值引起的质点 m_1、m_2 处的静位移为：

$$\delta_{11} = \frac{l^3}{8EI}, \delta_{22} = \frac{l^3}{48EI}, \delta_{12} = \delta_{21} = \frac{l^3}{32EI}, \Delta_{1P} = \frac{ql^4}{48EI}, \Delta_{2P} = \frac{5ql^4}{384EI}$$

将以上各值及 m_1、m_2、θ 代入式（13-66）得：

$$\left. \begin{aligned}
\left(1 - m \cdot \frac{l^3}{8EI} \cdot \frac{9EI}{ml^3}\right)A_1 - 2m \cdot \frac{l^3}{32EI} \cdot \frac{9EI}{ml^3}A_2 &= \frac{ql^4}{48EI} \\
-m \cdot \frac{l^3}{32EI} \cdot \frac{9EI}{ml^3}A_1 + \left(1 - 2m \cdot \frac{l^3}{48EI} \cdot \frac{9EI}{ml^3}\right)A_2 &= \frac{5ql^4}{384EI}
\end{aligned} \right\}$$

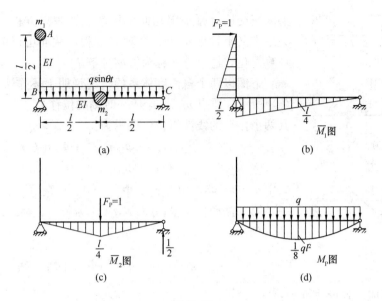

图 13-38

解方程求得质点 m_1、m_2 的最大动位移为：

$$A_1 = -\frac{0.0861ql^4}{EI}, A_2 = -\frac{0.0179ql^4}{EI}$$

由式（13-68）可得各质点惯性力幅值为：

$$F_{I1}^0 = m_1 A_1 \theta^2 = -0.7749ql, F_{I2}^0 = m_2 A_2 \theta^2 = -0.3222ql$$

将求得的惯性力幅值和荷载幅值 q 一起作用于结构上（图 13-39a），按静力方法可绘出最大动力弯矩图，如图 13-39（b）所示。

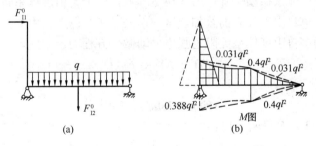

图 13-39

13.6.2　振型分解法

多自由度体系的振动微分方程（13-64）或式（13-65）是以质点位移为坐标的，即以任一时刻质点的几何位置为坐标，这种坐标称为几何坐标。在每个方程中都含有 n 个未知质点位移，方程组是耦联的，必须联立求解。当动力荷载不是简谐荷载而是任意荷载时，联立求解微分方程组十分困难。由上一节可知，n 个自由度体系有 n 个相互独立的振型，任一个振型都不可能是该体系其他振型的线性组合。因此体系在振动过程中质点的位移就是各振型质点位移的叠加。若以振型作为基底，用以时间 t 为自变量的一个函数 $q(t)$ 作为坐标，称为广义坐标。则某振型各质点的位移就可以用该振型广义坐标来表示。运用主振

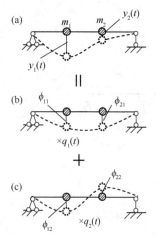

图 13-40

型的正交性，原来用几何坐标建立的联立方程组就可以变换为用广义坐标表示的 n 个独立方程，从而可以分别求解，使计算简化，这一方法称为振型分解法。

下面以两个自由度体系的情况说明上述作法。如图 13-40（a）所示，质点 m_1、m_2 任一时刻的位移为 $y_1(t)$、$y_2(t)$，若用其两个振型的线性组合可表示为：

$$\begin{cases} y_1(t) = \Phi_{11}q_1(t) + \Phi_{12}q_2(t) \\ y_2(t) = \Phi_{21}q_1(t) + \Phi_{22}q_2(t) \end{cases} \tag{e}$$

式中 $\boldsymbol{\Phi}_1 = [\Phi_{11} \quad \Phi_{21}]^T$、$\boldsymbol{\Phi}_2 = [\Phi_{12} \quad \Phi_{22}]^T$ 为已规准化的第一、第二振型列向量；$q_1(t)$、$q_2(t)$ 为第一、第二振型的广义坐标。令：

$$Y = [y_1 \quad y_2]^T, q = [q_1 \quad q_2]^T, \boldsymbol{\Phi} = [\boldsymbol{\Phi}_1 \quad \boldsymbol{\Phi}_2] = \begin{bmatrix} \Phi_{11} & \Phi_{12} \\ \Phi_{21} & \Phi_{22} \end{bmatrix}$$

则式（e）写成矩阵形式可为：

$$Y = \boldsymbol{\Phi}q \tag{f}$$

式中 Y 为体系位移列向量，即原几何坐标向量；$\boldsymbol{\Phi}$ 为振型矩阵，它是以第一、第二振型向量作为列向量构成的矩阵；q 称为广义坐标列向量。这样就把原来的几何坐标 $y_1(t)$、$y_2(t)$ 通过矩阵 $\boldsymbol{\Phi}$ 变换为用广义坐标 $q_1(t)$ 和 $q_2(t)$ 来表示，或者说体系的位移可以看作是由各主振型向量为基底，乘以相应的组合系数 $q_1(t)$、$q_2(t)$ 叠加而成。只要 $q_1(t)$ 与 $q_2(t)$ 能够确定，则 $y_1(t)$、$y_2(t)$ 也就可以确定。由于 $y_1(t)$、$y_2(t)$ 为时间的函数，故 $q_1(t)$、$q_2(t)$ 亦为时间的函数。

由上可见，利用体系振型矩阵作为变换矩阵就把两个自由度体系转换为与原体系的两个频率对应的两个单自由度体系的叠加，这一作法对两个以上自由度体系也适用。

刚度法建立的多自由度体系无阻尼强迫振动微分方程为：

$$M\ddot{Y} + KY = F_P(t) \tag{g}$$

利用式（f），上式可写为：

$$M\boldsymbol{\Phi}\ddot{q} + K\boldsymbol{\Phi}q = F_P(t) \tag{h}$$

以 $(\boldsymbol{\Phi}_i)^T$ 左乘式（h）等号两边得：

$$(\boldsymbol{\Phi}_i)^T M\boldsymbol{\Phi}\ddot{q} + (\boldsymbol{\Phi}_i)^T K\boldsymbol{\Phi}q = (\boldsymbol{\Phi}_i)^T F_P(t) \tag{i}$$

其中

$$(\boldsymbol{\Phi}_i)^T M\boldsymbol{\Phi}\ddot{q} = (\boldsymbol{\Phi}_i)^T M\boldsymbol{\Phi}_1\ddot{q}_1 + (\boldsymbol{\Phi}_i)^T M\boldsymbol{\Phi}_2\ddot{q}_2 + \cdots + (\boldsymbol{\Phi}_i)^T M\boldsymbol{\Phi}_i\ddot{q}_i +$$
$$\cdots + (\boldsymbol{\Phi}_i)^T M\boldsymbol{\Phi}_n\ddot{q}_n \tag{j}$$

$$(\boldsymbol{\Phi}_i)^T K\boldsymbol{\Phi}q = (\boldsymbol{\Phi}_i)^T K\boldsymbol{\Phi}_1 q_1 + (\boldsymbol{\Phi}_i)^T K\boldsymbol{\Phi}_2 q_2 + \cdots + (\boldsymbol{\Phi}_i)^T K\boldsymbol{\Phi}_i q_i + \cdots + (\boldsymbol{\Phi}_i)^T K\boldsymbol{\Phi}_n q_n \tag{k}$$

根据主振型对质量矩阵和刚度矩阵的正交性可知，式（j）、式（k）等号右边除第 i 项外，其余各项都为零，因此式（i）可改写为：

$$(\boldsymbol{\Phi}_i)^T M\boldsymbol{\Phi}_i\ddot{q}_i + (\boldsymbol{\Phi}_i)^T K\boldsymbol{\Phi}_i q_i = (\boldsymbol{\Phi}_i)^T F_P(t) \tag{l}$$

令

$$\overline{M}_i = (\boldsymbol{\Phi}_i)^T M\boldsymbol{\Phi}_i, \overline{K}_i = (\boldsymbol{\Phi}_i)^T K\boldsymbol{\Phi}_i, \overline{F}_{Pi}(t) = (\boldsymbol{\Phi}_i)^T F_P(t) \tag{m}$$

它们依次称为对应于第 i 个主振型的广义质量、广义刚度和广义荷载，将它们代入式（l）

可得：

$$\overline{M}_i\ddot{q}_i + \overline{K}_i q_i = \overline{F}_{Pi}(t) \quad (i=1,2,\cdots,n) \tag{n}$$

式（n）相当于单自由度体系受迫振动的微分方程。于是 n 个自由度体系的受迫振动，按振型分解计算时就变成计算 n 个单自由度体系的受迫振动。式（n）计算如下：

根据振型向量方程式（13-61），并将 $\boldsymbol{A}$ 换为 $\boldsymbol{\Phi}$ 可有：

$$\boldsymbol{K}\boldsymbol{\Phi}_i = \omega_i^2 \boldsymbol{M}\boldsymbol{\Phi}_i$$

用 $(\boldsymbol{\Phi}_i)^T$ 左乘上式等号两边，并注意到式（m）的前两项可得：

$$\overline{K}_i = \omega_i^2 \overline{M}_i$$

故有

$$\omega_i^2 = \frac{\overline{K}_i}{\overline{M}_i} \tag{13-69}$$

式（13-69）可以认为是单自由度体系固有频率公式的推广。于是式（n）可改写为：

$$\ddot{q}_i + \omega_i^2 q_i = \frac{\overline{F}_{Pi}(t)}{\overline{M}_i} \quad (i=1,2,\cdots,n) \tag{13-70}$$

式（13-70）与单自由度体系无阻尼强迫振动方程式（13-24）的形式相同，因而可按同样的方法求解。参照式（13-31）可得式（13-70）满足初始条件为零的特解为：

$$q_i(t) = \frac{1}{\overline{M}_i\omega_i} \int_0^t \overline{F}_{Pi}(\tau)\sin\omega_i(t-\tau)\mathrm{d}\tau \tag{13-71}$$

由上式分别求出广义坐标 q_1、q_2、$\cdots$、q_n 的解答后，利用式（f）的关系即可求出原体系的动位移。上述方法求解的主要思路就是将位移 $\boldsymbol{Y}$ 分解为各主振型的线性叠加，因此振型分解法又称为振型叠加法。

【例 13-10】 试求图 13-41（a）所示简支梁两质点的位移和弯矩，已知质点 $m_1 = m_2 = m$，在 1 点作用突加荷载 $F_P(t) = \begin{cases} F_P & (t \geqslant 0) \\ 0 & (t < 0) \end{cases}$，结构的两个自振频率及规准化振型为：

$$\omega_1 = 5.692\sqrt{\frac{EI}{ml^3}},\ \omega_2 = 22.045\sqrt{\frac{EI}{ml^3}},\ \boldsymbol{\Phi}_1 = \begin{bmatrix} 1 \\ 1 \end{bmatrix},\ \boldsymbol{\Phi}_2 = \begin{bmatrix} 1 \\ -1 \end{bmatrix}。$$

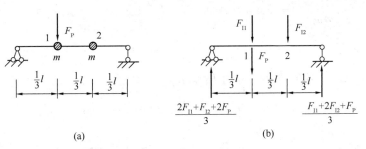

图 13-41

【解】 （1）建立坐标变换关系

坐标变换矩阵由各振型列向量组成，即：

$$\boldsymbol{\Phi} = \begin{bmatrix} \boldsymbol{\Phi}_1 & \boldsymbol{\Phi}_2 \end{bmatrix} = \begin{bmatrix} 1 & 1 \\ 1 & -1 \end{bmatrix}$$

由式（f）得坐标变换式：

$$\begin{bmatrix} y_1 \\ y_2 \end{bmatrix} = \begin{bmatrix} 1 & 1 \\ 1 & -1 \end{bmatrix} \begin{bmatrix} q_1 \\ q_2 \end{bmatrix}$$

（2）计算广义质量

由式（m）有：

$$\overline{M}_1 = \boldsymbol{\Phi}_1^T \boldsymbol{M} \boldsymbol{\Phi}_1 = \begin{bmatrix} 1 & 1 \end{bmatrix} \begin{bmatrix} m & 0 \\ 0 & m \end{bmatrix} \begin{bmatrix} 1 \\ 1 \end{bmatrix} = 2m$$

$$\overline{M}_2 = \boldsymbol{\Phi}_2^T \boldsymbol{M} \boldsymbol{\Phi}_2 = \begin{bmatrix} 1 & -1 \end{bmatrix} \begin{bmatrix} m & 0 \\ 0 & m \end{bmatrix} \begin{bmatrix} 1 \\ -1 \end{bmatrix} = 2m$$

（3）计算广义荷载

由式（m）有：

$$\overline{F}_{P1}(t) = \boldsymbol{\Phi}_1^T \boldsymbol{F}_P(t) = \begin{bmatrix} 1 & 1 \end{bmatrix} \begin{bmatrix} F_P \\ 0 \end{bmatrix} = F_P$$

$$\overline{F}_{P2}(t) = \boldsymbol{\Phi}_2^T \boldsymbol{F}_P(t) = \begin{bmatrix} 1 & -1 \end{bmatrix} \begin{bmatrix} F_P \\ 0 \end{bmatrix} = F_P$$

（4）求广义坐标

利用式（13-71），由于体系原是静止的（即 $y(0) = 0, \dot{y}(0) = 0$），因而有：

$$q_1 = \frac{1}{\overline{M}_1 \omega_1} \int_0^t F_P(\tau) \sin\omega_1(t-\tau) d\tau = \frac{1}{2m\omega_1} \int_0^t F_P \sin\omega_1(t-\tau) d\tau = \frac{F_P}{2m\omega_1^2}(1-\cos\omega_1 t)$$

$$q_2 = \frac{1}{\overline{M}_2 \omega_2} \int_0^t F_P(\tau) \sin\omega_2(t-\tau) d\tau = \frac{1}{2m\omega_2} \int_0^t F_P \sin\omega_2(t-\tau) d\tau = \frac{F_P}{2m\omega_2^2}(1-\cos\omega_2 t)$$

（5）求位移

将求得的 q_1、q_2 代入变换坐标式得 $\begin{bmatrix} y_1 \\ y_2 \end{bmatrix} = \begin{bmatrix} 1 & 1 \\ 1 & -1 \end{bmatrix} \begin{bmatrix} q_1 \\ q_2 \end{bmatrix}$ 可得：

$$y_1 = q_1 + q_2 = \frac{F_P}{2m\omega_1}\left[(1-\cos\omega_1 t) + \left(\frac{\omega_1}{\omega_2}\right)^2(1-\cos\omega_2 t)\right]$$

$$= \frac{F_P}{2m\omega_1^2}\left[(1-\cos\omega_1 t) + 0.0667(1-\cos\omega_2 t)\right]$$

$$y_2 = q_1 - q_2 = \frac{F_P}{2m\omega_1^2}\left[(1-\cos\omega_1 t) - 0.0667(1-\cos\omega_2 t)\right]$$

（6）求质点 1、2 处的弯矩惯性力 F_I 为：

$$F_{I1} = -m_1\ddot{y}_1 = -\frac{F_P}{2}(\cos\omega_1 t + \cos\omega_2 t)$$

$$F_{I2} = -m_2\ddot{y}_2 = -\frac{F_P}{2}(\cos\omega_1 t - \cos\omega_2 t)$$

图 13-41（b）给出了 F_{I1}、F_{I2}、F_P 作用下的支座反力，由此可求得截面 1、2 的弯矩如下：

$$M_1(t) = \frac{2F_{I1} + F_{I2} + 2F_P}{3} \cdot \frac{l}{3} = \frac{F_P l}{6}\left[(1-\cos\omega_1 t) + \frac{1}{3}(1-\cos\omega_2 t)\right]$$

$$M_2(t) = \frac{F_{I1} + 2F_{I2} + F_P}{3} \cdot \frac{l}{3} = \frac{F_P l}{6}\left[(1-\cos\omega_1 t) - \frac{1}{3}(1-\cos\omega_2 t)\right]$$

顺便指出，多自由度体系考虑有阻尼的强迫振动时，本节式（g）可改写为

$$M\ddot{Y} + C\dot{Y} + KY = F_P(t) \tag{o}$$

按振型分解法，本节式（h）可写为

$$M\Phi\ddot{q} + C\Phi\dot{q} + K\Phi q = F_P(t) \tag{p}$$

采用比例阻尼，假定

$$C = aM + bK \tag{q}$$

式中 a、b 为待定常数。由于 C 是 M 和 K 的线性组合，因而 C 同样具有与主振型正交的性质。通过振型分解，式（p）仍能化为 n 个独立的微分方程：

$$\overline{M}_i\ddot{q}_i + \overline{C}_i\dot{q}_i + \overline{K}_iq_i = \overline{F}_{pi}(t) \quad (i = 1, 2, \cdots, n)$$

从而可按 n 个单自由度体系的受迫振动计算。限于篇幅，以上内容的具体推导可参阅有关文献。

*13.7　无限自由度体系的自由振动

严格地说，实际结构的质量都是连续分布的，所以都属于无限自由度体系。体系的运动方程既是时间的函数，也是位置的函数，于是就形成了偏微分方程。现以具有均布质量的等截面杆为例，说明无限自由度体系自由振动的微分方程及其特性。

由材料力学知，若以 x 坐标向右为正，任一截面的位移 y 和荷载集度向下为正，等截面水平直杆在横向分布荷载 q 作用下，位移与荷载集度的微分关系则为：

$$EI\frac{\mathrm{d}^4y}{\mathrm{d}x^4} = q \tag{a}$$

在自由振动时，不考虑阻尼作用，杆件上只有连续分布的惯性力视作横向分布荷载 q，它等于杆件单位长度上的质量 $\overline{m}$ 与加速度的乘积，即：

$$q = -\overline{m}\frac{\partial^2y}{\partial t^2} \tag{b}$$

式（b）代入式（a）可得等截面直杆自由振动的微分方程：

$$EI\frac{\mathrm{d}^4y}{\mathrm{d}x^4} + \overline{m}\frac{\partial^2y}{\partial t^2} = 0 \tag{13-72}$$

式中 $y(x,t)$ 同时是横坐标 x 和时间 t 的函数，它是一个偏微分方程。

求解方程（13-72），可采用分离变量法。将 $y(x,t)$ 表达为 $Y(x)$ 与 $T(t)$ 的乘积，即：

$$y(x,t) = Y(x)T(t) \tag{c}$$

式中，$Y(x)$ 是以 x 为自变量的坐标位置函数，$T(t)$ 是以 t 为自变量的时间函数。将式（c）代入方程（13-72），得：

$$EIY^{(4)}(x)T(t) + \overline{m}Y(x)\ddot{T}(t) = 0$$

或写为：

$$\frac{EIY^{(4)}(x)}{\overline{m}Y(x)} = -\frac{\ddot{T}(t)}{T(t)}$$

上式等号左边只与 x 有关，右边只与 t 有关，要维持恒等关系，必须等于同一个常数。设以 ω^2 代表这个常数，可得以下两个独立的常微分方程：

$$\ddot{T}(t) + \omega^2 T(t) = 0 \tag{d}$$

$$Y^{(4)}(x) - \lambda^4 Y(x) = 0 \tag{e}$$

其中

$$\lambda = \sqrt[4]{\frac{\omega^2 \overline{m}}{EI}} \ \text{或} \ \omega = \lambda^2 \sqrt{\frac{EI}{\overline{m}}} \tag{f}$$

式（d）的形式与单自由度体系自由振动微分方程（13-2）相似，它的通解为：

$$T(t) = C_1 \sin\omega t + C_2 \cos\omega t$$

或

$$T(t) = B\sin(\omega t + \varphi) \tag{g}$$

将式（g）代入式（c）有：

$$y(x,t) = Y(x)\sin(\omega t + \varphi) \tag{h}$$

这里，常数 B 已并入到待定函数 $Y(x)$ 中。

由式（h）可见，具有均布质量杆件的自由振动是以 ω 为频率的简谐振动，而 $Y(x)$ 即为其振幅曲线。

根据常微分方程的理论，式（e）的通解可表示为：

$$Y(x) = C_1 \text{ch}\lambda x + C_2 \text{sh}\lambda x + C_3 \cos\lambda x + C_4 \sin\lambda x \tag{13-73}$$

式中 $C_1 \sim C_4$ 为四个待定积分常数。根据杆件的边界条件可以写出包含 $C_1 \sim C_4$ 的四个齐次方程。然后根据方程系数行列式为零的非零解条件，得到确定 λ 的特征方程，求出 λ 后，便可由式（f）求得自振频率 ω。对于无限自由度体系，特征方程有无限多个根，因而可求得无限多个自振频率。对于每一个自振频率，由式（h）给出了方程（13-72）的一个特解，并可求得此时 C_1、C_2、C_3、C_4 的一组比值，再由式（13-73）得到其相应的一个主振型。

运动方程（13-72）的全解为各特解的线性组合，可表示为：

$$y(x,t) = \sum_{n=1}^{\infty} B_n Y_n(x)\sin(\omega_n t + \varphi_n) \tag{13-74}$$

其中待定常数 B_n 和 φ_n 需由初始条件确定。

【**例 13-11**】 试求图 13-42（a）所示等截面简支梁发生横向振动时的自振频率和振型。

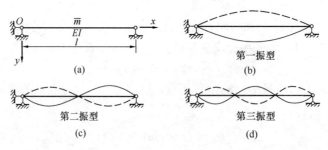

图 13-42

【**解**】 梁的左端侧移和弯矩均为零，即 $Y(0) = 0$ 和 $Y''(0) = 0$，将它们代入式（13-73），可解得 $C_1 = C_3 = 0$。于是，振幅曲线便可简化为：

$$Y(x) = C_2 \text{sh}\lambda x + C_4 \sin\lambda x$$

梁右端的边界条件为 $Y(l) = 0$ 和 $Y''(l) = 0$，将它们代入上式即得一组关于 C_2、C_4 的齐次方程：

$$C_2 \, \mathrm{sh}\lambda l + C_4 \sin\lambda l = 0 \left.\right\}$$
$$C_2 \, \mathrm{sh}\lambda l - C_4 \sin\lambda l = 0$$

C_2、C_4 不全为零的条件是

$$\begin{vmatrix} \mathrm{sh}\lambda l & \sin\lambda l \\ \mathrm{sh}\lambda l & -\sin\lambda l \end{vmatrix} = 0$$

由此得：
$$\mathrm{sh}\lambda l \cdot \sin\lambda l = 0$$

因 $\mathrm{sh}\lambda l = 0$ 将导致 $\lambda = 0$ 和 $Y(x) = 0$，故应舍去。于是上式只有：

$$\sin\lambda l = 0$$

其特征根为：

$$\lambda_\mathrm{n} = \frac{n\pi}{l} \qquad (n=1,\ 2,\ \cdots)$$

其相应的自振频率为：

$$\omega_\mathrm{n} = \frac{n^2\pi^2}{l^2}\sqrt{\frac{EI}{\overline{m}}} \qquad (n=1,\ 2,\ \cdots)$$

将 $\sin\lambda_\mathrm{n} l = 0$ 代入上述齐次方程组中的任一式，因 $\mathrm{sh}\lambda l \neq 0$，故有 $C_2 = 0$。于是，由振幅曲线的简化式可得：

$$Y_\mathrm{n}(x) = C_4 \sin\frac{n\pi x}{l} \qquad (n=1,\ 2,\ \cdots)$$

设 $C_4 = 1$，由上式可画出其中前三个振型如图 13-42 (b)、(c)、(d) 所示。

13.8　计算频率的近似方法

随着结构自由度的增多，自振频率的计算量也将增大。但在实际问题中，重要的是求出结构几个较低的自振频率。因为频率越高，振动的速度就越快，阻尼的影响也就越大，因而相应的振动形式也就愈难出现。工程中常用一些近似方法计算结构的基本频率或几个较低的频率，例如能量法、集中质量法和迭代法等。本节介绍能量法和集中质量法。

13.8.1　能量法

能量法又分瑞雷法和瑞雷—里兹法，前者用于求结构的第一频率（即基本频率）；后者是前者的推广形式，可用于求最初几个频率，这里只讨论瑞雷法。

瑞雷法的依据是能量守恒定理，即一个弹性体系无阻尼自由振动时，在任一时刻的总能量（应变能与动能之和）应当保持不变，即：动能（T）＋应变能（U）＝常数。

由以上各节可知，振动体系相应于每一频率的振型都是简谐振动，它具有如下特性：当体系处于静力平衡位置的瞬间，位移为零而速度最大，此时应变能 U 为零，动能 T 具有最大值 $T_{\max}$；当体系处于最大振幅位置的瞬间，位移最大而速度为零，此时动能 T 为零，应变能 U 则具有最大值 $U_{\max}$。体系在这两个瞬间的总能量相等，于是有：

$$0 + T_{\max} = U_{\max} + 0$$

即

$$T_{\max} = U_{\max} \tag{a}$$

现以具有分布质量的梁的自由振动为例，由式（a）推导出求频率的计算公式。由 13.7 节式（h）知，具有分布质量杆件自由振动时的位移为：

$$y(x,t) = y(x)\sin(\omega t + \varphi) \tag{b}$$

式（b）对 t 求导可得速度为：

$$\dot{y}(x,t) = \omega \cdot y(x) \cdot \cos(\omega t + \varphi) \tag{c}$$

体系的动能为：

$$T = \int_0^l \frac{1}{2}\overline{m}(x)\mathrm{d}x \cdot \dot{y}^2 = \frac{1}{2}\omega^2 \cos^2(\omega t + \varphi)\int_0^l \overline{m}(x)y^2(x)\mathrm{d}x$$

当 $\cos(\omega t + \varphi) = 1$ 时，动能达到最大值 $T_{\max}$，其值为：

$$T_{\max} = \frac{1}{2}\omega^2 \int_0^l \overline{m}(x)y^2(x)\mathrm{d}x \tag{d}$$

体系的弯矩与位移的关系为：

$$-M = EI\frac{\partial^2 y}{\partial^2 x} = EI\frac{\mathrm{d}^2 y(x)}{\mathrm{d}x^2}\sin(\omega t + \varphi) = EIy''(x)\sin(\omega t + \varphi)$$

若只考虑弯曲应变能时，体系的应变能为：

$$U = \frac{1}{2}\int_0^l \frac{M^2}{EI}\mathrm{d}x = \frac{1}{2}\sin^2(\omega t + \varphi)\int_0^l EI[y''(x)]^2\mathrm{d}x$$

当 $\sin(\omega t + \varphi) = 1$ 时，应变能达到最大值，其值为：

$$U_{\max} = \frac{1}{2}\int_0^l EI[y''(x)]^2\mathrm{d}x \tag{e}$$

将式（d）与式（e）代入式（a）可得：

$$\omega^2 = \frac{\int_0^l EI[y''(x)]^2\mathrm{d}x}{\int_0^l \overline{m}(x)y^2(x)\mathrm{d}x} \tag{13-75a}$$

如果体系上除分布质量 $\overline{m}(x)$ 外，还有 n 个集中质量 m_i，则式（13-75a）应改写为：

$$\omega^2 = \frac{\int_0^l EI[y''(x)]^2\mathrm{d}x}{\int_0^l \overline{m}(x)y^2(x)\mathrm{d}x + \sum_{i=1}^n m_i y_i^2} \tag{13-75b}$$

式（13-75）就是瑞雷法求自振频率的计算公式。

若能以真正的振幅曲线 $y(x)$ 代入式（13-75），则可得到 ω 的精确解。将第一主振型的振幅曲线 $y_1(x)$ 代入，可得 ω_1 的精确值；将 $y_2(x)$ 代入，可得 ω_2 的精确值；等等。然而我们并不知道这些真正的振幅曲线，故无法用瑞雷法求得精确解。但若给定一个与所求振型近似的 $y(x)$ 的方程，并使其满足位移边界条件，便可能得到某个频率的近似解。由计算经验可知，单跨梁在某个静力荷载（如结构的自重）作用下的挠曲线，往往接近于第一振型曲线，因此用它代入式（13-75）便可得到 ω_1 的近似值，这就是瑞雷法。由于瑞雷法计算高频常造成很大误差，因此它适合求第一频率。对其他结构类型，用瑞雷法计算时，要先判断其基本振型的大致形状，再确定一个与它接近的曲线方程 $y(x)$，代入式（13-75）即可求得基本频率的近似解。

当以静力荷载作用下的挠曲线作为振幅曲线时，体系的应变能可用相应的外力功来代替，设梁上除分布重量 $q(x) = \overline{m}(x)g$ 外，还有 k 个集中力 F_{Pj}（$j=1, 2, \cdots, k$），其外力功为：

$$W = \frac{1}{2} \int_0^l q(x)y(x)\mathrm{d}x + \frac{1}{2} \sum_{j=1}^k F_{Pj}y_j$$

使它与 U_{max} 相等，则可得：

$$\omega^2 = \frac{\displaystyle\int_0^l q(x)y(x)\mathrm{d}x + \sum_{j=1}^k F_{Pj}y_j}{\displaystyle\int_0^l \overline{m}(x)y^2(x)\mathrm{d}x + \sum_{i=1}^n m_i y_i^2} \tag{13-76}$$

当体系仅为 n 个集中质量体系，并采用 k 个集中力作用时，上式可写为：

$$\omega^2 = \frac{\displaystyle\sum_{j=1}^k F_{Pj}y_j}{\displaystyle\sum_{i=1}^n m_i y_i^2} \tag{13-77}$$

【例 13-12】 图 13-43（a）所示简支梁，有三个相等的质量 m，试用能量法求它的基本频率。

【解】 采用集中荷载 $F_P = mg$ 作用计算应变能（图 13-43b），由式（13-77）知，为求得 ω，需要先求 y_1、y_2、y_3。由叠加原理知：

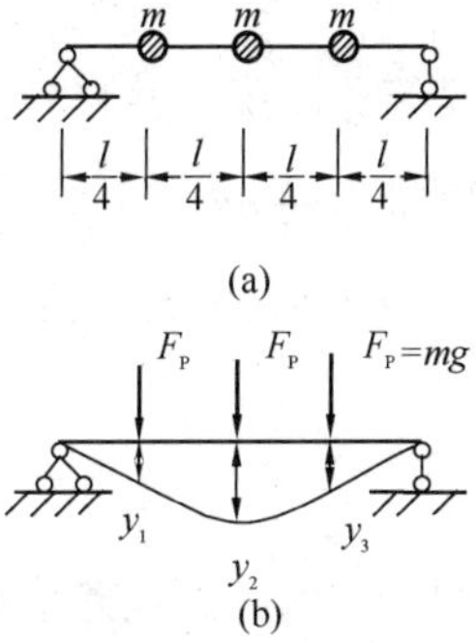

$$y_i = \delta_{i1}F_P + \delta_{i2}F_P + \delta_{i3}F_P = F_P(\delta_{i1} + \delta_{i2} + \delta_{i3}) \tag{a}$$

由对称性可知：$\delta_{11} = \delta_{33}$，$\delta_{12} = \delta_{21} = \delta_{32} = \delta_{23}$，$\delta_{13} = \delta_{31}$。其中

$$\delta_{11} = \delta_{33} = 9l^3\xi, \quad \delta_{12} = \delta_{21} = \delta_{32} = \delta_{23} = 11l^3\xi$$

$$\delta_{13} = \delta_{31} = 7l^3\xi, \quad \delta_{22} = 16l^3\xi \quad (\xi = 1/768EI)$$

将各 δ_{ij} 代入式（a）可得：

$$y_1 = \frac{27F_P l^3}{768EI} = y_3, \quad y_2 = \frac{38F_P l^3}{768EI}$$

于是有：

$$\sum_{j=1}^k F_{Pj}y_j = \frac{92F_P^2 l^3}{768EI} \tag{b}$$

$$\sum_{i=1}^n m_i y_i^2 = m(y_1^2 + y_2^2 + y_3^2) = 2902m\left(\frac{1}{768EI}\right)^2 F_P^2 l^6 \tag{c}$$

将式（b）与式（c）代入式（13-77）可得：

$$\omega_1 = 4.93\sqrt{\frac{EI}{ml^3}}$$

用精确法求得 $\omega_1 = 4.92\sqrt{\frac{EI}{ml^3}}$，两者相比误差仅为 0.2%。

图 13-43

13.8.2 集中质量法

集中质量法就是把体系中的分布质量换成若干集中质量，使体系由无限自由度转换成单自由度或多自由度，从而使自振频率的计算得到简化。集中质量的方法有多种，如静力等效集中质量法、动能等效集中质量法、转移质量法等等。这里只介绍静力等效集中质量法。静力等效集中质量法是集中质量法最简单的一种，其质量集中的原则是：①使集中后的重力与原来的重力互为静力等效（合力彼此相同）；②集中质量的位置一般根据结构的

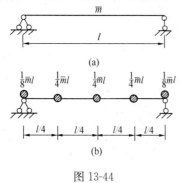

图 13-44

振动形式，选择在振幅较大的地方。这种方法简便灵活，可用于求梁、拱、刚架、桁架等各类结构。集中质量后用瑞雷法可很快求出基本频率。如用精确法计算，除求出基本频率外，还可求第二、第三…频率，也可用于确定主振型，故工程中常被采用。随着集中质量的数目越多，求得的结果精度越高，但计算工作量越大。当实用上只需要求几个低频率时，集中质量体系的自由度数目毋须太多，只比所求低频率数目稍多即可。例如欲求图13-44（a）等截面简支梁的第一、第二、第三频率，可将梁等分四段，并将各段分布质量分别集中于两端，设单位长度的质量为 $\overline{m}$，则各质点的质量为 $\frac{1}{4}\overline{m}l$（图 13-44b）。这样就将原无限自由度体系化为三个自由度结构，然后再按13.5.2 节所述方法求出结构前三个频率的近似值：

$$\omega_1 = \frac{9.865}{l^2}\sqrt{\frac{EI}{\overline{m}}}, \; \omega_2 = \frac{39.2}{l^2}\sqrt{\frac{EI}{\overline{m}}}, \; \omega_3 = \frac{84.6}{l^2}\sqrt{\frac{EI}{\overline{m}}}$$

它们与精确解的误差依次为 0.05%、0.7% 和 4.8%。可见基本频率的精度是很高的。

思 考 题

1. 动力计算与静力计算的主要区别是什么？
2. 动力计算中如何确定体系的自由度？体系的自由度是否一定与质点数目相等？
3. 试用刚度法、柔度法推导两个自由度自由振动的微分方程。
4. 何为动力系数？其大小与哪些因素有关？
5. 在杜哈梅积分中，时间 τ 与 t 有何区别？怎样用该积分求解一般动力荷载作用下的动力位移问题？
6. 何为临界阻尼？何为阻尼比？阻尼数值变大时，振动的周期将如何变化？
7. 求多自由度体系的自振频率时，什么情况下用刚度法好？什么情况下用柔度法好？
8. 什么是主振型？为什么同一振型只能求得各质点振幅之间的相对比值？
9. 什么是主振型的正交性？试证明主振型关于质量矩阵的正交性。
10. 什么叫广义坐标？你怎样理解坐标变换？
11. 用能量法求自振频率的理论基础是什么？它有何优缺点？

习 题

13-1 试判别图示各体系的振动自由度。各质点的转动惯性不计，忽略杆件的轴向变形。除注明外

杆件为弹性杆且质量略去不计。

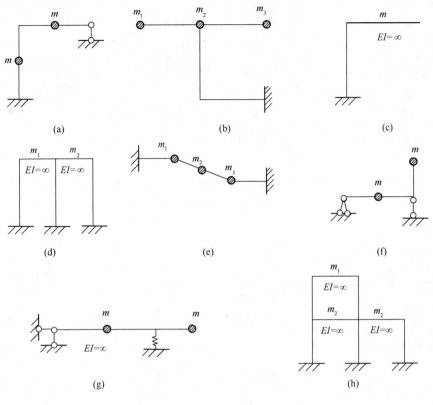

题 13-1 图

13-2 试列出图示体系的动力平衡方程。

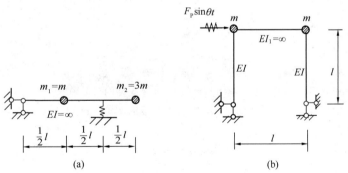

题 13-2 图

13-3 试列出图示体系的位移方程。

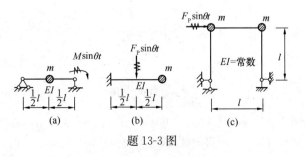

题 13-3 图

13-4　试计算图示体系的自振频率。各杆自重不计，忽略轴向变形。

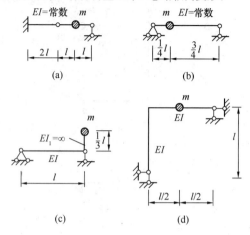

题 13-4 图

13-5　试计算图示体系的自振频率。

13-6　图示刚架，跨中有集中质量 m，刚架质量不计，弹性模量为 E。试分别计算竖向振动和水平振动时的自振频率。（$\beta = \dfrac{I}{I_1}$）

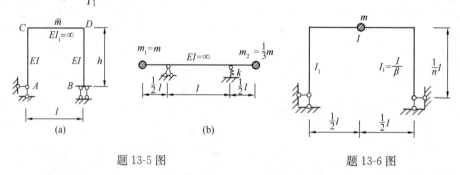

题 13-5 图　　　　　　　　　题 13-6 图

13-7　图示排架，柱的质量已集中到顶部并与屋盖合在一起，已知重量 $mg=20\mathrm{kN}$，$E=3\times10^4\mathrm{MPa}$。上柱 $I_{c1}=20\times10^4\,\mathrm{cm}^4$，下柱 $I_{c2}=10\times10^5\,\mathrm{cm}^4$，试计算水平振动的自振频率。

13-8　试计算图示体系稳态阶段时支座 A 处动力弯矩的幅值，已知 $\theta=0.5\omega$，$EI=$ 常数，不计阻尼。

13-9　图示体系，在支座 A 处受动力弯矩 $M\sin\theta t$ 作用，梁的质量不计，试求质点的动位移幅值，已知 $\theta=\sqrt{\dfrac{16EI}{ml^3}}$。

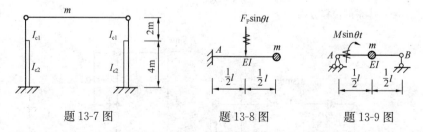

题 13-7 图　　　　　　　题 13-8 图　　　　　　题 13-9 图

13-10　图示悬臂梁具有重量 $mg=12\mathrm{kN}$，其上有振动荷载 $F_{\mathrm{P}}\sin\theta t$ 作用，其中 $F_{\mathrm{P}}=5\mathrm{kN}$，若不考虑阻尼，试计算梁在振动荷载为 $300\mathrm{r/min}$ 时的最大竖向位移和最大弯矩值。已知：$E=2.1\times10^4\mathrm{kN/cm}^2$，

$I=3400\text{cm}^4$，梁自重不计。

13-11　图示结构在柱顶有电动机，试求电动机转动时的最大水平位移和柱端弯矩的幅值。已知电动机和结构的重量集中于柱顶，$mg=20\text{kN}$，电动机水平离心力的幅值 $F_P=250\text{N}$，电动机转速 $n=550\text{r/min}$，柱的线刚度 $i=\dfrac{EI_1}{h}=5.88\times10^8\text{N}\cdot\text{cm}$。

13-12　图示柱顶端初始位移为 0.01cm（被拉到图中虚线所示位置，然后放松引起的振动）。已知 $mg=20\text{kN}$，$E=2\times10^4\text{MPa}$，$I=16\times10^4\text{cm}^4$，试求质点的位移振幅，最大速度与最大加速度。

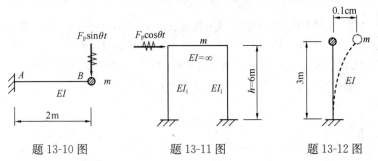

题 13-10 图　　　　题 13-11 图　　　　题 13-12 图

13-13　图示结构，设使横梁产生初始位移为 0.685cm，然后自由振动一个周期后其最大位移为 0.5cm，试计算体系的阻尼比 ξ 和动力系数 μ。

13-14　已知图示体系阻尼比 $\xi=0.05$，$\theta=64\dfrac{EI}{ml^3}$，试计算稳态振动时的最大动力弯矩幅值。

13-15　如图所示重 500N 的重物悬挂在刚度 $k=4\times10^3\text{N/m}$ 的弹簧上，假定它在简谐力 $F_P\sin\theta t$ 作用下竖向振动。已知 $F_P=50\text{N}$，阻尼系数 $c=50\text{N}\cdot\text{s/m}$，试求（1）共振频率；（2）共振时振幅；（3）共振时的相角。

13-16　某结构在自由振动经过 10 个周期后振幅降为原来的 5%，试求阻尼比和在简谐干扰力作用下的动力系数。

13-17　单自由度体系因初始位移 0.5cm 而作小阻尼自由振动，测出一个周期后的位移为 0.4cm，试计算阻尼比 ξ，以及振动 5 个周期后的位移。

13-18　图示悬臂梁，自由端有一个集中质量 m，设其初始位移为 y_0，自由振动的最大竖向位移为 $5y_0$，试求质量 m 的初速度 v_0，不考虑阻尼的影响。

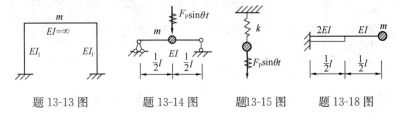

题 13-13 图　　　题 13-14 图　　　题13-15 图　　　题 13-18 图

13-19　试求图示梁的自振频率和主振型。梁的自重不计，$EI=$ 常数。

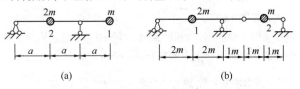

(a)　　　　　　　　(b)

题 13-19 图

13-20　试求图示刚架的自振频率和主振型。杆件的质量不计，$EI=$ 常数。

13-21　试求图示刚架的自振频率和主振型。已知两层横梁的质量均为 m。柱子的质量不计。

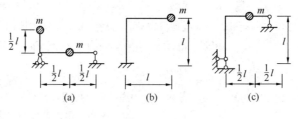

题 13-20 图

13-22 图示悬臂梁上装有两个发动机，重量各为 $mg=30\mathrm{kN}$，其中一个工作，振动力幅值为 $F_P=5\mathrm{kN}$，发动机转速 $n=300\mathrm{r/min}$，已知 $E=210\mathrm{GPa}$，$I=2.4\times10^{-4}\mathrm{m}^4$。梁重不计，试作动力弯矩图。

13-23 图示简支梁上有质点 m_1 及 m_2，重量均为 $mg=20\mathrm{kN}$，设振动力幅值 $F_P=4.8\mathrm{kN}$，频率 $\theta=30\mathrm{rad/s}$，试求两质点处的最大竖向位移，已知 $E=210\mathrm{GPa}$，$I=1.6\times10^{-4}\mathrm{m}^4$。

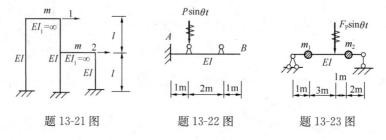

题 13-21 图　　　　　　题 13-22 图　　　　　　题 13-23 图

13-24 试求图示刚架的最大动力弯矩图，设 $\theta=4\cdot\sqrt{\dfrac{EI}{ml^3}}$，刚架质量已集中于各自杆件的中点处，$EI=$ 常数。

13-25 试求图示刚架在质点 m_1、m_2 处的最大水平位移，并绘制最大动力弯矩图，已知 $\theta=3\sqrt{\dfrac{EI}{ml^3}}$。

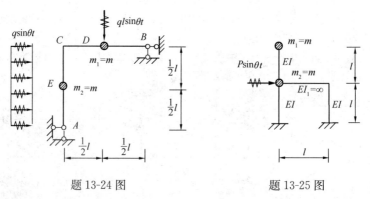

题 13-24 图　　　　　　　　　题 13-25 图

13-26 试用振型分解法计算题 13-22。

13-27 试用振型分解法计算题 13-25。

13-28 试用集中质量法求图示梁的第一和第二频率。设 $EI=$ 常数，均布质量为 $\overline{m}$。

13-29 试用能量法求梁的基本频率。集中质量为 m，分布质量为 $\overline{m}$，$EI=$ 常数。提示：取自由端在单位集中力作用下的挠曲线为振型函数，即 $y(x)=\dfrac{l}{6EI}(3x^2l-x^3)$。

13-30 试用能量法求梁的基本频率。分布质量为 $\overline{m}$，$EI=$ 常数。提示：取均布单位力 $q=1$ 作用下的挠曲线作为振型函数，即 $y(x)=\dfrac{l^4}{24EI}\left(\dfrac{x^2}{l^2}-2\dfrac{x^3}{l^3}+\dfrac{x^4}{l^4}\right)$。

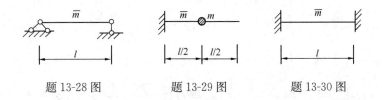

题 13-28 图　　　　题 13-29 图　　　　题 13-30 图

答　案

13-1　(a) 3；(b) 4；(c) 2；(d) 1；(e) 3；(f) 2；(g) 1；(h) 2

13-2　(a) $\ddot{y} + \dfrac{4k}{28m}y = 0$；(b) $\ddot{y} + \dfrac{3EI}{ml^3}y = \dfrac{F_P}{2m}\sin\theta t$

13-3　(a) $\ddot{y} + \dfrac{48EI}{ml^3} = -\dfrac{3M}{ml}\sin\theta t$；(b) $\ddot{y} + \dfrac{3EI}{ml^3}y = \dfrac{5F_P}{16m}\sin\theta t$；

　　　(c) $\ddot{y} + \dfrac{2EI}{ml^3} = \dfrac{F_P}{2m}\sin\theta t$

13-4　(a) $\omega = \sqrt{\dfrac{6EI}{5ml^3}}$；(b) $\omega = \sqrt{\dfrac{256EI}{3ml^3}}$；(c) $\omega = \sqrt{\dfrac{27EI}{ml^3}}$；(d) $\omega = 8.172\sqrt{\dfrac{EI}{ml^3}}$

13-5　(a) $\omega = \sqrt{\dfrac{3EI}{mlh^3}}$；(b) $\omega = \sqrt{\dfrac{2k}{m}}$

13-6　$\omega = \sqrt{\dfrac{192(2\beta + 3n)EI}{ml^3(8\beta + 3n)}}$；$\omega = \sqrt{\dfrac{12n^3 EI}{ml^3(2\beta + n)}}$

13-7　$\omega = 59.67\text{s}^{-1}$

13-8　$M_{A\cdot\max} = \dfrac{5}{48}F_P l$

13-9　$y_{\max} = \dfrac{3Ml^2}{32EI}$

13-10　$\Delta_{\max} = 7.88\text{mm}$；$M_A = -42.2\text{kN}\cdot\text{m}$

13-11　$y_{\max} = -0.0884\text{mm}$（与 F_P 方向相反）；$M_{\max} = 0.52\text{kN}\cdot\text{m}$

13-12　$y_{\max} = 0.1\text{cm}$；$v_{\max} = 4.175\text{cm/s}$；$a_{\max} = 174.3\text{cm/s}^2$

13-13　$\xi = \dfrac{1}{2\pi}\ln\dfrac{0.685}{0.5} = 0.05$；$\mu = \dfrac{1}{2\xi} = 10$

13-14　$M_{\max} = 0.709F_P l$

13-15　(1) $\omega = 8.859\text{s}^{-1}$；(2) $A = 112.813\text{mm}$；(3) $(\omega t - \varphi) = (8.859t - 0.5\pi)$

13-16　$\xi = 0.0477$；$\mu = 10.5$

13-17　$\xi = \dfrac{1}{2n\pi}\ln\dfrac{y_k}{y_{k+n}} = 0.0355$；$y_5 = 0.1638\text{cm}$

13-18　$v_0 = 8y_0 = \sqrt{\dfrac{2EI}{ml^3}}$

13-19　(a) $\omega_1 = 0.931\sqrt{\dfrac{EI}{ma^3}}$；$\dfrac{A_{21}}{A_{11}} = -0.305$；$\omega_2 = 2.352\sqrt{\dfrac{EI}{ma^3}}$；$\dfrac{A_{22}}{A_{12}} = 1.638$；

　　　(b) $\omega_1 = 0.754\sqrt{\dfrac{EI}{m}}$；$\dfrac{A_{21}}{A_{11}} = -0.85$；$\omega_2 = 2.516\sqrt{\dfrac{EI}{m}}$；$\dfrac{A_{22}}{A_{12}} = 2.35$

13-20　(a) $\omega_1 = 2.7353\sqrt{\dfrac{EI}{ml^3}}$；$\dfrac{A_{21}}{A_{11}} = 0.277$；$\omega_2 = 9.0621\sqrt{\dfrac{EI}{ml^3}}$；$\dfrac{A_{22}}{A_{12}} = -3.610$；

(b) $\omega_1 = 0.8057\sqrt{\dfrac{EI}{ml^3}}$; $\dfrac{A_{21}}{A_{11}} = 2.414$; $\omega_2 = 2.815\sqrt{\dfrac{EI}{ml^3}}$; $\dfrac{A_{22}}{A_{12}} = -0.414$;

(c) $\omega_1 = 1.2193\sqrt{\dfrac{EI}{ml^3}}$; $\dfrac{A_{21}}{A_{11}} = 10.4293$; $\omega_2 = 8.213\sqrt{\dfrac{EI}{ml^3}}$; $\dfrac{A_{22}}{A_{12}} = -0.096$

13-21 $\omega_1 = 2.88\sqrt{\dfrac{EI}{ml^3}}$; $\dfrac{A_{21}}{A_{11}} = -2.308$; $\omega_2 = 6.42\sqrt{\dfrac{EI}{ml^3}}$; $\dfrac{A_{22}}{A_{12}} = 0.433$

13-22 $M_A = 33.90\text{kN} \cdot \text{m}$

13-23 $y_{1 \cdot \max} = 2.27\text{mm}$; $y_{2 \cdot \max} = 2.41\text{mm}$

13-24 $M_C = 0.181ql^2$; $M_D = 0.216ql^2$

13-25 $y_{1 \cdot \max} = -0.0256\dfrac{F_P l^3}{EI}$; $y_{2 \cdot \max} = 0.0513\dfrac{F_P l^3}{EI}$; $M_{AB} = M_{DE} = \dfrac{4}{13}F_P l$;

$M_{BA} = M_{ED} = \dfrac{4}{13}F_P l$; $M_{BC} = \dfrac{3}{13}F_P l$

13-26 $M_A = 33.90\text{kN} \cdot \text{m}$

13-27   答案同 13-25

13-28 $\omega_1 = \dfrac{9.86}{l^2}\sqrt{\dfrac{EI}{\overline{m}}}$; $\omega_2 = \dfrac{38.2}{l^2}\sqrt{\dfrac{EI}{\overline{m}}}$

13-29 $\omega = \sqrt{\dfrac{44.37EI}{2.41\overline{m}l^4 + ml^3}}$

13-30 $\omega = \dfrac{22.45}{l^2}\sqrt{\dfrac{EI}{\overline{m}}}$

附录 I　图　乘　法

根据单位荷载法，梁和刚架在荷载作用下的位移，可由如下简化公式计算：

$$\Delta_{KP} = \Sigma \int \frac{\overline{M}M_P \mathrm{d}s}{EI} \tag{a}$$

但是在结构的杆件数目较多，荷载较为复杂的情况下，进行积分运算仍然比较麻烦。如果结构各杆段能满足以下三个条件，即：

（1）杆轴为直线；

（2）EI 为常数；

（3）M_P 与 $\overline{M}$ 两个弯矩图中至少有一个是直线图形。则积分运算可用下面所述的图乘法代替，达到简化计算的目的。

上面三个条件中，前两个条件对于由等截面直杆组成的梁和刚架总是满足的，至于第三个条件，虽然 M_P 图不一定是直线图形，但在虚拟集中力或力偶作用下的 $\overline{M}$ 图总是分段直线的。

图 I-1 所示为同一杆段 AB 上的两个弯矩图，设 $\overline{M}$ 图为直线图形，而 M_P 图为任意曲线。现以杆轴为 x 轴，以 $\overline{M}$ 图的延长线与 x 轴的交点 O 为坐标原点，y 轴向上为正，则该段计算位移的积分式为：

$$\int \frac{\overline{M}M_P}{EI} \mathrm{d}s \tag{b}$$

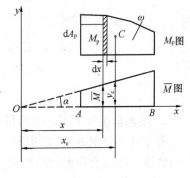

图 I-1

由于杆轴为直线，式（b）中微段长度 $\mathrm{d}s$ 可改用 $\mathrm{d}x$；EI 为常数，可提到积分号外面；又由 $\overline{M}$ 图可知，$\overline{M} = x\tan\alpha$，由于直线图的斜率不变，故 $\tan\alpha$ 也是常数。于是式（b）可写为：

$$\int \frac{\overline{M}M_P}{EI} \mathrm{d}s = \frac{\tan\alpha}{EI} \int x M_P \mathrm{d}x = \frac{\tan\alpha}{EI} \int x \mathrm{d}A_P \tag{c}$$

式中，$\mathrm{d}A_P = M_P \mathrm{d}x$ 是 M_P 图中阴影部分的面积，而 $\int x \mathrm{d}A_P$ 为整个 M_P 图的面积对 y 轴的静矩，它应等于 M_P 图的面积 A_P 乘以其形心 C 到 y 轴的距离 x_c，于是（c）式可写为：

$$\int \frac{\overline{M}M_P}{EI} \mathrm{d}s = \frac{\tan\alpha}{EI} \int x \mathrm{d}A_P = \frac{\tan\alpha}{EI} A_P x_c$$

注意到 M_P 图的形心 c 所对应的 $\overline{M}$ 图的竖标 y_c 为：$y_c = x_c \tan\alpha$，将其代入上式得：

$$\int \frac{\overline{M}M_P}{EI} \mathrm{d}s = \frac{1}{EI} A_P y_c \tag{I-1}$$

上式表明，积分式 $\int \frac{\overline{M}M_P}{EI} \mathrm{d}s$ 之值等于 M_P 图的面积 A_P 乘以其形心 c 对应于 $\overline{M}$ 图的纵

坐标 y_c，再除以 EI。这一方法称为图乘法。

当结构上所有杆段均可以图乘时，式（a）可写为：

$$\Delta_{KP} = \Sigma \int \frac{\overline{M}M_P\mathrm{d}s}{EI} = \Sigma \frac{1}{EI}A_P y_c \qquad （Ⅰ-2）$$

式（Ⅰ-2）就是图乘法的位移计算式，计算时应注意以下几个问题。

1. 正确使用公式

对每个进行图乘的杆段应做到：

（1）必须符合上述三个前提条件。

（2）y_C 一定要取自直线图形。若 M_P 与 $\overline{M}$ 均为直线图形，则 y_C 可取自其中任一个；若 y_C 所在图形为折线，则要按直线图形分段（图Ⅰ-2a）；若杆件为阶梯状变截面，则要按等截面分段计算（图Ⅰ-2b）。

（3）正负号的确定：若 A_P 与 y_C 在杆轴同一侧，则乘积为正，否则为负。

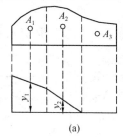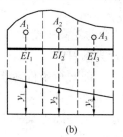

（a）　　　　　　　　　　（b）

图Ⅰ-2

2. 熟悉常用简单图形的面积计算和形心位置的确定

图Ⅰ-3 给出几种常见图形的面积与形心位置。图中给出的二次和三次抛物线均为标准抛物线，即顶点在抛物线的端点或中点。所谓顶点，是指抛物线在该点处的切线与底边

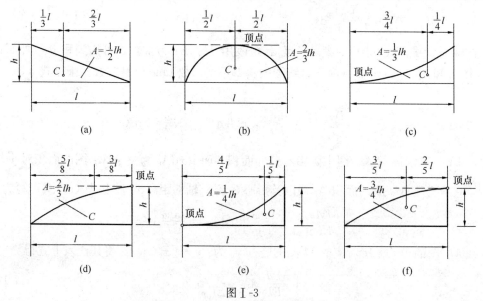

图Ⅰ-3

（a）直角三角形；（b）标准二次抛物线；（c）标准二次抛物线；

（d）标准二次抛物线；（e）标准三次抛物线；（f）标准三次抛物线

平行的点。

3. 掌握较复杂图形的分解

当遇到图形面积或形心位置难于确定时，可将它们分解为几个简单图形，每个简单图形再分别与另一图形相乘，然后把所得结果叠加。例如图Ⅰ-4（a）所示两个梯形图乘时，可将其分解为两个三角形（或一个矩形一个三角形）分别图乘。由图可知，分解后，$M_P = M_{P1} + M_{P2}$，此时积分式为：

$$\frac{1}{EI}\int \overline{M}M_P\mathrm{d}x = \frac{1}{EI}\int \overline{M}(M_{P1} + M_{P2})\mathrm{d}x = \frac{1}{EI}(A_{P1}y_1 + A_{P2}y_2)$$

式中　$A_{P1} = al/2$，$A_{P2} = bl/2$，$y_1 = 2c/3 + d/3$，$y_2 = c/3 + 2d/3$

又如图Ⅰ-4（b）所示，M_P图的竖标不在基线的同一侧，此时仍可与上面的作法类似，将其分解为基线两侧的两个三角形，分别图乘后再将结果叠加。读者可练习计算A_{P1}、A_{P2}、y_1、y_2之值。

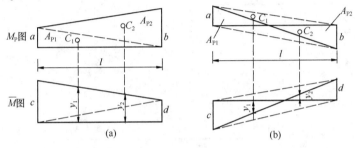

图Ⅰ-4

对于图Ⅰ-5所示均布荷载作用下的任一段直杆，其弯矩图可看作梯形与标准二次抛物线图形的叠加（因为这段直杆的弯矩图，与相应简支梁在两端弯矩M_A、M_B和均布荷载q作用下的弯矩图完全相同），再将梯形和抛物线图形分别与$\overline{M}$图相乘，然后将图乘结果代数相加。

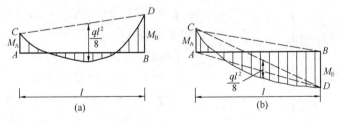

图Ⅰ-5

其他复杂图形，均可使用上述方法处理。

【例Ⅰ-1】　试求图Ⅰ-6（a）所示简支梁截面A的转角φ_A和中点C的挠度Δ_{CV}，设EI＝常数。

【解】　（1）求φ_A

画出实际状态的M_P图如图Ⅰ-6（b）所示，在截面A加单位力偶为虚拟状态，$\overline{M}$图如图Ⅰ-6（c）所示。M_P图为一标准二次抛物线，作为面积图计算A_P，$\overline{M}$图为直线图，竖标y_c由$\overline{M}$图求出。由图乘法可得：

$$\varphi_{\mathrm{A}} = \Sigma \frac{1}{EI} A_{\mathrm{P}} y_{\mathrm{c}} = \frac{1}{EI} \left(\frac{2}{3} \cdot l \cdot \frac{1}{8} q l^2 \right) \times \frac{1}{2} = \frac{q l^3}{24 EI} (\curvearrowright)$$

正值表明截面实际转向与单位力偶转向一致。

（2）求 Δ_{CV}

在梁跨中加单位力得虚拟状态，$\overline{M}$ 图如图Ⅰ-6（d）所示。$\overline{M}$ 图为折线，图乘时，AC 段与 CB 段的 A_{P} 需分别计算；M_{P} 图作为面积图，AC、CB 段均为标准二次抛物线（因 C 处的切线平行于基线），$A_{\mathrm{P1}} = A_{\mathrm{P2}} = \frac{2}{3} \cdot \frac{l}{2} \cdot \frac{1}{8} q l^2$；在 $\overline{M}$ 图上竖标 $y_{\mathrm{c1}} = y_{\mathrm{c2}} = 5l/32$，于是有：

$$\Delta_{\mathrm{CV}} = \Sigma \frac{1}{EI} A_{\mathrm{P}} y_{\mathrm{c}} = \frac{1}{EI} \left[\left(\frac{2}{3} \cdot \frac{l}{2} \cdot \frac{1}{8} q l^2 \times \frac{5}{32} l \right) \right] \times 2 = \frac{5 q l^4}{384 EI} (\downarrow)$$

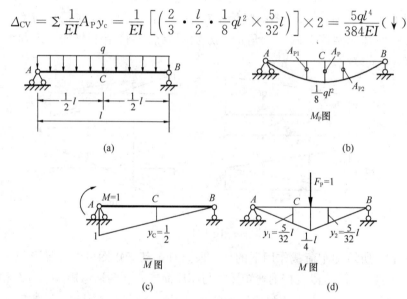

图Ⅰ-6

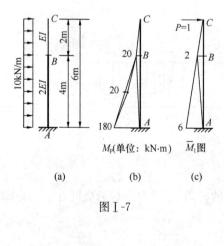

图Ⅰ-7

【例Ⅰ-2】 试求图Ⅰ-7（a）所示变截面柱柱顶的水平位移 Δ_{CH}。

【解】 M_{P} 图和 $\overline{M}$ 图分别如图Ⅰ-7（b）、（c）所示。对 BC 段，M_{P} 图为标准二次抛物线（端点 C 处剪力为零，该点的切线平行于基线），应在 $\overline{M}$ 图上取 y_{c}；对 AB 段，将 M_{P} 图分解为两个三角形和一个标准二次抛物线，分别求出它们的面积与 $\overline{M}$ 图中相应的 y_{c} 值，然后再图乘（注意，标准二次抛物线与 $\overline{M}$ 图在基线的两侧）。由式（Ⅰ-2）可得：

$$\Delta_{\mathrm{CH}} = \Sigma \frac{1}{EI} A_{\mathrm{P}} y_{\mathrm{c}} = \frac{1}{EI} \left(\frac{1}{3} \times 2 \times 20 \times \frac{3}{4} \times 2 \right)$$

$$+ \frac{1}{2EI} \left[\frac{1}{2} \times 4 \times 20 \times \left(\frac{1}{3} \times 6 + \frac{2}{3} \times 2 \right) + \frac{1}{2} \times 4 \times 180 \times \left(\frac{1}{3} \times 2 + \frac{2}{3} \times 6 \right) \right.$$

$$\left. - \frac{2}{3} \times 4 \times 20 \times \frac{6+2}{2} \right] = \frac{820}{EI} (\rightarrow)$$

【例Ⅰ-3】 试求图Ⅰ-8（a）所示组合结构截面 K 的转角 φ_K。已知 $E = 210\text{GPa}$，横梁 BD 惯性矩 $I = 4 \times 10^{-5}\text{m}^4$，杆件 AB、AC 截面面积 $A = 2 \times 10^{-4}\text{m}^2$。

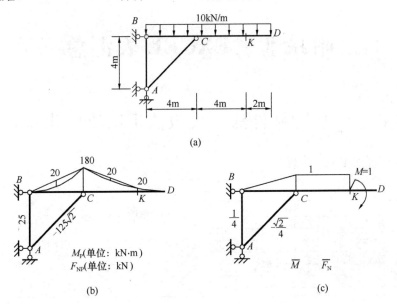

图Ⅰ-8

【解】 对链杆 AB、AC 只考虑轴向变形，按式（4-6）计算，对横梁只考虑弯曲变形，按式（Ⅰ-2）计算。实际状态的 M_P 图、F_{NP} 值和虚拟状态的 $\overline{M}$ 图、$\overline{F}_N$ 值如图Ⅰ-8（b）、（c）所示。横梁分 BC、CK、KD 三段图乘，但 KD 段 $\overline{M} = 0$，图乘结果为零，不必计算。BC 段 M_P 图分解为一个三角形和一个标准二次抛物线，CK 段 M_P 图分解为两个三角形和一个标准二次抛物线，求出各图形的面积 A_P 和相应的 y_c 值，由式（4-6）、式（Ⅰ-2）可得：

$$
\begin{aligned}
\varphi_K &= \Sigma \frac{1}{EI} A_P y_c + \Sigma \frac{\overline{F}_N F_{NP}}{EA} l = \frac{1}{EI}\left(\frac{1}{2} \times 4 \times 180 \times \frac{2}{3} \times 1 - \frac{2}{3} \times 4 \times 20 \times \frac{1}{2} \times 1 \right) \\
&\quad + \frac{1}{EI}\left(\frac{1}{2} \times 4 \times 180 + \frac{1}{2} \times 4 \times 20 - \frac{2}{3} \times 4 \times 20 \right) \times 1 \\
&\quad + \frac{1}{EA} \times \left[\frac{1}{4} \times 25 \times 4 + \left(-\frac{\sqrt{2}}{4} \right)(-125\sqrt{2}) \times 4\sqrt{2} \right] \\
&= \frac{560}{EI} + \frac{25 + 250\sqrt{2}}{EA} = 0.076\,(\text{red})\,(\curvearrowright)
\end{aligned}
$$

附录Ⅱ EXCEL 表汇总

Ⅱ.1 悬臂杆件法、代数法 EXCEL 计算表

1. 悬臂杆件法 EXCEL 表

按悬臂杆件计算截面弯矩

M_i	F_{Qi}	q	l	M_j^0	M_j
0	-14	0	2	-24	28
4	-14	0	2	0	32
32	-14	5	4	0	48
48	6	0	2	0	36
36	18	0	2	0	0
0					

☑ 截面 j 在右端　　[开始计算]　　[计算截面弯矩]

☑ 截面 j 在左端　　[修改数据]

使用说明：本表按公式（3-4）编制。计算时先将杆件分段，区段上只能是无荷载或满布分布荷载。对水平杆、斜杆，先确定区段终端 j 在左端还是在右端，再确定计算区段数。对区段 ij，按提示输入始端弯矩 M_i、剪力 F_{Qi}、区段上的均布荷载 q、杆件长度 l、节点 j 的外力偶矩 M_j^0。点击"计算截面弯矩"，即可得到终端弯矩 M_j 和相邻下一段始端弯矩。q 指向下为正、M 使杆件下侧受拉为正。对竖杆顺时针转 90°后，做法与水平杆相同。

2. 代数法 EXCEL 表

位移计算的代数法

输入区段数：　6　　[生成表格模板]　　[位移计算]

区段	L	EI	q	p_n	p_m	$\overline{M}$	$/M_p$	Δ_M	Δ_q	Δ_{pn}	Δ_{pm}	Δ_i
1	2	1	5	0	0	-2	-1	203.3333	-5	0	0	198.3333
						-90	-40					
2	2	1	0	0	0	-1	0	26.66667	0	0	0	26.66667
						-40	0					
3	2	1	0	0	0	0	1	13.33333	0	0	0	13.33333
						0	20					
4	2	1	0	0	0	1	0	13.33333	0	0	0	13.33333
						20	0					
5	2	1	0	0	0	0	-1	13.33333	0	0	0	13.33333
						0	-20					
6	2	1	0	0	0	-1	-1	40	0	0	0	40
						-20	-20					
最终位移												305

使用说明：本表按公式（4-9）编制。计算时先将杆件分段，区段上只能是无荷载或满布分布荷载。q、p_n 或 p_m 对水平杆、斜杆，指向下为正；对竖杆，指向右为正。$\overline{M}$、M_p 使水平杆、斜杆下侧受拉为正，竖杆右侧受拉为正。Δ_M 为式（4-9）中 $l/6EI$ 与方括号内

前 4 项之和的乘积，Δ_q、Δ_{pn} 或 Δ_{pm} 为 $l/6EI$ 与方括号内第 5、6 或 7 项之乘积，Δ_i 为 Δ_M、Δ_q、Δ_{pn} 或 Δ_{pm} 之和。按提示输入各区段 l、EI、q、p_n 或 p_m、$\overline{M}$、M_P，点击"位移计算"，即得到所求位移。

Ⅱ.2 力法、位移法、力矩分配法 EXCEL 计算表

1. 力法 EXCEL 表

(1) 力　法（荷载作用）

输入	基本未知量数	3	生成表格模板	计算系数项和自由项	形成力法方程	解方程	计算杆端弯矩
	计算区段数	5					

1 系数项、自由项计算表格

区段	l	EI	q	p$_l$	p$_r$	端截面	l(左)	r(右)	d$_{i1}$	d$_{i2}$	d$_{i3}$	d$_{ip}$
1	2	2	0	0	0	M$_1$	0	0	0	0	0	0
						M$_2$	0	2	0	1.333333	0	0
						M$_3$	0	0	0	0	0	0
						M$_p$	0	0				
2	2	2	0	0	0	M$_1$	0	0	0	0	0	0
						M$_2$	2	4	0	9.333333	0	-133.333
						M$_3$	0	0	0	0	0	0
						M$_p$	0	-80				
3	3	1	0	0	0	M$_1$	-3	0	9	18	0	-360
						M$_2$	-4	-4	18	48	0	-960
						M$_3$	0	0	0	0	0	0
						M$_p$	80	80				
4	4	2	10	0	0	M$_1$	0	0	0	0	0	0
						M$_2$	0	0	0	0	0	0
						M$_3$	4	0	0	0	10.66667	-160
						M$_p$	-80	0				
5	3	1	0	0	0	M$_1$	-6	-3	63	54	-54	0
						M$_2$	-4	-4	54	48	-48	0
						M$_3$	4	4	-54	-48	48	0
						M$_p$	0	0				

2 力法方程
```
    72        72        -54       -360
    72   106.6667       -48   -1093.33
   -54        -48   58.66667      -160
```

3 力法方程解为
```
0.179641
18.09132
17.69461
```

4 杆端弯矩

区段	杆端	M$_1$	M$_2$	M$_3$	M$_p$	X$_1$	X$_2$	X$_3$	M
1	l(左)	0	0	0	0	0.179641	18.09132	17.69461	0
	r(右)	0	2	0	0				36.18263
2	l(左)	0	2	0	0	0.179641	18.09132	17.69461	36.18263
	r(右)	0	4	0	-80				-7.63473
3	l(左)	-3	-4	0	80	0.179641	18.09132	17.69461	7.095808
	r(右)	0	-4	0	80				7.634731
4	l(左)	0	0	4	-80	0.179641	18.09132	17.69461	-9.22156
	r(右)	0	0	0	0				0
5	l(左)	-6	-4	4	0	0.179641	18.09132	17.69461	-2.66467
	r(右)	-3	-4	4	0				-2.12575

(2) 力　法(温度改变与支座移动)

| 输入 | 基本未知量数 | 2 | 生成表格模板 | 计算系数 | 输入自由项、形成力法方程 | 解方程 | 计算杆端弯矩 |
| | 计算区段数 | 3 | | | | | |

1 系数项计算表格

区段	l	EI	端截面	l(左)	r(右)	d_{i1}	d_{i2}
1	1	1	M_1	0	-1	0.333333	-0.5
			M_2	1	1	-0.5	
2	1	1	M_1	-1	-1	1	-0.5
			M_2	1		-0.5	0.333333
3	1	1	M_1	-1	0	0.333333	0
			M_2	0	0	0	0

2 力法方程　　　请输入自由项

1.666667	-1	-230
-1	1.333333	150

3 力法方程解为

128.1818
-16.3636

4 杆端弯矩

区段	杆端	M_1	M_2	M_p	X_1	X_2	M
1	l(左)	0	1	0	128.1818	-16.3636	-16.3636
	r(右)	-1	1	0			-144.545
2	l(左)	-1	1	0	128.1818	-16.3636	-144.545
	r(右)	-1	0	0			-128.182
3	l(左)	-1	0	0	128.1818	-16.3636	-128.182
	r(右)	0	0	0			0

　　使用说明：本表可进行超静定梁和刚架因荷载作用、温度改变、支座移动时的内力计算。计算时给定外因，对照选取的基本结构，输入未知量数、区段数，点击"生成表格模板"。外因为荷载作用时，输入各区段计算参数及 $\overline{M_i}$ 、M_P 值，然后依次点击"计算系数自由项"、"形成力法方程"、"解方程"、"计算杆端弯矩"，可得计算结果；外因为温度改变时，$M_P = 0$ 需输入自由项；外因为支座移动时，$M_P = 0$ 需输入自由项，在点击"形成力法方程"后还要对方程右端项修改，才能点击"解方程"、"计算杆端弯矩"。区段划分、荷载及弯矩正负规定与代数法相同。

　　2. 位移法 EXCEL 表

位移法

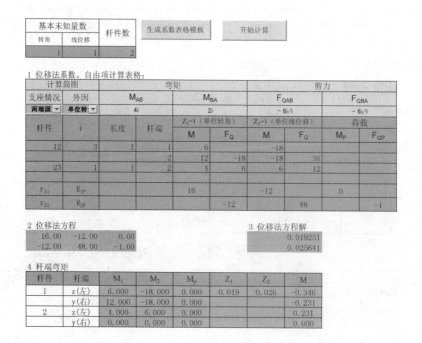

基本未知量数		杆件数	生成系数表格模板	开始计算
转角	线位移			
1	1	2		

1 位移法系数、自由项计算表格：

计算简图		弯矩		剪力	
支座情况	外因	M_{AB}	M_{BA}	F_{QAB}	F_{QBA}
两端固▼	单位转▼	4i	2i	-6i/l	-6i/l
杆件	i	长度	杆端	$Z_1 = 1$（单位转角）		$Z_2 = 1$（单位线位移）		荷载	
				M	F_Q	M	F_Q	M_P	F_{QP}
12	3	1	1	6		-18			
			2	12	-18	-18	36		
23	1	1	2	4	6	6	-12		
r_{1i}	R_{1P}			16		-12		0	
r_{2i}	R_{2P}					-12	48		-1

2 位移法方程

16.00	-12.00	0.00
-12.00	48.00	-1.00

3 位移法方程解

0.019231
0.025641

4 杆端弯矩

杆件	杆端	M_1	M_2	M_p	Z_1	Z_2	M
1	z(左)	6.000	-18.000	0.000	0.019	0.026	-0.346
	y(右)	12.000	-18.000	0.000			-0.231
2	z(左)	4.000	6.000	0.000			0.231
	y(右)	0.000	0.000	0.000			0.000

使用说明：草绘出给定结构用位移法计算的基本结构。打开 EXCEL 表，输入基本未知量数和杆件数，点击"生成系数表格模板"即得计算表格。对照基本结构输入各杆件 i、l、杆端号，查表输入 $\overline{M}_i$、$\overline{F}_{Qi}$、M_P、F_{QP}。根据相关杆端力求出 r_{ij}、R_{ij}，并输入表格后两行点击"开始计算"即得所求杆端弯矩。关于相关杆端及 r_{ij}、R_{ij} 的计算详见"6.4.2"节。

3. 力矩分配法 EXCEL 表

3.1 连续梁的 EXCEL 表

连续梁的力矩分配法

| 连续梁跨数 | 3 | 模板生成 | 分配与传递 | 弯矩叠加 | 撤销弯矩叠加 | 修改系数与固端弯矩 |

节点	1	2		3		4
杆端	1-2	2-1	2-3	3-2	3-4	4-3
分配系数		0.5	0.5	0.57	0.43	
传递系数		0.5	0.5	0.5		
固端弯矩	−300	300	−600	600	−450	
不平衡力矩	−300		−300		150	0
分配	0	150	150	−85.5	−64.5	0
传递	75	0	−42.75	75	0	0
不平衡力矩	75		−42.75		75	0
分配	0	21.375	21.375	−42.75	−32.25	0
传递	10.6875	0	−21.375	10.6875	0	0
不平衡力矩	10.6875		−21.375		10.6875	0
分配	0	10.6875	10.6875	−6.09188	−4.59563	0
传递	5.34375	0	−3.04594	5.34375	0	0
不平衡力矩	5.34375		−3.0459375		5.34375	0
分配	0	1.522969	1.522969	−3.04594	−2.29781	0
传递	0.761484	0	−1.52297	0.761484	0	0
不平衡力矩	0.761484		−1.52296875		0.761484375	0
分配	0	0.761484	0.761484	−0.43405	−0.32744	0
传递	0.380742	0	−0.21702	0.380742	0	0

使用说明：打开连续梁 EXCEL 表，输入跨数，点击"模板生成"，即得计算表格。输入分配系数、传递系数、固端弯矩，反复点击"分配与传递"，可进行逐次力矩分配、传递的计算，直至满足计算要求。点击"弯矩叠加"，即得最后弯矩。

3.2 无侧移刚架的 EXCEL 表

无侧移刚架用力矩分配法计算表格

输入参数：	层数	跨数(≤5)	分配传递次数		生成表格模板		重新计算	
	1	3	7					

1层节点		1			2			3			4	
杆件	1-5	1-2	2-1	2-6	2-3	3-2	3-7	3-4	4-3	4-8
分配系数	0.000	0.000	0.000	0.333	0.000	0.333	0.333	0.333	0.000	0.333	0.333	0.000	0.000	0.000
传递系数	0.000	0.000	0.000	0.500	0.000	0.500	0.500	0.500	0.000	0.500	0.500	0.000	0.000	0.000
固端弯矩	0.000	0.000	−60.000	60.000	0.000	0.000	−45.000	45.000	0.000	0.000	0.000	0.000	0.000	0.000
第1次分配	0	0	−5		−5	−5	−15		−15	−15	0			0
第1次传递	0	−2.5	0		0	−7.5	−2.5		0	0	−7.5			0
第2次分配	0	0	2.5		2.5	2.5	0.833333		0.833333	0.833333	0			0
第2次传递	0	1.25	0		0	0.416667	1.25		0	0	0.416667			0
第3次分配	0	0	−0.13889		−0.13889	−0.13889	−0.41667		−0.41667	−0.41667	0			0
第3次传递	0	−0.06944	0		0	−0.20833	−0.06944		0	0	−0.20833			0
第4次分配	0	0	0.069444		0.069444	0.069444	0.023148		0.023148	0.023148	0			0
第4次传递	0	0.034722	0		0	0.011574	0.034722		0	0	0.011574			0
第5次分配	0	0	−0.00386		−0.00386	−0.00386	−0.01157		−0.01157	−0.01157	0			0
第5次传递	0	−0.00193	0		0	−0.00579	−0.00193		0	0	−0.00579			0
第6次分配	0	0	0.001929		0.001929	0.001929	0.000643		0.000643	0.000643	0			0
第6次传递	0	0.000965	0		0	0.000322	0.000965		0	0	0.000322			0
第7次分配	0	0	−0.00011		−0.00011	−0.00011	−0.00032		−0.00032	−0.00032	0			0
最后弯矩	0.000	−61.286	57.429		−2.571	−54.857	29.143		−14.571	−14.571	−7.286			0.000

支座节点	5			6					7			8	
杆件	5-1			6-2					7-3			8-4	
分配系数	0.000	0.000	0.000	0.000	0.000	0.000	0.000	0.000	0.000	0.000	0.000	0.000	0.000
传递系数	0.000	0.000	0.000	0.000	0.000	0.000	0.000	0.000	0.000	0.000	0.000	0.000	0.000
固端弯矩	0.000	0.000	0.000	0.000	0.000	0.000	0.000	0.000	0.000	0.000	0.000	0.000	0.000
第1次分配	0			0					0			0	
第1次传递	0			-2.5					-7.5			0	
第2次分配	0			0					0			0	
第2次传递	0			1.25					0.416667			0	
第3次分配	0			0					0			0	
第3次传递	0			-0.06944					-0.20833			0	
第4次分配	0			0					0			0	
第4次传递	0			0.034722					0.011574			0	
第5次分配	0			0					0			0	
第5次传递	0			-0.00193					-0.00579			0	
第6次分配	0			0					0			0	
第6次传递	0			0.000965					0.000322			0	
最后弯矩	0.000			-1.286					-7.286			0.000	

使用说明：打开无侧移刚架 EXCEL 表，输入层数、跨数、分配传递次数（一般取 4～6），点击"生成表格模板"，即得计算表格。依次输入分配系数、传递系数、固端弯矩，表格便自动输出最后弯矩。计算精度不能满足要求时，可改变分配传递次数，重复上述操作。

Ⅱ.3　比拟法 EXCEL 计算表

1. 叠加区段控制截面转角和挠度计算表

叠加区段控制截面转角和挠度计算

区段长　0.5　F^b_{QS}　-0.04167　F^b_Q控制点数　3　M^b_n　-0.02083　M^b控制点数　4
q^b_J　10　q^b_Y　-1　q^b_Z　1　q^b_P

☑始端在左端　　[生成计算模板]　[计算]
☐始端在右端

截面	x	F^b_{QJ}	F^b_{QY}	F^b_{QZ}	F^b_{QP}	F^b_Q	截面	x	M^b_J	M^b_Y	M^b_Z	M^b_P	M^b
1	0.0000	0.0000	0.0000	0.0000	0.0000	-0.0417	1	0.0000	0.0000	0.0000	0.0000	0.0000	-0.0208
2	0.5000	5.0000	-0.2500	0.2500	0.3333	-5.3750	2	0.3333	0.5556	-0.0123	0.0432	0.0329	-0.6541
3	1.0000	10.0000	-1.0000	0.0000	-1.3333	-7.0833	3	0.6667	2.2222	-0.0988	0.1235	0.1317	-2.4272
							4	1.0000	5.0000	-0.3333	0.1667	0.0000	-4.8958

使用说明：本表按公式（8-3）、式（8-4）编制。根据叠加区段开始端在左端（x 向右为正）还是在右端（x 向左为正），打开相应的叠加区段控制截面比拟力计算表。输入区段长、始端比拟剪力、控制截面数、比拟弯矩、控制截面数及各比拟荷载。点击"计算"按钮即得计算结果。叠加区段的划分及比拟力、比拟荷载正负规定详见"8.1.2"节。

2. 已知一端 F^b_Q，求另一端 F^b_Q 计算表

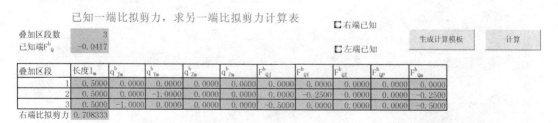

已知一端比拟剪力，求另一端比拟剪力计算表

叠加区段数　3　　　　　　　　　　　　　☑右端已知　　[生成计算模板]　[计算]
已知端F^b_Q　-0.0417　　　　　　　　　☐左端已知

叠加区段	长度 l_m	q^b_{Jm}	q^b_{Ym}	q^b_{Zm}	q^b_{Pm}	F^b_{QJ}	F^b_{QY}	F^b_{QZ}	F^b_{QP}	F^b_{Qm}
1	0.5000	0.0000	0.0000	0.0000	0.0000	0.0000	0.0000	0.0000	0.0000	0.0000
2	0.5000	0.0000	-1.0000	0.0000	0.0000	0.0000	-0.2500	0.0000	0.0000	-0.2500
3	0.5000	-1.0000	0.0000	0.0000	0.0000	-0.5000	0.0000	0.0000	0.0000	-0.5000

右端比拟剪力　0.708333

3. 已知两端 M^b，求任一端 F^b_Q 计算表

			■ 计算右端比拟剪力
叠加区段数	3.0000		
左端 M^b_{ij}　0.0000　右端 M^b_{ji}　0.2292　隔离体长L　1.5			

叠加区段	l_m	l_{0m}	q^b_{Jm}	q^b_{Ym}	q^b_{Zm}	q^b_{Pm}	M^b_J	M^b_Y	M^b_Z	M^b_P	M^b_{qm}
1	0.5000	1.0000	0.0000	0.0000	0.0000	0.0000	0.0000	0.0000	0.0000	0.0000	0.0000
2	0.5000	0.5000	0.0000	−1.0000	0.0000	0.0000	0.0000	−0.2083	0.0000	0.0000	−0.2083
3	0.5000	0.0000	−1.0000	0.0000	0.0000	0.0000	−0.6250	0.0000	0.0000	0.0000	−0.6250
计算结果	0.708333										

使用说明：表格Ⅱ.3（2）、（3）按式（8-5）～式（8-8）编制，可计算以下情况隔离体杆端比拟剪力：已知左端剪力求右端剪力；已知右端剪力求左端剪力；已知两端弯矩求右端剪力；已知两端弯矩求左端剪力。打开相应的计算表，输入叠加区段数、已知杆端比拟力、隔离体长度，点击"生成计算模板"，即得所需表格。按提示输入各区段计算参数，点击"计算"按钮，即得所求杆端比拟剪力。隔离体选取的要求、比拟分布荷载正负规定、各叠加区段参数符号的含义详见"8.1.2"节。

Ⅱ.4　矩阵位移法 EXCEL 计算表

平面杆件结构分析程序 V1.1

结构总信息

节点数	单元数	节点荷载数	非节点荷载数		数据输入	计算	重置
5	3	1	0				

节点位移向量(被约束填0，无约束填1,2,3,…)

节点号	x	y	转角
1	0	0	0
2	1	0	2
3	1	0	3
4	1	0	4
5	0	0	0

单元基本信息

单元号	始节点号	终节点号	单元长度	A	I	E	方向角
e1	1	2	4	0	1	1	90
e2	2	3	4	0	1	1	0
e3	5	4	4	0	1	1	90

节点荷载信息(荷载类型按整体坐标定义：沿x方向集中力1,沿y方向集中力2,集中力偶3)

作用节点号	荷载类型	荷载值
2	1	1

计算结果

节点位移

节点号	x位移	y位移	角位移
1	0.000E+00	0.000E+00	0.000E+00
2	6.493E+00	0.000E+00	−1.391E+00
3	6.493E+00	0.000E+00	6.957E−01
4	6.493E+00	0.000E+00	−2.435E+00
5	0.000E+00	0.000E+00	0.000E+00

单元内力(内力以与单元局部坐标正向为正)

单元号	F_{Ni}	F_{Qi}	M_i	F_{Nj}	F_{Qj}	M_j
1	0.000E+00	6.957E−01	1.739E+00	0.000E+00	−6.957E−01	1.043E+00
2	0.000E+00	−2.609E−01	−1.043E+00	0.000E+00	2.609E−01	1.110E−16
3	0.000E+00	3.043E−01	1.217E+00	0.000E+00	−3.043E−01	−1.110E−16

使用说明：本表是矩阵位移法计算表。打开"平面杆件结构分析程序 1_1.xls"，在"结构总信息"栏中输入给定结构的节点数、单元数、节点荷载数和非节点荷载数，单击

"数据输入"按钮，程序便自动生成数据输入表格。按表格提示，依次输入节点位移分量、单元基本信息、节点荷载信息与非节点荷载信息各栏的计算参数。各基本信息的规定详见"10.7"节。基本信息输入后，单击"计算"按钮，结果便显示在"计算结果表格"中。各 $\overline{F}_{Ni}$、$\overline{F}_{Qi}$ 与单元坐标轴正方向一致为正，$\overline{M}$ 以逆时针为正。据此可绘出内力图。

附录Ⅲ　矩阵位移法源程序

Ⅲ.1　程　序　说　明

本程序在 Microsoft Excel 下使用 VBA（Visual Basic Application）开发，采用先处理法，适用于平面杆系结构在静力荷载作用下的节点位移和单元内力（轴力 $\overline{F}_N$、剪力 $\overline{F}_Q$ 和弯矩 $\overline{M}$）的计算，可处理节点荷载和作用在杆件上的集中力、均布荷载和集中力偶。

程序的输入、输出均使用 Excel 表格实现，输入、输出直观方便。

Ⅲ.2　程　序　框　图

平面杆系结构分析程序框图如图Ⅲ-1所示。

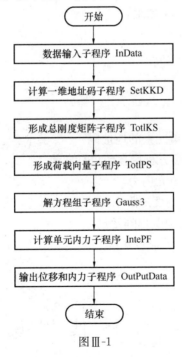

图Ⅲ-1

Ⅲ.3　变　量　说　明

nj 节点总数
ne 单元总数

np 节点荷载总数

nf 非节点荷载总数

nn 总自由度数

ll 结构刚度矩阵元素总数

id（nj，3）节点位移向量数组

ef（ne）单元信息记录数组，其中

 . ie 单元始节点号

 . je 单元终节点号

 . el 单元杆长

 . ea 单元截面面积

 . ei 单元截面惯性矩

 . ee 单元弹性模量

 . eh 单元方位角

pj（np）节点荷载信息记录数组，其中

 . jj 荷载作用节点号

 . jd 荷载作用方向

 . pp 荷载值

pe（nf）非节点荷载信息记录数组，其中

 . em 荷载作用单元号

 . jt 荷载类型

 . ep 荷载值

 . ea 荷载距离

ks（ll）结构刚度矩阵

kd（nn）一维刚度矩阵对角元素的地址码

ps（nn）结构荷载向量，解方程后存储位移向量

pf（ne，6）局部坐标系下单元内力

ae（4）局部坐标系下单元刚度矩阵变量

be（6）整体坐标系下单元刚度矩阵变量

ke（6，6）整体坐标系下单元刚度矩阵

ij（6）单元定位向量

p（6）节点位移或节点力

Ⅲ.4　程　序　使　用　说　明

用 Microsoft Excel 打开"平面杆系结构分析程序 1_1. xls"，进入程序界面，在"结构总信息"中输入结构的节点数、单元数、节点荷载数和非节点荷载数，单击"数据输入"按钮，则 Excel 表生成表格，按 10.7 节的说明输入节点位移向量信息、单元基本信息、节点荷载信息与非节点荷载信息。单击"计算"按钮，进行结构计算，计算结果便显示在 Excel 表"计算结果"中。

Ⅲ.5 源 程 序

'基于 Excel 的平面杆系结构分析程序

```vb
Option Explicit
Public Type EFT
ie As Integer
je As Integer
el As Double
ea As Double
ei As Double
ee As Double
eh As Double
End Type
Public Type PJT
jj As Integer
jd As Integer
pp As Double
End Type
Public Type PET
em As Integer
jt As Integer
ep As Double
ea As Double
End Type
Public Type NodeType
X As Double
Y As Double
End Type
Public nj, ne, np, nf, nn, ll As Integer
Public id() As Integer
Public ef() As EFT
Public pj() As PJT
Public pe() As PET
Public ks() As Double
Public kd() As Integer
Public ps() As Double
Public pf() As Double
Public ae(4) As Double
```

```
Public be(6) As Double
Public ke(6，6) As Double
Public ij(6) As Integer
Public p(6) As Double
Public myPath As String
Public Node() As NodeType
Public x0，y0，at As Double
Public Const ProgramTitle As String = "平面杆系结构分析程序 V1.0"
Public strRange As String, RowStart0 As Integer, RowEnd As Integer
Public Sub MeshRegion(t0 As String)
    '格式化表格区域
        Range(t0). Borders(xlDiagonalDown). LineStyle = xlNone
        Range(t0). Borders(xlDiagonalUp). LineStyle = xlNone
        With Range(t0). Borders(xlEdgeTop)
            . LineStyle = xlContinuous
            . Weight = xlThin
            . ColorIndex = xlAutomatic
        End With
        With Range(t0). Borders(xlEdgeBottom)
            . LineStyle = xlContinuous
            . Weight = xlThin
            . ColorIndex = xlAutomatic
        End With
        With Range(t0). Borders(xlEdgeRight)
            . LineStyle = xlContinuous
            . Weight = xlThin
            . ColorIndex = xlAutomatic
        End With
        With Range(t0). Borders(xlEdgeLeft)
            . LineStyle = xlContinuous
            . Weight = xlThin
            . ColorIndex = xlAutomatic
        End With
            With Range(t0). Borders(xlInsideVertical)
            . LineStyle = xlContinuous
            . Weight = xlThin
            . ColorIndex = xlAutomatic
        End With
        With Range(t0). Borders(xlInsideHorizontal)
```

```vb
            . LineStyle = xlContinuous
            . Weight = xlThin
            . ColorIndex = xlAutomatic
        End With
End Sub
Public Sub InData()
Dim i, j As Integer
nj = [A5]. Value
ne = [B5]. Value
np = [C5]. Value
nf = [D5]. Value
If nj = 0 Or ne = 0 Then
MsgBox "节点数或单元数不能为 0", vbOKOnly, ProgramTitle
GoTo subend
End If
ReDim id(nj, 3) As Integer
ReDim ef(ne) As EFT
ReDim pj(np) As PJT
ReDim pe(nf) As PET
ReDim pf(ne, 6) As Double
RowStart0 = 7
For i = 1 To nj
    strRange = Chr(65) + CStr(RowStart0 + i) + ":" + Chr(65 + 3) + CStr(RowStart0 + i)
    With Range(strRange)
        id(i, 1) = . Cells(1, 2). Value
        id(i, 2) = . Cells(1, 3). Value
        id(i, 3) = . Cells(1, 4). Value
    End With
Next i
'确定 nn 值
nn = 0
For i = 1 To nj
    For j = 1 To 3
        If id(i, j) > nn Then nn = id(i, j)
    Next j
Next i
If nn = 0 Then
MsgBox "最大自由度不能为零!", vbOKOnly, "平面杆系结构分析程序 2009"
```

```
        GoTo subend
    End If
    ReDim kd(nn) As Integer
    ReDim ps(nn) As Double
    RowEnd = RowStart0 + nj
    RowStart0 = RowEnd + 2
    For i = 1 To ne
        strRange = Chr(65) + CStr(RowStart0 + i) + ":"+ Chr(65 + 7) + CStr
(RowStart0 + i)
        With Range(strRange)
            ef(i). ie = . Cells(1, 2). Value
            ef(i). je = . Cells(1, 3). Value
            ef(i). el = . Cells(1, 4). Value
            ef(i). ea = . Cells(1, 5). Value
            ef(i). ei = . Cells(1, 6). Value
            ef(i). ee = . Cells(1, 7). Value
            ef(i). eh = . Cells(1, 8). Value
        End With
    Next i
    RowEnd = RowStart0 + ne
    If np > 0 Then
    RowStart0 = RowEnd + 2
    For i = 1 To np
        strRange = Chr(65) + CStr(RowStart0 + i) + ":"+ Chr(65 + 2) + CStr
(RowStart0 + i)
        With Range(strRange)
            pj(i). jj = . Cells(1, 1). Value
            pj(i). jd = . Cells(1, 2). Value
            pj(i). pp = . Cells(1, 3). Value
        End With
    Next i
    RowEnd = RowStart0 + np
    End If
    If nf > 0 Then
    RowStart0 = RowEnd + 2
    For i = 1 To nf
        strRange = Chr(65) + CStr(RowStart0 + i) + ":" + Chr(65 + 3) + CStr
(RowStart0 + i)
        With Range(strRange)
```

```
            pe(i). em = . Cells(1, 1). Value
            pe(i). jt = . Cells(1, 2). Value
            pe(i). ep = . Cells(1, 3). Value
            pe(i). ea = . Cells(1, 4). Value
        End With
    Next i
    End If
    subend:
    End Sub
    Public Sub SetKKD()
    Dim n, m, i, na, ma, ie, je As Integer
    kd(1) = 1
    For n = 2 To nn
    ma = 0
    For m = 1 To ne
    ie = ef(m). ie
    je = ef(m). je
    For i = 1 To 3
    ij(i) = id(ie, i)
    ij(i + 3) = id(je, i)
    Next i
    na = 0
    For i = 1 To 6
    If n = ij(i) Then na = 1
    Next i
    If na <> 0 Then
    For i = 1 To 6
    If ij(i) <= n And ij(i) <> 0 Then
    na = n - ij(i)
    If na > ma Then ma = na
    End If
    Next i
    End If
    Next m
    kd(n) = kd(n - 1) + ma + 1
    Next n
    ll = kd(nn)
    ReDim ks(ll) As Double
    End Sub
```

```
Public Sub TotlKE(ByVal n As Integer)
Dim eh, cx, cy As Double
Dim i, j As Integer
If ef(n). el = 0 Then
    MsgBox "单元长度不能为 0!", vbOKOnly, ProgramTitle
    End
End If
ae(1) = ef(n). ee * ef(n). ea / ef(n). el
ae(2) = 12 * ef(n). ee * ef(n). ei / ef(n). el / ef(n). el / ef(n). el
ae(3) = 6 * ef(n). ee * ef(n). ei / ef(n). el / ef(n). el
ae(4) = 4 * ef(n). ee * ef(n). ei / ef(n). el
eh = ef(n). eh * 3. 1415926 / 180
cx = Cos(eh)
cy = Sin(eh)
be(1) = ae(1) * cx * cx + ae(2) * cy * cy
be(2) = (ae(1) - ae(2)) * cx * cy
be(3) = ae(1) * cy * cy + ae(2) * cx * cx
be(4) = -ae(3) * cy
be(5) = ae(3) * cx
be(6) = ae(4)
ke(1, 1) = be(1)
ke(1, 2) = be(2)
ke(1, 3) = be(4)
ke(1, 4) = -be(1)
ke(1, 5) = -be(2)
ke(1, 6) = be(4)
ke(2, 2) = be(3)
ke(2, 3) = be(5)
ke(2, 4) = -be(2)
ke(2, 5) = -be(3)
ke(2, 6) = be(5)
ke(3, 3) = be(6)
ke(3, 4) = -be(4)
ke(3, 5) = -be(5)
ke(3, 6) = be(6) / 2
ke(4, 4) = be(1)
ke(4, 5) = be(2)
ke(4, 6) = -be(4)
ke(5, 5) = be(3)
```

```
ke(5, 6) = -be(5)
ke(6, 6) = be(6)
For i = 1 To 6
For j = i To 6
ke(j, i) = ke(i, j)
Next j
Next i
End Sub
Public Sub TotlKS()
Dim n, i, j, ie, je, mw As Integer
For n = 1 To ne
TotlKE n
ie = ef(n).ie
je = ef(n).je
For i = 1 To 3
ij(i) = id(ie, i)
ij(i + 3) = id(je, i)
Next i
For i = 1 To 6
If ij(i) <> 0 Then
    For j = 1 To 6
    If ij(j) >= ij(i) Then
    mw = kd(ij(j)) - (ij(j) - ij(i))
    ks(mw) = ks(mw) + ke(i, j)
    End If
    Next j
End If
Next i
Next n
End Sub
Public Sub TotlPS()
Dim n, jj, jd, jq, em, jt, ie, je As Integer
Dim i As Integer
Dim ep, ea, el, eh As Double
If np <> 0 Then
For n = 1 To np
jj = pj(n).jj
jd = pj(n).jd
jq = id(jj, jd)
```

```
ps(jq) = ps(jq) + pj(n). pp
Next n
End If
If nf <> 0 Then
For n = 1 To nf
em = pe(n). em
jt = pe(n). jt
ep = pe(n). ep
ea = pe(n). ea
el = ef(em). el
eh = ef(em). eh
SetEEP jt, ep, ea, el
Transt eh
ie = ef(em). ie
je = ef(em). je
For i = 1 To 3
ij(i) = id(ie, i)
ij(i + 3) = id(je, i)
Next i
For i = 1 To 6
If ij(i) <> 0 Then
ps(ij(i)) = ps(ij(i)) − p(i)
End If
Next i
Next n
End If
End Sub
Public Sub SetEEP(ByVal jt As Integer, ByVal ep As Double, ByVal ea As Double,
ByVal el As Double)
Dim c1, c2 As Double
c1 = ea / el
c2 = 1# − c1
Select Case jt
Case 1
    p(1) = 0#
    p(2) = ep * (1# + 2# * c1) * c2 * c2
    p(3) = ep * c1 * c2 * c2 * el
    p(4) = 0#
    p(5) = ep * (1# + 2# * c2) * c1 * c1
```

```
        p(6) = -ep * c2 * c1 * c1 * el
Case 2
        p(1) = 0#
        p(2) = ep * el / 2#
        p(3) = ep * el * el / 12#
        p(4) = 0#
        p(5) = ep * el / 2#
        p(6) = -ep * el * el / 12#
Case 3
        p(1) = 0#
        p(2) = -6 * ep * c1 * c2 / el
        p(3) = -ep * c2 * (3# * c1 - 1#)
        p(4) = 0#
        p(5) = 6 * ep * c1 * c2 / el
        p(6) = -ep * c1 * (3# * c2 - 1#)
End Select
End Sub
Public Sub Transt(ByVal eh As Double)
Dim n As Integer
Dim f(6) As Double
Dim cx, cy As Double
eh = eh * 3. 1415926 / 180
cx = Cos(eh)
cy = Sin(eh)
For n = 1 To 6
f(n) = p(n)
Next n
p(1) = f(1) * cx - f(2) * cy
p(2) = f(1) * cy + f(2) * cx
p(4) = f(4) * cx - f(5) * cy
p(5) = f(4) * cy + f(5) * cx
End Sub
Public Sub Gauss3()
Dim n, i, j As Integer
Dim c As Double
For n = 1 To nn - 1
For i = n + 1 To nn
If (kd(i) - (i - n)) > kd(i - 1) Then
c = ks(kd(i) - (i - n)) / ks(kd(n))
```

```
For j = i To nn
If (kd(j) − (j − n)) > kd(j − 1) Then
ks(kd(j) − (j − i)) = ks(kd(j) − (j − i)) − ks(kd(j) − (j − n)) * c
End If
Next j
ps(i) = ps(i) − c * ps(n)
End If
Next i
Next n
ps(nn) = ps(nn) / ks(kd(nn))
For i = nn − 1 To 1 Step −1
For j = i + 1 To nn
If (kd(j) − (j − i)) > kd(j − 1) Then
ps(i) = ps(i) − ks(kd(j) − (j − i)) * ps(j)
End If
Next j
ps(i) = ps(i) / ks(kd(i))
Next i
End Sub
Public Sub IntePF()
Dim n, i, j, ie, je, em, jt As Integer
Dim ep, ea, el, eh As Double
For n = 1 To ne
ie = ef(n). ie
je = ef(n). je
For i = 1 To 3
ij(i) = id(ie, i)
ij(i + 3) = id(je, i)
Next i
For i = 1 To 6
p(i) = 0#
If ij(i) <> 0 Then
p(i)` = ps(ij(i))
End If
Next i
eh = −ef(n). eh
Transt eh
ae(1) = ef(n). ee * ef(n). ea / ef(n). el
ae(2) = 12 * ef(n). ee * ef(n). ei / ef(n). el / ef(n). el / ef(n). el
```

```
ae(3) = 6 * ef(n).ee * ef(n).ei / ef(n).el / ef(n).el
ae(4) = 4 * ef(n).ee * ef(n).ei / ef(n).el
pf(n, 1) = ae(1) * (p(1) - p(4))
pf(n, 2) = ae(2) * (p(2) - p(5)) + ae(3) * (p(3) + p(6))
pf(n, 3) = ae(3) * (p(2) - p(5)) + ae(4) * (p(3) + p(6) / 2)
pf(n, 4) = -ae(1) * (p(1) - p(4))
pf(n, 5) = -ae(2) * (p(2) - p(5)) - ae(3) * (p(3) + p(6))
pf(n, 6) = ae(3) * (p(2) - p(5)) + ae(4) * (p(3) / 2 + p(6))
If nf <> 0 Then
For i = 1 To nf
em = pe(i).em
If em = n Then
jt = pe(i).jt
ep = pe(i).ep
ea = pe(i).ea
el = ef(n).el
SetEEP jt, ep, ea, el
For j = 1 To 6
pf(n, j) = pf(n, j) + p(j)
Next j
End If
Next i
End If
'pf(n, 1) = -pf(n, 1)
'pf(n, 3) = -pf(n, 3)
'pf(n, 5) = -pf(n, 5)
'pf(n, 6) = -pf(n, 6)
Next n
End Sub
Public Sub OutputData()
Dim i, n As Integer
RowStart0 = 8
If np > 0 Then RowStart0 = RowStart0 + np + 2
If nf > 0 Then RowStart0 = RowStart0 + nf + 2
RowStart0 = RowStart0 + 4 + nj + ne
strRange = Chr(65) + CStr(RowStart0 - 1) + ":" + Chr(65 + 6) + CStr(RowStart0 - 1)
With Range(strRange)
    .Cells(1, 3) = "计算结果"
```

```
            . HorizontalAlignment = xlLeft
            . Font. Size = 20
            . Font. Name = "宋体"
            . Font. Color = RGB(0, 0, 255)
            . Font. Bold = True
            . Font. Italic = True
        End With
        RowStart0 = RowStart0 + 2
        strRange = Chr(65) + CStr(RowStart0 - 1) + ":" + Chr(65 + 6) + CStr(Row-
Start0 - 1)
        With Range(strRange)
            . Cells(1, 3) = "节点位移"
            . HorizontalAlignment = xlLeft
            . Font. Size = 12
            . Font. Name = "宋体"
            . Merge
        End With
        strRange = Chr(65) + CStr(RowStart0) + ":" + Chr(65 + 3) + CStr
(RowStart0)
        With Range(strRange)
            . Cells(1, 1) = "节点号"
            . Cells(1, 2) = "x 位移"
            . Cells(1, 3) = "y 位移"
            . Cells(1, 4) = "角位移"
            . HorizontalAlignment = xlCenter
            . Font. Size = 12
            . Font. Name = "宋体"
            . Interior. Color = RGB(255, 255, 128)
        End With
        For n = 1 To nj
        For i = 1 To 3
        p(i) = 0#
        If id(n, i) <> 0 Then
        p(i) = ps(id(n, i))
        End If
        Next i
        strRange = Chr(65) + CStr(RowStart0 + n) + ":" + Chr(65 + 3) + CStr(Row-
Start0 + n)
        With Range(strRange)
```

```vb
        . HorizontalAlignment = xlCenter
        . Cells(1, 1) = n
        . Cells(1, 2) = p(1)
        . Cells(1, 3) = p(2)
        . Cells(1, 4) = p(3)
    End With
    Next n
    strRange = Chr(65 + 1) + CStr(RowStart0) + ":" + Chr(65 + 3) + CStr(Row-
Start0 + nj)
    With Range(strRange)
        . NumberFormat = "0. 000E+00"
    End With
    strRange = Chr(65) + CStr(RowStart0) + ":" + Chr(65 + 3) + CStr(RowStart0 + nj)
    MeshRegion strRange
    RowEnd = RowStart0 + nj - 1
    RowStart0 = RowEnd + 4
    strRange = Chr(65) + CStr(RowStart0 - 1) + ":" + Chr(65 + 9) + CStr(Row-
Start0 - 1)
    With Range(strRange)
        . Cells(1, 1) = "单元内力(内力以与单元局部坐标正向为正)"
        . HorizontalAlignment = xlLeft
        . Font. Size = 12
        . Font. Name = "宋体"
        . Merge
    End With
    strRange = Chr (65) + CStr (RowStart0) + ":" + Chr (65 + 6) + CStr
(RowStart0)
    With Range(strRange)
        . HorizontalAlignment = xlCenter
        . Font. Size = 12
        . Font. Name = "宋体"
        . Cells(1, 1) = "单元号"
        . Cells(1, 2) = "FNi"
        . Cells(1, 2). Characters(Start:=2, Length:=2). Font. Subscript = True
        . Cells(1, 3) = "FQi"
        . Cells(1, 3). Characters(Start:=2, Length:=2). Font. Subscript = True
        . Cells(1, 4) = "Mi"
        . Cells(1, 4). Characters(Start:=2, Length:=1). Font. Subscript = True
        . Cells(1, 5) = "FNj"
```

```
        . Cells(1, 5). Characters(Start:=2, Length:=2). Font. Subscript = True
        . Cells(1, 6) = "FQj"
        . Cells(1, 6). Characters(Start:=2, Length:=2). Font. Subscript = True
        . Cells(1, 7) = "Mj"
        . Cells(1, 7). Characters(Start:=2, Length:=1). Font. Subscript = True
        . Interior. Color = RGB(255, 255, 128)
    End With
    For n = 1 To ne
    strRange = Chr(65) + CStr(RowStart0 + n) + ":" + Chr(65 + 6) + CStr(Row-
Start0 + n)
        With Range(strRange)
            . HorizontalAlignment = xlCentèr
            . Font. Size = 12
            . Font. Name = "宋体"
            . Cells(1, 1) = n
            . Cells(1, 2) = pf(n, 1)
            . Cells(1, 3) = pf(n, 2)
            . Cells(1, 4) = pf(n, 3)
            . Cells(1, 5) = pf(n, 4)
            . Cells(1, 6) = pf(n, 5)
            . Cells(1, 7) = pf(n, 6)
        End With
    Next n
    strRange = Chr(65 + 1) + CStr(RowStart0) + ":" + Chr(65 + 6) + CStr(Row-
Start0 + ne)
        With Range(strRange)
            . NumberFormat = "0. 000E+00"
        End With
    strRange = Chr(65) + CStr(RowStart0) + ":" + Chr(65 + 6) + CStr(RowStart0 + ne)
    MeshRegion strRange
    RowEnd = RowStart0 + ne + 1
    End Sub
```

主 要 参 考 文 献

[1]　李廉锟主编．结构力学(第 4 版)上、下册．北京：高等教育出版社，2004.

[2]　龙驭球，包世华主编．结构力学教程(第二版)Ⅰ、Ⅱ册．北京：高等教育出版社，2001.

[3]　杨弗康．李家宝主编．结构力学(第四版)上、下册．北京：高等教育出版社，1998.

[4]　金宝桢主编．结构力学．北京：高等教育出版社，1986.

[5]　刘尔烈主编，结构力学．天津：天津大学出版社，1996.

[6]　阳日主编．结构力学(Ⅱ)．重庆：重庆大学出版社，2001.

[7]　王勇，黄炎生．结构分析的计算机方法[M]．广州：华南理工大学出版社，2001.